高等学校"十二五"规划

现代仪器分析

袁存光　祝优珍
田　晶　唐意红　主　编

化学工业出版社

·北京·

本书充分考虑了化学、化工、环境、材料及相关专业和不同性质院校本科生、研究生的教育、教学特点，在教材体系、内容取材、仪器方法的深广度把握、基础知识和适用面等方面都有其独到之处。

全书内容包括光学分析法（紫外-可见吸收光谱分析法、红外吸收光谱分析法、分子发光法、核磁共振波谱分析法、原子发射光谱分析法、原子吸收光谱分析法、X射线光谱法等）、电化学分析法（电位分析法、库仑分析法、极谱及伏安分析法等）、色谱分析法（色谱原理、气相色谱分析、液相色谱法等）、质谱分析法、其它现代分析法（电子显微分析技术、热分析方法）和分析测定中的样品处理技术（样品的处理过程、沉淀分离法、萃取与蒸馏技术、离子交换技术和层析技术）等。

这是一本现代仪器分析内容比较新颖、宽泛的本科生和研究生教材，也可供仪器分析工作者参考。

图书在版编目（CIP）数据

现代仪器分析/袁存光等主编. —北京：化学工业出版社，2012.8（2022.4 重印）
高等学校"十二五"规划教材
ISBN 978-7-122-14829-2

Ⅰ. ①现⋯　Ⅱ. ①袁⋯　Ⅲ. ①仪器分析-高等学校-教材　Ⅳ. ①O657

中国版本图书馆 CIP 数据核字（2012）第 158897 号

责任编辑：宋林青　　　　　　　　　　装帧设计：关　飞
责任校对：徐贞珍

出版发行：化学工业出版社（北京市东城区青年湖南街 13 号　邮政编码 100011）
印　　装：北京印刷集团有限责任公司
787mm×1092mm　1/16　印张 27½　字数 703 千字　2022 年 4 月北京第 1 版第 11 次印刷

购书咨询：010-64518888　　　　　　售后服务：010-64518899
网　　址：http：//www.cip.com.cn
凡购买本书，如有缺损质量问题，本社销售中心负责调换。

定　　价：48.00 元　　　　　　　　　　　　　　版权所有　违者必究

前　言

随着科学技术日新月异的发展，仪器分析已经成为现代科学研究和实验化学的重要支柱。本书是中国石油大学（华东）、上海应用技术学院和大连工业大学三校合编的中国石油和化学工业联合会高等学校"十二五"规划教材，由中国石油大学（华东）理学院化学系6位、上海应用技术学院3位、大连工业大学4位富有多年课堂和实验教学实践经验的教师参与，经近3年的辛勤劳动、参考国内外有关教材编写而成。本书充分考虑了化学、化工、环境、材料及相关专业和不同性质院校本科生、研究生的教育教学特点，在教材体系、仪器方法广度、深度、内容、基础知识和适用面等方面都有与同类教材编写的不同之处。

本书涉及的仪器分析方法主要包括光学分析法（紫外-可见吸收光谱分析法、红外吸收光谱分析法、分子发光法、核磁共振波谱分析法、原子发射光谱分析法、原子吸收光谱分析法、X射线光谱法等）、电化学分析法（电位分析法、库仑分析法、极谱及伏安分析法等）、色谱分析法（色谱原理、气相色谱分析、液相色谱法等）、质谱分析法，并对电子显微分析方法、热分析方法和分析测定中的样品处理技术等做了简要介绍。这是一本现代仪器分析内容比较新颖、宽泛的本科生和研究生使用的教材，也可作为仪器分析工作者的参考书。

本书在编写过程中，得到了中国石油大学（华东）、上海应用技术学院和大连工业大学三校师生的支持，他们为本书提供了建设性意见。本教材吸取和借鉴了许多专著和前人所编写教材的内容，书中最后列出了相关的参考文献。在此对上述做出有益贡献的所有人表达编者的感谢和敬意！

本书编写人员及其负责编写的章节为：第2、第3章—于剑峰，第4章—卢立泓，第5、第6章—王芳，第7章—卢玉坤，第8～11章—祝优珍，第12、第14章—田晶，第13章—田晶、徐龙权，第15章—王宗廷，第16章—费旭，第17章—史非、费旭编写，孔庆池审读修改，第18章—史非编写，第19章19.1～19.3由唐意红编写，19.4、19.5由孔庆池编写。袁存光编写了第1章并对全书进行了最后修改定稿。

本书由多单位、多人员合编，加之编者的学识和水平限制，疏漏、不足之处在所难免，恳请同行专家和读者批评指正。

编者

2012年5月

目 录

第1章

绪 论

1.1 仪器分析的发展与作用

1.1.1 分析化学和仪器分析的产生与发展

分析化学是化学的一个重要分支,它是一门获得物质的化学组成、测定相关成分含量、鉴定物质的化学结构和状态的信息科学。分析化学是发展和应用各种分析方法、仪器技术和研究策略,解决物质在空间和时间方面的化学组成、性质和性状的一门科学,属于表征和量测科学。几乎任何科学研究和生产领域,只要涉及化学现象,都会涉及分析化学。分析化学是科学研究和工业生产各领域的"千里眼"、探测器,以至于成为当今时代直接解决实际问题的工具学科。分析化学包括化学分析和仪器分析两大重要分支。

分析化学成为一门独立学科是近代的事情,但早在中世纪,甚至远古时代,化学还远远没有成为独立学科时,已有很多人开始从事分析检验的研究和应用实践活动了。早期的制陶、玻璃生产、金属冶炼、炼丹术等都原材料的鉴别,治病所用药物的识别等都是原始的定性分析。随着商品交换的产生和发展,进行产品的质量和纯度的控制需要制定各种货物或商品的质量的检验方法,这便是早期的定量分析。当采用"金"作为等价交换物后,民间对金的"七青八黄九紫十赤"的成色描述,是原始鉴定金含量的定量方法。18世纪初奠定了矿物、岩石和金属的重量分析方法,18世纪70年代至19世纪50年代产生并发展了滴定分析的容量分析方法,19世纪末至20世纪初产生了比色分析。至此,分析化学利用溶液四大平衡建立了自己的定量分析基础。20世纪40年代开始,由于材料、冶金、能源、化工等领域和行业发展的需求,加之物理学、电子学和光学的飞速发展,仪器分析诞生并开始快速发展,相继产生了吸收光谱、发射光谱、荧光光谱等光谱分析,电位、库仑、极谱等电化学分析,质谱和色谱等技术,各种相应的仪器分析方法也得以迅速发展,分析化学从此告别了以化学分析为主的时代,使得快速、准确、灵敏的各类仪器分析方法得到了完善和扩充。20世纪70年代以来信息科学、生命科学、材料科学、航天航空和环境科学等领域的发展,使分析化学发生了巨大的变革,将计算机、数学、物理学、电子学、化学、材料等科学和相应的工程、工艺学等学科的最新成就、技术溶入仪器分析,广泛渗透,使仪器分析方法得到突飞猛进地发展。在此期间,各类新型的仪器技术、仪器分析手段和分析方法不断涌现和更新,传统的仪器分析方法不断改进和发展,针对各种仪器的特点取长补短,产生了很多的多机联用仪器分析新技术。仪器分析方法的灵敏度、准确度获得了极大的提高，仪器分析的应用领域和范围也得到大大的拓宽。目前，分析化学在化学、数学、物理学、计算机科学、生命科学和信息科学的大幅度交叉和渗透中，选择优化仪器操作和实验条件，自动采集和处理数据，最大可能地获取各种样品信息，得以生机勃勃的迅猛发展。所以，现在的分析工作者已经从单纯的仪器操作和数据提供者变成了实际问题的解决者。

1.1.2　化学分析与仪器分析的关联和分工

分析化学从方法上分为化学分析法和仪器分析法两大类。根据化学反应原理，采用简单的量器或仪器设备来获得组分成分和含量信息的方法，通常称为化学分析法。应用物质的某一物理或物理化学的特征，采用较复杂的仪器设备进行分析的方法，统称为仪器分析法或物理分析法。但这二者的区别并不十分严格。例如测定油品中烯烃含量、利用溴与烯烃的加成反应、用碘量法滴定溴的消耗量来求得烯烃含量的方法叫做化学分析法；而如果用库仑计测定溴的消耗量来求烯烃含量时，就称为仪器分析法。因此化学分析法与仪器分析法密切相关，互为补充，相得益彰。

1.1.2.1　化学分析方法

化学分析包括定性分析和定量分析。针对某些无机离子、有机官能团，通过适当的化学分离和鉴定反应进行定性分析；针对一些能够瞬间达到反应完全（指在溶液中未反应的被分析物质浓度低于 $10^{-5}\,mol\cdot L^{-1}$）的酸碱反应、沉淀反应、配位反应、氧化还原反应的物质（含有机物和无机物）进行定量分析，包括酸碱滴定法、沉淀滴定法、配位滴定法和氧化还原滴定法等容量分析方法和称量（重量）分析法。

在分析化学上，常常根据试样的用量和操作方法不同，将其划分为常量、半微量和微量分析等。这种划分见表 1-1。

表 1-1　各种分析方法的试样用量

方法	试样质量/g	试样体积/g
常量分析	≥0.1	≥10
半微量分析	0.01～0.1	1～10
微量分析	0.0001～0.01	0.01～1
超微量分析	<0.0001	<0.01

当然上述分类方法也不是绝对的。在无机定性化学分析中，一般采用半微量操作法，而在经典的定量化学分析中常采用常量操作法。

必须指出，此处所给出的常量、半微量和微量分析等概念，并不表示被测组分的含量。通常根据被测组分的百分含量，又粗略地分为常量（＞1%）、微量（0.01%～1%）和痕量（＜0.01%）成分的分析。定量化学分析属于被测组分含量在 1% 以上的常量分析。

1.1.2.2　仪器分析方法

仪器分析包括成分分析、结构分析和状态分析等方面。它要解决的问题是物质中含有哪些组分，各种组分的含量是多少，这些组分的结构特征是什么，在物质中是如何存在的？显然，要解决此类问题，不仅要研究物质的分析方法，还要研究有关的理论和与之匹配的仪器。

仪器分析是物理及物理化学分析的一部分，一般是使用一些大型仪器设备，开展的是物质结构、表面分析、晶体结构及动力学分析等。

仪器分析方法的操作多数为半微量和微量操作，个别分析技术采用常量或痕量操作。仪器分析中的定量分析则主要是微量和痕量成分的分析。

1.2 仪器分析的特点

仪器分析是从事现代科学研究必不可少的重要手段和工具。当代仪器分析的特点主要有以下几点。

（1）速度快，适合于复杂混合物样品的成批分析

在仪器分析方法中，常常是把样品中某一组分的某些特有性质直接或间接转化为检测信号，受样品中其它组分的干扰小于化学法，可以省略分离过程和节省时间。由于仪器分析多是自动记录和处理数据，微机终端控制，可自动进样、测量和计算，若分析样品能满足仪器的要求，分析速度是很快的；试样经过预处理后，分析结果仅需数秒至十几分钟即可打印出来。其次，因为仪器的准备工作对于一个样品或成批类似的样品所需时间几乎是一样的，为了提高效率和节省试剂消耗，配合工艺分析的要求，一些仪器如气相色谱仪、原子吸收光谱仪和元素分析仪等都备有连续自动进样系统，一次就能分析几十甚至上百个样品。

（2）信息多，有利于结构或表面状态分析

通常采用化学分析时，一次仅能得到一个结果，只能进行物质组成的整体定性、定量分析，一般不涉及被测组分在试样中的状态和分布情况。仪器分析除能进行物质组成的整体定性、定量分析外，还可以进行结构分析、价态分析、状态分析、微区分析、无损分析以及酸碱解离常数、配位化合物的配位数和稳定常数、反应速度常数、键常数等许多物理化学常数的测定。仪器分析大多数方法一次往往能提供若干个信息，如红外提供一系列特征吸收峰、核磁共振提供不同的化学位移和偶合常数、质谱提供特征裂片峰、光电子能谱可同时显示多种元素内层电子结合能的特征谱峰等，有利于阐明未知物所含官能团及结构排列或固体表面的形态分析。

（3）灵敏度高，样品用量少

仪器分析的灵敏度比化学分析的高很多，仪器分析法的检出限一般在 $mg \cdot L^{-1}$（$\mu g \cdot g^{-1}$）级，有的甚至可以达到 $\mu g \cdot L^{-1}$（$ng \cdot g^{-1}$）级（见表1-2）。随着电子技术及计算技术与仪器分析方法原理的结合，使分析的灵敏度或最低检出限不断改进，有的可达 10^{-12} 甚至 10^{-23} 数量级，十分有利于超纯物质、环保及地质样品中的痕量或微量分析。另一方面，由于提高了灵敏度，在分析过程中也可以相应减少样品的用量，缩短样品预处理时间。

表 1-2 各类仪器分析方法的检出限和准确度

方法	检出限	准确度（相对误差）/%
原子发射光谱法（AES）	$10^{-6} \sim 10^{-12}$ g	1～10
原子吸收光谱法（AAS）	$10^{-4} \sim 10^{-15}$ g	0.1～5
紫外-可见光谱法（UV-Vis）	$10^{-5} \sim 10^{-8}$ g	1～5
红外光谱法（IR）	10^{-6} g	1～5
X 射线荧光法（XRF）	10^{-7} g	1～5
离子选择性电极分析法（ISE）	$10^{-7} \sim 10^{-8}$ mol·L^{-1}	1～5
极谱及伏安分析	$10^{-6} \sim 10^{-12}$ mol·L^{-1}	2～5
库仑分析法	10^{-9} g	0.01～1
气相色谱法（GC）	$10^{-8} \sim 10^{-14}$ g	0.5～5
质谱分析法（MS）	10^{-12} g	0.1～5
核磁共振波谱法（NMR）	0.01g	2～10
电子能谱法（ES、PES、AES）	10^{-18} g	5～10

仪器分析测定时所用试样量很少，往往固体样品可以低至只需要几 μg、液体样品只需要几 μL 试样的程度。

（4）可实现非破坏性分析，还可用少量样品相继进行多种分析

很多仪器分析对样品都是非破坏性的，如色谱、核磁、红外、紫外等分析过程，样品均不受破坏，因而在每次分析以后可以回收，再做其它项目的分析，从而可以得到多方面的分析结果，包括理化性质、化学组成和官能团含量等。例如在润滑油行车试验过程中，非破坏性分析对于考察添加剂含量、磨损金属含量及油品理化性质的变化，都是十分有利的。

某些仪器方法还可以准确测定试样中的常量和高含量组分。

（5）易于实现自动化

仪器分析所提供的信息，大部分是以电讯号输出，因此从样品的进入到最终数据的处理都有可能实现自动化，这样就促使很多分析技术由实验室转移到工业装置的在线仪表上去，以代替全部人工操作。

（6）不足之处

仪器分析方法也存在一些不足之处。

多数仪器分析方法的准确度还不太理想，其误差常在百分之几，进行定量分析时仅能满足低含量组分测定的要求，不适合常量和高含量成分的测定。当然，也有准确度稍高的仪器分析方法，如电位滴定法的相对误差在 ±0.1%，电解分析、库仑分析的相对误差 ≤±0.01%，这些分析方法既可用于微量成分分析，也可用于常量或高含量组分的测定。

仪器分析的另一不尽如人意之处是常需要较复杂的仪器设备、投资大、对仪器的维护及对环境的要求高、需要配备一定专业水平的操作人员和维修人员等。此外，仪器分析方法显示结果的直观性都较差，通常除了电解分析和库仑分析外都需要标准物质去对比，容易出现系统误差，因此经常注意积累标准物质和校验仪器是保证分析结果准确的关键。

随着科学发展的深入和世界经济的发展，21 世纪的生命科学和信息科学的发展又对仪器、仪器分析手段和方法的发展提出了更高的要求。伴随而来的是仪器的自动化、多元化、高速化、智能化、微型化和仪器分析方法的高灵敏性、高选择性等的更新和进步。

1.3 仪器分析的基本内容及分类

仪器分析方法的种类繁多，根据它们测量的物理量、原理和本课程的教材特点，大致可以将其内容归属为电化学分析、光学分析、色谱分析、质谱分析、表面分析等。

1.3.1 电化学分析法

通过测量试样溶液所构成化学电池（电解池或原电池）的电化学性质（电导、电位、电量、电流等）而求得物质的组成、含量的分析方法，总称为电化学分析法。电化学分析法习惯上又分为电导分析法、电位分析法、电解分析法、库仑分析法和伏安分析（极谱分析）法等。

1.3.2 光学分析法

通过测量物质发射、吸收、散射或衍射电磁辐射的波长、强度或分布情况来确定物质的性质、含量、结构或晶体形貌的分析方法，总称为光学分析法。它又可以分为原子光谱法

（包括原子发射、原子吸收和原子荧光等光谱法）、分子光谱法（包括紫外-可见吸收、红外吸收、分子荧光和拉曼光谱等）、X射线光谱法（包括X射线发射、吸收、衍射和荧光等）和核磁共振、顺磁共振波谱法等。

1.3.3 色谱法

借助物质在两相间的分配比不同，使混合物中各组分达到分离，随后再进行定性、定量测定的分离分析方法，总称为色谱法，也叫层析法。色谱法有很多种类，依据不同分类方法也不同。

（1）按两相状态分类

用液体作为流动相的色谱法称液相色谱法。用气体作为流动相的色谱法称气相色谱法。

在液相色谱中，由于固定相不同又可分为液-液色谱法和液-固色谱法。同理，气相色谱法也有气-液色谱和气-固色谱法之分。

（2）按固定相形式分类

按固定相的使用形式不同，可分为柱色谱法、纸色谱法和薄层色谱法等。

（3）按分离机理分类

按分离过程的机理不同，色谱法可以分为吸附色谱、分配色谱、离子交换色谱和排阻色谱法等。

1.3.4 其它仪器分析法

除了上述广泛应用的三大类仪器分析法外，还有热分析法、质谱分析法、中子活化分析法、表面分析法等。

特别是近30年来，随着世界科学技术和经济的飞速发展，以及科研、生产的需要，大批新型的、具有特殊用途的仪器分析技术和方法不断涌现，各种分类方法难以包容一切。本教材仅将部分现代仪器分析方法种类列于表1-3。

表1-3 部分仪器分析方法的分类

类别	被测物理化学性质	相应的分析方法
电化学分析法	电导	电导分析法
	电池电动势	电位分析法
	电流-电压特性	极谱分析法、伏安滴定法、溶出伏安法、循环伏安法
	电量	电解分析法、库仑分析法
	荷电粒子迁移	毛细管电泳分析法
光学分析法	辐射的发射	发射光谱法（X射线、紫外-可见）、火焰光度法、放射化学法
	辐射的吸收	分光光度法（X射线、紫外-可见、红外）、原子吸收光谱法、核磁共振波谱法、电子自旋共振波谱法
	辐射的散射	浊度法、拉曼光谱法
	辐射的折射	折射法、干涉法
	辐射的衍射	X射线衍射法、电子衍射法
	辐射的旋转	偏振法、旋光色散法、圆二向色性法
色谱分析法	两相间的分配	气相色谱法、液相色谱法、薄层色谱法
热分析法	热性质	热重分析法、差热分析法、差示扫描热量法、热显微镜分析法、测温滴定法、热机械分析法、逸出气分析法、热电化学法
表面分析方法	电子能量	电子能谱（光电子、俄歇电子、俄歇微探针）、电镜（扫描、透射）
其它方法	质荷比	质谱法
	核性质	中子截面法、同位素质量法

1.4 仪器分析的重要性

仪器分析是分析化学的重要组成部分，它在科学研究和国民经济建设的各个领域起着至关重要的作用。

1.4.1 仪器分析在科学研究中的作用

在现代和未来的科学技术发展过程中，仪器分析所涉及的各类仪器及仪器分析方法扮演着极其重要的角色。21世纪，生命科学领域的研究已经开始进入鼎盛时期。1985年美国科学家率先提出人类基因组计划，该计划由美、英、法、德、日本和中国等国的科学家共同参与，并与1990年正式启动。"人类基因组计划"旨在对构成人类基因的30多亿个碱基进行精确测序，发现所有的人类基因并确定其在染色体上的位置和结构，破译遗传信息。参与该项研究计划的上述6个国家于2000年6月26日共同宣布人类基因组草图已经提前5年绘制完成。促进这一重要科学计划提前完成的是现代科学仪器——毛细管电泳DNA自动测序仪的诞生和使用。之前的DNA测序所用的最先进的凝胶电泳测序仪约8h测定1000个样品，而毛细管电泳DNA自动测序仪只需要15min就可完成。应该说，如果没有DNA自动测序仪和超级计算机就不会有基因组计划的顺利完成。在人类基因组计划被成功解读之后，作为生命科学中人类功能基因组学的另一种重要的功能物质群-蛋白质组计划又成为了生命科学界新的研究焦点。可想而知，实施蛋白质组学研究的技术关键仍旧是现代的仪器手段和方法，如生物大分子质谱分析和三维结构核磁共振仪器和分析技术的建立。

因此，在科学研究中，要知道自己研究的中间过程是否理想、结果是否符合预期目标等，不采用现代快速、准确的仪器和高速数据处理能力的计算机技术结合，上述问题都会遇到意想不到的困难，甚至无法解决。

1.4.2 仪器分析在工矿企业生产活动中的作用

在几乎所有化学化工、高分子材料、石油及石油化工、塑料、橡胶、精细化工、染织业、农药、医药等企业生产过程中，涉及到的原料、中间体、产品和相关物质的结构、含量等的过程和质量控制问题，现代仪器分析和对应的分析方法起着至关重要的作用。企业为保障产品的质量，往往是从原料开始抓起，在原料采购和进厂过程的每个环节都需要严格把关，而实现这一点的最好措施就是利用现代仪器方法进行检验。在生产过程中，对各个生产的工序和中间环节，如化工生产中的单元操作，需要经常采样，通过分析检验来了解各生产工序是否正常。最终产品的检验更是任何一个企业必不可少的重要环节。生产过程是否存在"三废"污染，为保护环境需要企业本身对其采取处理或治理措施，而要知道"三废"污染物质是什么、有多少，如何选择治理方式，治理后的排放是否达到标准等都需要对其采样检测。上述企业的生产、治理环节的各种检测，离开仪器分析是不可能的。因此，仪器分析在工业企业生产活动中起着不可替代的作用。

1.4.3 仪器分析在国民经济建设中的作用

仪器分析在国民经济建设的各个领域都起着重要的、不可替代的作用。在能源领域，如石油和煤炭的勘探与冶炼，新能源的开发利用等的研究、开发、利用的每个环节都离不开仪器分析；地质行业中的各种地质勘探也需要仪器分析；冶金行业中的原材料选择、钢铁和有色金属冶炼的炉前分析等也都需要仪器分析；在轻工领域，造纸、纺织、印刷等行业的原料和各种添加剂分析也主要是靠仪器分析。仪器分析在食品行业中的食品和食品添加剂分析占有非常重要的地位，尤其是食品安全的检测、评价，对仪器分析方法的检测范围、检测速度、灵敏度和无损检测都提出了更高的要求。在农业领域，各种农药、化肥、喷洒药剂的分析，各种农作物、蔬菜、果品的蛋白质、糖分、营养物质成分和农药残留、重金属等有害成分的分析检测，基本上都是靠仪器分析解决问题。在医学行业，很多的临床检测（如 X 射线透视、CT、核磁共振、血液检验、病灶组织分析等）中有很多是通过仪器分析手段来实现的。医药行业的药物分析、中药解剖及有效成分测定等都离不开仪器分析。在材料科学领域，材料的成分和结构测定，新材料的研究、生产和使用，新型纳米材料的表征分析、粒径测定等都需要现代仪器分析来解决。

在环境科学领域，环境监测是其重要的组成部分，而绝大多数环境监测项目都是仪器分析方法。在公安、交通系统的案件侦破工作中，仪器分析也往往扮演着极其重要的角色。体育竞赛领域的尿液、血液中的药物监测也大都采用仪器分析方法。凡此种种，可以看出在国民经济建设的各行各业中，仪器分析占据着极其重要的位置，甚至起着其它手段无法替代的重要作用。

1.5 仪器分析的发展趋势

科学研究离不开分析化学，而当代分析化学的主体是仪器分析。分析化学已经发展到分析科学阶段，并且已经"走出了化学"，作为现代分析化学支柱的仪器分析的发展更加体现了当前科学技术的前沿。随着现代科学技术的进步和生产力的发展，尤其是航天航空、现代国防技术及生态、生命、环境、新能源等行业和食品安全等领域的发展，不仅对仪器分析方法的测定准确度、灵敏度、分析速度、选择性、应用范围以及仪器的自动化和智能化、操作的简便性等各个方面都不断提出更高的要求，而且还要求仪器能够对待测定的物质提供更多、更复杂的有用信息。从常量分析到微量、痕量分析；从整体成分分析到微区分析、表面分析和区域分析；从成分分析、结构分析到状态分析和分布分析；从静态分析到快速反应跟踪分析和生产在线分析等。对于近代仪器分析提出的这些新任务和新要求，大大促进了仪器分析领域的新仪器、新技术和新方法的发展。仪器分析已经成为代表和统领近代分析化学发展方向的主要分支。归纳起来，仪器分析的发展趋势主要表现在以下几个方面：

1.5.1 仪器分析进一步向综合化科学领域发展

21 世纪的分析化学已经发展成为分析科学，而且是多学科综合的一门科学。而它的内涵实际是以仪器分析科学发展为主。

仪器分析的飞速发展使它从定义、基础、原理、方法、仪器及技术发生了根本变化。与之密切相关的概念是化学计量学、传感过程控制、自动化分析、专家系统、生物技术和生物过程，以及微型分析引入的微电子学，集微光学和微工程学等。

现代仪器分析正把化学与数学、物理学、计算机科学、生物学结合起来，引进当代科学技术的最新成就，革新原有的仪器方法，开发新的仪器技术，发展成为一门多学科综合性科学。21 世纪上半叶的仪器分析研究热点将集中在以下几个领域：纳米技术在分析仪器领域的应用及其纳米材料的系统测量技术、量子级激光技术的应用、近红外光谱分子结构分析技术和专用仪器、化学发光和电化学发光分析技术、仿生分析技术、生物芯片微型流动分析技术、离子淌度谱学技术、光谱视网膜技术等。

仪器分析已经由单纯的提供数据和结构，上升到从分析数据和结构、构型中获取有用的信息和知识，成为生产和科研中实际问题的解决者。

分析仪器的主要应用领域向生命科学或生物医学领域转移。随着人类基因组计划的实施和完成，以及人口老龄化问题的加剧，这个趋势肯定还会增强。多数学者认为：如果说生命科学是 21 世纪的一门基础科学，那么它的发展将绝对离不了作为 21 世纪技术科学——分析科学的帮助。人类基因组计划的实施和完成、蛋白质大分子摩尔质量测定和结构分析的成功就是最好的例证。

1.5.2 分析仪器的计算机化、小型化、自动化和智能化

目前，早已成功实现了仪器分析与计算机的结合，随着计算机科学的飞速发展，进一步强化软件功能，实现联网运作，结合覆盖全球的网络系统，创建虚拟仪器和能够利用全世界仪器资源的虚拟实验室已经在实施中了。

作为研究尖端科学问题用的大型精密仪器的专门化和大量应用型仪器的小型化，甚至微型化，比如质谱仪器已经有 20cm×30cm 的小型仪器问世，2002 年匹兹堡会议上展示了一种只有皮鞋盒子大小的四极杆质谱仪和飞行距离只有 4cm 的飞行时间质谱仪，目前这些仪器已经上市使用。芯片上的离子阱质谱仪器也已经研制成功。有些质谱仪器总重量还不到 1kg。

现代仪器分析大多已经成功实现了部分分析过程的自动化。目前正在采用激光、纳米、生物、仿生、芯片、多维成像等高新技术，向全过程分析的自动分析、自动高速采集和处理数据、自动给出数据处理结果、自动控制科研或生产过程的高智能化方向发展。

1.5.3 仪器的多机联用、一机多用

将不同特点和用途的两种或两种以上的仪器联合使用，充分发挥各机的优势，"扬长避短"，从而实现复杂试样和难以实现的分析任务，是仪器分析的又一重要发展趋势。例如已经实现的色谱-质谱-计算机、色谱-红外-计算机联用仪器，就是利用色谱法的分离效果好、鉴定手段差，质谱和红外的鉴定能力强，计算机数据处理快捷的特点，大大提高了分析效能。色谱和四级杆、飞行时间等多级质谱串联可以大大提高复杂物质及复杂结构的样品分析的准确性。

科学生产的发展对分析仪器提出了实现一机多用分析的要求，即要求一种分析仪器既可以同时进行定性、定量分析，也可以一次实验同时获得多种组分的含量和结构、晶型、尺寸等信息。如等离子体发射光谱仪用一个样品既可一次同时给出 20～30 种元素的定性和定量结果；X 射线衍射仪可以同时对晶体中的元素组成、晶体结构和晶面尺寸进行分析。

1.5.4 仪器的大众化和日用品化

在现代科学研究中，作为研究尖端科学问题使用的大型精密仪器还会有一定的需求，但大量需要的将是功能强大的小型分析仪器。分析仪器的大众化和日用商品化，实现分析仪器的家用和个人分析应用，比如家用空气污染物测定仪器等，制造可穿戴及植入式或埋入式分析仪器等仪器分析的普及应用是又一新趋势。

与上述趋势相关的大型、研究室型仪器的作用将相对减少，而小型、便携及开放共享型仪器的作用将相对增强。仪器分析专家的作用也将发生改变，他们将从亲自做实验变成设计实验和指导分析工作者的人员。医生将把仪器作为诊断病情的主要手段，而注意力更多地放在设计和执行处方上。食品和农业工业等领域的各种检测手段和方法则绝大部分被仪器分析占据或取代，随着人口的增加，寿命的延长，食品的质量和安全要求在不断提高，而要控制此类问题，人们就不得不采取大宗的各类普及或专用仪器。

1.5.5 引进其它领域的高新技术，创新仪器方法，由普及型向专门化发展

大量采用高新技术如激光、纳米、生物、仿生、微制造等技术发展新型专用（如专用毒品、爆炸品检测仪）、特效（如 SPR 生物分子相互作用仪）、超灵敏（如可测溶液中单分子的量子点激光诱导荧光仪）、超快速（如每小时可测定 20 万个样品的仪器-微板成像仪）、非侵入式（如 NIR 仪器）、仿生（电子鼻、电子舌）、被动式（红外遥测仪）、可三维化学成像（如 PET 成像技术、PEBBLE 技术、亚细胞原位荧光成像技术）、傻瓜型（单按钮操作、即插即用式仪器）仪器等。由于量子级激光器（简称 QCL）和量子阱激光器的出现，使得激光技术应用于光学分析仪器领域，将会实现一次真正仪器分析的革命。

1.5.6 样品用量和成分含量分析的痕量化

现代科学研究和生产要求能对微量甚至痕量（μL、μg 量级）样品且样品中含有的微量甚至痕量（$\mu g \cdot L^{-1}$ 或 $ng \cdot L^{-1}$、$ng \cdot g^{-1}$ 或 $pg \cdot g^{-1}$ 级）组分进行准确测定，这对仪器分析的发展又提出了新的挑战。

总之，仪器分析和仪器分析方法的发展既是现代科学技术和生产力发展的驱动和需要，又是它们的产物。因此不断吸取各学科的新理论、技术上的新成就，创新思维和分析方法，促进仪器分析的飞速发展，是势在必行的。

思 考 题

1. 分析化学在国民经济和科学研究中起着哪些重要作用？
2. 仪器分析和化学分析的依据有什么不同？
3. 仪器分析方法的突出特点是什么？
4. 微量操作和微量分析有什么区别？
5. 常见的仪器分析方法有哪几类，它们进行分析时各依据物质的哪些主要性质？

第2章

紫外-可见吸收光谱分析法

2.1 紫外-可见吸收光谱法概述

紫外-可见吸收光谱法是利用物质的分子化学键的价电子跃迁对吸收紫外-可见光区（波长范围为 $200\sim800nm$）的电磁辐射的吸收进行分析测定的一种方法。

2.1.1 紫外-可见吸收光谱方法的诞生及发展

早在公元初 60 年左右，古希腊人普利尼（Pliny）就曾用五倍子浸液目视比色法成功地判定了食醋中铁的含量，这被当作是光度分析法诞生的第一个例证。比色分析起源于 1852 年的目视比色法，当时是用眼睛观察玻璃器皿中物质溶液颜色的深浅来获得微量成分的大体含量的半定量实验方法。

早在比色分析方法建立之前，1729 年玻格（Bouguer）首先阐明了介质厚度与光吸收的关系。之后朗伯（Lambert）于 1760 年提出了光吸收的程度与液层厚度成正比的规律，即朗伯定律。相隔 100 年后，1852 年比尔（Beer）研究发现，物质对光的吸收不仅与厚度有关，还与吸光物质的浓度呈正比，这就是著名的比尔定律。这一发现奠定了光学分析方法进行物质定量分析的基础。

此后，又经过多年的研究、探索，于十九世纪末综合提出了朗伯-比尔定律。随着科学技术的发展，仪器也由最初的比色计、分光光度计发展成现在的微机控制、自动扫描的紫外-可见光谱仪；单色光的获得也由滤光片、棱镜发展成为光栅；光学研究区域也由开始的可见光延伸至紫外和近红外区。

紫外-可见光谱分析方法的发展，加速和推动了光学分析方法研究的深入。由于其原理简单、仪器简便且易于掌握和操作，为其广泛应用创造了有利的条件。

2.1.2 紫外-可见吸收光谱的特点

紫外-可见吸收光谱的原理简单、仪器简便、易于操作，具有很多特点。

① 灵敏度和准确度　与经典的化学分析方法相比较，紫外-可见光谱的灵敏度和准确度都比较高。它对 $10^{-5}\sim10^{-8}mol\cdot L^{-1}$ 的微量组分测定的相对误差为 $2\%\sim5\%$。

② 选择性　通过选择适当的测定条件，可以实现多组分共存体系中选择测定其中一种或同时测定多种组分，消除各组分之间的相互干扰。

③ 设备简单、操作简便、应用广泛。

2.1.3 紫外-可见吸收光谱的性质

在光谱区中，把波长为 10～400nm 的电磁波称为紫外光，400～800nm 的电磁波称为可见光。紫外光区可分为远紫外光区和近紫外光区，习惯上把 10～200nm 的波谱区域称为远紫外光区。由于空气中的 O_2、N_2、水蒸气和 CO_2 对远紫外光有强烈吸收作用，因此要研究该区的吸收需要在真空条件下操作，故远紫外光又称作真空紫外光。由于真空紫外光谱法的仪器从光源到检测器的整个光学系统都需要抽成真空，所用仪器复杂而昂贵，故实际应用较少。本章重点讨论 200～800nm 的近紫外-可见光谱。

由于紫外-可见光谱法主要研究的是分子吸收，故又称作分子光谱法。物质分子吸收紫外光后，产生的是分子中价电子的跃迁，所以紫外光谱也有"电子光谱"之称。在电子能级跃迁时不可避免地要伴随着振动能级和转动能级的跃迁。振动能级的能量差一般为电子能级的 1%～5%、转动能级的能量差约为振动能级的 1% 左右，所以电子跃迁并不是产生谱线，而产生一系列波长间隔约为 0.025～0.05nm 的谱线组构成的光谱吸收带。不同的谱带对应于分子中不同能级的电子跃迁，这就是利用紫外吸收谱带进行物质结构分析的依据。由于紫外光谱吸收峰数目少，因此紫外光谱法多用于定量分析。

2.2 光吸收基本定律

2.2.1 吸收曲线

(1) 单色光和复合光

光量子能量一定、波长一定的光称为单色光。由多种不同波长的光混合而成的光称为复合光。日常所见的光如日光、白炽灯光都是复合光，其中白光是由各种波长的可见光按照一定比例混合而成的复合光。

(2) 透光率（透光度）

如图 2-1 所示，当一束平行的的单色光通过吸光介质时，如果入射单色光的波长为 λ，初始光强度为 I_0，透过光强度为 I，则透光率 T 定义为：

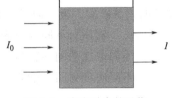

图 2-1　溶液对光的吸收

$$T = \frac{I}{I_0} \times 100\% \qquad (2\text{-}1)$$

式中，T 为透光率；I_0 为入射光强度；I 为透过光强度。由式(2-1)可知，若光全部透过，则 $I = I_0$，$T = 100\%$；若光全部被吸收，则 $I = 0$，$T = 0$。

(3) 吸光度

吸光度描述的是溶液对光的吸收程度。吸光度和透光率都是用来表示物质对光吸收能力的物理量。吸光度定义式为：

$$A = \lg \frac{I_0}{I} = -\lg T \qquad (2\text{-}2)$$

即吸光度为透光率的负对数。

(4) 光的选择性吸收

当用不同波长的光照射物质分子时，分子的价电子发生跃迁，由于价电子跃迁能量的量子化特征，所以分子只选择吸收与其能级间隔差值相匹配能量（或波长）的单色光，其它波长的光则全部透过，这就是分子对光的选择性吸收。

白光不仅可由各种不同波长的可见光按一定比例混合构成，也可以由两种不同颜色的光按照一定比例混合而构成，把构成白光的两种色光称为互补色光，如白光照射溶液时被吸收和透射的一对有色光就是互补色光。

比如 $KMnO_4$ 溶液吸收绿光，呈现紫红色。$CuSO_4$ 溶液呈现蓝色，所以可以判断为吸收与其互补的黄色光。

互补色光可以利用图 2-2 判断，画出一个圆的四条直径，在各直径端点依次标注红、橙、黄、绿、青、青蓝、蓝、紫，同一直径两端的颜色即为互补色光。

（5）吸收曲线

在相同条件下分别测量均匀介质对不同波长 λ 的单色光的吸光度 A，作出的 A-λ 曲线称为吸收曲线，又称吸收光谱。图 2-3 为邻菲罗啉合铁溶液的吸收曲线。

图 2-2　光的互补示意图

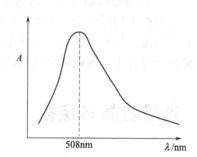

图 2-3　邻菲罗啉合铁溶液的吸收曲线

图 2-3 中 508nm 处的吸收最强，即在 508nm 处有最大吸收峰。最大吸收峰对应的波长称最大吸收波长，用 λ_{max} 表示。

吸收曲线是物质的特征曲线，是物质定性分析的依据之一，也是定量分析中选择入射光波长的重要依据。吸收曲线具有如下特点：

① 同一物质对不同波长光的吸光度不同。

② 不同浓度的同一物质，其吸收曲线形状相似，λ_{max} 不变。

③ 不同浓度的同一物质，在某一定波长下吸光度 A 有差异，在 λ_{max} 处吸光度 A 的差异最大。

2.2.2　光吸收基本定律——朗伯-比尔定律

（1）朗伯-比尔定律的内容

当一束平行的单色光通过单一的、均匀的、非散射的吸光介质时，介质的吸光度与吸光组分的浓度和介质层厚度的乘积成正比。朗伯-比尔定律的数学表达见式(2-3)。

$$A = Kbc \tag{2-3}$$

式中，A 为吸光度；K 为比例系数，又称为吸光系数；b 为液层的厚度，cm；c 为溶液的浓度。

朗伯-比尔定律是所有光学分析法的理论基础和定量测定的依据。不仅适用于紫外-可见光区还适用于红外光区，不仅适用于溶液，也适用于其它均匀非散射的吸光介质（气体或固体）。

（2）吸光系数

① 摩尔吸光系数　在式(2-3)中，若c以$mol \cdot L^{-1}$为单位，b的单位用cm，则此时的吸光系数称为摩尔吸光系数，用ε表示，单位为$L \cdot mol^{-1} \cdot cm^{-1}$。即：

$$A = \varepsilon bc \tag{2-4}$$

ε是衡量物质吸光能力的重要参数。ε_{max}表明了物质最大的吸光能力，反映了光度法测定该物质时可能达到的最大灵敏度。

② 质量吸光系数　在式(2-3)中，若c以$g \cdot L^{-1}$为单位，b的单位用cm，则此时的吸光系数称为质量吸光系数，用a表示，单位为$L \cdot g^{-1} \cdot cm^{-1}$。即：

$$A = abc \tag{2-5}$$

质量吸光系数常用于环境监测和毒理分析中。

③ 摩尔吸光系数与质量吸光系数的关系　由摩尔吸光系数和质量吸光系数的定义可知二者存在如下关系：

$$a = \varepsilon/M \tag{2-6}$$

式中，M为吸光物质的摩尔质量，$g \cdot mol^{-1}$。

【例2-1】 已知含铁（Fe^{2+}）浓度为$500\mu g/L$的溶液，用邻啡罗啉比色法测定铁，比色皿厚度为2cm，在波长508nm处测的吸光度为0.190，计算摩尔吸光系数。

解：已知：$A = 0.19$；$b = 2cm$；

对浓度进行换算：$c = \dfrac{500 \times 10^{-6}}{55.85} = 8.9 \times 10^{-6}$（$mol \cdot L^{-1}$）

由$A = \varepsilon bc$得：

$$\varepsilon = A/bc = 0.19/(8.9 \times 10^{-6} \times 2) = 1.1 \times 10^4 \ (L \cdot mol^{-1} \cdot cm^{-1})$$

【例2-2】 有两份不同浓度的某一有色配合物溶液，当液层厚度为1.0cm时，对某一波长的光透光率分别为：(a) 65.0%，(b) 41.8%，求（1）两份溶液的吸光度A_1、A_2。(2) 如果溶液（a）的浓度为$6.50 \times 10^{-4} mol \cdot L^{-1}$，求溶液（b）的浓度。

解：$A_1 = -\lg T_1 = -\lg 0.65 = 0.187$

$A_2 = -\lg T_2 = -\lg 0.418 = 0.379$

由：$A = \varepsilon bc$

$\varepsilon = A_1/bc_1 = 0.187/(1.0 \times 6.50 \times 10^{-4}) = 2.88 \times 10^2 \ (L \cdot mol^{-1} \cdot cm^{-1})$

$c_2 = A_2/\varepsilon b = 0.379/(288 \times 1.0) = 1.32 \times 10^{-3} \ (mol \cdot L^{-1})$

（3）朗伯-比耳定律的应用

朗伯-比耳定律是光学分析定量的基础，可以利用公式$c_x = \dfrac{A_x}{\varepsilon_{max} b}$计算出待测物质的浓度，但是实际应用中基本上不采用这种单点计算的方法，而是利用标准曲线（也称工作曲线、校准曲线等）法进行定量分析。即在相同的条件下测定一系列不同浓度标准溶液的吸光度。以浓度（c）为横坐标，吸光度（A）为纵坐标，得到一条A-c关系曲线。然后再在相同条件下测得待测溶液的吸光度A_x，即可从曲线中查得待测溶液的浓度c_x。

在利用工作曲线法进行定量分析时，需要注意消除干扰、扣除空白、在线性范围内测定方可获得满意的结果。

2.2.3　吸光度的加和性

在多组分体系中，如果各组分之间不发生相互作用，这时体系的总吸光度等于各组分吸光度之和，称为吸光度的加和性。

$$A_总 = A_1 + A_2 + \cdots + A_n = k_1 bc_1 + k_2 bc_2 + \cdots + k_n bc_n \tag{2-7}$$

吸光度的加和性表现在不同物质对同一波长的光的吸光度具有加和性。

2.2.4　偏离朗伯-比耳定律的原因

通常在分光光度法定量分析中，常采用标准曲线法。根据朗伯-比尔定律，标准曲线或

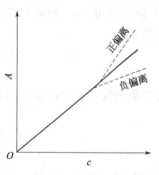

图 2-4　标准曲线偏离
朗伯-比尔定律的现象

工作曲线应为一条通过原点的直线。但在实际工作中，尤其是在溶液浓度较高时，常会出现标准曲线向上或向下弯曲（如图 2-4 虚线所示）的现象，浓度太低时也有此现象，这种现象称为偏离朗伯-比尔定律。若待测试液浓度处在光度分析的标准曲线弯曲部分，则根据吸光度计算试样浓度时将引入较大的误差。所以，了解偏离朗伯-比尔定律的原因，可以合理地对测定条件作适当的选择和控制。

引起偏离朗伯-比尔定律的主要原因主要有两个方面，一是与仪器相关的因素，另外就是与样品相关的因素。

（1）非单色光引起的偏离

这是由仪器造成的偏离。朗伯-比尔定律的基本条件对入射光的要求必须为平行单色光，但仪器不能提供纯粹的单色光，实际上提供的是由波长范围较窄的光带组成的复合光。由于物质对不同波长光的吸收程度不同，因而引起了对朗伯-比尔定律的偏离。为讨论方便起见，假设入射光仅由两种波长 λ_1 和 λ_2 的光组成，两波长下比尔定律是适用的。

$\varepsilon_1 = \varepsilon_2$ 时，$A = \varepsilon bc$，$A \sim c$ 呈直线关系。如果 $\varepsilon_1 \neq \varepsilon_2$，$A$ 与 c 则不再符合线性关系。ε_1 与 ε_2 差别越大，A 与 c 之间线性关系的偏离也越大。其它条件一定时，ε 随入射光波长而变化。但 λ_{max} 附近 ε 变化不大。当选用 λ_{max} 波长处的光作入射光，所引起的偏离就小，标准曲线基本上成直线。如用图 2-5 中左图的谱带 a 的复合光进行测量，得到右图的工作曲线 a'，A 与 c 基本呈直线关系。反之选用谱带 b' 的复合光进行测量，ε 的变化较大，则 A 随波长的变化较明显，得到的工作曲线 b'，A 与 c 的关系明显偏离线性。

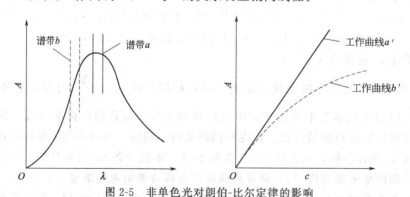

图 2-5　非单色光对朗伯-比尔定律的影响

（2）化学因素引起的偏离

与样品有关的因素也称化学因素引起的偏离。朗伯-比尔定律除要求入射光是单色光外，还假设吸光粒子是独立的，彼此间无相互作用，即均匀的介质，因此稀溶液能很好地服从该定律。在高浓度时（通常 $> 0.01 \, mol \cdot L^{-1}$），由于吸光粒子间的平均距离减小，以致每个粒

子都可影响其邻近粒子的电荷分布，这种相互作用可使它们的吸光能力发生改变。由于相互作用的程度与浓度有关，随浓度增大，吸光度与浓度间的关系就偏离线性关系。所以一般认为朗伯-比尔定律只适用于$<0.01mol \cdot L^{-1}$的稀溶液。

此外，由吸光物质等构成的溶液化学体系，常因条件的变化而发生吸光组分的缔合、离解、互变异构、配合物的逐级形成以及与溶剂的相互作用等，从而形成新的化合物或改变吸光物质的浓度，都将导致偏离朗伯-比尔定律。因此须根据吸光物质的性质，溶液中化学平衡的知识，严格控制显色反应条件，对偏离加以预测和防止，以获得较好的测定效果。

例如，重铬酸钾在水溶液中存在如下平衡：

$$Cr_2O_7^{2-} + H_2O \Longrightarrow 2H^+ + 2CrO_4^{2-}$$

（橙色）　　　　　　　　　　（黄色）

如果稀释溶液或增大溶液 pH，$Cr_2O_7^{2-}$ 就转变成 CrO_4^{2-}，吸光质点发生变化，从而引起偏离朗伯-比尔定律。如果控制溶液均在高酸度时测定。由于六价铬均以重铬酸根形式存在，就不会引起偏离。

2.3　有机化合物的电子光谱

2.3.1　有机化合物的电子光谱

2.3.1.1　有机分子的化学键类型

由两种或两种以上的原子或同一种原子靠化学键可以结合成分子。有机分子的化学键主要有两种，一种是 σ 键，另一种是 π 键。此外，如果分子中有含孤对电子的原子，则它的孤对电子是未成键电子，称非键或 n 键。

(1) 化学键的形成

① σ 键　组成分子的原子靠 s 轨道的电子云交盖或 s 与 p_x 轨道的电子云交盖形成 σ 轨道。由两个原子的 p_x 与 p_x 头碰头或 d_{x^2} 和 $d_{x^2-y^2}$ 头碰头交盖也可形成 σ 轨道。电子填充在 σ 轨道上形成的化学键叫 σ 键。这种化学键成键后的势能低，所以形成的 σ 键很稳定。

② π 键　形成分子的原子间的 p 轨道以肩并肩的方式交盖，所形成的分子轨道称 π 轨道。电子填充在 π 轨道上形成的化学键称 π 键。这种轨道上两原子核间电子云较 σ 轨道的稀疏，所以 π 键的稳定性比 σ 键的差。

③ n 键　分子中的原子，若含有未参加成键的孤对电子，由孤对电子所占据的轨道称非成键分子轨道或非键轨道，也叫 n 轨道。含有孤对电子的 n 轨道称 n 键，如有机物中含有 N、O、S、卤素等杂原子时，由于这些原子都有孤对电子，因此分子中就有非键分子轨道。

(2) 成键轨道和反键轨道

如果两个原子各提供一个轨道成键，形成的分子轨道有两个：一个比原子轨道中的任何一个轨道的能量都低，叫做成键分子轨道或成键轨道，另一个比两原子轨道中的任何一个轨道的能量都高，叫反键分子轨道或叫反键轨道。

根据能量最低原理，成键后，电子将首先填充在能量低的成键轨道而形成分子，以保持分子能量最低，如 H_2 分子的 2 个电子都填充在成键轨道上。

(3) 轨道能量

根据量子化学原理，同一种分子轨道的成键轨道能量低于反键轨道能量，也都低于非键分子轨道的能量。成键轨道中σ轨道最稳定，能量最低。反键轨道中σ*能量最高（根据能量守恒定律，成键能量降低得多，反键轨道能量就升高得多，总能量守恒）。因此，各轨道能量由高到低依次排序为：

$$\sigma^* > \pi^* > n > \pi > \sigma$$

绝大多数有机分子中，价电子一般都填充在能量低的成键σ轨道和π轨道中，或者有非键电子。而能量高的反键轨道是空的，没有电子。如果反键轨道也有电子，则形成的化学键很不稳定。如果反键轨道也充满电子，则它成键前后能量不变化，形成的分子极不稳定，如He原子即为这种情况（见图2-6）。自然界中He总是以自由原子形式存在，被称为惰性气体。

（4）电子跃迁类型

有机化合物分子中的价电子在吸收一定能量的紫外-可见光后，会从基态（一般是成键轨道和n轨道）向激发态（反键轨道）跃迁。根据光谱选律和分子结构理论，允许的跃迁方式主要有4种：σ→σ*跃迁、n→σ*跃迁、π→π*跃迁和n→π*跃迁（见图2-7）。

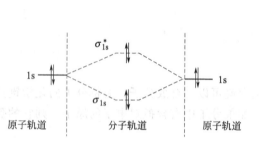

图 2-6　氢原子形成分子的电子填充示意图

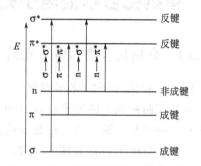

图 2-7　分子轨道能级和电子跃迁类型

由图2-7可以看出，这4种跃迁所需要的能量是不同的，各电子跃迁所需能量的大小为：

$$E_{\sigma \to \sigma^*} > E_{n \to \sigma^*} \geqslant E_{\pi \to \pi^*} > E_{n \to \pi^*}$$

一般来说，n电子激发所需能量较小，因此，简单分子中n→π*电子跃迁需要的能量最小，吸收带出现在长波段区。n→σ*电子跃迁及π→π*电子跃迁的吸收带出现在较短波段。而σ→σ*电子跃迁则出现在远紫外区。上述4种主要跃迁方式的紫外吸收光谱特征及部分实例的紫外光谱数据列入表2-1中。

（5）吸收峰的强弱

在紫外-可见光谱中，通常根据摩尔吸光系数来确定吸收峰的强弱。一般规定，$\varepsilon \geqslant 10^4$者为强吸收，可用于微量物质的定量分析；$\varepsilon = 10^3 \sim 10^4$者为较强吸收，一般也可用于定量分析，但测定灵敏度较低；$\varepsilon = 10^2 \sim 10^3$者为较弱吸收，对微量组分的测定不太合适；$\varepsilon < 10^2$者为弱吸收，一般不用于定量分析，只作纯物质的结构测定参考使用。如紫外光谱中的σ→σ*跃迁、π→π*跃迁属于光谱选律中的允许跃迁，跃迁几率大，为强吸收；n→σ*跃迁属于光谱选律中的禁阻跃迁，但由于n轨道与σ轨道的跃迁共平面效果比n、π的好，跃迁几率比n→π*大，为较强吸收；而n→π*跃迁则属于光谱选律中的禁阻跃迁且n、π*轨道共平面效果最差，故为较弱吸收。

一般规律：电子在两跃迁能级上的跃迁几率大者，吸收强度也大。

2.3.1.2 生色团、助色团、红移、蓝移和吸收带

(1) 生色团 (chromophores 或 chromophoric groups)

能使分子在紫外-可见光区产生吸收的基团称为生色团。有机化合物中常见的羰基、硝基、共轭双键与叁键、芳环等都是典型的生色团。它们的共同特点是：含有 π 键，能发生 $\pi \rightarrow \pi^*$ 跃迁或 $n \rightarrow \pi^*$ 跃迁。某些孤立生色团的电子吸收光谱数据列于表 2-1 中。

表 2-1　某些孤立生色团的电子吸收光谱数据

生色团	实例	λ_{max}/nm	$\varepsilon_{max}/L \cdot mol^{-1} \cdot cm^{-1}$	跃迁类型	状态
链烯键 C=C	$H_2C=CH_2$	165	10000	$\pi \rightarrow \pi^*$	气态
炔键 C≡C	HC≡CH	173	6000	$\pi \rightarrow \pi^*$	气态
羰基 C=O	$CH_3-\overset{H}{\underset{}{C}}=O$	289	12.5	$n \rightarrow \pi^*$	气态
		182	10000	$\pi \rightarrow \pi^*$	
	$CH_3-\overset{O}{\underset{}{C}}-CH_3$	274	13.6	$n \rightarrow \pi^*$	气态
		195	9000	$\pi \rightarrow \pi^*$	
		275	22	$n \rightarrow \pi^*$	在环己烷中
		190	1000	$\pi \rightarrow \pi^*$	
羧基	$CH_3-\overset{O}{\underset{}{C}}-OH$	204	41	$n \rightarrow \pi^*$	在乙醇中
酰胺基	$CH_3-\overset{O}{\underset{}{C}}-NH_2$	205	160	$n \rightarrow \pi^*$	在甲醇中
		214	60	$n \rightarrow \pi^*$	在水中
酰氯	$CH_3-\overset{O}{\underset{}{C}}-Cl$	240	34	$n \rightarrow \pi^*$	在正庚烷中
酯	$CH_3-\overset{O}{\underset{}{C}}-OC_2H_5$	204	60	$n \rightarrow \pi^*$	在水中
硝基—NO_2	CH_3NO_2	279	15.8	$n \rightarrow \pi^*$	在己烷中
		202	4400	$\pi \rightarrow \pi^*$	
偶氮基—N=N—	$CH_3N=NCH_3$ (反式偶氮甲烷)	343	25	$n \rightarrow \pi^*$	在乙醇中
		339	5	$n \rightarrow \pi^*$	在水中
亚胺基—C=NR	$C_2H_5CH=NC_4H_9$	238	200	$n \rightarrow \pi^*$	在异辛烷中
氧硫基 S=O	亚砜	210	1500	$n \rightarrow \pi^*$	在乙醇中
苯环	苯	254	205	$\pi \rightarrow \pi^*$	在水中
		203.5	7400		
	甲苯	261	225		
		206.5	7000		

(2) 助色团 (auxochrome)

基团本身在近紫外光区、可见光区无吸收，但与生色团相连时能使生色团的 λ_{max} 向长波方向移动，同时吸收强度增加者，称为助色团。通常助色团都含有孤对电子 (n 电子)，可借 p-π 轨道共轭而增加生色团的共轭程度，使 $\pi \rightarrow \pi^*$ 和 $n \rightarrow \pi^*$ 的跃迁能减小，从而产生助色效应 (λ_{max} 长移)。常见的助色团有—F、—Cl、—Br、—OH、—OR、—SR、—COOH、—NH_2、—NR_2 等。某些助色团对生色团苯环 λ_{max}、ε_{max} 的影响见表 2-2。

这里要特别注意的是：当羰基碳上引入含有 n 电子的取代基 (如—OH、—OCH_3、—OC_2H_5、—NH_2、—SH、—X) 时，由于产生诱导效应、共轭效应，使 $\Delta E_{\pi \rightarrow \pi^*}$ 变大，因而能使 C=O 的 $n \rightarrow \pi^*$ 跃迁吸收带的 λ_{max} 向短波方向移动，据此可区别醛、酮和酸、酯。

表 2-2 某些助色团对生色团苯环吸收带的影响

化合物	E_2 带		B 带	
	λ_{max}/nm	$\varepsilon_{max}/L \cdot mol^{-1} \cdot cm^{-1}$	λ_{max}/nm	$\varepsilon_{max}/L \cdot mol^{-1} \cdot cm^{-1}$
(苯)	203	7400	255	220
—F	204	8000	254	900
—Cl	210	7400	264	190
—Br	210	7900	261	192
—OH	211	6200	270	1450
—SH	236	8000	271	630
—NH₂	230	8600	280	1430

（3）红移（red shift 或 bathochromic effect）和蓝移（blue shift 或 hypsochromic effect）

由于取代基的引入或溶剂极性的影响而使 λ_{max} 向长波方向移动的现象，称为红移，也叫向红、长移。由于取代基的引入或溶剂极性的影响而使 λ_{max} 向短波方向移动的现象称为蓝移，也叫短移、向蓝。

能使吸收强度增加（ε_{max} 变大）的效应称增强效应，或增色效应（hyperchromic effect）。能使吸收强度降低（ε_{max} 变小）的效应称减色效应（hypochromic effect）或致弱效应。

（4）吸收带

同类电子跃迁引起的吸收峰称为吸收带。根据电子跃迁类型不同，可将吸收带分成 4 种类型。了解谱带类型及其和分子结构的关系，对于解析紫外光谱是很有用的。

① R 带　R 带是生色团（如—C＝O、—NO₂、—N＝N—）的 n→π* 跃迁引起的吸收带。它的特点是：吸收强度很弱（ε_{max} ＜100），吸收带 λ_{max} 一般在 270nm 以上。当溶剂极性增大时，λ_{max} 发生蓝移。如甲醛蒸气的 λ_{max} ＝290nm，ε_{max} ＝10；丙酮在正己烷中，λ_{max} ＝279nm，ε_{max} ＝15，均为 n→π* 跃迁引起的弱吸收带，属 R 带。

② K 带　由于分子中共轭体系的 π→π* 跃迁引起的吸收带叫做 K 带。该带的特点是 ε_{max} 很大（＞10000）；吸收峰的 λ_{max} 处在近紫外区低端，常随溶剂极性增强而红移。

③ B 带　B 带是芳香族和杂芳香族化合物的特征谱带，是由封闭共轭体系（芳环）的 π→π* 跃迁引起的弱吸收带。在 230～270nm 处呈一宽峰，且具有精细结构，属较弱吸收。例如苯的 B 带的 λ_{max} ＝255nm，ε_{max} ＝220。B 带的精细结构随取代基和溶剂极性增强而消失。

④ E 带　E 带也是芳香族化合物的特征谱带。它可分为 E_1 带、E_2 带。二者可分别看成是由苯环中乙烯键、共轭乙烯键的 π→π* 跃迁引起的。E_1、E_2 带的 λ_{max} 分别在 184nm（ε_{max}≈46000）和 204nm（ε_{max}＝7400）。E_1 带在远紫外区，不常用。E_2 带亦称 K 带。

2.3.1.3 各类有机化合物的电子光谱

按照有机化合物的分类，现讨论有机物的紫外-可见吸收光谱与分子结构的关系。

（1）饱和烃

饱和烃只含 σ 键。烷烃类只发生 σ→σ* 跃迁，此类跃迁需要的能量较大，它们的吸收光谱都出现在远紫外区。如：$\lambda_{max}(CH_4)=125nm$；$\lambda_{max}(C_2H_6)=135nm$；$\lambda_{max}$（其它烷烃）$=150nm$。

正因为饱和烃的紫外光谱出现在远紫外区，所以，在一般的紫外光谱法测定中，正己烷、环己烷等常被用作溶剂。

环丙烷的 λ_{max} 为 190nm，比其相应的直链烷烃的 λ_{max} 大得多。这是因为成环的环丙烷的张力使 σ 电子活性加大，因此使 $σ→σ^*$ 跃迁所需的能量变小，λ_{max} 红移。

当杂原子基团引入到饱和烃上时，将能产生 $σ→σ^*$、$n→σ^*$ 两种跃迁。但 $n→σ^*$ 跃迁产生的吸收带的 λ_{max} 多数仍在远紫外区，如 CH_3Cl 的 λ_{max} 为 172nm、CH_3OH 的 λ_{max} 为 180nm、CH_3OCH_3 的 λ_{max} 为 185nm；少数 $n→σ^*$ 跃迁吸收带红移到近紫外区。例如 CH_3Br 的 λ_{max} 为 204nm、CH_3NH_2 的 λ_{max} 为 215nm、CH_3I 的 λ_{max} 为 258nm。

由上述数据可以看出，具有 n 电子的取代原子由 Cl 变到 I，原子半径增大，n 电子容易激发，结果使 $n→σ^*$ 跃迁能减小，吸收带移至近紫外区。

醇类和醚类在近紫外区无吸收，所以它常在紫外光谱法中用作样品测定的溶剂。

（2）烯烃

① 单烯烃　只有一个双键的烯烃，$π→π^*$ 跃迁所需能量较高，相应的吸收峰出现在远紫外区。例如：$CH_2=CH_2$ 的 λ_{max} 为 162nm（$\varepsilon_{max}\sim10^4$）、$CH_3CH_2CH_2CH_2=CH_2$ 的 λ_{max} 为 184nm（$\varepsilon_{max}\sim10^4$）、环己烯的 λ_{max} 为 176nm（$\varepsilon_{max}\sim10^4$）。

② 孤立多烯　如果分子中有两个以上的孤立双键，称为孤立多烯。其吸收峰位置仍在远紫外区，但吸收强度几乎按孤立双键数目成倍增加。如 $CH_2=CH—CH_2—CH_2—CH=CH_2$ 的 $\lambda_{max}=185nm$，$\varepsilon_{max}=2.0\times10^4$。

③ 共轭烯烃　共轭体系 $π→π^*$ 跃迁产生的吸收带称为 K 带。由于共轭双键（或叁键）的 π 分子轨道之间的相互作用，形成一套新的成键轨道及反键轨道（如图 2-8）。此时，新成键轨道的能量增高，而相应新的空反键轨道能量降低。从而使成键轨道、反键轨道之间的跃迁能 ΔE 变小，使 K 带（λ_{max}）红移至近紫外区，同时 ε_{max} 增大。如丁二烯（在己烷中）$\lambda_{max}=217nm$、$\varepsilon_{max}=2.1\times10^4$。

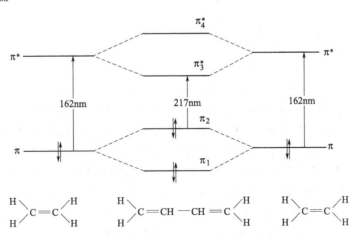

图 2-8　1,3-丁二烯的能级图及电子跃迁

随着共轭体系的增长。$π→π^*$ 跃迁能随之变小，λ_{max} 进一步红移，ε_{max} 也不断增大。这种现象称共轭效应。共轭效应对 λ_{max} 和 ε_{max} 的影响见表 2-3。由于共轭体系 K 带是处于近紫外区的强吸收带，因此，对于判断分子的共轭结构非常有用。此外，不少反式烯烃的吸收波

长比顺式烯烃的长，利用此点可区分顺、反异构体。

表 2-3 烯烃中共轭双键数目对 λ_{max}、ε_{max} 的影响

化合物	双键数	λ_{max}/nm	ε_{max}/L·mol^{-1}·cm^{-1}	溶剂
乙烯	1	162	10000	蒸气
1,3-丁二烯		217	21000	己烷
	2	210		蒸气
1,3,5-己三烯	3	258	43000	异辛烷
1,3,5,7-辛四烯	4	304	—	环己烷
1,3,5,7,9-癸五烯	5	334	121000	异辛烷
1,3,5,7,9,11-十二烷基六烯	6	364	138000	异辛烷

（3）醛和酮

① 饱和醛、酮 饱和醛、酮中只含羰基（C=O）不饱和键，有 σ、π、n 三种电子，在紫外区可同时发生 $\sigma \to \sigma^*$、$n \to \sigma^*$、$\pi \to \pi^*$、$n \to \pi^*$ 四种跃迁。其中 $\lambda_{max}^{\sigma \to \sigma^*} < 150$nm、$\lambda_{max}^{n \to \sigma^*} = 170 \sim 200$nm、$\lambda_{max}^{\pi \to \pi^*} = 160 \sim 180$nm，只有 $n \to \pi^*$ 跃迁产生的 R 带出现在近紫外区，$\lambda_{max}^{n \to \pi^*} = 270 \sim 300$nm。R 带是判断羰基结构的重要依据。部分饱和醛、酮的紫外光谱数据见表 2-4。

表 2-4 部分饱和醛、酮的紫外光谱数据

化合物	溶剂	$n \to \pi^*$ 跃迁		$n \to \sigma^*$ 跃迁	
		λ_{max}/nm	ε_{max}/L·mol^{-1}·cm^{-1}	λ_{max}/nm	ε_{max}/L·mol^{-1}·cm^{-1}
甲醛	蒸气	304	18	175	1800
	异戊烷	310	5		
乙醛	蒸气	289	12.5	182	10000
	异辛烷	290	17		
丙醛	异辛烷	292	21		
丙酮	蒸气	274	13.6	195	9000
	环己烷	275	22	190	1000
丁酮	异辛烷	278	17		
2-戊酮	己烷	278	15		
4-甲基-2-戊酮	异辛烷	283	20		
环丁酮	异辛烷	281	20		
环戊酮	异辛烷	300	18		
环己酮	异辛烷	291	15		

② 不饱和醛、酮 不饱和醛、酮分为非共轭的不饱和醛、酮（C=C—C—C=O）和共轭的不饱和醛、酮（C—C=C—C=O）两种。前者的羰基与 C=C 无共轭关系，它们之间相互作用很小，羰基的 $\lambda_{max}^{C=O}$ 和 C=C 的 $\lambda_{max}^{C=C}$ 值保持不变，且 ε 值也基本无变化。

若羰基双键与乙烯基双键共轭连接形成 α、β 不饱和醛酮（C=C—C=O），将产生共轭效应，使乙烯基 $\pi \to \pi^*$ 跃迁吸收带红移至 220～260nm 构成 K 带，羰基双键 R 带红移到 310～330nm。共轭红移数值与共轭双键数目有关。见表 2-5。

利用上述特点，可以识别 α、β 不饱和醛酮及其衍生物。

（4）芳香族化合物

① 苯 苯是最简单的芳烃，它有 6 个 π 电子，形成了一个大 π 键。π 电子活动性大，其 $\pi \to \pi^*$ 跃迁能较小。苯的紫外吸收光谱由三个 $\pi \to \pi^*$ 跃迁谱带组成，其光谱数据见表 2-6 和图 2-9。

表 2-5　共轭效应对不饱和羰基的 $n \rightarrow \pi^*$、$\pi \rightarrow \pi^*$ 跃迁谱带的影响

共轭结构	$\pi \rightarrow \pi^*$ 跃迁 λ_{max}/nm	$n \rightarrow \pi^*$ 跃迁 λ_{max}/nm
—C=O	166	280
—C=C—C=O	218	320
—C=C—C=C—C=O	270	350
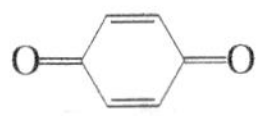 O=⟨⟩=O	245	435

表 2-6　苯的紫外吸收光谱数据

谱代名称	λ_{max}/nm	$\varepsilon_{max}/L \cdot mol^{-1} \cdot cm^{-1}$	产生谱带的原因
E_1	184	46000	苯中乙烯键的 $\pi \rightarrow \pi^*$ 跃迁
E_2(K)	204	7400	苯的共轭烯键的 $\pi \rightarrow \pi^*$ 跃迁
B	255	220	苯环的封闭烯键的 $\pi \rightarrow \pi^*$ 跃迁

苯的 E_1、E_2 带均为强吸收带，E_1 带在远紫外区，E_2 带在近紫外区，亦称 K 带。B 带是由苯环封闭共轭体系的 $\pi \rightarrow \pi^*$ 跃迁叠加分子振动能级跃迁组成的，它的吸收很弱，在蒸气和非极性溶剂中，因分子振动能级跃迁使 B 带呈明显的精细结构（图 2-10）。E_2 带和 B 带是苯的特征谱带，是鉴别芳环的根据。

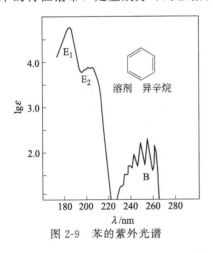

图 2-9　苯的紫外光谱

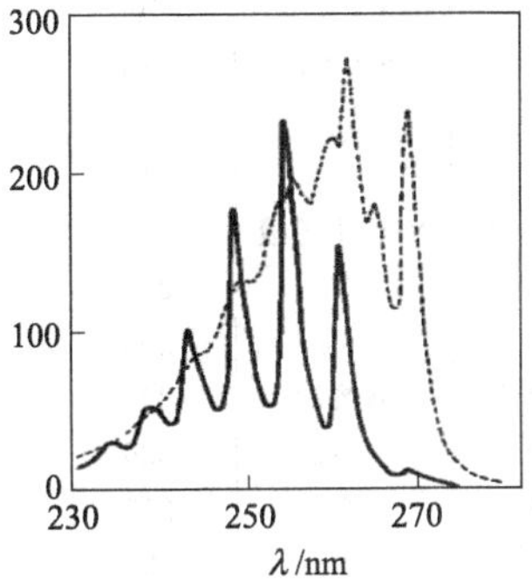

图 2-10　苯和甲苯的 B 带（在环己烷中）
实线—苯；虚线—甲苯

② 取代苯

a. 烷基取代苯　烷基取代苯将使苯环的 E_2、B 带红移。B 带红移较多且 ε_{max} 增大，其中以甲基更为明显。这是由于烷基 C—H 键的 σ 电子与苯环产生超共轭作用引起的。烷基取代位置不同其影响亦不同，引起红移的大小顺序是：对位＞间位＞邻位（见表 2-7）。烷基苯在改变溶剂时，谱带位置不会显著变化（只是精细结构随溶剂极性而变化）。

b. 助色基取代　助色基—OH、—NH₂、—SH、—X 等均含有 n 电子，取代后发生 n-π 共轭，使苯环的 E 带、B 带发生红移且使 ε_{max} 增大。有时 B 带精细结构消失。例如，苯胺具有 n-π 共轭，使苯环 E 带、B 带都发生红移。如果加盐酸使其变为苯胺盐酸盐：

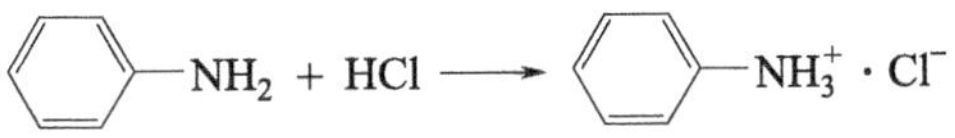

$$⟨⟩-NH_2 + HCl \longrightarrow ⟨⟩-NH_3^+ \cdot Cl^-$$

n 电子成键后，不再有 n-π 共轭，这时苯环的 B、E 带又回到苯的情况（见表 2-7 的光谱数

据和图 2-11 的紫外光谱）。图 2-11 中 Ⅱ 是苯胺的紫外吸收光谱，Ⅰ 是苯胺中加入盐酸后的紫外光谱，若加 NaOH 至微碱性，紫外光谱又回到 Ⅱ 的状态。借此可以鉴别 $C_6H_5N\!\!<$ 的有无。

又如，苯酚分子内也存在 n-π 共轭，它的紫外光谱与苯相比，E、B 带都发生了红移。当加入 NaOH 时，苯酚形成酚盐，其 n 电子增多，使 n-π 共轭增强，导致 E 带、B 带都发生更大红移，ε_{max} 也显著增大（见表 2-7）。

表 2-7　苯及其衍生物的紫外吸收光谱

化合物	溶剂	E₂ 带		B 带		R 带	
		λ_{max}/nm	ε_{max}/L·mol⁻¹·cm⁻¹	λ_{max}/nm	ε_{max}/L·mol⁻¹·cm⁻¹	λ_{max}/nm	ε_{max}/L·mol⁻¹·cm⁻¹
苯	己烷	204	8800	254	250		
	水	203.5	7000	254	205		
甲苯	己烷	208	7900	262	260		
	水	206	7000	261	225		
乙苯	95％乙醇	208	7800	260	220		
叔丁基苯	95％乙醇	207.5	7800	257	170		
邻二甲苯	25％乙醇	210	8300	262	300		
间二甲苯	25％乙醇	212	7300	264	300		
对二甲苯	95％乙醇	216	7600	274	620		
1,3,5-三甲苯	95％乙醇	215	7500	265	220		
氟代苯	95％乙醇	204	6200	254	900		
氯代苯	95％乙醇	210	7500	257	170		
溴代苯	95％乙醇	2100	7500	257	170		
碘代苯	95％乙醇	226	13000	256	800		
	己烷	207	7000	258	610	285	
苯酚	水	211	6200	270	1450		
酚盐阴离子	NaOH 溶液	236	9400	287	2600		
苯胺	水	230	8600	280	1400		
	甲醇	203	7000	280	1300		
苯胺阳离子	酸溶液	203	7500	254	160		
苯硫酚	己烷	236	10000	269	700		
苯甲醚	水	217	6400	269	1500		
苄腈	水	224	13000	271	1000		
苯甲酸	水	230	10000	270	800		
	95％乙醇	226	9800	272	850		
硝基苯	己烷	252	10000	280	1000	330	140
苯甲醛	己烷	242	14000	280	1400	328	55
乙酰苯	己烷	238	13000	276	800	320	40
苯乙烯	己烷	248	15000	282	740		

助色基取代苯在改变溶剂时，B 带位置基本不变，但精细结构将消失，见图 2-12。

c. 生色团取代　生色团（即具有双键的基团）取代后，双键与苯环共轭，在 200～250nm 出现 K 带，同时 B 带发生较大的红移。酰苯、苯甲醛除呈现 K、B 带外还出现 R 带。如表 2-7 所示。但有些化合物的 B 带被 K 带所掩盖。在极性溶剂中，羰基化合物的 R 带有时又被 B 带所掩盖。

③ 稠环芳烃

稠环芳烃的共轭程度与苯相比，显著增大，所以 λ_{max} 产生明显红移。稠合的苯环越多，

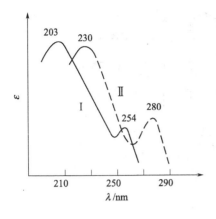

图 2-11　苯胺及其盐酸盐的紫外光谱
Ⅰ—苯胺盐　Ⅱ—苯胺

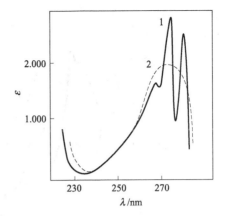

图 2-12　苯酚在不同溶剂中的 B 吸收带
1—庚烷溶液中　2—乙醇溶液中

红移越大，如萘、蒽与苯比较，E 带由远紫外区移入近紫外区。同时，ε_{max} 也随稠合环的增多而明显加大。部分稠环芳烃的紫外光谱数据列入表 2-8 中。

表 2-8　部分稠环芳烃的紫外光谱数据

化合物	溶剂	E_2 带		E_2 带		B 带	
		λ_{max}	ε_{max}	λ_{max}	ε_{max}	λ_{max}	ε_{max}
苯	庚烷	184	60000	204	8000	255	200
萘(线形双环)	异辛烷	221	110000	275	5600	311	250
蒽(线形三环)	异辛烷	251	200000	376	5000	掩盖	
并四苯(线形四环)	庚烷	272	180000	473	12500	掩盖	
并五苯(线形五环)	庚烷	310	300000	585	12000	417	
菲(角形三环)	甲醇	251	90000	292	20000	330	350
芘(角形四环)		240	89000	334	50000	352	630
1,2-苯并菲(角形四环)	95％乙醇	267	160000	306	15500	360	1000
				319	15500		
1、2、5、6 二苯蒽(角形五环)	1,4-氧杂环己烷	299	160000	335	17000	394	1000

从表 2-8 数据可看出，随共轭体系增加，E_2 带比 B 带红移的更明显，蒽和并四苯的紫外光谱中 B 带被 E_2 带所掩盖，如图 2-13 所示。在并五苯光谱中 B 带已处在 E_1 带和 E_2 带之间。

2.3.2　影响电子光谱的因素

影响紫外光谱的因素很多，如分子的共轭程度、取代基效应、空间效应和溶剂种类、温度等都会使 λ_{max} 和 ε_{max} 发生变化。本节只讨论一些主要的影响因素。

2.3.2.1　内部因素

这是指分子结构本身的差异，它包括共轭效应、取代基效应、氢键效应和空间效应等。

（1）共轭效应

由于共轭双键数目的增多，使 λ_{max} 红移和 ε_{max} 增大的现象叫共轭效应。这是由于双键与双键相互作用，形成一套新的共轭体系的分子轨道，即大 π 键。形成大 π 键以后的分子轨道中 π 和 $π^*$ 能差显著减小，吸收波长红移。一般情况下，每增加一个共轭双键，λ_{max} 将红移 30～40nm。大 π 键的形成，使分子的活动性增加，参与 π→$π^*$ 跃迁的几率增大，故使 ε_{max}

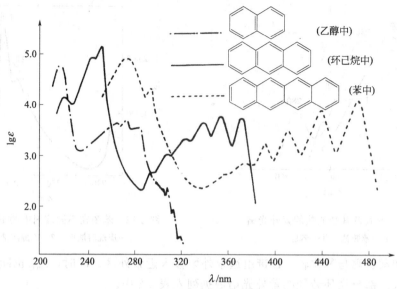

图 2-13　线形稠环芳烃的紫外吸收光谱

也增加近 1 倍。例如：

$CH_2\!=\!CH_2$　　　　　　　　　　$\lambda_{max}=162nm$　　$\varepsilon_{max}=15530$

$CH_2\!=\!CH\!-\!CH\!=\!CH_2$　　　　　$\lambda_{max}=217nm$　　$\varepsilon_{max}=21000$

$CH_2\!=\!CH\!-\!CH\!=\!CH\!-\!CH\!=\!CH_2$　　$\lambda_{max}=258nm$　　$\varepsilon_{max}=35000$

（2）取代基效应

当含有 n 电子的助色团（—OH、—OR、—NH_2、—SR、—X 等）引入共轭体系时，发生 n-π（或 p-π）共轭，导致 K 带、B 带显著红移，ε_{max} 增大的现象称为助色效应。常见取代基的影响见表 2-9。一般每引入一个助色基，λ_{max} 将红移 20～40nm。

表 2-9　取代基引起的 λ_{max} 增加值

体系		取代基 i 引起的位移值/nm				
		—NR_2	—OR	—SR	—Cl	—Br
i—C=C		40	30	45	5	
i—C=C—C=O		95	50	85	20	30
i—苯环	K	51	20	55	10	10
	B	45	17	23	2	6

当 i 为烷基时也会产生轻微红移。如：

C=C—C=C　　　　217nm

C—C=C—C=C　　222nm

C—C=C—C=C—C　227nm

这是由于超共轭效应所致。一般每增加一个烷基，λ_{max} 将红移约 5nm。

与上述红移效应相反，当杂原子双键碳（如羰基碳）上引入上述杂原子取代基后，使 $\lambda_{max}^{n\rightarrow\pi^*}$ 发生蓝移，如表 2-10 所示。

苯环取代基将使苯的三个谱带都发生红移，见前述的表 2-7。

（3）氢键效应

有关分子本身性质的氢键有两种，一种是溶质分子间氢键，另一种是溶质分子内氢键。

表 2-10　某些杂原子取代基对羰基 n→π* 跃迁的影响

CH₃COX 中的 X	溶剂	λ_{max}/nm	ε_{max}/L·mol⁻¹·cm⁻¹
—H	蒸气	290	10
—CH₃	己烷	279	15
	95％乙醇	272.5	19
—OH	95％乙醇	204	41
—SH	环己烷	219	2200
—OCH₃	异辛烷	210	57
—OC₂H₅	95％乙醇	208	58
	异辛烷	211	58
—OOCCH₃	异辛烷	225	47
—Cl	庚烷	240	40
—Br	庚烷	250	90
—NH₂	甲醇	205	160

溶质分子间氢键与溶质的浓度和性质有关。浓度高时会产生溶质分子间氢键。形成氢键后，使 n→π 共轭受限，能差加大，吸收波长蓝移。

有些有机物分子易形成分子内氢键。分子内氢键的形成往往使 λ_{max} 红移，例如：邻硝基苯酚，因形成分子内氢键，λ_{max} 比间硝基苯酚红移了 5nm。

λ_{max} =278nm
ε_{max} =6.6×10³

λ_{max} =273nm
ε_{max} =6.6×10³

溶质与溶剂间的分子间氢键，属于溶剂效应，在 2.3.2.2 予以介绍。

（4）空间效应

在共轭大分子中，如果因某些基团的位阻而不能很好地共平面，共轭作用效果将降低，从而使 λ_{max} 蓝移，ε_{max} 减小，这种现象称空间效应或位阻效应，借此可以区别顺反异构体。例如 1,2-二苯乙烯的顺反异构体，反式共平面性好，故 λ_{max} 红移，ε_{max} 增大。

λ_{max} =280.0nm
ε_{max} =1.05×10⁴

λ_{max} =295.5nm
ε_{max} =2.90×10⁴

顺式1,2-二苯乙烯

反式1,2-二苯乙烯

2.3.2.2　外部因素

影响紫外光谱的外部因素很多，如溶剂、温度、仪器性能等，本节只讨论溶剂对紫外光谱的影响。

溶剂对紫外光谱的影响主要有以下两个方面：

（1）溶剂极性增大时，使芳烃 B 带的精细结构消失

溶剂极性增大时，芳烃的电子光谱中 B 吸收带的精细结构将会减弱，甚至消失（如图 2-14）。

芳烃的电子光谱中 B 带呈显现精细结构的原因是环状共轭体系的 π→π* 电子跃迁叠加了分子的振动和转动能级跃迁而使其能级复杂变化，造成谱带呈锯齿状精细结构。当分子处在蒸气状态时，分子之间相互作用很小，分子的振动和转动将吸收微小的能量而使 B 吸收带的吸收峰发生波动，锯齿状精细结构表现明显。当物质在烃类非极性溶剂中时，由于溶质分子和溶剂分子之间的碰撞和范德华力作用，使部分振动能和转动能因碰撞和弱引力作用而

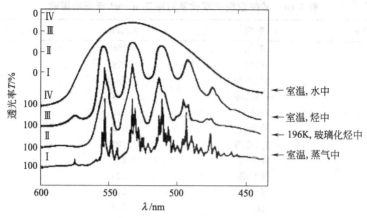

图 2-14　温度、溶剂极性对四氮苯电子光谱的影响

损失，致使精细结构简单化。如果是在极性溶剂中，由于溶质和溶剂的分子之间除碰撞外，还发生强烈的静电作用，使分子的振动和转动受到限制，精细结构进一步减弱甚至完全消失。

(2) 溶剂极性增大时，将使 λ_{max} 发生位移

随着溶剂极性的增大，谱带的 λ_{max} 发生红移或蓝移的现象称溶剂位移。一般情况下，溶剂极性增大时，使 K 带（$\pi \rightarrow \pi^*$ 跃迁吸收带）发生红移，而使 R 带（$n \rightarrow \pi^*$ 跃迁吸收带）发生蓝移。不同溶剂极性对亚异丙基丙酮

$$\left[CH_3-\underset{\underset{O}{\|}}{C}-CH=C\begin{matrix} CH_3 \\ CH_3 \end{matrix} \right]$$ 的 K 带、R 带的影响如

图 2-15 和表 2-11 所示。

图 2-15 和表 2-11 的结果说明，溶剂极性增大时，由 $\pi \rightarrow \pi^*$ 跃迁引起的 K 带红移，$n \rightarrow \pi^*$ 跃迁引起的 R 带蓝移。产生上述溶剂位移的原因，在于 n、π、π^* 三种轨道本身的极性顺序为：n＞π^*＞π。n 轨道在分子轨道之外，易与极性溶剂（水、乙醇等）形成氢键而稳

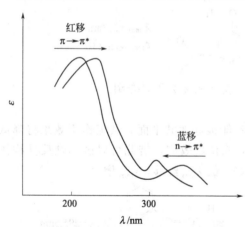

图 2-15　溶剂极性对异丙叉丙酮吸收带的影响

定化作用特别显著（即轨道能量下降最多），π^* 轨道在分子轨道外层，感受到的溶剂化程度次之（轨道能量下降较多），而 π 轨道在分子轨道的稳定状态，极性最小，溶剂化影响的趋势最小（轨道能量略有下降），因此，当溶剂由非极性改为极性时，$n \rightarrow \pi^*$ 跃迁能变大（λ_{max} 变小，即发生蓝移）；同理，$\pi \rightarrow \pi^*$ 跃迁能变小（λ_{max} 变长，即波长红移）。图 2-16 示意出了溶剂化对轨道和跃迁能的影响。

表 2-11　溶剂极性对异丙叉丙酮的 K 带、R 带的影响

溶剂	K 带（$\pi \rightarrow \pi^*$ 跃迁）		R 带（$n \rightarrow \pi^*$ 跃迁）	
	λ_{max}/nm	ε_{max}/L·mol^{-1}·cm^{-1}	λ_{max}/nm	ε_{max}/L·mol^{-1}·cm^{-1}
己烷	229.5	12600	327	40
乙醚	230	12600	326	40
乙醇	237	12600	325	90
氯仿	237.6		315	
甲醇	238	10700	312	55
水	245	10000	305	60

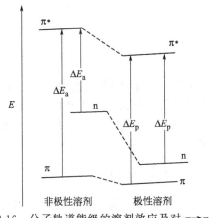

图 2-16 分子轨道能级的溶剂效应及对 $\pi \to \pi^*$
和 $n \to \pi^*$ 跃迁的影响

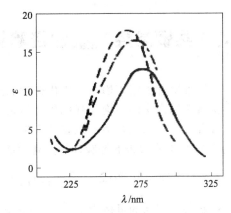

图 2-17 丙酮在不同溶剂中的紫外吸收光谱
——溶剂为己烷；-·-·-溶剂为 95% 乙醇；
------溶剂为水

【例 2-3】 丙酮在己烷、乙醇和水中的紫外光谱如图 2-17 所示，试判断该吸收峰是由何跃迁引起？属于何种谱带？

解： 从图中可看出，丙酮在己烷中 $\lambda_{max} = 279nm$；在 95% 乙醇中 $\lambda_{max} = 270nm$；在水中 $\lambda_{max} = 265nm$。

溶剂的极性大小顺序是：水＞95% 乙醇＞己烷。

该峰随溶剂极性增大蓝移，故为 $n \to \pi^*$ 跃迁引起的，属于 R 带。

由于溶剂对电子光谱图的影响较大，因此在紫外吸收光谱图或数据表中必须注明所用的溶剂。在进行紫外光谱分析时，正确选择溶剂很重要。溶剂的选择应注意以下几点：

① 在溶剂允许范围内，尽可能选择极性小的溶剂。因极性小的溶剂使 K 带和 R 带分开更明显，而且对芳环 B 带的特征精细结构能体现出来。

② 溶剂本身在被测样品的光谱区域内应无吸收。如果溶剂的吸收带和溶质吸收有重叠，就会妨碍溶质吸收带的观察。表 2-12 列出了一些常用溶剂的波长限度，如果低于此波长时，最好不选用。

表 2-12 溶剂的使用波长限度

溶剂	波长限度/nm	溶剂	波长限度/nm	溶剂	波长限度/nm	溶剂	波长限度/nm
乙醚	220	甲基环己烷	210	甘油	220	蚁酸甲酯	260
环己烷	210	96% 硫酸	210	1,2-二氧乙烷	230	甲苯	285
正丁醇	210	乙醇	215	二氯甲烷	235	吡啶	305
水	210	2,2,4-三甲基戊烷	215	氯仿	245	丙酮	330
异丙醇	210	对-二氧六环	220	乙酸正丁酯	260	二硫化碳	380
甲醇	210	正己烷	210	乙酸乙酯	260		

③ 溶剂与溶质之间无相互作用或虽有相互作用但不影响测定结果。

测定非极性化合物时一般选非极性溶剂（如己烷、庚烷、异辛烷、环己烷等）；测定极性化合物时选极性溶剂（如乙醇、水）。

2.4 共轭烯烃 λ_{max} 的经验计算

为了推测和判断不饱和有机化合物的结构，如果缺乏标准谱图和标准试样时，还可根据大量实验总结出来的不饱和有机化合物 λ_{max} 经验计算值对其进行初步估测和核对，以验证结构的合理性。下面是几类不饱和共轭烯烃 K 吸收带的经验计算规则，其它类型的不饱和有机化合物的 K 吸收带的经验计算，建议查阅相关资料。

2.4.1 链状共轭烯烃的 λ_{max} 计算（Woodward 经验规则）

链状共轭二烯的母体为 ⌇⌇，在乙醇溶剂中，其 λ_{max} 基本值为 217nm。除上述母体值外，每增加一个取代基的波长红移值为：

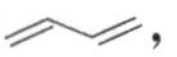

烷基　　　　+5nm
卤素　　　　+17nm

【例 2-4】 试计算如下结构的共轭二烯在乙醇中的 λ_{max} 值。

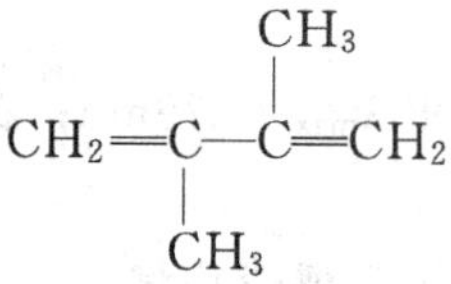

$$CH_2=\underset{\underset{CH_3}{|}}{\overset{\overset{CH_3}{|}}{C}}-C=CH_2$$

解：λ_{max} ＝母体基本值＋2 个烷基取代红移值
　　　　＝217＋2×5＝227nm（实测 226nm）

2.4.2 单环共轭烯烃的 λ_{max} 计算（Woodward 经验规则）

母体的 λ_{max} 基本值：共轭二烯不在同一环内　　　217nm

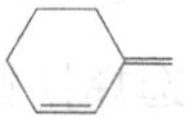

　　　　　　　　　　　　共轭二烯在同一环内　　　　253nm

其它红移值：　　环外双键　　　　　　　　+5nm
　　　　　　　　扩展共轭　　　　　　　　+30nm
　　　　　　　　取代基　烷基　　　　　　+5nm
　　　　　　　　　　　　卤素　　　　　　+17nm

共轭二烯的母体仅是指 ⬡— 和 ⬡ 中的共轭二烯 ⌒⌒ 基，即母体基本值未包括共轭二烯基以外的其它红移因素。如

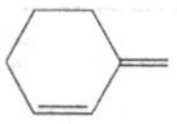

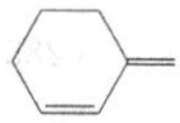

　　　　λ_{max} ＝母体基本值＋2 个烷基取代＋1 个环外双键＝217＋2×5＋5＝232nm

　　　　λ_{max} ＝母体基本值＋2 个烷基取代＝253＋2×5＝263nm

环外双键必须同时具备两个条件：①双键一端直接联在环上；②该双键必须参与共轭体系。例如：

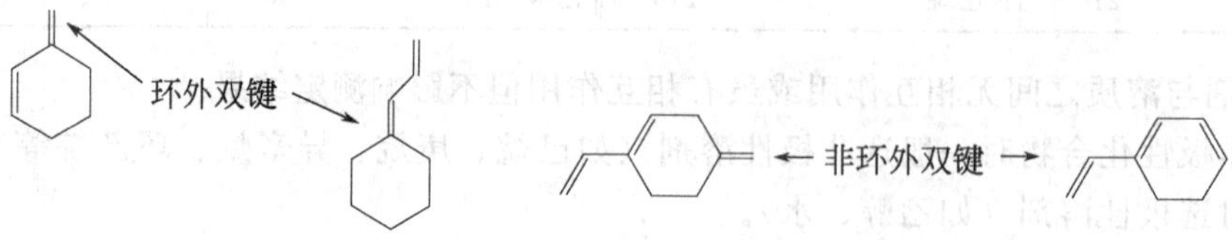

←环外双键　　　　　　　←非环外双键→

扩展共轭双键是共轭二烯以外又多出的参加共轭的任何双键。

【例 2-5】 试计算化合物 ▱=CH—CH=▱ 在乙醇中的 λ_{max}。

解：λ_{max}＝母体基本值＋4 个烷基取代＋2 个环外双键

$\qquad =217＋4×5＋2×5＝247nm$（实际测定值 247nm）

【例 2-6】 试计算化合物 ▱—▱ 在乙醇中的 λ_{max}。

解：λ_{max}＝母体基本值＋4 个烷基取代＋1 个扩展共轭

$\qquad =253＋4×5＋30＝303nm$

2.4.3 多环共轭烯烃的 λ_{max} 计算（Woodward-Fieser 经验规则）

母体的 λ_{max} 基本值：同环共轭二烯   253nm

$\qquad\qquad\qquad\qquad$ 异环共轭二烯   214nm

其它红移值：   环外双键   ＋5nm

$\qquad\qquad\qquad$ 扩展共轭   ＋30nm

$\qquad\qquad\qquad$ 取代基：烷基   ＋5nm

$\qquad\qquad\qquad\qquad\quad$ 卤素   ＋5nm

$\qquad\qquad\qquad\qquad\quad$ RCOO—基   ＋0nm

这类烯烃的 λ_{max} 计算时，应注意：各种红移因素都要考虑，一个双键可能既是扩展共轭双键，又是环外双键，还有可能同时为两个环的环外双键。上述因素都要加上，不要怕重复。例如：

箭头所示双键既有扩展共轭红移 30nm，又有两个环外双键红移 2×5＝10nm。

当一个化合物中同时存在同环、异环母体时，应取同环二烯作母体。

【例 2-7】 计算化合物 在乙醇中的 λ_{max}。

解：λ_{max}＝母体（同环）的基本值＋1 个扩展共轭＋1 个环外双键＋3 个烷基取代＋1 个醚基取代＝253＋30＋5×1＋5×3＋0×1＝303nm（实测值 306nm）

以上经验规则仅适用于 2 至 4 个共轭双键的多烯烃在乙醇溶液中的 λ_{max} 计算。当用其它溶剂时，对实测值影响不大，一般改变 1～2nm。上述规则不仅可用于六元环体系，也可用于五元环或七元环体系，但母体的 λ_{max} 基本值相应为 228nm 和 241nm。此处不详细讨论。

2.5 紫外-可见光谱法的仪器

紫外-可见光谱法所用仪器是紫外-可见分光光度计，有紫外-可见分光光度计和可见分光光度计之分，二者的光路结构原理和构造基本相同。前者为了适应紫外光的分析性质，需要采用两种光源和两种检测器，后者则为一种光源和检测器。仪器型号很多，按结构可分为单波长单光束光度计、单波长双光束光度计、双波长双光束光度计等。紫外及可见分光光度计一般可测量的波长范围为 200～1000nm，可见分光光度计一般可测量的波长范围为 360～800nm。图 2-18 为国产 721 型可见分光光度计的光路结构示意。

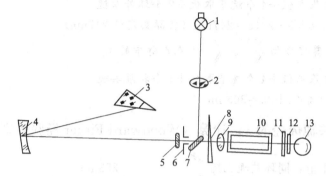

图 2-18　国产 721 型可见分光光度计光路系统示意图

1—光源；2，9—聚光透镜；3—色散透镜；4—准直镜；5，12—保护玻璃；6—狭缝；
7—反射镜；8—光楔；10—吸收池；11—光门；13—光电管

2.5.1　光源

在吸光度的测量中，要求光源发出所需波长范围内的连续光谱具有足够的光强度，并在一定时间内能保持稳定。

可见光区常用钨丝灯为光源。钨线加热到自炽时，将发出波长约为 320nm 至 2500nm 的连续光谱，发出光的强度在各波段的分布随灯丝温度变化而变化。温度增高时，总强度增大，且在可见光区的强度分布增大，但温度过高，会影响灯的寿命。钨丝灯一般工作温度为 2600～2870K（钨的熔点为 3680K）。而钨丝灯的温度决定于电源电压，电源电压的微小波动会引起钨灯光强度的很大变化，因此必须使用稳压电源，使光源光强度保持不变。

在近紫外区测定时常采用氢灯或氘灯产生 180～375nm 的连续光谱作为光源。紫外-可见分光光度计的紫外光源常用氢灯或氘灯。氘灯的辐射强度比氢灯约大 4～5 倍，因此一些带有自动扫描装置的紫外-可见分光光度计常用氘灯作紫外光源。

2.5.2　分光系统

紫外-可见分光光度计的分光系统是将光源发出的连续光谱转变为平行单色光的装置，由入射狭缝、准直镜、色散元件、物镜、出射狭缝等组成。其中色散元件也叫单色器，一般采用棱镜或光栅，此外，常用的滤光片也起单色器的作用。

使用棱镜单色器可以获得半宽度为 5～10nm 的单色光，光栅单色器可获得半宽度小至 0.1nm 的单色光，且可方便地改变测定波长。调节入射、出射狭缝宽度，可以改变出射光束的通带宽度。

单色器出射的光束通常混有少量与仪器所指示波长不一致的杂散光。其来源之一是光学部件表面尘埃的散射。杂散光会影响吸光度的测量，因此应保持光学部件的清洁。

紫外-可见一体的光谱仪器所有光学系统的所有光学元件一律用石英玻璃制作。

2.5.3　吸收池

吸收池亦称比色皿，用于盛吸收试液，能透过所需光谱范围内的光线。在可见光区测定，可用无色透明、能耐腐蚀的玻璃比色皿。大多数仪器都配有液层厚度为 0.5cm、1cm、

2cm、3cm 和 10cm 等一套长方体形的比色皿若干只。同样厚度比色皿之间的透光度差值应小于 0.5％。为了减少入射光的反射损失和造成光程差，应注意比色皿放置的位置，使其透光面垂直于光束方向。指纹、油腻或皿器壁上其它沉积物都会影响其透射特性，因此应注意保持比色皿的清洁。

紫外光区所用吸收池的制作材料，必须是石英玻璃。按其用途不同，可以制成不同型式和尺寸的吸收池，如矩形液体吸收池、流通吸收池、气体吸收池等，以满足不同的要求。

2.5.4 检测器

测量吸光度时，是将光强度转换成电流来进行测量的，这种光电转换器称为光电检测器。要求检测器对测定波长范围内的光有快速、灵敏的响应，产生的光电流应与照射于检测器上的光强度成正比。目前，检测器常用光电管或光电二极阵列管，采用毫伏表作读数装置，二者组成检测系统。现代仪器常与计算机联机、在显示屏上直接显示结果。

2.5.5 双光束、自动记录式紫外-可见光分光光度计的光学原理

图 2-19 是一种双光束、自动记录式紫外-可见光分光光度计的光路原理图。这类仪器可以自动描绘被测物质的紫外及可见光波长范围内的吸收光谱，因而可以迅速地得到被测物质的定性数据。另一方面，它能消除、补偿由于光源、电子测量系统不稳定等引起的误差，所以提高了测量的精确度。

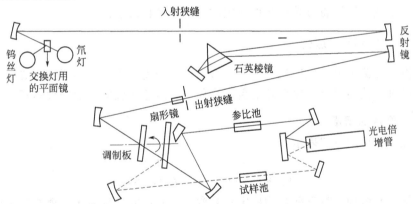

图 2-19 双光束、自动记录式紫外-可见光分光光度计光路原理图

由光源（钨丝灯或氢灯，根据波长而变换使用）发出的光经入射狭缝而得到所需波长的单色光束。然后由反射镜反射至石英棱镜，色散后经出射狭缝而得到所需波长的单色光束。然后由反射镜反射至马达转动的调制板及扇形镜上。当调制板以一定转速旋转时，时而使光束通过，时而挡住光束，因而调制成一定频率（约 400Hz）的交变光束。之后扇形镜在旋转时，将此交变光束交替地投射到参比溶液（空白溶液）及试样溶液上，后面的光电倍增管接收通过参比溶液及被试样溶液所减弱的交变光通量，并使之转变为交流信号。此信号经适当放大并用解调器分离及整流。然后以电位器自动平衡此两直流信号的比率，并为记录器所记录而绘制出吸收曲线。

2.6 显色反应与显色条件

在可见光区进行光度分析时，首先要把待测组分转变成有色化合物，然后测定吸光度或

吸收曲线。将待测组分转变成有色化合物的反应叫显色反应。与待测组分形成有色化合物的试剂称为显色剂。在光度分析中选择合适的显色反应并严格控制反应条件，是十分重要的。

2.6.1　显色反应的选择

显色反应可分为两大类，即配位反应和氧化还原反应，而配位反应是最主要的显色反应。同一组分常可与多种显色剂反应，生成不同的有色物质。在分析时，究竟选用何种显色反应较适宜，应考虑以下因素。

① 灵敏度　可见光光度法一般用于微量组分的定量测定，因此，选择灵敏的显色反应是主要的。摩尔吸收系数 ε 的大小是显色反应灵敏度高低的重要标志，因此应当选择生成的有色物质的 ε 较大的显色反应。一般来说，当 ε 值为 $10^4 \sim 10^5 L \cdot mol^{-1} \cdot cm^{-1}$ 时，可认为该反应灵敏度较高。

② 选择性　指显色剂仅与一个组分或少数几个组分发生显色反应。仅与一种离子发生反应的显色剂称为特效（或专属）显色剂。特效显色剂实际上是不存在的，但是干扰较少或干扰易于除去的显色反应是可以找到的。

③ 显色剂的吸收干扰易于消除　最好显色剂在测定波长处无明显吸收，这样，试剂空白值小，可以提高测定的准确度。通常把两种有色物质最大吸收波长之差 $\Delta\lambda$ 称为"对比度"，一般要求显色剂与有色化合物的 $\Delta\lambda \geqslant 60nm$。

④ 反应生成的有色化合物组成恒定、化学性质稳定这样，可以保证至少在测定过程中吸光度基本上不变，否则将影响吸光度测定的准确度及再现性。

2.6.2　显色条件的选择

吸光光度法是测定显色反应达到平衡后溶液的吸光度，因此要能得到准确的结果，必须控制适当的条件，使显色反应完全和显色产物稳定。显色反应的主要条件包括：

2.6.2.1　显色剂用量

显色反应一般可用下式表示：

$$M \ + \ R \ \Longrightarrow \ MR$$
（待测组分）（显色剂）（有色配合物）

根据化学平衡原理，有色配合物稳定常数愈大，显色剂过量愈多，愈有利于待测组分形成有色配合物。但是过量显色剂的加入，有时会引起副反应的发生，对测定反而不利。显色剂的适宜用量常通过实验来确定：固定待测组分的浓度及其它实验条件，然后加入不同量的显色剂，测定其吸光度，绘制吸光度（A）-显色剂浓度（c_R）关系曲线，一般可得到如图 2-20 所示三种不同的情况。

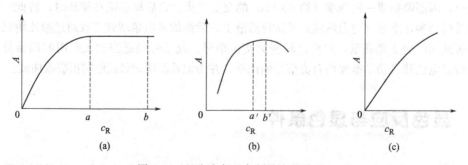

图 2-20　吸光度与显色剂浓度的关系

(a) 曲线表明，当显色剂浓度 c_R 在 $0 \sim a$ 范围内时，显色剂用量不足，待测离子没有完全转变成有色配合物，随着 c_R 增大，吸光度 A 增大。在 $a \sim b$ 范围内，曲线平直，吸光度出现稳定值，因此可在 $a \sim b$ 间选择合适的显色剂用量。这类反应生成的有色配合物稳定，对显色剂浓度控制要求不太严格。(b) 曲线表明，当 c_R 在 $a' \sim b'$ 这一较窄的范围内时，吸光度值较稳定，其余吸光度都下降，因此必须严格控制 c_R 的大小。(c) 曲线表明，SCN^- 随着显色剂浓度增大，吸光度不断增大。例如 SCN^- 与 Fe^{3+} 反应，生成逐级配合物 $Fe(SCN)_n^{3-n}$（$n=1,2,\cdots,6$），随着 SCN^- 浓度增大，生成颜色愈来愈深的高配位数配合物，这种情况下必须十分严格地控制显色剂用量。

2.6.2.2 酸度

酸度对显色反应的影响是多方面的。大多数有机显色剂是有机弱酸或弱碱，且带有酸碱指示剂性质，溶液中同时存在着酸碱解离平衡和显色反应平衡，酸度改变，将引起平衡移动，从而影响显色剂及有色化合物的浓度，还可能引起配位数的改变以致改变溶液的颜色。

此外，酸度对待测离子存在状态及是否发生水解反应也有影响。

显色反应的适宜酸度范围，也是通过实验来确定的：固定待测组分及显色剂浓度，改变溶液 pH，测定其吸光度，作出吸光度 A-pH 关系曲线，选择曲线平坦且吸光度高的部分对应的 pH 范围作为测定条件。

2.6.2.3 显色温度

显色反应一般在室温下进行，有的反应则需要加热，以促使显色反应进行完全。有些显色产物在温度偏高时又容易分解而影响分析。为此，对不同的反应，应通过实验确定各自适宜的显色温度范围。

2.6.2.4 显色时间

大多数显色反应需要经一定的时间才能完成。时间的长短又与温度的高低有关。有的有色物质在放置时，受到空气的氧化或发生光化学反应，会使颜色减弱。因此必须通过实验，作出一定温度下的吸光度-时间关系曲线，求出适宜的显色时间。

2.6.2.5 干扰的消除

光度分析中，共存离子如本身有颜色，或与显色剂作用生成有色化合物，都将干扰测定。要消除共存离子的干扰，可采用下列方法：

① 加入掩蔽剂，使干扰离子生成无色配合物或无色离子。如用 NH_4SCN 作显色剂测定 Co^{2+} 时，Fe^{3+} 的干扰可借加入 NaF 使之生成无色 $[FeF_6]^{3-}$ 而避免与 SCN^- 作用，也可加入抗坏血酸或盐酸羟胺，使 Fe^{3+} 形成无色 Fe^{2+} 以消除干扰。

② 选择适当的显色条件。如利用酸效应，控制显色剂离解平衡，降低显色型体的平衡浓度，使干扰离子不与显色剂作用。如用磺基水杨酸测定 Fe^{3+} 离子时，Cu^{2+} 与试剂形成黄色配合物，干扰测定，但如控制 pH 在 2.5 左右，Cu^{2+} 则不与试剂反应。

③ 分离干扰离子。在不能掩蔽的情况下，可采用沉淀、离子交换或溶剂萃取等分离方法除去干扰离子。尤以萃取法使用较多，并可直接在有机相中显色，称为萃取光度法。

此外，也可选择适当的光度测量条件（例如适当的波长或参比溶液），消除干扰。

综上所述，建立一个新的光度分析方法，必须通过实验对上述各种条件进行研究。应用某一显色反应进行测定时，必须对这些条件进行适当的控制，并使试样的显色条件与绘制标准曲线时的条件一致，这样才能得到重现性好、准确度高的分析结果。

2.6.3 显色剂

2.6.3.1 无机显色剂

无机显色剂与金属离子生成的化合物不够稳定，灵敏度和选择性也不高，应用已不多。尚有实用价值的仅有硫氰酸盐 [用于测定 Fe(Ⅲ)、Mo(Ⅳ)、W(Ⅴ)、Nb(Ⅴ) 等]，钼酸铵（用于测定 P、Si、W 等）及过氧化氢 [测定 V(Ⅴ)、Ti(Ⅳ) 等] 等数种。

2.6.3.2 有机显色剂

大多数有机显色剂与金属离子生成极其稳定的螯合物，显色反应的选择性和灵敏度都较无机显色反应高，因而它广泛应用于吸光光度分析中。

有机显色剂及其产物的颜色与它们的分子结构有密切关系。当金属离子与有机显色剂形成螯合物时，金属离子与显色剂中的不同基团通常形成一个共价键和一个配位键，改变了整个试剂分子内共轭体系的电子云分布情况，从而引起颜色的改变。

有机显色剂的类型、品种都非常多，常用的显色剂有偶氮类显色剂（如适用于铀、钍、锆等元素以及稀土元素总量的测定的偶氮胂Ⅲ显色剂等）、三苯甲烷类显色剂（如铬天青 S、二甲酚橙、结晶紫和罗丹明 B 等）。

2.7　吸光度测量条件

为使光度法有较高的灵敏度和准确度，除了要注意选择和控制适当的显色条件外，还必须选择和控制适当的吸光度测量条件。

2.7.1　入射光波长的选择

入射光的波长应根据吸收光谱曲线进行选择，选择原则是：灵敏度最大、干扰最小的波长，一般选用 λ_{max}。这是因为在此波长处摩尔吸光系数值最大，测定有较高的灵敏度，同时，在此波长处的一个较小范围内，吸光度变化不大（参考图 2-5），可减小对朗伯-比尔定律的偏离，使测定有较高的准确度。

若 λ_{max} 不在仪器可测波长范围内，或干扰物质在此波长处有强烈的吸收，那么可选用非最大吸收处的波长。但应注意尽可能选择 ε 值随波长改变而变化不太大的区域内的波长。如此灵敏度虽有所下降，却消除了干扰，提高了测定的准确度和选择性。

2.7.2　参比溶液的选择

在吸光度的测量中，必须将溶液装入透明材质的比色皿中，如此将发生器壁的反射、吸收、散射和透射等作用。由于反射、散射以及溶剂、试剂等对光的吸收会造成透射光强度的减弱，为了使光强度的减弱仅与溶液中待测物质的浓度有关，必须对上述影响进行校正。为此，应采用光学性质相同，强度相同的比色皿盛装参比溶液，调节仪器使透过参比皿的光强度为 100%（即 $A=0$），然后让光束通过样品池，测得试样显色液的吸光度为：$A=\lg(I_0/I)\approx\lg(I_{参比}/I_{试液})$。也就是说，实际上是以通过参比比色皿的光强度作为样品池的入射光强度。这样测得的吸光度比较真实地反映了待测物质对光的吸收，也就能比较真实地反映待测物质的浓度。因此在光度分析中，参比溶液的作用是非常重要的，选择参比溶液的原则如下：

① 如果仅待测物与显色剂的反应产物有吸收，可用纯溶剂作参比溶液。

② 如果显色剂或其它试剂略有吸收，采用试剂空白溶液（不加试样的溶液）作参比溶液。

③ 如果试样中其它组分有吸收，但不与显色剂反应，则当显色剂无吸收时，可用试样溶液空白溶液（不加显色剂的试样溶液）作参比溶液；当显色剂略有吸收时，可在试液中加入适当掩蔽剂将待测组分掩蔽后再加显色剂，以此溶液作参比溶液。

2.7.3 吸光度读数范围的选择

吸光度的实验测定值总存在着误差。在不同吸光度下相同的吸光度读数误差造成的浓度测定结果误差不同。

设试液遵循朗伯-比尔定律，则有：

$$-\lg T = kbc \tag{2-8}$$

将式(2-8)微分：

$$-\mathrm{d}\lg T = -0.434\mathrm{d}\ln T = -(0.434/T)\mathrm{d}T = kb\mathrm{d}c \tag{2-9}$$

式(2-9)除以式(2-8)，并整理后得式(2-10)。

$$\frac{\mathrm{d}c}{c} = \frac{0.434}{T\lg T}\mathrm{d}T \tag{2-10}$$

以有限值代替微分值，得式(2-11)。

$$\frac{\Delta c}{c} = \frac{0.434}{T\lg T}\Delta T \tag{2-11}$$

式(2-11)中 $\Delta c/c$ 表示由仪器读数造成的浓度测量值的相对误差，其值不仅与仪器的透光率读数误差 ΔT 有关，还与其透光率 T 的值有关。一般分光光度计的 $\Delta T \approx \pm(0.2\sim2)\%$，设 $\Delta T=0.5\%$，代入式(2-11)，计算出不同透光度值时的浓度相对误差，并作 $\Delta c/c$-T 曲线，得图2-21。

若令式(2-11)的导数为零，可以求出当 $T=0.368$（$A=0.434$）时，由读数造成的浓度相对误差最小，约为1.4%。从图2-21可以看出：浓度相对误差大小和透光度读数范围有关。当所测吸光度在0.15～1.0的范围内，浓度测量相对误差约为1.4%～2.2%。测量的吸光度过低或过高，误差都是非常大的，因而普通分光光度法不适用于高含量或极低含量物质的测定。因而在实际工作中，应参照仪器说明书，创造条件使

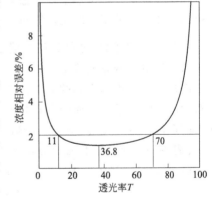

图 2-21 $\Delta c/c$-T 关系曲线

测定在适宜的吸光度范围内进行。如通过改变吸收池厚度或待测液浓度，使吸光度读数处在适宜范围内。

2.8 紫外-可见吸收光谱法的应用

2.8.1 紫外-可见吸收光谱定性分析

紫外-可见分子光谱吸收峰少而宽，它仅能反映分子中生色团、助色团的特性，而不是整个分子的特性。因此，紫外-可见分子光谱法的独到之处是测定分子中的共轭程度，判断

生色团和助色团的种类、位置和数目，确定几何异构、互变异构及氢键强度等。对于一个完全未知化合物的结构推断仅靠紫外-可见分子光谱是难以实现的，必须与红外光谱、核磁共振波谱、拉曼光谱、质谱相配合，加以综合分析才能得出分子结构的完整结论。

2.8.1.1　有机化合物定性鉴定的一般规律

在紫外-可见分子光谱法中常利用化合物电子光谱的曲线形状、吸收峰数目，λ_{max} 位置和相应的 ε_{max} 大小来进行定性鉴定，其中 λ_{max} 和相应的 ε_{max} 是定性鉴定的主要依据。对有机化合物生色团（羰基、共轭烯烃、芳烃、硝基等）定性鉴定的一般规律是：

①　若在 200～800nm 范围内无吸收（$\varepsilon < 1$），则可断定化合物不含共轭体系、不含醛基、酮基和溴、碘。该化合物可能是饱和烷烃、环烷烃及脂肪族饱和的醇、醚、胺和氟、氯代烷。

②　若在 210～250nm 范围内有一强吸收带，表示化合物内含共轭二烯（λ_{max} 为 217nm）或 α、β-不饱和酮醛（K 带，λ_{max} 在 220nm 左右）。若在 260、300、330nm 附近有强吸收，则表示化合物内含有 3、4、5 个共轭双键。如若化合物呈现许多谱带，且 λ_{max} 移到 400nm 以上时，则可能含有一长链共轭体系（共轭双键数 $n > 5$）或多环芳香生色团。

③　若在 250～300nm 有中等强度吸收（$\varepsilon_{max} = 200～10000$），且在气态或非极性溶剂中呈现精细结构；表示有芳环存在。苯主要看 254nm 吸收带，萘主要看 311nm 吸收带，蒽主要看 251nm 吸收带。

④　若化合物在 270～350nm 范围内有一弱吸收峰（$\varepsilon_{max} = 10～100$），其 λ_{max} 随溶剂极性增大而蓝移，且在 200nm 以上无其它吸收，说明该化合仅含有一简单的、非共轭的 n 电子生色团。如饱和醛酮的羰基和 C＝C—O：、C＝C—N：等。

在定性鉴定中，按照上述一般规律对样品的吸收光谱进行初步判断，就可缩小样品的归属范围。然后再采用"对比法"进一步确定待鉴定物质的结构和名称。

2.8.1.2　用紫外-可见分子光谱确定异构体

（1）构造异构体的确定

许多构造异构体之间的双键位置可能不同，能用紫外-可见分子光谱法判断这些化合物内双键所处的位置，从而确定化合物各属何种异构体。判断的主要根据仍然是不同构造异构体内的双键位置和 λ_{max}、ε_{max}、峰数等，因而采用对比法便可作出判断。

【例 2-8】　松香酸和左旋海松酸两种异构体的 λ_{max}（ε_{max}）值分别为 238nm（16100）和 273nm（7100），试问，下列两构造异构体（Ⅰ、Ⅱ），何为松香酸？何为左旋海松酸？

（Ⅰ）　　　　　　　（Ⅱ）

解：根据 Woodward-Fieser 规则计算：

Ⅰ式的 $\lambda_{max} = 239nm$，与 238nm 相近，应为松香酸。Ⅱ式的 $\lambda_{max} = 278nm$ 与 273nm 相近，应为左旋海松酸。

（2）顺反异构体的确定

一般说来，在顺反异构体中顺式有空间位阻作用，使共平面效果降低、跃迁能变大、跃迁几率减小，导致顺式的 λ_{max}、ε_{max} 都比反式的小（如表 2-13）。根据顺反异构体紫外-可见分子光谱的这种差别，即可判断顺反异构体。

（3）互变异构体的确定

常见的互变异构体有酮-烯醇式互变异构、酰胺的内酰胺-内酰亚胺互变异构、醇醛的环式-链式互变异构等。紫外-可见分子光谱可检测、判断互变异构体。现以乙酰乙酸乙酯的酮-烯醇式互变异构为例说明紫外-可见分子光谱判断互变异构体的方法。乙酰乙酸乙酯的互变异构平衡为：

$$CH_3-\overset{\overset{\displaystyle O}{\|}}{C}-\overset{\overset{\displaystyle H}{|}}{\underset{\underset{\displaystyle H}{|}}{C}}-\overset{\overset{\displaystyle O}{\|}}{C}-OC_2H_5 \rightleftharpoons CH_3-\overset{\overset{\displaystyle OH}{|}}{C}=\overset{\overset{\displaystyle H}{|}}{C}-\overset{\overset{\displaystyle O}{\|}}{C}-OC_2H_5$$

酮式　　　　　　　　　　烯醇式

表 2-13　某些化合物顺反异构体的紫外-可见分子光谱特征

化合物	λ_{max}/nm		$\varepsilon_{max}/L \cdot mol^{-1} \cdot cm^{-1}$	
	反式	顺式	反式	顺式
1,2-二苯乙酯	295.5	280	29000	10500
1-苯基-1,3-丁二酯	280	265	28300	14000
肉桂酸	295	280	27000	13500
丁烯二酸二甲酯	14	198	34000	26000

在酮式中两个 C=O 双键未共轭，实现 $\pi \to \pi^*$ 跃迁的能量较高，$\lambda_{max}=204nm$。在烯醇式中两个双键（C=C 和 C=O）共轭，$\pi \to \pi^*$ 跃迁能较低，其 K 带 $\lambda_{max}=243nm$。随着所用溶剂极性不同，互变异构平衡将发生移动，导致两种异构体在溶剂中的浓度比例亦不同。如在极性溶剂水中，酮式可与水分子生成溶剂氢键而具有较大的稳定性，上述平衡向左移动。此时，乙酰乙酸乙酯的酮式占优势。而烯醇式不能与水分子生成氢键，故在该系统中所占浓度极小。反之，在非极性溶剂己烷中，烯醇式可生成分子内氢键而具有大的稳定性，在平衡体系中占绝对优势，酮式在非极性溶剂中不能生成分子内氢键，故在该体系中浓度很小。

利用紫外-可见分子光谱在 λ_{max} 处吸光度与浓度的定量关系，可测得平衡体系中互变异构体的相对含量，并可据其计算酮式-烯醇式互变异构平衡的平衡常数。

2.8.1.3　有机化合物摩尔质量的测定

如果某有机化合物在某一波长范围内无吸收，则可加入一种具有生色团的试剂与该有机化合物形成一种衍生物，该衍生物可在上述波长范围内产生很强的吸收峰。实验证明：同类衍生物的摩尔吸光系数 ε_{max} 相差甚微，即上述所形成衍生物的 ε_{max} 与所加试剂的 ε_{max} 相近。表 2-14 列出了苦味酸及其三种衍生物在 380nm 处的 ε 值。由于四种化合物具有相同的生色团（苦味酸基，即间三硝基苯酚），它们的 ε_{max} 值相差不大，相对偏差<1%。因此，就可利用同一 ε 值和各衍生物的吸光度，按朗伯-比耳定律求得衍生物的相对摩尔质量，进一步计算出某化合物的摩尔质量。

表 2-14　苦味酸及其衍生物的 ε 值

化合物	苦味酸	乙酰胺苦味酸衍生物	六氢吡啶苦味酸衍生物	N-乙基苯胺苦味酸衍生物
E_{380}	13450	13390	13510	13450

$$A = \varepsilon_{max}bc = \varepsilon_{max}bm/M \tag{2-12}$$

$$M = \varepsilon_{max}bm/A \tag{2-13}$$

式(2-13)中，M为衍生物的摩尔质量，$g \cdot mol^{-1}$；ε_{max}为摩尔吸光系数，$L \cdot mol^{-1} \cdot cm^{-1}$；$b$为液层厚度，$cm$；$m$为每升溶液中所含衍生物的质量，$g$。

【例 2-9】 测定某未知胺的摩尔质量。称取未知胺样品0.01090g，使该胺与2,4,6-三硝基苯酚完全反应生成苦味酸胺。将生成物溶于1L乙醇中混匀后，在380nm下，于0.5cm比色皿中测得吸光度为0.511。已知苦味酸胺的ε_{max}为13450，试求未知胺的摩尔质量。

解： 根据式(2-13)得：

$$M = \varepsilon_{max}bm/A = (13450 \times 0.5 \times 0.01090) \div 0.511$$
$$\approx 143 \ (g \cdot mol^{-1})$$

所以，该未知胺的摩尔质量为143g。

用紫外光谱法测定未知胺摩尔质量的方法，测量误差$\leqslant \pm 2\%$。同理，也可通过脎来测定各种糖的摩尔质量。方法是将纯糖制成脎，已知脎类化合物的$\lambda_{max}^1 = 256nm$，$\varepsilon_{max}^1 = 2.0 \times 10^4$；$\lambda_{max}^2 = 310nm$，$\varepsilon_{max}^2 = 1.0 \times 10^4$；$\lambda_{max}^3 = 397nm$，$\varepsilon_{max}^3 = 2.0 \times 10^4$，而且各$\varepsilon_{max}$值与糖的种类无关（参见：V. C. Barry, J. Chem. Soc., 222, 1955）。同样，醛和酮的摩尔质量也可通过衍生成2,4-二硝基苯腙的光谱法来测定。

2.8.1.4　氢键强度的测定

如前所述，溶剂效应能使K带、R带发生位移。例如，当由非极性溶剂改为极性溶剂时，羰基化合物的$n \rightarrow \pi^*$跃迁所产生的R带将发生蓝移。产生这一溶剂位移的主要原因是由于n电子与极性溶剂的氢键稳定化作用。也就是说，羰基化合物在极性溶剂和非极溶剂中$n \rightarrow \pi^*$跃迁所需能量差（R带λ_{max}位移值）直接与氢键强度相关，因此，我们可通过测定λ_{max}的位移程度来测定氢键的强度。

【例 2-10】 已知亚异丙基丙酮$(CH_3)_2C{=}CH{-}\overset{\overset{\displaystyle O}{\|}}{C}{-}CH_3$ 在下述溶剂中实现$n \rightarrow \pi^*$跃迁的λ_{max}：环己烷中为335nm，乙醇中为320nm。假定溶剂位移全部由于生成氢键所致，试计算在乙醇中氢键的强度。

解： $E = h\nu = \dfrac{hc}{\lambda}$

$h = 6.626 \times 10^{-34} J \cdot s$，$c = 3 \times 10^8 m \cdot s^{-1}$，$\lambda$单位为m时，$E$单位为$J \cdot mol^{-1}$。

$E_{环己烷} = 6.626 \times 10^{-34} \times 3 \times 10^8 \times (335 \times 10^{-9})^{-1}$
$\qquad\quad = 5.93 \times 10^{-20} \ (J)$
$\qquad\quad = 3.57 \times 10^4 \ (J \cdot mol^{-1})$

同理，在乙醇中，$E_{乙醇} = 6.21 \times 10^{-20} J = 3.74 \times 10^4 J \cdot mol^{-1}$

氢键强度，$E_H = E_{乙醇} - E_{环己烷} = 3.74 \times 10^4 - 3.57 \times 10^4 = 1.7 \times 10^4 \ (J \cdot mol^{-1})$

除形成氢键外，范德华力作用也会引起光谱特征的变化。但范德华力作用一般较氢键作用小得多。上述计算忽略了它的作用。

2.8.2　紫外-可见分子吸收光谱定量分析

紫外-可见分子光谱法定量分析的依据是朗伯-比耳定律。常用的定量分析方法有直接比较法、标准曲线法、标准加入法、示差分光光度法、根据吸光度加合性原理建立的多组分测定法、双波长分光光度法及导数光谱法等。本节只讨论示差光度、多组分同时测定、双波长光度及导数光谱等4种方法。

2.8.2.1 高组分含量的测定——示差光度法

当待测组分含量较高时，普通光度法测得的吸光度值常常偏离朗伯-比尔定律。即使不发生偏离，也因测得的吸光度太高，超出适宜了的读数范围而产生较大的误差。采用示差光度法就能克服这一缺点。

示差光度法也称示差法，它是在测定试液浓度（c_x）时，首先使用浓度稍低于被测试液的标准溶液（c_s）溶液代替试剂空白作参比，调节仪器透光率读数为 100%（即 $A=0$），然后测定试液的吸光度 A（称为相对吸光度），对应的透光率为相对透光率（T_r）。如果用普通光度法以纯溶剂或空白作参比溶液，测得上述试液及标准液的吸光度分别为 A_x 及 A_s（对应的透光率为 T_x 及 T_s）的话，则根据朗伯比尔定律得：

$$A_x = kbc_x \tag{2-14}$$

$$A_s = kbc_s \tag{2-15}$$

$$A_r = A_x - A_s = kb(c_x - c_x) = kb\Delta c \tag{2-16}$$

式(2-16)表明在符合比尔定律的范围内，示差光度法测得的相对吸光度与被测溶液和参比溶液的浓度差 Δc 成正比，这就是示差法测定的基本原理。如果用上述浓度为 c_s 的标准溶液作参比，测定一系列 Δc 已知的标准溶液时的相对吸光度 A_r，绘制 A_r-Δc 工作曲线，再由测得的试液的相对吸光度 $A_{r,x}$ 即可从工作曲线上查得 Δc_x，再根据 $c_x = c_s + \Delta c_x$ 计算试样浓度。

示差光度法大大提高了高浓度组分测定的准确度。设以空白溶液作参比时，测得浓度为 c_s 的标准溶液的透光率 $T_s = 10\%$，浓度为 c_x 的被测试液的透光率 $T_x =$

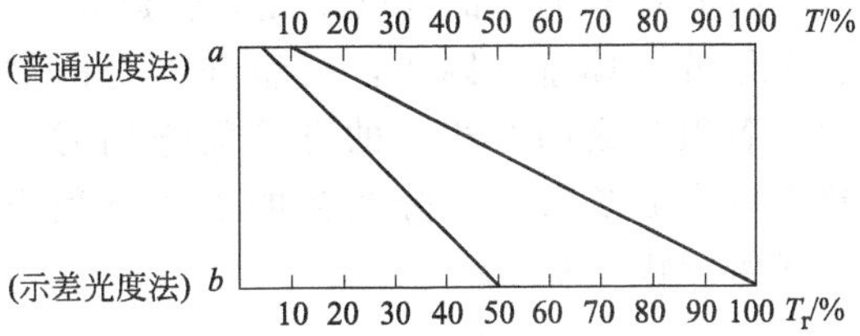

图 2-22　示差光度法标尺扩展原理示意

5%，如图 2-22 上部普通光度法的情形。在示差法中用浓度 c_s 的标准溶液作参比，调节 $T_s = 100\%$，相当于将仪器的透光率读数标尺扩大了 10 倍。此时试液的 $T_r = 50\%$，此读数已经进入了吸光度的适宜读数范围内，从而提高了测定结果的准确度。

示差法的浓度相对误差，可由式(2-17)计算。

$$\frac{\Delta c_x}{c_x} = \frac{0.434}{T_r \lg T_r T_s} \Delta T_r \tag{2-17}$$

可见，随着参比溶液浓度 c_s 增加，T_s 减小，浓度相对误差也减小。

应用示差法时，要求仪器光源有足够的发射强度或能增大光电流放大倍数，以便能调节参比溶液透光率为 100%。这就要求仪器单色器质量高、电学系统稳定性好。

2.8.2.2 多组分的同时测定

应用 2.2.1.3 中的分光光度法的吸光度加合性原理，常常可以实现在同一试样溶液中对两个以上互有干扰的待测组分不进行分离的情况下同时测定。假定溶液中同时存在两种组分 x 和 y，它们的吸收光谱一般有如下两种情况：

① 吸收光谱不重叠，或至少可能找到某一波长，在此波长处 x 有吸收而 y 不吸收，在另一波长时 y 吸收而 x 不吸收（如图 2-23 所示），则可在波长 λ_1 和 λ_2 分别测定组分 x 和 y 而相互不产生干扰。

② 吸收光谱重叠。这种情况下，要找出两个波长，在该波长下，二组分的吸光度差值 ΔA 较大（如图 2-24 所示）。

则在波长为 λ_1 和 λ_2 时分别测定吸光度 A_1 和 A_2，由吸光度的加和性分别得到式(2-18)

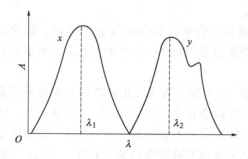
图 2-23 两组份吸收光谱不重叠

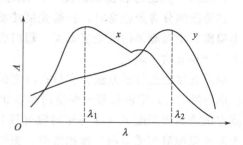
图 2-24 两组份吸收光谱重叠

和式 (2-19) 的联立方程。

$$A_1 = \varepsilon_{x1}bc_x + \varepsilon_{y1}bc_y \text{(在 } \lambda_1 \text{ 处)} \tag{2-18}$$

$$A_2 = \varepsilon_{x2}bc_x + \varepsilon_{y2}bc_y \text{(在 } \lambda_2 \text{ 处)} \tag{2-19}$$

式 (2-18) 和式 (2-19) 中，c_x、c_y 分别为 x 和 y 的浓度；ε_{x1}、ε_{y1} 分别为 x 和 y 在波长 λ_1 时的摩尔吸光系数；ε_{x2}、ε_{y2} 分别为 x 和 y 在波长 λ_2 时的摩尔吸光系数。

解联立方程可求出 c_x 和 c_y 的值。各 ε 可预先用 x 和 y 的纯溶液在两种波长处测得。

原则上对多组分都可以用此方法建立多元方程求解，在实际应用中通常仅限于两个或三个组分的体系。因为，三组分以上的体系，如果各组分的吸收光谱的反衬度差别不大、各组分之间有相互的分子间作用时，会带来很大的计算误差。这个问题可以通过建立测定波长数比组分数多的矛盾方程组，并运用最小二乘法等计算机程序经复杂运算求解得以解决。

2.8.2.3 双波长分光光度法

（1）测量原理

双波长分光光度法测定原理如图 2-25。从同一光源发射出的光分成两束，分别经过两个可以调节的单色器，得到两束具有不同波长（λ_1 和 λ_2）的单色光，利用切光器使这两束光以一定时间间隔交替照射到同一样品池（吸收池），经光电倍增管和电子控制系统，测量、记录出试样对 λ_1、λ_2 两束光的吸光度差值 ΔA（$\Delta A = A_{\lambda_1} - A_{\lambda_2}$），由 ΔA 求出待测组分的含量。

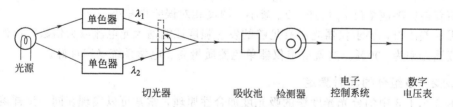
图 2-25 双波长分光光度法测定原理示意图

在测定中，开始照射到样品池上的两束入射光（λ_1 和 λ_2）的强度是相等的，设为 I_0，通过样品池后两束光的强度分别为 I_1 和 I_2。根据朗伯-比耳定律，对于波长 λ_1 的单色光，样品吸光度 A_{λ_1} 为：

$$A_{\lambda_1} = -\lg(I_1/I_0) = \varepsilon_{\lambda_1}bc + A_s \tag{2-20}$$

对于波长 λ_2 的单色光，样品吸光度 A_{λ_2} 为：

$$A_{\lambda_2} = -\lg(I_2/I_0) = \varepsilon_{\lambda_2}bc + A_s \tag{2-21}$$

式 (2-20) 和式 (2-21) 中，ε_{λ_1} 和 ε_{λ_2} 分别为待测组分在 λ_1、λ_2 波长处的摩尔吸光系数；

A_s 表示背景吸收或光散射。当 λ_1、λ_2 很接近时，可认为 A_s 相同，将式（2-21）减去式（2-20）得式（2-22）。

$$\Delta A = A_{\lambda_2} - A_{\lambda_1} = -\lg(I_2/I_1) = (\varepsilon_{\lambda_2} - \varepsilon_{\lambda_1})bc \tag{2-22}$$

式（2-22）说明，试样溶液对波长 λ_2、λ_1 两束光的吸光度差 ΔA 与试样中待测组分的浓度 c 成正比，这就是双波长分光光度法定量分析的依据。

双波长分光光度法可消除背景吸收影响和样品溶液浑浊的干扰，还可避免比色皿差异所引起的误差，还能不经联立方程计算直接测定混合物溶液中 2~3 种相互干扰组分的各自含量。双波长分光光度计还可测量试样溶液的导数吸收光谱。因此，双波长分光光度法显著提高了分光光度法的灵敏度和选择性，并大大扩大了应用范围。

（2）波长对 λ_1-λ_2 的选择和定量分析方法

① 单组分的测定　对于单组分的测定，波长对 λ_1-λ_2 的选择有以下几种：

a. 等吸收点波长 λ_1 和有色配合物波长 λ_2　图 2-26 为 Dy-偶氮胂体系的吸收光谱图。图中 λ_1 选 590nm（也可选 497nm 即图中 λ_1'）作为参比波长，λ_2 选 660nm 作为测量波长。由于 λ_1 或 λ_1' 处吸光度不受待测组分浓度的影响，因此用它作参比波长进行定量分析可提高测定结果的准确度。

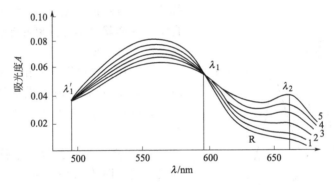

图 2-26　Dy-羧基偶氮胂体系的吸收光谱图

b. 吸收曲线一端的某一波长 λ_1 和有色配合物的最大吸收波长 λ_2　如图 2-27 是 Th-偶氮胂Ⅲ的吸收光谱，其中的参比波长 λ_1 选 682nm，测量波长 λ_2 选 667nm 作为测量波长。

c. 试剂最大吸收波长 λ_1 和有色配合物最大吸收波长 λ_2。如图 2-27 中选 $\lambda_1 = 540$nm 为参比波长，$\lambda_2 = 667$nm 为测量波长作为测量波长。

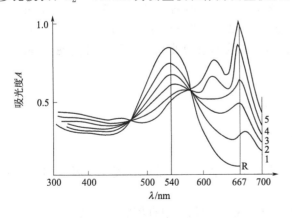

图 2-27　Th-偶氮胂Ⅲ的吸收光谱

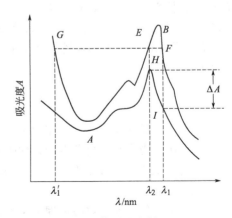

图 2-28　作图法选择 λ_1-λ_2

② 多组分混合物的分别测定——等吸收法　以双组分混合体系中测定其中任意一种组分为例，说明等吸收法消除干扰的原理。

设有 A、B 两种组分，分别测其吸收光谱如图 2-28。

设 A 为待测组分，B 为干扰组分。选 A 的最大吸收波长作为 λ_2（测量波长），通过 λ_2 作横轴的垂线分别交 A、B 吸收曲线于 H、E 两点，过 E 点作平行于横轴的直线交 B 曲线于 F 点，作 F 点垂直于横轴直线，交 A 曲线于 I 点，交横轴于 λ_1（参比波长）。当 A、B 两种组分共存时，根据吸光度加合性原理和几何作图法，有：

$$在 \lambda_2 处 \qquad A_{\lambda_2} = E_{\lambda_2} + H_{\lambda_2}$$
$$在 \lambda_1 处 \qquad A_{\lambda_1} = F_{\lambda_1} + I_{\lambda_1}$$

因为 $E_{\lambda_2} = F_{\lambda_1}$（干扰组分 B 等吸收），故：

$$\Delta A = A_{\lambda_2} - A_{\lambda_1} = H_{\lambda_2} - I_{\lambda_1} \tag{2-23}$$

由式（2-22）和式（2-23）可以看出，分别在 λ_1 和 λ_2 测出吸光度 A_{λ_1}、A_{λ_2}，就可求出 A 组分的含量。此外，根据同样的几何分析可以看出，选 λ_1'-λ_2 波长对，会得到同样结论。

反之，若将组分 B 作为待测组分，A 为干扰组分，重新选择 λ_2 和 λ_1 波长对就可测出 B 的含量。这样就可不经分离和掩蔽干扰等措施同时直接测定 A、B 的含量。

从上述讨论中不难看出，双波长等吸收法的波长对 λ_1-λ_2 中，有时可供选择的参比波长不止一个，所以选择参比波长 λ_1 时必须满足两个条件：

① 在所选两波长处，干扰组分应具有相同的吸光度，即使 $\Delta A_{干扰} = 0$。即通过两波长的吸光度相减可以消除干扰。

② 在两波长处，待测组分的吸光度差值应足够大。即可以提高测定的灵敏度。

例如，2,4,6-三氯苯酚存在下苯酚的测定，其吸收光谱如图 2-29。由等吸收作图法求得测定苯酚的波长对为 λ_1（286nm）-λ_2（270nm，苯酚最大吸收波长），还有 λ_1'（325nm）-λ_2（270nm），两波长对比较，后者 ΔA 值大，故选 λ_1'-λ_2 作波长对比 λ_1—λ_2 作波长对好。同理，利用此光谱还可求得苯酚存在下测定 2,4,6-三氯苯酚的波长对。因此可实现两种组分同时测定的目的。

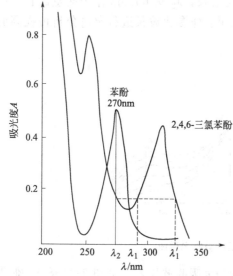

图 2-29　2,4,6-三氯苯酚存在下苯酚的测定波长对 λ_1-λ_2 的选择

1. 为什么把紫外-可见光谱称为电子光谱？

2. 为什么物质对光会发生选择性吸收？

3. 朗伯-比尔定律的物理意义是什么？什么是透光率？什么是吸光度？二者之间的关系是什么？

4. 简述摩尔吸收系数的物理意义及影响因素。在分析化学中有何实际意义？

5. 什么是吸收光谱曲线？什么是标准曲线？它们有何实际意义？利用标准曲线进行定

量分析时可否直接使用透光率 T 和浓度 c 为坐标？

6. 电子跃迁有哪几种类型？哪些类型的跃迁能在近紫外区及可见光区反映出来？

7. 何谓生色团、助色团，红移、蓝移？试举例说明。

8. 有机化合物的紫外吸收光谱中有哪几种类型吸收带？它们产生的原因是什么？各自的 λ_{max}、ε_{max} 有什么特点？

9. 根据哪一种吸收带可以判断共轭双键的数目？

10. 芳香族化合物的光谱由哪些谱带组成？在近紫外区苯有哪些吸收带？各自的 λ_{max}、ε_{max} 为多大？

11. 何谓共轭效应、助色效应？它们对 λ_{max} 的位移值各大约是多少 nm？

12. 何谓氢键效应？它对 λ_{max} 产生怎样的影响？

13. 溶剂对紫外吸收带将产生怎样的影响？发生溶剂位移的原因是什么？应如何选择紫外光谱法的溶剂？

14. 环外双键应具备什么要求？

15. 简述有机化合物定性鉴定的一般规律。

16. 当研究一种新的显色剂时，必须做哪些实验条件的研究？为什么？

17. 分光光度计有哪些主要部件？它们各起什么作用？

18. 吸光度的测量条件如何选择？为什么？普通光度法与示差法有何异同？

19. 光度分析法误差的主要来源有哪些？如何减免这些误差？

20. 双波长光度法采用等吸收法消除干扰的基本原理是什么？如何选择测量的波长对？

21. 紫外光谱法所用仪器的光学系统与可见分光光度法所用仪器的主要不同点是什么？

习　题

1. 计算 200nm 的紫外光和 600nm 的可见光所具有的能量（以 eV 和 $kJ \cdot mol^{-1}$ 表示）。

2. 0.088mg Fe^{3+}，用硫氰酸盐显色后，在容量瓶中用水稀释至 50mL，在 1cm 比色皿、波长 480nm 处测得 $A=0.740$，求吸收系数 a 和 ε。

3. 用双硫腙光度法测定 Pb^{2+}。Pb^{2+} 的浓度为 0.08mg/50mL，用 2cm 比色皿在 520nm 下测得 $T=53\%$，求 ε。

4. 用磺基水杨酸显色光度法测定微量铁。标准溶液是由 0.2160g $NH_4Fe(SO_4)_2 \cdot 12H_2O$ 溶于水中稀释至 500mL 配制成的。根据下表数据，绘制标准曲线。

标准铁溶液的体积 V/mL	0.0	2.0	4.0	6.0	8.0	10.0
吸光度 A	0.0	0.165	0.320	0.480	0.63	0.79

某试液 5.00mL，稀释至 250mL。取此稀释液 2.00mL，与绘制标准曲线相同条件下显色和测定吸光度。测得 $A=0.500$。求试液铁含量（单位：$mg \cdot mL^{-1}$；已知铁铵矾的摩尔质量为 482.178）。

5. 取钢试样 1.00g，溶解于酸中，将其中锰氧化成高锰酸盐，准确配制成 250mL，测得其吸光度为 $1.00 \times 10^{-3} mol \cdot L^{-1}$ $KMnO_4$ 溶液吸光度的 1.5 倍。计算钢中锰的百分含量。

6. 已知在己烷中丙酮的 $\pi \rightarrow \pi^*$ 跃迁吸收带的 $\lambda_{max}^1=188nm$，$n \rightarrow \pi^*$ 跃迁吸收带的 $\lambda_{max}^2=279nm$，试计算两种跃迁在己烷中的跃迁能，以 eV 和 $kJ \cdot mol^{-1}$ 表示。

7. 一氯甲烷 CH_3Cl 分子中有哪几种价电子？它们在 10～400nm 紫外光照射下可发生何种电子跃迁？

8. 丙酮的羰基中有几种类型价电子？在紫外光（10～400nm）照射下产生何种电子跃

迁？各跃迁（乙醇中）大约在何波长产生吸收？

9. 乙烷、甲醚和环戊烯的 λ_{max} 分别为 135、185 和 190nm，它们各由何种跃迁引起？

10. 试判断邻、间、对位三种二甲苯的 λ_{max} 由大到小的顺序，并说明原因。

11. 为鉴定某未知有机物，测得紫外光谱数据如下表所示：

溶剂	己烷	氯仿	乙醇	水
λ_{max}/nm	279	275	270	265

试根据以上数据判断它是酮还是环己二烯？并说明判断依据。

12. α-丁烯醛在乙醇中测得的紫外吸收光谱中 λ_{max}^1 为 218nm（$\varepsilon_{max}=1.8\times10^4$），$\lambda_{max}^2$ 为 320nm（$\varepsilon_{max}=30$），试说明此二峰是由何种跃迁产生的？属于什么类型谱带？若将溶剂改为己烷，λ_{max} 位置将怎样位移？为什么？

13. 按 Woodward-fieser 规则计算下列各化合物的 λ_{max}（乙醇中）：

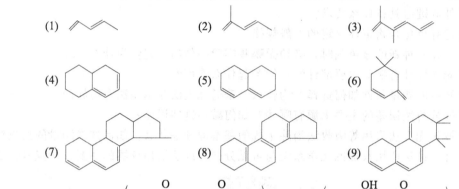

14. 乙酰丙酮有酮式 $\left(CH_3-\overset{O}{\underset{\|}{C}}-CH_2-\overset{O}{\underset{\|}{C}}-CH_3\right)$ 和烯醇式 $\left(CH_3-\overset{OH}{\underset{|}{C}}=CHC-\overset{O}{\underset{\|}{C}}-CH_3\right)$ 两种互变异构体。在水中测得 $\lambda_{max}=227nm$，$\varepsilon_{max}=1900$；在己烷中测得 $\lambda_{max}=269nm$，$\varepsilon_{max}=12100$。试判断乙酰丙酮在乙醇和己烷两个溶剂中的主要存在形式，并说明理由。

15. 苯基丙烯酸（ArHC=CHCOOH）有顺、反两种异构体，其紫外光谱数据如下：A 异构体的 $\lambda_{max}=264nm$，$\varepsilon_{max}=9500$；B 异构体的 $\lambda_{max}=273nm$，$\varepsilon_{max}=20000$。试判断 A、B 异构体的结构。

16. 已知异丙叉丙酮在环己烷、甲醇及水溶剂中的 λ_{max} 分别为 335、312 和 300nm。假定这种 λ_{max} 的移动完全由溶剂氢键所引起，试计算各种溶剂中氢键强度（单位用 $J\cdot mol^{-1}$ 表示）。

17. 为测定野菊酮的摩尔质量，进行了如下实验。先配制 2.2mg/100mL 的樟脑的 2,4-二硝基苯腙的乙醇溶液，在 360nm 处，1cm 比色皿中测得其吸光度 $A=1.529$。再配制 0.966mg/100mL 的野菊酮的 2,4-二硝基苯腙的乙醇溶液，在 360nm 处测得吸光度为 0.650。试求野菊酮的摩尔质量（假设野菊酮和樟脑与 2,4-二硝基苯成腙的比例相同，已知樟脑的摩尔质量为 331.8g·mol^{-1}）。

18. 用普通光度法测定铜。在相同条件下测得 $1.00\times10^{-2}mol\cdot L^{-1}$ 标准铜溶液和含铜试液的吸光度分别为 0.699 和 1.00。如光度计透光率读数的相对误差为 $\pm0.5\%$，则试液浓度测定的相对误差为多少？如采用示差法测定，用铜标准液作参比液，则试液的吸光度为多少？浓度测定的相对误差为多少？两种测定方法中标准溶液与试液的透光率各差多少？示差法使读数标尺放大了多少倍？

19. 某含铁约 0.2% 的试样，用邻二氮杂菲亚铁光度法（$\varepsilon = 1.1 \times 10^4$）测定。试样溶解后稀释至 100mL，用 1.00cm 比色皿，在 508nm 波长下测定吸光度。（1）为使吸光度测量引起的浓度相对误差最小，应当称取试样多少克？（2）如果所使用的光度计吸光度适宜读数范围为 0.200 至 0.650，测定溶液应控制的含铁的浓度范围为多少？

20. 某溶液中有三种物质，它们在特定波长处的吸收系数 $a(\mathrm{L \cdot g^{-1} \cdot cm^{-1}})$ 如下表所示。设所用比色皿 $b = 1\mathrm{cm}$。给出以光度法测定它们浓度的方程式。

物质	400nm	500nm	600nm
A	0	0	1.00
B	2.00	0.05	0
C	0.60	1.80	0

第3章

红外光谱法

3.1 概述

红外吸收光谱（Infrared absorption spectra）是由分子中振动和转动能级的跃迁而产生的分子吸收光谱，故红外吸收光谱又称为振动-转动光谱。当一束红外光照射物质时，被照射的物质的分子将吸收一部分相应的光能，转变为分子的振动和转动的内能，使分子固有的振动和转动跃迁到较高的能级，光谱上出现吸收谱带，将这种吸收情况以吸收曲线的形式记录下来，就得到该物质的红外吸收光谱，简称红外光谱（Infrared specrta，IR）。图 3-1 为聚苯乙烯的红外光谱图。利用红外光谱图进行定性分析、结构分析和定量分析的方法称红外光谱法。

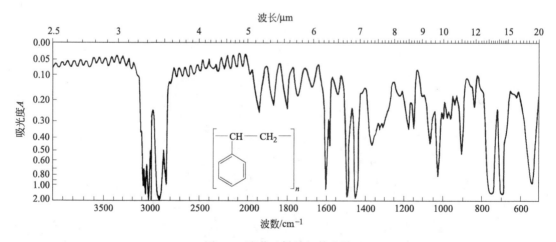

图 3-1　聚苯乙烯的红外光谱

1800 年威廉-赫谢尔（WilliamHerschel）首先发现了红外辐射。对红外光谱的研究开始于 20 世纪初期，自 1940 年商品红外光谱仪问世以来，在有机化学研究中得到广泛的应用，直到 70 年代中期，红外光谱法一直是有机化合物结构鉴定最重要的方法。近 20 年来，由于傅里叶变换红外光谱仪的问世，以及发射光谱、光声光谱、色谱-红外光谱仪联用等一些新技术的出现，红外光谱法的应用更加广泛。

红外光谱法具有以下优点：

① 任何气态、液态和固态样品均可进行测定；

② 每种化合物均有红外吸收，一般有机物的红外光谱至少有十几个吸收峰。官能团区的吸收峰显示了化合物中所存在的官能团的类型，而指纹区的吸收峰可对化合物结构的确定提供可靠的依据；

③ 常规红外光谱仪价格便宜；

④ 样品用量少，较高级的红外光谱仪的样品用量可少到微克量级。

通常的红外光谱频率在 $4000 \sim 625 cm^{-1}$ 之间，这正是一般有机物的基本振动频率范围，可以给出非常丰富的结构信息。除光学对映体外，任何两个不同的化合物都具有不同的红外光谱。红外光谱法是有机结构研究中最常用的方法之一。

3.2　红外光谱图的基本知识

3.2.1　波长和波数

在红外光谱图中，横坐标表示吸收峰的位置，过去传统的表示法是以波长 λ 标度，μm 为单位，目前红外光谱图的横坐标多用波数 $\tilde{\nu}$（cm^{-1}）。

电磁波的传播可用下式描述：

$$c = \nu\lambda \tag{3-1}$$

式(3-1) 中，c 为真空中电磁波传播速度，即光速（$3.0 \times 10^{10} cm \cdot s^{-1}$）；$\nu$ 为频率，单位为周/秒或赫兹（Hz）；λ 为波长，单位为 cm。

波长与频率的关系为：

$$\nu = \frac{c}{\lambda} \tag{3-2}$$

定义：

$$\tilde{\nu} = \frac{\nu}{c} = \frac{1}{\lambda} \tag{3-3}$$

$\tilde{\nu}$ 称为波数，cm^{-1}，它表示电磁波在单位距离（cm）中振动的次数，即每厘米中所含波的数目。采用波数为横坐标的标度，其优点是数字没有频率那样大，而它又和频率一样，直接和能量有正比关系，即：

$$E = h\nu = hc\tilde{\nu} \tag{3-4}$$

3.2.2　红外区域的划分

按红外线波长的不同，红外区又可进一步分为近红外、中红外和远红外三个区域。

① 近红外区　指可见光末端的红外区，波数在 $12500 \sim 4000 cm^{-1}$（$0.8 \sim 2.5 \mu m$），主要用于研究分子中的 O—H、N—H、C—H 键的振动倍频与合频。

② 中红外区　一般指波数为 $4000 \sim 625 cm^{-1}$（$2.5 \sim 16 \mu m$）的红外区，这个区域正好适用于研究大部分有机化合物的振动基频，因而是有机化合物红外吸收的最重要光波范围，常见的商品仪器波数范围为 $4000 \sim 650 cm^{-1}$ 或 $4000 \sim 400 cm^{-1}$。

③ 远红外区　指波数为 $625 \sim 12 cm^{-1}$（$16 \sim 830 \mu m$）的波长较长的红外光区，这个区域主要用来研究气体分子的转动光谱以及重原子成键的振动、氢键的伸缩振动、弯曲振动以及一些配合物的振动光谱。

3.2.3 红外吸收强度的表示

谱图纵坐标反映红外吸收的强弱，最常用的标度是百分透过率 T 和吸光度 A，现代红外光谱仪器常把两者同时在谱图上标出。

透过率 T 与吸光度 A 的关系为：

$$A = \lg \frac{T_0}{T} \tag{3-5}$$

式中，T_0 为入射光（基线）的透过率；T 为透射光的透过率。

例如甲苯红外光谱（图3-2）的吸收带 3050cm^{-1} 处的吸光度为 $\lg(93/15) = 0.79$。如果在 3050cm^{-1} 处由 $T_0 = 100$ 计算，则可得到 $\lg(100/50) = 0.82$；而在基线处 $\lg(100/93) = 0.03$，所以，$A = 0.82 - 0.03 = 0.79$，与上面的计算相符。

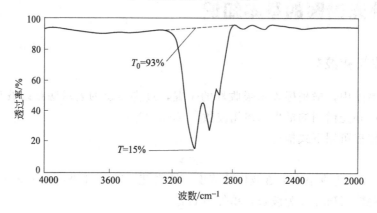

图 3-2 甲苯的部分红外光谱

当 $T_0 = 100\%$ 时，则

$$A = \lg \frac{T_0}{T} = \lg \frac{1}{T}, \text{ 或 } A = -\lg T \tag{3-6}$$

此式为 A 和 T 的互换关系式。

红外光谱中光的吸收与浓度 c、池长 l 的关系也遵循朗伯-比尔定律（单色平行光、稀溶液、无散射）。

$$A = \lg \frac{I_0}{I} = \varepsilon c l \tag{3-7}$$

式中，ε 为摩尔吸收系数，其大小表示被检测物质对某波数红外光的吸收程度；I_0 为入射光强度；I 为出射光强度。

根据红外吸收峰值处的峰强弱（ε 的大小），将其定性划分为 5 级（见表3-1）。

表 3-1 红外吸收峰的强度

ε	吸收峰的类型
>100	很强的吸收峰（vs）
100~20	强吸收峰（s）
20~10	中强吸收峰（m）
10~1	弱吸收峰（w）
<1	很弱吸收峰（vw）

当红外光谱用于结构鉴定时经常使用相对强度，此时所指的强吸收峰或弱吸收峰是对整

个光谱图相对强度而言，并不代表一定的 ε 值范围。

3.3 红外光谱法的基本原理

3.3.1 红外光谱的产生

分子本身在不停地转动，分子中的原子在相对于键的平衡位置处不停地振动，即分子处于一定的振动和转动的能态之下。根据量子力学原理，分子的振动和转动能级也是量子化的，如果用低能量的远红外辐射去照射分子，则分子能吸收波数相当于相邻两转动能极之差的远红外辐射，结果，分子由低转动能态跃迁到高转动能态，所得到的光谱为纯转动光谱。如果用能量较高的中红外辐射去照射分子，则分子会发生由低振动能态向高振动能态的跃迁，但同时还伴随有转动能态的跃迁，如此可获得在振动带上出现一系列转动结构的振-转光谱。

分子作为一个整体来看是电中性的，但其正、负电中心可以不重合，从而成为极性分子。极性分子极性的大小，可用偶极矩 μ 来衡量。偶极矩 μ 是分子中正、负电中心电荷的大小与其距离的乘积。设正负电中心的电荷分别为 $+q$ 和 $-q$，相距为 d，则 $\mu=qd$，偶极矩的单位为德拜（Debye），用 D 表示。

分子内原子在不停地振动，振动过程中 q 是不变的，而正、负电荷的中心距离 d 会发生变化，因此，分子的偶极矩也会发生改变，即分子内能发生改变。分子在振动过程中，如果能引起偶极矩的变化，就会吸收辐射能产生红外吸收谱带。这就说明并非所有的振动都能引起红外吸收，只有引起偶极矩变化的振动，才能产生共振吸收。对于完全对称的分子（如 N_2、H_2、O_2 等），振动时不能引起偶极矩变化，因此，就不会产生红外吸收光谱。此外，由于分子的振动和转动能级是量子化的，因此也只有当红外辐射频率和分子振动频率相匹配，即 $\nu_{辐射}=\nu_{振-转}$ 时，才能够产生红外吸收。

3.3.2 双原子分子的振动

最简单的分子是由两个原子所组成，现以双原子分子为例讨论它的振动特点和规律。

3.3.2.1 经典力学处理

从经典力学观点出发，采用谐振子模型来研究双原子分子的振动（如图 3-3 所示）。

把两个原子当作两个刚性小球，而连结两个原子的化学键看作质量忽略不计的弹簧，设两个原子以化学键为弹簧作简谐振动，则图 3-3 中 r_e 为两原子处于平衡位置时的核间距，r 为某瞬间两原子因振动所达到的距离。双原子分子振动时，δ_1、δ_2 分别为两个原子 1 和 2 在 x 轴上各自平衡位置上的位移。若

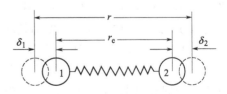

图 3-3 双原子分子振动时原子的位移

简谐振动的两刚性球的质量分别等于两个原子的质量，即 m_1 和 m_2，两原子之间形成的化学键的力常数用 k 表示，则从虎克（Hooke）定律和牛顿（Newton）定律出发，经过一系列的推导，可以获得基本振动频率 ν 和波数 $\tilde{\nu}$ 的关系为式(3-8) 和式（3-9）。

$$\nu = \frac{1}{2\pi}\sqrt{\frac{k}{\mu}} \qquad (3\text{-}8)$$

$$\tilde{\nu} = \frac{1}{2\pi c}\sqrt{\frac{k}{\mu}} \qquad (3\text{-}9)$$

式（3-8）和式（3-9）中 μ 为折合质量，可由式（3-10）求得：

$$\mu = \frac{m_1 m_2}{m_1 + m_2} \qquad \left(或\ \frac{1}{\mu} = \frac{1}{m_1} + \frac{1}{m_2}\right) \qquad (3\text{-}10)$$

从经典力学考虑，当分子振动伴随有偶极矩的改变时，分子的振动就会产生光的吸收，所吸收的光的频率即为分子的振动频率。k 的单位为 N/cm（即 10^5 dyn/cm）。式（3-8）和式（3-9）表明，分子中化学键的振动频率是分子的固有性质，它与成键原子的质量和键的力常数有关。

3.3.2.2　量子力学处理

对双原子分子的振动从简单的谐振子模型出发用哈密顿算符，根据不含时间变量的薛定谔方程进行量子力学处理，获得的结果见式（3-11）。

$$E_v = \left(v + \frac{1}{2}\right)\frac{h}{2\pi}\sqrt{\frac{k}{\mu}} \qquad (v = 0, 1, 2, 3\cdots\cdots) \qquad (3\text{-}11)$$

式中，v 为振动量子数，E_v 为与振动量子数 v 相对应的体系能量，其余参数与前述公式相同。当产生振动跃迁的选律 Δv 为 ± 1，即从基态（$v=0$）跃迁到第一激发态（$v=1$）时，两振动能级的能量差为：

$$\Delta E = \frac{h}{2\pi}\sqrt{\frac{k}{\mu}} \qquad (3\text{-}12)$$

根据吸收光谱的概念：产生跃迁时两能级能量差为 $\Delta E = h\nu$，将其代入（3-12）可得出双原子分子发生振动跃迁时的吸收频率为：

$$\nu = \frac{\Delta E}{h} = \frac{1}{2\pi}\sqrt{\frac{k}{\mu}} \qquad (3\text{-}13)$$

或按振动波数 $\tilde{\nu}$ 表示为：

$$\tilde{\nu} = \frac{1}{2\pi c}\sqrt{\frac{k}{\mu}} \qquad (3\text{-}14)$$

可见，此结果与经典力学导出的式（3-8）、式（3-10）是相同的。将式（3-13）代入式（3-11）得：

$$E_v = \left(v + \frac{1}{2}\right)h\nu \qquad (3\text{-}15)$$

当 $v=0$ 时，体系能量并不为零，称为零点能。从 $v=0$ 跃迁到 $v=1$ 的振动频率称为基频。由振动方程式（3-13）可知，振动频率的大小与化学键的力常数及折合质量有关，化学键越强，原子质量越小则振动频率越高。

综上所述，从经典力学或量子力学讨论双原子分子的振动都得到同样的结论，即双原子分子的振动频率（亦是产生红外吸收峰的频率）决定于化学键的力常数和其折合质量。应用振动方程式可计算基频峰的吸收位置。当然，这种计算由于没考虑分子内各原子之间的相互作用，因此只是一个粗略的近似值，但是计算的结果与红外光谱检测结果是基本一致的。表 3-2 列出了某些化学键的力常数和折合质量。用表 3-2 中数据可以计算化学键的振动频率。

表 3-2　某些化学键的力常数和折合质量

化学键	$K/\text{N}\cdot\text{cm}^{-1}$	μ^*/g
C—C	4.5	6
C—O	5.77	6.85
C—N	4.8	6.46
C=C	9.77	6
C≡C	12.2	6
C—H	5.07	0.923
O—H	7.6	0.941
C=O	12.06	6.85

* 折合质量，以 m_H 为单位，m_H 是氢原子的质量，等于 1.67339×10^{-24} g。

【例 3-1】　已知羰基（C=O）键的力常数 $k=12.1\text{N}\cdot\text{cm}^{-1}$，试计算 C=O 键的伸缩振动频率（波数）。

解：查表 3-2，得 C 和 O 折合质量：$\mu=6.85\times1.67339\times10^{-24}$（g）

根据振动方程式知：

$$\tilde{\nu}=\frac{1}{2\pi c}\sqrt{\frac{k}{\mu}}=\frac{1}{2\times3.14159\times3\times10^{10}}\sqrt{\frac{12.1\times10^5}{6.85\times1.67339\times10^{-24}}}=1725\text{cm}^{-1}$$

从实验知，大多数羰基的谱带在 1850~1650cm⁻¹ 之间。在正常情况下，分子多数处于振动的基态，因此，分子吸收电磁波后主要发生由基态向第一激发态的跃迁，这种跃迁如前所述，称为基频吸收，有机化合物的红外光谱的基频谱带大都出现在 4000~400cm⁻¹ 范围。

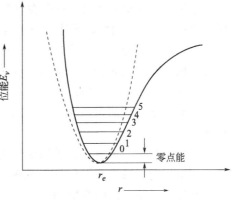

图 3-4　双原子分子位能曲线

3.3.2.3　双原子分子的非谐振子模型

以上讨论是把双原子分子当成一个谐振子，两个原子在键轴方向做简谐振动。实际上分子不可能是谐振子，成键两原子的振动位能曲线与谐振子的位能曲线在高能级产生偏差，而且位能越高偏差越大。图 3-4 虚线为谐振子的位能曲线，呈抛物线形状，当核间距增大时位能及恢复力相应增加。但实际分子则不同，当核间距增加到一定程度时，核引力却趋近于零，位能则趋近于一常数，如图 3-4 实线所示。

由于实际分子的振动是非谐振动，因此必须对简谐振动方式的振动能级方程式进行修正。从量子力学出发可以求得分子振动的振动能级能量为：

$$E_v=\left(v+\frac{1}{2}\right)h\nu-\left(v+\frac{1}{2}\right)^2h\nu x+\left(v+\frac{1}{2}\right)^3h\nu y+\cdots\cdots \tag{3-16}$$

式中 x、y 为非谐振常数，且 $|x|>|y|>\cdots$，高次项可以忽略，故：

$$E_v=\left(v+\frac{1}{2}\right)h\nu-\left(v+\frac{1}{2}\right)^2h\nu x \tag{3-17}$$

当 $\Delta v=0$ 时，没有振动光谱。当 $\Delta v=\pm1,\pm2,\pm3\cdots$ 时，有振动光谱。这表明非谐振子的跃迁选律不再局限于 $\Delta v=\pm1$，而是可以等于任何其它整数值。由振动基态到第二激发态（$v=2$）的吸收频率称为倍频或泛频，一般说来倍频峰较弱。另外，当跃迁发生在从 $v=0$ 到 $v=3$ 时，则会得到第二泛音带的频率。

从以上讨论可以看出谐振振动和非谐振振动之间的差别。这也是红外光谱除了可以观察到强的基频吸收峰之外，还可以看到较弱的倍频和组合频吸收峰的原因。

需要说明的是，由于谐振子的位能曲线与非谐振子的位能曲线在平衡点附近比较接近，而在常温时分子处于最低能级的数目又最多，所以，仍然可以用谐振子模型来说明振动光谱的一些主要特征。

3.3.3 多原子分子的振动

3.3.3.1 振动自由度

要描述多于两个原子的分子所有可能的振动方式必须首先确定各原子的相对位置。对于 N 个原子组成的多原子分子，因为每一个原子的位置要三个坐标才能确定，即每个原子都有三个自由度，所以要确定 N 个原子的空间位置就需要 $3N$ 个坐标。即分子有 $3N$ 个自由度，它分属于平动自由度，转动自由度和振动自由度。其中有三个自由度可归为分子做为整体空间的平动，即分子质心的运动可用三个自由度描述，分子的平动无分子中原子相对位置的改变，$\Delta\mu=0$，无红外吸收。整个分子在绕 x、y、z 三个轴旋转时也不存在分子中原子相对位置的改变，其 $\Delta\mu=0$，也不产生红外吸收。用于描述分子转动、振动的自由度视分子形状而异：对于线性分子，绕分子轴线的转动不会引起分子在空间的位置变化，故它只有 2 个转动自由度。所以，线性分子的振动有 $3N-3-2=3N-5$ 个自由度。对于非线性分子，绕 x、y、z 任何轴转动都会引起分子在空间位置（区别于分子内原子相对位置）的变化，即它的转动自由度为 3。因此，非线性分子的振动自由度为 $3N-6$。每一个振动自由度可视为分子的一个基本振动形式，这些基本振动称之为简正振动。虽然多原子分子的振动很复杂，但它们都是由许多简正振动组合而成。例如，线性的 CO_2 分子，有 $3N-5=4$ 个简正振动，而非线性的 H_2O 分子，则有 $3N-6=3$ 个简正振动，苯分子的简正振动数目为 $3N-6=30$ 个。对于双原子分子而言，因为 $N=2$，所以简正振动数目 $3N-5=1$，即只有一个伸缩振动形式。

需要指出的是，多原子分子的红外光谱并不一定都出现与计算的简正振动数目相同的吸收谱带，由于振动的非红外活性以及振动的简并会导致实际的谱带数目的减少。例如 CO_2 分子在其红外光谱上只能观察到两个谱带；苯分子实际上也仅观察到 9 个吸收谱带。

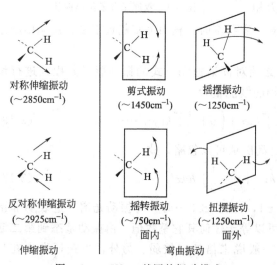

对称伸缩振动
（~2850cm^{-1}）

反对称伸缩振动
（~2925cm^{-1}）

伸缩振动

剪式振动
（~1450cm^{-1}）

摇转振动
（~750cm^{-1}）
面内

摇摆振动
（~1250cm^{-1}）

扭摆振动
（~1250cm^{-1}）
面外

弯曲振动

图 3-5 —CH₂—基团的振动模式

3.3.3.2 振动的分类

分子的振动形式分为两大类：伸缩振动和弯曲振动（或叫变形振动）。

（1）伸缩振动（Stretching vibration），以 ν 表示　是沿键轴方向的振动，键长改变、键角不变的振动形式。伸缩振动又可分为对称伸缩振动和反对称伸缩振动两种，它们分别用符号 ν 和 ν_{as} 表示。图 3-5 左边部分示出了亚甲基的两种伸缩振动。在对称伸缩振动中两个碳氢键同时伸长或缩短，而在反对称伸缩振动中，一个碳氢键伸长的同时，另一个碳氢键缩短，即两个碳氢键交替伸长、缩短。

（2）弯曲振动（Bending vibration），以 δ 表示　为垂直化学键方向的振动，键角改变、键长不变的振动形式，弯曲振动又可分为平面内（简称面内）和平面外（简称面外）两种。

①面内弯曲振动　弯曲振动在几个原子所构成的平面内进行。面内弯曲振动又可分为剪式振动和面内摇摆两种。剪式振动是使键角发生交替变化的弯曲振动，这个名字的由来是由于键角在振动过程的变化好像剪刀的开与闭。面内摇摆振动是整个基团作为一个整体在基团所在的平面内摇摆振动。

②面外弯曲振动　弯曲振动在垂直于几个原子所在平面内进行。根据方向的不同又可分为面外摇摆弯曲振动和扭摆弯曲振动两种。面外摇摆振动中键角不发生变化，其基团作为整体在垂直于基团所在的平面中振动，扭摆（卷曲）振动则在垂直于分子平面的方向上两个氢原子方向相反地来回振动。亚甲基的上述四种弯曲振动见图3-5的右边部分。

3.3.4　红外活性及非活性

分子在振动过程中，只有引起分子偶极矩发生改变的那些振动，才能吸收红外辐射能量，产生红外吸收光谱，这样的振动称为红外活性振动；不能引起偶极矩变化的振动称为红外非活性振动，它不能产生红外吸收光谱。如前所述，同核双原子分子 H_2、N_2、O_2、Cl_2 等，它们都是非极性的，在振动中无偶极矩的变化，因此它们都是红外非活性振动，故同核双原子分子无红外吸收光谱。

在多原子分子中，若分子具有对称性，则往往有些振动无偶极矩变化，因而也是红外非活性振动，不产生红外吸收峰。例如线性分子 CO_2，它应有 4 个简正振动（如图3-6所示）。

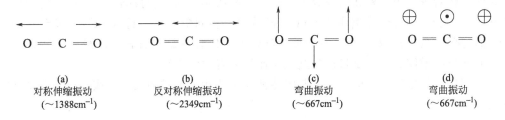

图 3-6　CO_2 分子的振动及红外吸收

图3-6的4种振动形式中，振动形式(a)是对称伸缩振动，此振动不引起分子偶极矩的变化，因此，它是红外非活性的，故在红外光谱中不出现吸收峰；振动形式(b)是反对称伸缩振动，振动时有偶极矩变化，因此，它是红外活性的，在红外光谱的 $2349cm^{-1}$ 处出现吸收峰；振动形式(c)和(d)都是弯曲振动，这两种振动方向互相垂直，振动形式和频率相同，产生双重简并，在红外光谱中只产生 $667cm^{-1}$ 处的一个吸收峰。因此，CO_2 虽有 4 种振动形式，但在红外光谱中只看到 $2349cm^{-1}$ 和 $667cm^{-1}$ 两个吸收峰。以上例子说明并非每一种振动都能产生一个红外吸收峰，只有能引起分子偶极矩变化的那些振动，也就是具有红外活性的振动，才能在红外光谱中出现相应的吸收峰，这种分子结构及振动模式的对称性所决定的红外活性与非活性关系称之为对称性选择定则。由于振动的红外非活性以及振动的简并等情况，使得红外吸收峰比分子所具有的简正振动数目减少。

必须指出，还存在另外一些因素却可以使红外吸收峰增多，主要有以下几种：

①倍频　这是由于分子吸收红外光后引起振动能级由基态跃迁到第二、第三激发态时所产生的吸收，称为倍频峰，倍频峰一般都是弱峰。

②组合频　一种频率光同时被两个振动吸收，其能量为对应两种振动能级的能量变化

之和或差，此时所产生的相应吸收峰称为组合频峰，它也是弱峰，出现在两个或多个基频之和或差附近。例如，基频为 ν_1 和 ν_2 的两个峰，它们的组频峰则会出现在（$\nu_1 + \nu_2$）或（$\nu_1 - \nu_2$）附近。

倍频和组合倍频统称之为泛频，它们都导致吸收峰数目的增加，含氧原子的基团易产生泛频峰。

3.4 红外光谱与分子结构的关系

3.4.1 基团频率

在有机物分子中原子之间的主要作用力是价键力，其作用力的大小以力常数 k 表示。可以认为，原子间同样化学键（如同为 C—H 键或同为 C=O 键等）的力常数在不同分子中的变化是很小的，因此，处于不同有机分子中的一些基团（或官能团）的简正振动频率总是在一个较窄的范围内变化，它们在红外光谱中似乎表现为相对独立的结构单元。换句话说，组成分子的各种基团（官能团）都有自己特定的红外吸收区域。通常把能代表某基团存在并有较高强度的吸收峰的位置，称为该基团（官能团）的特征频率，对应的吸收峰则称为特征吸收峰。例如 CH_3CH_2Cl 中的 CH_3，在 $2960cm^{-1}$ 附近有特征吸收，该吸收位置的波数（$2960cm^{-1}$）就称为甲基的基团频率或特征频率。

化学工作者依靠把红外光谱与分子结构单元联系起来的经验数据得知，同一种化学键的基团在不同化合物的红外光谱中吸收峰位置是大致相同的，这一特性提供了鉴定各种基团（官能团）是否存在的判断依据，从而成为红外光谱定性和结构分析的基础。灵活地运用基团特征频率进行谱图解析，是目前普遍应用而行之有效的方法。

为了利用方便起见，人们建立了基团特征频率的相关表或相关图。表 3-3 为基团与特征频率关系。

表 3-3　常见基团及化学键的特征吸收频率

化合物类型	化学键	特征吸收频率/cm^{-1}	
		伸缩振动 ν	弯曲振动 δ
烷烃	—C—H	2850~2960 s.	1350~1470 s.
烯烃	=C—H	3020~3080 m.	
	C=C	1600~1680 w.	675~1000 s.
炔烃	≡C—H	3270~3300 s.	
	—C≡C—	2100~2260 m.	
芳烃	苯环	1500,1600(骨架振动)	
	芳 H	3000~3100 m.	
醇、酚	—O—H 自由	3610~3640,尖	
	—O—H 缔合	3200~3600,宽,s.	
硫醇	—S—H	2500	
醇、醚、酸酯等	—C—O—	1080~1300	
酰胺	C=O	1650~1690 vs.	
醛	C=O	1715~1730 vs.	
酮	C=O	1710~1720 vs.	
羧酸	C=O	1750~1770 游离	
		1710~1720 缔合	

化合物类型	化学键	特征吸收频率/cm^{-1}	
		伸缩振动 ν	弯曲振动 δ
酯	C=O	1720~1750 vs.	
酸酐	C=O	1740~1875 vs.	
酰卤	C=O	1790~1810 vs.	
胺	—N—H	3300~3500 m.	
	—C—N—	1180~1360 m.	
腈	—C≡N	2210~2260 尖锐 m.	
硝基	R—NO$_2$	1515~1560s.	
		1345~1385s.	
卤素	—C—F	1000~1100vs.	
	—C—Cl	600~800	
	—C—Br	500~750	
	—C—I	500 以下	
硅	Si—O—Si	1000~1120 宽 vs.	

3.4.2 红外光谱的分区

3.4.2.1 区域划分

可将红外光谱区 4000~670cm^{-1} 划分为 5 个区域：

（1）X—H 伸缩振动区

X—H（X=C、O、N、S 等原子）键的伸缩振动发生在 4000~2500cm^{-1} 区。由于波数与折合质量成反比，所有有机分子中 X—H 键的折合质量都是分子中所有化学键最小的。因此，含氢基团的伸缩振动位于高频区域。例如 C—H、N—H、O—H 的伸缩振动分别在 3000cm^{-1}、3300~3500cm^{-1}、3200~3650cm^{-1} 附近。

（2）叁键和累积双键伸缩振动区

分子中叁键（如 —C≡C— 、—C≡N— 等）和累积双键（如 ＼C=C=C／ 、—C=C=O ，—N=C=O 的反对称伸缩振动等）的伸缩振动区在 2500~2000cm^{-1}，此区内任何小的吸收峰都应引起注意，它们都能提供结构信息。

（3）双键伸缩振动区

双键的伸缩振动多发生在 2000~1300cm^{-1} 的波数区域。在这一区域如出现吸收，表明有含双键的化合物，主要包括 C=O、C=C、C=N 等的伸缩振动以及—NH$_2$ 的弯曲振动、芳环的骨架振动等。本区域中最重要的是羰基吸收峰，其强度较大且位于红外谱图的近乎中间部位。

（4）单键及重原子双键伸缩振动区

1300~900cm^{-1} 区域包括 C—O、C—N、C—F、C—P、C—S、P—O、Si—O 等单键的伸缩振动和一些含重原子的双键（P=O，S=O）的伸缩振动，某些含氢基团的弯曲振动也出现在此区。对于官能团的判断而言，特征性不如上述各区强，但信息却十分丰富。

（5）取代特征区

900~670cm^{-1} 的光谱区域称为取代特征区，该区的吸收峰对有机分子的取代特征判断很有用，有机化合物的结构上的微小差异都能在该区产生不同的吸收峰而反映出来，它可以判断亚甲基存在与否及其亚甲基的数目、双键的取代程度和类型、苯环的取代特征和数目等等。

3.4.2.2 特征区的分类

红外光谱中常将 $1300\sim670cm^{-1}$ 区域称为指纹区。指纹区的主要价值是它可以表征整个分子的结构特征。之所以如此，这是因为指纹区里由于各种单键的伸缩振动之间，以及与 C—H 弯曲振动之间会发生相互的偶合和复杂作用，结果使得这个区域中的吸收带变得非常复杂，对分子结构上的微小变化表现得极其敏感，其特征就如同人的指纹一样。

也常将 $4000\sim1300cm^{-1}$ 区域称之为官能团区。如前所述，这个区域内的吸收都有一个共同的特点，即每一红外吸收峰都和一定的官能团相对应，原则上每个吸收峰均可找到归属。不难理解，将整个红外光谱区分为官能团区和指纹区是有其内在的结构上的依据的。由于含氢官能团的折合质量小，而含双键或叁键官能团的键力常数较大，所以这些官能团的振动频率必定较高，从而易于与该分子中的其它振动相区别。在这个高波数区域中，每一个吸收都和某一含氢官能团或某一含双键或叁键官能团相对应，因此形成了官能团区。

官能团区和指纹区的划分以及它们的不同功能，对于红外光谱的解析是很理想的。从官能团区可找出该化合物存在的官能团；而指纹区的吸收则适宜于用来与标准谱图或已知物谱图进行比较，从而得出未知物与已知物结构相同或不同的确切结论。官能团区和指纹区的功能恰好可以互相补充。

此外，在官能团的低波数部分与指纹区的高波数部分之间的 $1600\sim1000cm^{-1}$ 的区域，有时也称泛频区。因分子中不连氢原子的单键伸缩振动以及各种键的弯曲振动，或者由于折合质量大，或者由于键力常数小，因而，这些振动的频率都在低波数范围，并且，这些振动频率差别不大；又由于该区内各基团间易产生较强的相互偶合作用，加之分子中的骨架振动也在该区，所以，这一区域内有大量的吸收峰。与官能团区明显不同的是这一区域中的吸收峰的大部分不能找到归属，但它们却往往能佐证出某些有机物分子的具体结构特征。

3.4.3 影响吸收峰频率位移的因素

在复杂的有机分子中，基团特征频率除受质量和键力常数主要因素支配外，还受到参与作用的许多其它因素的影响，这些作用的总结果决定了该吸收峰频率的准确位置。影响吸收峰频率位移的因素很多，一部分来自分子内部结构的影响，如与特定基团相连的取代基的电子效应，分子的几何形状和振动的偶合等；另一部分则来自分子的外围环境，其中包括溶剂和物态的变化等。

3.4.3.1 内部因素

(1) 诱导效应（Inductive effect，I 效应）

当基团与电负性不同的原子或基团相连时，通常静电诱导作用会引起分子中电子云密度变化，从而引起键的力常数变化，使基团频率产生位移。诱导效应有亲电诱导效应（$-I$ 效应）和供电诱导效应（$+I$ 效应）两种。前者由吸电子基引起，后者由斥电子基引起。例如脂肪酮的羰基，正常的吸收频率为 $1715cm^{-1}$，但当电负性大的卤原子取代一侧烷基时，使其吸收频率升高。这是由于卤原子的吸电子作用，使羰基氧原子的孤对电子向 C=O 双键扩散，使得 C=O 双键的电子云密度增大，双键性增加，键的力常数增大所致。诱导效应只沿化学键起作用，故与分子的几何形状无关，它主要是随取代原子的电负性或取代基的总电负性而变化。取代基的电负性越强，诱导效应越显著，振动频率向高频方向位移的也越大。

(2) 共轭效应（Conjugative effect）

所谓共轭效应，是指由于分子中形成大的 π 键所引起的效应。共轭效应可使共轭体系中的电子云密度平均化，使双键略有伸长，单键略有缩短，并使共轭体系具有共平面性，从而影响键的力常数，使基团吸收频率位移。共轭效应也有亲电共轭效应和供电共轭效应两种。

共轭效应通过 π 键传递，常引起双键的双键性降低，双键的力常数减小，结果使双键的伸缩振动频率低移。仍以脂肪酮的羰基为例，正常吸收频率为 $1715cm^{-1}$，而 α、β-不饱和酮的羰基的红外吸收频率低移至 $1675cm^{-1}$。又如芳香酮羰基的吸收频率为 $1683cm^{-1}$，亦低于一般羰基的频率（$1715cm^{-1}$），这是因为当羰基和苯环共轭时，RCO—⬡，由于共轭作用而形成了大 π 键，使得 C═C—C═O 的键长平均化，羰基双键上的电子云向苯环大 π 键扩散，结果导致羰基碳原子上的电子云密度降低，使 C═O 的双键性减小，键的力常数减小，于是使 C═O 的振动频率由 $1715cm^{-1}$ 低移到 $1683cm^{-1}$。

在一个化合物中，常常是诱导作用和共轭作用同时存在，究竟哪一种效应占优势需要进行具体分析，而吸收峰当然要向占优势的效应那边移动。例如，酯 RCOOR′ 中 C═O 伸缩振动频率为 $1735cm^{-1}$，高于脂肪酮中 C═O 的频率（$1715cm^{-1}$），这是因为—OR′ 基的诱导效应大于共轭效应所致。反之，⬡—CO—SR 中 C═O 的伸缩振动频率为 $1665cm^{-1}$，低于脂肪酮中 C═O 的频率（$1735cm^{-1}$），则是由于共轭效应大于诱导效应的结果。

（3）空间效应

① 环的张力　一般来说，当环的张力加大时，环上有关基团的吸收频率逐渐上升。现以脂环酮的羰基为例：六元环的酮 C═O 伸缩振动频率为 $1715cm^{-1}$，而五元环、四元环和三元环的酮 C═O 的伸缩振动频率却依次为 1745、1780、$1850cm^{-1}$。这是由于环的张力增大，阻碍了环上 C═O 电子云向环上扩散，致使其 C═O 电子云密度加大，k 增加，波数增大。

环外双键的伸缩振动吸收峰与环酮相似，也是随着环张力的增大波数高移。如：

$$\nu_{C=C}/cm^{-1} \qquad 1650 \qquad\qquad 1660 \qquad\qquad 1680$$

环内双键则与上述情况相反，随着环张力的增加，环内的 C═C 伸缩振动波数低移。如：

$$\nu_{C=C}/cm^{-1} \qquad 1646 \qquad\qquad 1611 \qquad\qquad 1576$$

脂环烷上的 CH_2 的 C—H 伸缩振动的吸收频率也随着环张力的增大而波数高移。如：环己烷的 $\nu_{CH_2}=2925cm^{-1}$，但环丙烷的 ν_{CH_2} 却达到了 $3050cm^{-1}$。

② 空间障碍　指同一分子中各基团之间在空间的位阻作用，由于这种空间位阻作用会导致谱带位移。以共轭效应对空间障碍最为敏感，因为当共轭体系的共平面性由于空间障碍而被扭曲，影响和阻止了双键上的电子云向共轭体系的扩散而使力常数增大，波数高移，例如：在 2,6-二取代苯乙酮分子中，当取代基 R 增大时，羰基和苯环共轭体系的共平面性受到了破坏，共轭效应减弱，羰基的伸缩振动频率逐渐移向高频，向接近孤立羰基振动频率的方向变化。

$R_1=R_2=H$	$\nu_{C=O}$　$1683cm^{-1}$
$R_1=CH_3$，$R_2=H$	$\nu_{C=O}$　$1686cm^{-1}$
$R_1=R_2=Bu$	$\nu_{C=O}$　$1693cm^{-1}$

（4）氢键

偶极矩很大的 X—H 键与带部分负电荷的原子 Y 充分接近时，产生强烈的静电吸引作用而形成氢键 X—H···Y。氢键可以在分子内形成，也可以在分子间形成，氢键的形成使参与形成氢键的原化学键的力常数降低，导致伸缩振动吸收频率向低波数位移，同时，其谱带变宽，强度增大。现以醇的羟基为例说明分子间氢键对 O—H 键伸缩振动频率的影响。

在非极性的惰性溶剂中，随着乙醇浓度的增大，乙醇分子间因缔合作用而形成分子间氢键，使原羟基键的力常数变小，导致羟基的伸缩振动频率向低波数移动，且谱带变宽，强度增大。如表 3-4 和图 3-7 所示。

表 3-4　氢键缔合对—OH 伸缩振动频率的影响

游离态	二聚体	多聚体
R | O—H	R　　　R |　　　| O—H···O—H	R　　R　　R |　　|　　| ···O—H···O—H···O—H···
$3610 \sim 3640 cm^{-1}$ （尖峰）	$3500 \sim 3600 cm^{-1}$	$3200 \sim 3400 cm^{-1}$ （宽峰）

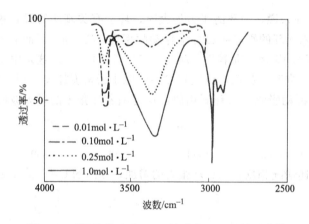

图 3-7　不同浓度乙醇-CCl$_4$ 溶液中 O—H 键吸收峰

分子间氢键对溶剂的种类、极性和溶剂的浓度、温度都比较敏感。在惰性溶剂的稀溶液中，分子间氢键可以完全被破坏而恢复游离分子的光谱，即吸收峰波数高移回原来位置（如游离乙醇分子的 O—H 键伸缩振动吸收峰高移到 $3640 cm^{-1}$）。

分子内氢键不受溶液浓度变化的影响，因此，通常在非极性溶剂中采用改变溶质浓度的方法测绘其红外光谱，可很方便地区别分子内氢键和分子间氢键。

胺类化合物中胺基（NH$_2$ 或 NH）也能形成分子间氢键，形成氢键后的胺基 N—H 键伸缩振动吸收频率向低波数方向位移，它可低移 $100 cm^{-1}$ 或更多。

羧酸分子也有生成氢键的强烈倾向，并使其羟基伸缩振动吸收频率由 $3550 cm^{-1}$ 移至 $2500 \sim 3200 cm^{-1}$，形成一个很宽的谱带，这是羧酸红外谱图的明显特征。同时，羧酸中羰基伸缩振动吸收频率也由 $1760 cm^{-1}$ 低移到 $1720 \sim 1705 cm^{-1}$。氢键形式为：

当羧酸的 CCl_4 溶液稀释到一定程度，即可解离为游离的羧酸，此时羟基和羰基的伸缩振动频率将分别恢复到游离态的 $3550cm^{-1}$ 和 $1760cm^{-1}$ 附近。

（5）振动的偶合

当两个相同基团在分子中靠得很近时，其相应的特征峰常会发生分裂而形成两个峰，这种现象称为振动偶合。例如，异丙基—$CH(CH_3)_2$ 的两个 CH_3 的相互振动偶合作用引起 CH_3 对称弯曲振动 $1380cm^{-1}$ 处的峰裂分为强度差不多相等的两个峰（一个移向高波数、一个移向低波数，一个高移多少波数、另一个也会低移多少波数，能量变化守恒）。这种偶合现象对确定异丙基很有用。

（6）费米（Fermi）共振

当倍频峰或组频峰位于某强的基频峰附近时，弱的倍频峰或组频峰的吸收强度常被大大强化或发生峰的分裂，这种倍频峰或组频峰与基频峰之间的偶合称为费米共振。大多数醛的红外光谱在 $2820cm^{-1}$ 和 $2720cm^{-1}$ 附近出现强度相近的双峰是费米共振的典型例子，如图 3-8 所示。

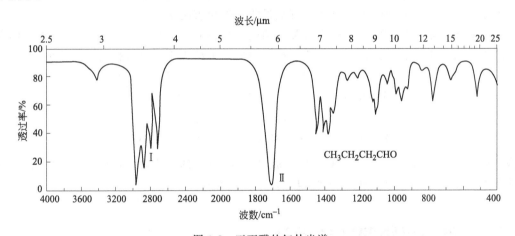

图 3-8　正丁醛的红外光谱

Ⅰ—醛基氢的费米共振（双峰）：$2820cm^{-1}$、$2720cm^{-1}$；Ⅱ—$\nu_{C=O}$：$1723cm^{-1}$

这两个谱带的产生是由于醛基的 C—H 伸缩振动（$2750\sim2850cm^{-1}$）与其弯曲振动（$1410cm^{-1}$）的倍频之间发生了费米共振的结果。

3.4.3.2　外部因素

红外光谱可以在样品的各种物理状态下检测，因此红外光谱随取样方法、溶剂种类、样品厚度等的不同往往有不同程度的变化。

（1）物态的影响

同一种化合物，由于测定时的物理状态不同，所得光谱差异很大。气态样品的红外光谱吸收峰比较尖锐，因为气态分子间距离较远，基本上可视为游离态，不受其它分子的影响，没有缔合作用。液态样品分子间相互作用较强，有的可形成分子间氢键，会使相应吸收谱带向低频位移。固态样品分子间相互作用力更强，分子都按一定晶格排列，因此，其吸收光谱与液态和气态有明显的差异，例如，由于有晶体力场的作用会发生分子振动与晶格振动的偶合，从而出现某些新谱带，使吸收峰数目增多，如果物质能以几种晶型存在，各种晶型的光谱也有某些差异。

（2）溶剂的影响

任何有机溶剂都有一定的红外吸收，要根据具体情况选择最适当的溶剂。红外光谱测定中常用的溶剂是二硫化碳、四氯化碳和氯仿。选择溶剂时还必须考虑溶质与溶剂间的相互作用，以及由此引起的谱带位移和吸收谱带强度的变化。一般分子中不含极性基团的样品，其光谱与溶剂的性质无关。但当含有极性基团时则溶剂的性质、溶液的浓度和温度都会对光谱产生影响。比如，在极性溶剂和极性基团之间，由于氢键或偶极-偶极相互作用，总是使有关基团的伸缩振动频率降低，使谱带变宽（如图3-7所示）。

3.4.4　影响谱带强度的因素

吸收谱带的强度取决于跃迁几率的大小。前已述及，在各个可能发生的振动能级跃迁中 $\Delta v = \pm 1$ 的跃迁几率最大，所以基频谱带的强度要比倍频、合频谱带的强度高。

基频谱带的强度则取决于振动过程中偶极矩变化的大小。偶极矩变化越大，分子内能变化就越大，对辐射光能吸收得越多，谱带强度越大。偶极矩的变化大小和分子（或基团）本身具有的极性有关，极性强的基团，振动中偶极矩的变化大，则对应的吸收谱带就强。例如，羟基、羰基、硝基等强极性基团都有很强的红外吸收谱带。

基团的偶极矩还与结构的对称性有关，结构对称性越强，则振动时偶极矩的变化越小，其对应的吸收谱带越弱。例如 C＝C 双键在下面的三种结构中，吸收强度差别很明显。

$$R-CH=CH_2 \qquad \underset{H}{\overset{R}{}}C=C\underset{H}{\overset{R'}{}} \qquad \underset{H}{\overset{R}{}}C=C\underset{R'}{\overset{H}{}}$$

(a)ε＝40　　　　(b)顺式 ε＝10　　　　(c)反式 ε＝2

结构（a）的对称性较差，故 C＝C 基吸收较强，而（b）的结构对称性居中，（c）的结构对称性最好，故（c）中的 C＝C 基吸收很弱，几乎看不到。

3.5　各类有机物的红外光谱

3.5.1　烷烃

（1）烷烃的特征频率

烷烃分子中只有 C—C 键和 C—H 键，其振动吸收频率也只有 C—H 键和 C—C 键的伸缩和弯曲振动吸收频率。烷烃的红外吸收光谱是有机化合物中最简单的图谱。烷烃类化合物的特征基团振动频率列于表3-5中。

表 3-5　烷烃类化合物的特征基团振动频率

基团	振动类型	吸收峰波数/cm⁻¹	强度	备注
—CH₃	$\nu_{as,CH}$	2960±10	s	
	$\nu_{s,CH}$	2870±10	s	
	$\delta_{as,CH}$(面内)	1450±20	m	
	$\delta_{s,CH}$(面内)	1375±5	s	
＞CH₂	$\nu_{as,CH}$	2925±5	s	
	$\nu_{s,CH}$	2850±10	s	
	δ_{CH}(面内)	1465±20	m	

基团	振动类型	吸收峰波数/cm^{-1}	强度	备注
—CH—	ν_{CH}	2890 ± 10	w	
	δ_{CH}	~1340	w	
R—CH（CH$_3$）$_2$	CH$_3$ 的 $\nu_{s,CH}$ 裂分为双峰	1385~1380 1375~1365	两峰强度相等	C—C 骨架振动为 1165(1145)cm^{-1}
R—C（CH$_3$）$_3$	CH$_3$ 的 $\nu_{s,CH}$ 裂分为双峰	1400~1395 1375~1365	较低频率峰强度是较高频率峰的二倍	C—C 骨架振动为 1250、1210cm^{-1}
—（CH$_2$）$_n$—	CH$_2$ 的 δ_{CH}	~720	w	$n\geqslant4$

注：吸收强度表示：s—强，m—中强，w—弱

（2）烷烃的红外吸收光谱

① 烷烃的 C—H 伸缩　一般饱和烃的 C—H 伸缩振动吸收均≤3000cm^{-1}。图 3-9 是正壬烷的红外光谱图，从图中可看出，当分子中同时存在—CH$_3$ 和—CH$_2$—时，在高分辨红外光谱中，C—H 伸缩振动在 3000~2800cm^{-1} 区有 4 个吸收峰，但在分辨率不高的棱镜光谱中往往只能观察到两个吸收峰。

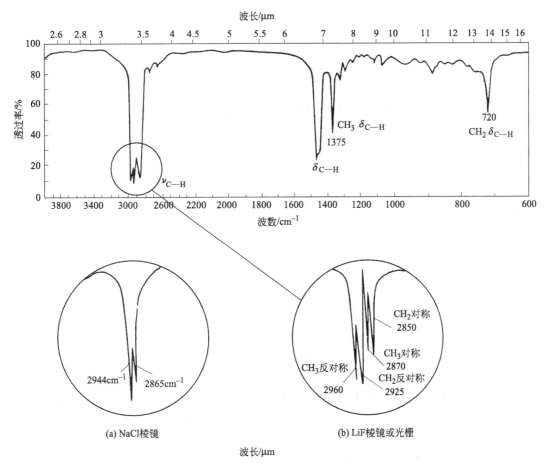

图 3-9　正壬烷的红外光谱（C—H 键伸缩振动）

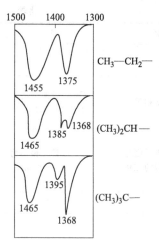

图 3-10 异丙基、叔丁基在 1375cm⁻¹ 处的分裂情况示意图

② 烷烃的 C—H 弯曲　在烷烃分子中—CH₃ 和—CH₂—的弯曲振动吸收频率低于 1500cm⁻¹。从图 3-10 看出，甲基的特征弯曲波数是 1375cm⁻¹ 左右。当烷烃分子中存在异丙基或叔丁基时，甲基在 1375cm⁻¹ 处 C—H 键的弯曲振动吸收峰发生分裂得到双峰，双峰强度相等的是异丙基，双峰强度高波数峰强度与低波数峰强度之比约为 1∶2 的是叔丁基，这一分裂现象称为"异丙基或叔丁基分裂"。图 3-10 示出异丙基和叔丁基在 1375cm⁻¹ 处的分裂情况。

③ 烷烃的 C—C 骨架伸缩　直链烷烃的 C—C 骨架振动峰位为 1175cm⁻¹、1145cm⁻¹ 双峰。然而要确认异丙基和叔丁基，除了以 1375cm⁻¹ 处分裂峰的强度为依据外，还要观察它们骨架振动的情形。异丙基的 C—C 骨架振动峰在 1165cm⁻¹（1145 为肩峰）处，而叔丁基的 C—C 骨架振动在 1250 和 1210cm⁻¹ 两处出现。对于带有两个甲基的季碳原子常在 1195cm⁻¹ 处出现一个峰。

④ 烷烃的亚甲基弯曲振动　长链烷烃在 740～720cm⁻¹ 范围有吸收带，这属于 CH₂ 的平面摇摆振动，强度较弱，但特征性极强，它是判断 CH₂ 是否存在和存在数目的判断依据。当分子含 4 个以上—CH₂—时，即 $\left(CH_2\right)_n$ 中 $n \geqslant 4$ 时，振动吸收为 724～722cm⁻¹，$n=3$ 时为 729～726cm⁻¹，$n=2$ 时为 743～734cm⁻¹，$n=1$ 时为 785～770cm⁻¹。

3.5.2　烯烃

(1) 烯烃的特征频率

烯烃主要看 C＝C 键和＝C—H 键的振动吸收。烯烃类化合物的特征基团频率见表 3-6。

表 3-6　烯烃类化合物的特征基团频率

基团	振动形式	吸收峰波数/cm⁻¹	强度	备注
C＝C	$\nu_{C＝C}$	1700～1600	m	
＝C—H	$\nu_{＝CH}$	3095～3000	m	
烯烃的 $\delta_{＝CH}$		1000～660	s	很特征
RCH＝CH₂	$\delta_{＝CH}$	990	m	
		910	s	
RCH＝CHR′(顺式)	$\delta_{＝CH}$	760～730	s	
RCH＝CHR′(反式)	$\delta_{＝CH}$	1000～950	s	
R₂C＝CH₂	$\delta_{＝CH}$	890	s	
R₂C＝CHR	$\delta_{＝CH}$	840～790	s	

(2) 烯烃的红外光谱

图 3-11 是 1-辛烯（a）和反-3-己烯（b）的红外光谱图。

从图 3-11(a) 和（b）两种物质的谱图比较可以看出：

① ＝C—H 伸缩振动　烯烃中＝C—H 伸缩振动发生在 3000cm⁻¹ 以上，在 3095～3000cm⁻¹ 范围出现中强吸收，而饱和烷烃的 C—H 伸缩振动都小于 3000cm⁻¹，这一差别是判断饱和化合物和不饱和化合物的重要依据。

② C＝C 的伸缩振动　在 1700～1600cm⁻¹ 附近，吸收强度一般较弱，吸收频率易变。如图 3-11(a) 中该峰为 1640cm⁻¹，对称性差时该峰为中强吸收。对称性好一点的烯烃此峰

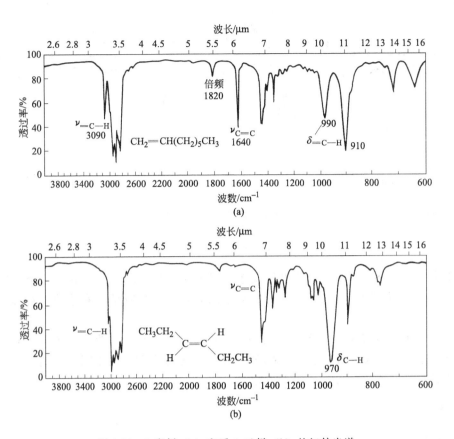

图 3-11 1-辛烯（a）和反-3-己烯（b）的红外光谱

很弱，高度对称的烯烃的 C＝C 骨架振动无此峰，如图 3-11(b)所示。如果 C＝C 有共轭作用时，吸收频率向低波数方向移动，强度增大。共轭二烯烃由于两个共轭的 C＝C 键振动偶合产生两个吸收带，出现在 $1600cm^{-1}$（强）和 $1650cm^{-1}$（弱）处。

③ ＝C—H 的面外弯曲振动　在 1000～650cm^{-1} 处的指纹区出现强峰，这是鉴定烯烃取代物类型最特征的峰。如图 3-11(a)中在 990、910cm^{-1} 处的双强峰，表示为端一取代烯烃的 ＝CHR 和 ＝CH$_2$ 的 ＝CH 弯曲振动特征峰。如图 3-11(b)970cm^{-1} 处强单峰为反式二取代 ＝CHR 中的 ＝CH 弯曲振动特征峰。

3.5.3　炔烃

（1）炔烃的特征频率

炔烃类化合物主要看 ≡CH 和 C≡C 的伸缩振动频率，其特征基团频率见表 3-7。

表 3-7　炔烃类化合物的特征基团频率

基团	振动形式	吸收峰波数/cm^{-1}	强度	备注
—C≡C—	$\nu_{C≡C}$	2300～2100	w	尖细峰
≡C—H	$\nu_{≡CH}$	3300～3200	m	特征

（2）炔烃的红外光谱

图 3-12 为 1-辛炔的红外光谱。

① C≡C的伸缩振动　炔烃类叁键本身的C≡C伸缩振动，位置在2300～2100cm^{-1}，如图

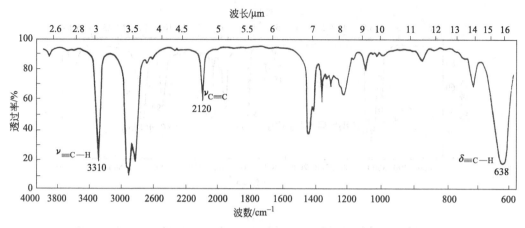

图 3-12 1-辛炔的红外光谱

3-12 的 1-辛炔的光谱图中 C≡C 伸缩振动吸收峰位在 2120cm^{-1}，呈中强尖峰，这是因为 C≡C 键力常数较大所致。当 C≡C 键与其它基团共轭时，吸收带向右移动。对称取代的炔烃无此红外吸收峰。

② ≡C—H 的伸缩振动 吸收峰位约在 3300cm^{-1} 波数附近，为一尖锐且具有中等强度的吸收峰，远离饱和碳氢的吸收，与烯烃的 =CH 吸收也有明显的不同。虽然和 N—H 吸收在同一区域，但后者易形成氢键而呈双宽峰。

3.5.4 芳烃

（1）芳烃的特征频率

芳香烃的特征吸收频率主要看苯环上 C—H 键和环 C=C 键的振动吸收。苯环上 C—H 键有伸缩振动，面内、面外的弯曲振动，以及面外弯曲振动的倍频。苯环上的骨架振动也是特征的。表 3-8 中给出芳烃类化合物的特征基团频率。

表 3-8 芳烃类化合物的特征基团频率

基团	振动形式	吸收峰波数/cm^{-1}	强度	备注
C=C	骨架振动 $\nu_{C=C}$	1650～1450	m→s	最特征，一般有 2 至 4 个峰
=C—H	ν_{CH}	3100～3000	w	一般有三个峰
倍频和组频	δ_{CH}	2000～1600	w	有一系列较弱峰
取代苯的 δ_{CH-}	δ_{CH}	1000～650	s	可判断芳烃取代形式
邻接六个 H（苯）	δ_{CH}	675	s	
邻接五个 H（单取代）	δ_{CH}面外	770～730 710～690	双峰，s	
邻接四个 H（1,2 邻位取代）	δ_{CH}面外	770～730	s	
邻接三个 H（1,3 间位取代）	δ_{CH}面外	810～750 725～680	双峰 s m	很特征
邻接两个 H（对位取代）	δ_{CH}面外	860～800	s	
孤立 H（1,3,5 或五取代）	1,3,5 取代	865～810 730～675	双峰 s	
	5 取代	870	s	

（2）芳烃的红外光谱

图 3-13 为甲苯的红外吸收光谱。

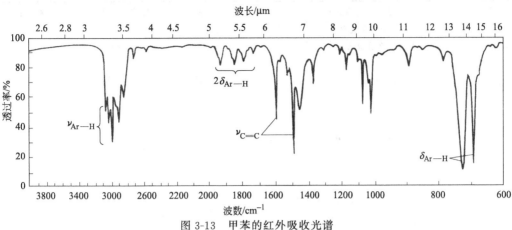

图 3-13 甲苯的红外吸收光谱

① 苯环上 C—H 键的伸缩振动　苯环上 C—H 键的伸缩振动在 3100～3000cm^{-1} 附近有较弱的三个峰（见图 3-13），和烯烃的只有一个峰可以区别。

② C—H 键面外弯曲振动倍频、组频区　芳环上 C—H 键的面外弯曲振动的倍频区在 2000～1650cm^{-1}（见图 3-13），在这个区域中有一系列较弱峰，根据峰形可以判断芳烃取代形式。图 3-14 为芳烃 C—H 面外弯曲振动倍频和组频区的花样图。

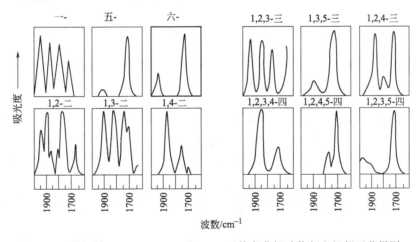

图 3-14　芳烃的 2000～1650cm^{-1} C—H 面外弯曲振动倍频和组频区花样图

③ 苯环的骨架振动　苯环骨架 C＝C 的振动在 1650～1450cm^{-1} 区出现 2 至 4 个中到强的吸收峰。芳烃的环骨架反对称和对称伸缩振动频率则出现在 1610～1590cm^{-1} 和 1500～1480cm^{-1} 处，前者较弱后者较强，可利用这两个峰鉴别有无苯环存在。图 3-13 的甲苯红外光谱中 1495 和 1600cm^{-1} 的吸收峰既为苯环骨架的反对称和对称伸缩振动特征峰。

④ 芳香 C—H 键的面外弯曲振动　芳香 C—H 键的面外弯曲振动在 900～690cm^{-1} 的指纹区域，根据在这个区域的吸收情况可以判断苯环上的取代情形，包括取代位置和取代数目。

表 3-9 列出了几种不同苯环取代化合物的芳香 C—H 键的面外弯曲振动特征频率。

3.5.5　羟基化合物

（1）羟基化合物的特征频率

表 3-9　几种不同苯环取代化合物的芳香 C—H 键的特征面外弯曲振动频率

取代情况	苯环上的氢分布	结构式	峰位/cm⁻¹	峰数目
六取代	无芳香氢原子	C_6X_6	—	0
五取代	只有 1 个孤立芳香氢原子	C_6X_5H	900～860	1
邻三取代	苯环上邻接 3 个氢原子		810～750 725～680	2
间三取代	苯环上 3 个孤氢		865～810 730～675	2
对二取代	苯环上两边各邻接 2 个氢原子		860～800	1
间二取代	苯环上邻接 3 个氢原子、1 个孤立氢原子		900～860 810～750 725～680	3
邻二取代	苯环上邻接 4 个氢原子		770～730	1
单取代	苯环上邻接 5 个氢原子		770～730 700～680	2
苯	苯环上邻接 6 个氢原子		675	1

羟基化合物有三个特征频率吸收区：O—H 伸缩振动吸收区、C—O 伸缩振动吸收区和 O—H 弯曲振动吸收区。其特征吸收峰位置见表 3-10。

表 3-10　羟基化合物的特征基团频率

基团	振动形式	吸收峰波数/cm⁻¹	强度	备注
R—OH	ν_{OH}	醇 3600～3200	s	宽峰
		酚 3500～2400		
⬡—OH	δ_{OH}	醇 1410～1250	w	用处不大
		酚 1300～1165	s	用处大
	ν_{C-O}	1260～1000　醇 1100～1000	s	特征
		酚 1260		

（2）羟基化合物的红外光谱

图 3-15 和图 3-16 分别为正己醇和苯酚的红外光谱。

① 氢键对 O—H 伸缩振动的影响　在极稀的醇-CCl_4 溶液中，醇（或酚）分子间不存在氢键，O—H 的伸缩振动吸收峰在 3650～3600cm⁻¹ 处，峰形尖锐；当用纯的醇或浓醇（或酚）溶液进行测定时，由于醇分子之间形成氢键，O—H 的伸缩振动吸收峰移向 3500～3200cm⁻¹，峰形宽而强（见图 3-15）。酚羟基形成更强的氢键，使吸收峰从 3500cm⁻¹ 一直绵绵不断地延伸至 2400cm⁻¹，形成了更宽的峰（见图 3-16）。

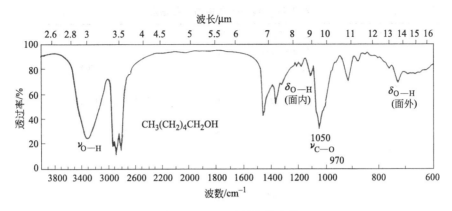

图 3-15 正己醇的红外光谱

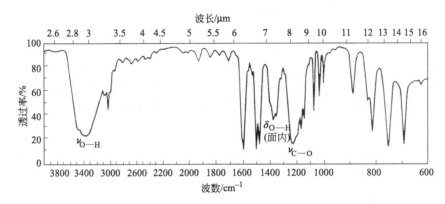

图 3-16 苯酚的红外光谱

醇二聚体的 O—H 伸缩振动吸收峰在 $3500 \sim 3450 cm^{-1}$ 处，多聚体在 $3400 \sim 3200 cm^{-1}$ 处。

② O—H 的弯曲振动　凡生成氢键的脂肪醇，O—H 面外弯曲振动的吸收峰中心在 $650 cm^{-1}$ 处，较宽；若无缔合，则 $600 cm^{-1}$ 以上区域看不到吸收。O—H 面外弯曲振动在 $1500 \sim 1300 cm^{-1}$ 处有一宽的吸收峰，当溶液稀释后峰变弱，最后在 $1250 cm^{-1}$ 处出现一狭窄的尖峰。

③ C—O 伸缩振动　醇和酚的分子中也具有 C—O 伸缩振动，其振动频率醇与酚稍有不同，醇在 $1200 \sim 1000 cm^{-1}$ 之间，其中伯醇为 $1050 cm^{-1}$（见图 3-15）、仲醇为 $1100 cm^{-1}$、叔醇为 $1150 cm^{-1}$、酚则在 $1300 \sim 1200 cm^{-1}$ 之间。

3.5.6　羰基化合物

羰基的极性很强，偶极矩大，它的峰是红外光谱中最强的峰，吸收范围在 $1850 \sim 1650 cm^{-1}$ 之间。羰基化合物是红外光谱中研究得最多的一类化合物，红外光谱对羰基的测定特别有效。

3.5.6.1　羰基化合物的特征频率

羰基化合物包含酮、醛、羧酸、酯、酸酐和酰胺。它们的主要特征吸收见表 3-11。

由表 3-11 可知，在羰基化合物中，由于和羰基相连的基团的变化，羰基的吸收位置也会发生变化。羰基化合物中羰基的伸缩振动吸收常与羰基基团附近所连基团的电负性大小有关，如前所述，当所连基团的电负性大时，羰基的伸缩振动吸收频率向高波数方向移动，而

表 3-11　羰基化合物的特征吸收

基团	振动形式	吸收峰波数/cm^{-1}	强度	备注
羰基化合物	$\nu_{C=O}$	1850~1650	vs	
酮	$\nu_{C=O}$	1720~1715	vs	很特征
醛	$\nu_{C=O}$	1740~1720	s	
	ν_{-CH}	2900~2700	w	一般有两个峰(~2820 及 2720cm^{-1})
酯	$\nu_{C=O}$	1750~1735	s	
	ν_{C-O-C}	1300~1000	s	一般有两个峰(1150cm^{-1})
羧酸	$\nu_{C=O}$	1760~1700	s	
	ν_{O-H}	3300~2500	m	峰很宽,特征
	δ_{O-H}	955~915	s	较特征
酸酐	$\nu_{C=O}$	1860~1800	s	
		1800~1750	s	
	ν_{C-O-C}	1170~1050	s	
酰胺	$\nu_{C=O}$	1690~1650	s	
	ν_{-NH}	3500~3050	m	
	δ_{N-H}	1650~1620	m	
	ν_{C-N}和δ_{N-H}混合峰	~1400	w	

当羰基上连有供电基团时,则其伸缩振动波数必然下降。共轭效应对特征吸收也产生相当大的影响,一般共轭程度增大,伸缩振动吸收频率降低,同时吸收强度也随之降低。

3.5.6.2 酮

酮类的 C=O 伸缩振动吸收非常强,其峰几乎是酮类唯一的特征峰,典型脂肪酮的 C=O 吸收在 1715cm^{-1} 附近,芳酮及 α、β-不饱和酮分别比饱和酮低 20~40cm^{-1} 左右。图 3-17 为丁酮的红外光谱。

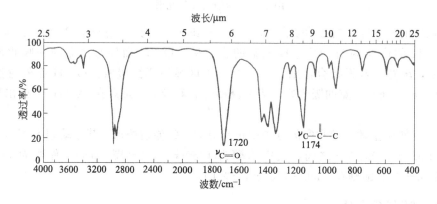

图 3-17　丁酮的红外光谱

从图 3-17 可以看出,丁酮的羰基伸缩振动的红外吸收波数为 1720cm^{-1}、1174cm^{-1} 的吸收峰为 C—CO—C 的伸缩振动吸收峰。顺便说明,羰基吸收峰还常常在 3500~3400cm^{-1} 区域出现羰基的倍频,不要与此处的羟基峰混淆。

3.5.6.3 醛

醛羰基伸缩振动吸收在 1725cm^{-1} 附近,共轭作用使吸收峰向低波数方向移动。醛羰基与酮羰基的伸缩振动一般仅差 10~15cm^{-1},区分醛和酮需要借助醛羰基上醛氢的 C—H 伸缩振动吸收峰来判断。醛基中的 C—H 伸缩振动在 2900~2700cm^{-1} 区有两个尖弱吸收峰 2820cm^{-1} 和 2720cm^{-1}(费米共振),其中,2820cm^{-1} 峰常被 CH$_3$、CH$_2$ 基团的 C—H 键对称伸缩振动吸收峰（2870、2850cm^{-1}）所掩盖，因此，2720cm^{-1}峰成为醛类化合物的唯一特征峰，它是区别醛和酮的唯一依据。如3.4.3.1中图3-8正丁醛的红外光谱图中 I 所示。

3.5.6.4 羧酸

羧酸中，羧基中的 C＝O 伸缩振动，羟基 O—H 的伸缩振动和面外弯曲振动是红外光谱中识别羧酸的三个重要特征频率。图3-18为丙酸的红外光谱。

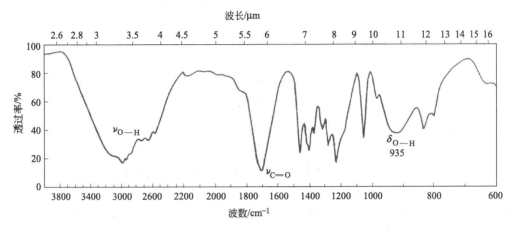

波长/μm

图 3-18　丙酸的红外光谱

羧酸的 O—H 伸缩振动由于生成很强的氢键，往往从 3300cm^{-1} 延伸到 2400cm^{-1} 处，形成一宽强峰，如图3-18中丙酸的羧羟基伸缩振动因小分子之间的强氢键作用，其伸缩振动竟然从 3600cm^{-1} 延伸至 2200cm^{-1}。而游离羧酸的 O—H 伸缩振动吸收峰是在 3550cm^{-1} 附近。在指纹区 955～915cm^{-1} 区的 O—H 弯曲振动的强吸收峰也是比较特征的（如图3-18 的 δ_{O-H} 在 935cm^{-1} 处）。

C＝O 的伸缩振动吸收在 1710～1760cm^{-1} 之间，羧酸的强缔合作用，也使 C＝O 双键的电子云密度降低，力常数减小，波数低移，所以它的伸缩振动频率比游离态低。例如，游离饱和脂肪酸的 $\nu_{C=O}$ 在 1760cm^{-1} 附近，缔合态（图3-18 的 $\nu_{C=O}$ 峰）则降低到 1710cm^{-1} 附近。

C—O 的伸缩振动吸收发生在 1320～1210cm^{-1} 范围，峰的强度很大。

在羧酸盐中，O—H 的伸缩振动吸收峰消失，而羧基的伸缩振动变为两个吸收带，一个在 1650～1545cm^{-1}，另一个在 1430～1300cm^{-1}，这是一个可以证明羧酸的方法，具体作法是在羧酸的氯仿溶液中滴加一滴三乙基胺，即可以使羧酸成盐，显现出上述特征。

3.5.6.5 酯

酯类主要的特征吸收是酯基中的 C＝O 和 C—O—C 的伸缩振动吸收。正常的酯羰基的伸缩振动吸收频率约在 1735cm^{-1}（为强峰），它高于相应的酮类，这是由于氧的 $-I$ 效应使羰基 C＝O 键的力常数增大所致。图3-19为丙酸乙酯的红外光谱，它的羰基伸缩振动的吸收峰既为 1735cm^{-1} 的强宽峰。

酯基的 C—O—C 有两个伸缩振动吸收，反对称伸缩振动 1300～1150cm^{-1}（图3-19中4号峰）和对称伸缩振动 1140～1030cm^{-1}（图3-19中 1030cm^{-1} 峰），前者较强，后者较弱。此两个峰与酯羰基吸收峰相配合，对于判断酯类结构是很重要的。

图3-19 中的2、3号峰依次分别为丙酸甲酯丙基上的甲基和酯甲基的弯曲振动特征峰，其中酯甲基因—COO—基团的强诱导效应，使其波数明显低移。

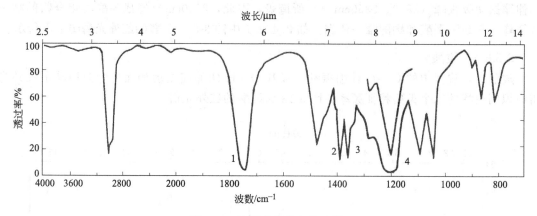

图 3-19　丙酸乙酯的红外光谱

3.5.7　胺

胺类化合物的特征吸收有 N—H 伸缩振动以及 N—H 的弯曲振动、C—N 的伸缩振动。
N—H 键类似于 O—H 键，而 —NH$_2$ 和 —NH$_3^+$ 基的振动形式和 CH$_2$ 及 CH$_3$ 差不多。
但由于质量不同，以及 N、C、O 的极性不同，胺类化合物的红外光谱具有自己的特征。图
3-20 为正丁胺的红外光谱。

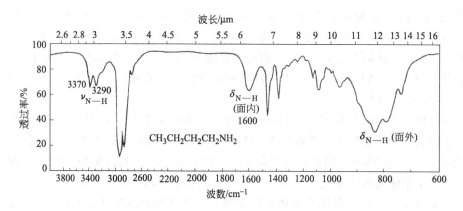

图 3-20　正丁胺的红外光谱

伯胺和仲胺的特征是有 N—H 伸缩振动，叔胺则没有。此外，伯胺和仲胺又以具有
N—H 伸缩振动的双吸收峰与单吸收峰彼此互相区别。N—H 振动特征吸收峰位置见表
3-12。

表 3-12　N—H 振动特征吸收峰位置

物质	ν_{N-H}/cm^{-1}	δ_{N-H}/cm^{-1}
伯胺	3500～3300（双峰）	1650～1590（s～m）
仲胺	3500～3300（单峰）	1650～1510（w）
叔胺	无吸收	

芳胺在 1360～1250cm^{-1} 和 1280～1180cm^{-1} 处各有一个吸收带，为 C—N 伸缩振动，可

用以鉴定与苯环直接相连的胺基。

3.6 红外光谱图解析

测得样品的红外光谱后，要经过对红外谱图的解析才能推知化合物的结构。在已经掌握了红外光谱与分子结构间的关系、各种有机物中特征官能团的振动频率以及影响基团频率位移的各种因素的基础上，对于简单的化合物，利用红外光谱也能够推测其结构；但对大多数较复杂的化合物，只能从红外光谱图中获得各种主要官能团存在的信息，为了最终确定分子的结构，还必须同时配合其它测试手段，如紫外-可见吸收光谱、核磁共振谱、质谱等的测试结果。

3.6.1 样品的情况

3.6.1.1 样品的纯度

为获得一张能真正反映分子结构的高质量的光谱图，除选择适当的制样方法和控制最佳仪器状态外，最重要的是保证样品的纯度。用红外光谱进行结构鉴定的样品一般要求样品纯度在98%以上。样品不纯会在谱图中产生较强的假谱带（由杂质产生的谱带），给谱图解析带来困难。因此，在用红外光谱对未知物质进行测定之前，必须先将样品提纯。提纯样品的方法很多，如分馏、萃取、升华、重结晶以及各种色谱分离方法等。

在制备待测样品中，还须注意制备样品的方法不同也会对谱图产生影响。

3.6.1.2 样品的来源及性质

对样品来源的了解可以缩小结构推测的范围，并应尽可能多地获知样品有关的各种数据，如沸点、熔点、折光率、元素分析结果以及化合物的摩尔质量、化学式等。数据越多，对样品的剖析越有利。

3.6.2 确定未知物的不饱和度

不饱和度可以提供未知物分子结构中是否含有双键、叁键或芳香环等重要结构信息，从而可由不饱和度估计化合物是否饱和、不饱和程度及可能的类型。

化合物的不饱和度（Ω）可按下式计算：

$$\Omega = 1 + n_4 - \frac{n_1 - n_3}{2} \tag{3-18}$$

式中，n_4 为四价原子数，如 C、Si 等原子；n_1 为一价原子数，如 H、卤素等；n_3 为三价原子数，如 N、P、As 等。不饱和度计算中不考虑二价原子，如 O、S 等的个数。

如经计算得到：$\Omega = 0$，则表示分子是饱和的，由单键构成；$\Omega = 1$ 表示分子中有一个双键，或者一个环；$\Omega = 2$ 表示分子中有一个叁键，或者两个双键，或者一个双键一个环，或者两个环。苯环的不饱和度为 4，萘的不饱和度为 7，其余类推。

【例 3-2】 试计算苯甲酰胺 C_7H_7NO 的不饱和度。

解：根据式(3-18)计算得

$$\Omega = 1 + 7 - (7-1)/2 = 5$$

该化合物中有一个苯环，占 4 个不饱和度，还有一个 C＝O 占一个不饱和度，总的不饱和度数为 5。

3.6.3 红外光谱解析程序

3.6.3.1 官能团区的检查

首先考察 $1300cm^{-1}$ 以上的特征官能团区的振动谱带，这些特征谱带大多源于键的伸缩振动吸收，容易推认其归属。要设法判断几个重要的官能团，如 $C=O$、$O-H$、$C-O$、$C=C$、$C\equiv N$ 等是否存在。下面介绍一个辨认官能团的方法和次序，供解析谱图时参考。

（1）判断羰基化合物

羰基在 $1850\sim1650cm^{-1}$ 区间有很强的吸收峰，且羰基峰往往是整个谱图中最强的峰，容易判别。

如果有羰基吸收峰，则可进一步考察下列羰基化合物：

① 是否羧酸　考察在 $3300\sim2400cm^{-1}$ 区间有无 $O-H$ 峰，这是一个很宽的吸收谱带。

② 是否酰胺　考察在 $3500cm^{-1}$ 附近有无 $N-H$ 键的中等强度分叉宽吸收峰。

③ 是否酯类　考察在 $1300\sim1000cm^{-1}$ 范围有无酯基中等强度的双吸收峰。

④ 是否酸酐　如果在 $1800cm^{-1}$ 和 $1760cm^{-1}$ 附近存在两个 $C=O$ 吸收峰，则是酸酐的特征吸收谱带。

⑤ 是否醛类　醛氢在 $2900\sim2700cm^{-1}$ 间有两个尖、弱吸收峰（2820、$2720cm^{-1}$），其中 $2720cm^{-1}$ 峰是醛类典型的特征峰。

⑥ 是否酮类　如果排除以上五种情形则可判断为酮类化合物。

如果没有羰基吸收峰，则可省去上述步骤，而需查该化合物是否是醇、酚、胺、醚类化合物。

（2）判断醇和酚

谱图中 $3600\sim3200cm^{-1}$ 之间的一个宽的吸收峰是醇 $O-H$ 的特征吸收、$3600\sim2400cm^{-1}$ 之间的一个宽的不对称吸收峰是酚 $O-H$ 的特征吸收，而 $1300\sim1000cm^{-1}$ 间的吸收则是醇或酚的 $C-O$ 伸缩振动吸收峰。

（3）判断胺类

应在 $3500cm^{-1}$ 附近存在 $N-H$ 的伸缩振动特征吸收谱带。

（4）判断醚类

应在 $1300\sim1000cm^{-1}$ 附近有 $C-O-C$ 的吸收峰，但不存在 $O-H$ 的吸收峰。

（5）判断 $C=C$ 双键或芳环

$C=C$ 双键在 $1650cm^{-1}$ 附近有一弱的吸收峰。如果在 $1650\sim1450cm^{-1}$ 范围内有两个中到强的吸收峰时即暗示芳环的存在。然后再用 $C-H$ 键的伸缩振动吸收进行佐证。芳环和烯基的 $C-H$ 伸缩振动吸收都在大于 $3000cm^{-1}$ 的高波数一侧，而饱和烃的 $C-H$ 伸缩振动吸收则位于 $3000cm^{-1}$ 的右边，即在低于 $3000cm^{-1}$ 的波数位置。饱和与不饱和常以 $3000cm^{-1}$ 作为区分界线。

（6）判断叁键

在 $2150cm^{-1}$ 附近如有弱的尖锐吸收峰，表明有 $C\equiv C$ 存在，此时可再考查 $\equiv C-H$ 的伸缩振动吸收，炔氢的特征伸缩振动位于 $3300cm^{-1}$ 处。当化合物中含有 $C\equiv N$ 基时，则在 $2250cm^{-1}$ 附近有中等强度的尖锐吸收峰。

（7）判断硝基

应在 $1600\sim1500cm^{-1}$ 和 $1390\sim1300cm^{-1}$ 处有两个强吸收峰。

（8）判断烃基

烃类 C—H 伸缩振动吸收位于 $3000cm^{-1}$ 附近。饱和的 C—H 伸缩振动与不饱和的 C—H 伸缩振动的区别是很明确的，饱和的 C—H 位于 $3000cm^{-1}$ 以下，不饱和的 C—H 则位于 $3000cm^{-1}$ 以上。此外，在 $1450cm^{-1}$ 和 $1375cm^{-1}$ 处有甲基特征峰。总之，烃类的红外光谱最简单。

3.6.3.2 指纹区的检查

指纹区（$1300\sim600cm^{-1}$）的许多吸收峰是官能团区吸收峰的相关峰，可作为化合物中所含官能团的旁证。往往是在官能团区发现某特征基团后，有的放矢地再到指纹区寻找该基团的相关吸收峰，根据指纹区内的吸收情况进一步验证该基团的存在以及与其它基团的结合方式。例如，醇和酚在 $3350cm^{-1}$ 有羟基伸缩振动吸收，它们的 C—O 键伸缩振动吸收则出现在 $1260\sim1000cm^{-1}$ 可以此做为旁证。又如，芳环化合物在 $3100\sim3000cm^{-1}$ 有吸收，为苯环的 C—H 伸缩振动，又在 $1600\sim1500cm^{-1}$ 处有苯环的骨架振动吸收，而根据在 $900\sim650cm^{-1}$ 区的吸收峰能够判断芳环的取代情况等。

这里需要指出的是，在解析红外光谱时，必须同时注意吸收峰的位置、强度和峰形，在确定化合物分子结构时，必须将吸收峰位置辅以吸收峰强度和峰形来综合分析。以缔合羟基、缔合伯胺及炔氢为例，它们的吸收峰位置只略有差别，它们之间的主要差别在于吸收峰形的不同，缔合羟基圆滑而钝，缔合伯胺基吸收峰有一小的分岔，而炔氢则显示尖锐的峰形。

此外，判断一个官能团存在与否，要在几处应该出现吸收峰的地方都显示吸收峰时才能得到该官能团存在的结论。这是因为任一官能团都存在有伸缩振动和多种弯曲振动的缘故。以甲基为例，在 $2960cm^{-1}$、$2870cm^{-1}$、$1460cm^{-1}$、$1380cm^{-1}$ 处都应当有 C—H 的吸收峰出现。反映某官能团存在的这组互依共存的吸收峰叫相关峰。亚甲基的存在与否、分子中亚甲基数目及组合方式的判断主要依据 $720\sim780cm^{-1}$ 处的吸收峰，该峰虽弱却具有鲜明的特征性。若分子中同时存在两组以上不同数目的亚甲基，如丙基戊酮（$CH_3CH_2CH_2COCH_2CH_2CH_2CH_3$），则在该区域将同时出现 $n=2$ 的和 $n=3$ 的两个亚甲基峰。

3.6.4 红外谱图解析示例

在进行红外光谱图解析时，没有必要将谱图上出现的每一个峰都与基团归属，只要根据特征峰判断准确物质属类，并由相关峰判断出基团种类和连接方式，获得了有机物结构，目的就达到了。为了进一步确证分子结构，还可以同时使用紫外、核磁、质谱和元素分析等手段综合分析，或与化合物标准红外光谱图或直接用微机存储的标准红外光谱数据库进行检索确认后，即告完成。

以下是几个红外光谱图解析的实例。

【例 3-3】 一化合物的化学式为 $C_4H_6O_2$，其红外光谱如图 3-21，试推测其结构。

解： 计算不饱和度得：$\Omega=1+4-(6-0)/2=2$

化合物红外光谱在 $1770cm^{-1}$ 附近的强吸收峰（峰 1）为 C＝O 伸缩振动，此峰向高波数位移表明为酯的羰基。酯的另一有价值的特征峰是位于 $1230cm^{-1}$（峰 3）和 $1030cm^{-1}$ 处的 C—O—C 反对称与对称伸缩振动的两个强峰，故可确定此化合物为酯。

在 $1650cm^{-1}$ 附近的中强吸收峰（峰 2）为不对称烯烃的 C＝C 伸缩振动吸收。指纹区 $990cm^{-1}$ 强峰和 $910cm^{-1}$ 中强峰表明此为 RCH＝CH_2 端一取代类型，$1380cm^{-1}$ 处为 CH_3 的 C—H 弯曲振动吸收。

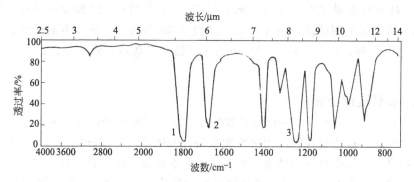

图 3-21　$C_4H_6O_2$ 的红外光谱

化合物含 $CH_3COO—$、$CH_2\!=\!CH—$ 结构单元，已满足不饱和度与化学式，故此化合物为乙酸乙烯酯：

$$CH_3COO—CH\!=\!CH_2$$

【例 3-4】　一化合物的化学式为 $C_{11}H_{16}O$，其红外光谱如图 3-22，试推测其结构。

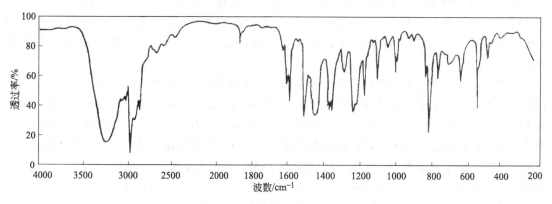

图 3-22　$C_{11}H_{16}O$ 的红外光谱

解： 不饱和度为：$\Omega=1+11-(16-0)/2=4$。由此估计该化合物可能含有苯环。

$3500\sim2400cm^{-1}$ 的强而宽、且不对称的大宽峰是缔合羟基的典型特征，此为酚类化合物的典型峰形。$1635cm^{-1}$、$1600cm^{-1}$、$1530cm^{-1}$ 处的吸收说明化合物有苯环，其不饱和度为 4，已满足。进一步分析谱图：叠加在此宽吸收峰上 $3060cm^{-1}$，$3020cm^{-1}$ 处的吸收也说明存在与不饱和碳相连的氢。在 $1245cm^{-1}$ 处有较强的 $C—O$ 伸缩振动吸收，而在 $1050\sim1150cm^{-1}$ 处却无较强的醇类的 $C—O$ 伸缩振动吸收，故可确定该化合物为酚。在 $830cm^{-1}$ 处的强吸收，表明苯环为对位取代。化合物有对位取代的酚—C_6H_4OH 结构单元。$C_{11}H_{16}O$ 减去—C_6H_4OH 余—C_5H_{11}。C_5H_{11} 为饱和烷基基团。

谱图 $1380cm^{-1}$ 左右的甲基特征峰出现了三叉峰，且官能团区的 $2960cm^{-1}$、$2870cm^{-1}$ 处有强吸收，而在 $2920cm^{-1}$ 处的吸收相对很弱，上述迹象表明甲基数目大于亚甲基数目，且分子中要么存在异丙基、要么存在叔丁基，二者同时存在时 C 数不够。故 C_5H_{11} 有以下三种可能的结构：

$$
\begin{array}{ccc}
\underset{\substack{| \\ CH_3}}{\overset{\substack{CH_3 \\ |}}{CH_3-C-CH_2-}} &
\underset{\substack{| \\ CH_3}}{\overset{\substack{CH_3 \\ |}}{CH_3-CH_2-C-}} &
\underset{\substack{| \\ CH_3}}{\overset{}{CH_3-CH-CH-}}\underset{\substack{| \\ CH_3}}{} \\
(a) & (b) & (c)
\end{array}
$$

当烷基为（a）时，分子有叔丁基，则应在$1360\sim1380cm^{-1}$处应出现高波数峰与低波数峰强度比为1：2的叔丁基分裂特征，这与谱图特征不符。而现在谱图中该区域中却有三个吸收峰，由此可推测烷基的结构为（b）或（c）。

红外谱图的指纹区有$780cm^{-1}$的弱吸收峰，为分子中存在1个CH_2的特征，而（c）结构无亚甲基。故该化合物结构只能是：

$$HO-C_6H_4-C(CH_3)_2-CH_2-CH_3$$

3.7 红外光谱的仪器

红外光谱仪器的发展经历了三个阶段。20世纪40～50年代，红外光谱仪为主要采用棱镜作色散元件的双光束记录式红外分光光度计。到了60年代，光栅式红外分光光度计日益普遍，这是因为光栅的色散能力强，其分辨率比棱镜的高，波长范围也大大加宽。70年代初期，由于电子计算机的发展，出现了傅里叶变换红外光谱仪，这种仪器具有极高的分辨率和极快的扫描速度，并有很高的波数准确性，对一些信号很弱的样品也能得到很好的谱图，因此得到了迅速的发展和广泛的应用。

3.7.1 色散型红外分光光度计

色散型红外分光光度计是指用棱镜或光栅做为色散元件的红外光谱仪，它又可分为双光束光学零位平衡型与双光束电学零位平衡型两类。

3.7.1.1 仪器的重要部件

红外分光光度计基本上由红外光源、单色器、检测器、放大器、记录器等五部分组成。

① 光源 理想的红外光源应该能发射高强度连续红外光波。最常见的是硅碳棒、能斯特灯和其它新材料光源。

② 单色器 单色器是指由入射狭缝到出射狭缝这一段光程内所包括的部件，有狭缝、色散元件（棱镜或光栅）和准直镜，它是红外分光光度计的心脏，其作用是把通过样品光路和参比光路进入狭缝的复色光分解为单色光，然后，这些不同波长的光先后射到检测器上加以测量。

色散型红外分光光度计的单色器多用棱镜、反射光栅和全息光栅等。

③ 检测器 检测器的作用是将经色散的红外光谱的各条谱线强度转变成电信号。由于射向检测器的每条红外光谱线很弱，因此对检测器的要求是应具有灵敏度高、响应快、噪音小的特性。色散型红外分光光度计常用的检测器有真空热电偶和高莱池（Golay）。

④ 放大、记录和显示 放大器和记录器的作用是，由检测器产生的微弱电讯号经电子管放大器放大后，驱动梳状光阑和记录笔的伺服马达，记录笔记下透射率的变化，从而得到一幅红外吸收光谱图。

3.7.1.2 色散型红外光谱仪的一般结构和工作原理

色散型红外光谱仪一般均为双光束自动扫描仪器。图3-23为仪器结构简图，基本工作原理是双光束光学零位平衡。

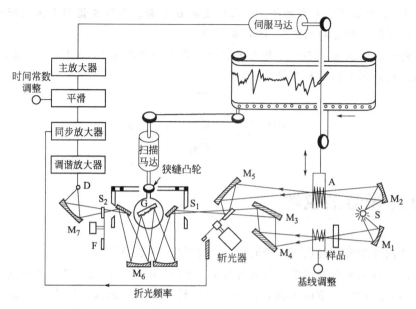

图 3-23　色散型红外分光光度计结构简图

　　自光源 S 发射出的红外光，经过凹面镜 M_1 和 M_2 反射成两束强度相等的收敛光，一束通过样品室，称为测试光路，另一束称为参比光路。这两束光分别经反射镜 M_3、M_4 和 M_5 到达斩光器，斩光器为具有半圆形或两个直角扇形的反射镜，该镜以 10Hz 的速度旋转，使透射的测试光束和反射参比光束以 10Hz 的变换频率交替通过入射狭缝 S_1 进入单色器，在单色器中，连续的辐射光被光栅 G（或棱镜）色散后，经准直镜 M_6 依次送出狭缝 S_2，再由滤光器圆盘 F 滤掉不属于该波长范围的辐射光，最后被反射镜 M_7 聚焦在检测器 D 上。当样品不吸收红外光时，两束光具有相等的强度，在检测器上产生相等的光电效应，不给出交变信号。而当测试光路的光被样品吸收而减弱时，两束光的光能量不等，到达检测器的光强度以斩光器旋转频率周期地交替变化，检测器也随之输出相应的交变信号。这种交变信号经放大系统放大，用以驱动伺服马达。带动梳形减光器（光阑）A，逐渐插入参比光路以降低其光能，直到双光束光路能量相等，达到平衡时检测器不再输出交变信号，伺服马达停止转动。在记录系统中，记录吸收强度的笔和减光器同步，当样品吸收时，在减光器插入参比光路的同时，记录笔同步向透射率减小的方向移动，仪器继续扫描，到超过吸收最大的频率位置后，由于样品吸收光能减少，测试光路的能量开始增加，双光束能量出现新的不平衡，使检测器产生反相的交变信号，驱动伺服马达向相反的方向转动，减光器随之退出参比光路，记录笔也相应地向透射率增加的方向移动，完成了一条吸收谱带的记录。

　　光学零位平衡红外分光光度计的优点在于，双光束可消除空气中水及 CO_2 对样品吸收的干扰，不足之处是，当样品透过很少时，由于参比光束几乎全部被挡住，这时两光路没有光通过，整个系统处于死区，影响到测量的准确性。

　　现在采用的双光束电学平衡系统的红外光谱仪又称为双光束电比率记录系统，其优点是不会像光学零位平衡系统那样出现死区，而且，样品本身的热辐射不被调制，从而可避免在定量分析上带来的误差。

3.7.2　博里叶变换红外光谱仪（FT-IR）

　　如前所述，色散型红外光谱仪有许多弱点，例如，由于辐射光需要用狭缝控制，因此经过色散后到达检测器的光很弱，这对于研究吸收强度很弱的吸收谱带和进行痕量分析造成了限制。另外，色散型仪器的扫描速度太慢，难以用于研究动态过程等。

傅里叶变换红外光谱仪是在 60 年代末发展起来的一种新型干涉调频光谱仪。它有许多色散型仪器无法比拟的优点，得到了广泛的应用。

傅里叶变换红外光谱仪主要由两大部分组成：光学检测系统和计算机系统。

光学检测系统的主要元件是迈克尔逊（Michelson）干涉仪，它是光学系统的心脏。迈克尔逊干涉仪工作原理示意于图 3-24。

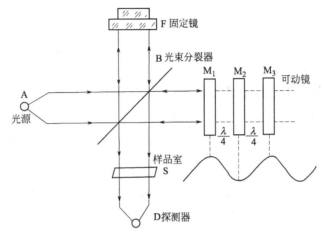

图 3-24　迈克尔逊干涉仪工作原理示意图

迈克尔逊干涉仪由光束分裂器（简称分束器）和两个互相垂直的平面镜组成。其中一个平面镜可动，称为动镜，另一个为固定镜，它们与分束器成 45°角。从光源发出的辐射光，导向分束器，被分为强度相等的两部分光，一束光反射到固定镜再反射回来，另一束透射光束到达动镜，再由动镜反射回来并在分束器上再次发生反射和透射，这两部分光结合起来并透过样品池。两束光的光程差可以随可动镜的往复运动而改变。当光程差为半波长 $\lambda/2$ 的偶数倍时，两光束为相长干涉，有最大的振幅，此时有最大的输出信号；当光程差为半波长 $\lambda/2$ 的奇数倍时，两光束为相消干涉，有最小的振幅，此时有最小的输出信号。这样一来，随着可动镜的往复运动，则信号的强弱遂呈周期性的变化，它通过样品到达检测器后，在检测器上得到的则是强度变化为余弦波形式的信号。对于单色光源来说，只产生一种余弦信号，对复合光来说，则得到的是一多波长余弦波的叠加，结果为一迅速衰减的、中央具有极大值的对称形的干涉图。如果将样品放在光路中，由于样品吸收掉某些频率范围的能量，所得干涉图的强度也随之发生相应的改变，计算机的作用是接收由迈克尔逊干涉仪输出的经过红外吸收的干涉图，将其进行傅里叶变换的数字处理，就将干涉图还原成为我们熟悉的光谱图。

傅里叶变换红外光谱仪较之色散型仪器具有测量光谱速度快、信噪比高；能量输出大；分辨率高；波数精确度高、光谱范围宽等缺点。

1. 红外光区域是如何划分的？红外光谱是如何产生的？
2. 简述双原子分子的谐振子模型。
3. 多原子分子振动自由度如何计算？为什么不是每一种振动都能产生一个红外吸收峰？

4．简要叙述振动形式的分类，并举例说明。

5．使红外吸收峰增多的因素有哪些？

6．影响红外吸收频率发生位移的因素有哪些？

7．红外光谱区中官能团区和指纹区是如何划分的？有何实际意义？

8．简述红外光谱解析的一般步骤和程序。

9．简述色散型红外光谱仪的工作原理。

10．傅里叶变换红外光谱仪的突出优点是什么？

习 题

1．已知 O—H 键的力常数是 $7.7N \cdot cm^{-1}$，O—H 键折合质量 μ 为 0.941，试计算 O—H 的伸缩振动频率（cm^{-1}）。

2．已知 C＝O 键的伸缩振动频率为 $1720cm^{-1}$，其 μ 为 6.85，试求 C＝O 键的力常数 k。

3．指出下列各种振动形式哪些是红外活性振动？哪些是红外非活性振动？

分子	振动形式
CH_3CH_3	$\nu_{C—C}$
$CH_3—CCl_3$	$\nu_{C—C}$
SO_2	$\nu_{S＝O}$

4．如何利用红外光谱区别下面各组化合物？

（1）H_3C—⟨苯环⟩—COOH 和 ⟨苯环⟩—COOCH$_3$

（2）$CH_3—CH_2—\underset{O}{\overset{}{C}}—CH_3$ 和 $CH_3CH_2CH_2CHO$

（3）⟨环OH⟩ 和 ⟨环O⟩

（4）$\underset{H}{\overset{C_2H_5}{C}}＝\underset{H}{\overset{CH_3}{C}}$ 和 $\underset{H}{\overset{C_2H_5}{C}}＝\underset{CH_3}{\overset{H}{C}}$

5．把下列化合物按 $\nu_{C＝O}$ 波数增加的顺序进行排列，并说明其理由。

（1）乙酰氯，乙酸，丙酮，$CH_3—\underset{}{\overset{O}{C}}—F$。

（2）丙酮，乙酸乙酯、乙酰胺、乙酰氯、乙醛。

6．下列基团的 $\nu_{C—H}$ 出现在什么位置？

（1）—CH_3　　（2）—$CH＝CH_2$　　（3）—$C≡CH$　　（4）—$\underset{}{\overset{O}{C}}—H$

7．试从下列红外数据判断其二甲苯的取代形式。

（1）化合物 A 在 $767cm^{-1}$、$692cm^{-1}$ 有吸收峰。

（2）化合物 B 在 $792cm^{-1}$ 有吸收峰。

（3）化合物 C 在 $742cm^{-1}$ 有吸收峰。

8．从下面红外谱图推断化学式为 C_7H_{16} 的化合物的结构。

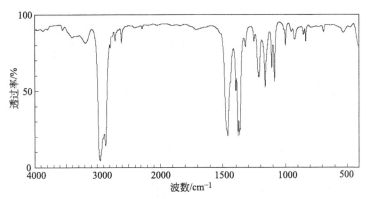

9. 从下面红外谱图推断化学式为 C_7H_{14} 的化合物的结构。

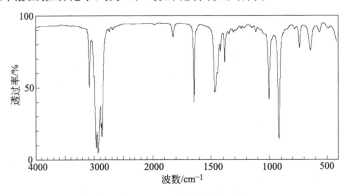

10. C_8H_8O 的化合物的红外谱图如下图，试推断其结构。

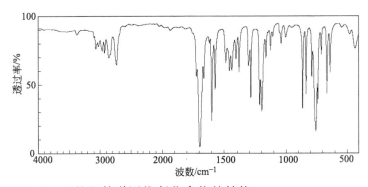

11. 根据下面 $C_4H_{10}O$ 的红外谱图推断化合物的结构。

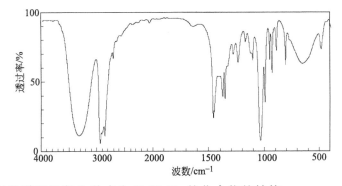

12. 从下面红外谱图推断化学式为 $C_4H_8O_2$ 的化合物的结构。

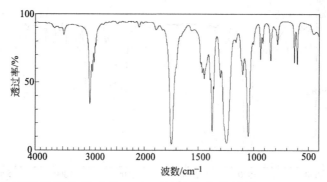

13. 从下面红外谱图推断化学式为 $C_4H_8O_2$ 的化合物结构。

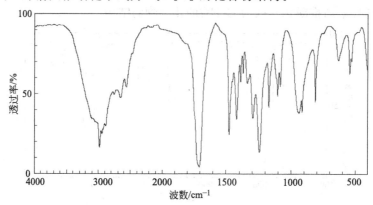

第4章

分子发光分析法

4.1 分子发光分析法概述

分子发光分析法是基于被测物质的基态分子吸收了能量后被激发至较高的电子能态,其返回基态的过程中,以光子发射的方式释放能量,通过测量辐射光的强度对被测物质进行定量测定。

物质分子吸收了辐射能可被激发到较高的电子能态,这种处于激发态的分子是不稳定的,它可以经由多种衰变途径而跃迁回基态,同时将这部分能量释放出来。其衰变的途径包括辐射跃迁过程和非辐射跃迁过程,辐射跃迁过程伴随的发光现象,称为分子发光;当激发态分子返回基态时发射波长相同或不同的辐射现象称为光致发光,最常见的两种光致发光是荧光和磷光。

根据荧光和磷光强度进行分析的方法称为荧光分析法和磷光分析法;当分子吸收了由化学反应释放出的化学能而产生激发,则回到基态时发出的光辐射称为化学发光,根据化学发光强度进行分析的方法称为化学发光分析法。本章对分子荧光、磷光及化学发光的相关原理和分析方法进行讨论。

4.2 荧光分析法的基本原理

荧光分析法最主要的特点是灵敏度高,其最低检测浓度可达 $10^{-7} \sim 10^{-9}\,\text{g} \cdot \text{mL}^{-1}$,比紫外-可见分光光度法高出 10^3 倍,可以定量测定许多痕量无机和有机组分;另外,方法的选择性好,对于生物体系有许多应用,如医学检验、生物医学、药物分析、环境监测、食品分析等方面,尤其是体内微量活性物质及药物代谢物的分析。

4.2.1 荧光、磷光的产生

4.2.1.1 分子的激发态

根据 Pauli 不相容原理,每个处于基态的分子都含有自旋配对的电子。在某一给定轨道中的两个电子的自旋方向相反。所有电子自旋都配对的分子其电子能态称为基态单重态(singlet state),以 S_0 表示,如图 4-1(a) 所示。

处于分子基态单重态的电子对，当其中一个电子激发到某一较高能级时，将可能形成两种激发态：一种是受激电子的自旋仍然与处于基态的电子配对，称为激发单重态（以 S 表示）；另一种是两个电子的自旋相互平行，称为激发三重态（triplet state）（以 T 表示）。两种电子激发态如图 4-1(b)、（c）所示。单重态和三重态术语来自光谱多重性，在此不作深究。

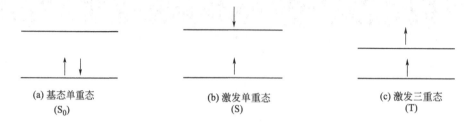

(a) 基态单重态
(S₀)

(b) 激发单重态
(S)

(c) 激发三重态
(T)

图 4-1　单重态和三重态的激发示意图

激发单重态与激发三重态的性质明显不同。第一，激发单重态的分子是抗磁性分子，而激发三重态的分子则是顺磁性分子；第二，激发单重态分子的平均寿命大约 10^{-8} s，而激发三重态分子的平均寿命长达 $10^{-4} \sim 100$ s；第三，由基态单重态（S₀）向激发三重态的跃迁不容易发生，属于禁阻跃迁；而基态单重态到激发单重态的跃迁则很容易，属于允许跃迁；第四，激发三重态比相应的激发单重态能级稍低一些。下面我们还将看到，分子的激发单重态在一定的条件下可以转化为激发三重态。

4.2.1.2　分子的去活化

分子的去活化（或称去激发）是指分子中处于激发态的电子以辐射跃迁方式或无辐射跃迁方式回到基态。辐射跃迁主要是荧光（F）或磷光（P）的发射；无辐射跃迁则是指分子以热的形式失去多余的能量，包括振动弛豫、内转移、体系间跨越及外转移等，如图 4-2 所示。各种跃迁方式发生的可能性及程度，与荧光分子本身的结构及激发时的物理和化学环境等因素有关。

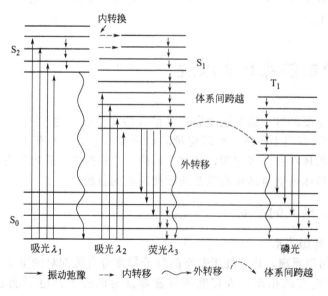

图 4-2　荧光、磷光能级图

当处于基态单重态（S_0）中的电子吸收波长 λ_1 和 λ_2 的辐射光之后，分别被激发到第二激发单重态（S_2）及第一激发单重态（S_1），在每一个电子能级中，又包含了许多振动能级，电子可以被激发到任何一个振动能级，而后发生下述的去活化过程。

（1）振动弛豫 它是指在同一电子能级中，电子由高振动能级跃迁至低振动能级，而将多余的能量以热的形式释放（传给溶剂分子）。发生振动弛豫的时间在 10^{-12} s 数量级，比电子激发态的平均寿命（单重态 10^{-8} s，三重态 $10^{-4} \sim 100$ s）短得多，也比下面将要讨论的其它过程快得多。即在其它过程发生之前，电子已完成由较高振动能级跃迁至同一电子能级最低振动能级的振动弛豫过程。图 4-2 中，各振动能级间的小箭头表示振动弛豫。

（2）内转换 当两个电子能级非常靠近以致其振动能级有重叠时，常发生电子由高电子能级以无辐射跃迁方式跃迁至低电子能级的分子内过程，如图 4-2 所示。被激发到高电子激发单重态（如 S_2、S_3 等）的电子，通过内转换及振动弛豫，均可跃回到第一激发单重态（S_1）的最低振动能级。此过程一般只需 $10^{-13} \sim 10^{-11}$ s。

（3）荧光发射 处于第一激发单重态（S_1）最低振动能级中的电子跃迁回到基态（S_0）的各振动能级时，将发射波长 λ_3 的荧光。显然，λ_3 波长比激发光波长 λ_1 或 λ_2 都长，而且不论电子被激发到什么能级（S_2、S_3……），由于存在速率很快的内转换，所以通常可观察到发射波长为 λ_3（$S_1 \rightarrow S_0$ 跃迁）的荧光。荧光的产生在 $10^{-6} \sim 10^{-9}$ s 内完成。

（4）体系间跨越 指激发单重态与激发三重态之间的无辐射跃迁。图 4-2 中 $S_1 \rightarrow T_1$ 就是一种体系间跨越，实质上就是 S_1 的受激电子的自旋发生了倒转而变成了 T_1。发生体系间跨越时，电子通常由 S_1 的较低振动能级转移至 T_1 较高振动能级，再通过振动弛豫到达 T_1 的最低振动能级。和内转移一样，如果两个能态的振动能级相重叠则体系间跨越的几率将增大。

（5）磷光 当电子由激发单重态（S_1）经体系间跨越（$S_1 \rightarrow T_1$）转变成激发三重态（T_1），并经振动弛豫回到 T_1 的最低振动能级后，由 $T_1 \rightarrow S_0$ 的跃迁就可发射磷光。磷光发光速率较慢，约为 $10^{-4} \sim 100$ s。因此，这种跃迁所发出的光，在光照停止后，仍可持续一段时间，这也是磷光和荧光的区别之一。

（6）外转移 指激发分子与溶剂分子或其它溶质分子的相互作用和能量转移，使荧光或磷光强度减弱甚至消失。这一现象称为"熄灭"或"猝灭"。图 4-2 中的波形线表示以外转移方式进行的无辐射跃迁。

4.2.2 荧光发射的特性

任何荧光化合物都具有两个特征光谱：激发光谱和荧光发射光谱。它们是荧光定性和定量分析的基本参数和依据。在测定时，用来激发荧光的吸收光谱称为荧光物质的激发光谱，它是指不同激发波长的辐射使物质发射某一波长的荧光强度。荧光发射光谱简称荧光光谱，是指某一激发波长下使物质发射不同波长荧光的相对强度。

激发光谱和荧光发射光谱的特点：

（1）荧光发射光谱与激发波长无关 无论引起物质激发的波长是 λ_1 还是 λ_2，荧光发射波长都为 λ_3（见图 4-2），这是由于分子吸收了不同能量的光子可由基态激发到不同的电子激发能级而产生几个吸收带；由于较高激发态通过内转换及振动弛豫回到第一激发态的几率很高，远远大于由高能级激发态直接发射光子的速度，故在荧光发射时，无论用哪一个吸收波长的光辐射来激发，电子都从第一激发态的最低振动能级返回到基态的各个振动能级，所以荧光发射光谱与激发波长无关，只出现一个荧光谱带。图 4-3 中蒽乙醇溶液的吸收光谱有两个吸收带，分别在 250nm 和 350nm 处，但不论用哪个波长的光辐射激发，其荧光发射光谱只含有 400nm 左右的一个荧光发射带。

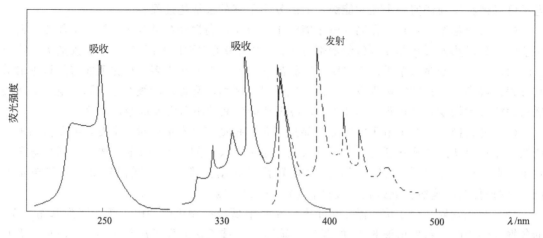

图 4-3　蒽乙醇溶液的荧光发射光谱（虚线）和吸收光谱（实线）

（2）荧光光谱与吸收光谱呈镜像对称关系　从图 4-3 蒽乙醇溶液的吸收光谱和荧光发射光谱中可以看出，它的荧光发射光谱与它的吸收光谱之间存在着"镜像对称"关系。

吸收光谱中第一吸收带是物质分子的外层电子由基态激发至第一电子激发态的各振动能级所致，其形状取决于第一电子激发态中各振动能级的分布状况；荧光光谱是激发态分子从第一电子激发态的最低振动能级跃迁回基态中各振动能级所致，其形状取决于基态中各振动能级的分布状况；而第一电子激发态中各振动能级的分布与基态中各振动能级的分布相类似，因此荧光光谱与吸收光谱形状相似，并呈镜像对称关系。

根据镜像对称规则，如不是吸收光谱镜像对称的荧光峰出现，表示有散射光或杂质荧光存在。

4.2.3　荧光效率及荧光强度的影响因素

如上所述，激发态的分子可通过几种途径回到基态，但只有一种途径可产生所需要的荧光。显然，如果荧光去活化比其它去活化过程快，那么就可以观察到荧光发射；相反，若其它去活化过程较快，则荧光将减弱或消失。为描述这一问题，引入荧光效率（fluorescence efficiency）的概念。

4.2.3.1　荧光效率

荧光效率 φ_f 通常可用式(4-1)表示。

$$\varphi_f = \frac{\text{发射荧光的分子数}}{\text{激发分子总数}} \qquad (4\text{-}1)$$

荧光效率越大，表示分子产生荧光的能力越强，φ_f 值在 0～1 之间。

例如罗丹明 B 的乙醇溶液 $\varphi_f=0.97$；荧光素水溶液的 $\varphi_f=0.65$；蒽乙醇溶液的 $\varphi_f=0.30$；菲乙醇溶液的 $\varphi_f=0.10$ 等。许多吸光物质不一定发出荧光，因为在去活化过程中，除荧光发射以外，还有其它非辐射跃迁存在。

对强荧光分子，如罗丹明 B，其 φ_f 值在一定条件下，接近 1，说明荧光发射过程发生很快，与其它去活化过程相比占绝对优势。显然，凡能使荧光过程加快的因素，可使 φ_f 值增大，荧光强度增强。

一般说来，荧光发射过程快慢主要取决于分子的化学结构，而其它去活化过程主要取决于化学环境，同时，也与分子的化学结构有关。

4.2.3.2 影响荧光强度的因素

（1）分子结构

① 跃迁类型　实验证明，对于大多数荧光物质来说，都是首先经历 $\pi \rightarrow \pi^*$ 或 $n \rightarrow \pi^*$ 的激发，然后再发生 $\pi^* \rightarrow \pi$ 或 $\pi^* \rightarrow n$ 跃迁而得到荧光。相比之下 $\pi \rightarrow \pi^*$ 的跃迁常能发生较强的荧光（φ_f 值较大）。这是因为：第一，$\pi \rightarrow \pi^*$ 跃迁的摩尔吸收系数比 $n \rightarrow \pi^*$ 跃迁的大 $100 \sim 1000$ 倍（即 $\pi \rightarrow \pi^*$ 跃迁几率较大），对激发光吸收强，激发效率高；第二，$\pi \rightarrow \pi^*$ 跃迁的寿命约为 $10^{-7} \sim 10^{-9}$ s，比 $n \rightarrow \pi^*$ 跃迁的寿命 $10^{-5} \sim 10^{-7}$ s 要短。在各种去活化过程中，激发态寿命愈短，其它非荧光过程发生的几率愈小，对荧光发射过程的产生有利。总之，$\pi \rightarrow \pi^*$ 跃迁是产生荧光的主要跃迁类型，含 $\pi \rightarrow \pi^*$ 共轭体系的分子是荧光分析的主要对象。

② 共轭效应　实验证明，容易实现 $\pi \rightarrow \pi^*$ 跃迁的芳香族化合物容易产生荧光。体系的共轭程度增加，荧光效率一般增大。例如，在多烯结构中，ph(CH=CH)$_3$ph 和 ph(CH=CH)$_2$ph 在苯溶液中的 φ_f 值分别为 0.68 和 0.28。这主要是由于共轭效应增大荧光物质的摩尔吸收系数，有利于产生更多的激发态分子，从而有利于荧光的发生。

③ 刚性平面结构和共平面效应　一般来说，荧光物质分子的刚性和共平面性增加，可使 π 电子共轭程度增加，荧光效率增大。例如，芴与联二苯的荧光效率分别为 1.0 和 0.2。这主要是芴的刚性和共平面性高于联二苯的缘故。

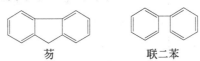

芴　　　　　联二苯

某些金属离子螯合物的荧光也可以用刚性和共平面性来解释。例如 2,2'-二羟基偶氮苯本身不产生荧光，但与 Al^{3+} 形成螯合物后便能发出荧光。利用这一性质可以测定许多本身不发生荧光的物质。

④ 取代基效应　芳香族化合物具有不同取代基时，其荧光强度差别很大。表 4-1 中列出了部分取代基对苯的荧光效率和荧光波长的影响。一般说来，给电子基团如—OH、

表 4-1　苯环取代基[①]的荧光相对强度

化合物	分子式	荧光波长/nm	荧光的相对强度
苯	C_6H_6	$270 \sim 310$	10
甲苯	$C_6H_5CH_3$	$270 \sim 320$	17
丙基苯	$C_6H_5C_3H_7$	$270 \sim 320$	17
氟代苯	C_6H_5F	$270 \sim 320$	10
氯代苯	C_6H_5Cl	$275 \sim 345$	7
溴代苯	C_6H_5Br	$290 \sim 380$	5
碘代苯	C_6H_5I	—	0
苯酚	C_6H_5OH	$285 \sim 360$	18
酚离子	$C_6H_5O^-$	$310 \sim 400$	10
苯甲醚	$C_6H_5OCH_3$	$285 \sim 345$	20
苯胺	$C_6H_5NH_2$	$310 \sim 405$	20
苯胺离子	$C_6H_5NH_3^+$	—	0
苯甲酸	C_6H_5COOH	$310 \sim 390$	3
苯基氰	C_6H_5CN	$280 \sim 360$	20
硝基苯	$C_6H_5NO_2$	—	0

① 乙醇溶液

—NH$_2$、—OCH$_3$、—NR$_2$ 等增强荧光。这是由于产生了 n—π 共轭作用，在不同程度上增强了 π 电子的共轭程度，导致荧光增强。相反吸电子基团如—NO$_2$、—COOH 等减弱荧光。

（2）环境因素

① 溶剂　增大溶剂极性，将使 π→π* 跃迁的能量降低，荧光增强，荧光波长向长波方向移动。溶剂黏度增加，可降低分子间的碰撞机会，使外转移几率减小而增加荧光强度；反之，荧光强度随溶剂黏度的减小而减小；另外，含重原子的溶剂，如四溴化碳和碘乙烷等，使物质的荧光强度减弱；能与溶质形成稳定氢键的溶剂也可使荧光减弱。

② 温度　温度升高时，大多数分子的荧光效率降低。因为温度上升时，分子间碰撞几率增加，使外转移发生的几率增加。

③ 酸度　荧光物质本身是弱酸或弱碱时，溶液的 pH 值对该荧光物质的荧光强度有较大影响，如苯胺，其电离平衡如下：

$$\bigcirc\!\!\!-\!\text{NH}_3^+ \underset{\text{H}^+}{\overset{\text{OH}^-}{\rightleftharpoons}} \bigcirc\!\!\!-\!\text{NH}_2 \rightleftharpoons \bigcirc\!\!\!-\!\text{NH}^-$$

pH＜2	pH 7～12	pH＞13
无荧光	蓝色荧光	无荧光

苯胺在 pH 7～12 的溶液中，主要以分子形式存在，能发生蓝色荧光。但在 pH＜2 或 pH＞13 的溶液中均以离子形式存在，不产生荧光；所以实验中要严格控制溶液的酸碱度。

④ 荧光淬灭剂　能引起荧光淬灭的物质称为荧光淬灭剂。常见的淬灭剂有卤素离子、重金属离子、氧分子及硝基化合物、重氮化合物、羰基化合物等。荧光淬灭剂使荧光强度减弱，虽是一种不利因素，但有时也可利用这一作用进行间接荧光测定。例如，Al-1-(2-吡啶偶氮)-2-萘酚配合物在紫外光照射下，可产生荧光（570nm），如果有微量 Ni^{2+} 存在，将发生荧光减弱。利用这一现象，可以测定 0.06～6ng·mL^{-1} 的 Ni^{2+}，干扰也很少。

（3）荧光物质的浓度

荧光物质浓度较高时，会发生分子间碰撞，使荧光强度有所减弱，这种现象称为自熄灭。自熄灭现象将随浓度的增加而增强。在低浓度（一般在 10^{-6} g·L^{-1} 或更低数量级），荧光强度与物质的浓度呈线性关系，这也是分子荧光法定量分析的依据。

4.2.3.3　定量分析方法

按荧光发生机理可知溶液的荧光强度 F 和该溶液吸收光的强度 I_a 以及荧光物质的荧光效率 φ 成正比：

$$F = \varphi I_a \tag{4-2}$$

根据比耳定律，有

$$A = \lg \frac{I_0}{I_t} = \varepsilon bc \tag{4-3}$$

或

$$I_a = I_0 - I_t = I_0(1 - 10^{-\varepsilon bc}) \tag{4-4}$$

则

$$F = \varphi I_a = \varphi(I_0 - I_t) = \varphi I_0(1 - 10^{-\varepsilon bc}) = \varphi I_0(1 - e^{-2.303\varepsilon bc}) \tag{4-5}$$

式(4-2)～式(4-5)中，I_0 是激发光强度，ε 是荧光物质的摩尔吸收系数，b 是样品池光程，c 是样品浓度。

又因

$$e^{-2.303\varepsilon bc} = 1 - 2.303\varepsilon bc - \frac{(-2.303\varepsilon bc)^2}{2!} - \frac{(-2.303\varepsilon bc)^3}{3!}\cdots\cdots \tag{4-6}$$

对于很稀的溶液，当 $\varepsilon bc \leqslant 0.05$ 时，可略去式(4-6)中第二项后的各项。则

$$F = \varphi I_0[1 - (1 - 2.303\varepsilon bc)] = 2.303\varphi I_0\varepsilon bc \tag{4-7}$$

在一定的实验条件下，荧光强度与荧光物质浓度呈线性关系：

$$F = Kc \tag{4-8}$$

荧光法的定量方法通常有两种：标准曲线法和标准对比法。

（1）标准曲线法

在制作标准曲线时，常将标准系列中浓度最大的标准溶液作基准，调节其荧光强度为100（或某一较高值），然后测出其它溶液的相对荧光强度。

（2）标准对比法

如果荧光物质的标准曲线通过零点，就可以选择在其线性范围内，用标准对比法测定。先测定某标准溶液（c_s）的荧光强度 F_s，再在相同条件下测得样品溶液（c_x）的荧光强度 F_x，则：

$$F_s - F_0 = Kc_s \tag{4-9}$$

$$F_x - F_0 = Kc_x \tag{4-10}$$

式（4-9）和式（4-10）中 F_0 为空白溶液的荧光强度，对同一荧光物质且测定条件相同时，则：

$$\frac{F_s - F_0}{F_x - F_0} = \frac{c_s}{c_x} \qquad c_x = c_s \frac{F_x - F_0}{F_s - F_0} \tag{4-11}$$

4.2.3.4　测定条件的选择

（1）线性范围选择

由上述可知，只有当荧光物质浓度较低（$\varepsilon bc < 0.05$）时，荧光强度与物质浓度才呈线性关系。高浓度时，由于存在荧光自熄灭和自吸收等原因，使荧光强度与物质浓度呈非线性关系。分析时应在标准曲线的线性范围内进行，否则会产生误差。

（2）激发光波长和荧光发射波长的选择

荧光是一种光致发光现象，因此必须选择合适的激发光波长。将不同波长的激发光依次通过荧光物质溶液，测定相应的荧光强度，以荧光强度对激发光波长作图得到激发光谱图，从图中选择能产生最强荧光的激发波长作为分析时使用。

选择荧光发射波长时，是用一定波长的激发光照射荧光物质，物质发射的荧光具有一定的波长范围。若选用最大激发波长的激发光照射荧光物质溶液，依次测定所发射的各荧光波长下的荧光强度，以荧光强度对荧光波长作图绘制荧光发射光谱。分析时选用荧光光谱中荧光强度最大的波长作为荧光测定波长。

（3）散射光和拉曼光的排除

荧光分析中会有小部分激发光由于光子与物质分子相碰撞而向不同方向散射，这种光称为散射光，它包括瑞利散射光和拉曼散射光。前者由溶剂、胶体和容器壁等散射引起，其波长与激发波长很相近；后者由空白溶液引起，其波长与荧光波长几乎相同。

这两种散射光对荧光测定可能会有干扰，特别是拉曼光，因为其波长与荧光波长接近，干扰较大，应设法消除。

消除方法是：①测定前，先测一下空白溶剂的荧光发射光谱，选择合适的激发波长；因为不同波长的激发光照射某一荧光物质时，荧光波长与激发光波长无关，但拉曼光随激发光的波长而改变；②拉曼光散射主要来源于溶剂，对同一波长的激发光，不同溶剂产生的拉曼光波长不同，故对溶剂进行选择可消除拉曼光的干扰。

图4-4为硫酸奎宁溶液在不同激发波长下拉曼光对荧光光谱的影响。图中可见，采用320nm激发波长激发时，产生的拉曼光波长为360nm，对448nm处的荧光几乎没有影响；

如果采用 350nm 激发波长，产生拉曼的光波长为 400nm，将与 448nm 处的荧光重叠而干扰测定。

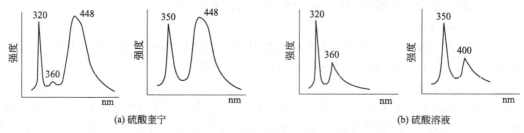

(a) 硫酸奎宁   (b) 硫酸溶液

图 4-4 硫酸奎宁溶液在不同激发波长下拉曼光对荧光光谱的影响

4.3 荧光、磷光分析仪器

4.3.1 荧光分析仪

用于测定荧光强度的仪器称为荧光分析仪，从简单的荧光计到复杂、精密的荧光分光光度计，其结构和功能虽然差别较大，但都由四个基本部分组成：激发光源、单色器、样品池、检测器和放大显示系统组成。荧光分光光度计的结构示意于图 4-5。

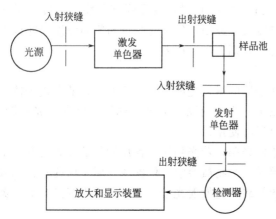

图 4-5 荧光分光光度计结构示意图

（1）激发光源

用于荧光测定的激发光源很多，有钨灯、碘钨灯、氢灯、氙灯和氪灯等，作为激发光源应具有一定的强度和稳定性。因为光源的稳定性会影响测量的重复性和精确度；而光源的强度会影响测定的灵敏度。

（2）单色器

荧光光度计采用两片滤光片作为激发和发射的单色器，激发滤光片用来选择所需的激发光，发射滤光片用来滤去各种杂散光和杂质所发射的荧光。滤光片中以干涉滤光片的性能最好，它具有半宽度窄、透射率高、可经受强光源的长时间照射等优点。

大多数荧光分光光度计采用光栅作单色器，既提高了仪器的灵敏度又能扫描光谱。近年来，荧光分光光度计在结构和功能方面都有很大改进，图谱经过电脑处理后，分析结果更加直观和准确。

（3）样品池

荧光分析中使用的样品池必须采用低荧光材料制作，常采用石英制成的样品池，其形状多为正方形或长方形，因为该形状散射光的干扰比圆形的小。

（4）检测器

由于荧光的强度通常比较弱，因此检测器一般要有较高的灵敏度。简易的荧光计采用硒光电池检测，较精密的荧光分光光度计采用光电倍增管检测，其放大倍数一般要比紫外分光光度计中的大。

4.3.2　磷光分析仪

测量磷光的分析仪器和荧光仪器的基本原理相同。由于磷光的产生是经体系间跨越（S→T₁）转变成激发三重态（T_1），并经振动弛豫回到 T_1 的最低振动能级后，由 $T_1 \to S_0$ 的跃迁发射磷光，所以三重态寿命较长，由实验可观察到它们发光持续时间的差别，对于荧光来说，当激发光停止照射后，发光过程几乎立即停止，而磷光则可持续一段时间。

另外，$T_1 \to S_0$ 之间的能量差比 $S_1 \to S_0$ 之间的能量差小，使三重态与基态之间的偶合增强，因而增强了内转移过程，使非辐射去活化过程与磷光的竞争比荧光要大得多。

为了减少非辐射去活化过程的影响，通常应在低温条件下进行测量。因为常使用的冷却剂是液氮，因而要求所使用的溶剂在液氮温度下仍具有足够的黏度，形成明净的刚性玻璃体，同时对分析物溶解性能良好。旋转式圆筒磷光计结构如图 4-6 所示，盛放试样溶液的石英管必须放置在盛液氮的石英杜瓦瓶内；又因为发磷光的物质往往也会产生荧光，为了区分，仪器中需要附加一个机械切光器来构成磷光计。

当圆筒旋转时，激发光交替地照射至试样管，样品受激发光照射发出荧光和磷光，随着圆筒的继续旋转，激发光被遮断，散射光和荧光随之消失，检测器只检测到磷光的信号。用电动机来控制圆筒旋转速度可以改变试样从激发到测量的时间间隔，进而可以测量磷光的寿命。

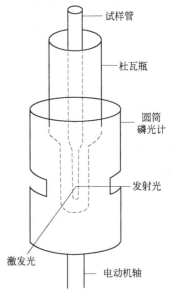

图 4-6　旋转式圆筒磷光计

4.4　荧光、磷光分析法的应用

荧光分析法由于灵敏度高，取样量少，有多种特性参数可供选择测定，该方法已经广泛应用于生物医学、临床检验、基因测定、药物分析、环境监测、食品分析等领域。

目前采用有机试剂以配合物形式进行荧光分析的元素已近 70 种。其中铍、铝、硼、镓、硒、镁等常用荧光法测定；有机化合物方面，常用荧光法测定的有多环芳烃化合物、维生素、胺类和甾族化合物、蛋白质、酶和辅酶等物质。

磷光分析主要用于生物体液中痕量药物的分析。由于磷光分析必须在低温下进行，加上能产生磷光的物质比发荧光的物质更少，所以应用范围会受到限制。但对于那些在室温下不发荧光或荧光微弱，而在低温下会产生磷光的物质，就能用磷光分析法，它已逐渐成为一种与荧光分析法相互补充的重要分析技术。

4.5　化学发光分析法

化学发光不是由光能、热能或电能激发物质产生辐射，而是由化学反应提供的能量激发物质所产生的光辐射，化学发光分析法就是利用某些化学反应所产生的发光现象对组分进行分析的方法。

4.5.1 化学发光分析法的基本原理

4.5.1.1 化学发光的机理

化学发光是基于某些物质在进行化学反应时吸收了反应所产生的化学能,使反应产物分子激发至激发态,当返回基态时发出一定波长的光或者将能量转移给其它分子而发射光辐射。这一过程用反应式可表示如下:

$$A+B \longrightarrow C^* +D$$

$$C^* \longrightarrow C+h\nu$$

产生化学发光的反应,必须满足几个基本条件:①化学反应必须能放出足够的能量为反应产物分子所吸收,并使之被激发。通常只有那些反应速率相当快的放热反应,其$-\Delta H$为$170\sim300kJ \cdot mol^{-1}$之间,才能在可见光范围内观察到化学发光现象。而许多氧化还原反应释放的能量与此相当,因此大多数化学发光反应为氧化还原反应。②具有有利的化学反应历程,使所产生的能量有利于不断地产生激发态分子。③激发态分子跃回基态时,释放出的是光辐射而不是以热的形式消耗掉能量。

4.5.1.2 化学发光效率

化学发光效率 φ_{cl} 可表示为:

$$\varphi_{cl}=\frac{发射光子数}{参加反应的分子数}=\varphi_r\varphi_f \tag{4-12}$$

φ_r 表示激发态分子的化学效率,定义为:

$$\varphi_r=\frac{激发态分子数}{参加反应的分子数} \tag{4-13}$$

φ_f 表示激发态分子的发光效率,定义为:

$$\varphi_f=\frac{发射光子数}{激发态分子数} \tag{4-14}$$

化学发光分析通常是基于发光强度与被测物质的浓度呈正比关系。化学发光反应的发光强度 I_{cl},以单位时间内发射的光子数表示,与化学发光效率 φ_{cl} 及反应物浓度 c 之间存在式(4-15)的关系。

$$I_{cl}(t)=\varphi_{cl}\frac{dc}{dt} \tag{4-15}$$

测量任一时间的化学发光强度就能确定此时反应物的浓度。

将式(4-15)积分:

$$\int I_{cl}dt = \varphi_{cl}\int\frac{dc}{dt}dt = \varphi_{cl}c \tag{4-16}$$

化学发光强度的积分值与反应物浓度呈正比,因此可根据在已知时间范围内发光总量来实现反应物的定量。

4.5.2 化学发光反应的类型

4.5.2.1 气相化学发光

气相化学发光反应主要可用于大气污染的监测。如 O_3、NO、S 和乙烯的化学发光反应,可用于监测空气中的 O_3、NO、NO_2、H_2S、SO_2 等气体。

臭氧与氮氧化合物的化学发光反应,其反应式可表示为:

$$NO+O_3 \longrightarrow NO_2^* +O_2$$

$$NO_2^* \longrightarrow NO_2 +h\nu$$

此反应的发射光谱在 $300\sim600nm$ 范围内,最大发射波长为 $435nm$。

测定 NO_2 时，可先测出其中 NO 的含量；然后将 NO_2 还原为 NO，再测 NO 的总量，从总量中扣除试样 NO 的含量，即可得 NO_2 的含量。

4.5.2.2 液相化学发光

用于这一类化学发光分析发光物质有鲁米诺、光泽精、路粉碱、没食子酸、过氧草酸盐等，其中最常用的是鲁米诺（3-氨基苯二甲酰肼），它可用于测定痕量的 Co、Cu、Mn、Ni、V、Fe、Cr、Hg、Ce 和 Th 等金属离子，它产生化学发光的 φ_{cl} 为 $0.01\sim0.05$。

鲁米诺在碱性溶液中与 H_2O_2 的化学发光反应可用下式表示：

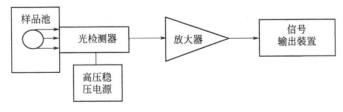

鲁米诺在碱性溶液中形成叠氮醌，与 H_2O_2 作用可生成不稳定的桥式六元环过氧化物，氧化过程中产生的化学能被氨基邻苯二甲酸根离子所吸收，使其处于激发态；当其价电子跃迁到基态中各个不同振动能级时，便产生最大发射波长为425nm的光辐射。

鲁米诺化学发光体系还可用于许多生化反应的研究。通常都涉及 H_2O_2 的产生或 H_2O_2 的参与，例如葡萄糖在葡萄糖氧化酶的催化下进行氧化反应，反应产物 H_2O_2 可通过鲁米诺化学发光反应进行测定，从而间接测定葡萄糖的含量。

$$葡萄糖+O_2+H_2O \xrightarrow{\text{葡萄糖氧化酶}} 葡萄糖酸+H_2O_2$$
$$鲁米诺+H_2O_2 \longrightarrow 产物+h\nu$$

有些金属离子能够催化鲁米诺、光泽精、路粉碱等的化学发光反应，并使发出的光大大增强，且光强度与催化离子的浓度成正比，据此可建立金属离子的分析方法。

4.5.3 化学发光的测量仪器

气相化学发光反应的仪器一般比较专用，这里主要介绍液相化学发光反应的检测。

化学发光分析仪器主要包括样品池、检测器、放大器和信号输出装置。见图 4-7。

图 4-7 化学发光分析仪示意图

化学发光反应在样品池中进行。反应剂和样品混合后，反应即刻发生，且发光信号消失很快，因此必须在两者的混合过程中立即测定，其产生的光照射在检测器上，由光电倍增管进行检测。由于化学发光反应的这一特点，样品与反应剂混合方式的重复性控制是影响分析精密度的主要因素。

样品和反应剂混合的方式因仪器类型的不同而各具特点，有不连续的取样体系，即间隙的加样，操作时用移液管或注射器的冲击作用力使其混合均匀，静态下测定化学发光信号，根据发光峰高或峰面积的积分值进行定量测定，这种方法虽然简单，但每次测定都要更换新试剂。对连续流动体系，样品与反应剂的混合、信号的检测都在流动中进行，反应试剂和样品定时在样品池中混合反应，在载流推动下向前移动，被检测的光信号只是整个发光动力学曲线的一部分，利用峰高进行定量测定，其流程见图4-8。

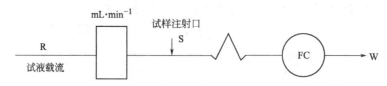

图4-8　流动注射化学发光分析流程图

4.5.4　化学发光分析的应用

利用化学发光进行分析最大的特点是灵敏度高，对气体和某些痕量金属的检测限可达 $ng \cdot mL^{-1}$ 级。加上仪器设备简单、操作方便并能连续测定等优点，其应用范围也越来越大。

气相化学发光反应在环境监测中广泛应用于大气污染物的测定。如臭氧、氮氧化物、一氧化碳、硫化物等，测定的灵敏度都在 $1 \sim 3ng \cdot mL^{-1}$。液相化学发光反应，如鲁米诺、光泽精、路粉碱等的化学发光体系可用于测定天然水和废水中的金属离子，但由于许多金属离子会催化或抑制上述的化学发光体系，故方法的选择性普遍不理想。另外，在医学、生物学、生物化学和免疫学研究中，化学发光分析也是一种重要的手段。

1. 影响荧光强度的环境因素有哪些？
2. 试从原理、仪器两方面对分子荧光、磷光和化学发光进行比较。
3. 为什么荧光分析法比紫外-可见分光光度法具有更高的灵敏度和选择性？

习　题

1. 解释名词：(1) 荧光效率；(2) 振动弛豫；(3) 体系间跨越；(4) 内转移；(5) 外转移。
2. 什么是荧光效率？下列化合物中，哪一个的荧光效率高？为什么？

酚酞　　　　　　　　　　荧光素

第5章

原子发射光谱分析法

原子发射光谱分析法（Atomic Emission Spectrometry，简称 AES），习惯上简称原子光谱分析。它是根据待测物质的气态原子被激发时所发射的特征线状光谱的波长及其强度来测定物质的元素组成和含量的一种分析方法。

原子发射光谱分析主要分三个过程，即激发、分光和检测。第一过程是利用激发光源使试样蒸发气化、离解或分解为原子状态，原子也可能进一步电离成离子状态，原子及离子在光源中激发发光。第二过程是利用光谱仪器把光源发射的光分解为按波长排列的光谱。第三过程是利用光电器件检测光谱，按所测得的光谱波长对试样进行定性分析，或按发射光强度进行定量分析。因为在光谱分析中所使用的激发光源能量都很高，被测物质在激发光源的作用下，一般都能裂解为原子或离子。由于原子能级是量子化的，故原子或离子被激发后发射的是线状光谱。线状光谱只能反映出原子或离子的性质，而与产生原子或离子的分子的性状无关，所以光谱分析只能用于确定待测物质的元素组成与含量，而不能提供出待测物质分子结构方面的信息。

原子发射光谱分析的波段范围与原子能级有关，一般位于近紫外-可见光区，即 $200\sim$ 850nm。近年来由于分光测光系统的改进，有些仪器已将其波长范围扩展到 $120\sim1050$nm。

5.1 原子发射光谱分析的发展和特点

原子发射光谱分析是二十世纪 30 年代开始得到迅速发展的较古老的仪器分析方法，按其发展过程大致可分为三个阶段，即定性分析阶段、定量分析阶段和等离子体光谱阶段。

5.1.1 定性分析阶段

早在 17 世纪中叶，牛顿用三棱镜观察了太阳的光谱。1859～1860 年克希霍夫（Kirchhoff G. R.）和本生（Bunsen R. W.）研制了第一台用于光谱分析的分光镜，实现了光谱检验，发现光谱与物质组成之间的关系，并确认各种物质都有自己的特征光谱，建立了光谱定性分析的基础，是原子发射光谱分析第一阶段的开始。此后，原子发射光谱分析技术在发现新元素（如 Tl、In、Ga、Ho、Sm、Tm、Pr、Nd、Lu 等）和推进原子结构理论方面做出了巨大贡献。

5.1.2　定量分析阶段

进入 20 世纪后，由于工业的发展，迫切需要能快速给出试样成分的分析技术。原子发射光谱发展了一系列可以完成定量分析测定的新技术。1925 年格拉奇（Gerlach）提出定量分析的内标原理。1930～1931 年罗马金（Lomakin）和赛伯（Scherbe）分别提出定量分析的经验公式，确定了谱线发射强度与浓度之间的关系。由于仪器制造技术的发展，光谱分析在各领域得到广泛应用。第二次世界大战中，各国竞相发展军事工业也拓宽了光谱分析应用领域。为了解决核燃料的纯度分析，美国和前苏联分别发展高纯材料的载体蒸馏法光谱分析和蒸发法光谱分析。光栅刻制技术的改进使光栅光谱仪器逐渐推广应用。前苏联光谱学家 Мондельштам 解释了罗马金-赛伯公式的物理意义，使光谱定量技术更加完善。直流电弧、交流电弧和电火花是这一时期广泛采用的激发光源。

5.1.3　激发光源技术的革新时代

原子发射光谱技术的发展在很大程度上取决于激发光源技术的改进。20 世纪 50 年代广泛使用的电弧光源和火花光源主要缺点是重现性差、测量误差大，采用固体试样使样品处理和标样制备困难，这些原因使得在 20 世纪 60 年代至 70 年代初期，原子发射光谱分析作为一种通用的分析工具遭受了剧烈的衰退，而原子吸收光谱等其它分析技术却在快速发展。其实在 20 世纪 50 年代初人们已开始探讨用等离子体光源代替传统的电弧和火花光源。1971 年 Fassel 在第 19 届国际光谱学会议上做了一个长达 74 页的专题报告，系统总结了各种等离子体光源的发展和技术现状，标志着原子发射光谱进入等离子体光源时代。

5.1.4　原子发射光谱的特点

（1）灵敏度高

直接光谱法进行分析时，相对灵敏度可达 $0.1\sim10\mu g \cdot g^{-1}$，绝对灵敏度可达 $10^{-8}\sim10^{-9}g$，如果预先用化学或物理方法对样品进行浓缩或富集，则其相对灵敏度可达 $0.1\sim10ng \cdot g^{-1}$，绝对灵敏度可达到 $10^{-11}g$。

（2）选择性好

每种元素都有各自的特征的原子结构，因此每种元素都有一些可供选用而不受其它元素光谱干扰的特征谱线，若选择适当的实验条件，能同时测定十几种元素，而无需复杂的分离手段。对于化学性质相近的元素，如 Nb 与 Ta，Zr 与 Hf，特别是稀土元素，一般化学方法只能测定其总量，难以分别测定，而光谱分析却较易进行各元素的分别测定。发射光谱分析还能克服经典的定性化学分析样品处理繁琐、费时费力、H_2S 系统分析污染环境、不慎漏检、含量低了检不出来等弱点。

（3）分析速度快

通常无需对试样进行处理而可直接测量。对矿物、岩石等试样，可同时进行几十种金属元素的定性、半定量分析测定。利用光电直读光谱仪可在炼钢炉前 $1\sim2min$ 内同时测定钢中 20 多种元素。用等离子体发射光谱甚至可在 1min 内同时测定水中 48 个元素，且灵敏度可达 $ng \cdot g^{-1}$ 数量级。

（4）样品用量少

一般样品只需用几毫克至几十毫克就可完成样品中元素的全分析。在使用了新型光源后，还可以分析液体样品，或可实现不破坏样品，进行直接元素分析的目的。

（5）微量分析准确度高

光谱分析的准确度随被测元素含量的不同而异，当被测元素的含量大于 1％时，分析的相对误差仅为 5％～20％，但在含量小于 0.1％时，其准确度优于化学分析法。含量越低，其优越性越突出，因此非常适用于微量及痕量元素的分析，而广泛应用于原子能、国防工业、半导体材料、高纯材料的分析中。

（6）应用范围广

目前，周期表中已命名的元素共有 112 种，每种元素都可被诱导发射，而且各有其特征光谱，但是由于激发非金属元素方面有很大的困难，因此目前能用发射光谱法分析的有 70 余种金属和类金属元素。

发射光谱分析法也有一定的局限性。

首先，用发射光谱法进行高含量元素定量分析时，误差很大（约 30％～50％），用它进行超微量元素定量时，灵敏度和精密度又不能满足分析要求。其次，对一些非金属元素如 Se、S、Te、卤素等的测定，灵敏度很低，一般很难进行定性和定量分析。第三，光谱定量分析需要每次配一套标准样品作对照，由于样品的组成、结构的变化，对元素进入光源的影响很大，因此定量分析时，配制适用的标准样品往往很难。第四，发射光谱分析只能确定某种试样是由什么元素组成的、各元素的含量是多少，而不能提供试样的结构信息，要想确定分子结构的形式，还必须借助其它分析手段。

5.2 原子发射光谱分析的基本原理

5.2.1 原子发射光谱的产生

物质是由不同元素的原子组成的。原子具有一个结构紧密的原子核，核外有绕核高速运动的电子，每个电子在一定能级上运动。在通常情况下，物质中的原子或离子都以能量最低的稳定状态存在，称之为基态原子或离子，其能量用 E_0 表示。如果原子或离子受外能（热能、电能、化学能、辐射能等）的作用时，核外电子由于吸收能量而跃迁至较高的能级，这时的原子或离子处在激发状态，称为激发态原子或离子，其能量用 E_j 表示。把气态原子中的一个外层电子从基态激发至激发态所需要的能量称为激发电位，它的单位是电子伏特（eV）或焦耳（J）。如果原子在激发过程中，获得的能量足够大，可把原子中的外层电子激发至脱离核的束缚而成为离子，这一过程称为电离。原子电离为一价阳离子所需的能量称一级电离电位，使一价阳离子电离为二价阳离子所需的能量称二级电离电位，依次类推。在原子谱线表中，罗马字"Ⅰ"表示中性原子发射的谱线，"Ⅱ"表示一次电离离子发射的谱线，"Ⅲ"表示二次电离离子发射的谱线……例如，Mg Ⅰ 285.21nm 为 Mg 原子发射的中性原子线；Mg Ⅱ 280.27nm 为 Mg 原子发射的一级离子线；若标注Ⅲ，表示二级离子线，依次类推。

激发态的原子或离子能量高，不稳定，受到微扰（如电弧或火花的闪动、气态粒子或电子的扰动等）时，可在 10^{-8} 秒内跃迁回基态或其它较低的能级，从而将多余的能量释放出来，释放出的能量若以一定波长的电磁波形式辐射，则形成光谱。辐射波长的大小取决于电子跃迁前后的能级差 ΔE。

$$\Delta E = E_j - E_0 = h\nu = \frac{hc}{\lambda} \tag{5-1}$$

由于原子中的电子能级很多，原子中的价电子有的也不止一个，所以原子辐射出的能量分布也会因电子跃迁时的能级差的不同而不同。由于相同能级差之间的电子跃迁所辐射出的光量子能量相同，波长一致，经色散、聚焦后在同一焦面上形成谱线，所以原子光谱是线状光谱。

原子中电子能级很多，如果任意两能级间都能产生电子跃迁，光谱线会多得数不清。但实验证明，每种元素的原子谱线的条数都是有限的，而且各有其特征，说明并非任意两个能级之间都可发生跃迁，产生电子跃迁有一定的限制条件，这些限制条件在光谱学上称为光谱选律。光谱选律是根据实验和量子化学理论研究得出的结论，本课程不做深入讨论，读者可查阅量子化学的相关章节。尽管光谱的产生要满足一定的限制条件，但外层电子结构复杂的原子的光谱仍旧很复杂。如碱金属的光谱从 Li 的 39 条到 Cs 的 645 条，碱土金属的 Mg 有 173 条、Ca 有 662 条、Ba 有 472 条，过渡金属元素的光谱线多达数千条，如 Cr 有 2277 条、Fe 有 4757 条、Ce 有 5755 条。由于 Fe 元素的光谱从紫外至可见光区分布均匀，对 4757 条谱线的波长进行过精确的测定，因此在发射光谱分析中，常用铁光谱作为波长标尺。

5.2.2 发射光谱分析的实质

不同的元素，核外电子结构不同，电子能级各异，因此，不同元素的原子发射光谱中的特征谱线各不相同。对于任一特定元素的原子，在光谱选律的允许跃迁条件下，可产生一系列不同波长的特征光谱线，这些谱线按一定的顺序排列，并保持一定的强度比例，谱线的强弱与分析元素的光源中的浓度有关。一般来说，分析元素在光源中浓度越大，谱线就越强，反之亦然。元素的谱线强度与元素的浓度在一定条件下呈线性关系。

综上所述，发射光谱分析的实质是：通过识别各种元素的特征光谱线的位置（即波长）进行定性分析，通过测量特征光谱线的强度进行定量分析。

5.3 元素的光谱性质

5.3.1 元素的光谱性质与元素周期表的关系

元素的光谱性质包括元素的电离电位、激发难易、谱线强弱及元素的挥发性等。元素的这些性质与其原子结构密切相关，因而与元素周期表有一定的关系，并且具有一定的规律性。

（1）同一周期的元素，随着原子序数的增加，谱线复杂，强度减弱。

同一周期的元素，原子序数增加时，外层价电子数逐渐增加，价电子轨道复杂，电子跃迁也越来越复杂，使得光谱变得越来越复杂。同时，电子在某特定能级之间跃迁的几率减小使谱线强度随之减弱。因此，在各周期中，碱金属原子的光谱简单，谱线强度大。

（2）主族元素，谱线数目少，强度大。同族元素，谱线特征相似。

主族元素的外层价电子具有 s、p 结构，电子能级比较简单，因此主族元素的发射光谱比较简单，谱线强度比较大。同族元素的价电子结构相似，因此具有相似的谱线特征。同族元素从上到下，激发电位越来越低，相似谱线的波长相应红移。

（3）Ⅰ、Ⅱ副族元素，光谱简单，谱线强度大。其它副族，光谱复杂，强度较弱。

周期表中第Ⅰ、Ⅱ副族元素包括 Cu、Ag、Au、Zn、Cd、Hg，其外层价电子结构中 d

轨道电子已充满，外层价电子为 s 结构，因此能级跃迁简单，谱线强度大。其它副族具有不饱和 d 电子或 f 电子，轨道数目多，跃迁能级复杂，所以谱线复杂，例如 Fe、W 和 Ce 等的光谱都有多达五千条的谱线。

（4）结构相同的离子和原子，具有相似的光谱特征。

例如第三周期中的 Na 原子和 Mg^+ 离子的谱线特征是相似的。

（5）在周期表中，同周期元素的电离位和激发电位从左至右逐渐增大，同族元素从上至下，逐渐减小。

对原子激发而言，实验数据说明，同一周期元素，由左向右，电离电位和主共振电位（即第一激发态能级与基态能级之间的能量差）将逐渐增大；但过渡金属元素变化较小；而同一族元素，自上而下，电离电位和主共振电位逐渐减小（对主族元素而言，因半径增大是主要的）或略微增大（对过渡元素而言，因核电荷增多是主要的）。电离电位和激发电位的这种倾向与原子的外围电子构型密切相关：核电荷越多的原子，价电子数目越多及原子半径越小，价电子与核结合力越强，其电离电位和主共振电位必定越高，反之亦然。因此周期表中左下角元素（如碱金属元素铯）核电荷数虽少，但原子半径很大，它是最易电离和激发的元素（电离电位 3.89eV；主共振电位 1.45eV）；而周期表中右上角的元素（惰性气体，如氦）核电荷数并不很多，但其原子半径最小，是最难激发和难电离的元素（电离电位 24.48eV；主共振电位 21.13eV，是所有元素中最大的）。

元素的电离电位直接影响弧焰中原子和离子的浓度比例。电离电位越低，弧焰中离子浓度越大，光谱中离子线越强，原子线越弱。反之，则光谱中原子线强，离子线弱，甚至像 B、C、Si、P 这样的周期表中右上角的元素很难发射离子线，即使原子线也多发生在 280.0nm 以下的高能紫外区。明确这一点有助于在元素分析时选择合适的分析线。

（6）元素的灵敏度与元素的挥发性有关，一般来说，易挥发元素易获得较高的灵敏度。

元素挥发性的大小，一般由元素的熔点或沸点来判断，没有明显的规律性。但按照元素的沸点数据和挥发性，仍可将元素大致分为以下几类：

易挥发元素（沸点低于 1500℃）：碱金属、碱土金属（Be 例外）、Zn、Cd、Hg、Tl、As、Sb、Bi、Se、Te、P、S 等。

难挥发元素（沸点高于 3000℃）：Y、Ti、Zr、Hf、Nb、Ta、W、Mo、Re、Pt 族、La、Ce、Pr、Nd、Lu 等。

其它沸点在 1500℃～3000℃的元素为中等挥发元素。

氧化物易挥发元素（氧化物沸点低于 2000℃）：Mo、W、Os、Re 等。

氧化物难挥发元素（氧化物沸点高于 3000℃）：碱土、稀土、Al、Ti、Zr、Hf、Nb、Ta 等。

碳化物难挥发元素（碳化物沸点高于 3500℃）：Ti、Zr、Hf、V、Nb、Ta、W、Mo、Th、B 及某些稀土元素等。

所有元素的氯化物沸点均低于 2000℃，氟化物沸点均低于 2500℃。

根据以上沸点规律，在光谱分析中就可选择适宜的光源、电极和燃弧时间，及曝光或分析时间，以便正确判断物质的组成及含量。

除了上述情况外，还应注意分析物本身的挥发和原子化的难易，并考虑使用载体（指将其加入试样中后，能把分析元素载带着进入分析体系的物质）或光谱缓冲剂（在分析试样中加入某些物质或元素，以提高其分析的灵敏性和重现性，加入的这些物质和元素的混合物统称为光谱缓冲剂）。组成光谱缓冲剂的物质，按其作用可分为能稳定电弧温度的稳定剂；能降低试样熔点的助溶剂；能与试样反应形成易挥发物质的反应剂、释放剂；使某些元素谱线增强的增强剂等。加入载体物质或光谱缓冲剂可改善激发、挥发和原子化等条件。

5.3.2　谱线强度及其影响因素

谱线的强度特性是光谱分析法进行定量测定的基础。

要使试样中的原子激发，首先要将它转化为气态原子，即进行蒸发气化、原子化过程。此时，物质处于等离子体状态，即在蒸气云中心部分，带正电和带负电的粒子浓度几乎相等，整个蒸气云接近电中性。原子或离子在蒸气云中，依靠粒子间碰撞的热运动而发生能量传递，从而获得能量而被激发。按热力学规律，在平衡条件下，能量为 E_0（设 $E_0 = 0$，为能量零点）的基态原子数 N_0 与被激发至能量为 E_j 的激发态原子数 N_j 之间的关系，应符合式(5-2)的玻尔兹曼（Boltzmann）分布。

$$\frac{N_j}{N_0} = \frac{P_j}{P_0} e^{\frac{-E_j}{kT}} \tag{5-2}$$

移项为：

$$N_j = N_0 \frac{P_j}{P_0} e^{\frac{-E_j}{kT}} \tag{5-3}$$

式中，N_0 为基态原子的总数；N_j 为激发态的原子总数；P_0 为基态的统计权重（也叫统计概率，即在外磁场作用下，原子的每一个能级可能分裂出不同状态的数目，它表示了同一能级的简并度），它们的值由统计热力学给出，对一定元素的特征光谱线，它们的值是一些常数；P_j 为激发态原子的统计权重；E_j 为基态到激发态的激发能；k 为 Boltzmann 常数（$1.386 \times 10^{-23} \text{J} \cdot \text{K}^{-1}$）；$T$ 为热力学温度。

设电子在 i、j 两个能级间跃迁，其发射线的强度以 I_{ij} 式(5-4)表示。

$$I_{ij} = N_j A_{ij} h \nu_{ij} \tag{5-4}$$

式中，A_{ij} 表示 i、j 两个能级间的跃迁几率；h 为普朗克常数；ν_{ij} 表示发射线的频率。把式(5-4)代入式(5-3)，得谱线的强度为式(5-5)。

$$I_{ij} = A_{ij} h \nu_{ij} N_0 \frac{P_j}{P_0} e^{-\frac{E_j}{kT}} \tag{5-5}$$

原子由激发态回到基态时，所发射的光谱线强度 I 必与 N_j 成比例，见式(5-6)。

$$I = K' N_j = K' N_0 \frac{P_j}{P_0} e^{-\frac{E_j}{kT}} \tag{5-6}$$

由式(5-6)对影响谱线强度的因素进行讨论：

① 跃迁几率　跃迁几率是两能级间的跃迁在所有可能发生跃迁的能级中所占的几率，谱线的强度与跃迁几率呈正比。光谱线最强的是电子跃迁几率最大的能级之间的跃迁，一般为最低激发态和基态之间的跃迁，这种跃迁所发射的谱线称第一共振线或主共振线。各激发态直接向基态跃迁所发射的谱线统称为共振线，共振线跃迁几率大，谱线一般较强。激发态能级之间的跃迁几率小，谱线一般较弱。

② 激发能　对给定元素而言，当基态原子总数 N_0 和气体温度 T 固定时，该元素的激发态能量 E_j 越小，处于 E_j 态的原子数 N_j 就越多，谱线强度就越大。实验证明，绝大多数激发能较低的元素，其谱线都比较强，因此激发能较低的共振线往往是最强的谱线。

③ 统计权重　谱线的强度与激发态和基态统计权重之比（P_j/P_0）成正比。

④ 激发温度　激发温度对谱线强度的影响比较复杂，由式(5-6)可看出，温度（T）升高谱线强度增大。但是，温度既影响原子的激发过程，又影响原子的电离过程。随着弧焰气

体温度的升高，蒸气中所有粒子的运动速度随之加快，粒子间的相互碰撞及原子被激发的机会增加，因此，谱线强度一般随气体温度的升高而增强。但是，温度升高到一定值时，一部分原子将发生电离，其原子光谱线强度不再随温度升高而增强，与此同时，其离子谱线的强度却不断增强，但也会随温度的继续增高而不再增强，因更高次电离的离子将会出现。因此，每一条谱线都有一个强度达到最高值的温度点，在这个温度下，谱线的强度最大（见图5-1）。使用电火花光源时，由于它的能量高，原子的电离程度变大，离子浓度增高，相应的离子谱线较强；而用电弧光源时，原子谱线较强。

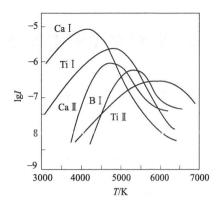

图 5-1　温度对谱线强度的影响

⑤ 基态原子数　谱线的强度与其基态原子数目成正比。在特定实验条件下，基态原子数与试样中被测元素的浓度成正比。所以谱线的强度与被测元素的浓度有一定的关系，可进行定量分析。

5.3.3　光谱线的自吸现象

发射光谱分析是利用两个电极之间形成一定的间隙，在很高的电压下击穿空气，迅速使极间温度升至几千到一万摄氏度。电极表面的原子接受能量挥发、原子化而引入弧焰，在电极之间形成一个柱形或鼓形的原子氛。原子氛围中的原子受激发射，发射光波向四周传播，这种能产生发射光谱的原子氛称为光源。

在光源中，由于弧焰中温度并不是均匀分布的，弧焰中间温度较高，原子多处在激发态，弧焰外层温度较低，原子多处在基态。这样的原子氛中，内部的原子向四周发射光谱时，光量子会撞击弧焰外层的基态或较低能级激发态的原子，使其吸收能量被激发，从而使中心部位发射的相应波长的光强减弱。像这样一种由于被分析元素的基态或较低激发态的原子或离子因吸收同种质点发出的共振辐射，而使发射光强度减弱的现象，称为光谱线的自吸现象。

光谱线的自吸，与弧焰中原子的浓度有关，原子浓度越大，自吸越严重；还与电子跃迁几率有关，原子中两能级间的电子跃迁几率越大，一般来说产生自吸的可能性也越大；此外还与弧焰温度有关，弧焰温度越高，弧焰中温度分布越不均匀，自吸越严重。

谱线自吸对元素定量分析影响很大，元素含量高时，自吸严重，将会使谱线强度明显减弱，严重者会使谱线中心消失，而在两侧出现双线，这种情况称为自蚀（如图5-2所示）。

利用不同的光源可以控制自吸现象。例如，直流电弧作光源时，弧焰体积大、内外温差大，弧焰中原子密度较高，自吸严重，对元素定量影响较大。而交流火花、激光和等离子体等光源的自吸现象相对较弱，对定量分析比较有利。因此，在实际样品分析时，可根据不同的分析目的选用合适的光源，以满足分析要求。

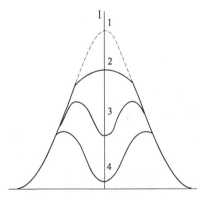

图 5-2　谱线自吸的轮廓
1—正常谱线；2—轻度自吸；
3—自蚀（似双线）；
4—严重自蚀（呈双线）

5.4 发射光谱分析仪器

发射光谱分析的仪器主要由光源、分光系统、检测系统三大部分组成。

5.4.1 光源

在原子发射光谱仪器中。激发光源的作用是提供试样蒸发、气化、原子化和激发所需的能量。激发光源对发射光谱分析的准确度、精密度及检出限影响很大。一个好的激发光源除了提供足够的能量使试样蒸发、原子化和激发外，还应具有稳定性好、灵敏度高、光谱背景小、线性范围宽、结构简单、操作方便、安全及应用范围广等特点。发射光谱分析常用的经典光源有火焰、直流电弧、交流电弧、电火花等，20 世纪 70 年代以来，应用了电感耦合高频等离子体焰炬（inductively coupled high frequency plasma torch，ICP）、激光等新型激发光源。火焰主要提供热能，它适用于易挥发元素（碱金属和碱土金属）的测定，现在应用已很少。激光光源是提供光能，其余光源都是点光源，是以电能形式来创造产生光谱的条件。

5.4.1.1 直流电弧

直流电弧发生器的电路图如图 5-3 所示。由一个电压为 220～380V，电流为 5～30A 的直流电源、一个铁芯自感线圈和一个镇流电阻所组成。铁芯自感线圈 L 用于防止电流的波动，镇流电阻 R 用于调节和稳定电流。G 为分析间隙，约为 4～6mm，弧焰温度达 4000～7000K，可使 70 多种元素激发。

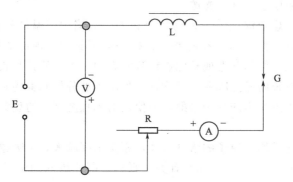

图 5-3　直流电弧发生器电路图

E—直流电源；V—直流电压表；A—直流安培表；R—镇流电阻；

L—电感；G—分析间隙

分析时一般用两个碳电极构成阴、阳两极，试样装在一个下电极的凹孔内，安装后使两电极间形成 2～5mm 的分析间隙 G。由于直流电不能击穿两电极，应先行引燃电弧。引燃电弧的方法有两种：一种是在接通电源后使上下电极接触短路引弧；一种是用高频引弧。燃弧产生的热电子在通过分析间隙 G 飞向阳极的过程中被加速，当其撞击在阳极上，形成炽热的阳极斑，温度可达 3800K，使试样蒸发和原子化。电子流过分析间隙时，使蒸气中的气体分子和原子电离，产生的正离子撞击阴极又使阴极发射电子，这个过程反复进行，维持电弧不灭。原子与电弧中其它粒子碰撞受到激发而发射光谱。

弧焰中心的温度约为 5000～7000K，由弧中心沿半径向外弧温逐渐下降。弧温与弧焰组成有密切的关系，这取决于弧焰中气体的电离电位与浓度。当有几个元素同时存在于弧焰中时，主要受电离电位最低的那个元素的浓度所控制。当在电弧中引入大量低电离电位元素时，弧柱内电子浓度增大，电阻减小，输入到电弧的能量减小。这是因为在给定的电弧电流下，能量消耗正比于电阻。随着输入能量减小，导致弧温下降。弧温随电弧电流改变不明显，这是因为电流增大，弧柱变宽，单位弧柱体积的能量消耗保持相对稳定。直流电弧放电的功率正比于分析间隙的弧柱长度及电流强度。因此，在分析中应严格控制电极间距不变。提高放电功率，可以提高电极温度。

直流电弧光源的特点是放电时电极温度高，有利于试样蒸发，分析的灵敏度很高，所产生的谱线主要是原子谱线。而且电极温度高，破坏了试样原来的结构，消除了试样组织结构的影响，但对试样的损伤大。直流电弧光谱，除用石墨或炭电极产生氰光谱带外，通常背景比较浅。直流电弧弧柱在电极表面上反复无常地游动，而且有分馏效应，导致取样与弧焰内组成随时间而变化，测定结果重现性差。直流电弧激发时，谱线容易发生自吸。

由上述特性，直流电弧适用于定性分析及矿石难熔物中低含量组分的半定量测定，不适宜于定量分析及低熔点元素的分析。

5.4.1.2 交流电弧

交流电弧分为高压交流电弧和低压交流电弧。高压交流电弧的工作电压为 $2000 \sim 4000V$，电流为 $3 \sim 6A$，利用高压直接引弧，由于装置复杂，操作危险，因此实际上已很少采用；低压交流电弧的工作电压为 $110 \sim 220V$，设备简单，操作安全，应用较多。由于交流电压随时间以正弦波形式发生周期性的变化，因而低压电弧不能像直流电弧那样，依靠两个电极接触点弧，而必须采用高频引火装置，使其中每一交流半周时引火一次，维持电弧不灭。

低压交流电弧发生器的电路图如图 5-4 所示。低压交流电弧发生器由高频引弧电路 I 与低压电弧电路 II 组成。外电源电压经变压器 B_1 升至 3000V，向电容器 C_1 充电，通过变阻器 R_2 调节供给变压器初级线圈的电压来调节充电速度。当 C_1 中所充电压达到放电盘 G' 的击穿电压时，G' 的空气绝缘被击穿，在振荡电路 C_1-L_1-G' 中产生高频振荡，高频振荡电流经电感 L_1、L_2 耦合到低压电路中。电弧电路中旁路电容 C_2 较小，一般为 $0.25 \sim 0.5\mu F$，对高频电流阻抗很小，这样可以防止高频电路感应过来的高频电流进入低压电弧电路的供电电路。振荡电压经小功率高压变压器进一步升压至 10000V，使分析间隙 G 击穿，低压电流沿着已经造成的游离空气通道，通过 G 进行弧光放电。随着分析间隙电流增大，出现明显的电压降，当电压降至低于维持放电所需电压时，电弧即熄灭。此时在下半周高频引弧作用下，电弧又重新点燃，这样的过程反复进行，使交流电弧维持不灭。

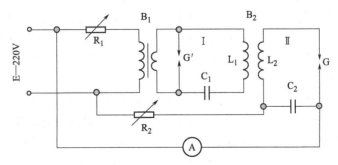

图 5-4 低压交流电弧发生器电路示意

E—交流电源；L_1、L_2—电感；B_1、B_2—变压器；C_1—振荡电容；C_2—旁路电容；
R_1、R_2—可变电阻；A—电流表；G—分析间隙；G'—放电盘

交流电弧既具有电弧放电特性，又具有火花放电特性。改变电容 C_2 与电感 L_2，可以改变放电特性：增大电容，减小电感，电弧放电向火花放电转变；减小电容，增大电感，电弧放电特性增强，火花放电特性减弱。

这种光源的优点：①电极温度较低，这是由于交流电弧的间隙性造成的。交流电弧在每半周高频引弧之后，在电压降到不能维持电弧放电时便中断，至下半周再重新被引燃，这样便出现了电弧放电的间隙性。②稳定性比直流电弧的高，交流电弧放电是周期性的，每半周强制引弧，且每次引弧时在电极上有一个新接触点，即一次新的取样，使取样具有良好的代表性，故其精密度比直流电弧好。③电弧弧温较高。交流电弧的电弧电流具有脉冲性，电流密度比直流电弧的要大，所以出现的离子线比直流电弧中的多些，适用于熔点较高的岩石和矿物的光谱定性、定量分析。

5.4.1.3　高压火花

高压火花发生器的电路如图 5-5 所示。220V 交流电压经变压器 T 升压至 1×10^4V 以上，通过扼流线圈 D 向电容器 C 充电。当电容器 C 两端的充电电压达到分析间隙的击穿电压时，通过电感 L 向分析间隙 G 放电而产生电火花。在交流电下半周时，电容器 C 又重新充电、放电，如此反复进行。

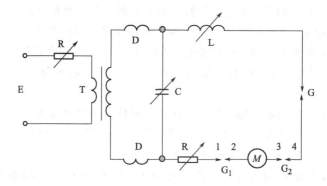

图 5-5　高压火花发生器电路图

E—交流电源；T—高压变压器；D—扼流线圈；C—电容器；L—电感；

M—转动电极；G_1，G_2—控制间隙；G—分析间隙

高压火花放电的稳定性好，这是由于在放电电路中串联一个由同步电机带动的转动电极 M（或用串联一个距离可精密调节的控制间隙，也可并联一个自感线圈来控制火花间隙），M 的绝缘圆盘直径两端固定两个钨电极 2 和 3，与这两个电极相对应的固定电极 1 和 4 装置在电火花电路中。圆盘每转 180°，对应的电极趋近一次，电火花电路接通一次，电容器放电，使分析间隙 G 放电。同步电机转速为 50 转·s^{-1}，电火花电路每秒接通 100 次，电源为 50 周波，保证电火花每半周放电一次。控制间隙仅在每交流半周电压最大值的一瞬间放电，从而获得最大的放电能量。

这种放电方式的电极温度较低，这是由于电火花以间隙的方式进行放电，且火花作用在电极上的面积小、时间短，每次放电之后火花随即熄灭。电极温度低，单位时间内进入放电区的试样量少，不适用于粉末和难熔试样的分析，但很适用于分析低熔点金属与合金的丝状、箔状样品。它的激发温度高，这是由于高压火花的放电时间极短，瞬间通过分析间隙的电流密度很高，因此弧焰的瞬间温度高达 10000K，激发能量大，能激发激发电位很高的原子线和更多的离子线。稳定性好，这是因为火花放电能精密地加以控制。在紫外区光谱背景

较深。电极上被火花冲击的点，受到灼热，经过 10^{-3} s 迅速冷却下来，使电极表面层有严重的结构变化，试样表面状况与组分进入放电区的量要经过一段时间之后才能稳定，因此，做定量分析时，需要较长的预燃与曝光时间。

5.4.1.4 电感耦合高频等离子体 (ICP) 光源

等离子体是一种电离度大于 0.1% 的电离气体，这种气体由自由电子、离子、中性原子与分子所组成，在总体上呈电中性。利用电感耦合高频等离子体（ICP）作为原子发射光谱的激发光源始于本世纪 60 年代，70 年代获得迅速发展。

电感耦合高频等离子体装置的原理示意图如图 5-6 所示。通常，它是由高频发生器和感应圈、等离子炬管和供气系统、试样引入系统等三部分组成。

高频发生器的作用是产生高频磁场，供给等离子体能量。应用最广泛的是利用石英晶体压电效应产生高频振荡的它激式高频发生器，其频率和功率输出稳定性高。频率多为 $27\sim50\mathrm{MHz}$，最大输出功率通常是 $2\sim4\mathrm{kW}$。感应线圈一般以圆铜管或方铜管绕成的 $2\sim5$ 匝水冷线圈。

等离子炬管由三层同心石英管构成。外管通 Ar 气冷却，采用切向进气，使等离子体离开外层石英管内壁，以避免等离子炬烧坏石英管，利用离心作用在炬管中心产生低气压通道，以利于进样。中层石英管出口做成喇叭形状，通入 Ar 以维持等离子体。内层石英管的内径为 $1\sim2\mathrm{mm}$，由载气（一般用 Ar）将试样气溶胶从内管引入等离子体。使用单原子的 Ar 惰性气体作载气源于它的性质稳定，不会像分子那样因解离而消耗能量、不与试样形成难解离的化合物和有良好的激发性能，而且它本身的光谱简单。

当高频电源与围绕在等离子炬管外的负载感应线圈接通时，高频感应电流流过线圈，产生轴向高频磁场。此时向炬管的外管内切线方向通入冷却气 Ar，中层管内轴向（或切向）通入辅助气体 Ar，并用高频点火装置引燃，使气体触发产生载流子（离子和电子）。当载流子多至足以使气体有足够的导电率时，在垂直于磁场方向的截面上产生环形涡电流。几百安的强大感应电流瞬间将气体加热至 10000K，在管口形成一个火炬状的稳定的等离子炬。等离子炬形成后，从内管通入载气，在等离子炬的轴向形成一通道。由雾化器供给的试样气溶胶经过该通道由载气带入等离子炬中，进行蒸发、原子化和激发。

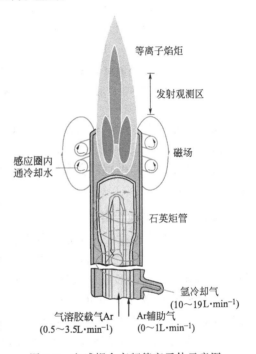

图 5-6　电感耦合高频等离子体示意图

（图中标注）等离子焰炬；发射观测区；磁场；石英矩管；感应圈内通冷却水；氩冷却气 $(10\sim19\mathrm{L\cdot min^{-1}})$；气溶胶载气Ar $(0.5\sim3.5\mathrm{L\cdot min^{-1}})$；Ar辅助气 $(0\sim1\mathrm{L\cdot min^{-1}})$

电感耦合高频等离子体光源各不同部位的温度如图 5-7 所示。典型的电感耦合高频等离子体是一个非常强而明亮的白炽不透明的"核"，核心延伸至管口数毫米处，顶部有一个火焰似的尾巴。电感耦合高频等离子炬分为焰心区、内焰区和尾焰区三个部分。

焰心区呈白炽不透明，是高频电流形成的涡流区，等离子体主要通过这一区域与高频感应线圈耦合而获得能量，温度高达 10000K。由于黑体辐射，氩或其它离子同电子的复合产生很强的连续背景光谱。试液气溶胶通过该区时被预热和蒸发，又称预热区。

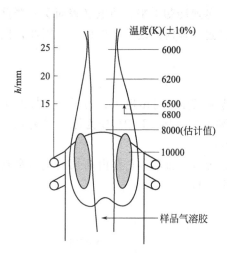

图 5-7　电感耦合高频等离子体
光源不同部位的温度

内焰区在焰心区上方，在感应线圈以上约 10～20mm，呈淡蓝色半透明，温度约 6000～8000K，试液中原子主要在该区被激发、电离，并产生辐射，故又称测光区。试样在内焰区停留约 1ms，比在电弧光源和高压火花光源中的停留时间（10^{-2}～10^{-3}ms）长。这样，在焰心和内焰区使试样得到充分的原子化和激发，对测定有利。

尾焰区在内焰区上方，呈无色透明，温度约 6000K，仅激发低能态的试样。

电感耦合高频等离子体光源具有工作温度高、稳定性好、自吸现象弱、电离干扰很小、无电极污染、背景干扰小、有效消除化学干扰、线性范围宽（可达 4～6 个数量级）、检测限低（达 10^{-3}～10^{-4} μg·g^{-1}）等特点。ICP 的电子密度很高，能同时测定多种元素，用 ICP 可测定的元素达 70 多种。ICP 的不足是雾化效率较低，对气体和一些非金属等测定的灵敏度还不令人满意，固体进样问题尚待解决。此外，设备和维护费用较高。

等离子体光源除电感耦合高频等离子体外，还有直流等离子体（DCP）和微波诱导等离子体（MIP）等。

5.4.1.5　激光微探针

激光是一种高强度、高单色性的光。以它为光源照射到试样表面时，其局部温度可达到 10000K 以上，足以把微小区域内的任何物质蒸发，使 μg 量级的物质原子化，形成（微区）等离子体。激光微探针使试样的蒸发和激发分别由激光和电极放电来完成，激光脉冲使试样表面微小区域（直径 10～50μm）上的元素蒸发，原子蒸发通过电极间隙时，电极放电将其激发，产生发射光谱。装置如图 5-8。

5.4.2　分光系统

原子发射光谱的分光系统目前采用棱镜和光栅分光系统两种。

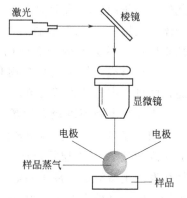

图 5-8　激光微探针

（1）棱镜分光系统

棱镜分光系统以棱镜为色散元件，根据光的折射现象进行分光。基本构造由照明系统、准光系统、色散系统（棱镜）及投影系统四部分组成，如图 5-9 所示。由光源 Q 发射的光经三透镜 K_I、K_{II}、K_{III} 照明系统聚焦在入射狭缝 S 上，入射的光由准光镜 K_1 变成平行光束，投射到棱镜 P 上。波长短的光折射率大，波长长的光折射率小，经棱镜色散之后按波长顺序被分开，再由照明物镜 K_2 分别将它们聚焦在感光板的乳剂面 FF′ 上，便得到按波长顺序展开的光谱。得到的每一条谱线都是狭缝的像。棱镜光谱是零级光谱。

（2）光栅分光系统

光栅分光系统以衍射光栅作为色散元件，利用光的衍射现象进行分光。光栅按其形式不同分为平面光栅和凹面光栅，后者虽然具有光学系统简单及辐射损失较少等特点，但其成像质量较差，常用于光电直读光谱仪中。目前国内外大多数采用垂直对称式光学系统平面光栅。图 5-10 是平面光栅分光系统的光路示意图。

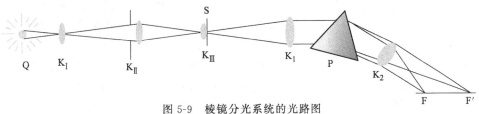

图 5-9　棱镜分光系统的光路图

由光源 B 发射的光经三透镜 L 及狭缝 S 后投射到反射镜 P_1 上，经反射后投射至凹面反射镜 M 下方的准光镜 O_1 上，经 O_1 反射以平行光束照射到平面光栅 G 上，复合光经光栅色散后，按波长顺序分开，不同波长的各平行光束又投射到凹面反射镜上方的物镜 O_2，平行光被聚焦到感光板的乳剂面上，得到按波长顺序展开的光谱。转动光栅台 D，可同时改变光栅的入射角和衍射角，便可获得所需光谱的波长范围和改变光谱的级次。P_2 是二级衍射反射镜，衍射到它表面上的光反射回到光栅，再衍射一次，然后被物镜 O_2 聚焦成像于感光板 F 上，图中虚线表示二次衍射光路。这样经

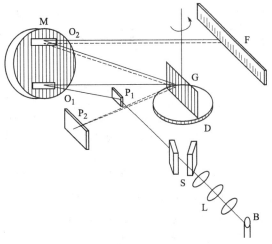

图 5-10　平面光栅分光系统的光路图

过二次衍射的光谱，色散率和分辨率都比一次衍射的大一倍。为了避免一次和二次衍射光谱的相互干涉，在暗箱前设一光栏，将一次衍射光谱挡掉。不用二次衍射时，转动挡光板将二次衍射反射镜 P_2 挡住。

5.4.3　检测系统

原子发射光谱的检测目前采用照相法和光电检测法两种。前者用感光板而后者以光电倍增管或电荷耦合器件（CCD）作为接收与记录光谱的主要器件。

5.4.3.1　照相法

用感光板来接收与记录光谱的方法称为照相法，采用照相法记录光谱的原子发射光谱仪称为摄谱仪。感光板是一种把卤化银（常用溴化银）的微小晶体均匀地分散在精制的明胶中的照相乳剂，涂在支持体（玻璃或软片）上而成的。不同波长的辐射光谱照射到感光板上，经显影后乳剂层中有一部分卤化银被还原为金属银形成影像，而未感光的卤化银残存于乳剂中，立即进行定影，将未被还原的卤化银溶解除去，经定影和充分水洗后，可得到图像清晰的黑色条纹状的光谱图。将光谱图置于映谱仪上观测谱线的位置进行光谱定性分析，置于测微光度计上测量谱线的黑度进行光谱定量分析。

（1）光谱投影仪（映谱仪）

这是进行光谱定性分析及观察谱片时的必要设备。它是靠光学放大系统将谱板上密集谱

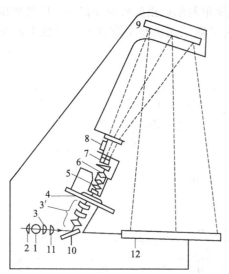

图 5-11　WTY 型映谱仪光路图

1—光源；2—球面反射镜；3—聚光镜；

3′—聚光镜组；4—谱板；5—透镜；

6—投影物镜组；7—棱镜；8—调节透镜；

9—平面反射镜；10—反射镜；

11—隔热玻璃；12—投影屏

线进行投影放大的装置。

WTY 型光谱投影仪的光路如图 5-11 所示。光源 1（钨丝灯）的光线经球面反射镜 2 反射，通过聚光镜 3 及隔热玻璃 11，再经反射镜 10，将光转折 55°射入聚光镜组 3′，再射向待观察的谱板 4，使谱板上直径为 15mm 的面积得到均匀的照明。经透镜 5 聚光，再经投影物镜组 6 聚焦后，经棱镜 7 转向并通过调节透镜 8 而照射到平面反射镜 9 上，最后投影于下面的白色投影屏 12 上，谱线放大约 20 倍。投影物镜组 6 中的透镜 5 可上下移动，调节透镜 8 可转至光路中，用于调节照明强度。

（2）测微光度计（黑度计）

测微光度计是用于测量感光板上所记录的谱线黑度的仪器，是摄谱法定量分析不可少的设备。其工作原理类似于光电比色计，即在强度固定的入射光照射下，用光电池接收谱板上指定谱线所透过的光信号，谱板谱线越黑，透过光信号就越弱。反之，谱线越浅（淡）、透过光信号就越强，因此，借助检流计可测量出谱线的黑度值。但谱线黑度决定于摄谱时样品中被测元素的含量和曝光时间等因素，当其它各因素一定时，被测元素含量越高，发射后照射到感光板上的光越强，所得感光板上谱线就越黑。所以，可通过测量谱线的黑度对元素进行定量分析。

如图 5-12 所示，当光强一定的光束投射到谱板未受光处（"无黑度"处）时，其透过光的强度为 I_0，而投射到谱片受光变黑处时，透过光的强度为 I，则谱板受光变黑处（谱线）的透光率 T 用式（5-7）定义。

$$T = \frac{I}{I_0} \qquad (5\text{-}7)$$

而黑度 S 定义为：$S = \lg \frac{1}{T} = \lg \frac{I_0}{I} \qquad (5\text{-}8)$

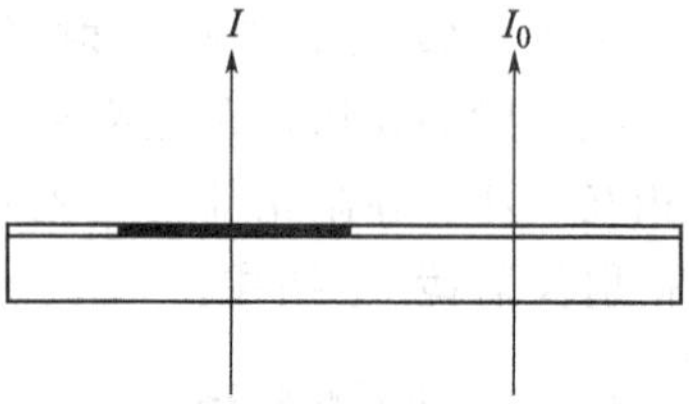

图 5-12　谱板的透光强度示意图

光谱分析中的黑度，相当于分光光度法中的吸光度。但在测量时，所测量的面积远较分光光度法的小，故被测量的谱线需经光学放大。另外，只测量谱线对白光的吸收，不必使用单色光源。

乳剂特性曲线是一种表示曝光量 H 的对数与黑度 S 之间关系的曲线。由感光板所得到谱线，不能直接得到元素的发光强度。黑度 S 和曝光量的关系很复杂，不能用简单的数学式表示，而常用图解法表示。以黑度值 S 为纵坐标，曝光量 H 的对数 $\lg H$ 为横坐标作图，所得曲线称为乳剂特性曲线（如图 5-13）。

乳剂特性曲线分为三部分，AB 为曝光不足部分，斜率逐渐增大，即黑度随曝光量增大而缓慢增大。CD 为曝光过度部分，斜率逐渐减小。BC 为曝光正常部分，斜率恒定，黑度随曝光量的变化按比例增加。此时，S 和 $\lg H$ 的关系为：

$$S = \gamma(\lg H - \lg H_i) = \gamma \lg H - i \qquad (5\text{-}9)$$

式中，γ 为乳剂特性直线部分的斜率，称为感光板乳剂的反衬度，反衬度 γ 表示曝光量改变时，黑度变化的快慢。γ 大，易感光，对微量成分的检测有利；γ 小，感光慢，黑度均匀对定量分析有利。$\lg H_i$ 为直线 BC 延长至横坐标上的截距，是外推至 $S=0$ 时的曝光量。用 i 表示；H_i 称为感光板乳剂的惰延量，H_i 的倒数是感光板乳剂的灵敏度，H_i 越大，感光板乳剂越不灵敏。BC 在横坐标上的投影 bc 称为感光板乳剂的展度，在一定程度上，它决定了感光板适用的定量分析含量范围的大小。乳剂特性曲线下部与纵坐标相交的相应黑度 S_0 称为雾翳黑度。

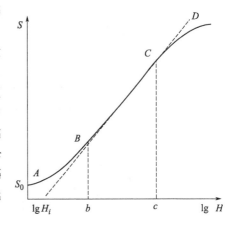

图 5-13　乳剂特性曲线

测微光度计上有三种读出标尺供选用。D 标尺表示透过率，相当于分光光度计上的透光度 T 标尺，刻度从 0 到 1000 等分。S 标尺表示黑度，从 ∞ 到 0 按对数分度，如式(5-8)。无黑度时 D 的标尺的满刻度为 1000，S 标尺为 0。P 标尺为换算标尺，刻度从 ∞ 到 $-\infty$ 划分，使用这种标尺，可使谱板黑度曲线的直线部分延长。我们已知，摄谱分析中主要利用感光板的乳剂特性曲线的直线部分进行计算。但被测元素含量过低时，其谱线黑度落于乳剂特性曲线的曝光不足部分，此时曲线发生弯曲，黑度值 S 与曝光量的对数并不是简单的线性关系。P 标尺的引用弥补了这一不足。P 标尺的划分按下式计算：

$$P=\frac{S+W}{2} \tag{5-10}$$

上式中还有一种 W 标尺，W 标尺和 T 标尺的关系为：

$$W=\lg\left(\frac{1}{T}-1\right) \tag{5-11}$$

S 标尺在光谱分析中应用最多，用 S 标尺可直接读出黑度值。测量谱线黑度时，先将被测谱线移至视场中心，靠近测量狭缝，然后缓慢地调节仪器上的微动手轮，使谱线进入测量狭缝，并观察标尺读数的变化。当标尺读数增大到黑度为最大值时，即是黑度的测量值。

5.4.3.2　光电法

光电法采用光电倍增管作为检测器，并通过一套电子系统测量谱线的强度，所采用的仪器称为光电直读光谱仪。其构造原理与摄谱仪的相似，所不同的只是在投影物镜的焦面上安装一个或多个出射狭缝，并以光电管或光电倍增管代替谱板作为检测器。

光电直读光谱仪有单道扫描式和多道固定狭缝式这两种类型。单道扫描式光电直读光谱仪是通过用单出射狭缝在光谱仪的焦面上扫描移动（通过转动光栅来扫描），在不同时间分别接受不同波长的光谱线，多道固定狭缝式光电直读光谱仪是在光谱仪的焦面上按分析线波长位置安装许多固定出射狭缝和相应的检测系统，在不同空间位置同时接收检测许多分析信号。多道光电直读光谱仪更适用于样品数量大、要求分析速度快的多元素同时测定。一般多道光电直读光谱仪采用凹面光栅（如图 5-14）。

被测元素的谱线通过一系列的出射狭缝，再用光电倍增管接受，由光能变为电信号，由积分电容储存。当曝光终止时，由测量系统逐个测量积分电容上的电压，根据测定值来确定被测物质的含量。

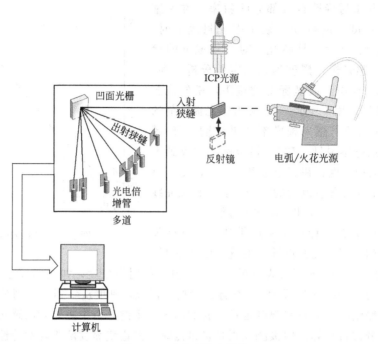

图 5-14　光电直读光谱仪

　　光电法比摄谱法的分析速度快，一般在 2～3 分钟内即可得到分析结果，测定的准确度比摄谱法的高。

　　光电倍增管既是光电转换元件，又是电流放大元件，其结构见图 5-15。

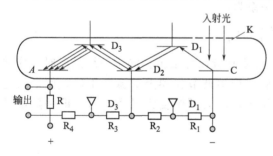

图 5-15　光电倍增管的工作原理图

　　光电倍增管的外壳由玻璃或石英制成，内部抽真空，阴极涂有能发射电子的光敏物质，如 Sb-Cs 或 Ag-O-Cs 等，在阴极 C 和阳极 A 间装有一系列次级电子发射极，即电子倍增极 D_1、D_2……。阴极 C 和阳极 A 之间加有约 1000V 的直流电压，当辐射光子撞击光阴极 C 时发射光电子，该光电子被电场加速落在第一倍增极 D_1 上，撞击出更多的二次电子，依次类推，阳极最后收集到的电子数将是阴极发出的电子数的 $10^5 \sim 10^8$ 倍。

　　电荷耦合器件（Charge-Coupled Devices，CCD）是一种新型固体多道光学检测器件，它是在大规模硅集成电路工艺基础上研制而成的模拟集成电路芯片。由于其输入面空域上逐点紧密排布着对光信号敏感的像元，因此它对光信号的积分与感光板的情形颇相似。但是，它可以借助必要的光学和电路系统，将光谱信息进行光电转换、储存和传输，在其输出端产生波长-强度二维信号，信号经放大和计算机处理后在末端显示器上同步显示出人眼可见的图谱，无须感光板那样的冲洗和测量黑度的过程。目前这类检测器已经在光谱分析的许多领域获得了应用。

　　CCD 的典型结构见图 5-16，它由三部分组成：①输入部分，包括一个输入二极管和一个输入栅，其作用是将信号电荷引入到 CCD 的第一个转移栅下的势阱中；②主体部分，即信号电荷转移部分，实际上是一串紧密排布的 MOS 电容器，其作用是储存和转移信号电荷；③输出部分，包括一个输出二极管和一个输出栅，其作用是将 CCD 最后一个转移栅下势阱中的信号电荷引出，并检出电荷所运输的信息。

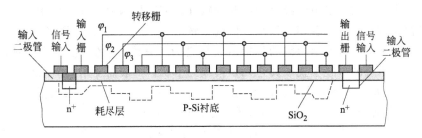

图 5-16　CCD 结构示意图

如上所述，CCD 由许多紧密排布的 MOS 电容器组成，因其对光敏感，故每个 MOS 电容器（现多用光敏二极管）构成一个像元［如图 5-17(a)］。当一束光线投射任一电容器上时，光子穿过透明电极及氧化层进入 P 型硅衬底，衬底中处于价带的电子吸收光子的能量而跃入导带［如图 5-17(b)］，形成电子-孔穴对。导带-价带间能量差 E_g 称为半导体的禁带宽度。在一定外加电压 E_g 下，Si-SiO$_2$ 界面上多数载流子-孔穴被排斥到底层，在界面处感生负电荷，中间则形成耗尽层，而在半导体表面形成电子势阱。势阱形成后，随后到来的信号电子就被存贮在势阱中。由于势阱的深浅可由电压大小控制，因此，如果按一定规则将电压加到 CCD 各电极上，使存贮在任一势阱中的电荷运动的前方总是有一个较深的势阱处于等待状态，存贮的电荷就沿势阱从浅到深做定向运动，最后经输出二极管将信号输出。由于各势阱中存贮的电荷依次流出，因此根据输出的先后顺序就可以判别出电荷从哪个势阱来的，并根据输出电荷量可知该像元的受光强弱。

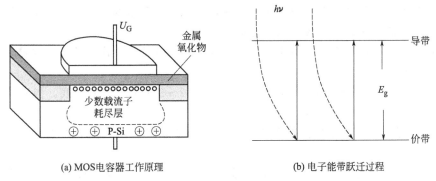

(a) MOS电容器工作原理　　　　　　　　(b) 电子能带跃迁过程

图 5-17　CCD 工作原理示意图

在原子发射光谱中采用 CCD 的主要优点是这类检测器的同时多谱线检测能力，和借助计算机系统快速处理光谱信息的能力，它可极大地提高发射光谱分析的速度。如采用这一检测器设计的全谱直读等离子体发射光谱仪可在一分钟内完成样品中多达 70 种元素的测定；此外，它的动态响应范围和灵敏度均有可能达到甚至超过光电倍增管，加之其性能稳定、体积小、比光电倍增管更结实耐用，因此在发射光谱中有广泛的应用前景。

5.5　光谱定性方法

不同元素的原子发射光谱，有的简单，有的复杂。简单的只有几条谱线，复杂的谱线多至数千条。在光谱分析中,虽然没有必要把所有的谱线都找出来,但也不能只凭一条谱线的出现来确定元素的存在与否。在光谱图上的干扰谱线很多,尤其是存在着一些不明原因的谱线。例如,一个元素的激发态能级之间的辐射跃迁频率刚好与另一元素的激发态向基态的跃迁辐射频率相同或相近,二者相互作用,使两条谱线合二为一或发生位移,从而产生干扰。在光谱学上,常常将一些不明原因的干扰谱线称之为"鬼线"。光谱仪分辨率越高,鬼线越多。为防止这类谱线的重叠干扰或其它元素谱线的干扰,一般需要用一个元素的2~3条灵敏线的出现与否来判断元素是否存在。所谓灵敏线,是指元素谱线中易激发或激发电位较低的谱线。一般是各不同激发态直接向基态的跃迁,也就是共振线。由于第一激发态向基态跃迁时,能差小,跃迁几率大,谱线一般很强,故又将它称为主共振线。如果谱线最强且最易检出,则称为最灵敏线。最灵敏线一般是主共振线,但自吸严重时主共振线就不再是最灵敏线。

元素的谱线强度与试样中元素的含量有关,含量高时元素的谱线强,随着元素的含量降低,其中一部分灵敏度较低、强度较弱的谱线将逐渐消失,把随着元素含量的降低而最后消失的谱线叫做最后线。例如,Cd元素含量与谱线条数的关系见表5-1。

表 5-1　Cd 元素含量与谱线条数的关系

元素含量/%	光谱线条数	元素含量/%	光谱线条数
10	14	0.01	7
0.1	10	0.001	1[①]

① λ=226.5nm

表5-1中,当Cd元素含量在0.001%左右时,该元素只剩下226.5nm一条谱线,该谱线即为Cd元素的最后线。

最后线一般是元素的最灵敏线。如果谱线有自吸现象,由于元素浓度高时,因自吸或自蚀而使谱线变得很弱甚至消失,像这样的谱线,在元素浓度很低时,它反而重新出现而最后消失,这条线不能算作最灵敏线,但它是最后线。

用来判断元素存在与否的一组谱线(灵敏线)叫做分析线。作为分析线的灵敏线,需要满足以下几个条件:

① 分析线应具有足够的强度,即分析线一般是2~3条最灵敏的谱线,但不选自吸严重的谱线。谱图上自吸线标注为R或r。

② 分析线不应与其它干扰谱线重叠,否则容易造成误检。一般不选宽线,谱图上宽线标注为P。

③ 如果元素的最灵敏线不在工作波段范围内,就应选用工作波段内的灵敏度稍低的谱线作为分析线。如Na的最灵敏线是589.00(Ⅰ)和589.59(Ⅰ)。如果用中型石英摄谱仪,使用蓝敏板,则只能拍摄200~500nm范围的光谱,此时若检出Na元素,就不得不选用灵敏度稍低的330.23(Ⅰ)和330.30(Ⅰ)两条谱线作分析线。

④ 分析线的选择应根据光源和具体元素来确定。如欲测定样品中锰元素是否存在,使用直流电弧作光源时,因弧温低,原子线强,一般选Mn的403.0(Ⅰ)、403.1(Ⅰ)及403.3(Ⅰ)这三条中性原子线作为分析线;若使用点火花光源,因其弧温很高,离子线强,一般选Mn的257.6(Ⅱ)、259.5(Ⅱ)和260.5(Ⅱ)这三条离子线作为分析线。

5.5.1　光谱定性分析原理及分析方法

每一种元素的原子都有它的特征光谱,只要在试样光谱中检出了某元素的灵敏线,就可以确证试样中存在该元素。反之,若在试样中未检出某元素的灵敏线,就说明试样中不存在被检元素，或者该元素的含量在检测灵敏度以下。

定性分析的方法主要有标准试样比较法、铁光谱比较法和波长测量法。

（1）标准试样光谱比较法

将欲检查元素的纯物质与试样在相同条件下并列摄谱于同一感光板上，在映谱仪上检查试样光谱与纯物质光谱，若试样光谱中出现与纯物质具有相同特征的谱线，表明试样中存在欲检查元素。这种定性方法对少数指定元素的定性鉴定是很方便的。

（2）铁谱比较法

此法是以铁的光谱为参比，通过比较光谱的方法检测试样的谱线。由于铁元素的光谱非常丰富，在 210nm～660nm 范围内有几千条谱线，谱线间相距都很近，分布均匀，并且铁元素的谱线波长均已准确测定，在各个波段都有一些易于记忆的特征谱线，所以是很好的标准波长标尺。在一张比实际摄得的光谱图放大 20 倍以后的不同波段的铁光谱图上方，准确标绘上 68 种元素的主要光谱线，构成了"标准光谱图"。标准光谱图由波长标尺、铁光谱（每条谱线的波长均经过精确测量）和元素灵敏线及特征谱线组这三部分组成。为了方便，将其分成若干张，每张只包括某一波长范围的元素光谱线（见图 5-18）。在实际分析时，将试样与纯铁在完全相同条件下并列紧挨着摄谱。摄得的谱片置于映谱仪上，谱片也放大了 20 倍，再与标准光谱图比较。当两个谱图上的铁光谱完全对准重叠后，检查元素谱线，如果试样中的某谱线也与标准谱图中标绘的某元素谱线对准重叠，即为该元素的谱线。铁光谱比较法可同时进行多元素定性鉴定。

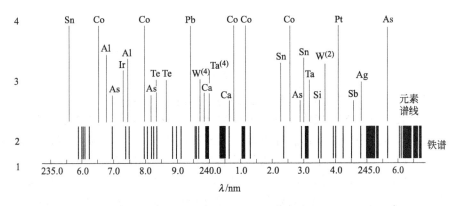

图 5-18　某一波长范围的元素光谱线图

1—波长标尺；2—铁光谱；3—元素灵敏线；4—元素符号

利用元素光谱图进行定性分析的方法是：在摄取的光谱中逐条检查元素的灵敏线，据此确定元素的存在与否，对于试样中某些含量高的元素，不一定依靠灵敏线作判断，可以利用一些特征谱线组，如 249.6～249.7nm 的硼双重线，330.2nm 的钠双线，310.0nm 的铁三重线及 279.5～280.2nm 的镁双线等。

应该注意的是，对于成分复杂的试样，应考虑谱线相互重叠的干扰影响。因此，当观察到有某元素的一条谱线时，尚不能完全确定该元素是否存在，还必须继续查找该元素的其它灵敏线和特征谱线是否出现，只有出现两条以上的灵敏线，才能确认该元素存在。

当分析元素的灵敏线被其它元素谱线重叠干扰，但又找不到其灵敏线作判据时，则可在该线附近再找一条干扰元素的谱线（与原干扰线的灵敏度标记相同或稍高）进行比较，若分析元素的灵敏线黑度大于或等于找到的干扰元素谱线的黑度，则可断定分析元素存在。例如，试样中铁含量较高时，Zr 的 343.823nm 谱线被 Fe 的 343.831nm 谱线所重叠，可用 Fe

的 343.795nm 的谱线与分析线的黑度比较，如果 Zr 分析线的黑度大于或等于 Fe 的 343.795nm 谱线时，可判断 Zr 的分析线存在。

（3）波长测量法

在定性分析过程中，有时利用上述方法仍无法确定试样中某些谱线属于何种元素，则可用波长测量法准确测其波长，然后在元素波长表中查出相应的元素。测量波长的仪器称为比长仪，它能准确测量未知波长谱线到两条已知波长谱线（一般用铁谱线）之间的距离。设有一个光谱底片，如图 5-19 中 λ_x 表示待测谱线的波长，在 λ_x 两侧的铁标准光谱图上找两条距离较近的清晰谱线，并查出波长值为 λ_1、λ_2，设 λ_1、λ_2 的两谱线间距离为 d，两线间距离为 d_x，则：

$$D_l = \frac{d}{\lambda_2 - \lambda_1} \tag{5-12}$$

D_l 为仪器的色散率，即波长差为 1nm 的两条谱线间的距离，λ 的单位为 nm，d 的单位为 mm，于是：

$$\lambda_x = \lambda_1 + \frac{d_x}{D_l} \tag{5-13}$$

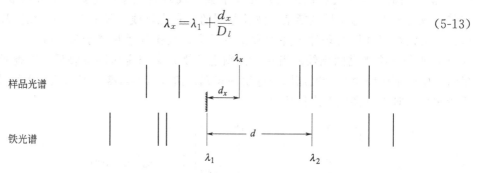

图 5-19　波长测量法示意图

利用式(5-13) 即可求得 λ_x，并可从波长表上查出属于何种元素。

元素谱线波长表已有多种版本，其中最详细和应用最广的是《MIT 波长表》，Harrison GR 编辑，1939 年版。中国工业出版社出版的《光谱线波长表》、地质出版社出版的《谱线波长表》及 A. N. Zaidel 等编著的《光谱线波长表》等。在谱线波长表中，收集了 200～1000nm 间的十万余条谱线，并注有谱线在电弧及火花中的强度，同时标明谱线的特征，如 d 表示双线，h 表示扩散线，L 为向波长方向扩散的非对称线，S 为向短波方向扩散的非对称线，R 为宽自吸线，r 为锐自吸线，w 为宽线，W 为很宽的线（苏联标准谱图集的宽线标注为 P）。此外，还有激发电位及电离电位的数据，应用起来非常方便。

波长测量法是按波长差与距离成正比的关系求算的，由于摄谱仪器的色散率不是线性的，故这种测量方法有一定误差，只有当 λ_1、λ_2 离得很近时，才能获得较精确的结果。

5.5.2　光谱定性分析条件选择

定性分析一般采用直流电弧作激发光源，并且经常先小电流后大电流分段激发样品，以保证易挥发元素和难挥发元素都能较多的检出，减少谱线重叠和背景。分析时采用较小的狭缝以减少谱线重叠。摄谱时多采用哈特曼（Hartman）光阑，这种光阑是一块金属多孔板，如图 5-20 所示。该光阑置于狭缝前，摄制不同样品或用一样品而不同阶段的光谱时，移动光阑使光线通过光阑的不同孔道摄在感光板的不同位置上，而不移动感光板，以防止移动感光板时引起波长位置的变动（现在的光谱仪把哈特曼光阑制成圆形的金属薄板，各种孔道有规则地排列，密封在狭缝前，通过转动外部鼓轮以选择通道）。

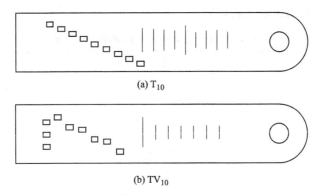

(a) T₁₀

(b) TV₁₀

图 5-20　哈特曼光阑

5.6　光谱半定量、定量方法

5.6.1　光谱半定量分析

摄谱法是目前光谱半定量分析最重要的手段，它可以迅速地给出试样中待测元素的大致含量。若分析任务对准确度要求不高，多采用光谱半定量分析，例如对钢材与合金的分类、矿产品位的大致估计等。

常用的方法有谱线黑度比较法和呈现法等。

（1）谱线黑度比较法

将试样与预先配制的标准样品在一定条件下摄谱于同一光谱感光板上，然后在映谱仪上用目视法直接比较被测试样与标准样品光谱中分析线的黑度，若黑度相等，则表明被测试样中欲测元素的含量近似等于该标准样品中欲测元素的含量。该法的准确度取决于被测试样与标准样品组成的相似程度及标准样品中欲测元素含量间隔的大小。

（2）谱线呈现法

基于被测元素的谱线数目随试样中欲测元素含量的增加而增多，元素含量低时，仅出现少数灵敏线；随着元素含量增加，一些次灵敏线与较弱的谱线相继出现。于是可以在选定的摄谱条件下，用不同含量的标样摄谱，把相应出现的谱线预先编制成谱线呈现表，如表 5-2 所示。

表 5-2　Pb 的谱线呈现表

Pb/%	谱线
0.001	283.31nm 清晰，261.42nm 和 280.20nm 很弱
0.003	283.31nm 和 261.42nm 增强，280.20nm 清晰
0.01	上述各线均增强，另增 266.32nm，287.33nm 不太明显
0.03	266.32nm 和 287.33nm 清晰
0.3	出现 239.38nm 宽线
1.0	上述谱线增强，出现 240.20nm、244.38nm 及 244.62nm 谱线
3.0	上述谱线增强，出现 332.05nm 及 233.24nm 弱线

如果将各种元素不同浓度下出现的谱线以十分制统一编号，应用起来就更加方便了。目前在某些光谱线波长表及光谱线放大图谱中都标注有各谱线的十分制灵敏度标记。谱线灵敏

度标记与元素含量之间的关系见表5-3。

表5-3　谱线灵敏度标记与元素含量的关系

灵敏度标记	对光谱而言，谱线出现时元素在碳电弧中的含量/%	含量等级
1	100～10	主
2～3	10～1	大
4～5	1～0.1	中
6～7	0.1～0.01	小
8～9	0.01～0.001	微
10	<0.001	痕

该法的优点是简便快速，其准确程度受试样组成与分析条件的影响较大。应用谱线呈现法作光谱半定量分析时应尽量保持摄谱条件完全一致。

5.6.2　光谱定量分析原理及分析方法

5.6.2.1　光谱定量分析的原理

光谱定量分析主要是根据谱线强度与被测元素含量的关系式来进行的。当温度一定时谱线强度 I 与被测元素含量 c 成正比，即

$$I = ac \tag{5-14}$$

当考虑到谱线自吸时，有如下关系式

$$I = ac^b \tag{5-15}$$

式中，a 为比例系数，b 为自吸系数。a 与试样的蒸发、激发过程以及试样的组成等有关；b 随浓度 c 增加而减小，当浓度很小无自吸时，$b=1$。这个公式由赛伯（Schiebe G）和罗马金（Lomakin B A）先后独立提出，故称赛伯-罗马金公式。对式(5-14)取对数得：

$$\lg I = b\lg c + \lg a \tag{5-16}$$

据此式可以绘制 $\lg I \sim \lg c$ 曲线，所得曲线在一定浓度范围内为一直线（见图5-21），斜率为 b，截距为 $\lg a$。当试样中元素含量低时，曲线 AB 呈直线，当元素含量较高时，由于 b 不再是常数（$b<1$），所以工作曲线发生弯曲。

由于 a 和 b 随被测元素和实际条件（蒸发、激发条件，取样量，感光板特性，显影条件等）的改变而变化，这种变化往往很难避免。因此，要根据谱线的绝对强度进行定量分析是困难的。因此，在实际光谱分析中，常采用内标法来消除工作条件变化对测定结果的影响。

内标法是盖纳赫1925年提出来的。基本原理是：在分析元素的谱线中选择一条谱线，称为分析线，在基体元素

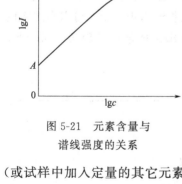

图5-21　元素含量与
谱线强度的关系

（或试样中加入定量的其它元素）的谱线中选一条谱线，称为内标线。分析线和内标线称为分析线对。提供内标线的元素称为内标元素。分析线与内标线的绝对强度比值称为相对强度。根据分析线对的相对强度与被测元素含量的关系进行定量分析。这种方法可以很大程度上消除上述不稳定因素对测量结果的影响。因此，只要内标元素及分析线对选择合适，各种条件因素的变化对分析线对的影响基本上是一样的，其相对强度也基本不会变化，使分析的准确度得到改善。

设被测元素和内标元素含量分别为 c 和 c_0，分析线和内标线强度分别为 I 和 I_0，分析线和内标线的自吸收系数分别为 b 和 b_0，根据式(5-15)，对分析线和内标线分别有：

$$I = ac^b, \quad I_0 = a_0 c_0^{b_0} \tag{5-17}$$

分析线对相对强度比 R：

$$R = \frac{I}{I_0} = \frac{ac^b}{a_0 c_0^{b_0}} \tag{5-18}$$

由于 c_0 一定，b_0 也一定，而且各种条件因素对 a 和 a_0 影响基本相同，所以令 $\dfrac{a}{a_0 c_0^{b_0}} = A$ 为常数，则：

$$R = \frac{I}{I_0} = Ac^b \tag{5-19}$$

两边取对数得：

$$\lg R = \lg \frac{I}{I_0} = \lg A + b \lg c \tag{5-20}$$

上式为内标法光谱定量分析的基本关系式。

内标元素和内标线的选择原则：

① 若内标元素是外加的，则该元素在分析试样中应该不存在，或含量极微可忽略不计，以免破坏内标元素量的一致性。

② 被测元素和内标元素及它们所处的化合物必须有相近的蒸发性能，以避免"分馏"现象发生。

③ 分析线和内标线的激发电位和电离电位应尽量接近（激发电位和电离电位相等或很接近的谱线称为"均称线对"）。分析线对应该都是原子线或都是离子线，一条为原子线而另一条为离子线是不合适的。

④ 分析线和内标线的波长要靠近，以防止感光板反衬度的变化和背景不同引起的分析误差。分析线对的强度要合适。

⑤ 内标线和分析线应为无自吸或自吸很小的谱线，并且不受其它元素的谱线干扰。

5.6.2.2 光谱定量分析方法

（1）校正曲线法

在确定的分析条件下，用三个或三个以上含有不同浓度被测元素的标准样品与试样在相同条件下激发光源，以分析线强度 I，或者分析线对强度比 R 或 $\lg R$ 对浓度 c 或 $\lg c$ 建立校正曲线。在同样的分析条件下，测量未知试样光谱的 I 或者 R 或 $\lg R$，由校正曲线求得未知试样中被测元素含量 c。

如用照相法记录光谱，分析线与内标线的黑度都落在感光板乳剂特性曲线的直线部分，这时可直接用分析线对黑度差 ΔS 与 $\lg c$ 建立校准曲线。选用的分析线对波长比较靠近，此分析线对所在的感光板部位乳剂特性基本相同。分析线黑度 S_1、内标线黑度 S_2 按式(5-9)可得：

$$\begin{aligned} S_1 &= \gamma_1 \lg H_1 - i_1 \\ S_2 &= \gamma_2 \lg H_2 - i_2 \end{aligned} \tag{5-21}$$

因分析线对所在部位乳剂性基本相同，故 $\gamma_x = \gamma_s = \gamma$，$i_x = i_s = i$，曝光量与谱线强度成正比，因此

$$S_1 = \gamma \lg I_1 - i$$

$$S_2 = \gamma \lg I_2 - i \qquad\qquad (5\text{-}22)$$

黑度差

$$\Delta S = S_1 - S_2 = \gamma(\lg I_1 - \lg I_2) = \gamma \lg \frac{I_1}{I_2} = \gamma \lg R \qquad (5\text{-}23)$$

将内标法光谱定量分析公式（5-20）代入上式，得：

$$\Delta S = \gamma b \lg c + \gamma \lg A \qquad\qquad (5\text{-}24)$$

由式(5-24)可看出，在乳剂特性曲线直线部分，分析线对的黑度差 ΔS 与被测元素浓度的对数 $\lg c$ 呈线性关系，这时可直接用分析线对黑度差 ΔS 与 $\lg c$ 建立校正曲线，进行定量分析。

校正曲线法是光谱定量分析的基本方法，应用广泛，特别适用于成批样品的分析。

（2）标准加入法

标准加入法又称增量法。在测定微量元素时，若不易找到不含被分析元素的物质作为配制标准样品的基体时，可以在试样中加入不同已知量的被分析元素来测定试样中的被分析元素的含量，这种方法称为标准加入法。

设试样中被分析元素的含量为 c_x，在试样中加入不同已知浓度 c_1、c_2、$c_3 \ldots c_i$ 的该元素，然后在同一实验条件下摄谱。再测量分析

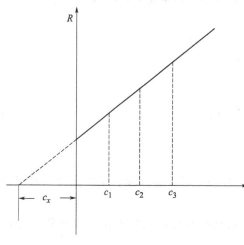

图 5-22　标准加入法曲线

线对的相对强度 R，以 R 对不同浓度 c_i 作图得到一条直线（如图 5-22 所示）。将直线外推，与横坐标相交的截距绝对值为试样中分析元素的含量 c_x。根据内标法的基本公式：

$$R = \frac{I}{I_1} = A c^b$$

当 $b=1$ 时，有 $R = A(c_x + c_i)$

当 $R=0$ 时，有 $c_x = -c_i$

5.6.2.3　光谱背景及其消除方法

光谱背景是指在线状光谱上，叠加着由于某些原因产生的连续光谱、某些分子带状光谱、感光板的雾翳黑度等所造成的谱线强度变大的现象。分析时光谱背景必须扣除，否则势必会影响分析结果的准确性，降低灵敏度。在实验过程中，应尽量设法降低光谱背景。

（1）光谱背景的来源

① 分子的辐射　在激发光源作用下，试样或电极材料与空气作用生成的氧化物、氮化物等分子（也有自由基）发射的带状光谱。如 CN、SiO、AlO 等这些分子化合物解离能很高，在电弧高温中发射分子光谱。

② 连续辐射　是指在经典光源中炽热的电极头，或蒸发过程中被带到弧焰中去的固体质点等炽热的固体发射的连续光谱。

③ 谱线的扩散　分析线附近有其它元素的强扩散性谱线（即谱线宽度较大），如 Zn、Pb、Sb、Bi、Mg、Al 等元素含量高时会有很强的扩散线。

电子与离子复合过程也产生连续背景。轫致辐射是由电子通过荷电粒子（主要是重粒子）库仑场时受到加速或减速引起的连续辐射。这两种连续背景都随电子密度的增大而增

加，是造成 ICP 光源连续背景辐射的重要原因，火花光源中这种背景也较强。

光谱仪器内的杂散光也造成不同程度的背景。杂散光是指由于光谱仪光学系统对辐射的散射，使其通过非预定途径，而直接达到检测器的任何所不希望的辐射。

（2）背景的扣除

①摄谱法

须要测出背景的黑度 S_b，这时测出的被测元素谱线黑度为分析线与背景相加的黑度 $S_{(1+b)}$。由乳剂特性曲线查出 $\lg I_{(1+b)}$ 与 $\lg I_b$，二者相减，即可得出 I_1。

$$S_{(1+b)} \xrightarrow{\text{乳}} \lg I_{(1+b)} \xrightarrow{\text{计算}} I_{(1+b)} \left.\begin{array}{c}\text{相减}\\ \end{array}\right\} \xrightarrow{} I_1$$
$$S_b \xrightarrow{\text{乳}} \lg I_b \xrightarrow{\text{计算}} I_b$$

再以类似的测量与计算，可得到内标线谱线强度 I_{IS}。这样的操作是非常麻烦的，现在测微光度计多与计算机相连接，就简便快速多了。

注意：背景的扣除不能用黑度直接相减，必须用谱线强度相减。

② 光电直读光谱法

由于光电直读光谱仪检测器将谱线强度积分的同时也将背景积分，因此要扣除背景。在 ICP 光电直读光谱仪中都带有自动校正背景的装置。

5.6.2.4 基体效应及光谱添加剂

在原子发射光谱定量分析中，试样的基体效应是产生非光谱干扰的主要方面。在 IUPAC 的命名法中，基体（matrix）是指试样中具有各自性质的所有成分的集合。基体各成分对分析元素测量的联合效应，亦就是除了光谱添加剂外所有附随物质所引起的联合干扰，称为基体效应（matrix effect）。基体效应会影响激发光源的蒸发温度和激发温度。一般是蒸发温度随基体组分沸点的升高而升高，随易电离组分浓度的增大而降低。基体组分还会影响分析元素在激发源中的化学反应性能，即影响分析组分的蒸发和电离等。总之，基体效应会改变分析元素谱线的强度，引起分析结果的误差。

为了消除或减少基体效应，在光谱分析中，常常根据试样的组成、性质及分析的要求，选择性地加入具有某种性质的添加剂。光谱添加剂分为光谱载体和光谱缓冲剂。

（1）光谱载体

进行光谱定量分析时，往往在样品中加入一些有利于分析的物质，这些物质称为载体。它们多是一些化合物、盐类、碳粉等，当然，它们都不能含被测元素而且纯度较高。载体的研究主要是在经典光源电弧法，尤其是粉末进样时研究得多。载体加入的量是比较多的，甚至可占到样品的百分之十几。载体的作用也是比较复杂的，总的说是增加谱线强度，提高分析的灵敏度，并且提高准确度和消除干扰。

① 控制试样中元素的蒸发行为。通过化学反应，使试样中被分析元素从难挥发性化合物（主要是氧化物）转变为沸点低、易挥发的化合物，如卤化物、硫化物，使其提前蒸发，显然可以提高分析的灵敏度。如，用一些氯化物做载体，可使熔点很高的 ZrO_2、TiO_2、稀土氧化物等由氧化物转变为易挥发的氯化物。

载体量大可控制电极温度，从而控制试样中元素的蒸发行为并可改变基体效应。基体效应是试样组成和结构对谱线强度的影响，或元素间的影响。一个非常成功的例子是有人在测定 U_3O_8 中的杂质元素时加入 Ga_2O_3 作载体，它是中等沸点的物质，不影响试样中杂质元素 B、Cd、Fe、Mn 等的挥发，但大大抑制了沸点颇高的氧化铀的蒸发，因此铀的谱线变得很弱而且相当少，很大程度上避免了铀的干扰。

② 稳定与控制电弧温度。电弧温度由电弧中电离电位低的元素控制，可选择适当的载体，以稳定与控制电弧温度，从而得到对被测元素有利的激发条件。

③ 电弧等离子区中大量载体原子蒸气的存在，阻碍了被测元素在等离子区中自由运动范围，增加它们在电弧中的停留时间，提高了谱线强度。

④ 电弧比较稳定，大大减少直流电弧的漂移，从而提高了分析的准确度。

以上概要介绍了载体的作用。具体到每一种载体，其作用可能是一种，也可能是几种兼而有之，不能一概而论。

（2）光谱缓冲剂

试样中加入一种或几种辅助物质，用来抵偿试样组成的影响，这种物质称为光谱缓冲剂。它也是电弧法经常使用的，要使试样或标样组成完全一致，在实际工作中是难以办到的。因此加入较大量的缓冲剂以稀释试样，减小试样组成的影响，以加入炭粉的情况最为普遍，其它化合物用得也相当多。当然，它们也能起到控制电极温度与电弧温度的作用。因此，载体与缓冲剂很难截然分开，两者名称也往往被混用。

1. 原子光谱与原子结构、原子能级有什么关系？为什么能用它来进行物质的定性分析？为什么它不能直接给出物质分子组成的信息？

2. 原子发射光谱分析法定性和定量分析的依据各是什么？

3. 元素的激发电位、共振电位及谱线特征与周期表存在着什么关系？

4. 在元素波长表中，元素的原子线和离子线是怎样标注的？

5. 名词解释

（1）基态、激发态、电离、激发电位、电离电位

（2）共振线、主共振线、灵敏线、最灵敏线、最后线、分析线，它们之间有何联系？如何选择分析线？

6. 影响原子发射光谱的谱线强度的因素是什么？何谓光谱自吸现象？它对光谱分析产生怎样的影响？严重自蚀的谱线有什么特征？

7. 试比较原子发射光谱中几种常用激发光源的工作原理、特性及适用范围。

8. 简述 ICP 光源的工作原理及其优缺点？

9. 原子发射光谱目前常用的检测方法有哪几种？它们的原理和特点分别是什么？

10. 光谱定性分析的基本原理是什么？进行光谱定性分析时可采用哪几种方法？说明各个方法的基本原理及适用场合。

11. 光谱定量分析的依据是什么？为什么要采用内标法？内标元素和分析线对应具备哪些条件？为什么？

12. 光谱定量分析中为什么要扣除背景？应该如何正确扣除背景？

习　题

1. 已知 Zn 元素的主共振线波长为 481.05nm，试求其相应的主共振电位。

2. 在原子发射光谱图中，未知元素的谱线 λ_x 位于两条铁谱线 $\lambda_1 = 486.37$nm 和 $\lambda_2 = 487.13$nm 之间。在波长测量仪（也称比长仪）上测得 λ_1 和 λ_2 之间距离为 14.2mm（经放大），λ_1 和 λ_x 之间距离为 12.3mm，试算 λ_x 为多少？

3. 用原子发射光谱法测定 Zr 合金中的 Ti，选用的分析线对为 Ti 334.9nm/Zr

332.7nm。测定 $w_{Ti} = 0.0045\%$ 的标样时，强度比为 0.126；测定 $w_{Ti} = 0.070\%$ 的标样时，强度比为 1.29；测定某试样时，强度比为 0.598，求试样中 w_{Ti}。

4. 用原子发射光谱法测定锡合金中铅的含量，以基体锡作为内标元素，分析线对为 Pb 283.3/Sn 276.1nm，每个样品平行摄谱三次，测得黑度平均值列于下表，求未知试样中铅的百分含量（作图法）。

样品号	$w_{Pb}/\%$	黑度 S	
		Sn 276.1nm	Pb 283.3nm
1	0.126	1.567	0.259
2	0.316	1.571	1.013
3	0.706	1.443	1.541
4	1.334	0.825	1.427
5	2.512	0.793	1.927
未知样	x	0.920	0.669

5. 用标准加入法测定硅酸岩矿中 Fe 的质量分数，Fe 302.06nm 为分析线，Si 302.00nm 为内标线。已知分析线对处在乳剂特性曲线直线部分，反衬度 1.05，测得数据列于下表。试求未知样中 Fe 的质量分数（作图法）。

Fe 加入量/%	0	1.00×10^{-3}	2.00×10^{-3}	3.00×10^{-3}
ΔS（谱线黑度差）	−0.441	−0.150	0.030	0.153

第6章

原子吸收光谱分析法

6.1 原子吸收光谱分析概述

6.1.1 原子吸收光谱分析方法的产生和发展

原子吸收光谱法（Atomic absorption spectrometry，简称 AAS）又称原子吸收分光光度法，也叫原子吸收法，是基于蒸气相中待测元素的气态基态原子对其共振辐射的吸收强度来测定试样中该元素含量的一种仪器分析方法。它是测定痕量和超痕量元素的有效方法。

原子吸收现象的发现，可以追溯到 19 世纪。早在 1802 年，伍朗斯顿（W. H. Wollaston）就发现了太阳的连续光谱中存在黑线，但没能给出其科学的解释。1817年夫劳霍弗（J. Fraunhofer）在黑屋内将一块火石玻璃棱镜放置在经纬仪前，让太阳光通过小缝投射到棱镜上，用经纬仪上的望远镜观察光谱时看到了很多条黑度不等的黑线密集在光谱上，其中 D 线是紧靠在一起的两条最强的黑线，从而再次观察到了太阳光谱中的黑线，并用字母 D 予以标记。1820 年布鲁斯特（D. Brewster）首先对夫劳霍弗线产生的原因做出了基本正确的解释，认为夫劳霍弗线是由于太阳外围大气圈对太阳光吸收的结果。真正对原子吸收光谱的产生做出透彻解释的是后来的本生（R. Bunsen）和克希霍夫（G. R. Kirchhoff）。1855 年本生设计了煤气灯，用铂丝圈将盐溶液引入本生灯火焰中，火焰呈现不同的颜色，开始用其鉴别元素。1859 年克希霍夫指出：太阳光谱中暗线 D 是钠原子吸收产生的，从而证明了在太阳外围的大气圈中存在钠原子蒸气。本生和克希霍夫对太阳光谱中黑线 D 的产生所做的科学解释，是历史上用原子吸收光谱进行定性分析的开端。

1905 年，伍德（R. W. Wood）通过气体中共振吸收的权威性实验证明了原子吸收光谱的产生，他用汞放电灯辐照加热汞产生的汞蒸气，在屏幕上出现由于汞光束中断所形成的阴影。1939 年伍德逊（T. T. Woodson）第一次将此方法应用于定量分析，测定了元素汞的含量。

19 世纪到 20 世纪前 20 年，在原子吸收理论研究方面取得了显著的成就，提出了原子结构理论，建立了光发射和吸收的量子模型，确立了原子吸收与原子常数之间的基本关系，建立了谱线压力碰撞变宽的理论，得到了在几种变宽效应共同影响下吸收谱线的线型函数，发展了测量原子吸收的方法。这些理论研究方面的成就，为原子吸收光谱分析法的建立提供了基础。

1955 年，澳大利亚科学家瓦尔什（A. Walsh）发表了"原子吸收光谱在化学分析中的应用"著名论文，提出了测量峰值吸收进行元素定量分析的方法，被公认为原子吸收光谱分析的奠基人。1959 年苏联学者里沃夫（B. V. L'vov）开创了电加热石墨炉原子吸收光谱法。1968 年马斯曼（H. Massmann）发明了更便于推广的马斯曼石墨炉，为商品仪器的广泛采用奠定了基础，使石墨炉电热原子化技术得以普及与推广。1965 年威里斯（J. B. Willis）应用氧化亚氮-乙炔火焰测定了难熔元素。20 世纪 60 年代后期发展了"间接"原子吸收光谱分析法，使过去很难以用原子吸收光谱有效测定灵敏度和准确度有了明显的改善，使不能直接用原子吸收光谱测定的非金属元素与有机化合物的测定成为可能，这就大大拓宽了原子吸收光谱分析的应用领域。经过 70 年代的发展，原子吸收光谱分析作为一种分析测试方法，特别是火焰原子吸收光谱法，已日臻完善。20 世纪 90 年代以后，石墨炉原子吸收光谱分析法也进入成熟时期。

20 世纪 50 年代末，英国 Hilger&Watts 公司和美国 Perkin-Elmer 公司分别在 Uvispek 和 P-E13 型分光光度计基础上研发了火焰原子吸收分光光度计，1970 年美国 Perkin-Elmer 公司生产了世界上第一台 HGA-70 型石墨炉原子吸收光谱仪器。1976 年日本日立公司推出了第一台赛曼效应校正背景的原子吸收光谱仪器。1990 年美国 Perkin-Elmer 公司又生产了世界上第一台 PE4100ZL 型纵向磁场调制横向加热石墨炉原子吸收光谱仪器。1989 年日立公司推出了 Z9000 型仪器，采用四通道系统，能同时测定 4 个元素，1994 年 Perkin-Elmer 公司推出 SIMAA6000 型 4~6 个元素同时测定原子吸收光谱仪。使用中阶梯光栅和半导体图像检测器，获得二维色散的光谱图。继 1987 年美国 Analyte 公司推出第一台带有阴极溅射原子化器的商品仪器之后，1997 年 Leeman Labs 公司在上海举办的 BCEIA 多国仪器展览会上又展出了使用阴极溅射原子化器的 A30 型原子吸收光谱仪器，可快速程序分析 30 个元素。

综上所述，历经 40 多年的发展后，今天原子吸收光谱仪器已经进入了高水平发展的平台阶段。使用连续光源和中阶梯光谱，结合用光导摄像管、二极管阵列的多元素分析检测器，设计出微机控制的原子吸收分光光度计，为解决多元素的同时测定开辟了新的前景。近年来又相继开发使用了积分吸收光谱仪；微机引入原子吸收光谱，使这个仪器分析方法的面貌发生了重大的变化，而与现代分离技术的结合，联机技术的应用，开辟了这个方法更为广阔的应用前景。

6.1.2 原子吸收光谱法的特点

原子吸收光谱是基态原子吸收光谱的产生是一个共振吸收过程。原子吸收光谱法作为测定微量痕量组分的有效方法，其应用范围遍及各个学科领域和国民经济的各个部门。原子吸收光谱法的广泛、飞速发展，既与经济与科学技术的发展等客观条件有关，也是原子吸收光谱分析本身的特点所决定的。

① 检出限低。火焰原子吸收光谱法（FAAS）的检出限可达到 ng·mL^{-1} 级。石墨炉原子吸收光谱法（GFAAS）的检出限可达到 $10^{-14} \sim 10^{-13}$ g。

② 选择性好。几乎每种元素都有自己特征的、无干扰的光谱线，测定时用元素的特征谱线作为入射光源，其它共存元素的干扰很少，有干扰也容易消除。

③ 准确度和精密度高。原子吸收法微量分析的相对误差一般在 0.1%~0.5%，使用了积分吸收法之后，即使痕量分析的相对误差也可以达到 0.1% 以下。平行测定结果之间的相对标准偏差一般可达 1%，甚至可以达到 0.3% 或更好。

④ 抗干扰能力强。一般不存在共存元素的光谱干扰。干扰主要来自化学干扰和基体干扰。在原子吸收条件下，原子蒸气中的激发态原子数目远小于 0.1%，光谱的激发干扰可以忽略。

⑤ 分析速度快。使用自动进样器，每小时可以测定几十个样品。

⑥ 应用范围广。可分析元素周期表中绝大多数金属元素与非金属元素，利用联用技术可以进行元素的形态分析和同位素分析。利用间接原子吸收光谱法可以分析有机化合物。

⑦ 用样量小。FAAS 进样量一般为 $3 \sim 6mL \cdot min^{-1}$，微量进样量为 $10 \sim 50\mu L$。GFAAS 液体的进样量为 $10 \sim 30\mu L$，固体进样量为 mg 级。

⑧ 仪器设备相对比较简单，操作简便。

不足之处是：①除了一些现代、先进的仪器可以进行多元素的测定外，目前大多数仪器都不能同时进行多元素的测定。因为每测定一个元素都需要与之对应的一个空心阴极灯（也称元素灯），一次只能测一个元素。②由于原子化温度比较低，对于一些易形成稳定化合物的元素，如 W、Nb、Ta、Zr、Hf、稀土等以及非金属元素，原子化效率低，检出能力差，受化学干扰较严重，所以结果不能令人满意。③非火焰的石墨炉原子化器虽然原子化效率高，检测限低，但是重现性和准确性较差。

6.2 原子吸收光谱分析基本原理

6.2.1 原子吸收光谱的产生

原子化装置将被测物质的溶液或固体在高温或还原条件下进行蒸发、气化、原子化（使被测物质解离为气态原子的过程称为原子化）。将适当波长的光辐射通过原子化了的基态原子蒸气时，其中某些波长的光可以使基态原子激发而光本身被吸收，即

$$A^0 + h\nu \longrightarrow A^* \tag{6-1}$$

式中，A^0 为基态原子；A^* 为激发态原子；$h\nu$ 为相应波长光的光量子的能量。

由于相应波长的光被基态原子吸收而减弱。光强度被减弱的程度随着蒸气中 A^0 的浓度增大而增大。由于每种原子中的电子只能被激发到它特定的激发态，所以不同类原子所吸收的光量子能量是不同的，即不同波长的光辐射激发不同元素的原子，只有波长与激发相对应的光量子被吸收。如波长为 589nm 的光量子能激发基态钠原子，波长为 285.2nm 的光量子能激发基态的镁原子。

在原子吸收分光光度法中，必须将被测元素转变成气态的原子蒸气。常用的方法一种是将试样溶液雾化成细雾，将其引入到适当的火焰中去，在火焰热能的作用下将被测元素解离成原子状态；另一种是用电热原子化装置使被测元素在高温下解离成原子。无论哪一种原子化方式，都会使气态原子以基态或激发态的原子两种形式存在于蒸气中。而原子吸收关注的是气态原子对特征光谱线的吸收，显然通过热激发的激发态原子是影响原子吸收测定的一个重要因素。

6.2.2 基态原子数与激发态原子数的分布

6.2.2.1 基态原子数与激发态原子数的关系

根据热力学原理，在一定温度下的热力学平衡体系中，基态与激发态的原子数比遵循玻

耳茨曼分布定律 [见式(6-2)]。

$$\frac{N_j}{N_0} = \frac{P_j}{P_0} \exp\left(-\frac{E_j - E_0}{kT}\right) \tag{6-2}$$

式中，N_0 为处于基态原子的总数；N_j 为处于 j 激发态原子的总数；P_0 为基态原子的统计权重（也叫统计概率，即在外磁场作用下，原子的每一个能级可能分裂出不同状态的数目，它表示了同一能级的简并度），它们的值由统计热力学给出，对一定元素的特征光谱线，它的值是常数；P_j 为激发态 j 原子的统计权重；E_0 为基态原子的能量，eV；E_j 为激发态 j 原子的能量，eV；k 为 Boltzmann 常数，$1.386 \times 10^{-23} \mathrm{J \cdot K^{-1}}$；$T$ 为热力学温度，K。

为了讨论方便，把基态原子的能量规定为能量零点，即 $E_0 = 0$，则激发态与基态的原子之间的能级差即为 E_j，即

$$E_j - E_0 = E_j \tag{6-3}$$

其中

$$E_j = \frac{hc}{\lambda_j} \tag{6-4}$$

式中，h 为 Planck 常数，$6.626 \times 10^{-34} \mathrm{mol^{-1}}$；$\lambda_j$ 为激发态原子与基态原子的能级差所对应的共振线波长，nm；c 为光速，$2.998 \times 10^{10} \mathrm{cm \cdot s^{-1}}$。

由式(6-2)～式(6-4)得式(6-5)。

$$\frac{N_j}{N_0} = \frac{P_j}{P_0} \exp\left(-\frac{hc}{kT\lambda_j}\right) \tag{6-5}$$

若已知被测元素的共振线波长，可以按式(6-5)计算在一定温度下的 N_j/N_0 值。

表 6-1 列出几种元素在不同温度下 N_j/N_0 的值。

表 6-1 某些元素共振线的 N_j/N_0 值

$\lambda_{共振线}$/nm	P_j/P_0	激发能/eV	N_j/N_0	
			$T=2000\mathrm{K}$	$T=3000\mathrm{K}$
Cs 852.1	2	1.45	4.44×10^{-4}	7.24×10^{-3}
Na 589.0	2	2.104	9.86×10^{-6}	5.83×10^{-4}
Ba 553.6	3	2.241	6.38×10^{-6}	5.19×10^{-4}
Ca 422.7	3	2.932	1.22×10^{-7}	3.55×10^{-5}
Fe 372.0		3.332	2.99×10^{-9}	1.31×10^{-6}
Ag 328.1	2	3.778	6.03×10^{-10}	8.99×10^{-7}
Cu 324.8	2	3.817	4.82×10^{-10}	6.65×10^{-7}
Mg 285.2	3	4.346	3.35×10^{-11}	1.50×10^{-7}
Pb 283.3	3	4.375	2.83×10^{-11}	1.34×10^{-7}
Zn 213.9	3	5.795	7.45×10^{-15}	5.50×10^{-10}

6.2.2.2 影响原子吸收光谱的因素

原子吸收光谱法是依据原子化装置中气态基态原子对特征辐射线的吸收程度来进行分析的，因此影响基态原子数目（或 N_j/N_0 值）的因素也就是影响原子吸收光谱的因素。由式(6-5)看出，影响 N_j/N_0 值的因素是原子化温度 T 和电子跃迁能级差 E_j，由于 $E_j = hc/\lambda_j$，因此影响原子吸收光谱的主要因素是 T 和 λ_j。

（1）原子化温度 T

由表 6-1 可以看出，对特定元素，当共振线波长 λ_j 一定时，温度愈高，N_j/N_0 愈大，激发态原子数目增多，基态原子数目减少，对原子吸收测量不利。因此，在实际工作中，在

保证被测元素原子化的前提下，原子化温度越低对测定越有利。实际上火焰原子化温度一般在 2000～3500K，非火焰原子化也控制在 3000K 左右。一般情况，除碱金属外的其它元素在原子化温度下激发态原子的数目占气态原子总数的比值远远小于 0.1%。

(2) 共振线波长 λ_j

当原子化温度 T 一定时，λ_j 的变化也影响 N_j/N_0 值。表 6-1 中，当不同元素的 λ_j 由长变短时，N_j/N_0 值减小。即使同一种元素，也会有同样的规律。可见，被测元素的共振线波长越长，激发能越小，激发态原子数就越多，基态原子数就越少。在实际工作中，为了保证原子吸收的灵敏度，对激发电位低的元素（如碱金属元素），尽可能选择较低的原子化温度；对激发电位高的元素则可使原子化温度高些，以保证被测元素有效地原子化和足够多的基态原子。

对绝大多数元素来说，共振线波长都低于 600nm，常用的热激发温度一般小于 3000K，N_j/N_0 值绝大多数在 10^{-3} 以下，激发态的原子数不足于基态的千分之一，激发态的原子数在总原子数中可以忽略不计，即基态原子数 N_0 近似等于总原子数 $N_\text{总}$。

6.2.3　谱线轮廓及变宽

6.2.3.1　谱线的轮廓

从能级跃迁的观点看，吸收线与发射线应是一条严格的几何线（无宽度），但实际上是有一定宽度。我们把吸收线或发射线的强度按频率的分布叫谱线轮廓，或称谱线宽度，如图 6-1 所示。

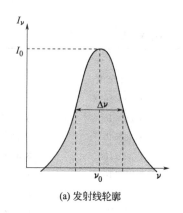
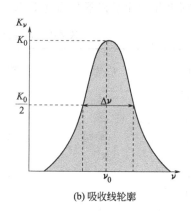

(a) 发射线轮廓　　　　　　　　　　(b) 吸收线轮廓

图 6-1　谱线轮廓

图 6-1 中的 K_ν 为原子蒸气对频率为 ν 的光线的吸收系数；I_ν 为光源发射的频率为 ν 的谱线强度。曲线峰顶对应的频率 ν_0 叫峰值频率或中心频率，其数值决定于原子跃迁能级间的能量差，即 $\nu_0 = \Delta E/h$；峰值频率所对应的吸收值叫峰值吸收或中心吸收；峰值吸收处的吸收系数 K_0 叫峰值吸收系数或中心吸收系数；峰值吸收一半高处所对应的频率范围称谱线的半宽度，以 $\Delta\nu$ 表示。通常以 $\Delta\nu$ 特征性地表示谱线的宽度。原子吸收线的 $\Delta\nu$ 约为 0.001～0.005nm，比分子吸收带的半宽度（约 50nm）要小得许多。K_0、ν_0、$\Delta\nu$ 及 I_ν 是衡量谱线性质的重要指标。

6.2.3.2　谱线变宽的原因

影响谱线宽度的因素主要有两方面，一是原子本身的性质所决定的谱线的自然宽度；二是由外界因素（如温度、压力、磁场等）引起的变宽，如谱线的热变宽、压力变宽等。

（1）自然宽度

在没有外界条件影响的情况下，谱线所具有的宽度称为自然宽度，用 $\Delta\nu_N$（或 $\Delta\lambda_N$）表示。自然宽度与激发态原子的平均寿命有关，平均寿命愈长，谱线宽度愈窄。不同元素的不同谱线的自然宽度不同，多数情况下约为 10^{-5} nm 数量级。$\Delta\nu_N$ 很小，与其它变宽的因素比较，这个宽度可以忽略。

（2）热变宽（多普勒变宽）

由原子在空间作无规则热运动引起的变宽称为热变宽。从物理学的多普勒效应可知，一个运动着的原子所发射出的光，若运动方向朝向观察者（检测器），则观测到光的频率比静止原子所发出光的频率高（波长来得短）；反之，若运动方向背向观察者，则观测到光的频率比静止原子所发出光的频率低（波长来得长）。由于原子的热运动是无规则的，但在朝向、背向检测器的方向上总有一定的分量，所以检测器接收到光的频率（波长）总会有一定的范围，即谱线产生了变宽，这就是热变宽，或称多普勒（Doppler）变宽，用 $\Delta\nu_D$（或 $\Delta\lambda_D$）表示。这种频率分布和气体中原子热运动的速度分布（即麦克斯韦-玻尔兹曼速度分布）相符，具有近似的高斯曲线分布。谱线的多普勒变宽可由式（6-6）表示。

$$\Delta\nu_D = \frac{2\nu_0}{c}\sqrt{\frac{2(\ln 2)RT}{A}} = 7.162\times10^{-7}\nu_0\sqrt{\frac{T}{A}} \tag{6-6}$$

或

$$\Delta\lambda_D = 7.162\times10^{-7}\lambda_0\sqrt{\frac{T}{A}} \tag{6-7}$$

式中，$\Delta\nu_D$ 为多普勒频率变宽，Hz；$\Delta\lambda_D$ 为多普勒波长变宽，nm；ν_0 为谱线的中心频率，Hz；λ_0 为谱线的中心波长，nm；c 为光速，2.998×10^{10} cm·s^{-1}；R 为摩尔气体常数，8.314J·mol^{-1}·K^{-1}；T 为热力学温度，K；A 为被测元素的摩尔质量，g·mol^{-1}。可见 $\Delta\nu_D$ 或随温度的升高及原子摩尔质量的减小而变大。对于大多数元素来说，多普勒变宽约为 10^{-3} nm 数量级。

多普勒变宽的频率分布与气态中原子热运动近似的高斯分布相同，所以多普勒变宽时的中心频率 ν_0 不变，只是两侧对称变宽，但 K_0 值变小，对吸收系数的积分值无影响。

（3）压力变宽

压力变宽也称碰撞变宽，是由于气体压力的存在而引起微粒间相互碰撞的结果。吸光原子与蒸汽中的其它原子或粒子相互碰撞引起能级的稍微变化，而且也使激发态原子的平均寿命发生变化，导致吸收线的变宽，这种变宽与吸收区气体的压力有关，压力变大时，碰撞的几率增大，谱线变宽也变大。根据与其碰撞粒子的不同，又分为洛伦兹（Lorentz）变宽和赫尔兹马克（Holtsmark）变宽两种。

洛伦兹变宽是由不同粒子之间相互碰撞而引起的变宽，即吸光原子与其它外来粒子（原子、分子、离子、电子）相互碰撞时产生的，洛伦兹变宽用 $\Delta\nu_L$ 表示，用式（6-8）表达。

$$\Delta\nu_L = 2N_A\sigma^2 P\sqrt{\frac{2}{\pi RT}\left(\frac{1}{A}+\frac{1}{M}\right)} \tag{6-8}$$

式中，$\Delta\nu_L$ 为洛伦兹频率变宽，Hz；N_A 为阿伏伽德罗常数，6.022×10^{23} mol^{-1}；σ 为碰撞面积，cm^2；P 为压力，Pa；R 为摩尔气体常数，8.314J·mol^{-1}·K^{-1}；T 为热力学温度，K；A 为被测元素的摩尔质量，g·mol^{-1}；M 为碰撞粒子摩尔质量 g·mol^{-1}。

赫尔兹马克变宽是因同种原子碰撞所引起的变宽，也称为共振变宽。只有当被测元素的浓度较高时，同种原子的碰撞才显示出来。因此，在原子吸收法中，共振变宽一般可以忽略。压力变宽主要是洛伦兹变宽。压力变宽与热变宽具有相同的数量级，也可达 10^{-3} nm，

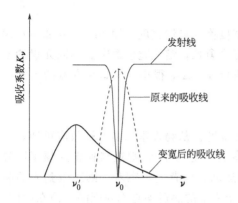

图 6-2　洛伦兹变宽的谱线轮廓

且数值上也很靠近。应该注意的是，压力变宽使中心频率发生位移，且谱线轮廓不对称（如图6-2），从而使光源（空心阴极灯）发射的发射线和基态原子的吸收线产生错位，影响了原子吸收光谱分析的灵敏度。

（4）其它因素引起的变宽

除上述讨论的因素外，还有场致变宽（强电场和磁场引起的变宽）、自吸效应、同位素、单色器性能等引起的谱线宽度变化。

场致变宽主要是指在磁场或电场存在下，会使谱线变宽的现象。若将光源置于磁场中，则原来表现为一条的谱线，会分裂为两条或以上的谱线（$2J+1$条，J为光谱项符号中的内量子数），这种现象称为塞曼（Zeeman）效应，当磁场影响不很大，分裂线的频率差较小，仪器的分辨率有限时，表现为一条宽谱线；光源在电场中也能产生谱线的分裂，当电场不是十分强时，也表现为谱线的变宽，这种变宽称为斯塔克（Stark）变宽。

由自吸现象而引起的谱线变宽称为自吸变宽。光源（空心阴极灯）发射的共振线被灯内同种基态原子所吸收，从而导致与发射光谱线类似的自吸现象，使谱线的半宽度变大。灯电流愈大，产生热量愈大，较易受热挥发元素的阴极被溅射出的原子也愈多，有的原子没被激发，所以阴极周围的基态原子也愈多，自吸变宽就愈严重。

在影响谱线变宽的因素中，热变宽和压力变宽（主要是劳伦兹变宽）是主要的，其数量级都是10^{-3}nm，构成原子吸收谱线的宽度。

6.2.4　积分吸收

原子吸收光谱的入射光源（空心阴极灯）是宽度很窄的锐线光源。设用这样一束频率为 ν、强度 I_0 的平行单色光垂直通过厚度为 l 的均匀的原子蒸气时，一部分光被吸收，透过光的强度为 I_ν（如图6-3所示）。

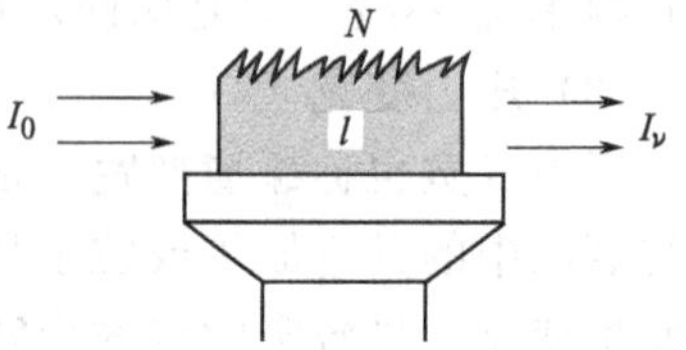

I_0 与 I_ν 之间的关系遵循朗伯-比尔吸收定律式(6-9)。

$$I_\nu = I_0 \exp(-K_\nu l) \qquad (6-9)$$

式中，K_ν 为基态原子对频率为 ν 的光的吸收系数。

图 6-3　基态原子对光的吸收

原子吸收谱线具有 10^{-3}nm 的数量级的宽度，若采用半宽度比吸收线半宽度小很多的发射谱线作为入射光源，测量吸收线各频率的吸收系数 K_ν，可以获得图6-4所示的吸收线轮廓。把吸收系数 K_ν 与频率 ν 的轮廓进行积分，则所得吸收线轮廓下所包围的面积 $\int K_\nu d\nu$ 称为积分吸收系数，也叫积分吸收，它包含了原子吸收的全部能量。

根据爱因斯坦经典的色散理论，可以证明积分吸收与原子蒸气中吸收辐射的基态原子数成正比。经严格的数学推导，得到表达式（6-10）：

$$\int K_\nu d\nu = \frac{\pi e^2}{mc} f N_0 = 2.65 \times 10^{-2} f N_0 \qquad (6-10)$$

式中，K_ν 为吸收系数；e 为电子的电荷，1.60×10^{-19}C；m 为电子的质量，9.1×10^{-28}g；c 为光速；f 为吸收跃迁的振子强度，它表示每个原子中能被入射光激发的电子平均数，在一定的入射光强、特定的元素条件下为一定值；N_0 为单位体积内基态原子数，个/cm³。

因此对一给定的待测元素，当入射光频率和光强一定时，$\dfrac{\pi e^2}{mc} f$ 为常数，用 k 表示，式(6-10) 变为式(6-11)。

$$\int K_\nu \mathrm{d}\nu = kN_0 \qquad (6\text{-}11)$$

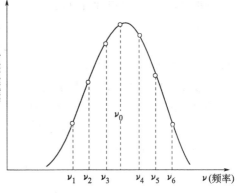

图 6-4 积分吸收曲线

前面已证明，在原子化条件下，基态原子的浓度 N_0 近似等于气态原子的总浓度 $N_{总}$，而气态原子的总浓度与被测溶液中待测元素的浓度 c 成正比式[式(6-12)]。

$$N_{总} = k'c \qquad (6\text{-}12)$$

式中，k' 是与原子化条件和元素性质有关的常数。

由式(6-11) 和式(6-12) 得式(6-13)。

$$\int K_\nu \mathrm{d}\nu = k''c \qquad (6\text{-}13)$$

式中 $k'' = k \cdot k'$。由式(6-13) 可以看出，积分吸收与溶液中被测元素的浓度符合线性关系，而且这种关系与频率及产生吸收轮廓的物理方法和条件无关。此关系式是原子吸收光谱分析的重要理论依据。因此，若能测定积分吸收，则可以求出被测元素的浓度。但是，在实际工作中，要测量出半宽度仅为 10^{-3} nm 数量级的原子吸收线的积分吸收，需要分辨率（分辨率是指单色器能够正确分辨出紧邻两条谱线的能力，一般用两条可以分辨开的光谱线波长平均值 λ 与其波长差 $\Delta\lambda$ 之比值来表示）极高的色散仪器（如对于波长为 500 nm 的谱线，分辨率 $R = \dfrac{\lambda}{\Delta\lambda} = \dfrac{500}{10^{-3}} = 5 \times 10^5$），这是难以实现的。这也使发现原子吸收现象以后近百年未能在分析上得到实际应用。直到 20 世纪末，荷兰科学家解决了积分吸收的难题，这一理论才开始进入了原子吸收测量的领域。但由于种种原因，该测量技术还有待完善。

6.2.5 峰值吸收

由于积分吸收测量法在测量技术上的困难，很难用于实际测量工作中。为此 1955 年瓦尔什（Walsh A）提出峰值吸收测量法。在温度不太高的稳定火焰条件下，吸收线轮廓中心波长处的峰值吸收系数 K_0（简称：峰值吸收）与火焰中被测元素的原子浓度 N_0 也成正比。在原子吸收的测量条件下，原子吸收线的轮廓主要取决于热变宽（即多普勒变宽）$\Delta\nu_D$，这时吸收系数 K_ν 可表示为式(6-14)。

$$K_\nu = K_0 \cdot \exp\left\{ -\left[\frac{2(\nu - \nu_0)\sqrt{\ln 2}}{\Delta\nu_D} \right]^2 \right\} \qquad (6\text{-}14)$$

上式对频率 ν 积分，得式(6-15)。

$$\int_0^\infty K_\nu \mathrm{d}\nu = \frac{1}{2}\sqrt{\frac{\pi}{\ln 2}} K_0 \Delta\nu_D \qquad (6\text{-}15)$$

将式(6-10) 的积分吸收代入式(6-15)，得式(6-16)。

$$\frac{\pi e^2}{mc} N_0 f = \frac{1}{2}\sqrt{\frac{\pi}{\ln 2}} K_0 \Delta\nu_D \qquad (6\text{-}16)$$

整理式(6-16)后得式(6-17)。

$$K_0 = \frac{2}{\Delta\nu_D}\sqrt{\frac{\ln 2}{\pi}}\frac{\pi e^2}{mc}N_0 f \qquad (6\text{-}17)$$

可以看出，峰值吸收系数 K_0 与原子浓度成正比。只要能测出 K_0，就可以得到 N_0。

在吸光分析法中，测量吸收强度的物理量是吸光度或透射率。若一强度为 I_0 的某一波长的辐射通过均匀的原子蒸气时，原子蒸气层的厚度为 l，峰值吸收处的透射光强度为 $I_{\nu 0}$，峰值吸收处的吸光度为 $A_{\nu 0}$（也称为峰值吸光度），其值可按式(6-18) 获得的式(6-19)（即朗伯-比尔定律）进行计算。

$$I_{\nu 0} = I_0 \exp(-K_0 l) \qquad (6\text{-}18)$$

$$A_{\nu 0} = \lg \frac{I_0}{I_{\nu 0}} = \lg[\exp(K_0 L)] = 0.434 K_0 l \qquad (6\text{-}19)$$

将式(6-17) 代入式(6-19)，得式(6-20)。

$$A_{\nu 0} = 0.434 \frac{2}{\Delta\nu_D}\sqrt{\frac{\ln 2}{\pi}} \cdot \frac{\pi e^2}{mc}N_0 fl \qquad (6\text{-}20)$$

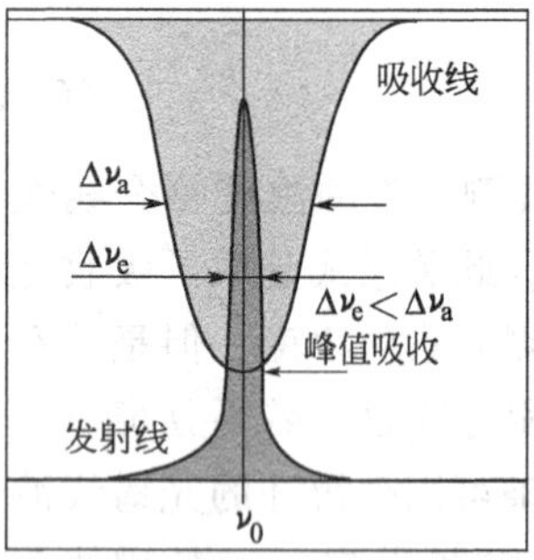

图 6-5　峰值吸收测量示意图

式(6-20) 中各项的物理意义前已述及。在原子吸收测量条件下，原子蒸气中基态原子的浓度 N_0 基本上等于蒸气中原子的总浓度 $N_{总}$，而且在实验条件一定时，各有关参数均为常数，原子化装置中的气态原子的总浓度与被测溶液中待测元素的浓度 c 成正比，所以峰值吸光度 $A_{\nu 0}$ 表达为式(6-21)。

$$A_{\nu 0} = Kc \qquad (6\text{-}21)$$

式中，K 为常数。$A_{\nu 0}$ 简化为 A，即 $A = Kc$，该式为原子吸收峰值吸收测量的基本关系式。

按照式(6-21) 可以采用原子吸收光谱法峰值吸收法进行定量分析。但实现峰值吸收测量必须采用锐线光源，锐线光源的两个基本条件：①发射线的半宽度远远小于吸收线的半宽度，即 $\Delta\nu_e \ll \Delta\nu_a$（$\Delta\nu_e$ 和 $\Delta\nu_a$ 分别表示光源发射线和吸收线的半宽度）；② 发射线和吸收线的中心频率必须重合，即 $\nu_{e0} = \nu_{a0}$（ν_{e0} 和 ν_{a0} 分别表示发射线和吸收线的中心频率）。如图 6-5 所示。

6.3　原子吸收分光光度计

原子吸收分光光度计依次由光源、原子化器、单色器、检测器等四个主要部分组成。如图 6-6 所示，原子吸收分光光度计有单光束型和双光束型两种。

图 6-6(a) 为单光束型仪器。这种仪器结构简单，但它会因光源不稳定而引起基线漂移。由于原子化器中被测原子对辐射的吸收与发射同时存在，同时火焰组分也会发射带状光谱。这些来自原子化器的辐射都是直流信号，干扰检测结果。为了消除辐射的发射干扰，必须对光源进行调制。可用机械调制，在光源后加一扇形板（切光器），将光源发出的辐射调制成具有一定频率的辐射，就会使检测器接收到交流信号，采用交流放大将发射的直流信号分离掉；还有对空心阴极灯光源采用脉冲供电，不仅可以消除发射的干扰，还可提高光源发射光的强度与稳定性，降低噪声等，因而光源多使用这种供电方式。

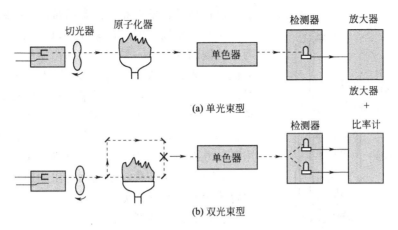

(a) 单光束型

(b) 双光束型

图 6-6　原子吸收分光光度计示意图

图 6-6(b) 为双光束型仪器，光源发出经过调制的光被切光器分成两束光：一束为测量光，一束为参比光（不经过原子化器）。两束光交替的进入单色器，然后进行检测。由于两束光来自同一光源，可以通过参比光束的作用，克服光源不稳定造成基线漂移的影响。

6.3.1　光源

6.3.1.1　光源的作用和要求

光源的作用是发射待测元素的特征光谱线（实际上是辐射待测元素的共振线）。为了实现峰值吸收测量，光源应满足以下要求：

① 锐线光源，即满足 $\Delta\nu_e \ll \Delta\nu_a$，$\nu_{e0} = \nu_{a0}$ 条件的光源。

② 辐射强度大，背景低（低于共振辐射强度的 1%），保证足够的信噪比，以提高灵敏度。

③ 光强度的稳定性好。供电系统必须配备稳压器以保证供电稳定，从而使光强度稳定。

④ 使用寿命长。

空心阴极灯、蒸气放电灯、高频无极放电灯都符合上述要求，而目前应用最为普遍的是空心阴极灯。

6.3.1.2　空心阴极灯的构造及工作原理

空心阴极灯（HCL）是一种气体放电管，其结构如图 6-7 所示。

HCL 的灯管由硬质玻璃制成，灯的窗口要根据辐射波长的不同，选用不同的材料做成，可见光区（370nm 以上）用光学玻璃片，紫外光区（370nm 以下）用石英玻璃片。空心阴极灯中装有一个内径为几毫米的金属圆筒状空心阴极和一个阳极。阴极下部用钨-镍合金支撑，圆筒内壁衬上或熔入被测元素。阳极也用钨棒支撑，上部用钛丝或钽片等吸气性能良好的金属制成。灯内充有低压（通常为 2～3mmHg）惰性气体氖气或氩气，称为载气。

工作原理：当空心阴极灯的两极间施加几百伏（300～500V）直流电压或脉冲电压时就发生辉光放电，阴极发射电子，并在电场的作用下，高速向阳极运动，途中与载气分子碰撞并使之电离，放出二次电子及载气正离子，使电子和载气正离子的数目因相互碰撞增加，得以维持电流。载气正离子在电场中被大大加速，获得足够的动能，撞击阴极表面时就可以将被测元素的原子从晶格中轰击出来，在阴极杯内产生了被测元素原子的蒸气云。这种被正离子从阴极表面轰击出原子的现象称为溅射。溅射出来的原子再与电子、离子或原子碰撞获得

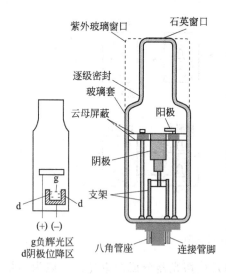

紫外玻璃窗口　　石英窗口

逐级密封
玻璃套

云母屏蔽　　阳极

阴极

支架

g 负辉光区
d 阴极位降区

(+)　(−)

八角管座　　连接管脚

图 6-7　空心阴极灯的结构示意图

能量而被激发，发射相应元素的特征共振线。

从空心阴极灯的工作原理可以看出，其结构中有两个关键的部分：一是阴极圆筒内层的材料，只有衬上被测元素的金属，才能发射出该元素的特征共振线，所以空心阴极灯也叫元素灯；若阴极物质只含一种元素，称单元素灯；若阴极物质含有两种以上元素，称多元素灯。二是灯内充有低压惰性气体，其作用是一方面被电离为正离子，才能引起阴极的溅射，另一方面是传递能量，使被溅射出的原子激发，才能发射该元素的特征共振线。

空心阴极灯的特点：

① 强度大，元素在灯内可以重复多次的溅射、激发，激发效率高。空心阴极灯的光强度与灯电流有关，增大灯电流，可增加发射强度。但工作电流过大，会出现一些如使阴极溅射增强、灯内元素发射的共振线产生自蚀、加快内充气体的"消耗"等情况而缩短使用寿命、阴极温度过高而使阴极物质融化、放电不正常引起发光强度不稳定等不良现象。如果工作电流过低，又会使灯光强度减弱，致使稳定性、信噪比下降。因此使用空心阴极灯时必须选择合适的灯电流。

② 半宽度小，空心阴极灯的灯工作电流小（2～5mA），温度低，所以 $\Delta\nu_D$ 小；而且灯内压力小，原子密度小，所以 $\Delta\nu_L$ 也小；

③ 灯的稳定性取决于外电源的稳定性，当供电稳定时，灯的稳定性好。开始通电时，灯内电阻会发生变化，发射线的强度也会变化，所以灯工作时需先预热 5～20min，待稳定后才能使用。

6.3.2　原子化器

原子化器的功能是提供能量，使试样干燥、蒸发并原子化。在原子吸收光谱分析中，试样中被测元素的原子化是整个分析过程的关键环节，原子化过程可用下式描述：

$$M^*（激发态原子）$$

$$高温 \Updownarrow 激发$$

$$MX（试样）\underset{\substack{蒸发\\气化}}{\overset{高温}{\rightleftharpoons}} MX（气态）\underset{解离}{\overset{高温}{\rightleftharpoons}} M（基态原子）＋X（气态）$$

实现原子化的方法，最常用的有火焰原子化法和非火焰原子化法两种。

6.3.2.1　火焰原子化装置

火焰原子化装置包括雾化器和燃烧器两部分。燃烧器有两种类型，即全消耗型和预混合型。全消耗型燃烧器（又称紊流燃烧器），是将试液直接喷入火焰进行燃烧，实现试样的原子化；预混合型燃烧器（又称层流燃烧器）是用雾化器将试液雾化，在雾化室内将较大的雾滴除去，使试液雾滴均匀化，然后再喷入火焰。二者各有优缺点，以预混合型燃烧器最常用。

（1）预混合型火焰原子化装置的结构及工作原理

图 6-8 是一种典型的预混合型原子化装置示意图。由三部分组成，即喷雾器、雾化室与燃烧器。

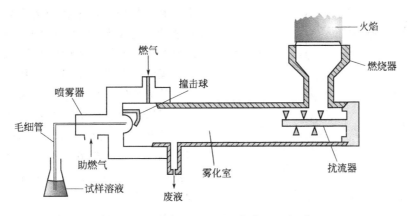

图 6-8　预混合型火焰原子化装置示意图

　　喷雾器的作用是将试样溶液雾化，供给细小的雾滴。目前较多采用如图 6-8 所示的同轴型气动喷雾器，喷出微米级直径雾粒的气溶胶。喷雾的雾滴直径愈小，在火焰中生成的基态原子就愈多，即原子化效率就愈高。雾粒的粒度及试液的提升量，对测定的精密度及化学干扰的大小有一定的影响。

　　雾化室的作用是使气溶胶的雾粒更为细微、更均匀，并与燃气、助燃气混合均匀后进入燃烧器。形成雾滴的速率除了取决于溶液的物理性质（表面张力及黏度等），还取决于助燃气的压力，气体导管和毛细管孔径的相对大小和位置。增加助燃气流速，可使雾滴变小。气压增加过大，提高了单位时间试液的用量，反而会使雾化效率降低。雾化室中装有撞击球，其作用是把雾滴撞碎，使气溶胶雾粒更小；还装有扰流器，可以阻挡大的雾滴进入燃烧器，使其沿室壁流入废液管排出，还可使气体混合均匀，使火焰稳定，降低噪声。目前，这种气动雾化器的雾化效率比较低，大约只能达到 5%～15%。它是影响火焰原子化法灵敏度提高与检测限降低的主要因素。

　　雾化室存在记忆效应，记忆效应也叫残留效应。它是指将试液喷雾停止后，立即用蒸馏水喷雾，仪器读数返回至零点或基线的时间，记忆效应小，仪器返回零点或基线时间就短，测定的精密度、准确度好。为了降低记忆效应，雾化室内壁的水浸润性要好，雾化器本身要稍有倾斜，以利于废液的排出，废液排出管要水封，否则会引起火焰不稳定，甚至发生回火现象。

　　燃烧器的作用是产生火焰，使进入火焰的气溶胶蒸发和原子化。燃烧器有单缝和三缝两种，多用不锈钢制成。常用的是单缝燃烧器，为了适应不同组成的火焰，一般仪器配有两种以上不同规格的单缝式喷灯，一种是缝长 10～11cm、缝宽 0.5～0.6mm，适用于空气-乙炔火焰；另一种是缝长 5cm、缝宽 0.46mm，适用于 N_2O-乙炔火焰。此外还有三缝燃烧器，多用于空气-乙炔火焰中，与单缝比较，由于增加了火焰宽度，易于对准光路，避免了光源光束没有全部通过火焰而引起工作曲线弯曲的现象，降低了火焰噪音，提高了一些元素测定的灵敏度。燃烧器一般应满足能使火焰稳定、原子化效率高、吸收光程长、噪声小、背景低的要求。燃烧器应能旋转一定的角度，高度也能上下调节，以便选择合适的火焰部位进行测量。

　　（2）火焰的结构和基本特性

　　化合物在火焰中要经历蒸发、干燥、气化、解离、激发和化合等复杂过程，在这些过程中，除了产生大量的用于原子吸收法测量的游离基态原子外，还会产生很少量的激发态原

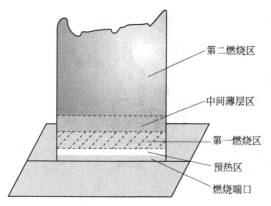

图 6-9　预混合火焰结构示意图

（图中标注）第二燃烧区　中间薄层区　第一燃烧区　预热区　燃烧端口

子、离子和分子等干扰或无干扰粒子。为了弄清原子吸收法所关心的理想原子化区域，需要对火焰的结构和性质有所了解。

预混合型燃烧器的火焰属于"层流"火焰，其火焰结构由预热区、第一燃烧区、中间薄层区和第二燃烧区组成，如图 6-9 所示。

预热区，又称干燥区。该区域温度不高，燃气、助燃气在此区预热至着火温度，并把试样的气溶胶在这里干燥，使之以固态颗粒状上升。

第一燃烧区，也称第一反应区或蒸发区。燃气与助燃气在此区进行不充分燃烧，使固态颗粒的气溶胶蒸发，并有部分分解，故该区域的半分解产物比较多。该区是一条清晰的蓝色光带。通常很少用这一区域作为原子吸收区进行分析工作。但对一些易于原子化、半分解产物的干扰效应较小的元素，如碱金属元素，常用此区进行原子吸收测定。

中间薄层区，又叫原子化区，该区域温度最高，燃烧完全，火焰气体和被分析物质大部分已分解为气态原子，该区域有最适宜的原子化条件，是原子吸收的主要观测区。

第二燃烧区，又叫第二反应区，亦称电离区。燃气在该区域充分地进行反应，原子化的原子部分在高温下被电离，而与空气中的 O_2 和火焰中的其它化学成分进行反应。此时，外层火焰温度已低于中间薄层，大部分原子已重新生成为分子，因此该区也不适宜原子吸收测量。

火焰原子化的能力取决于火焰温度及解离成为气态原子的能力，而这些能力不仅与火焰的观测高度有关，还与火焰气体的组成和性质有关。

火焰是由燃气和助燃气在一起发生激烈的化学反应（即燃烧）而形成的。燃气通常采用乙炔、煤气、丙烷、氢气等，助燃气多用压缩空气、笑气（N_2O）、氧气等。原子吸收光谱分析中，最常用的火焰是乙炔-空气火焰，它的火焰温度较高、燃烧稳定、噪声小、重现性好，燃烧速度不是很快，能适用于 30 多种元素的测定。应用较多的还有乙炔-N_2O 火焰，它的火焰温度可高达近 3000K，是目前唯一能广泛应用的高温火焰。它干扰少，且有很强的还原性，可以使许多难解离元素的氧化物分解并原子化，如 Al、B、Ti、V、Zr、稀土等。用这种火焰可测定 70 多种元素。氢-空气火焰也是应用较多的火焰，它是氧化性火焰，温度较低，背景发射弱，透射性好，特别适用于共振线在短波区的元素的分析，如 As、Se、Sn、Zn 等元素的测定。氢-氩火焰也具有氢-空气火焰的特点，甚至更好。

火焰的基本特性包括火焰燃烧速度、温度、氧化还原特性及光谱特性等。

① 燃烧速度　燃烧速度是指由着火点向可燃性混合气其它各点传播的速度。燃烧速度直接影响到燃烧的稳定性及火焰的安全操作。为了得到稳定的火焰，可燃性混合气的供气速度应大于燃烧速度。但供气速度过大时，会使火焰离开燃烧器，变得游移不定，甚至吹灭火焰；反之，若供气速度过小时，将会引起回火，操作不安全。

② 火焰温度　当火焰处于热平衡状态时，火焰温度表征了火焰的真实能量。因为并非整个火焰都处于平衡状态，因此火焰的不同区域温度不同，这是引起原子浓度在空间分布不均匀的原因之一。不同类型的火焰，其温度是不同的。表 6-2 列出几种常见火焰的燃烧特性。

表 6-2　几种常见火焰的燃烧特征

燃气	助燃气	最高着火温度/K	最高燃烧速度/cm·s⁻¹	最高燃烧温度/K	
				计算值	实验值
乙炔	空气	623	158	2523	2430
	氧气	608	1140	3341	3160
	氧化亚氮		160	3150	2990
氢气	空气	803	310	2373	2318
	氧气	723	1400	3083	2933
	氧化亚氮		390	2920	2880
煤气	空气	560	55	2113	1980
	氧气	450		3073	3013
丙烷	空气	510	82		2198
	氧气	490			2850

③ 火焰的氧化还原特性　火焰的氧化还原特性取决于火焰中燃气和助燃气的比例，它直接影响到被测元素化合物的分解和难解离化合物的形成，从而影响原子化效率和自由原子在火焰区中的有效寿命。按照燃气和助燃气两者的比例，可将火焰分为三类：化学计量火焰、富燃火焰、贫燃火焰。

化学计量火焰，又称中性火焰，是指燃气与助燃气之比（以下简称：燃助比）等于燃烧反应的化学计量关系的火焰，如空气-乙炔火焰的燃助比约为 1∶4。火焰蓝色透明，层次清晰，燃烧完全、稳定，这种火焰温度高、干扰少、背景低，分析层适合于许多元素的测定。

富燃火焰，是指燃气和助燃气之比大于燃烧反应的化学计量关系的火焰，如空气-乙炔火焰的乙炔∶空气约为 (1.2~1.5)∶4 或燃气含量更高。这类火焰燃烧不完全，温度低于化学计量火焰，层次模糊、黄色发亮，适宜于原子化的中间薄层区域较宽。内焰中有丰富的半分解产物，如 C、CH、C_2H 等，具有较强还原性，所以也称还原火焰，适合于易形成难离解氧化物的元素的测定，如 Cr、Mo、Ba、Al、稀土等。其缺点是火焰发射和火焰吸收的背景都较强，干扰较多。

贫燃火焰，是指燃气和助燃气之比小于燃烧反应的化学计量关系的火焰，如空气-乙炔火焰的乙炔∶空气约为 1∶(4~6)。这种火焰燃烧充分，火焰清晰，呈淡蓝色，大量冷的助燃气带走了火焰中的热量，所以温度比较低，燃烧不很稳定，适宜于原子化的中间薄层区很窄，测定结果的重现性稍差。火焰燃烧状态不利于还原性产物的生成，无还原性，有较强的氧化性，因此，不能用于易生成氧化物元素的分析，有利于测定易解离、易电离的元素，如碱金属（一般在第一燃烧区分析），一些高熔点的惰性金属，如 Ag、Au、Pd、Pt、Rh、Ga、In 等，亦宜采用贫燃火焰进行分析。

④ 火焰的光谱特性　火焰的光谱特性指的是火焰的透射性能，它取决于火焰的成分，并限制了火焰的应用波长范围。图 6-10 划出了几种常用火焰的透光特性。

可见，烃类火焰在短波区的吸收较大，即透射性能较差，而氢火焰的透射性能则很好。对于分析线位于短波区的元素，如用 196.0nm 的共振线测定硒时，不能选用乙炔-空气火焰，而应采用氢-空气火焰。

火焰原子化系统操作方便，火焰稳定，重现性及精密度较好、应用较广。但它原子化效率低（一般低于 30%），通常只可以液体进样。

6.3.2.2　非火焰原子化装置

非火焰原子化装置有很多种：电热高温管式石墨炉、石墨坩埚、石墨棒、钽舟、镍杯、

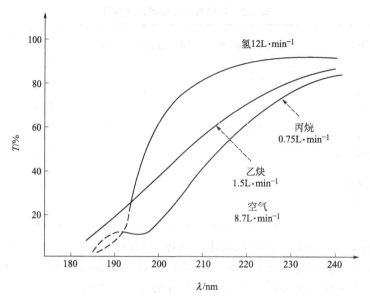

图 6-10　不同火焰的透光特性

高频感应加热炉、空心阴极溅射、等离子喷焰、激光等。

石墨炉原子化器是常用的非火焰原子化器，使用电热能提供能量以实现元素的原子化。

（1）石墨炉原子化器的结构

石墨炉原子化器由电源、保护气系统、石墨管炉等三部分组成，如图 6-11 所示。它是将一个石墨管固定在两个电极之间，管的两端开口，安装时使其长轴与原子吸收分析光束的通路重合。

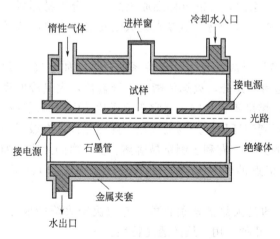

图 6-11　石墨炉原子化装置示意图

电源提供低电压（约为 10～25V）、大电流（可达 500A）的供电设备。它能使石墨管迅速加热升温，而且通过控制可以进行程序梯度升温，最高温度可达 3000K。石墨管长约 50mm，外径约 9mm，内径约 6mm，管中央有一个小孔，样品通过可卸式窗由进样孔注入管内。光源发出的辐射线从石墨管的中间通过，管的两端与电源连接，并通过绝缘材料与保护气系统结合为完整的炉体。保护气通常使用惰性气体 Ar，保护石墨管不被氧化、烧蚀，仪器启动，保护气 Ar 流通，空烧完毕后，切断保护气 Ar。进样后，外气路中的 Ar 气从管两端流向管中心，由管中心孔流出，可有效地除去干燥和挥发过程中的溶剂、基体蒸气，同时也是保护已原子化了的原子不再被氧化。由于升温，管两端的电极（一般为铜电极）周围发热，为防止其高温氧化，石墨炉炉体四周通有冷却水，以保护炉体。在测定过程中将可卸式窗盖严后，整个系统就构成了一个 Ar 氛围的保护气室，既保护了原子化后的原子不再被氧化，又阻止了石墨管与 O_2 的接触，从而避免了石墨管的氧化，延长使用寿命。

（2）石墨炉原子化器的升温程序及试样在原子化器中的物理化学过程

试样以溶液（一般为 1～50μL）或固体（一般几毫克）从进样孔加到石墨管中，用程序升温的方式使试样原子化，其过程分为四个阶段，即干燥、灰化、原子化和高温除残。

干燥的目的主要是除去溶剂，以避免溶剂存在时导致灰化和原子化过程飞溅。干燥的温度一般稍高于溶剂的沸点，如水溶液一般控制在 105℃。干燥的时间视进样量的不同而有所不同，一般每微升试液需约 1.5s。

灰化的目的是为尽可能除去易挥发的基体和有机物，这个过程相当于化学处理，不仅减少了可能发生干扰的物质，而且对被测物质也起到富集的作用。灰化的温度及时间一般要通过实验选择，通常温度在 100～1800℃，时间为 20～60s。

原子化是使试样解离为中性原子。原子化的温度随被测元素的不同而异，原子化时间也不尽相同，应该通过实验选择最佳的原子化温度和时间，这是原子吸收光谱分析的重要条件之一。一般温度可达 2500～3000℃之间，时间为 3～10s。在原子化过程中，应停止 Ar 气通过，以延长原子在石墨炉管中的平均停留时间。

高温除残也称净化，它是在一个样品测定结束后，把温度进一步提高，并保持一段时间，以除去石墨管中的残留物，净化石墨管，减少因样品残留所产生的记忆效应。除残温度一般高于原子化温度 10% 左右，除残时间通过选择而定。

升温程序如图 6-12 所示。升温过程是由微机控制的，进样后原子化过程按给予的指令程序自动进行。

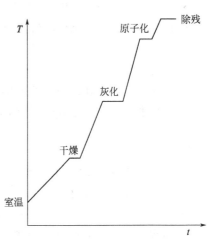

图 6-12 石墨炉升温程序示意图

（3）石墨炉原子化器的特点

石墨炉原子化器的优点：①灵敏度高，检测限低。这是由于注入的试样几乎可以完全原子化，原子化效率高；原子化的原子也几乎全部参与吸收，原子在吸收区域中平均停留时间长，约可达火焰法的 10^3 倍，可大大提高测定的灵敏度，检出限可低至 $10^{-6}～10^{-12}$ g；②原子化温度高、具有还原性，可用于那些较难挥发和原子化的元素的分析，在惰性气体气氛下原子化，对于那些易形成难解离氧化物的元素分析更为有利；③进样量少。溶液试样量仅为 1～50μL，固体试样量仅为 0.1～10mg。

缺点是：①重现性比火焰法的差。因取样量很少，进样量、进样位置的变化，引起管内原子浓度的不均匀等因素所致；②基体效应、化学干扰较严重，有记忆效应，背景较强（共存化合物分子的背景吸收较大）；③仪器装置较复杂，价格较贵，需要水冷。

6.3.2.3 低温原子化法

低温原子化法又称化学原子化法，其原子化温度为室温至摄氏几百度。常用的有汞低温原子化法和氢化物原子化法。

（1）汞低温原子化法

这个方法主要用于测定 Hg。将溶液用 $SnCl_2$ 还原成汞，或将试样直接加热分解成金属汞，在常温下用 N_2 吹入吸收管，然后测量吸光度，这就是所谓的"冷原子吸收测汞法"，其基本装置见图 6-13。用这种方法可测定 μg 量级的汞。

（2）氢化物原子化法

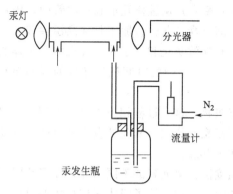

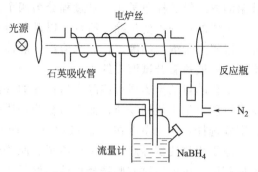

图 6-13 冷原子吸收测汞法示意图   图 6-14 测定砷的原子化装置

适用于 Ge、Sn、Pb、As、Sb、Bi、Se 及 Te 等元素的测定。可将其在反应瓶中，用强还原剂如 $NaBH_4$ 还原成相应的氢化物，然后引入被电炉丝加热至 800℃ 以上的石英吸收管内。在此温度下，气态氢化物解离成为相应的气态原子，然后进行原子吸收测量。例如测定 As，可在反应瓶内的被测试液中加入 $NaBH_4$，或 Zn、Mg 等，使其还原成 AsH_3。用 N_2 将其吹入用电炉丝加热的石英吸收管内，借高温（约 800℃ 以上）使 AsH_3 分解成自由的气态砷原子。然后，用砷灯发射共振线通过该吸收管测定吸光度。这个方法的装置见图 6-14，利用这种方法可测定低至 μg 量级的 As、Sb、Se 等元素。

6.3.3 分光系统

分光系统即单色器，单色器由入射和出射狭缝、反射镜及色散元件组成。色散元件一般用的都是光栅。单色器的作用主要是将光源发射的被测元素的共振吸收线与其它邻近的谱线分开。单色器置于原子化器与检测器之间（这是与分子吸收的分光光度计主要不同点之一），防止原子化器内发射辐射干扰进入检测器，也避免了光电倍增管疲劳。锐线光源的谱线比较简单，对单色器分辨率要求不高，能分开 Mn 279.5nm 和 279.8nm 即可。

6.3.4 检测系统

检测系统主要由检测器、放大器、对数转换器、显示装置组成。

原子吸收光谱法中的检测器通常使用光电倍增管，将单色器分出的光信号进行光电转换。

放大器是将光电倍增管检出的低电流信号进一步放大的装置，目前多采用相敏放大器，这种放大器可有效地消除干扰信号，提高信噪比（信噪比是指确信能够检出某元素的最低信号与仪器噪音的比值）。

对数转换器的作用是将测量所得的光强度变化转换成与浓度呈线性关系的吸光度。为了消除一般分光光度计的吸光度读数因疏密不均匀造成的误差，原子吸收分光光度计利用电学特性，在信号输入仪表前进行对数转换。

显示装置是显示测定值的显示仪表，一般仪器采用放大和对数转换后，对微量组分利用量程扩展进行浓度直读。现代一些高级原子吸收分光光度计中还设置了微机处理装置，既可设置测量参数，又能作为显示装置。可直接从测量系统采集数据，自动绘制校准曲线，快速处理大量测定数据，并可将分析结果打印出来。

6.4 定量分析方法

原子吸收法的定量分析方法有许多种，如标准曲线法、标准加入法、内标法以及浓度直读法等。应用最广的是前两种方法。

6.4.1 标准曲线法

原子吸收法的标准曲线法与紫外-可见吸收光度分析法中的标准曲线法相同。配制一组含有不同浓度被测元素的标准溶液（一般是 5~7 个点），依浓度由低到高的顺序，在所选定的实验条件下依次喷入火焰（用空白溶液调零），分别测定其吸光度 A。绘制吸光度 A 对浓度 c 的标准曲线。在相同的实验条件下，喷入待测试样溶液，根据测得的吸光度，由标准曲线上求出待测试样中待测元素的浓度。

在标准曲线法中，重要的是标准曲线必须呈线性，但标准曲线有时出现弯曲现象，而标准曲线是否呈线性受许多因素影响。当待测元素浓度较高时，曲线向浓度坐标弯曲；因待测元素含量高时，吸收线变宽，除受热变宽影响外，还受压力变宽、共振变宽的影响，都会使吸收线轮廓不对称，致使光源共振线的中心频率与共振吸收线的中心频率错位，所以吸光度相应减小，结果标准曲线向浓度坐标弯曲。实验证明，当发射线半宽度与吸收线半宽度之比 <1/5 时，吸光度和浓度呈线性关系。另外，火焰中各种干扰效应，如光谱干扰、化学干扰等（见 6.5）也能导致曲线弯曲。

使用该方法时应注意以下几点：

①所配制的标准溶液的浓度，应在吸光度与浓度成直线关系的范围内。从测量误差考虑，吸光度在 0.15~0.8 之间测定误差较小。

②标准溶液与试样溶液都应用相同的试剂处理。

③应该扣除空白值。

④在整个分析过程中操作条件应保持不变。

⑤由于喷雾效率和火焰状态的稍许变动，标准曲线的斜率也随之有些变动，因此，每次测定前应用标准试样对标准曲线进行检查和校正。

6.4.2 标准加入法

当待测试样的确切组成是不完全知道的，配制与试样组成一致或相似的标准溶液遇到困难时，可采用标准加入法。当试样的量足够、组成复杂、待测元素含量较低时，采用标准加入法较好，它能消除基体或干扰元素的影响。

标准加入法有计算法和作图法两种。

（1）计算法

计算法是取两份相同浓度（c_x）和体积（V_x）的未知样品溶液，在其中一份中加入已知浓度（c_s）和体积（V_s）的标准溶液，并将两份溶液在同样条件下稀释至同一体积（$V_总$）。然后将两份溶液在同一原子吸收条件下测定各自的吸光度。对只含未知样品的溶液，用式(6-22)描述。

$$A_x = K \frac{c_x V_x}{V_总}$$

$$(6-22)$$

对未知样品的溶液中加入标准溶液后的那份溶液用式(6-23)描述。

$$A_{x+s} = K \frac{c_x V_x + c_s V_s}{V_{总}} \tag{6-23}$$

式(6-22)和式(6-23)联立,可得式(6-24)。

$$c_x = \frac{A_x V_s}{(A_{x+s} - A_x) V_x} \cdot c_s \tag{6-24}$$

这种方法要求加入的标准溶液的浓度 $c_s \geqslant 10 c_x$,而 $V_s \leqslant 0.1 V_x$,否则,会因使被测试液条件引起较大变化而产生误差。

(2)作图法

取几份体积相同的试样溶液,从第二份开始分别按比例加入不同量的待测元素的标准溶液,然后用溶剂稀释至相同体积后,分别测得其吸光度(A_x、A_1、A_2…),以 A 为纵坐标,以对应的加入待测元素的浓度为横坐标作图,得图 6-15 所示的直线。这条直线并不通过原点。显然,相应的截距所对应的吸收值正是试样中待测元素所引起的效应。延长该直线,与横坐标相交于 c_x,此点与原点之间的距离即为试样中待测元素的浓度。横坐标延长线的浓度标尺与右边的相同。

$$A = k(c_x + c_s) \tag{6-25}$$

当 $A=0$,则 $c_x = -c_s$。

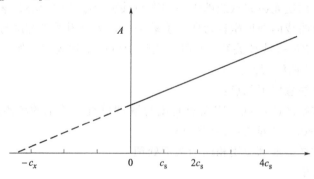

图 6-15　标准加入法的 A-c 曲线

应用上述方法求未知元素含量时,应注意以下几点:

① 待测元素的浓度与其对应的吸光度呈线性关系,线若不直,不能延长,所以只能测定含量低的试样。

② 为了得到较为精确的外推结果,最少采用 4 个点(包括试样溶液本身)来做外推曲线,并且,第一份加入的标准溶液与试样溶液的浓度之比应适当,可以通过试喷试样溶液和标准溶液比较二者的吸光度来判断。加入的增量值大小的选择,应使第一个加入量产生的吸收值约为试样原吸收值的 0.5~1 倍,否则,直线的斜率过大或过小,均可引起较大的误差。

③ 本法可消除基体效应的影响,但不能抵消背景吸收的影响,所以必须扣除背景的影响,否则将得到偏高结果。

④ 对于斜率太小(即灵敏度差)的曲线,易引入较大的误差。

6.5　干扰的类型及其抑制方法

原子光谱吸收法中的干扰主要分光谱干扰和非光谱干扰。光谱干扰又分为谱线干扰和背景干扰，非光谱干扰又分为物理干扰、化学干扰和电离干扰。

6.5.1 光谱干扰

光谱干扰来自光源及原子化器。光谱干扰有谱线干扰和背景干扰两方面，而背景干扰往往是更重要的。

6.5.1.1 谱线干扰

谱线干扰通常有两种情况，即吸收线重叠和非吸收线干扰。

(1) 吸收线重叠

指试样中共存元素的吸收线与被测元素的分析线波长很接近，两谱线重叠或部分重叠（见图6-16），由于干扰元素产生假吸收，使测得的吸光度偏高。表6-3是部分元素吸收重叠干扰的实例。谱线重叠的理论值是 $\Delta\lambda \leqslant 0.03$nm 时，干扰就严重。而如果干扰线也是灵敏线时，往往 $\Delta\lambda$ 在 $0.1\sim0.2$nm 都会明显地表现出干扰。通常遇到的干扰线是非灵敏线，所以干扰并不明显。

消除吸收线干扰的方法是另选分析线，若还未能消除干扰，就只好进行试样的分离。

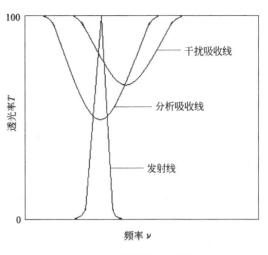

图6-16　吸收线重叠干扰

表6-3　吸收线重叠干扰的例子

分析线/nm	干扰线/nm	分析线/nm	干扰线/nm
Al 308.215	V 308.211	Cd 228.802	As 228.812
Sb 271.023	Pb 216.999	Ca 422.673	Ge 422.657
Sb 231.147	Ni 231.097	Co 252.136	In 252.137
Cu 324.754	Eu 324.753	Ga 403.289	Mn 403.307
Fe 271.903	Pt 271.904	Mn 403.307	Ga 430.289
Hg 253.652	Co 253.649	Si 250.690	V 250.690
Zn 213.856	Fe 213.859	Bi 206.16	I 206.17

(2) 非吸收线干扰

指在光谱通带（指进入检测器的入射狭缝所通过光的波长区间）范围内光谱的多重发射，也就是光源不仅发射被测元素的共振线，而且还发射在其共振线附近的其它谱线（见图6-17），这些干扰线可能是多谱线元素如 Co、Ni、Fe 等发射的非测量线，也可能是光源的灯内杂质（金属杂质、气体杂质、金属氧化物）所发射的谱线。对于这些多重发射，被测元素的原子若不吸收，它们即被检测器检测，产生一个不变的背景信号，使吸光度减小，降低了灵敏度。也有可能被测元素的原子对这些发射也产生多重吸收，但由于吸收系数比对共振线的吸收系数小，所以也使吸光度减小，同时降低灵敏度。

消除的方法：可以减小狭缝宽度，使光谱通带小到足以遮去多重发射的谱线；若波长差很小，则应另选分析线；降低灯电流也可以减少多重发射；若灯使用时间长，灯内产生氧化物等杂质，则可以反向通电进行净化处理。

6.5.1.2 背景干扰

背景干扰是来自于原子化器中产生的气态分子、半分解产物对光的吸收以及高浓度盐类的固体颗粒对光的散射而产生的干扰。

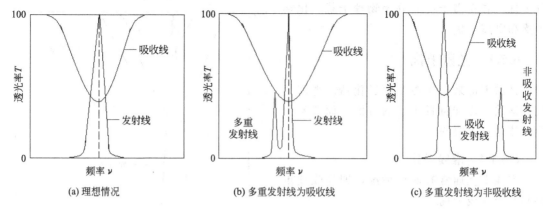

图 6-17　在光谱通带内光源发射多重线

（1）分子吸收

分子吸收是指火焰气体以及在原子化过程中所生成的气体、盐及酸的蒸气、单氧化物及氢氧化物等分子对共振发射线的吸收所引起的干扰。

一些碱金属、碱土金属的双原子卤化物如 NaCl、KCl、$CaCl_2$ 等在紫外光区有吸收。Ca$(OH)_2$ 在 530～560nm 有吸收，干扰 Ba 553.6nm 的测定；半分解产物在一定波段有吸收，如 OH 在 309～330nm 及 281～206nm 有吸收，分别干扰 Cu 324.7nm 及 Mg 285.2nm 的测定，CH 在 387～410nm 有吸收，C_2 在 486～474nm 有吸收；一些无机酸也有吸收，如 H_2SO_4 和 H_3PO_4 在小于 250nm 波长处有强烈吸收，而 HNO_3、HCl 或高氯酸吸收很小。因此原子吸收分析中常用 HNO_3、HCl 或高氯酸配制溶液。

（2）光散射

光散射是指原子化过程产生的微小液体或固体颗粒对光路中的共振发射线产生散射，使被散射的光不能到达检测器，相当于增大了原子吸收，称为"假吸收"，产生正误差。因为光散射与入射光的波长的四次方成反比，所以波长越短的分析线，光散射越严重。

背景干扰，都是使吸光度增大，产生正误差。石墨炉原子化法背景吸收干扰比火焰原子化法来的严重，有时不扣除背景就不能进行测定。

（3）背景校正的方法

当存在背景吸收时，测得的总吸光度 A_t 为被测元素无背景吸收时的吸光度 A_x 与背景吸光度 A_b 之和式（6-26）。

$$A_t = A_x + A_b \tag{6-26}$$

必须设法测出 A_b，从 A_t 中扣除，则背景吸收得到校正，才能得到被测元素的净吸光度式（6-27）。

$$A_x = A_t - A_b = Kc \tag{6-27}$$

背景的校正，人们曾提出过各种方法，在火焰原子化中使用较高的温度和较强还原性的火焰，还是比较有效的。但是，这样的火焰有一些元素的灵敏线明显降低。因此，这个方法未必经常可行。石墨炉原子化法中，基体改进作用也有一些效果。利用空白试剂溶液进行背景扣除是一种简便、易行的方法，尤其是对于基体组分较为明确的样品，配制与基体组分相同的试剂溶液，可以较有效地进行背景扣除。

目前，都是采用一些仪器技术来校正背景，主要有邻近非共振线法、连续光源法和塞曼（Zeeman）效应法等。

① 邻近非共振线法　此法是 1964 年由 W. Slavin 提出来的。背景吸收是宽带吸收，用分析线测量原子吸收与背景吸收的总吸光度 A_t，在分析线邻近选一条非共振线，因非共振线不产生原子吸收，用它来测量背景吸收的吸光度 A_b，两次测量值相减即得到扣除背景之后的原子吸收的吸光度 A_x。表 6-4 列出了常用校正背景的非共振吸收线。本法适用于分析线附近，背景吸收变化不大的情况，否则准确度较差。

表 6-4　常用校正背景的非共振吸收线/nm

分析线	非共振线	分析线	非共振线
Ag 328.07	Ag 312.30	Co 240.71	Co 241.16
Al 309.27	Mg 313.16	Cr 357.87	Ar 358.27
Au 242.80	Pt 265.95	Cu 324.75	Cu 323.12
Au 267.60	Pt 265.96	Fe 248.33	Cu 249.21
B 249.67	Cu 244.16	Hg 253.65	Ai 266.92
Ba 553.55	Ne 556.28	In 303.94	In 305.12
Be 234.86	Cu 244.16	K 766.49	Pb 763.22
Bi 223.06	Bi 227.66	Li 670.78	Ne 671.70
Ca 422.67	Ne 430.40	Mg 285.21	Mg 280.26
Cd 228.80	Cd 226.50		Cu 282.44
Mo 313.26	Mo 311.22	Si 251.67	Cu 252.67
Na 588.99	Ne 585.25	Sn 224.61	Cu 224.70
Ni 232.00	Ni 231.60	Sr 460.73	Ne 453.78
Pb 283.31	Pb 282.32	Ti 364.27	Ne 352.05
Pb 283.31	Pb 280.20	Tl 276.79	Tl 277.50
Pd 247.64	Pd 247.70	Tl 276.79	Tl 323.00
Pd 247.64	Pd 247.75	V 318.34	V 319.98
Pt 265.95	Pt 264.69	V 318.40	V 319.98
Sb 217.59	Sb 217.93	W 255.14	W 255.48
Se 196.03	Se 203.99	Zn 213.86	Zn 210.22

② 连续光源背景校正法　此法是 1965 年由 S. RKoirtyohann 提出来的。火焰中的分子可吸收连续辐射，但原子对这种连续辐射的吸收是可以忽略不计的。先用锐线光源测定分析线的原子吸收和背景吸收的总吸光度，再用氘灯（紫外区）或碘钨灯、氙灯（可见区）在同一波长测定背景吸收（这时原子吸收可以忽略不计），计算两次测定吸光度之差，即可使背景吸收得到校正。目前原子吸收分光光度计上一般都配有连续光自动扣除背景的装置（见图6-18），多采用氘灯为连续光源扣除背景，故此法亦常称为氘灯扣除背景法。

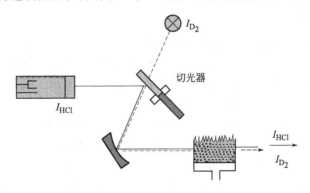

图 6-18　氘灯背景校正示意图

由图 6-18 可见，切光器可使锐线光源与氘灯连续光源交替进入原子化器。锐线光源测

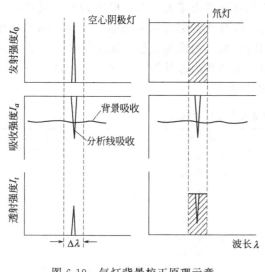

图 6-19　氘灯背景校正原理示意
图（Δλ 的光谱通带）

定的吸光度值为原子吸收与背景吸收的总吸光度。连续光源所测吸光度为背景吸收，因为在使用连续光源时，被测元素的共振线吸收相对于总入射光强度是可以忽略不计的，因此连续光源的吸光度值即为背景吸收。将锐线光源吸光度值减去连续光源吸光度值，即为校正背景后的被测元素的吸光度值，原理如图 6-19 所示。

用连续光源校正背景吸收最大的困难是要求连续光源与空心阴极灯光源的两条光束在原子化器中必须严格重叠，连续光源测定的是整个光谱通带内的平均背景，与分析线处的真实背景有差异。空心阴极灯是溅射放电灯，氘灯是气体放电灯，这两种光源放电性质不同，能量分布不同，光斑大小也不同，调整光路平衡比较困难，影响校正背景的能力，由于背景空间、时间分布的不均匀性，导致背景校正过度或不足。氘灯的能量较弱，使用它校正背景时，不能用很窄的光谱通带，共存元素的吸收线有可能落入通带范围内吸收氘灯辐射而造成干扰。

③ Zeeman 效应背景校正法　此法是 1969 年由 M. Prugger 和 R. Torge 提出来的。Zeeman 效应是荷兰物理学家 Zeeman 在 1896 年发现的，光源在几千高斯的外磁场作用下，一条谱线分裂成若干条偏振化谱线的现象。Zeeman 效应背景校正法是磁场将吸收线分裂为具有不同偏振方向的组分，利用这些分裂的偏振成分来区分被测元素和背景的吸收。Zeeman 效应校正背景法分为两大类：光源调制法与吸收线调制法。光源调制法是将强磁场加在光源上，吸收线调制法是将磁场加在原子化器上，后者应用较广。调制吸收线有两种方式，即恒定磁场调制方式和可变磁场调制方式。

塞曼效应校正背景可在全波段进行，可校正吸光度高达 1.5～2.0 的背景（而氘灯只能校正吸光度小于 1 的背景），背景校正的准确度较高。此种校正背景法的缺点是，校正曲线有返转现象。采用恒定磁场调制方式，测定灵敏度比常规原子吸收法有所降低，可变磁场调制方式的测定灵敏度已接近常规原子吸收法。

6.5.2　电离干扰

在高温下原子发生电离，使基态原子数（或浓度）减少，引起原子吸收信号降低，此种干扰称为电离干扰。电离干扰与原子化温度和被测元素的电离电位及浓度有关。元素的电离度随温度的升高而增加，随元素的电离电位及浓度的升高而减小。碱金属、碱土金属等的电离电位低的元素（电离电位≤6eV），电离干扰就明显。

消除电离干扰的有效方法是加入消电离剂（或称电离抑制剂）。消电离剂一般是比被测元素电离电位更低的元素，在相同条件下，消电离剂首先被电离，产生大量电子，抑制了被测元素的电离（有时消电离剂元素的电离电位也不一定比被测元素低，由于加入的消电离剂量大，尽管其电离电位稍高于被测元素，由于电离平衡的关系，仍会起抑制作用）。例如，测 Ba 时有电离干扰，加入过量 KCl，可以消除。Ba 的电离电位 5.21eV，K 的电离电位 4.3eV。K 电离产生大量电子，使 Ba⁺ 得到电子而生成原子。

6.5.3　化学干扰

化学干扰是待测元素原子与共存组分发生化学反应，生成热力学更稳定的化合物，影响被测元素的原子化。如 Al 的存在，对 Ca、Mg 的原子化起抑制作用，因为会形成热稳定性高的 $MgO \cdot Al_2O_3$、$3CaO \cdot 5Al_2O_3$ 的化合物；PO_4^{3-} 的存在会形成 $Ca_3(PO_4)_2$ 而影响 Ca 的原子化，同样 F^-、SO_4^{2-} 也影响 Ca 的原子化；硅、钛形成难解离的氧化物，钨、硼、稀土元素等生成难解离的碳化物，从而使有关元素不能有效原子化。化学干扰具有选择性，要消除其影响应看不同性质而选择合适的方法。

（1）选择合适的原子化方法

提高原子化温度，化学干扰会减小。使用高温火焰或提高石墨炉原子化温度，可使难解离的化合物分解。乙炔-氧化二氮高温火焰中，PO_4^{3-} 不干扰 Ca 的测定。采用还原性强的火焰或石墨炉原子化法，可以使难离解的氧化物还原、分解。

（2）加入干扰抑制剂

释放剂——其作用是它能与干扰物质生成比被测元素更稳定的化合物，使被测元素从其与干扰物质形成的化合物中释放出来。如上述所说的 PO_4^{3-} 干扰 Ca 的测定，可加入 La、Sr 盐类，它们与 PO_4^{3-} 生成比钙更稳定的磷酸盐，把 Ca 释放出来。同样，Al 对 Ca、Mg 的干扰，也可以通过加 $LaCl_3$，而释放 Ca、Mg。释放剂的应用比较广泛。

保护剂——其作用是它能与被测元素生成稳定且易分解的配合物，以防止被测元素与干扰组分生成难解离的化合物，即起了保护作用。保护剂一般是有机配合剂，有机配合物与待测元素所形成的稳定配合物在火焰中易解离，有机物在火焰中易于破坏，使待测元素更有效地原子化而抑制干扰。用得最多的是 EDTA 和 8-羟基喹啉。例如，PO_4^{3-} 干扰 Ca 的测定，当加 EDTA 后，生成 EDTA-Ca 配合物，它既稳定又易破坏。Al 对 Ca、Mg 的干扰可用 8-羟基喹啉作保护剂。

缓冲剂——有的干扰当干扰物质达到一定浓度时，干扰趋于稳定，这样，在待测溶液和标准溶液中均加入超过缓冲量（即干扰不再变化的最低限量，使干扰达到饱和并趋于稳定）的干扰元素。这种含有干扰元素的试剂称为"缓冲剂"。如用乙炔-一氧化二氮火焰测定 Ti 时，Al 抑制了 Ti 的吸收。但是当 Al 的浓度大于 $200\mu g \cdot mL^{-1}$ 后，吸收就趋于稳定。因此在试样及标样中均加入 $200\mu g \cdot mL^{-1}$ 以上的 Al 盐，则可消除其干扰。

（3）加入基体改进剂

用石墨炉原子化时，在试样中加入基体改进剂，使其在干燥或灰化阶段与试样发生化学变化，其结果可能增强基体的挥发性或改变被测元素的挥发性，以减少基体效应，降低干扰。如测定海水中的 Cd，为了使 Cd 在背景信号出现前原子化，可加入 EDTA 来降低原子化温度，以消除干扰。

当以上方法都不能消除化学干扰时，只好采用化学分离的方法，如溶剂萃取、离子交换、沉淀分离等方法。用得较多的是溶剂萃取的方法。

6.5.4　物理干扰

物理干扰指的是试样在处理、转移、蒸发和原子化的过程中，由于任何物理因素的变化而产生对吸光度测量的影响。物理干扰是非选择性干扰，对试样各元素的影响基本是相似的，因此，这种干扰也称基体效应。

物理因素包括溶液的黏度、密度、总盐度、表面张力、溶剂的蒸气压及雾化气体的压力、流速等。这些因素会影响试液的喷入速度、提取量、雾化效率、雾滴大小的分布、溶剂及固体微粒的蒸发、原子在吸收区的平均停留时间等，因而会引起吸收强度的变化。

消除方法是配制与被测试样组成相同或相近的标准溶液，这样试样与标准溶液的物理性质一致，并保证测定条件一致，或采用标准加入法。若试样中盐类或酸类浓度过高，可用稀释法将试液稀释到它的影响可以忽略的程度而降低干扰。如不能再稀释时，要求把试样和标准溶液中主要成分的浓度匹配一致。

6.6 测量条件的选择

在原子吸收光谱法中，干扰是否有效地被抑制或消除，以及分析的灵敏度、准确度的高低如何，除了取决于所用仪器外，同样也取决于测量条件的选择。因此，在实际测量中必须选择最佳的测量条件。

6.6.1 分析线选择

通常选用元素的最灵敏线为分析线。但有时最灵敏线受干扰大，难以保证测定的准确度，只有选择次灵敏线或其它谱线作为分析线。As、Se等共振吸收线位于200nm以下的远紫外区，火焰组分对其有明显吸收，故用火焰原子吸收法测定这些元素时，不宜选用共振吸收线为分析线。测铅用217.0nm谱线时火焰吸收和背景吸收干扰较大，可选次灵敏线283.3nm进行测定。通常选择干扰少的谱线作分析线。各元素常用的分析线见表6-5。

表 6-5　原子吸收光谱法中常用的分析线

元素	λ/nm	元素	λ/nm	元素	λ/nm
Ag	328.07,338.29	Hg	253.65	Ru	349.89,372.80
Al	309.27,308.22	Ho	410.38,405.39	Sb	217.58,206.83
As	193.64,197.20	In	303.94,325.61	Sc	391.18,402.04
Au	242.80,267.60	Ir	209.26,208.88	Se	196.09,703.99
B	249.68,249.77	K	766.49,769.90	Si	251.61,250.69
Ba	553.55,455.40	La	550.13,418.73	Sm	429.67,520.06
Be	234.86	Li	670.78,323.26	Sn	224.61,520.69
Bi	223.06,222.83	Lu	335.96,328.17	Sr	460.73,407.77
Ca	422.67,239.86	Mg	285.21,279.55	Ta	271.47,277.59
Cd	228.80,326.11	Mn	279.48,403.68	Tb	432.65,431.89
Ce	520.00,369.70	Mo	313.26,317.04	Te	214.28,225.90
Co	240.71,242.49	Na	589.00,330.30	Th	371.90,380.30
Cr	357.87,359.35	Nb	334.37,358.03	Ti	364.27,337.15
Cs	852.11,455.54	Nd	463.42,471.90	Tl	276.79,377.58
Cu	324.75,327.40	Ni	232.00,341.48	Tm	409.4
Dy	421.17,404.60	Os	290.91,305.87	U	351.46,358.49
Er	400.80,415.11	Pb	216.70,283.31	V	318.40,385.58
Eu	459.40,462.72	Pd	247.64,244.79	W	255.14,294.74
Fe	248.33,352.29	Pr	495.14,513.34	Y	410.24,412.83
Ga	287.42,294.42	Pt	265.95,306.47	Yb	398.80,346.44
Gd	386.41,407.87	Rb	780.02,794.76	Zn	213.86,307.59
Ge	265.16,275.46	Re	346.05,346.47	Zr	360.12,301.18
Hf	307.29,286.64	Rh	343.49,339.69		

6.6.2 狭缝宽度选择

在原子吸收法中，单色器的通带宽度是由色散元件的色散率和狭缝宽度所决定的。在仪器中，色散元件的色散率是固定的，一般通过调节狭缝宽度来改变通带宽度。通常，在一起狭缝宽度调节器上的示值是以通带宽度来标示的。

狭缝宽度影响光谱通带宽度与检测器接受的能量。确定通带宽度的原则是允许所选定的分析线通过，而邻近的其它谱线不能通过。通带过宽，当有其它的谱线或非吸收光进入光谱通带内，吸光度减小，将使标准曲线向下弯曲；通带过窄，将使检测器接受的光强减弱，降低信噪比。理想的狭缝宽度需要通过实验来确定：调节不同的狭缝宽度，测定吸光度随狭缝宽度的变化，以不引起吸光度减小的最大狭缝宽度为合适的狭缝宽度。

不同的待测元素，适宜的通带宽度也不同，大多数元素在通带宽度 0.5～4nm 范围内进行测定。对谱线复杂的元素（如 Fe、Co、Ni 等）则需在通带为 0.2nm 或更小的狭缝宽度下进行测定，对于谱线简单的元素（如碱金属），可采用较大的通带宽度。

6.6.3 灯电流选择

空心阴极灯的发射特性取决于工作电流。空心阴极灯一般需要预热 10～30min 才能达到稳定输出。灯电流过小，放电不稳定，故光谱输出不稳定，且光谱输出强度小；灯电流过大，发射谱线变宽，导致灵敏度下降，校正曲线弯曲，灯寿命缩短。

选用灯电流的一般原则是，在保证有足够且稳定的光强输出条件下，尽量使用较低的工作电流。通常以空心阴极灯上标明的最大电流的一半至三分之二作为工作电流。最适宜的工作电流由实验确定，配制含量合适（其吸光度在 0.3～0.5 之间）的溶液，以不同的灯电流测定相应的吸光度，找出吸光度值最大的最小灯电流作为工作电流。一般，对于高熔点、弱溅射的金属（如 Fe、Co、Ni 等元素）的空心阴极灯允许使用高达 20mA 的工作电流；对于低熔点、强溅射的金属（如碱金属和碱土金属等元素）的空心阴极灯，最高只能用 10mA 的工作电流。

6.6.4 原子化条件的选择

(1) 火焰原子化法

在火焰原子化法中，火焰类型和特性是影响原子化效率的主要因素。

① 火焰类型和特性　主要根据待测元素的性质和火焰的性能来确定。对于电离电位较低的元素（如碱金属、部分碱土金属及 Zn、Pb、Cu 等），应选用低温火焰，例如空气-煤气、空气-丙烷火焰等；对于难挥发或易生成氧化物的元素（如 Si、Al、Ti 及稀土元素等），应选用高温火焰，例如氧化亚氮-乙炔、氧-乙炔火焰；对于一般元素，通常选用空气-乙炔火焰。对分析线位于短波区（200nm 以下）的元素，使用空气-氢火焰是合适的。对于确定类型的火焰，选择稍富燃的火焰。对氧化物不十分稳定的元素如 Cu、Mg、Fe、Co、Ni 等，用化学计量火焰或贫燃火焰。为了获得所需特性的火焰，需要调节燃-助比予以实现。

② 燃烧器的高度　燃烧器高度即吸收高度，是指光源谱线通过火焰的部位，一般是以相距燃烧器缝口的距离来表示。在火焰区内，自由原子的空间分布是不均匀，且随火焰条件及元素的性质而改变。因此，在测定时必须调节燃烧器的高度，使测量光束从自由原子浓度最大的火焰区通过，获得最大的吸收信号。一般情况，在燃烧器狭缝口上方 10mm 附近的火焰中有最大的基态原子密度，但也随待测元素的种类和火焰性质不同而不同。

适宜的燃烧器高度需要通过实验来选定：用一标准溶液喷雾，缓慢上下移动喷雾器，直到找出最大吸光度值的位置为止。

（2）石墨炉原子化法

在石墨炉原子化法中，合理选择干燥、灰化、原子化及除残温度与时间是十分重要的。干燥应在稍低于溶剂沸点的温度下（105～125℃）进行，以防止试液飞溅。灰化的目的是除去基体和局外组分，在保证被测元素没有损失的前提下应尽可能使用较高的灰化温度。原子化温度的选择原则是选用达到最大吸收信号的最低温度作为原子化温度。原子化时间的选择，应以保证完全原子化为准。原子化阶段停止通保护气，以延长自由原子在石墨炉内的平均停留时间。除残的目的是为了消除残留物产生的记忆效应，除残温度应高于原子化温度，时间仅为 3～5s。

6.6.5 进样量选择

进样量过小，吸收信号弱，不便于测量；进样量过大，在火焰原子化法中，对火焰产生冷却效应，在石墨炉原子化法中，会增加除残的困难。在实际工作中，应测定吸光度随进样量的变化，达到最满意的吸光度的进样量，即为应选择的进样量。

6.7 灵敏度及检出限

在原子吸收法中，用灵敏度和检测极限这两个重要技术指标表示原子吸收分光光度计的性能。

6.7.1 灵敏度（S）

1975 年 IUPAC 规定，灵敏度 S 的定义是分析标准函数的一次导数，分析标准函数为 $x=f(c)$，式中 x 为测量值，c 为被测元素或组分的浓度或含量，则灵敏度 $S=\mathrm{d}x/\mathrm{d}c$，由此可见，灵敏度就是分析校准曲线的斜率，即 $S=\mathrm{d}A/\mathrm{d}c$，表明吸光度对浓度的变化率，变化率愈大，灵敏度愈高。而把 1％吸收灵敏度称为"特征浓度"或"特征质量"。

灵敏度有绝对灵敏度和相对灵敏度之分，绝对灵敏度是以质量单位表示的待测元素的最小检出量。相对灵敏度是在给定的条件下该元素的最小检出浓度。在原子吸收光谱分析中，通常用 1％吸收灵敏度表示，其定义为能产生 1％吸收（或吸光度值 0.0044）信号时，所对应的被测元素的浓度或被测元素的质量，其单位为 $\mu g \cdot mL^{-1}$ 或 μg（或 ng）/1％。1％吸收灵敏度愈小，表明方法灵敏度愈高。

对于火焰原子吸收结果来说，常用浓度表示，若被测元素溶液的浓度为 $c(\mu g \cdot mL^{-1})$，多次测得吸光度平均值为 A，则 1％吸收灵敏度用式(6-28)表征。

$$S=\frac{c\times 0.0044}{A} \quad (\mu g \cdot mL/1\%) \tag{6-28}$$

对于石墨炉原子吸收法来说，常用绝对质量表示，若被测元素溶液的体积为 $V(mL)$，则 1％吸收灵敏度用(6-29)表征。

$$S=\frac{cV\times 0.0044}{A} \quad (\mu g/1\%) \tag{6-29}$$

6.7.2 检出限（D.L.）

检出限是按照统计学的一定的置信概率能够认定的被测样品中含有目标元素的最小浓

度。只有存在量达到或高于检出限，才能可靠地将有效分析信号与噪声信号区分开，确定试样中被测元素具有统计意义的存在。"未检出"就是被测元素的量低于检出限。

在 IUPAC 的规定中，对各种光学分析方法，可测量的最小分析信号 X_{min} 以式(6-30)确定。

$$X_{min} = \overline{X}_0 + KS_0 \qquad (6-30)$$

式中，$\overline{X}_0$ 是用空白溶液（也可为固体、气体）按同样测定分析方法多次测定的平均值；S_0 是空白溶液多次测量的标准偏差；K 是由置信水平决定的系数。过去采用 $K=2$，IUPAC 推荐 $K=3$，在误差正态分析条件下，其置信度为 99.7%。

由式(6-30)看出，可测量的最小分析信号为空白溶液多次测量平均值与 3 倍空白溶液测量的标准偏差之和，它所对应的被测元素浓度即为检出限 D. L. ［见式(6-31)］。

$$D.\,L. = \frac{X_{min} - \overline{X}_0}{S} = \frac{KS_0}{S} = \frac{3S_0}{S} \qquad (6-31)$$

式中，S 为灵敏度，即分析校准曲线的斜率。

表 6-6 列出了一些元素几种原子光谱分析法检出限的比较。

表 6-6　几种原子光谱分析法的检出限

元素	原子吸收火焰原子化法 D. L. /$\mu g \cdot mL^{-1}$	原子吸收石墨炉原子化法 D. L. /$pg \cdot mL^{-1}$	原子荧光光谱法 D. L. /$\mu g \cdot mL^{-1}$	ICP D. L. /$\mu g \cdot mL^{-1}$
Ag	0.001	0.1	0.00001	0.004
Al	0.03	1	0.0006	0.0002
As	0.03	8	0.1	0.02
Au	0.02	1	0.003	0.04
B	2.5	200		0.005
Ba	0.02	6	0.008	0.00001
Bi	0.05	4	0.003	0.05
Ca	0.001	0.4	0.00008	0.00002
Cd	0.001	0.08	0.000001	0.001
Co	0.002	2	0.005	0.002
Cr	0.002	2	0.001	0.0003
Cu	0.001	0.6	0.0005	0.0001
Fe	0.004	10	0.008	0.0003
K	0.003	40		0.1
Li	0.001	3		0.0003
Mg	0.0001	0.04	0.0001	0.00005
Mn	0.0008	0.2	0.0004	0.00006
Mo	0.03	3	0.012	0.0002
Na	0.0008		0.0001	0.0002
Ni	0.005	9	0.002	0.0004
P	21	3		0.04
Pb	0.01	2	0.01	0.002
Sb	0.03	5	0.05	0.2
Sc	0.1	60		0.003
Se	0.1	9	0.04	0.03
Si	0.1		0.6	0.01
Sn	0.05	2	0.05	0.03
Ti	0.09	40	0.002	0.0002
U	20.0			0.03
V	0.02	3	0.03	0.0002
W	3.0			0.001
Y	0.3			0.00006
Yb	0.02			0.00004
Zn	0.001	0.7		0.002
Zr	4.0	300		0.0004

6.8 原子荧光光谱法简介

原子荧光光谱分析法（Atomic fluorescence spectrometry，AFS）是在 1964 年以后发展起来的一种新的仪器分析方法，通过测量元素原子在辐射能激发下发射的荧光强度对元素进行定量分析。

物质吸收电磁辐射后受到激发，受激原子或分子以辐射去活化，再发射波长与激发辐射波长相同或不同的辐射。当激发光源停止辐照试样之后，再发射过程立即停止，这种再发射的光称为荧光；若激发光源停止辐照试样之后，再发射过程还延续一段时间，这种再发射的光称为磷光。荧光和磷光都属于光致发光。

原子荧光光谱分析法、原子发射光谱分析法与原子吸收光谱分析法是关系密切的三种原子光谱分析法，各有特点，在应用上相互补充。荧光光谱的激发过程类似于原子吸收光谱，发射过程类似于原子发射光谱。其特点是：①谱线简单。光谱干扰少，原子荧光光谱仪器可以不要分光器，制成非色散原子荧光分析仪。②检出限低。特别对 Cd、Zn 等元素有相当低的检出限。由于原子荧光的辐射强度与激发光源成正比，采用新的高强度光源可进一步降低其检出限。③可同时进行多元素测定。原子荧光是同时向各个方向辐射的，便于制成多通道仪器，同时进行多元素测定。④校正曲线的线性范围宽，可达 4～7 个数量级。⑤AFS 适用元素的范围不如 AES 和 AAS 广泛。AFS 目前多用于 As、Bi、Cd、Ge、Hg、Pb、Sb、Se、Sn、Te 和 Zn 等元素的测定。⑥AFS 是冷激发发光，受温度波动的影响较小，但受原子化器内气态物质的淬灭影响大。激发态原子与其它粒子的碰撞，引起非辐射去活化，减少了荧光量子产率。

原子荧光光谱分析法的上述优点使得它在冶金、地质、石油、农业、生物医学、地球化学、材料科学、环境科学等各个领域内获得了相当广泛的应用。

6.8.1 原子荧光光谱法的基本原理

当自由原子吸收了特征波长的辐射之后被激发到较高能态，接着又以辐射形式去活化，就可以观察到原子荧光。原子荧光可分为三类：共振原子荧光、非共振原子荧光与敏化原子荧光。图 6-20 为原子荧光产生的过程。

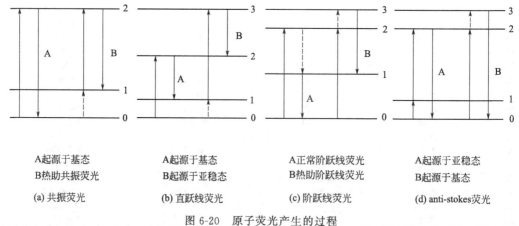

图 6-20 原子荧光产生的过程

（1）共振原子荧光

原子吸收辐射受激后再发射相同波长的辐射，产生共振原子荧光。如锌原子吸收 213.86nm 的光，它发射荧光的波长也为 213.86nm，其产生过程见图 6-20(a) 中之 A。若原子经热激发处于亚稳态，再吸收辐射进一步激发，然后再发射相同波长的共振荧光，此种共振原子荧光称为热助共振原子荧光。如 In 451.13nm 就是这类荧光的例子，见图 6-20(a) 中之 B。只有当基态是单一态，不存在中间能级，没有其它类型的荧光同时从同一激发态产生，才能产生共振原子荧光。

（2）非共振原子荧光

当荧光与激发光的波长不相同时，产生非共振荧光。非共振荧光又分为直跃线荧光、阶跃线荧光、anti-stokes（反斯托克斯）荧光。

直跃线荧光是激发态原子跃迁回至高于基态的亚稳态时所发射的荧光，见图 6-20(b)。由于荧光线的能级间隔小于激发线的能级间隔，所以荧光的波长大于激发线的波长。如铅原子吸收 283.31nm 的光，而发射 405.78nm 的荧光。它是激发线和荧光线具有相同的高能级，而低能级不同。只有基态是多重态时，才能产生直跃线荧光。如果荧光线激发能大于荧光能，即荧光线的波长大于激发线的波长称为 Stokes 荧光；反之，称为 anti-stokes 荧光。直跃线荧光为 Stokes 荧光。

阶跃线荧光是激发态原子先以非辐射形式去活化方式回到较低的激发态，再以辐射形式去活回到基态而发射的荧光；或者是原子受辐射激发到中间能态，再经热激发到高能态，然后通过辐射方式去活化回到低能态而发射的荧光。前一种阶跃线荧光称为正常阶跃线荧光，如 Na 吸收 330.30nm 光，发射出 588.99nm 的荧光；后一种阶跃线荧光称为热助阶跃线荧光，如 Cr 被 359.35nm 的光激发后，会产生很强的 357.87nm 荧光。阶跃线荧光产生见图 6-20(c)。

anti-stokes 荧光产生见图 6-20(d)。当自由原子跃迁至某一能级，其获得的能量一部分是由光源激发能供给，另一部分是热能供给，然后返回低能级所发射的荧光为 anti-stokes 荧光。其荧光能大于激发能，荧光波长小于激发线波长。例如 In 吸收热能后处于较低的亚稳能级，再吸收 451.13nm 的光后，发射 410.18nm 的荧光。

（3）敏化原子荧光

激发原子通过碰撞将其激发能转移给另一个原子使其激发，后者再以辐射方式去活化而发射荧光，此种荧光称为敏化原子荧光。火焰原子化器中的原子浓度很低，主要以非辐射方式去活化，因此观察不到敏化原子荧光。

在上述各类原子荧光中，共振原子荧光最强，在分析中应用最广。

6.8.2　原子荧光光谱仪器

原子荧光光度计分为非色散型和色散型。这两类仪器的结构基本相似，差别在于单色器部分。两类仪器的光路图见图 6-21。由图可看出原子荧光光度计与原子吸收分光光度计的主要部件基本相同。

（1）激发光源

可用连续光源或锐线光源。由于原子荧光是二次发光，而且产生的原子荧光谱线比较简单。因此，受吸收谱线分布和轮廓的影响并不显著，这样就可以采用连续光源而不必用高色散的单色仪。常用的连续光源是氙弧灯，常用的锐线光源是高强度空心阴极灯、无极放电灯、激光等。连续光源稳定，操作简便，寿命长，能用于多元素同时分析，但检出限较差。

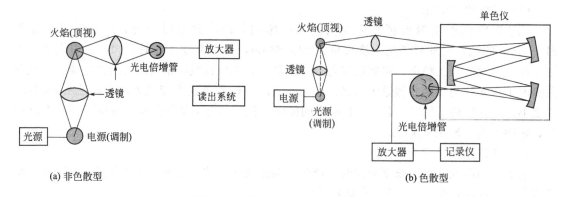

(a) 非色散型　　　　　　　　　　　　　　　　　　　　　(b) 色散型

图 6-21　原子荧光光度计光路示意

锐线光源辐射强度高，稳定，可得到更好的检出限。

（2）原子化器

原子荧光分析仪对原子化器的要求与原子吸收光谱仪基本相同，不再赘述。

（3）光学系统

光学系统的作用是充分利用激发光源的能量和接收有用的荧光信号，减少和除去杂散光。色散型荧光光谱仪的色散元件是光栅；非色散型荧光光谱仪用滤光器来分离分析线和邻近谱线，可降低背景。

（4）检测器

荧光光谱仪的检测器常用的是光电倍增管，在多元素原子荧光分析仪中，也用光导摄像管、析像管做检测器。检测器与激发光束成直角配置，以避免激发光源对检测原子荧光信号的影响。

6.8.3　原子荧光光谱定量分析方法

共振荧光的荧光强度 I_f 正比于基态原子对某一频率激发光的吸收强度 I_a

$$I_f = \Phi I_a \tag{6-32}$$

式中，Φ 为荧光量子产率，它表示发射荧光光量子数与吸收激发光量子数之比。

若激发光源是稳定的，入射光是平行而均匀的光束，自吸可忽略不计，则基态原子对光吸收强度 I_a 用式(6-33) 表示。

$$I_f = \Phi A I_0 (1 - e^{-\varepsilon l N}) \tag{6-33}$$

式中，I_0 为原子化器内单位面积上接受的光源强度；A 为受光源照射在检测系统中观察到的有效面积，cm^2；l 为吸收光程长度，cm；ε 为峰吸收系数；N 为单位体积内的基态原子数。

由式(6-32) 和式(6-33) 得式(6-34)。

$$I_f = \Phi A I_0 (1 - e^{-\varepsilon l N}) \tag{6-34}$$

将上式括号内展开，得式(6-35)。

$$I_f = \Phi A I_0 \left[\varepsilon l N - \frac{(\varepsilon l N)^2}{2!} + \frac{(\varepsilon l N)^3}{3!} - \frac{(\varepsilon l N)^4}{4!} + \cdots \right]$$

$$= \Phi A I_0 \varepsilon l N \left[1 - \frac{\varepsilon l N}{2} + \frac{(\varepsilon l N)^2}{6} - \cdots \right] \tag{6-35}$$

当原子浓度低时，$\varepsilon l N / 2$ 项及后面的高次项可以忽略，则有式(6-36)。

$$I_f = \Phi A I_0 \varepsilon l N \qquad (6\text{-}36)$$

由式（6-36）可见，当仪器与操作条件一定时，除 N 外皆为常数，N 与试样中被测元素浓度 c 成正比。因此，原子荧光强度与被测元素浓度成正比，即：

$$I_f = Kc \qquad (6\text{-}37)$$

式中，K 为常数。式(6-37) 即原子荧光定量分析的基础。

由式(6-37) 可知，原子荧光分析的灵敏度随激发光源强度增加而增加。但是，当激发光源强度达到一定值之后，共振荧光的低能级与高能级之间的跃迁原子数达到动态平均，出现饱和效应，原子荧光强度不再随激发光源强度增大而增大。同时，随着原子浓度的增加，荧光再吸收作用加强，导致荧光强度减弱，校正曲线弯曲，破坏原子荧光强度与被测元素含量之间的线性关系。当激发态原子以非辐射方式去活化，例如将激发能转变为热能、化学能等，导致原子荧光量子效率降低，荧光强度减弱，这种现象称为原子荧光淬灭效应。

1. 简述原子吸收光谱法的基本原理，并比较原子吸收光谱法与发射光谱法的异同点。

2. 基态原子数与原子化温度存在着什么关系？影响原子吸收光谱的主要因素是什么？

3. 表征谱线轮廓的物理量有哪些？引起谱线变宽的主要因素有哪些？

4. 原子吸收光谱法定量分析的基本关系式是什么？峰值吸收测量法的必要条件有哪些？

5. 原子吸收光谱分析对光源有哪些基本要求？

6. 简述空心阴极灯的工作原理和特点。

7. 原子吸收分光光度计的光源为什么要进行调制？有几种调制的方式？

8. 化学火焰的特性和影响它的因素是什么？在火焰原子吸收法中为什么要调节燃气和助燃气的比例？

9. 层流火焰分为几个区？各区有何特点？最适宜的原子化区域是哪个区？

10. 试比较火焰原子化系统及石墨炉原子化器的构造、工作流程及特点，并分析石墨炉原子化法的检测限比火焰原子化法低的原因。

11. 原子吸收光谱分析中的干扰有哪些？是怎样产生的？如何判断干扰效应的性质？简述消除各种干扰的方法，并说明所以能消除干扰的原因。

12. 原子吸收光谱中背景是怎样产生的？如何校正背景？比较各种背景校正方法的优缺点。

13. 在原子吸收光谱分析中，一般不用硫酸及磷酸处理样品，而采用硝酸和盐酸，为什么？

14. 原子荧光是怎样产生的？它有哪几种类型？原子荧光光谱分析对仪器有什么要求？

习　题

1. 已知某乙炔-空气火焰温度为 2800K，试计算此温度下 Cu（共振线波长 324.75nm）和 Zn（共振线波长 213.86nm）的激发态原子浓度与基态原子浓度的比值（N_j/N_0）。已知 Cu 的 $P_j/P_0 = 2$，Zn 的 $P_j/P_0 = 3$。

2. 试计算 Zn 213.86nm 共振线在 2000K 及 3000K 时的多普勒变宽值。

3. 用连续标准加入法测定一无机试样溶液中镉的浓度，各试液在加入镉标准溶液后，用水稀释至 50mL，测得吸光度如下表，试用作图法求镉的浓度。

序号	试液/mL	加入 $10\mu g \cdot mL^{-1}$ Cd标准溶液体积/mL	吸光度 A
1	20	0	0.042
2	20	1	0.080
3	20	2	0.116
4	20	4	0.190

4. 用原子吸收法测定自来水中镁含量（用 $mg \cdot L^{-1}$ 表示）。取一系列镁标准溶液（$1\mu g \cdot mL^{-1}$）及 20mL 水样于 50mL 容量瓶中，分别加入 5％锶盐溶液 2mL 后，用蒸馏水稀释至刻度。然后，与蒸馏水交替喷雾测其吸光度。其数据如下表。试用标准曲线法求算水中镁的含量。

编号	1	2	3	4	5	6	7
镁标准液体积/mL	0.00	1.00	2.00	3.00	4.00	5.00	水样 20mL
吸光度 A	0.043	0.092	0.140	0.187	0.234	0.286	0.135

5. 将 0.2130g 催化剂担体 Al_2O_3 溶解在 5mL 的 1：1 盐酸中，用蒸馏水稀释至 100mL。为测定上述 Al_2O_3 中的微量铁，制备 $2.5\mu g \cdot mL^{-1}$ Fe 及 $2100\mu g \cdot mL^{-1}$ Al_2O_3 标准试样。问标准样中为什么要加入大量 Al_2O_3？若已知标样及未知样品的百分透光率分别为 38.0 及 40.9，试计算样品中铁的百分含量。

6. 将铜样 0.9421g 溶于酸中，并准确稀释到 100.0mL，测得该试样溶液的吸光度为 0.220，在 25.00mL 该试样溶液中，加入 0.25mL $4.5mg \cdot L^{-1}$ 的铜标准液，其吸光度读数为 0.310，试计算铜样中铜的百分含量。

7. 将 $0.2\mu g \cdot mL^{-1}$ 的镁溶液喷雾燃烧，测得吸光度为 0.220，试计算镁元素测定的相对灵敏度。

8. 已知待测元素铬的浓度为 $0.50\mu g \cdot mL^{-1}$，原子吸收分光光度计测定的吸收值为 0.200，求该元素的 1％吸收灵敏度为多少？

9. 欲测定汽油样品中 Pb 含量，取 200mL 汽油焚烧、灰化后，再用 1：1 的 HNO_3 溶液稀释成 100.0mL 溶液。取上述溶液 5.00mL 3 份，依次加入 0mL、1.0mL、2.0mL 的浓度为 $10\mu g \cdot mL^{-1}$ 的 Pb 标准溶液，稀释至 25.00mL 后，在原子吸收分光光度计上测得透光率依次为 68.0、45.3、23.0。试计算汽油中 Pb 的浓度（以 $mg \cdot L^{-1}$ 计）。

第7章

X射线光谱法

7.1 X射线光谱分析概述

以 X 射线为辐射源的分析方法称为 X 射线光谱法。主要包括 X 射线荧光光谱法（X-ray fluorescence analysis，XRF）、X 射线吸收法（X-ray absorption analysis，XRA）和 X 射线衍射法（X-ray diffraction analysis，XRD）。前两种方法在元素的定性、定量及固体表面薄层成分分析中被广泛应用，它们可以用于测定周期表中原子序数大于 13（Na）的元素。而 X 射线衍射法则广泛用于晶体结构的测定。

7.1.1 X射线的发射

X 射线是由高能电子的减速运动或原子内层轨道电子跃迁产生的短波电磁辐射。X 射线的波长在 $10^{-6}\sim10$nm，在 X 射线光谱法中，常用波长在 0.01～2.5nm 范围内。

产生 X 射线的途径有四种：①用高能电子束轰击金属靶；②将物质用初级 X 射线照射以产生二级射线——X 射线荧光；③利用放射性同位素源衰变过程产生的 X 射线发射；④从同步加速器辐射源获得。在分析测试中，常用的光源为前 3 种，第 4 种光源虽然质量非常优越，但设备庞大，国内外仅有少数实验室拥有这种设施。

7.1.1.1 连续 X 射线

在轰击金属靶的过程中，有的电子在一次碰撞中耗尽其全部能量，有的则在多次碰撞中才丧失全部能量。因为电子数目很大、碰撞是随机的，所以产生了连续的具有不同波长的 X 射线，这一段波长的 X 光谱即为连续 X 射线谱。图 7-1 是产生连续 X 射线的发射管的结构示意图。当 X 射线管内阴极与阳极之间的高压增加到一定的临界激发电压时，电子脱离阴极，被电场加速成高速电子；高速电子撞击靶材料，足以将靶材料原子的内层电子激发到高能运动态，使内层电子形成空轨道即空穴，处于外层的电子就会跃迁至内层较低能级的空轨道上，以填充空穴，多余的能量以光的形式释放出去，产生了 X 射线辐射。

根据量子理论，一次碰撞就丧失其全部动能的电子将辐射出具有最大能量的 X 射线光子，其波长最短，称为短波限。一个高速运动的电子具有的动能可以写成 eV，其中 e 为电子的电量（$e=1.602\times10^{-19}$库仑），V 为 X 光电管电压，则电子的能量按式(7-1)转化为 X 光能。

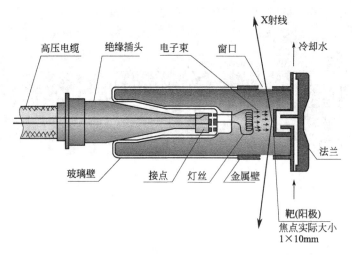

图 7-1　X 射线发射管的结构示意图

$$eV = h\nu_{最大} = hc/\lambda_{短波限}，\lambda_{短波限} = hc/eV = 1239.8/V \tag{7-1}$$

式中，λ 和 V 的单位分别为 nm 和 V。连续 X 射线谱的短波限仅与光管电压有关，升高管电压，短波限将减小，即 X 光量子的能量增大。连续 X 射线的总强度（I）与 X 光管的电压（V）、靶材料的原子序数（Z）有关，其关系式为：

$$I = AiZV^2 \tag{7-2}$$

式中，A 为比例常数；i 为 X 光管电流。增加靶材料的原子序数 Z，可增大光强，故常采用钼、钨等原子序数大的金属作为靶材料，以获得能量较高的连续 X 射线。

7.1.1.2　特征 X 射线

高速带电粒子（电子、质子或各种离子）或高能光子（X 射线或 γ 射线）轰击试样中的原子时，会将自身的部分能量传递给原子，激发原子中某些内层能级上的电子到外层高能轨道上，原子内层形成空轨道；外层较高轨道上的电子内迁填充到空轨道中（小于 10^{-15} s），与此同时，多余的能量以 X 射线光子的形式释放，其能量等于跃迁电子的能级差，$\Delta E = h\nu$。图 7-2 是特征 X 射线产生的原理示意图。

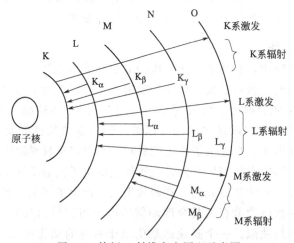

图 7-2　特征 X 射线产生原理示意图

根据莫斯莱定律，元素特征 X 射线的波长 λ 与元素的原子序数 Z 有关，其数学关系为：

$$\sqrt{\frac{1}{\lambda}} = K(Z-S) \tag{7-3}$$

式中，K、S 是与线系有关的常数，不同的元素由于原子序数的不同，而具有不同的 X 射线（特征线）。根据 X 特征谱线的波长就可以进行元素的定性分析，根据特征谱线强度进行定量分析。特征 X 射线的产生，也要符合一定的选择定则：

① 主量子数 $\Delta n \neq 0$；

② 角量子数 $\Delta L = \pm 1$；

③ 内量子数 $\Delta J = \pm 1$ 或 0。

不符合上述选律的谱线称为禁阻谱线。

特征 X 射线是基于电子在原子最内层轨道之间的跃迁所产生的，可分成若干线系（K，L，M，N…），同一线系中的各条谱线是由各个能级上的电子向同一壳层跃迁而产生的。同一线系中，还可以分为不同的子线系，如 L_I、L_{II}、L_{III}，同一子线系中的各条谱线是电子从不同的能级向同一能级跃迁产生的。$\Delta n = 1$ 的跃迁产生 α 线系，$\Delta n = 2$ 的跃迁产生 β 线系。K_α 表示 α 系单线、$K_{\alpha_1\alpha_2}$ 表示 α 系双线；K_β 表示 β 系单线、$K_{\beta_1\beta_2}$ 表示 β 系双线。特征 X 射线的产生及其相应的线系，可用能级图加以说明，图 7-3 是 K 和 L 系特征 X 射线的部分能级示意。

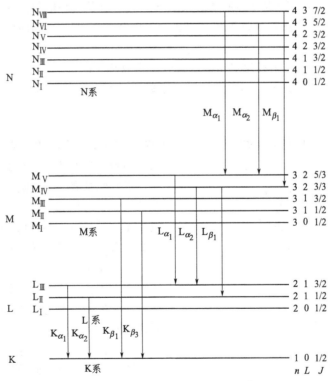

图 7-3　K 和 L 系特征 X 射线的部分能级示意

通常，X 射线是放射性衰变过程的产物。γ 射线是由核内反应产生的 X 射线。许多 α 和 β 射线发射过程使原子核处于激发态，当它回到基态时释放一个或多个 γ 光量子。电子捕获或 K 捕获也能产生 X 射线，在此过程中，一个 K 电子（较少情况下，为 L 或 M 电子）被原子核捕获并形成低一个原子序数的元素。K 捕获使电子转移到空轨道，由此产生新生成元素的 X 射线光谱。K 捕获过程的半衰期从几分钟至几千年不等。人工放射性同位素为某些分析应用提供了非常简便的单能量辐射源。最常用的是 ^{55}Fe，它进行 K 捕获反应的半衰期为 $2.6a$：^{55}Fe $\longrightarrow$ ^{54}Mn$+h\nu$。

7.1.2 X 射线的吸收

X 射线照射固体物质时，一部分透过晶体，产生热能；一部分用于产生散射、衍射和次级 X 射线（X 荧光）等；还有一部分将其能量转移给晶体中的电子。因此，用 X 射线照射固体后其强度会发生衰减，这种衰减称为 X-射线的吸收。其吸收符合光吸收基本定律，即 X 射线的衰减率与其穿过的厚度成正比 [见式(7-4)]。

$$\frac{\mathrm{d}I}{I} = -\mu_1 \mathrm{d}l \tag{7-4}$$

将上式积分后，得式(7-5)。

$$I = I_0 \mathrm{e}^{-\mu_1 l} \tag{7-5}$$

式中，I_0 和 I 是入射和透射的 X 射线强度；l 是试样厚度；μ_1 是线性衰减系数，cm^{-1}。在 X 射线分析法中，对于固体试样，最方便的是采用质量衰减系数 μ_m，而 $\mu_\mathrm{m} = \mu_1/\rho$，单位为 $\mathrm{cm}^2 \cdot \mathrm{g}^{-1}$。其中 ρ 是物质的密度；μ_m 的物理意义是一束平行的 X 射线穿过截面积为 $1\mathrm{cm}^2$ 的 $1\mathrm{g}$ 物质时，X 射线强度的衰减程度。

实际上，X 射线通过物质时的强度衰减是它受到物质吸收和散射的结果。如式(7-6)所示，可以将 μ_m 表示为质量真吸收系数（或质量光电吸收系数）τ_m 和质量散射系数 σ_m 之和。

$$\mu_\mathrm{m} = \tau_\mathrm{m} + \sigma_\mathrm{m} \tag{7-6}$$

μ_m 是总的质量衰减系数，在实验中比质量真吸收系数易于测得，故一般表值多以 μ_m 给出。

质量衰减系数 μ_m 是波长 λ 和元素的原子序数 Z 的函数，符合式(7-7)关系。

$$\mu_\mathrm{m} = kZ^4\lambda^3 \frac{N_A}{A} \tag{7-7}$$

式中，N_A 是阿伏伽德罗常数；A 为原子的摩尔质量；k 为随吸收限改变的常数；Z 为原子序数；λ 为波长。因此 X 射线的波长越长，吸收物质的 Z 值越大，愈易被吸收；而波长愈短，Z 值愈小，穿透力愈强。元素的吸收光谱就像它的发射光谱一样，也是有几个宽而很确定的吸收峰所组成，这些吸收峰的波长也是元素的特征，且很大程度上与其化学状态无关。在 X 射线吸收光谱上，当波长在某个值时，质量吸收系数发生突变，有明显的不连续性，叫做"吸收限"或"吸收边"。它是一个特征 X 射线谱系的临界激发波长。图 7-4 给出的是钼的质量吸收系数 μ_m 与波长 λ 的关系，当 X 光子的能量恰好能激发 Mo 原子中 K 层电子时，即波长略小于 Mo 的 K 吸收限时，则入射的 X 射线大部分被吸收而产生次级 X 射线，这时 μ_m 最大；但波长再长，能量就不足以激发 K 层电子，因此吸收减小，μ_m 变小。L 吸收限是入射 X 射线激发 L 层电子而产生的，由于 L 层有三个支能级，所以有三个吸收限（$\lambda_{L_{\mathrm{I}}}$，$\lambda_{L_{\mathrm{II}}}$，$\lambda_{L_{\mathrm{III}}}$），以

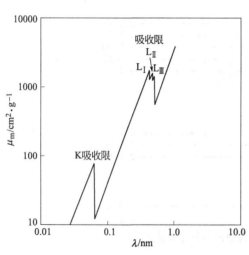

图 7-4 钼的质量吸收系数
μ_m 与波长 λ 的关系

此类推，M 层有 5 个、N 层有 7 个吸收限，能级越接近于原子核，吸收限的波长越短。

7.1.3　X 射线的散射

对于 X 射线通过物质时的衰减现象来说，波长较长的 X 射线和原子序数较大的散射体的散射作用与吸收作用相比，常常可以忽略不计。但是对于轻元素的散射体和波长很短的 X 射线，散射作用就显著了。X 射线射到晶体上时，使晶体中原子的电子和核也随 X 射线电磁波的振动周期而振动。由于原子核的质量比电子大得多，其振动忽略不计，主要考虑电子的振动。根据 X 光子的能量大小和原子内电子结合能的不同（即原子序数 Z 的大小）可以分为相干散射和非相干散射。

7.1.3.1　相干散射

相干散射也称瑞利（Rayleigh）散射或弹性散射，是由能量较小、波长较长的 X 射线与原子中束缚较紧的电子（Z 较大）作弹性碰撞的结果，这种碰撞迫使电子随入射 X 射线电磁波的周期性变化的电磁场而振动，并成为辐射电磁波的波源。由于电子受迫振动的频率与入射的振动频率一致，因此从这个电子辐射出来的散射 X 射线的频率和相位与入射 X 射线相同，只是方向有了改变，元素的原子序数愈大，相干散射作用也愈大。入射 X 射线在物质中遇到的所有电子，构成了一群可以相干的波源，且 X 射线的波长与原子间的间距具有相同的数量级，所以实验上可以观测到散射干涉现象。这种相干散射现象，是 X 射线在晶体上产生衍射现象的物理基础。

7.1.3.2　非相干散射

非相干散射也称康普顿（Compton）散射或非弹性散射，这种散射现象称为康普顿-吴有训效应。

非相干散射是能量较大的 X 射线或 γ 射线光子与结合能较小的电子或自由电子发生非弹性碰撞的结果。图 7-5 是 X 射线的非相干散射的示意图。碰撞后，X 光子把部分能量传给电子，转变成电子的动能，电子从与入射 X 射线成 φ 角的方向射出（叫反冲电子），且 X 光子的波长变长，朝着与自己原来运动方向成 θ 角的方向散射。由于散射光波长各不相同，两个散射波的相位之间相互没有关系，因此不会引起干涉作用而发生衍射现象，称为非相干散射。实验表明，这种波长的变化 $\Delta\lambda$ 与散射角 θ 之间关系符合式(7-8)

$$\Delta\lambda = \lambda' - \lambda = K(1 - \cos\theta) \tag{7-8}$$

式中，λ 与 λ' 分别为入射 X 射线与非相干散射 X 射线的波长，K 为与散射体的本质和入射线波长有关的常数。

元素的原子序数愈小，非相干散射愈大，结果在衍射图上形成连续背景。一些超轻元素（如 N、C、O 等元素）的非相干散射是主要的，这也是轻元素不易分析的一个原因。

7.1.4　X 射线的衍射

X 射线的衍射现象起因于相干散射线的干涉作用。当两个波长相等、相位差固定且振动于同一个平面内的相干散射波沿着同一个方向传播时，在不同的相位差条件下，这两种散射波或者相互加强（同相），或者相互减弱（异相）。这种由于大量原子散射波的叠加、互相干涉而产生最大限度加强的光束叫 X 射线的衍射线。

图 7-6 是晶体产生 X 射线衍射的条件示意图，当 X 射线以某个角度 θ 射向晶面时，将在每一个点阵（原子）处发生一系列球面散射波，即相干散射，从而将发生干涉。设有 3 个

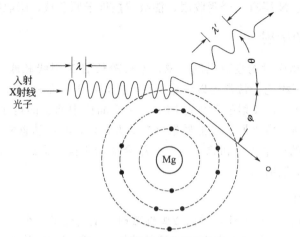

图 7-5　X射线的非相干散射

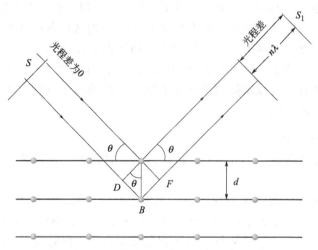

图 7-6　晶体产生 X 射线衍射的条件

平行晶面，中间晶面的入射和散射 X 射线的光程与上面的晶面相比，其光程差为 $DB+BF$，则 $DB=BF$［式(7-9)］。

$$DB=BF=d\sin\theta \tag{7-9}$$

只有光程差为波长整数倍时才能互相加强，即。

$$n\lambda=2d\sin\theta \tag{7-10}$$

式(7-10) 即为布拉格（Bragg）衍射方程式。式中，n 值为 0、1、2、3、…等整数，即衍射级数；θ 为掠射角（入射角的补角）；d 为晶面间距。

因为 $|\sin\theta|\leqslant1$，所以当 $n=1$ 时，$\lambda/2d=|\sin\theta|\leqslant1$，即 $\lambda\leqslant2d$。这表明，只有当入射 X 射线波长≤2 倍晶面间距时，才能产生衍射。

布拉格方程是 X 射线衍射分析中最重要的基础公式，它形式简单，能够说明衍射的基本关系，所以应用非常广泛。从实验角度有以下两方面的应用：

① 用已知波长 λ 的 X 射线去照射晶体，通过衍射角 θ 的测量求得晶体中各晶面的面间距 d，这就是结构分析-X 射线衍射学。

② 用一种已知面间距 d 的晶体来反射从试样反射出来的 X 射线，通过衍射角 θ 的测量求得 X 射线的波长 λ，这就是 X 射线光谱学。该法除可进行光谱结构的研究外，从 X 射线

的波长还可确定试样的组成元素——X射线荧光分析。

7.2 X射线荧光光谱

当用X射线照射物质时，除了发生衍射、吸收和散射现象外，还产生次级X射线，即X射线荧光。而照射物质的X射线，称为初级X射线。X射线荧光的波长取决于吸收初级X射线的元素的原子结构。因此，根据X射线荧光的波长，就可以确定物质所含元素；根据其强度与元素含量的关系，可以进行元素定量分析。这就是X射线荧光光谱法。

7.2.1 X射线荧光光谱分析的基本原理

前面已经提到，当用X射线照射物质时，除了发生吸收和散射现象外，还能产生X射线荧光，它们在物质结构和组成的研究方面有着广泛的用途。但对成分分析来说，X射线荧光法的应用最为广泛。

7.2.1.1 X射线荧光的产生

X射线荧光产生机理与特征X射线相同，只是采用X射线为激发手段。所以X射线荧光只包含特征谱线，而没有连续谱线。图7-7是X射线激发电子弛豫过程的示意图，当入射X射线使K层电子激发生成光电子后，L层电子跃入K层空穴，以辐射形式释放能量 $\Delta E = E_K - E_L$，产生 K_α 射线，这就

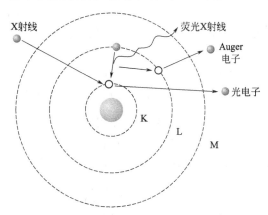

图7-7 X射线激发电子弛豫过程示意图

是X射线荧光。只有当初级X射线的能量稍大于分析物质原子内层电子的能量时，才能激发出相应的电子，因此X射线荧光波长总比相应的初级X射线的波长要长一些。

7.2.1.2 Auger效应和荧光产额

如图7-7所示，原子中的内层（如K层）的一个电子被电离后出现一个空穴，L层电子向K层跃迁时所释放的能量，也可能被原子内吸收后激发出较外层的另一电子，这种现象称为Auger效应。后来逐出的较外层的电子，相对于原先从内层逐出的第一个光电子，称为次级光电子或Auger电子。各元素的Auger电子能量都有固定值，在此基础上建立了Auger电子能谱法。

原子在X射线激发的情况下，所发生的Auger效应和荧光辐射是两种互相竞争的过程。对一个原子来说，激发态原子在弛豫过程中释放的能量只能用于一种发射，或者发射X射线荧光，或者发射Auger电子。对于大量原子来说，两个过程就存在一个概率问题，即荧光产额（fluorescence yield，表示为 ω）。例如对K能级来说，以单位时间内发出的K系谱线的全部光子数除以在同一时间产生K层空穴的原子数，称其值为K能级的荧光产额 ω_K。同理，可定义L和M能级的荧光产额。Auger产额则为 $1-\omega$。对于原子序数小于11的元素，激发态原子在弛豫过程中主要是发射Auger电子，而重元素则主要发射X射线荧光。Auger电子产生的概率除与元素的原子序数有关外，还随对应的能级差的缩小而增加。一般对于较重的元素，最内层（K层）空穴的填充，以发射X射线荧光为主，Auger效应不明

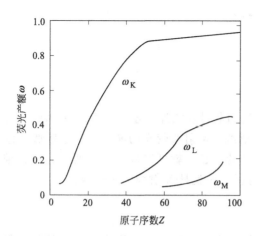

图 7-8 K、L 和 M 能级的荧光产额

显；当空穴外移时，Auger 效应愈来愈占优势。图 7-8 是 K、L 和 M 能级的荧光产额与原子序数的关系图。因此 X 射线荧光分析法多采用 K 系和 L 系荧光，其它系则较少被采用。

7.2.2　X 射线荧光光谱仪

采用从 X 射线管或同位素源释放的 X 射线激发试样，试样中的元素将初级 X 射线束吸收后激发并发射出它们自己的特征荧光 X 射线，这一分析方法称为 X 射线荧光法。X 射线荧光法是所有元素分析法中最常用的一种。它可对原子序数 $Z > 13$（Na）的所有元素进行定性分析，同时也可以对元素进行半定量或定量分析。与其它元素分析方法相比，该方法最独特的一个优点是对试样无损伤，十分适合检测珍贵而又量少的试样。

X 射线荧光在 X 射线荧光光谱仪上进行测量。根据分光原理，可将 X 射线荧光光谱仪分为波长色散型（晶体分光）和能量色散型（高分辨率半导体探测器分光）两类。

7.2.2.1　波长色散型 X 射线荧光光谱仪

波长色散型 X 射线荧光光谱仪由 X 光源、分光晶体和检测器三个主要部分组成，它们分别起激发、色散、探测和显示作用。图 7-9 是波长色散型 X 射线荧光光谱仪结构示意图。

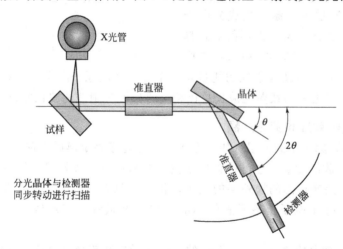

图 7-9　波长色散型 X 射线荧光光谱仪

由 X 光管中射出的 X 射线，照射在试样上，所产生的荧光将向多个方向发射。其中一部分荧光通过准直器之后得到平行光束，照射到分光晶体（或分析晶体）上。晶体将入射荧光光束按 Bragg 方程式进行色散。通常测量的是第一级光谱（$n=1$），因为其强度最大。检测器置于角度为 2θ 位置处，它正好对准入射线为 θ 的光线。将分光晶体与检测器同步转动，以这种方式扫描时，可得到以光强与 2θ 表示的荧光光谱图。

图 7-10 是不锈钢的 X 射线荧光光谱图，其中所含元素的谱线都清晰可见。

（1）X 射线激发源

由 X 射线管所发生的一次 X 射线的连续光谱和特征光谱是 X 射线荧光分析中常用的激发源。初级 X 射线的波长应稍短于受激元素的吸收限，使能量最有效地激发分析元素的特征谱线。一般分析重元素时靶材料选钨靶，分析轻元素用铬靶。靶材的原子序数愈大，X 光管的管压（一般为 50～100kV）愈高，则连续谱强度愈大。

表 7-1 是常见的靶材及适合的分析元素范围。

（2）晶体分光器

X 射线的分光主要利用晶体的衍射作用，因为晶体质点之间的距离与 X 射线波长同属一个数量级，可使不同波长的 X 射线荧

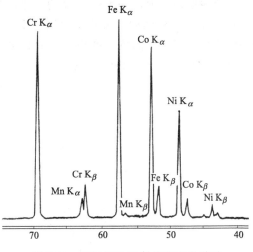

图 7-10　不锈钢的 X 射线荧光光谱图

光散射，然后选择被测元素的特征 X 射线荧光进行测定。整个分光系统采用真空（13.3Pa）密封。表 7-2 是常用的分光晶体材料。

表 7-1　各种靶材适合的分析元素范围

靶　材	分析元素范围	使用谱线	靶　材	分析元素范围	使用谱线
W	$<_{32}Ge$	K	Cr	$<_{23}V$ 或 $_{22}Ti$	K
	$<_{77}Ir$	L		$<_{58}Ce$	L
Mo	$_{32}Ge \sim {}_{41}Nb$	K	Rh, Ag		K
	$_{76}Os \sim {}_{92}U$	L			
Pt	同 W 靶的元素		W-Cr	$W>_{22}Ti$ 或 $_{23}V$	
Au	$_{72}Hf \sim {}_{77}Ir$	L		或同 Cr 靶的轻元素	

表 7-2　常用的分光晶体材料

名　称	$2d/nm$	测定元素
LiF(422)	0.1652	$_{87}Fr \sim {}_{29}Cu$
(420)	0.180	$_{84}Po \sim {}_{28}Ni$
(200)	0.4027	$_{58}Ce \sim {}_{19}K$
ADP(112)（磷酸二氢铵）	0.614	$_{48}Cd \sim {}_{16}S$
Ge	0.6532	$_{46}Pd \sim {}_{15}P$
PET(002)（异戊四醇）	0.8742	$_{40}Zr \sim {}_{13}Al$
EDDT(020)（右旋-酒石酸乙二胺）	0.8808	$_{41}Nb \sim {}_{13}Al$
LOD（硬脂酸铅）	10.04	$_{12}Mg \sim {}_5B$

晶体分光器有平面晶体分光器和弯曲晶体分光器两种。

① 平面晶体分光器　这种分光器的分光晶体是平面的。当一束平行的 X 射线投射到晶体上时，从晶体表面的反射方向可以观察到波长为 $\lambda=2d\sin\theta$ 的一级衍射线，以及波长为 $\lambda/2$，$\lambda/3$，…的高级衍射线。平面晶体反射 X 射线的情形与图 7-9 相似。

为使发散的 X 射线平行地投到分光晶体上，常使用准直器。准直器是由一系列间隔很小的金属片或金属板平行地排列而成。增加准直器的长度、缩小片间距离可以提高分辨率，但强度往往会降低。

② 弯曲晶体分光器　这种分光器的分光晶体的点阵面被弯成曲率直径为 $2R$ 的圆弧形，

它的入射表面研磨成曲率半径为 R 的圆弧。第一狭缝（入射）、第二狭缝（出射）和分光晶体放在半径为 R 的圆周（又称聚焦圆）上，并使晶体表面与圆周相切，两狭缝到分光晶体中心的距离相等。样品置于聚焦圆外靠近第一狭缝处，检测器与第二狭缝相连。图 7-11 是弯曲晶体 X 射线荧光光谱仪示意图。

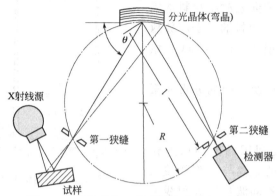

图 7-11　弯曲晶体 X 射线荧光光谱仪示意图

测定时，入射狭缝的位置不变，分光晶体与出射狭缝及与其相连的检测器均沿聚焦圆运动，但出射狭缝与检测器的运动速率是分光晶体的 2 倍，以保证 θ 和 2θ 的关系，并满足 Bragg 衍射条件。同时还必须保持检测器的窗口始终对准分光晶体的中心。

弯曲晶体色散法是一种强聚焦的色散方法。它的曲率能使从试样不同点上或同一点的侧向发散的同一波长的谱线，由第一狭缝射向弯晶面上各点时，它们的掠射角都相同。继而这些波长和掠射角均相等的衍射线又重新被会聚于第二狭缝处被检测，从而增强了衍射线的强度。

从表 7-2 可以看到，没有一种晶体可以同时适用于所有元素的测定，因此波长色散 X 射线荧光光谱仪一般必须有几块可以互换的分光晶体。

（3）检测器

X 射线检测器是用来接收 X 射线，并把它转化为可测量或可观察的量，如可见光、电脉冲和径迹等，然后再通过电子测量装置，对这些量进行测量。X 射线荧光光谱仪中常用的检测器有正比计数器、闪烁计数器和半导体计数器 3 种。

① 正比计数器　这是一种充气型检测器，利用 X 射线能使气体电离的作用，使辐射能转变为电能而进行测量。图 7-12 是其结构示意图。

正比计数器的外壳为圆柱形金属壁，管内充有工作气体（Ar、Kr 等惰性气体）和抑制气体（甲烷、乙醇等）的混合气体。在一定的电压下，进入检测器的 X 射线光子轰击工作气体使之电离，产生离子-电子对。一个 X 光子能产生的离子-电子对的数目，与光子的能量呈正比，与工作气体的电离能成反比。作为工作气体的氩原子被电离后，正离子被引向管壳，电子飞向中心阳极。电子在向阳极移动的过程中被高压加速，获得足够的能量，又可使其它氩原子电离。由初级电离的电子引起了多级电离现象，在瞬间发生"雪崩"放大，一个电子可以引发 $10^3 \sim 10^5$ 个电子。这种放电过程发生在 X 射线光子被吸收后大约 $0.1 \sim 0.2\mu s$ 的时间内。在这样短的时间内，有大量的雪崩放电冲击中心阳极，使瞬间电流突然增大，高压降低而产生一个脉冲输出。脉冲高度与离子-电子对的数目呈正比，与入射光子的能量呈正比。

自脉冲开始至达到脉冲满幅度的 90% 所需的时间称为脉冲上升时间。两次可探测脉冲之间的最小时间间隔称为分辨时间，分辨时间也可粗略地称为死时间。在死时间内进入的

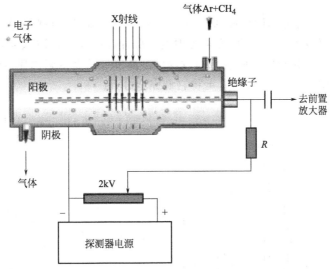

图 7-12 正比计数器示意图

X 光子不能被测出。正比计数器的死时间约为 $0.2\mu s$。

②闪烁计数器 闪烁即为瞬间发光。当 X 射线照射到闪烁晶体上时,闪烁体能瞬间发出可见光。利用光电倍增管可将这种闪烁光转换成电脉冲,再用电子测量装置把它放大和记录下来,就构成了闪烁计数器,图 7-13 是其结构示意图。在 X 射线检测方面最普遍使用的闪烁体是铊激活碘化钠晶体,即 NaI(Tl)。

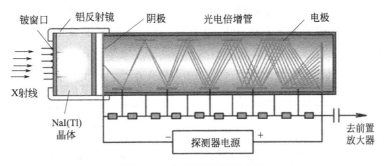

图 7-13 闪烁计数器示意图

③半导体计数器 由掺有锂的硅(或锗)半导体做成,在其两面真空喷镀一层约 20nm 厚的金膜构成电极,在 n、p 区之间有一个 Li 漂移区,图 7-14 是半导体计数器的结构示意图。因为锂的离子半径小,很容易漂移穿过半导体,而且锂的电离能也低,当入射的 X 射线撞击锂漂移区(激活区)时,在其运动途径中形成电子-空穴对。电子-空穴对在电场的作用下,分别移向 n 层和 p 层,形成电脉冲。脉冲高度与 X 射线能量呈正比。

(4)电子记录系统

记录系统有放大器、脉冲高度分析器、记录和显示装置所组成。其中脉冲高度(即脉冲幅度)分析器的作用是选取一定范围的脉冲幅度,将分析线脉冲从某些干扰线(如某些谱线的高次衍射线、杂质线)和散射线(本底)中分辨出来,以改善分析灵敏度和准确度。脉冲高度分析器

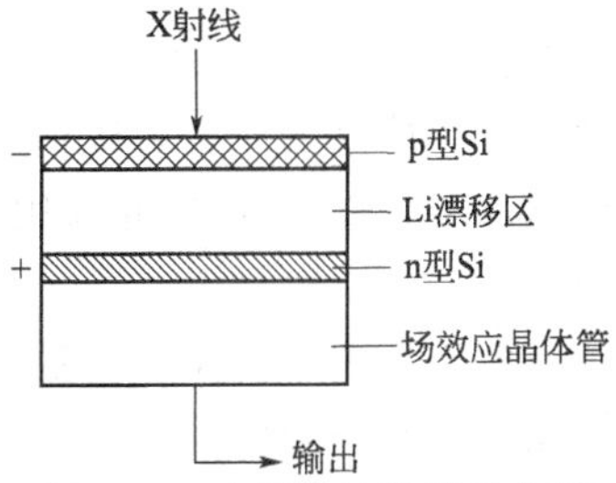

图 7-14 半导体计数器示意图

的原理见图 7-15。

图 7-15 显示,在测量 Al 的 K_α 线($\lambda = 0.8339nm$)同时会测得 Ag 线的 L_α 线($\lambda = 0.4163nm$)的二级衍射线。但短波长的 X 射线的脉冲幅度大于长波 X 射线。在脉冲高度分析器中采用两个可调的甄别器来限制所通过的脉冲高度,从而达到选择性地分别记录各种脉冲高度的目的。从图 7-15 可以看出,可将它们完全分开。

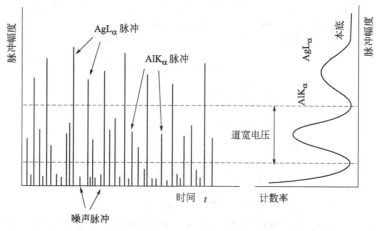

图 7-15　脉冲高度分析器原理图

7.2.2.2　能量色散型 X 射线荧光光谱仪

能量色散型 X 射线荧光光谱仪不采用晶体分光系统,而是利用半导体检测器的高分辨率,并配以多道脉冲分析器,直接测量样品试样 X 射线荧光的能量,使仪器的结构小型化、轻便化。能量色散型 X 射线荧光光谱是 20 世纪 60 年代末发展起来的一种技术,图 7-16 是其仪器结构示意图。

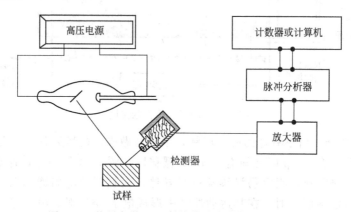

图 7-16　能量色散型 X 射线荧光光谱仪原理示意图

来自试样的 X 射线荧光依次被半导体检测器检测,得到一系列幅度和光子能量呈正比的脉冲,经放大器放大后送到多道脉冲幅度分析器(1000 道以上)。按脉冲幅度的大小分别统计脉冲数,脉冲幅度可以用电子能量来标度,从而得到强度随能量分布的曲线,即能谱图。

与波长色散法相比,能量色散法的主要优点是:由于无需分光系统,检测器的位置可紧挨样品,检测灵敏度可提高 2～3 个数量级;也不存在高次衍射谱线的干扰。可以一次同时测定样品中几乎所有的元素,分析物件不受限制。仪器操作简便,分析速度快,适合现场分析。

7.2.3 定性定量分析方法

当用 X 射线照射物质时，除了发生散射现象和吸收现象外，还能产生特征 X 荧光散射（即 X 荧光），荧光的波长与元素的种类有关，据此可以进行定性分析；荧光的强度与元素的含量有关，据此可以进行定量分析。

7.2.3.1 定性分析

X 荧光的本质就是特征 X 射线，其定性分析的基础是莫斯莱定律。目前，除轻元素外，绝大多数的特征 X 射线均已精确测定，且已汇编成表册（2θ-谱线表），供实际分析时查对。例如，以 LiF（200）作为分光晶体时，在 2θ 为 44.59°处出现一强峰，从 2θ-谱线表上查出此谱线为 Ir-K_α。由此可初步判断试样中有 Ir 存在。

（1）元素的特征 X 射线 元素的特征 X 射线具有如下特点：

① 每种元素的特征 X 射线，包括一系列波长确定的谱线，且其强度比是确定的。例如，Mo（$Z=42$）的特征谱线，K 系列就有 α_1、α_2、β_1、β_2、β_3，它们的强度比是 100：50：14：5：7。

② 不同元素的同名谱线，其波长随原子序数的增大而减少。因为电子和原子之间的距离缩短，导致电子结合得更加牢固。以 K_{α_1} 谱线为例，Fe($Z=26$) 为 0.1936nm，Cu($Z=29$) 为 0.1540nm，Ag($Z=49$) 为 0.559nm。

在实际测量中，通常需要根据几条谱线及相对强弱，参照谱线表，对有关峰进行鉴别，才能得到可靠的结果。

（2）峰的识别方法 首先把已知元素的所有峰都挑出来，这些峰包括已知元素的峰、靶线的散射线等。然后再鉴别剩下的峰，从最强线开始逐个识别。识别时应注意如下事项：

① 由于仪器的误差，测得的角度与表中所列的数据可能相差 0.5°（2θ）。

② 判断一个未知元素的存在最好用几条谱线，如：查得的一个峰是 FeK_α，则应寻找 FeK_β，以肯定 Fe 的存在。

从 20 世纪 70 年代末开始，已开发出定性分析的计算机软件和专家系统，可自动对扫描谱图进行搜索和匹配，从 X 射线荧光光谱线数据库中进行配对，以确定是何种元素的哪条谱线。

（3）从峰的相对强度来判断谱线的干扰情况，如果一个强峰是 CuK_α，则 CuK_β 应为 CuK_α 强度的 1/5。当 CuK_β 很弱不符合上述关系时，则可考虑可能有其它谱线重叠在 CuK_α 上。

考虑以上各种因素，慎重判断元素的存在，一般都能得到可靠的定性分析结果。

7.2.3.2 定量分析

定量分析的依据是 X 射线荧光的强度和含量成正比。

（1）定量分析的影响因素

现代 X 射线荧光分析的误差主要不是来源于仪器，而是来自样品。

① 基体效应 样品中除分析元素外的主量元素为基体。基体效应是指样品的基本化学组成和物理、化学状态的变化，对分析线强度的影响。X 射线荧光不仅由样品表面的原子所产生，也可由表面以下的原子所发射。因为无论入射强度的初级 X 射线或者是试样发出的荧光 X 射线，都有一部分要通过一定厚度的样品层。这一过程将产生基体对入射 X 线及 X

射线荧光的吸收，导致 X 射线荧光的减弱。反之，基体在入射 X 射线的照射下也可能产生 X 射线荧光，若其波长恰好在分析元素短波长吸收限时，将引起分析元素附加的 X 射线荧光的发射而使 X 射线荧光的强度增强。因此，基体效应一般表现为吸收和激发效应。

基体效应的克服方法有：

a. 稀释法　以轻元素为稀释物可减少基体效应。

b. 薄膜样品法　将样品做得很薄，则吸收、激发效应可忽略。

c. 内标法　在一定程度上也能消除基体效应。

② 粒度效应　X 射线荧光强度与颗粒大小有关：大颗粒吸收大；颗粒愈细，被照射的总面积大，荧光强；另外，表面粗糙不匀也有影响。在分析时常需将样品磨细，粉末样品要压实，块状样品表面要抛光。

③ 谱线干扰　在 K 系特征谱线中，Z 元素的 K_β 线有时与 $Z+1$、$Z+2$、$Z+3$ 元素的 K_α 线靠近。例如，^{23}V 的 K_β 线与 ^{24}Cr 的 K_α 线，^{48}Cd 的 K_β 线与 ^{51}Sb 的 K_α 线之间部分重叠，As 的 K_α 线和 Pb 的 K_α 线重叠。另外，还有来自不同衍射级次的衍射线之间的干扰。

克服谱线干扰的方法有以下几种：

a. 选择无干扰的谱线。

b. 降低电压至干扰元素激发的电压以下，防止产生干扰元素的谱线。

c. 选择适合的分析晶体、计数管、准直器或脉冲高度分析器，提高分辨率。

d. 在分析晶体与检测器间放置滤光片，滤去干扰谱线等。

（2）定量分析方法

① 校准曲线法　配置一套基体成分和物理性质与试样相接近的标准样品，做出分析线强度与含量关系的校准曲线，再在相同的工作条件下测定试样中待测元素的分析线强度，由校准曲线上查出待测元素的含量。

校准曲线法的特点是简便，但要求标准样品的主要成分与待测试样的成分一致。对于测定二元组分或杂质的含量，还能做到这一点，但对于多元组分试样中主要成分含量的测定，一般要用到稀释法。即用稀释剂使标样和试样稀释比例相同，得到的新样品中稀释剂成为主要成分，分析元素成为杂质，就可以用校准曲线法进行测定。

② 内标法　在分析样品和标准样品中分别加入一定量的内标元素，然后测定各样品中分析线与内标线的强度 I_L 和 I_I，以 I_L/I_I 对分析元素的含量作图，得到内标法校准曲线。由校准曲线求得分析样品中分析元素的含量。内标元素的选择原则：

a. 试样中不含该内标元素。

b. 内标元素与分析元素的激发、吸收等性质要尽量相似，它们的原子序数相近，一般在 $Z\pm2$ 范围内选择；对于 $Z<23$ 的轻元素，可在 $Z\pm1$ 的范围内选择。

c. 两种元素之间没有相互作用。

③ 增量法　先将试样分成若干份，其中一份不加待测元素，其它各份加入不同质量分数（≈1～3 倍）的待测元素，然后分别测定分析线强度，以加入的质量分数为横坐标、强度为纵坐标绘制校准曲线。当待测元素含量较小时，校准曲线近似为一直线。将直线外推与横坐标相交，交点坐标的绝对值即为待测元素的质量分数。作图时，应对分析线强度做背景校正。

④ 数学方法　上述方法是在 X 射线荧光分析中一般常用的方法，为了提高定量分析的精确度，已发展了直接数学计算方法。由于计算机软件的开发，这些复杂的数学处理方法已变得十分迅速而简便了。这类方法主要有经验系数法和基本系数法，此外还有多重回归法以

及有效波长法等。这些方法发展很快，可以预计，它们将成为 X 射线荧光分析法的主要方法。由于涉及的内容较多，本书不做讨论，读者可参阅有关专著。

7.2.3.3　X 射线荧光法的应用

X 射线荧光分析法是元素分析中精确度高、最为快速有效的方法之一，可以同时检测原子序数在 5 以上的所有元素，广泛应用于金属、合金、矿物、环境保护、外空探索等各个领域，已被定为国际标准（ISO）分析方法之一。

应用正确的基体效应校正方法，可以分析复杂的矿物试样，同时检测十余个元素，平均每个试样分析时间约为十几分钟，相对平均偏差可以小于 0.08%，优于化学分析方法。在冶金工业中，X 射线荧光分析广泛应用于金属和合金生产的质量控制，可以在冶金的生产过程中，快速提供元素分析结果以校正合金成分。X 射线荧光法还可以方便地用于液体试样分析，例如，飞行汽油中 Pb 和 Br 的直接定量分析，润滑油中 Ca、Ba 和 Zn 的定量分析，以及涂料中填充料的直接分析等。X 射线荧光法在分析大气污染物时也有广泛应用，用过滤膜收集的大气飘尘可在 X 射线荧光仪上直接进行定量分析。在空间探索中，例如发射到火星的"探路者"机器人装置，使用 X 射线荧光法定量分析着陆点附近岩石和土壤中重于 Na 的所有元素，与散射法和中子发射法结合，定量分析了除 H 以外质量分数在千分之几的所有元素。装置所配置的是 ^{224}Ce 同位素，发射 α 粒子轰击试样，产生的 X 射线荧光用能量色散光谱仪测量，得到的光谱直接从火星发回地球，在地球上进行最后的分析。

X 荧光法与原子发射光谱法有很多相似之处，但是比较起来具有如下优点。

① 特征 X 射线来自原子内层电子的跃迁，谱线简单，且谱线仅与元素的原子序数有关，与化合物的其它状态无关，所以方法的特征性很强。

② 各种形状和大小的试样均可分析，且不破坏试样。

③ 分析含量范围广，微量至常量均可进行分析，精密度和准确度也较高。

目前高度自动化和程序控制的 X 射线荧光光谱法是仪器分析中最重要的元素分析方法之一。

X 射线荧光法的主要局限为：不能分析原子序数小于 5 的元素；灵敏度不够高（最新发展的全反射 X 射线荧光法除外，但其为破坏性检测），一般只能分析含量在 $0.0x\%$ 以上的元素；对标准试样要求很严格。

7.3　X 射线衍射分析

X 射线衍射（XRD）分析方法是科学技术史上最伟大的成就之一，与此方法研究有关的科学家们获得诺贝尔奖的人数是任何领域所无法比拟的。利用 X 射线的衍射现象进行晶体结构分析，开创了人类认识物质内部微观结构的新纪元。

7.3.1　X 射线衍射分析的基本原理

7.3.1.1　晶体的特征

固态是物质的一种聚集态形式，一般可分为晶态和非晶态两种状态。在非晶固体物质中，常见的有玻璃、塑料等，其中分子或原子的排列没有明显的规律。相反，在晶态物质中，原子或分子的排列有明显的规律性。也就是说，晶体是一种原子有规律地重复排列的固体物质。晶体又分为单晶体和多晶体两种。单晶体（简称"单晶"）是由一个晶核沿各方向均匀生长而成的，其晶体内部的原子基本上是按照某种规律整齐排列。简言之，单晶是指晶体内部原子或分子排列有序，而且这种有序排列贯穿于整个晶体内部，即全程有序；如冰糖、单晶硅。单晶要在特定的条件下形成，因而在自然界少见，但可人工制取。通常所见的晶体是由很多单晶颗粒杂乱的聚结而成的，尽管每颗小单晶的结构式相同且各向异性，但由于单晶之间排列杂乱，各向异性特征消失，使整个晶体一般不表现出各向异性，这种晶体称为多晶体，多数金属和合金都属于多晶体。

（1）晶格和晶胞

在晶体内部，分子、离子或原子团在三维空间以某种结构基元的形式周期性重复排列，只要知道其中最简单的结构单元，以及它们在空间平移的向量长度及方向，就可以得到原子或分子在晶体中排布的情况。结构基元可以是一个或多个原子（离子），也可以是一个或多个分子，每个结构基元的化学组成及原子的空间排列完全相同。如果将结构基元抽象为一个点，晶体中分子或原子的排列就可以看成点阵，即：晶体结构＝结构基元＋点阵。

单晶体都属于三维点阵，为了直观，这里采用简化的二维点阵来说明。图 7-17 显示 $[Cu_2(Ophen)_2]$ 分子在晶胞中二维平面上的排列，其中每个结构基元为一个 $[Cu_2(Ophen)_2]$ 分子，可以抽象为一个点阵点，从而形成一个点阵。显然，每个点阵按在空间排列而成的平面点阵的单位向量平移，就与另一个点阵点重叠。

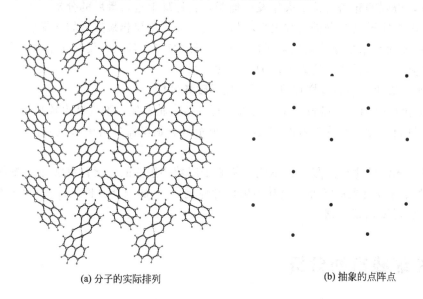

(a) 分子的实际排列　　　　　　(b) 抽象的点阵点

图 7-17　$[Cu_2(Ophen)_2]$ 分子在（100）面的排列

可以用三个互不平行的单位向量 a、b 和 c 描述点阵在空间的平移，通过这些向量的操作，可以得到整个空间点阵。点阵在任意点可以用向量 r 表示：

$$r = n_1a + n_2b + n_3c \qquad (7-11)$$

式中，n_1、n_2 和 n_3 为整数。点阵是抽象的数学概念，其原点可以自由选定。需要指出的是，晶体学上的坐标系均采用右手定则，即食指、中指和大拇指分别代表 x、y 和 z 轴。用 a、b 和 c 可以画出一个六面体单位，称为点阵单位。相应地，按照晶体结构周期性所划分的六面体单位就叫晶胞；三个单位向量的长度 a、b 和 c 以及它们之间的夹角 α、β、γ 就叫晶胞参数。图 7-18 是晶胞及晶胞参数示意图。

（2）晶面及其表示

通过布喇菲点阵中任意三个不共面的格点作一平面，会形成一个包含无限多个格点的二维点阵，通常称为晶面。相互平行的诸晶面称一个晶面族。晶面族中所有晶面既平行且各晶面上的格点具有完全相同的周期分布。据此，晶格的特征可以通过这些晶面的空间方位来表示。图 7-19 是简单立方晶系的某晶面族的示意图。

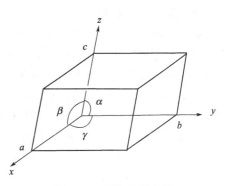

图 7-18　晶胞及其参数

对于固体物理学原胞而言，基矢为 a_1、a_2 和 a_3，设某晶面族中某一晶面在三个基矢上的交点的位矢分别为 ra_1、sa_2 和 ta_3，其中 r、s、t 称为截距，则晶面在三个基矢上的截距的倒数之互质整数比称为该晶面族的晶面指数，即 $\frac{1}{r} : \frac{1}{s} : \frac{1}{t} = h_1 : h_2 : h_3$（其中 h_1、h_2、h_3 为互质整数），记作：(h_1, h_2, h_3)。由此定义出发，可以知道在一族晶面中，最靠近原点的晶面在坐标轴上的截距分别为 a_1/h_1，a_2/h_2，a_3/h_3，而同族的其它晶面的截距为此最小截距的整数倍。

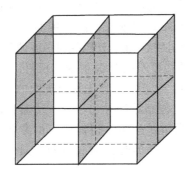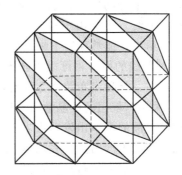

图 7-19　简单立方晶系的晶面族示意

在实际工作中，常以结晶学原胞（或称晶胞）的基矢 a，b，c 为坐标轴来表示晶面指数，常记作 $\frac{1}{r} : \frac{1}{s} : \frac{1}{t} = h : k : l$，通常称 hkl 为该族晶面的密勒指数，记作 (hkl)。例如，某一晶面在 a、b、c 三轴的截距为 4、1、2，则其倒数之比为 $\frac{1}{4} : \frac{1}{1} : \frac{1}{2} = 1 : 4 : 2$，则该晶面族的密勒指数为 (142)；若某一截距为无限大，则晶面平行于某一坐标轴，相应的指数为 0；当截距为负数时，在指数上部加一负号来表示，如某一晶面的 a、b、c 三轴的截距分别为 -2、3、∞，则该晶面族的密勒指数为 $(\bar{3}20)$。

密勒指数不仅可以用来表示晶面族，而且可以得出下面的信息：用于计算晶面族的面间距（密勒指数小的晶面族的面间距较大，而往往成为晶体的解理面）和用于计算不同晶面族之间的夹角〔一般而言，密勒指数分别为 $(h_1k_1l_1)$ 和 $(h_2k_2l_2)$ 的晶面族的 2 个平面之间的夹角的余弦为：$\cos\varphi = \dfrac{h_1h_2 + k_1k_2 + l_1l_2}{(h_1^2 + k_1^2 + l_1^2)^{\frac{1}{2}} \ (h_2^2 + k_2^2 + l_2^2)^{\frac{1}{2}}}$〕。

在 X 射线衍射和结晶学中，密勒指数不一定为互质整数，例如，面心立方中一些平行于 (100) 的晶面而截 a 轴于 1/2 处的面，其指数为 (200)，其原因是晶胞并非是晶体中的最小重复单元。

（3）晶体的对称性

晶体具有一定的对称性。晶体的对称性又分为宏观对称性和微观对称性。晶体的宏观对称性是指把晶体当成多面体的有限图形来考虑时，它具有整齐、规则的外形，故晶体的宏观对称性也叫晶体的外形对称性。描写晶体宏观对称性的操作有旋转操作 R（Q），反映操作（M）、反演操作（I）和旋转倒反操作，对应的对称元素为对称轴（n）、对称面（m）、对称中心（i）和反轴（$\bar{n}$）。对称元素总共有八种，它们是：1，2，3，4，6，$\bar{4}$，m，i。这八个对称元素共有 32 种组合方式，称为 32 点群。

按照特征对称元素，可将 32 点群划分成 7 个晶系，分别为三斜、单斜、正交、三方、四方、六方和立方晶系。

晶体的微观对称性就是晶体内部结构的对称性，除了宏观对称元素能在晶体结构中出现以外，微观对称性的对称操作还有螺旋旋转和滑移反映，相应的对称元素是螺旋面和滑移面。由此晶体的微观对称元素中有旋转轴、反轴、倒反中心、反映面、螺旋轴、滑移面及点阵本身，这些对称元素进行组合，组合的结果可以产生 230 种组合方式，称为 230 个空间群。

7.3.1.2 布拉格方程

晶体既可看成由平行的原子面所组成，晶体的衍射线，亦是由原子面的衍射线叠加而得。各原子面的衍射线，将会由于相互干涉而大部分被抵消，而其中的一些又能够得到加强。更详细的研究得出，能够保留下来的那些衍射线，相当于某些网平面的衍射线。按照这一观点，晶体对 X 射线的衍射，可视为晶体中某些原子面对 X 射线的反射。

将衍射当成反射，是导出布拉格方程的基础。这一方程首先是由英国的物理学家布拉格在 1912 年提出，次年，俄国的结晶学家吴里夫也独立地推导出了这一方程。可以说，劳厄方程是从原子列散射波的干涉出发，去求 X 射线照射晶体时衍射线束的方向；而布拉格方程则从原子面散射波的干涉出发，去求 X 射线照射晶体时衍射线束的方向；两者的物理本质相同，可以从劳厄方程推出布拉格方程。

（1）布拉格方程的导出

如前所述，当 X 射线照射到晶体上时，各原子周围的电子将产生相干散射和非相干散射，相干散射会产生干涉，在相邻散射线程差为波长的整数倍的方向上，将出现 X 射线衍射。首先，考虑一层原子面上散射 X 射线的干涉。图 7-20 是一个原子面的反射情况下布拉格方程的推证，当 X 射线以 θ 角入射到原子面并以 β 角散射时，相距为 a 的两原子散射 X 射线的光程差为式(7-12)。

$$\delta = a(\cos\theta - \cos\beta) \tag{7-12}$$

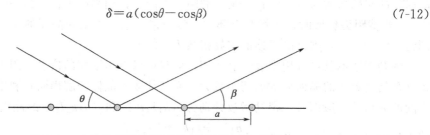

图 7-20　布拉格方程的推证（一个原子面的反射）

当光程差等于波长的整数倍（$n\lambda$）时，在 β 角方向散射线干涉加强。假定原子面上所有原子的散射线同相位，即光程差 $\delta = 0$，从式(7-12) 可得 $\theta = \beta$。即，当入射角与散射角相等时，一层原子面上所有散射波干涉将加强。与可见光的反射定律相类似，X 射线从一层原子面呈镜面反射的方向，就是散射线干涉加强的方向，因此，常将这种散射称为晶面反射。X射线不仅可照射到晶体表面，而且可以照射到晶体内一系列平行的原子面。如果相邻两个晶面的反射线相差为2π的整数倍（或光程差为波长的整数倍），则所有平行于晶面的反射可被加强，从而在该方向上获得衍射。现用图7-21讨论原子面间散射波干涉加强条件，这里只需讨论两相邻原子面的散射波的干涉即可。

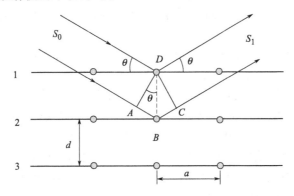

图7-21　布拉格方程的推证（多层原子面的反射）

过D点分别向入射线和反射线作垂线，则AD之前和CD之后两束射线的光程相同，它们的光程差为$\delta = AB + BC = 2d\sin\theta$。当光程差等于波长的整数倍时，相邻原子面散射波干涉加强，即干涉加强的条件为式(7-13)。

$$2d\sin\theta = n\lambda \tag{7-13}$$

式(7-13)称为布拉格方程或布拉格定律。式中，d为晶面间距；θ为入射线或反射线与反射晶面之间的夹角，称为掠射角或布拉格角；而2θ为入射与反射线（衍射线）之间的夹角称为衍射角；n为整数，称反射级数；λ为入射线波长。

布拉格方程是X射线在晶体中产生衍射必须满足的基本条件，它反映了衍射线方向（用θ描述）与晶体结构（用d代表）之间的关系。或者说，该方程巧妙地将便于测量的宏观量θ与微观量d、λ联系起来，通过θ的测定，在λ已知的情况下可以求d，或者在d已知的情况下求λ。布拉格方程是X射线分析中非常重要的定律。

（2）布拉格方程的讨论

将衍射看成反射，是布拉格方程的基础。但衍射是本质，反射仅是为了使用方便的描述方式。X射线的晶面反射线方向与可见光的镜面反射也有所不同。镜面可以任意角度反射可见光，但X射线只有在满足布拉格方程的θ角上才能发生反射。因此，这种反射亦称选择反射。

布拉格方程在解决衍射方向时极其简单明了。波长为λ的X射线以θ角投射到晶体中间距为d的晶面时，有可能在晶面的反射方向上产生反射（衍射）线，其条件为相邻晶面反射线的光程差为波长的整数倍。布拉格方程只是获得衍射的必要条件，而非充分条件。

布拉格方程将晶面间距d、掠射角θ、反射级数n和X射线波长λ四个量联系在了一起。知道了其中三个量就可通过此方程求出其余的一个量。值得强调的是，在不同场合下，某个量可能表现为常量或变量，故需仔细分析。例如，在劳厄方程中，波长λ是常量，间距为d的晶面与入射线所成的角度θ却是变量。在粉末衍射法中，λ是常量，而某种晶面的θ角却是变量。因布拉格方程是衍射中最基本、最重要的方程，故对此方程进行以下讨论。

① 选择反射　X射线在晶体中的衍射，实质是晶体中各原子相干散射波之间相互干涉

的结果。但因衍射线的方向恰好相当于原子面对入射线的反射，故可用布拉格定律代表反射规律来描述衍射线束的方向。在以后的讨论中，常用"反射"这个术语描述衍射问题，或者将"反射"和"衍射"作为同义词混合使用。但再次强调，X 射线从原子面的反射和可见光的镜面反射不同，前者是有选择的反射，其选择条件为布拉格定律；而一束可见光以任意角度投射到镜面上时都可以产生反射，但反射不受条件限制。因此，将 X 射线的晶面反射称为选择反射，反射之所以有选择性，是晶体内若干原子面反射线干涉的结果。

② **产生衍射的限制条件**　由布拉格方程 $2d\sin\theta=n\lambda$ 可知，$\sin\theta=n\lambda/2d$，因 $\sin\theta\leqslant1$，故 $n\lambda/2d\leqslant1$。为使物理意义更清楚，现考虑 $n=1$（即 1 级反射）的情况，此时 $\lambda/2\leqslant d$，这就是能产生衍射的极限条件。它说明用波长为 λ 的 X 射线照射晶体时，晶体中只有面间距 $d\geqslant\lambda/2$ 的晶面才能产生衍射。例如，α-Fe 的一组面间距从大至小的顺序为：0.202、0.143、0.117、0.101、0.090、0.083、0.076、…nm，当用波长为 $\lambda_{K_\alpha}=0.194$nm 的铁靶照射时，因 $\lambda_{K_\alpha}/2=0.097$nm，只有前四个 d 大于它，故产生衍射的晶面组只有四个。如用铜靶进行照射，因 $\lambda_{K_\alpha}/2=0.077$nm，故前 6 个晶体组都能产生衍射。很明显，当采用短波 X 射线照射时，能参与反射的干涉面将会增多。

③ **干涉面与干涉指数**　为了使用方便，常将布拉格方程改写成 $2\dfrac{d_{hkl}}{n}\sin\theta=\lambda$。如令 $d_{HKL}=\dfrac{d_{hkl}}{n}$，则有式（7-14）。

$$2d_{HKL}\sin\theta=\lambda \tag{7-14}$$

把由（hkl）镜面的 n 级反射看成由面间距为 d_{hkl}/n 的（HKL）晶面的 1 级反射，（hkl）与（HKL）面互相平行。面间距为 d_{HKL} 的晶面不一定是晶体中的原子面，而是为了简化布拉格方程引入的反射面，常称它为干涉面。对于斜方晶系，由式（7-15）推导得到式（7-17）。

$$d_{hkl}=\frac{1}{\sqrt{\dfrac{h^2}{a^2}+\dfrac{k^2}{b^2}+\dfrac{l^2}{c^2}}} \tag{7-15}$$

故

$$d_{HKL}=\frac{d_{hkl}}{n}=\frac{1}{n\sqrt{\dfrac{h^2}{a^2}+\dfrac{k^2}{b^2}+\dfrac{l^2}{c^2}}}=\frac{1}{\sqrt{\dfrac{(nh)^2}{a^2}+\dfrac{(nk)^2}{b^2}+\dfrac{(nl)^2}{c^2}}}=\frac{1}{\sqrt{\dfrac{H^2}{a^2}+\dfrac{K^2}{b^2}+\dfrac{L^2}{c^2}}}$$

$$\tag{7-16}$$

即

$$H=nh,K=nk,L=nl \tag{7-17}$$

式（7-17）适合于所有晶系。由此可见，干涉指数有公约数 n，而晶面指数只能是互质的整数。当干涉指数也互质时，它就代表一组真实的晶面，因此，干涉指数为晶面指数的推广，是广义的晶面指数。

由于 $|\sin\theta|\leqslant1$，从布拉格方程可得 $n\lambda\leqslant2d_{hkl}$，可以看出只当所用 X 射线波长数值与晶面间距值很接近时，才能产生衍射，因为对于衍射而言，n 的值为 1。$n=0$ 时，相当于投射光束方向所衍射的 X 射线，是无法观测的。所以 $\lambda\leqslant2d_{hkl}$ 才能产生衍射，如果 λ 太短则使衍射角太小而难以测量。因此，X 射线晶体衍射通常使用的 X 射线 λ 约为 0.05nm～0.25nm；另一方面，n 只可能是有限的几个，衍射中通常出现的多为 $n=1$、2、3，5 级以上的衍射出现的机会就少了。图 7-22 是两个衍射面 $d(300)$ 和 $d(100)$ 的关系示意图，相邻两个虚线所示的衍射面间距 d_{330} 只有 d_{110} 的 1/3。这样一来，（hkl）

平面点阵组的 n 级衍射，可以看做与 (hkl) 平行但相隔只相当于前者 $1/n$ 的衍射面的一级衍射。

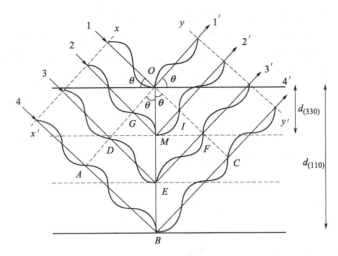

图 7-22　$d(300)$ 和 $d(100)$ 的关系

④ 衍射线方向与晶体结构的关系　从 $2d\sin\theta=\lambda$ 看出，波长选定之后，衍射线束的方向（用 θ 表示）是晶面间距 d 的函数，如将立方、正方、斜方晶系的面间距公式带入布拉格方程，并进行平方后，得出式(7-18)～式(7-20)。

立方晶系：
$$\sin^2\theta=\frac{\lambda^2}{4a^2}(H^2+K^2+L^2)$$
(7-18)

正方晶系：
$$\sin^2\theta=\frac{\lambda^2}{4}\left(\frac{H^2+K^2}{a^2}+\frac{L^2}{c^2}\right)$$
(7-19)

斜方晶系：
$$\sin^2\theta=\frac{\lambda^2}{4}\left(\frac{H^2}{a^2}+\frac{K^2}{b^2}+\frac{L^2}{c^2}\right)$$
(7-20)

从上面三个公式可以看出，波长选定后，不同晶系或同一晶系而晶胞大小不同的晶体，其衍射线束的方向不相同。因此，研究衍射线束的方向，可以确定晶胞的形状大小。另外还看出，衍射线束的方向 θ 与原子在晶胞中的位置和原子的种类无关，即仅测定衍射线束的方向无法确定原子种类和在晶胞中的位置，只有通过衍射线束强度的研究，才能解决这类问题。

劳厄方程与布拉格方程都是反映 X 射线在晶体中发生衍射时在衍射方向这一要素上的客观规律，都是联系衍射方向与晶体结构参数的重要方程。它们在本质上是一样的，但表达方式不同，前者是基本的关系式，后者在形式上更为简单。应用中两者各有优缺点，劳厄方程多用于单晶 X 射线衍射方面，而布拉格方程则为多晶粉末法提供了理论基础。

7.3.2　粉末衍射分析

使用单色 X 射线与晶体粉末或多晶样品进行衍射的分析称为 X 射线粉末衍射法或 X 射线多晶衍射法，此法是由瑞士人 Debye 和 Scherrer 在 1916 年首先提出的。翌年，美国人 Hull 也独立提出了这一方法。粉末衍射法的样品可以是粉末或各种形式的多晶聚集体，可使用的样品面很宽。

7.3.2.1 照相法

常用的照相法称为德拜-谢勒（Debye-Scherrer）法。先把样品研碎或锉碎到200目左右，装入内径在0.3mm左右薄壁玻璃的毛细管中进行分析。

相机为金属圆筒，内径57.3mm，感光胶片紧贴内壁放置。圆筒中心轴有样品夹头，可绕中心轴旋转，样品固定在样品夹上，用单色X射线照射样品，在一定的电压和电流的操作下曝光数小时，将底片进行显影和定影后得到粉末衍射图。图7-23是粉末照相法示意图及得到的粉末衍射图。衍射图中某一对衍射线的间距为2L，与θ的关系见式(7-21)。

$$4\theta=2L/R=180\times2L/(\pi R) \tag{7-21}$$

又因$2R=57.3$mm，故$\theta=L$，L的单位为mm，θ的单位为度。由实验测得L值，即可计算θ值，带入布拉格方程，可计算出晶面间距d。

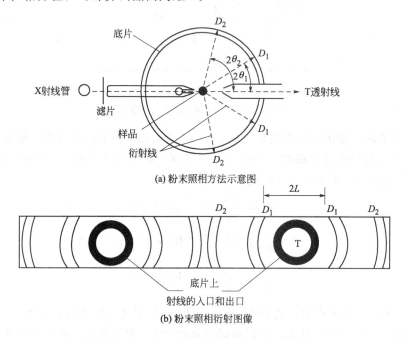

(a) 粉末照相方法示意图

(b) 粉末照相衍射图像

图7-23　粉末照相法示意及粉末衍射图

Debye-Scherrer法的优点是所需样品少，有时只需0.1mg，收集的数据完全，仪器设备和操作都比较简便。

7.3.2.2 衍射仪法

现代的粉末X射线仪，可以记录粉末衍射线的衍射角和衍射强度，并配有计算机系统作为仪器的操作控制和数据处理，其组成大致分为四部分：产生X射线的X射线发生器；测量角度的测角仪；测量X射线强度的探测装置；控制仪器和数据处理用的计算机系统。图7-24是X射线粉末衍射仪的示意图。

单色X射线照射粉末样品（粒度200目，在样品板上压成平板），在与入射X射线成2θ角处用计数管接受衍射光束，样品与计数管用同一马达带动，按θ与2θ的比例由低角度向高角度同步转动，信号经放大后，记录成以2θ为横坐标，信号强度I为纵坐标的衍射图形。图7-25是NaCl的粉末衍射图，根据图中峰的位置，读出它的衍射角，进一步计算出晶面间距的数值，各个衍射的强度与衍射峰所占面积的比例，可由峰面积求其强度。

衍射仪法和照相法相比具有不少优点，测角仪的直径比粉末照相机直径大，准确度高，

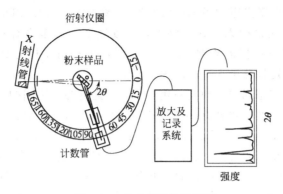

图 7-24 粉末衍射仪示意图

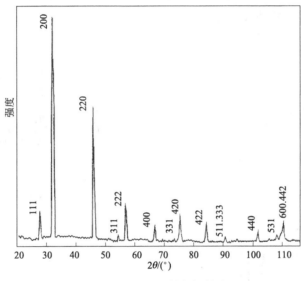

图 7-25 NaCl 的粉末衍射图

衍射线的分辨能力较强,操作也比较方便,不需要装胶片、显影、定影,可以测定各个衍射峰的强度,适用于了解某些物质的连续相变过程,但衍射仪价格和对电压、电流稳定性要求高。

7.3.2.3 应用

X 射线衍射分析方法在材料分析与研究工作中具有广泛的用途,在此主要介绍其在物相分析等方面的应用。一张粉末衍射图谱可提供表征被测物质或微晶的信息:晶格平面间距 $d_{h^* k^* l^*}$,强度 I_{hkl} 和线宽(用峰值一半处的全宽度值 $\beta_{1/2}$ 表示)

(1)物相定性分析

① 基本原理 组成物质的各种相都具有各自特定的晶体结构(点阵类型、晶胞形状与大小及各自的结构基元等),因而具有各自的 X 射线衍射花样特征,衍射线分布位置与强度有着特殊的规律性。对于多相物质,其衍射花样则由其各组成相的衍射花样简单叠加而成。由此可知,物质的 X 射线衍射花样特征就是分析物质相组成的"指纹"。《已知物相的粉末衍射卡片》由美国材料及试验协会(The American Society for Testing and Material)编写,于 1942 年出版,约 1300 张,通常称为 ASTM 卡片,这套卡片逐年有所增删。1969 年,成立了国际性组织"粉末衍射标准联合会(Joint Committee on Powder Diffraction Standards,

JCPDS)"，改由它负责编辑出版"粉末衍射卡片"，称 PDF 卡片。PDF 是目前最丰富的粉末衍射数据库，除了收集几万种无机化合物外，还收集了 1 万多张有机物，3000 多种矿物，7000 多张金属与合金的标准衍射数据。将待分析样品的衍射花样与之对照，从而确定物质的组成相，这就是物相定性分析的基本原理与方法。

药物中普遍存在多相态现象，即同一化学组成的药物会以不同的聚集态、不同的晶形及不同的溶剂合物存在，如氨苄西林有四种不同的相态，分为无定形、三水合物及两种无水晶形。图 7-26 为氨苄西林四种不同相态的粉末衍射图，可以看出不同的相态其 X 射线粉末衍射图有明显不同。不同相态的药物，有的药性相近，有的完全不同，如红霉素，A 型无效，B 型有效；而消炎药，可用的是 γ 型，而 α 型有毒，不能用。不同药性药物的某些物理性能（如溶解度、溶解速率、分散度）的差异也会影响相态，因此利用 X 射线衍射做物相分析是研究、控制药物晶型及药效的重要手段。有些药物在出厂时必须配有 X 射线粉末衍射图或分析结果，作为物相的鉴定证据。

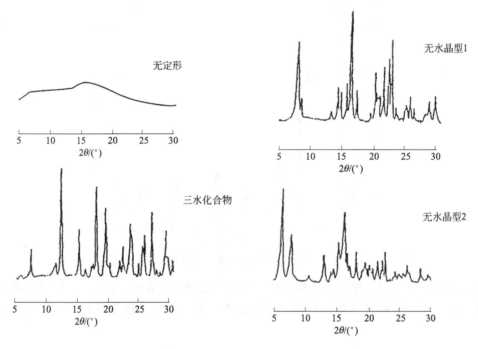

图 7-26　氨苄西林四种不同相态的 X 射线粉末衍射图

② 物相定性分析的基本步骤　首先，制备待分析物质样品，用衍射仪获得样品衍射花样；其次，计算出有关参数、确定各衍射线条 d 值及相对强度 I/I_1 值（其中以 $2\theta < 90°$ 时最强的一条衍射线强度为 100，记为 I_1）、化学组成、样品来源；再次，与标准粉末衍射数据进行比较、鉴定，检索 PDF 卡片；最后，核对 PDF 卡片与物相判定：将衍射花样全部 d-I/I_1 值与检索到的 PDF 卡片核对，若一一吻合，则卡片所示相即为待分析物相。

PDF 卡片检索有三种方式：a. 检索纸质卡片：物相均为未知时，使用数值索引。将各线条 d 值按强度递减顺序排列；按三强线（$2\theta < 90°$ 的线中最强的三条线）条 d_1、d_2、d_3（数字表示强度降低的顺序）的 d-I/I_1 数据查数值索引；查到吻合的条目后，核对八强线的 d-I/I_1 值；当八强线基本符合时，则按卡片编号取出 PDF 卡片。若按 d_1、d_2、d_3 顺序查找不到相应条目，则可将 d_1、d_2、d_3 按不同顺序排列查找。查找索引时，d 值可有一定误差范围，一般允许 $\Delta d = \pm(0.01 \sim 0.02)$。b. 光盘卡片库检索：通过检索程序，按给定的检索

窗口条件对盘卡片库检索（如 PCPDFWIN 程序）。c. 计算机自动检索：物相分析是繁重而又耗时的工作，对于相组成复杂的物质，尤其如此。用计算机控制的近代 X 射线衍射仪一般都配备有自动检索软件（如 MDI Jade 和 EVA 软件），通过图形对比方式检索多物相样品中的物相。需要注意的是，计算机自动检索软件至今尚未十分成熟，有时也会出现给出一些似是而非的候选卡片，需要人工判定结果的情况。

物相分析时应注意：检索和核对 PDF 卡片时以 d 值为主要依据，以 I/I_1 值为参考依据；低角度数据比高角度数据重要；强线比弱线重要。

③ 多相物质分析　多相物质相分析的方法是按上述基本步骤逐个确定其组成相。多相物质的衍射花样是其各组成相衍射花样的简单叠加，这就带来了多相物质分析（与单相物质相比）的困难：检索用的三强线不一定属于同一相，而且还可能发生一个相的某线条与另一相的某线条重叠的现象。因此，多相物质定性分析时，需要将衍射线条轮番搭配、反复尝试，比较复杂。

可见，多晶 X 射线衍射物相鉴定方法原理简单，容易掌握，应用时不必具有专门的理论基础，而且它是一种非破坏性分析，不消耗试样。多晶 X 射线衍射法是对晶态物相进行鉴定分析的"特效"手段，尤其是对同质异象、多型、固溶体的有序-无序转变等的鉴别，现在还没有可以替代它的其它方法。不过，用此法进行物相鉴定有时也要通过较为复杂的程序和步骤，并不是靠"一张图、一张卡片"便能够得到答案的，鉴定时必须综合比较，并参考其它实验方法的结果（如化学成分分析、热分析、电子显微镜等）才能得出较为正确、详尽的结论。对于有机物，其数目种类繁多，相比之下现有的 PDF 卡片内的数据实在很贫乏，所以此法用于有机晶体的鉴定还大受限制，但是用在试样间的对照鉴定上还是很有特点的。

（2）物相定量分析

XRD 物相定量分析是基于待测相的衍射强度与其含量成正比，但是影响强度的因素很多，至今凡是卓有成效的物相定量方法都是建立在强度比的基础上。XRD 定量方法有内标法、K 值法、增量法和无标定量法，其中常用的是内标法。衍射强度的测量用积分强度或峰高法，有利于消除基体效应及其它因素的影响。

（3）晶粒大小分析

多晶体材料的晶体尺寸是影响其物理化学性能的重要因素，测定纳米材料的晶粒大小要用 XRD，用 X 射线衍射法测量小晶粒尺寸是基于衍射线剖面宽度随晶粒尺寸减小而增宽，可由式(7-22) 的 Scherrer 方程得出。

$$D = K/B_{1/2}\cos\theta \tag{7-22}$$

式中，D 为小晶体的平均尺寸；K 为常数（约等于 1）；$B_{1/2}$ 为衍射线剖面的半高宽。影响衍射峰宽度的因素很多，如光源、平板试样、轴向发散、吸收、接收狭缝和非准直性、入射 X 射线的非单色性（K_{α_1}、K_{α_2}、K_β）等。应该指出，当小晶体的尺寸和形状基本一致时，式(7-22) 计算结果比较可靠。但一般粉末试样的晶体大小都有一定的分布，Scherrer 方程需要修正，否则只能得到近似的结果。

（4）结晶度分析

物质的结晶度会影响材料的物性，测定结晶度的方法有密度法、IR 法、NMR 法和差热分析法，XRD 法优于上述各法，它是依据晶相和非晶相散射守恒原理，采用非晶散射分离法（HWM）、计算机分峰法（CPRM）或近似全导易空间积分强度法（RM）测定结晶度。

除以上测定外，利用 X 射线衍射分析法还可进行宏观应力和微观应力分析、薄膜厚度的测定和物相纵向深度分析、择优取向（织构）分析等。

7.3.3 单晶衍射分析

化学是一门能够创造新物质和分子聚集体的科学，探索新的合成方法与合成结构新颖、具有分子美学或实际用途的新型分子一直是化学研究的重要领域之一。单晶结构分析可以提供一个化合物在固态中所有原子的精确空间位置，比较清楚、全面地了解其空间结构，能在分子、原子水平上提供完整而准确的物质结构信息，该法能够测定出组成晶体的原子或离子的空间排列情况，从而了解晶体和分子中原子的化学结合方式、分子的立体构型、构象、电荷分布、原子在平衡位置附近的热振动情况以及精确的键长、键角和扭角等结构数据。因此，单晶 X 射线衍射分析成为结构测定中最权威的方法，成为当前认识固体物质微观结构最强有力的手段。

7.3.3.1 单晶结构分析简史

20 世纪初期，X 射线衍射研究的先驱——德国科学家劳厄开始对晶体的 X 射线进行研究，他于 1912 年发表了计算衍射条件的公式，即劳厄方程，并于 1914 年获得诺贝尔物理学奖。与此同时，布拉格（W. L. Bragg）也提出了布拉格方程，并测定了 NaCl 等的晶体结构，从此开启了简单无机化合物晶体结构的研究，布拉格于 1915 年获得诺贝尔物理学奖。对有机化合物的结构测定也在 1923 年取得突破，首例被测定结构的有机物是六亚甲基四胺。随后，在有机物、配位化合物、金属有机化合物等的晶体结构研究取得了迅速发展，涉及的结构越来越复杂。

在晶体结构解析的理论和方法方面，早期采用模型法和帕特森法，到 20 世纪 40 年代，直接法的研究也开展起来。仪器方面的发展极大地推动了 X 射线单晶结构分析的发展，早期采用各种照相方法，包括回摆法、魏森贝格法、旋进法等。而 1970 年四圆单晶衍射仪的问世，实现了 X 射线衍射实验技术自动化的第一个飞跃。到 20 世纪 80 年代，计算机已经广泛应用于衍射数据收集的控制、解析和结构精修，从而相当程度上实现了单晶结构分析过程的自动化。近年来，由于理论、衍射仪和计算机的飞速发展，X 射线结构分析不仅能解析复杂化合物的结构，而且能够解析十分复杂的蛋白质等生物大分子的结构。1962 年，诺贝尔化学奖授予测定肌红和血红蛋白晶体结构的 J. C. Kendrew 和 M. F. Perutz，诺贝尔生理医学奖则授予用 X 射线测定 DNA 双螺旋结构的 F. H. C. Crick 和 J. D. Watson。

7.3.3.2 单晶结构分析过程

X 射线晶体结构分析的过程，从单晶培养开始，到晶体的挑选与安置，继而使用衍射仪测量衍射数据，再利用各种结构分析与数据拟合方法，进行晶体结构解析与结构精修，最后得到各种晶体结构的几何数据与结构图形等结果。利用目前的仪器设备和计算机，一个常规小分子化合物的 X 射线晶体结构分析全过程可以在几十分钟到几个小时内完成。图 7-27 概括了晶体结构分析的过程，左边的方框列出了各个主要步骤，右边则列出了每个步骤可以获得的主要结果或数据。

（1）晶体培养与挑选

衍射实验所需要单晶的培养，必须采用合适的方法，以获取质量好、尺寸合适的晶体。晶体的生长和质量主要依赖于晶核形成和生长的速率。晶核形成的快就会形成大量微晶，并易出现晶体团聚。相反，太快的生长速率会引起晶体出现缺陷。为了避免这两个问题常常需要摸索和"运气"，以获取新化合物的结晶规律。常用的有效方法有冷却或蒸发化合物的饱和溶液、溶液界面扩散法、蒸汽扩散法、凝胶扩散法、水热法或溶剂热法等。晶体大小是一

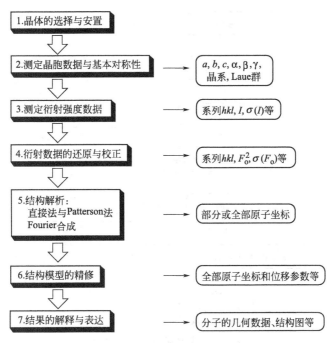

图 7-27 晶体结构分析的步骤

个重要因素，理想的尺寸取决于晶体的衍射能力和吸收效应程度、所用 X 射线的强度和探测器的灵敏度。晶体的衍射能力和吸收效应程度决定于晶体所含元素的种类和数量。而 X 射线的强度和探测器的灵敏度均取决于衍射仪的配置。晶体合适的尺寸是：纯有机物 $0.2 \sim 0.5mm$，金属配合物或金属有机物 $0.15 \sim 0.4mm$，纯无机物 $0.08 \sim 0.3mm$，蛋白质 $1.0 \sim 1.5mm$。尽量选取三个方向尺寸相近（否则对衍射的吸收有差别）的单晶，过大的单晶可以用解剖刀切割。品质好的晶体，应该是透明、没有裂痕、表面干净、有光泽、外形规整。

（2）晶体的衍射实验

将平行的单色 X 射线投射到一颗小单晶上，由于 X 射线和单晶发生相互作用，会在空间偏离入射的某些方向上产生衍射线。晶体内部结构不同，衍射的方向和强度也不同。基本程序是：首先旋转照相，查看晶体的质量；接着测量晶体的晶胞参数；最后收集晶体的衍射强度数据，并将这些数据写在一个文件中。这些数据包括衍射指标、衍射角度、衍射点及背景强度等数值。一般说来，每天可测定 $1000 \sim 2500$ 个衍射点，不同单胞大小的晶体，测定时间通常持续 $1 \sim 5$ 天。

在数据收集完成后，每个衍射点的强度、位置和相应背景等原始数据必须经过处理和校正以产生相应的 F_o（结构振幅）值，用于结构解析与结构精修。这个过程称为数据还原和校正。数据还原通常在数据收集的末尾进行，形成一个带有衍射指标 hkl，衍射强度 F_o^2 值及其标准不确定度 $\sigma(F_o^2)$ 的数据文件。必要时，还可以获得每个衍射点的方向余弦值。这些方向余弦值代表了测量时每个衍射的精确方位，可以用于吸收校正。如果晶体不是球形或者立方体，且各向异性，则在不同方向的衍射会因路径长度不同而引起透过率明显的不同，那么就必须进行吸收校正，例如薄片状的晶体。

图 7-28 概括了晶体数据的收集过程。衍射实验所收集的原始数据，经过还原、校正和吸收校正之后，就可以获得包括 hkl、F_o^2 值以及背景强度等数据，结合指标化过程中获得的晶胞参数，可以进一步确定晶体的空间群，并进入结构解析阶段。

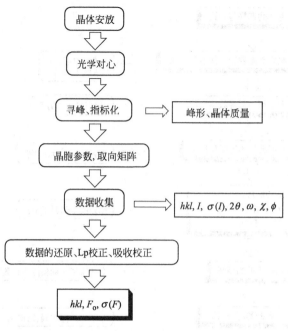

图 7-28　晶体数据的收集过程

（3）晶体结构解析与精修

晶体衍射实验所得到的数据是：晶胞参数、衍射指标、结构振幅 $|F_{\circ}|$、可能的空间群、原子的种类和数目等。未知的数据是晶胞中原子的精确位置，即衍射点的相角和原子坐标，这就是结构解析所需要解决的问题。图 7-29 是晶体结构解析的步骤。晶体结构解析过程中，经常采用 Patterson 和直接法解决相角问题（即获得大致准确的相角数据）；再结合实验得到的 $|F_{\circ}|$，经过多轮傅里叶合成，计算出一套新的晶体空间电子密度分布图，得到完整的、真实的结构。这时的结构参数中仍有这样那样的错误或偏差，为了获得精确的结构数据，必须对有关的参数值进行最优化，使得结构模型与实验数据之间偏差尽量小，即最吻合，这一过程称为结构精修。经过合理精修后得到的模型，才得到正确的晶体结构结果。结构精修最常见的方法是最小二乘法。

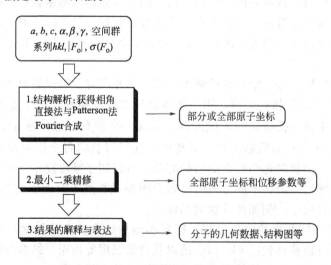

图 7-29　晶体结构解析的步骤

（4）晶体结构的表达

X射线单晶结构分析从物理学理论和实验出发，经过数学计算，获得晶体结构与分子几何，甚至价键的电子密度等数据，为化学工作者提供了大量有意义的信息。图7-30是通过晶体解析给出的［Cu₂(Ophen)₂］分子的电子密度与分子结构图。这些信息包括：晶胞参数与化学式、晶体密度，键长与键角，最佳平面、扭转角与二面角，氢键、π-π堆积作用与范德华作用等分子间的弱相互作用等数据；配位聚合物和无机化合物的配位多面体连接方式；以及电子密度等。单晶结构分析通过立体几何关系（晶体中原子的坐标），将化学、物理学和材料学联系起来，充分利用其结果，研究原子间的相互作用——成键作用、分子结构和超分子弱作用，这是化学工作者最感兴趣的问题。

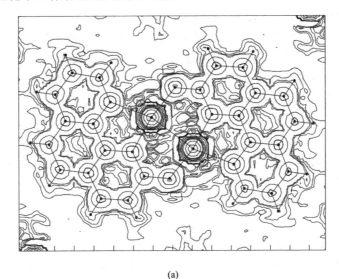

(a)

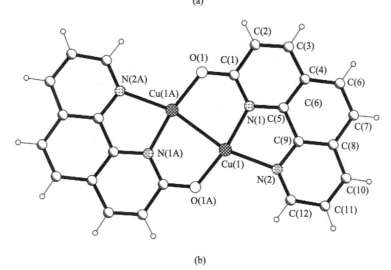

(b)

图7-30 ［Cu₂(Ophen)₂］分子的电子密度（a）与分子结构（b）图

除了晶体结构数据外，单晶结构分析还提供了另一强有力的表达方式，即各式各样的结构图。常用的有：分子结构图、晶胞图、堆积图及表明特性作用或结构的图，比如球棍图、椭球图、线形图、空间填充图、多面体图和立体图等。

此外，还可利用所获得的晶胞参数、空间群、全部原子的坐标等参数，通过计算机程序可将其结构信息直接转化为粉末 X 射线图谱，这种模拟粉末 X 射线衍射谱图可以作为有关化合物的标准粉末衍射谱图，用它与粉末样品的 X 射线衍射花样进行比较，可了解该粉末样品的物相纯度。

（5）晶体学信息文件 CIF 和数据库

20 世纪 90 年代初，为了通过计算机和网络传输和存取晶体常数，国际晶体学会建立了一套晶体学信息文件（Crystallographic Information File，简称 CIF）标准。所谓 CIF，是一种用于计算机传输的晶体学档案文件，属于自由格式，有一定的弹性，可供计算机和人阅读。CIF 文件一般在最小二乘精修结构的最后阶段通过输入相应命令来产生。有关国际晶体学会对 CIF 的格式、产生程序及各种说明，以及描述 CIF 的原始文献等，可以通过国际晶体学会相关网页（http：//www. iucr. ac. uk）了解。CIF 的主要内容包括：晶体结构测量过程的方法与参数、化合物的化学式、晶胞参数、空间群、精修结果的有关参数、全部原子坐标及其原子位移参数、键长、键角和氢键信息等。可以登录 http：//checkcif. iucr. org/，在网上考察晶体结构精修是否完整和完美；该网站对 CIF 文件中的各种可能错误和不足进行了相当全面的分析，并给出相应的解释和解决方法。

国际上有几个著名的晶体学数据中心，这些中心的主要作用是收集、储存和提供已知化合物的晶体结构数据。基本所有的科学杂志在发表论文前，要求把 CIF 以电子版的形式存放到这些著名的国际晶体学数据中心，并给于相应的储存编号。最为重要的两个数据库为：剑桥结构数据库（Cambridge Structural Database，CSD；网址为 http：//www. ccdc. cam. ac. uk）和无机晶体结构数据库（The Inorganic Crystal Structure Database，ICSD；网址为 http：//www. fiz-informationsdienste. de/en/DB/icsd/index. html）。CSD 只收集并提供具有 C—H 键的所有晶体结构的 CIF，包括有机化合物、金属有机化合物和配位化合物等；ICSD 收集并提供除了金属和合金以外、不含 C—H 键的所有无机化合物的晶体结构信息。

7.3.3.3　X 射线单晶衍射仪

早期测量衍射强度用各种照相法，例如回摆（Oscillation）照相法、Weissenburg 照相法，旋进（Procession）照相法等等。这些方法比较烦琐，数据精确度也比较低，但具有准确确定劳埃群和晶胞的优点。这些古老的方法目前已经很少使用，可以通过有关文献了解，这里不作描述。

20 世纪 70 年代出现了配备点探测器的自动化衍射仪，能快速准确地测量衍射强度。目前实际使用的衍射仪基本上是传统四圆衍射仪和面探衍射仪两大类。这两类衍射仪的结构基本一致，主要包括光源系统、测角器系统、探测器系统和计算机四大部分，图 7-31 是 X 射线单晶衍射仪的基本结构示意图。

光源系统主要包括高压发生器和 X 光管，前者提供高压电流，如果使用封闭式 X 光管，一般电压为 $40\sim50kV$，$20\sim40mA$。由于 X 光管在工作过程中需要外接水循环冷却系统冷却以降低阳极靶的温度。测角器系统与载晶台和探测器直接相连，用于控制晶体和探测器的空间取向。如果使用点测角器系统，则测角器系统为传统四圆设置；如果使用面探测器系统，则测角器系统可以为三圆设置，其中 χ 圆被固定。控制仪器的计算机，可以为普通 PC 机，也可以为工作站。计算机的功能包括控制测角器系统和探测器的机械运动，以及快门的开关，收集和记录测角器系统的各种角度数据、探测器的强度数据等，也包括数据处理等工作。一般衍射仪均可以装上低温系统，用于冷却晶体的温度，如果使用液氮作为冷却剂，晶

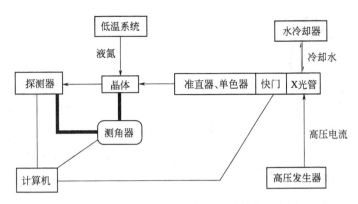

图 7-31　X射线单晶衍射仪的基本结构示意图

体的温度可以降低到约 100K。如果使用液氮，温度还可以更低。快门的作用是控制 X 射线的射出，而单色器的作用是只让特征 X 射线通过，如让 MoK$_\alpha$ 通过。准直器则控制照射到晶体上 X 射线光斑的大小。

　　传统四圆衍射仪有由计算机控制的四个机械"圆"。在马达的驱动下，其中三个圆发生转动，使晶体与入射 X 射线形成各种合适的取向，以满足布拉格条件。这时，衍射发生在水平面上，第四个圆驱动探测器到合适的位置上，以测量衍射强度。如图 7-32（a）所示，四个圆分别称为 ϕ 圆、χ 圆、ω 圆和 2θ 圆。ϕ 圆指围绕安装晶体的轴旋转的圆，即测角头绕晶轴自转的圆。χ 圆使测角头可在 χ 环上做圆周运动，χ 轴通过仪器中心，并和 χ 环平面垂直。ω 圆指围绕通过衍射仪中心的垂直轴，可使 χ 环平面绕轴旋转带着晶体绕垂直轴旋转的圆。2θ 圆是和 ω 圆共轴的一个圆，计数器沿该圆转动到适当的位置以收集数据。四个圆有三个轴，这三个轴和 X 射线在空间相交于一点，这一点即为晶体所在的位置。每个圆上都有一个独立的马达带动，通过计算机控制操纵，让晶体具有不同的衍射指标 hkl 的晶面皆有机会产生衍射。在四圆衍射仪中，ω 圆、ϕ 圆和 χ 圆用来调节晶体的定位取向，使一指定的衍射线刚好进入 2θ 圆带动的计数器中，以测定衍射强度。

　　根据所采用测角器的几何学原理，四圆衍射仪分为欧拉（Eulerian）几何和卡帕（Kappa）几何两种。典型的欧拉几何四圆衍射仪有 Siemens P4（后合并到 Bruker 公司中）和 Rigaku AFC5R，典型的卡帕几何衍射仪为 Enraf-Nonius CAD4。

　　图 7-32（a）是欧拉几何衍射仪的测角系统，测角器安装在 ω 圆上。ω 圆上处于水平面上，有一个垂直旋转轴。不论 ω 取何值，这个 ω 圆总是与 χ 圆互相垂直，后者的转轴在水平方向上。载晶台则直接安放位于 χ 圆里面的第三个圆，即 ϕ 圆上。第四个圆（即 θ 圆）与 ω 圆共圆心，θ 圆上带有 X 射线探测器。

　　图 7-32（b）卡帕几何衍射仪的测角系统，θ 圆及 ω 圆与欧拉几何衍射仪上相应的圆具有同样的功能。χ 圆被 κ 圆代替了，它的轴与水平方向倾斜 50°。它连接一个安放载晶台的臂，ϕ 轴与 κ 轴成 50°。利用 ϕ 和 κ 的不同组合，晶体通过 χ 轴旋转可以达到欧拉几何里的大部分位置。与欧拉几何测角器相比，κ 几何测角器在安装冷却晶体的低温装置比较方便，在 ω 圆上没有限制，因此安装低温装置不造成探测死角。

　　物质的性质诸如光学性质、磁学性质、吸附性质、电学性质、生物分子活性及其功能都由不同层次的结构决定的，分子的晶体结构是揭示结构与性能关系的重要因素。因此，单晶结构分析所揭示的化合物的结构和性能间的关系，对于无机化学、有机化学、生物化学、材料化学、药物化学，特别对于配位化学等研究领域理性设计及合成功能材料和药物具有重要

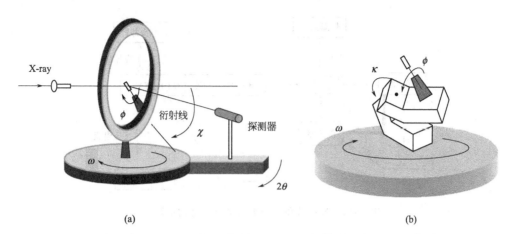

图 7-32 欧拉几何衍射仪 (a) 及卡帕几何衍射仪 (b) 的测角器系统

的作用，已经成为化学、生物、医学、材料、地质等研究领域不可或缺的研究手段。

1. 连续 X 射线和特征 X 射线产生的机理分别是什么？
2. 布拉格方程的物理意义是什么？
3. X 射线荧光是怎么产生的？为什么能用 X 射线荧光进行元素的定性和定量分析？
4. 试从工作原理、仪器结构和应用三方面对色散型和能量型 X 射线荧光光谱仪进行比较。
5. 描述晶体宏观对称性与微观对称性的对称操作有哪些？
6. 叙述 X 射线粉末衍射仪的工作原理。
7. 试述 X 射线粉末衍射分析法的主要应用。
8. 简述 X 射线单晶分析的过程及其在结构分析中的应用。

习 题

1. 当选用 LiF 晶体（$2d=0.402$nm）作为衍射晶体测定连续 X 射线时，在掠射角 $\theta=30°$ 处，从反射方向测出哪些波长的 X 射线（连续 X 射线是来自 40kV 加速电压的 X 管）。

2. 用平行法分光器测定荧光 X 射线时，用 LiF($2d=0.402$nm) 作为分光晶体，准光器片间距为 0.127mm，长 101.6mm。试计算能否分辨开 CuK_{α_1}（0.1541nm）和 CuK_{α_2}（0.1544nm）的荧光 X 射线。[提示：二级衍射线的分辨率要高于一级衍射线。]

3. 试计算 CaK_{α}（0.33583nm）、FeK_{α}（0.19360nm）、CuK_{α}（0.15405nm）谱线分别在 LiF($2d=0.402$nm) 晶体和 PET($2d=0.3742$nm) 晶体上一级衍射线的掠射角 θ。

4. 以 LiF($2d=0.4027$nm) 作为分光晶体时，2θ 角从 10°～145° 转动，可测定的波长范围为多少？铁能否被检测？

第8章 电分析化学方法基础

8.1 电分析化学方法概述

8.1.1 电分析化学法

电分析化学是仪器分析的一个重要分支，它把电学与化学有机地结合起来，是研究它们之间相互作用的一门科学。

电分析化学法是研究物质在溶液中的电化学性质的一类仪器分析方法。应用电化学的基本原理和实验技术，依据溶液或其它介质中物质的电化学性质及其变化规律，来测定物质组成及含量的分析方法称为电分析化学法或电化学分析法。

这种方法所要检测的电参量通常是电阻（或电导）、电位（电极电位或电动势）、电流、电量等，或者检测某种电参量在溶液反应过程中的变化情况，或检测某一组分在电极上析出物质的质量，根据检测的电参量与化学量之间的内在联系，对样品进行定量或定性的分析。

目前，电分析化学方法研究的物质已有上万种，并在很多领域得到了应用。

8.1.2 电分析化学法分类

按照 1976 年 IUPAC（国际纯粹与应用化学联合会）所规定的分类方法，并结合通过测定电流、电位、电导、电量等物理量进行命名的方法对电分析化学法分类如下。

第一类：不考虑双电层也不考虑电极反应。例如，电导分析法、电导滴定法、高频滴定法等。

第二类：考虑双电层但不考虑电极反应。例如，通过测量表面张力、非法拉第阻抗来测定浓度的方法。

第三类：考虑电极反应，但在工作电极上施加 $i=0$ 的方法，即电位分析法。这是以测量溶液的电动势为基础的分析方法。用一支指示电极和一支参比电极与试液组成化学电池，在零电流条件下测定电池的电动势，从而求得待测组分的浓度或含量的分析方法。

直接电位法是测定溶液的电动势，由于溶液的电动势与溶液中电活性物质的活度有关，就可以确定离子的活（浓）度。

电位滴定法就是测定滴定分析过程中工作电池的电动势的变化，从而确定滴定终点，求出被测组分的浓度或含量。

第四类：考虑电极反应，并在工作电极上施加恒定的激发信号，这时的 $i \neq 0$。例如，电解分析法和库仑分析法。在控制电流或控制电位的条件下，使被测物在电极上析出，实现分离或定量测定目的的方法，称为电解分析法。库仑分析法就是在控制电流或控制电位的条件下，依据法拉第电解定律，由电解过程中电极上通过的电量来确定电极上反应的物质的质量。

第五类：考虑电极反应，并且在电极上施加可变的激发信号，这时的 $i \neq 0$。例如，伏安分析法就是通过测定特殊条件下的电流-电压曲线来分析电解质的组成和含量的一类分析方法的总称。其中直流极谱法是使用滴汞电极的一种特殊的早期伏安分析法。此外，还有单扫描极谱法、脉冲极谱法、方波极谱法、交流极谱法、线性扫描伏安法、溶出伏安法等。

8.1.3 电分析化学法的特点

与其它分析方法相比，用电分析化学法测定的长处在于：

① 能进行价态及形态分析，如能分别测定溶液中 Ce(Ⅲ) 和 Ce(Ⅳ) 的含量而非总量；

② 测定的是待测物的活度 (a) 而不是浓度，对于生理研究、植物研究等对各种离子活度关心的行业有其独到的应用；

③ 能研究电子转移过程，尤其是生物体内的电子传递。

电分析化学法的特点具体归纳起来有如下几点：

① 准确度高。例如精密库仑滴定分析法，其理论相对误差仅为 0.0001%（即测定法拉第常数的误差），此法不需要标准物质，唯一参考标准是法拉第常数。

② 灵敏度高。在提高灵敏度方面，伏安分析法有其独到之处。例如溶出伏安法能同时测定几种含量很低的金属，其最低含量可达 10^{-10}%（或质量分数为 10^{-12} 数量级）；这样的灵敏度足可以和无火焰原子吸收光谱甚至中子活化分析法相媲美。

③ 选择性好。除电导分析法和恒电流电重量分析法以外，其它电分析化学法都具有较好的选择性。例如控制阴极电位电解法，可以在多种金属共存时分离并测定某一金属；方波极谱、示差脉冲极谱等方法都有较高的分辨率；某些离子选择性电极，如 F^- 离子选择性电极、K^+ 离子中性载体电极、酶电极等都具有较好的抗干扰能力。

④ 组分含量的测定范围宽。例如电重量分析法、电位滴定、电导滴定等分析方法可用于常量组分的测定；极谱分析、离子选择性电极分析、库仑滴定、微库仑分析等方法适合于微量组分的测定；极谱催化波、脉冲极谱和溶出伏安法适用于微量、超微量组分的测定。

⑤ 仪器设备简单，维护要求低。与许多现代仪器分析方法相比较，电分析化学方法所用的仪器装置简单，容易制造，调试、操作也比较容易，而且维护要求低，不产生特殊的维护费用。

⑥ 容易实现自动化。由于所有的电分析化学法都是通过电化学池直接给出电信号，因此便于自动化和计算机控制，适用于在线测定。

8.1.4 电分析化学方法的应用和发展

电分析化学方法的应用极为普遍，周期表上几乎所有元素，以及所有能在界面上进行氧化还原、吸附脱附、离子转移或传输的无机、有机和生物物质等，均可采用电分析化学法进行研究。在一般工业分析、环境样品分析、药物分析中有较多应用。由于生命现象与电化学过程密切相关，因此在生命科学中也有着广泛应用。不仅可以在液相（水及非水溶剂）、熔盐、固相、气相、流动体系中进行测定，甚至可进行生物活体测定；既可检测含量高达

99.999%的高纯物质，也可检测含量低至10^{-10}%（或质量分数为10^{-12}数量级）的物质。

电分析化学方法在化学反应的机理、历程、平衡常数的研究中起到主要的作用。生物电分析化学的引入和发展，对现代工业、农业、能源、生命科学的研究和发展都具有特殊意义。由微电极（10^{-8}cm^2）引入而产生的微电极伏安法，目前已在生物电化学、快速过程动力学、能源电化学和电分析方法等领域得到应用。化学修饰电极的出现，使得人们可以用物理或化学手段，在电极表面层接上一层化学基团，造成某种微结构，赋予电极预定的功能，从而有选择地进行所期望的反应，在分子水平上实现电极功能的设计。电化学生物传感器由于使用生物材料作为传感器的敏感元件，所以具有高选择性，是快速、直接获取复杂体系组成信息的理想分析工具。

电分析化学和其它学科的相互渗透，使其自身得到了飞速发展。电分析化学法与紫外可见光谱、红外光谱、拉曼光谱、X射线衍射、扫描探针等的现场联用技术，以及电化学石英晶体微天平等都得到了广泛应用。电分析化学法与色谱法相结合而产生的液相色谱电化学，探讨了新的电化学检测和分离的方法，提高了分离效能和物质定性鉴别及定量测定的能力。

电分析化学已在现代分析化学中占有特殊的地位。它不仅能进行组分和形态分析，而且对电极过程反应理论的研究，对生命科学、能源科学、信息科学和环境科学的发展起着重要的作用。它不仅是一种分析手段，而且已发展成一个独立的学科方向。

然而，如何提高信噪比及分辨率等，仍然是发展电分析化学方法的中心问题。对于电极、仪器的研究和制造，要结合近代微机技术，注意开发高性能的仪器和微型电极，使分析过程自动化、智能化和多功能化，促使电分析化学的新发展。

8.2　电分析化学方法基本理论

8.2.1　电化学池

8.2.1.1　电化学池的组成

电分析方法有许多种，无论哪一种电分析方法，都是在电化学池（或称化学电池）中完成的。

简单的电化学池是由两组金属-溶液体系组成的。每一个电化学池有两个电极，分别浸入适当的电解质溶液中，用金属导线从外部将两个电极连接起来，同时使两个电解质溶液接触，构成电流通路。电子通过外电路导线从一个电极流入另一个电极，溶液中带正负电荷的离子从一个区域向另一个区域输送电荷，最后在金属-溶液界面处发生电极反应，即氧化-还原反应。

电化学池分成原电池和电解池。原电池能自发地将化学能变成电能，电极反应自发进行；电解池不能自发地将化学能变成电能，需要外部电源提供能量才能使电极反应进行。在化学电池内，发生氧化反应的电极称为阳极，发生还原反应的电极称为阴极。电解池的负极为阴极，它与外电源的负极相联；电解池的正极为阳极，它与外电源的正极相联。

如果两个电极浸在同一个电解质溶液中，这样构成的电池称为无液体接界电池（图8-1）；如果两个电极分别浸在用半透膜或烧结玻璃隔开的、或用盐桥连接的两种不同的电解质溶液中，这样构成的电池称为有液体接界电池（图8-2）。

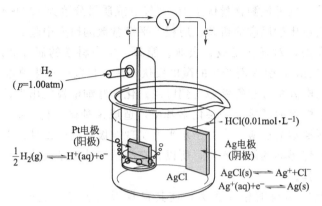

图 8-1　无液体接界电池

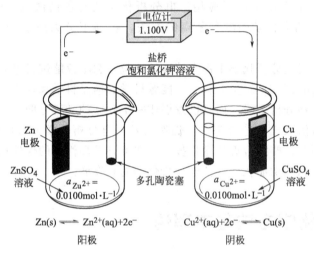

图 8-2　有液体接界电池

用半透膜、烧结玻璃隔开或用盐桥连接两个电解质溶液，是为了避免两种电解质溶液的机械混合，同时又能让离子自由通过。

在上述电化学池内，单个电极上的反应称为半电池反应。若两个电极没有用导线连接起来，半电池反应达到平衡状态，没有电子输出；当用导线将两个电极连通构成通路时，有电流通过，构成原电池。在图 8-1 和图 8-2 所示的化学电池中，阳极和阴极上所发生的氧化还原反应如下：

图 8-1 阳极：　　　　　　　　$H_2 \rightleftharpoons 2H^+ + 2e^-$

图 8-1 阴极：　　　　　　　　$AgCl + e^- \rightleftharpoons Ag + Cl^-$

图 8-2 阳极：　　　　　　　　$Zn \rightleftharpoons Zn^{2+} + 2e^-$

图 8-2 阴极：　　　　　　　　$Cu^{2+} + 2e^- \rightleftharpoons Cu$

8.2.1.2　电化学池的图解表达式

为了简化起见，常用图解表达式来表示电化学池的构成。用图解表达式表示时，有如下规定：

（1）两相界面或不相容的两种溶液间用单竖线"｜"表示；两种溶液通过盐桥连接，用双竖线"‖"表示，表示液体接界电位已基本消除；同一相中同时存在多种组分时，用"，"隔开。

（2）左边电极进行氧化反应，右边电极进行还原反应；

（3）电池中的溶液应注明浓（活）度，气体应注明压力、温度。若不注明，默认为25℃和101325Pa。

图 8-1 所示的无液接电池的图解表达式为：

$$(-)Pt, H_2(101.3kPa) \mid H^+(0.01mol \cdot L^{-1}), Cl^-(0.01mol \cdot L^{-1}), AgCl(饱和) \mid Ag(+)$$

图 8-2 所示的铜锌电池的图解表达式为：

$$(-)Zn \mid ZnSO_4(1.0mol \cdot L^{-1}) \parallel CuSO_4(1.0mol \cdot L^{-1}) \mid Cu(+)$$

一般原电池的图解表达按式(8-1)：

$$(-)电极 1 \mid 溶液(a_1) \parallel 溶液(a_2) \mid 电极 2(+) \tag{8-1}$$

$$\qquad 阳极 \qquad\quad E（电动势） \qquad\qquad 阴极$$

8.2.2 电极电位

8.2.2.1 电极电位的产生

当金属和溶液接触后，金属晶格上的原子由于受到溶液中水分子的极化、吸引，最终失去电子后脱离晶格，以水合离子的形式进入溶液；同样，溶液中的金属离子也有被吸附到金属表面的可能。因此金属可以看成是由离子和自由电子组成。金属离子以点阵排列，电子在其间运动。当金属和溶液接触后，在电极与溶液之间就有一个界面。如果导体电极带正电，将会对溶液中的负离子产生吸引、对正离子产生排斥的作用，结果在靠近电极附近的紧密层（0.1nm）内同时存在静电和特性吸附、键合等作用，有电荷过剩；形成一个类似充电电容器那样的界面双电层。除此之外，超出了静电引力作用或其它作用太小可以忽略不计时，将不再有电荷过剩现象。

例如当金属锌片浸入合适的电解质溶液（如 $ZnSO_4$）中，由于金属中 Zn^{2+} 的化学势大于溶液中 Zn^{2+} 的化学势，金属锌就不断溶解下来以 Zn^{2+} 形式进入溶液中，电子被留在金属片上，结果在金属与溶液的界面上金属带负电，溶液带正电，两相间形成了双电层，有了电位差。这种双电层将排斥 Zn^{2+} 继续进入溶液，金属表面的负电荷对溶液中的 Zn^{2+} 又有吸引，形成了相间平衡电极电位。对于给定的电极和介质而言，其它条件固定时电极电位是一个确定的数值。

双电层的相间电位差除了与金属本性、溶液性质、浓度、表面活性物吸附有关外，还与温度有关。

8.2.2.2 电极电位的测量

单个电极的电位是无法测量的，因为当用导线连接溶液时，又产生了新的溶液-电极界面，形成了新的电极，这时测得的电极电位已不再是单个电极的电位，而是两个电极的电位差了。因此，式(8-1) 的原电池的电动势为：

$$E = E_右 - E_左 + E_{液接} - iR \tag{8-2}$$

式中，$E_右$ 是右边电极，即阴极的电极电位；$E_左$ 是左边电极，即阳极的电极电位；$E_{液接}$ 是液体接界电位；iR 是溶液和测量电路的电阻引起的电压降。假设 $E_{液接}$ 和 iR 都很小，可以忽略不计，这样，式(8-2) 可简化为

$$E = E_右 - E_左 \tag{8-3}$$

如果在构成原电池的两个电极中，选用标准氢电极与其它电极组成原电池，然后通过测定此原电池的电动势，就可以得到其它电极相对于标准氢电极的电极电位值。

8.2.2.3 标准电极电位与条件电极电位

（1）标准电极电位

对于任何一个可逆的电极反应：$Ox+ne=Red$，可用能斯特（Nernst）方程式表示电极电位与反应物质活度之间的关系：

$$E_{Ox/Red}=E_{Ox/Red}^{\ominus}+\frac{RT}{nF}\ln\frac{a_{Ox}}{a_{Red}} \tag{8-4}$$

式中，$E_{Ox/Red}$ 为氧化还原电对电极的电位，V；$E_{Ox/Red}^{\ominus}$ 为该电极的标准电位，V；R 为气体常数，$8.314J\cdot mol^{-1}\cdot K^{-1}$；$T$ 为绝对温度，K；n 为电极反应转移的电荷数；F 为法拉第常数，即 1mol 电子的电量，$1F=96487C\cdot mol^{-1}$；a_{Ox}、a_{Red} 分别为氧化态或还原态的活度，$mol\cdot L^{-1}$。

在式(8-4)中，当 a_{Ox}、a_{Red} 均为 $1mol\cdot L^{-1}$ 时，$E_{Ox/Red}$ 的值等于 $E_{Ox/Red}^{\ominus}$，这时的电极电位称为标准电极电位。

（2）条件电极电位

在实际应用时，用能斯特方程式计算得到的结果与测定值在某些情况下会有一定的差异，这是由于实际的电池体系与理想的电池体系所处的环境不同所引起的。外界条件对电极电位的影响主要有以下几个方面：

① 当用浓度代替活度时，会有差异；

② 有 H^+（或 OH^-）参与反应时，pH 对电极电位的影响；

③ 离子在溶液中可能发生配合、沉淀等副反应，难以确定离子的有效浓度 c，只知道离子的总浓度 c'。

考虑到这些因素，能斯特方程式可展开为：

$$E_{Ox/Red}=E_{Ox/Red}^{\ominus}+\frac{RT}{nF}\ln\frac{\gamma_{Ox}\delta_{Red}c_{Ox}'}{\gamma_{Red}\delta_{Ox}c_{Red}'} \tag{8-5}$$

式中，γ_{Ox}、γ_{Red} 分别为氧化态和还原态的活度系数；c_{Ox}'、c_{Red}' 分别为氧化态和还原态的总浓度，δ_{Ox}、δ_{Red} 分别为氧化态和还原态的副反应系数，$\delta_{Ox}=c_{Ox}'/c_{Ox}$，$\delta_{Red}=c_{Red}'/c_{Red}$；其中 c_{Ox}、c_{Red} 分别为氧化态和还原态的有效浓度。

令
$$E_{Ox/Red}^{\ominus}{}'=E_{Ox/Red}^{\ominus}+\frac{RT}{nF}\ln\frac{\gamma_{Ox}\delta_{Red}}{\gamma_{Red}\delta_{Ox}} \tag{8-6}$$

则
$$E_{Ox/Red}=E_{Ox/Red}^{\ominus}{}'+\frac{RT}{nF}\ln\frac{c_{Ox}'}{c_{Red}'} \tag{8-7}$$

式（8-7）中，$E_{Ox/Red}^{\ominus}{}'$ 为条件电极电位。当 $c_{Ox}'/c_{Red}'=1$ 时，条件电极电位等于实际电极电位。

8.2.2.4 液体接界电位

在两种不同离子的溶液、两种离子相同浓度不同或离子和浓度都不相同的溶液接触界面上，存在着微小的电位差，称为液体接界电位。它是由于各种离子具有不同的迁移速率而引起。液体接界电位与离子的浓度，电荷数、迁移速度以及溶剂的性质有关，其大小一般不超过 30mV。

如图 8-3 所示，在两个互相接触但其浓度不同的高氯酸溶液中，H^+ 和 ClO_4^- 由 $0.1mol\cdot L^{-1}$ 相向 $0.01mol\cdot L^{-1}$ 相扩散。由于 H^+ 的迁移速率比 ClO_4^- 的快，造成两溶液界面上的电荷分布不均匀，$0.01mol\cdot L^{-1}$ 溶液界面一侧带正电荷多而 $0.1mol\cdot L^{-1}$ 溶液界面一侧带负电荷多，产生了界面电位差。带正电荷多的 $0.01mol\cdot L^{-1}$ 溶液界面一侧对 H^+ 有静电排斥作用，使之迁移变慢，对 ClO_4^- 有静电吸引作用而使之迁移变快，最后正负离子以相同的速率通过界面，达到平衡，使两溶液界面有稳定的界面电位，这一电位称为液接电位。同理，当两个浓度相同但离子不同的溶液互相接触时，也会因为不同离子的迁移速度不同而产生液接电位。

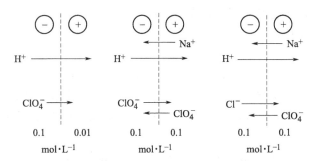

图 8-3　扩散电位示意图

由于液接电位不只局限于出现在两个液体界面，也可以出现在其它相界面之间，所以这类电位又称扩散电位。

在电位法的直接电位分析法中，液接电位是引起误差的主要原因之一。用盐桥代替原来的两种溶液的直接接触，可以使液接电位降低至最小且稳定的数值。盐桥中的物质一般选用迁移数相近的阳、阴离子，如 K^+ 和 Cl^- 的盐溶液。

8.2.3　电分析化学方法中的电极

8.2.3.1　电分析化学方法中的电极分类

（1）按电极的作用分类

按测量过程中电极所起的作用，可将电极分为三类。

① 指示电极或工作电极　是组成测量电池的主要电极。指示电极是指其电极电位能反映电化学池中离子或分子的浓度，本身响应测量溶液中离子或分子的浓度信号的一类电极；工作电极是指能够发生所需的电化学反应或响应激发信号，用于测量过程中溶液本体浓度发生变化的体系的一类电极。

② 参比电极　是指能与指示电极形成电极对，本身的电极电位不随测定溶液浓度变化而变化的电极。

③ 辅助电极或对电极　提供电子传导场所，与工作电极组成电极对，形成通路。其本身的电极反应是非实验所研究或测试的。常常用在电解池中，起到对电极回路的外加电压进行调节和稳定工作电极的电位的作用。

（2）按电极的极化性质分类

在电化学测量中，有的电极的电位会偏离平衡电位，产生极化现象，有的电极则没有极化现象。因此可分为极化电极和去极化电极。

① 极化电极　在电化学测量中，电极电位随外加电压的变化而变化，或当电极电位改变很大时所产生的电流改变很小的电极。极化电极与平衡体系的电位的偏离值称为过电位。如电解、库仑分析及极谱分析法中的工作指示电极都是极化电极。

② 去极化电极　在电化学测量中，电极电位不随外加电压的变化而变化，或当电极电位改变很小时所产生的电流的变化很大的电极。如饱和甘汞电极以及电位分析法中的离子选择电极均为去极化电极。

8.2.3.2 参比电极

理想的参比电极具有可逆性、重现性和稳定性。可逆性是指电极反应可逆、能量转变严格符合能斯特方程，即使电路中有微小的电流通过时，其电极电位仍能保持恒定。重现性是指当温度或浓度改变时，电极响应仍符合能斯特方程而无滞后现象；稳定性是指在测量时电极电位不随时间变化，随温度等环境因素影响较小。

参比电极有以下几种：

（1）标准氢电极

在 H^+ 活度为 $1.0mol \cdot L^{-1}$ 的硫酸介质中，用压力为 101.3kPa 的 H_2 所饱和的铂黑电极为标准氢电极，其构造见图 8-4。它是所有电极中重现性最好的电极。规定标准氢电极（SHE）的电位为零，并以它为标准，测得其它各种电极的标准电极电位。其半电池表达式为：

$$Pt, H_2(101.3kPa) | H^+(1.0mol \cdot L^{-1})$$

电极反应为：

$$2H^+ + 2e^- \Longrightarrow H_2$$

由于标准氢电极难以制备，使用也不方便，故在实际工作中应用受限。

（2）甘汞电极

甘汞电极是最常用的参比电极，其构造见图 8-5。甘汞电极是以甘汞（Hg_2Cl_2）和汞（Hg）的一定浓度的 KCl 溶液为盐桥的汞电极，其半电池表达式为：

$$Hg, Hg_2Cl_2(s) | KCl(xmol \cdot L^{-1})$$

电极反应为：

$$Hg_2Cl_2 + 2e^- \Longrightarrow 2Hg + 2Cl^-$$

电极电位表达式（25℃）为：

$$E_{Hg_2Cl_2/Hg} = E^{\ominus}_{Hg_2Cl_2/Hg} - 0.0592 \lg a_{Cl^-} \tag{8-8}$$

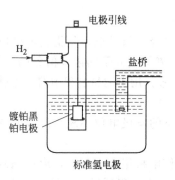

图 8-4　标准氢电极构造图

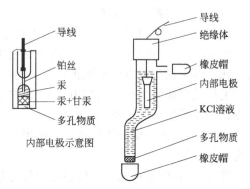

图 8-5　甘汞电极构造图

甘汞电极的电极电位随氯化钾溶液的浓度和温度变化而变化。不同 KCl 溶液浓度时甘汞电极的电极电位可由式(8-8)求得。其中饱和甘汞电极（SCE，使用饱和氯化钾作盐桥）使用最多，在 25℃时其电极电位为 0.2438V。在 t℃时饱和甘汞电极的电极电位校正式为：

$$E_t = 0.2438 - 7.6 \times 10^{-4}(t - 25)(V) \tag{8-9}$$

甘汞电极的电位稳定。只要测量电流较小时，其电位就不会有显著的变化。但当温度较高时，如 80℃，甘汞发生歧化作用：

$$Hg_2Cl_2 \longrightarrow Hg + HgCl_2$$

所以其使用温度不得超过 80℃。

甘汞电极通过其尾端的烧结陶瓷塞或多孔玻璃与指示电极相通。在使用时，一般要求内参比溶液的液面高于待测溶液和内部电极，以保持测量电路畅通和避免待测溶液渗入内参比溶液而引起污染。当测定与内参比溶液中 Cl^- 有沉淀反应的待测溶液时，将对测量结果产生影响，如测定 Ag^+ 的浓度或用 $AgNO_3$ 滴定卤素元素含量时若采用 SCE，就需采用双盐桥（第二盐桥采用饱和硝酸钾溶液）甘汞电极作参比电极。

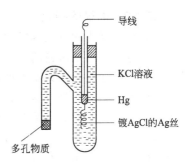

图 8-6　银-氯化银电极构造示意图

（3）银-氯化银电极

银-氯化银电极是由浸入氯化钾溶液中的细银棒或银丝上镀一层氯化银（将其在 KCl 或 NaCl 溶液中电解）而制得。银-氯化银参比电极的构造见图 8-6。其半电池表达式为：

$$Ag,AgCl(s) | KCl(x mol \cdot L^{-1})$$

电极反应为：

$$AgCl + e^- \rightleftharpoons Ag + Cl^-$$

电极电位为（25℃）：

$$E_{AgCl/Ag} = E^{\ominus}_{AgCl/Ag} - 0.0592 \lg a_{Cl^-} \tag{8-10}$$

银-氯化银电极的电极电位随氯化钾的浓度和温度变化而变化。对于标准 Ag-AgCl 电极，在 $t℃$ 时的电极电位为：

$$E_t = 0.2223 - 6 \times 10^{-4}(t-25) \ (V) \tag{8-11}$$

银-氯化银电极的重现性比甘汞电极好，温度系数小，且可在80℃以上使用。

8.2.4　电极反应步骤和电极的极化

8.2.4.1　电极反应步骤

一个总电极反应是由一系列步骤所组成，至少有以下①、③、⑤三步，见图8-7。

① 物质传递　反应物通过扩散、对流和迁移方式向电极表面传递；

② 前置的表面转化　反应物在电极表面进行没有电子参与的转化，如吸附变化等；

③ 电子传递　发生电极反应；

④ 后续的表面转化　反应产物在电极表面层中进行某些没有电子参与的转化，如脱附、分解、复合等；

⑤ 物质再传递　反应产物生成新相，产物粒子从电极表面向溶液内部传递。

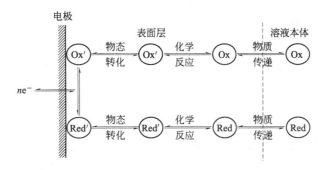

图 8-7　电极反应的途径示意图

其中电极反应速率受速率最慢的电极过程控制。可逆电极过程因为扩散速率最慢，电极反应由扩散控制；不可逆电极过程的电极反应速率最慢，电极反应速率控制着电极过程。

8.2.4.2 电极的极化

（1）浓差极化和电化学极化

如果电极反应是可逆的，通过电极的电流非常小，电极反应是在平衡电位下进行的，这种电极称为可逆电极。只有可逆电极才满足能斯特方程式。

当较大的电流通过电池时，电极电位将偏离可逆电位，不再满足能斯特方程，这种现象称为极化。极化通常分为浓差极化和电化学极化。

浓差极化是由于电极反应过程中，电极表面附近溶液的浓度和溶液本体的浓度发生差别所引起的。电解作用开始后，阳离子在阴极上还原，致使电极表面附近溶液阳离子减少，浓度低于本体溶液，在阴极上还原的阳离子减少了而引起阴极电流的下降。为了维持原来的电流密度，必然要增加额外的电压，也就是要使阴极电位比可逆电位更负一些。这种由于离子从溶液内部向电极输送的速率赶不上离子在电极上反应的速率而引起的电极电位偏离可逆电位的现象称为浓差极化。浓差极化的大小用浓差过电位表示。

电化学极化产生的原因是由于电化学反应本身的迟缓性所引起的。由于电极过程是由许多分步骤过程组成的，其中速率最慢的一步控制着整个过程的速率。在许多情况下，电极反应步骤的速率很慢，它的进行需要很大的活化能，当电流密度较大时，引起电极上电荷的累积，此时电极的电位偏离其平衡电位。为了克服反应速率的障碍能垒，必须额外多加一定的电压，保证有一定的电解电流通过电解池。对于阴极反应来说，必须使阴极电位较其平衡电位更负一些；在阳极上，必须使阳极电位较其平衡电位更正一些。这种由于电极反应速率慢而引起的偏离平衡电位的现象叫电化学极化或动力极化。电化学极化的大小用电化学过电位表示。

浓差极化和电化学极化在具体案例中往往有一个占主导地位。

（2）过电位

极化现象伴随有过电位的产生。过电位代表为了维持电极反应速率所需要的额外能量，此能量会转化成热能。如不加指明，一般指由于电化学极化所引起的过电位。过电位用 η 表示。

$$\eta_c = E_{c可逆} - E_c \tag{8-12}$$

$$\eta_a = E_a - E_{a可逆} \tag{8-13}$$

在式（8-12）和式（8-13）中，η_a 为阳极过电位，正值；η_c 为阴极过电位，负值。

也就是说，当极化现象发生时，阳极电位 E_a 将向比可逆阳极电位 $E_{a可逆}$ 更正的方向移动，而阴极电位 E_c 将向比可逆阴极电位 $E_{c可逆}$ 更负的方向移动。

过电位的大小与极化的程度有关。如果在电极上的析出物为金属，过电位一般很小。当析出物为气体时，特别是阴极上析出氢，阳极上析出氧时过电位都很大。影响极化程度的因素很多，主要有电极的大小和形状、导电性能、电解质溶液的组成、温度、搅拌情况和电流密度等。

 思 考 题

1. 电化学池由哪几部分组成？如何表达电池的图示式？电池的图示式有哪些规定？

2. 写出一般电极电位的能斯特公式。如何正确用能斯特公式计算电极的电位？对数项前的符号如何确定？

3. 参比电极的特点是什么？写出甘汞电极的图解表达式及其电极电位的能斯特公式。

4. 何谓电极的极化？产生电极极化的原因有哪些？极化过电位如何表示？

1. 电池 Hg｜Hg_2Cl_2，Cl^-（饱和）‖M^{n+}｜M 在 25℃时的电动势为 0.100V；当 M^{n+} 的浓度稀释为原来的 1/50 时，电池的电动势为 0.050V。试求电池右边半电池反应的电子转移数。已知 $E_{SCE}=0.244V$。

2. 在 25℃时含有 Ag^+/Ag 电对的体系中，$E^{\ominus}_{Ag^+/Ag}=0.799V$。若加入 NaCl 溶液至溶液中 $c(Cl^-)$ 维持 $1.00mol \cdot L^{-1}$ 时，计算 $E_{Ag^+/Ag}$ 的值。

3. 计算 298.15K 下，$c(Zn^{2+})=0.100mol \cdot L^{-1}$ 时的 $E_{Zn^{2+}/Zn}$ 值。已知 $E^{\ominus}_{Zn^{2+}/Zn}=-0.762V$。

4. 计算 298.15K 下，$c(OH^-)=0.100mol \cdot L^{-1}$ 时的 E_{O_2/OH^-} 值。已知 $p(O_2)=101.3kPa$，$E^{\ominus}_{O_2/OH^-}=0.401V$。

5. 在 25℃时，由标准甘汞电极作阴极，和氢电极组成一对电极，浸入 100mL HCl 试液中，测得该电池电动势为 0.40V。已知标准甘汞电极的电位为 0.28V，$E^{\ominus}_{H^+/H_2}=0.00V$，氢气分压为 101.3kPa。试用电池的图示式表示电池的组成形式，并计算试液中含有 HCl 的质量（g）。

6. 请按电极电位值（在 25℃时）的大小顺序排列下列组成不同的银电极，设活度系数均为 1。

a. Ag｜$AgNO_3(0.001mol \cdot L^{-1})$，$E^{\ominus}_{Ag^+/Ag}=0.799V$

b. Ag｜$AgNO_3(0.001mol \cdot L^{-1})+NaCl(0.01mol \cdot L^{-1})$；$K_{sp,AgCl}=1.8\times10^{-10}$

c. Ag｜$AgNO_3(0.001mol \cdot L^{-1})+KCN(0.1mol \cdot L^{-1})$；$K_{不稳}=3.8\times10^{-10}$

第9章

电位分析法

9.1 电位分析法基本原理

电位分析法是一种通过测量溶液的电池电动势来测定物质含量的分析方法，可分为直接电位法和电位滴定法两种。

直接电位法是通过测量某一化学电池的电动势，从而测得指示电极的电极电位，根据能斯特方程式直接求得待测物质的浓（活）度。例如用电位法测定溶液的 pH；用离子选择性电极来测定待测离子的浓（活）度等。电位滴定法是通过测量某一化学电池在滴定过程中电动势的变化，从而确定滴定终点，进而求得被测物质含量的方法。

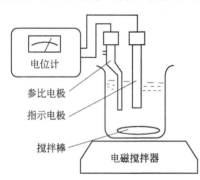

图 9-1　电位分析基本装置示意图

在电位分析中，由两支电极和待测定溶液构成测量电池。其中的一支电极为指示电极，其电极电位随待测离子活度的变化而变化；另一支电极为参比电极，其电位在测定过程中保持恒定，不受试液组成变化的影响，与指示电极组成电极对。将指示电极和参比电极一起浸入试液，组成电池体系。如图 9-1 所示的测量电池可表示为：

参比电极 ‖ 试液溶液│指示电极

这时原电池的电动势为：$E = E_{指示} - E_{参比} + E_{液接}$

若用盐桥尽可能减小液接电位，又由于参比电极的电位在测定过程中保持恒定，视为常数，则上式可表示为：

$$E = E_{指示}(vs\ E_{参比}) \tag{9-1}$$

用高输入阻抗测试仪表如 pH/mV 计、离子计等，在通过电路中的电流接近于零的条件下测定电池的电动势，应用直接电位法或电位滴定法，可求得待测离子的活度或浓度。

理想的指示电极应该能够快速、稳定地响应被测定离子，并应有很好的重现性。指示电极种类较多，一般可以分为基于电子交换的金属基电极和基于离子交换的膜电极，即离子选择性电极。

9.2 金属基电极

金属基电极的共同特点是电极反应中有电子的交换，即有氧化还原反应。按其组成体系及响应机理不同，可以有以下分类：

第一类电极：金属与该金属离子溶液组成的电极体系，用（$M \mid M^{n+}$）表示。其电极电位决定于金属离子的活度。

电极反应为：
$$M^{n+} + ne^- = M$$

电极电位为：
$$E_{M^{n+}/M} = E^{\ominus}_{M^{n+}/M} + \frac{RT}{nF} \ln a_{M^{n+}} \tag{9-2}$$

式中，$E_{M^{n+}/M}$ 为电极的电位，V；$E^{\ominus}_{M^{n+}/M}$ 为该电极的标准电位，V；R 为气体常数，$8.314 J \cdot mol^{-1} \cdot K^{-1}$；$T$ 为绝对温度，K；n 为电极反应转移的电荷数；F 为法拉第常数，即 1mol 电子的电量，$1F = 96487 C \cdot mol^{-1}$；$a_{M^{n+}}$ 为 M^{n+} 的活度，$mol \cdot L^{-1}$。

这类金属有银、铜、锌、镉、汞、铅等，例如：$Ag \mid Ag^+$ 电极。

第二类电极：金属及其难溶盐或配离子所组成的电极体系，它能间接反映与该金属离子生成难溶盐的阴离子或生成配离子的配位体的活度。

例如氯离子能与银离子生成氯化银难溶盐，在以氯化银饱和过的、含有氯离子的溶液中，用银电极可以指示氯离子的活度，电极表示为 $Ag \mid AgCl, Cl^- (x mol \cdot L^{-1})$。

$$AgCl + e^- \Longrightarrow Ag + Cl^-$$

$$E_{AgCl/Ag} = E^{\ominus}_{AgCl/Ag} - \frac{RT}{F} \ln a_{Cl^-} \tag{9-3}$$

氰离子能与银离子生成二氰合银配离子，同样银电极也能指示氰离子的活度。

$$Ag(CN)_2^- + e^- \Longrightarrow Ag + 2CN^-$$

$$E_{Ag(CN)_2^-/Ag} = E^{\ominus}_{Ag(CN)_2^-/Ag} + \frac{RT}{F} \ln \frac{a_{Ag(CN)_2^-}}{a_{CN^-}^2} \tag{9-4}$$

一般 a_{Ag^+} 为一定值，且小于 a_{CN^-}，可将 $a_{Ag(CN)_2^-}$ 视为定值，则式(9-4)可简化为：

$$E_{Ag(CN)_2^-/Ag} = E^{\ominus}{}'_{Ag(CN)_2^-/Ag} - \frac{RT}{2F} \ln a_{CN^-} \tag{9-5}$$

式(9-5)中，$E^{\ominus}{}'_{Ag(CN)_2^-/Ag} = E^{\ominus}_{Ag(CN)_2^-/Ag} + \frac{RT}{F} \ln a_{Ag(CN)_2^-}$

这类电极中常用的是银-氯化银电极和甘汞（$Hg-Hg_2Cl_2$）电极，一般作为参比电极。

第三类电极：金属与两种具有共同阴离子的难溶盐或具有共同配位体的配离子组成的电极体系，表示为 $M \mid (MX, NX, N^{p+})$。

例如草酸根离子能与银离子和钙离子生成草酸银和草酸钙难溶盐，在以草酸银和草酸钙饱和过的、含有钙离子的溶液中，用银电极可以指示钙离子的活度。

$$Ag \mid Ag_2C_2O_4, CaC_2O_4, Ca^{2+} (x mol \cdot L^{-1})$$

银电极电位为：
$$E_{Ag^+/Ag} = E^{\ominus}_{Ag^+/Ag} + \frac{RT}{F} \ln a_{Ag^+} \tag{9-6}$$

设 K_{sp1}、K_{sp2} 分别为 $Ag_2C_2O_4$ 和 CaC_2O_4 的溶度积，从难溶盐的溶度积公式得：

$$a_{Ag^+} = \left(\frac{K_{sp1}}{a_{C_2O_4^{2-}}} \right)^{\frac{1}{2}}, a_{C_2O_4^{2-}} = \frac{K_{sp2}}{a_{Ca^{2+}}} \tag{9-7}$$

将式(9-7)代入式(9-6)，并整理得：

$$E_{Ag^+/Ag} = E_{Ag^+/Ag}^{\ominus\,\prime} + \frac{RT}{2F}\ln a_{Ca^{2+}} \tag{9-8}$$

式中，$E_{Ag^+/Ag}^{\ominus\,\prime} = E_{Ag^+/Ag}^{\ominus} + \frac{RT}{2F}\ln\frac{K_{sp1}}{K_{sp2}}$

又如配位滴定中的 pM 电极，由金属汞（或汞齐丝）浸入含有少量 Hg^{2+}-EDTA 配合物及被测金属离子的溶液中所组成，可指示滴定过程中金属离子 M^{n+} 的活度。电极组成为：

$$Hg \mid HgY^{2-}, MY^{n-4}, M^{n+}$$

在溶液中存在着以下平衡：

$$Hg^{2+} + Y^{4-} \rightleftharpoons HgY^{2-}, K_{HgY^{2-}} = \frac{[HgY^{2-}]}{[Hg^{2+}][Y^{4-}]} \tag{9-9}$$

$$M^{n+} + Y^{4-} \rightleftharpoons MY^{n-4}, K_{MY^{n-4}} = \frac{[MY^{n-4}]}{[M^{n+}][Y^{4-}]} \tag{9-10}$$

Hg^{2+}/Hg 电对的电极电位为：

$$E_{Hg^{2+}/Hg} = E_{Hg^{2+}/Hg}^{\ominus} + \frac{RT}{2F}\ln a_{Hg^{2+}} \tag{9-11}$$

在滴定终点附近，可以认为 $[HgY^{2-}]$ 及 $[MY^{n-4}]$ 保持不变，视为常数，将式(9-9)和式(9-10)代入式(9-11)，并将常数项合并整理，得：

$$E_{Hg^{2+}/Hg} = E_{Hg^{2+}/Hg}^{\ominus\,\prime} + \frac{RT}{2F}\ln a_{M^{n+}} \tag{9-12}$$

式中，$E_{Hg^{2+}/Hg}^{\ominus\,\prime} = E_{Hg^{2+}/Hg}^{\ominus} + \frac{RT}{2F}\ln\frac{[HgY^{2-}]K_{MY^{n-4}}}{[MY^{n-4}]K_{HY^{2-}}}$。

零类电极：将惰性导电材料（如铂、金、碳等）作为电极，插入含可溶性氧化态和还原态的溶液中，表示为 Pt | Ox, Red。这类电极本身不参与电极反应，仅作为氧化态与还原态物质传递电子的媒体，同时起着传导电流的作用。它能指示同时存在于溶液中的氧化态和还原态活度的比值，也能用于一些有气体参与的电极反应。

例如：Pt | Fe^{3+}, Fe^{2+}；又如：H^+ | H_2, Pt。其电极电位为：

$$E_{Ox/Red} = E_{Ox/Red}^{\ominus} + \frac{RT}{nF}\ln\frac{a_{Ox}}{a_{Red}} \tag{9-13}$$

9.3 离子选择性电极

9.3.1 离子选择性电极基础

离子选择性电极（ion-selective electrode，简称 ISE）是一类具有敏感膜的电极。其电极敏感膜产生的膜电位的大小与溶液中某种离子的活度有关，从而可用来测定这种离子。

9.3.1.1 离子选择性电极的基本结构

离子选择性电极的基本结构见图 9-2。电极腔体一般由玻璃或高分子聚合物材料制成，内参比电极常用银-氯化银丝，内参比溶液一般为被响应离子的强电解质溶液。电极薄膜是具有响应机理的敏感膜。敏感膜的电阻很高，所以电极需要良好的绝缘，以防旁路漏电而影响测定。同时，电极用金属屏蔽线与测量仪器连接，以消除周围交流电场及静电感应的影响。

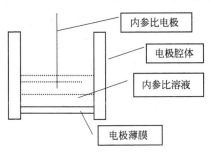

图 9-2　ISE 电极基本结构示意图

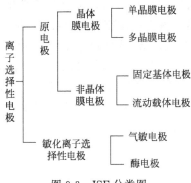

图 9-3　ISE 分类图

敏感膜一般要求满足以下条件：①微溶性；②导电性；③对待测组分有选择性响应（如离子交换、参与成晶、生成配合物等）。敏感膜的材料、性质的不同，决定其响应机理也各不相同，因此产生了各种不同类型的离子选择性电极。

9.3.1.2　离子选择性电极的分类

概括地说，离子选择性电极可分为原电极和敏化电极，见图 9-3。原电极又分为晶体膜电极和非晶体膜电极。

晶体膜电极的敏感膜用难溶盐的晶体制成，厚约 $1 \sim 2mm$。在这类晶体中，借助于晶格缺陷实现在晶体中的导电过程（类似于半导体的空穴导电）。因为缺陷空穴的大小、形状和电荷分布的限制，只能容纳特定的可移动的晶格离子进入空穴，通常是离子半径最小和电荷最少的晶格离子，如 LaF_3 中的 F^-、Ag_2S 和 AgX 中的 Ag^+ 等，其它离子不能进入，因此敏感膜具有选择性。

非晶体膜电极分固定基体电极和流动载体电极。固定基体电极的代表是玻璃电极，其敏感膜是特殊的玻璃膜。

流动载体电极又称液膜电极。这类电极由敏感膜、液体离子交换剂、内参比电极和内参比溶液组成。一般将活性物质溶在有机溶剂中，如羧酸二元酯、磷酸酯、硝基芳香族化合物等，形成惰性微孔支持体作为敏感膜。膜内活性物质与待测离子发生离子交换反应，但其本身不离开膜。这种离子之间的交换将引起相界面电荷分布不均匀，从而形成膜电位。液膜上分布有直径小于 $1\mu m$ 的微孔，孔与孔之间上下左右彼此连通。为了克服液膜稳定性差等缺点，有时在有机溶剂中溶入少量 PVC。

敏化离子选择性电极是利用原电极进一步制作而成的一大类专属电极，可分成气敏电极和生物电极。气敏电极由离子选择性原电极、参比电极，中间电解质溶液和憎水性透气膜组成。试样中待测气体扩散通过透气膜，进入原电极敏感膜与透气膜之间的电解质溶液，使其中某离子的活度发生变化，进而引发原电极的电位发生变化，间接测定透过的气体。生物电极也是以原电极为基础电极，敏感膜为生物酶膜或生物大分子膜，用于对底物或生物大分子的分析。

9.3.1.3　离子选择性电极的膜电位

离子选择性电极是一类具有敏感膜的电极，其电极电位可用式(9-14)表示：

$$E_{ISE} = E_{内参比} + E_{膜} \tag{9-14}$$

离子选择性电极的膜电位由扩散电位和道南电位构成。

（1）扩散电位

如图 9-4(a) 所示，两个互相接触但其浓度不同的盐酸溶液（也可以是不同组成的溶液），若溶液 2 的浓度大于溶液 1，则 H^+ 和 Cl^- 由溶液 2 向溶液 1 扩散。由于 H^+ 的迁移速率较 Cl^- 快，造成两溶液界面上的电荷分布不均匀，产生电位差。于是带正电荷的溶液 1 对 H^+ 有静电排斥作用而使之迁移变慢；而对 Cl^- 有静电吸引作用使之迁移变快，最后 H^+ 和 Cl^- 以相同的速率通过界面，达到平衡，使两溶液界面有稳定的界面电位，这一电位称为液接电位。由于它不只局限于出现在两个液体界面，也可以出现在其它相界面之间，所以这类电位统称扩散电位。很明显，扩散电位是由于正负离子的迁移速度不同产生的。

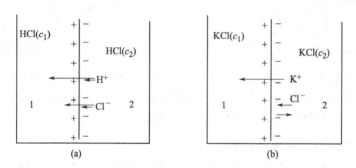

图 9-4　扩散电位（a）和道南电位（b）示意

在离子选择性电极的膜相内也会产生扩散电位。

这类扩散属于自由扩散，正、负离子都可以扩散通过界面，没有强制性和选择性。

（2）道南（Donnan）电位

如图 9-4(b) 中两个溶液用渗透膜隔开，仅容许 K^+ 能从溶液 2 扩散通过溶液 1（$c2 > c1$），而 Cl^- 不能通过，于是造成两相界面电荷分布不均匀，产生电位差。这种由于渗透膜的作用使某种离子能够扩散而其它离子不能扩散所产生的界面电位称为道南电位。

这类扩散具有强制性和选择性。

道南电位的计算公式为：

$$E_D = E_1 + E_2 = \frac{RT}{nF} \ln \frac{a_{+(2)}}{a_{+(1)}} \tag{9-15}$$

式中，E_D 为道南电位，V；a_+ 为在溶液 1 或溶液 2 中的正离子的活度；其它符号同式 (9-2)。

如系负离子扩散，则：

$$E_D = E_1 - E_2 = -\frac{RT}{nF} \ln \frac{a_{-(2)}}{a_{-(1)}} \tag{9-16}$$

（3）离子选择性电极的膜电位

各种类型的离子选择性电极的响应机理虽然各有特点，但其电极电位产生的基本原因都是由于膜电位的产生，如图 9-5 所示。膜电位的产生是由于响应离子在敏感膜表面的扩散及建立双电层的结果。在敏感膜与溶液两相间的界面上，由于离子扩散产生道南电位；在膜相内部，膜内外的表面和膜本体的两个界面上由于活度不同尚有扩散电位产生（实际上，膜内部的扩散电位并无明显的分界线，图中为了方便而人为画出）。

若敏感膜仅对阳离子 M^{n+} 有选择性响应，当电极浸入含有该离子的溶液中时，电极的膜电位为：

$$E_{膜} = (E_{D外} + E_{L外}) - (E_{D内} + E_{L内}) \tag{9-17}$$

式中，$E_{D外}$ 和 $E_{D内}$ 分别为膜外部与膜内部的道南电位；$E_{L外}$ 和 $E_{L内}$ 分别为膜外部与膜内部的扩散电位；

通常认为敏感膜内外表面的性质相同，即 $E_{L外}=E_{L内}$，且 $a'_{M外}\approx a'_{M内}$。因此，由式(9-15)或式(9-16)可得：

$$E_{膜}=E_{D外}-E_{D内}=\frac{RT}{nF}\ln\frac{a_{M外}}{a_{M内}} \tag{9-18}$$

式中，$a_{M外}$ 为待测溶液中 M^{n+} 的活度，$a_{M内}$ 为膜电极内参比液中 M^{n+} 的活度；n 为离子的电荷数。

由于内参比溶液中 M^{n+} 的活度不变，为常数，因此电极的膜电位可表示为：

$$E_{膜}=k+\frac{RT}{nF}\ln a_{M外} \tag{9-19}$$

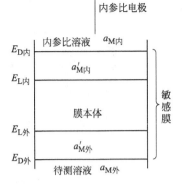

图 9-5　膜电位作用示意图

可见，膜电位与溶液中 M^{n+} 的活度之间的关系，符合能斯特方程式。常数项 k 为与电极内参比液被测离子活度有关的常数，还包括由于膜的内外两个表面性质不完全相同而引起的不对称电位。

离子选择性电极的电位为内参比电极的电位与膜电位之和，即

$$E_{ISE}=E_{参}+E_{膜}=K+\frac{RT}{nF}\ln a_{M外} \tag{9-20}$$

式中，$K=k+E_{参}$。25℃时，式(9-20)可写成：

$$E_{ISE}=K+\frac{0.0592}{n}\lg a_{M外} \tag{9-21}$$

同理，若敏感膜仅对阴离子 X^{n-} 有选择性响应，则 25℃时该离子选择性电极的电位为：

$$E_{ISE}=K-\frac{0.0592}{n}\lg a_{X外} \tag{9-22}$$

9.3.2　各种离子选择性电极及响应机理

9.3.2.1　玻璃电极

（1）玻璃电极的构造

玻璃电极属非晶体膜电极，是用特殊玻璃制成的。用于制造 pH 玻璃电极的考宁（Corning）015 玻璃的组成为：在 72.2% 的 SiO_2 基质中加入 21.4% 的 Na_2O、6.4% 的 CaO（摩尔分数）烧结而成的特殊玻璃膜，厚度约为 0.05mm。玻璃膜封入普通玻璃管中，管中充入 $0.10mol \cdot L^{-1}$ 的 HCl 溶液作内参比溶液，插入银-氯化银电极作为内参比电极（图 9-6）。

（2）玻璃膜的响应机理

这种玻璃的结构是由固定的带负电荷的硅与氧组成骨架，在骨架的网格中存在体积较小但活动能力较强的阳离子，主要是一价的钠离子，并由它起导电作用。溶液中的氢离子能进入网格并代替钠离子的点位，但高价阳离子却不能进出网格，阴离子则被带负电荷的硅氧载体所排斥。所以这样的玻璃膜对氢离子具有选择性。当玻璃膜浸泡在水中时，由于硅氧骨架与氢离子形成 O—H 共价键，其键合强度约为 O^-Na^+ 离子键的键合强度的 10^{14} 倍，因此发生如下的离子交换反应：

$$H^+(l)+Na^+Gl^-(s)\longrightarrow Na^+(l)+HGl(s)$$

于是，玻璃膜表面的一价阳离子点位在酸性或中性溶液中基本上全为氢离子所占据，形成一个类似硅酸（HGl）的水合硅胶层（也叫溶胀层），平衡时的厚度为 $10^{-4}\sim10^{-5}$ mm。

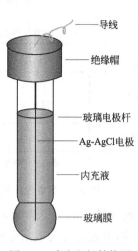

图 9-6　玻璃电极结构图

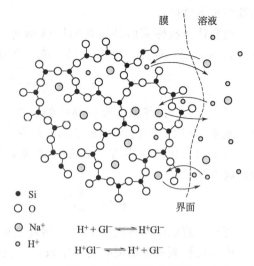

图 9-7　玻璃膜的骨架图

图中标注：导线、绝缘帽、玻璃电极杆、Ag-AgCl电极、内充液、玻璃膜

图 9-7 标注：膜、溶液、界面

- ● Si
- ○ O
- ◉ Na$^+$
- • H$^+$

$$H^+ + Gl^- \rightleftharpoons H^+Gl^-$$
$$H^+Gl^- \rightleftharpoons H^+ + Gl^-$$

而在水合硅胶层的内部，由外向里氢离子的数目渐次减少，钠离子的数目相应增加；在玻璃膜的中部，则仍是干玻璃区域，其一价阳离子点位仍为钠离子所占有，见图 9-7。

H$^+$ 在水合硅胶层表面与溶液的界面上进行扩散，破坏了界面附近原来平衡的正负电荷分布，在两相界面形成双电层结构，从而产生道南电位。另外，在内、外水合硅胶层与干玻璃层之间，还存在着扩散电位。由式(9-19)可得玻璃电极的膜电位与试液 pH 在 25℃时有如下关系式：

$$E_{膜} = K + 0.0592 \lg a_{H^+} = K - 0.0592 pH_{试液} \tag{9-23}$$

（3）pH 玻璃电极的"钠差"和"酸差"

这类用考宁 015 玻璃制成的 pH 玻璃电极，只适用于 pH 1～10 溶液的测量。当试液的 pH 大于 10 时，测得的 pH 比实际数值要低，这种现象称为"碱差"。它来源于钠离子的扩散作用，即钠离子重新进入玻璃膜的硅氧网络，并与氢离子交换而占有少数点位，故又被称为"钠差"。如用 Li$_2$O 代替 Na$_2$O 制作玻璃膜可降低"钠差"。由于锂玻璃的硅氧网络空间较小，钠离子的半径较大，不易进入膜相与氢离子进行交换，因而避免了钠离子的干扰。因此这种电极可用于测量 pH 1～13.5 的溶液。

当试液的 pH 小于 1 时，测得的 pH 值将比实际数值要高，这种现象称为"酸差"。产生"酸差"的原因是当 pH 小于 1 时，溶液中的 H$^+$ 浓度增大，活度系数将小于 1。

玻璃电极在使用前，必须在水中浸泡活化数小时，使膜表面的 Na$^+$ 与水中的 H$^+$ 交换，形成充分的水合硅胶层，以利于离子的稳定扩散。

一种复合式 pH 玻璃电极，就是 pH 玻璃电极和甘汞电极的组合。使用时无需另外的参比电极。玻璃膜的内阻很高，约 100～500MΩ，在玻璃成分中加入氧化镧或氧化铈后，可以降低电极的电阻。一些常见 pH 玻璃电极的组成及性能见表 9-1。

表 9-1　pH 玻璃电极的组成及性能

类型	组成(摩尔分数)	线性范围,pH	直流电阻/MΩ
常温	21.4Na$_2$O＋6.4CaO＋72.2SiO$_2$	1～9.5	40～150
	28Li$_2$O＋5Cs$_2$O＋4La$_2$O$_3$＋63SiO$_2$	0.5～13.5	≥150
	25Li$_2$O＋7CaO＋68SiO$_2$	1～14	～400
	25Li$_2$O＋8BaO＋67SiO$_2$	1～14	～400

类型	组成(摩尔分数)	线性范围,pH	直流电阻/MΩ
低温	$28Na_2O+8MgO+64SiO_2$	$1\sim11$	$\leqslant10$
	$30Li_2O+5BaO+2UO_2+63SiO_2$	$1\sim11$	$\leqslant50$
高温	$24Li_2O+4Cs_2O+4BaO+4La_2O_3+2ThO_2+62SiO_2$	$0.5\sim12.5$	$\leqslant500$
	$12Li_2O+20.6BaO+67.4SiO_2$		$\leqslant500$

（4）阳离子玻璃电极

玻璃膜电极对阳离子的选择性与玻璃膜的成分有关。若在玻璃膜中引入三价元素铝、硼等的氧化物，可以增加对碱金属的响应能力，制得对其它一价阳离子具有选择性的电极。在碱性范围内，其电极电位由碱金属离子的活度决定，而与 pH 无关，这种玻璃电极称为 pM玻璃电极。pM 玻璃电极中最常用的是 pNa 电极，可用来测定钠离子的浓度。表 9-2 列出了几种阳离子玻璃膜的组成及其选择性系数。

表 9-2　几种阳离子玻璃膜电极

主要响应离子	玻璃膜组成(摩尔分数)			电位选择性系数
	Na_2O	Al_2O_3	SiO_2	
Na^+	11	18	71	K^+ 3.3×10^{-3}(pH 7) 3.6×10^{-4}(pH 11) Ag^+ 500
K^+	27	5	68	Na^+ 5×10^{-2}
	11	18	71	Na^+ 1×10^{-3}
Ag^+	28.8	19.1	52.1	H^+ 1×10^{-3}
Li^+	Li_2O 15	25	60	Na^+ 0.2 K^+ $<1\times10^{-3}$

9.3.2.2　晶体膜电极

晶体膜电极除了氟离子选择性电极外，还有能响应卤素离子、银离子、铜离子、铅离子等的多种晶体膜电极。

（1）氟离子选择电极

氟离子选择电极属晶体膜电极，其敏感膜是 LaF_3 的单晶薄片。单晶膜封在聚四氟乙烯管中，管中充入 $10^{-3}mol \cdot L^{-1}$ 的 NaF 和 $0.1mol \cdot L^{-1}$ 的 NaCl 作为内参比溶液，插入银-氯化银电极作为内参比电极（图 9-8）。为了提高膜的电导率，在其中掺杂了 Eu^{2+} 和 Ca^{2+}。二价离子的引入，导致氟化镧晶格缺陷增多，增强了膜的导电性，所以这种敏感膜的电阻一般小于 $2M\Omega$。

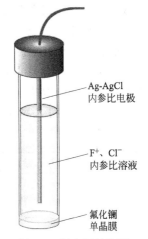

氟离子可在氟化镧单晶膜中移动。靠近缺陷空穴的 F^- 能移动至空穴中，而 F^- 的移动又导致新的空穴的产生，它附近的 F^- 便又移动至空穴中，如此，随着 F^- 的不断移动便传导电流。将电极插入待测溶液中，待测的 F^- 可在膜表面或膜内与相同的离子进行交换，并通过扩散进入膜相。同理，膜内存在的晶格缺陷产生的 F^- 也可扩散进入溶液相。这样，在晶体膜与溶液界面上形成了双电层结构，产生相界电位。膜电位为：

$$E_{膜}=k-\frac{RT}{F}\ln a_{F^-} \tag{9-24}$$

式中，$E_{膜}$ 为氟离子选择性电极的膜电位；a_{F^-} 为待测溶液中

Ag-AgCl
内参比电极

F^+、Cl^-
内参比溶液

氟化镧
单晶膜

图 9-8　氟电极结构图

的氟离子活度；k 为与内参比溶液中 F^- 活度和膜性质有关的常数。

考虑到内参比电极的电极电位，则氟离子选择性电极的电位为：

$$E_{ISE} = E_{内参比} + E_{膜} = K - \frac{RT}{F} \ln a_{F^-} \tag{9-25}$$

由式(9-25)可知，氟离子选择性电极的电位与氟离子活度的对数呈线性关系。

氟电极对氟离子的线性响应范围为 $5 \times 10^{-7} \sim 1 \times 10^{-1} \, \text{mol} \cdot \text{L}^{-1}$。电极的选择性很高，干扰离子是氢氧根离子，这是由于在晶体膜表面存在下列化学反应，改变了膜表面的响应性质。

$$LaF_3(s) + 3OH^- \Longrightarrow La(OH)_3(s) + 3F^-$$

实践证明，电极使用的适宜 pH 范围为 4～8。如果 pH 过低，则会形成 HF 或 HF_2^- 进入溶液，从而影响了敏感膜的响应性质，产生干扰。pH 过高，则会使六方晶系的氟化镧单晶转化为四方晶系的氢氧化镧晶型，也会影响敏感膜的响应性质，产生干扰。在实际工作中，通常用醋酸-醋酸钠的 pH 缓冲溶液调节 pH 为 5.0～5.5，以消除 H^+ 和 OH^- 对测定的干扰。测定时溶液中加入氯化钠和柠檬酸盐（或 EDTA），氯化钠能控制溶液的离子强度，柠檬酸盐（或 EDTA）能配合掩蔽铁、铝、钙、镁等易与 F^- 形成配合物和沉淀的离子，借此可消除它们与 F^- 发生反应产生的干扰。

（2）硫化银选择性电极

硫离子敏感膜是用 Ag_2S 粉末在 $10^8 \, Pa$ 以上的高压下压制而成。它同时也是银离子电极。硫化银是低电阻的离子导体，其中可移动的导电离子是银离子。由于硫化银的溶度积很小，所以电极具有很高的选择性和灵敏度。

硫化银膜电极对 Ag^+ 响应时的膜电位为：

$$E_M = k + \frac{RT}{F} \ln a_{Ag^+} \tag{9-26}$$

对 S^{2-} 响应时的膜电位为：

$$E_M = k - \frac{RT}{2F} \ln a_{S^{2-}} \tag{9-27}$$

同样，铜、铅或镉等重金属离子的硫化物与硫化银混匀压片，能分别制得对这些二价阳离子有响应的敏感膜。

（3）其它晶体膜电极

氯化银、溴化银及碘化银等分别与 Ag_2S 混匀压片能分别作为氯电极、溴电极及碘电极的敏感膜。氯化银和溴化银在室温下均具有较高的电阻，并有较强的光敏性。把氯化银或溴化银晶体和硫化银研匀后一起压制，使氯化银或溴化银分散在硫化银的骨架中，再制成敏感膜，能克服上述缺陷。

对于晶体膜电极的干扰，主要不是由于共存离子进入膜相参与响应，而是来自晶体膜表面的化学反应，即共存离子与晶格离子形成难溶盐或配合物，从而改变了膜表面的响应性质。表 9-3 列出了一些常用的晶体膜电极的性能参数。

表 9-3 常用的晶体膜电极的性能参数

电极	活性物质	可测离子	工作范围/mol·L^{-1}	干扰离子
F^-	LaF	F^-	$1 \sim 10^{-6}$	OH^-
Cl^-	$AgCl/Ag_2S$	Ag^+, Cl^-	$1 \sim 10^{-5}$	$Br^-,$
Br^-	$AgBr/Ag_2S$	Ag^+, Br^-	$1 \sim 10^{-6}$	I^-, OH^-, SCN^-, S^{2-}
I^-	AgI/Ag_2S	Ag^+, I^-, CN^-	$1 \sim 5 \times 10^{-8}$	OH^-, CN^-, S^{2-}
CN^-	AgI	Ag^+, I^-, CN^-		I^-, S^{2-}

电极	活性物质	可测离子	工作范围/mol·L^{-1}	干扰离子
SCN$^-$	AgSCN/Ag$_2$S	Ag$^+$,SCN$^-$	$1\sim5\times10^{-6}$	I$^-$,Br$^-$,OH$^-$,SCN$^-$,
S^{2-}	Ag$_2$S	Ag$^+$,S^{2-}	$1\sim10^{-7}$	Hg^{2+},Hg$^+$
Ag$^+$	Ag$_2$S	Ag$^+$,S^{2-}	$1\sim10^{-7}$	Hg^{2+},Hg$^+$
Cu^{2+}	CuS/Ag$_2$S	Cu^{2+}	$1\sim10^{-8}$	Pb^{2+},Cd^{2+},Ag$^+$
Cd^{2+}	CdS/Ag$_2$S	Cd^{2+}	$10^{-1}\sim10^{-7}$	Pb^{2+},Hg^{2+},Cu^{2+}
Pb^{2+}	PbS/Ag$_2$S	Pb^{2+}	$10^{-1}\sim10^{-7}$	Zn^{2+},Fe^{2+},Cd^{2+}

9.3.2.3　液体膜电极

液体膜电极由含有离子交换剂的憎水性多孔膜、含有离子交换剂的有机相、内参比溶液和参比电极构成，见图9-9。

与晶体电极不同，其中可以与被测离子选择性作用的活性物质即载体可在膜相中流动。若载体带有电荷，称为带电荷的流动载体电极；若载体不带电荷，则称为中性载体电极。

被响应离子I$^+$能自由出入溶液相及膜相，而有机载体离子则被陷入有机膜相中。相反，溶液相中的伴随离子J$^-$则被排斥在膜相之外。由于只有响应离子I$^+$能通过膜进行扩散，因此破坏了两相界面附近电荷分布的均匀性，产生相界电位。

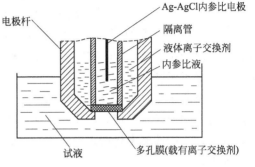

图9-9　液膜电极结构图

对带电荷的流动载体电极来说，载体与响应离子生成的缔合物越稳定，响应离子在有机溶剂中的淌度越大，选择性就越好。活性物质在有机相和水相中的分配系数决定了电极的灵敏度，分配系数越大，灵敏度越高。

常用的钙离子电极就是一种带负电荷的流动载体电极。用多孔性纤维素渗析膜作液体膜，该渗析膜中含有离子交换剂（0.1mol·L^{-1}的二癸基磷酸钙的苯基磷酸二正辛酯溶液），内参比溶液为0.1mol·L^{-1}的CaCl$_2$溶液。二癸基磷酸根〔(RO)$_2$PO$_2^-$〕作为载体，与钙离子作用生成二癸基磷酸钙〔(RO)$_2$POO〕$_2$Ca。当其溶于癸醇或苯基磷酸二辛酯等有机溶剂中，即得离子缔合型的液态活性物质，制得对钙离子有响应的液态敏感膜。

除了Ca^{2+}电极外，还有测定NO$_3^-$的四(十二烷基)硝酸铵正电荷的流动载体电极、用邻二氮菲与Fe^{2+}、Ni^{2+}生成的阳离子配合物，可以做成ClO$_4^-$、BF$_4^-$以及NO$_3^-$等离子的电极，用来测定ClO$_4^-$、BF$_4^-$以及NO$_3^-$等离子，以及用三庚基十二烷基氟硼酸铵测定BF$_4^-$等等。

中性载体膜主要对碱金属和碱土金属离子有响应，其载体有抗生素、冠醚化合物及开链酰胺等，它们能与被响应离子配合后进入膜相进行扩散，产生膜电位。常见的有用缬氨霉素中性载体电极和二甲基二苯并-30-冠-10中性载体电极测定K$^+$；三甘酰双苄苯胺中性载体电极和四甲氧苯基-24-冠-8中性载体电极测定Na$^+$；开链酰胺中性载体电极测定Li$^+$；类放线菌素和甲基类放线菌素中性载体电极测定NH$_4^+$；四甘酰双二苯胺中性载体电极测定Ba^{2+}等。

9.3.2.4　敏化电极

气敏电极是敏化电极的一种。这是一种化学传感器（chemical sensor），它能够识别待

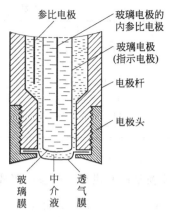

参比电极
玻璃电极的内参比电极
玻璃电极（指示电极）
电极杆
电极头
玻璃膜　中介液　透气膜

图 9-10　气敏电极结构图

测气体，能用于测定溶液或其它介质中某种气体的含量。气敏电极检测的是气态分子，因而有人称之为气敏探针。例如二氧化碳气敏电极，其构造类似于图 9-10。微多孔性气体渗透膜是由醋酸纤维素、聚四氟乙烯、聚偏氟乙烯等材料制成，具有憎水性，但能透过气体。敏感电极为 pH 玻璃电极。当测定时，二氧化碳气体通过气体渗透膜，与中间电解质溶液（$0.01\text{mol} \cdot L^{-1}$ 碳酸氢钠）相接触，二氧化碳与水作用生成碳酸，影响了碳酸氢钠的电离平衡，改变了溶液的 pH。由 pH 玻璃电极的电极电位的改变可以间接测得二氧化碳的含量。

同理，NH_3、SO_2、H_2S、HCN 等气体也可用气敏电极测定，这些气体能引起中介溶液 pH 的升高或降低，用 pH 玻璃电极指示出 pH 变化而用于上述气体的测定。除上述气体外，还可以测定 NO_2、Cl_2 等组分。气敏电极测定 HF 时，HF 与水产生 F^-，可用氟离子选择性电极指示其变化。

酶电极属于生物催化膜电极中的一种。将生物酶涂布在电极的敏感膜上，通过酶的催化作用使待测物质发生反应，产生能在该电极上响应的产物，间接测定该物质。由于酶具有很高的选择性，因此酶电极的选择性相当高。例如，脲酶能催化尿素分解产生氨或铵离子，其反应如下：

$$CO(NH_2)_2 + H_2O \xrightarrow{\text{脲酶}} 2NH_3 + CO_2$$

或

$$CO(NH_2)_2 + H_3O^+ + H_2O \xrightarrow{\text{脲酶}} 2NH_4^+ + HCO_3^-$$

可用氨气敏电极或铵离子选择性电极检测生成的氨或铵离子，即测得尿素的含量。

氨基酸在氨基酸氧化酶催化下发生如下反应：

$$RCHNH_2COOH + O_2 + H_2O \xrightarrow{\text{氨基酸氧化酶}} RCOCOO^- + NH_4^+ + H_2O_2$$

可用铵离子电极来测定反应生成的 NH_4^+。

又如，葡萄糖氧化酶能催化葡萄糖的氧化反应：

$$\text{葡萄糖} + O_2 + H_2O \xrightarrow{\text{葡萄糖氧化酶}} \text{葡萄糖酸} + H_2O_2$$

可用氧电极检测试液中氧含量的变化，间接测定葡萄糖的含量。

除酶电极外，生物催化膜电极还有微生物电极、电位免疫电极、组织电极等。

微生物电极是由固定化的微生物构成，可实现分子识别的功能。这种生物敏感膜的主要特征是：①微生物细胞内含有活性很高的酶体系。②微生物的可繁殖性使该生物膜获得长期可保存的酶活性，从而延长了传感器的使用寿命。例如，将大肠杆菌固定在二氧化碳气敏电极上，可实现对赖氨酸的检测分析；将球菌固定在氯气敏电极上，可实现对精氨酸的检测。

电位免疫电极可以直接检测免疫反应。其原理是：抗体与抗原结合后的电化学性质与单一抗体或抗原的电化学性质发生了较大的变化。将抗体（或抗原）固定在膜或电极的表面，与抗原（或抗体）形成免疫复合物后，膜中电极表面的物理性质，如表面电荷密度、离子在膜中的扩散速度等发生了改变，从而引起了膜电位的改变。例如，将人绒毛膜促性腺激素（hCG）的抗体通过共价交联的方法固定在二氧化钛电极上，形成检测 hCG 的免疫电极。当该电极上 hCG 抗体与被测液中的 hCG 形成免疫复合物时，电极表面的电荷分布发生变化，引起电极电位的变化。

利用动物组织如肾、肝、肌肉、肠黏膜等或植物组织切片，如植物的根、茎、叶等制成组织电极，利用生物敏感膜中的酶作为催化剂可实现对底物的测量。这类电极能够像测定无机离子一样方便、快速地测定出较为复杂的有机物。由于酶反应干扰少，这类电极的选择性较好。由于生物酶催化的反应条件（温度、pH 等）比较温和，这类电极的工作条件也较为温和。

9.3.3 离子选择性电极的性能参数

9.3.3.1 离子选择性电极的电位选择性系数

结合式(9-21) 和式(9-22)，对于一般离子选择性电极，其电极电位可表示为：

$$E_{ISE} = K \pm \frac{RT}{nF} \ln a_i \tag{9-28}$$

式中，a_i 为被测离子 i 的活度。当被测离子 i 为阳离子时，对数项取"＋"，反之取"－"。

离子选择性电极的膜电位的响应并没有绝对的专一性，而只有相对的选择性。当在同一敏感膜上除了被测定离子 i 有响应外，还有共存离子 j 同时有响应时，必须考虑共存离子对膜电位的贡献。这时，其膜电位成为扩展的 Nernst 方程式：

$$E_{膜} = K \pm \frac{RT}{nF} \ln \left[a_i + K_{ij} (a_j)^{\frac{n}{m}} \right] \tag{9-29}$$

式中，被测离子为 i^{n+}，其电荷数 n；共存离子为 j^{m+}，其电荷数 m；K_{ij} 为电位选择性系数，它表征了共存离子对响应离子的干扰程度。

K_{ij} 的定义：在相同的测定条件下，待测离子和干扰离子产生相同电位时待测离子的活度 a_i 与干扰离子活度 a_j 的比值：

$$K_{ij} = \frac{a_i}{a_j^{\frac{n}{m}}} \tag{9-30}$$

从式(9-29) 中可以看出，电位选择性系数越小，则电极对 i^{n+} 的干扰程度就越小，选择性越高。K_{ij} 越大，表明电极受某离子的干扰程度就越大。

严格来说，电位选择性系数不是一个常数，它与离子活度的条件有关。当有多种干扰离子 j^{m+}、$k^{l+} \cdots$ 存在时，上式可写成：

$$E_{膜} = K \pm \frac{RT}{nF} \ln \left[a_i + K_{ij} (a_j)^{\frac{n}{m}} + K_{ik} (a_k)^{\frac{n}{l}} + \cdots \right] \tag{9-31}$$

如果 K_{ij} 为 10^{-2}，表示电极对 i^{n+} 的敏感性为对 j^{m+} 的 100 倍。由 j^{m+} 的存在产生的误差可由公式(9-32) 估算：

$$误差 = \frac{K_{ij} (a_j)^{\frac{n}{m}}}{a_i} \times 100\% \tag{9-32}$$

必须指出，电位选择性系数是表示某一离子选择性电极对不同离子的响应能力，并无严格的定量关系。因此，它只能用于估计电极对各种离子的响应情况及干扰大小，而不能用来校正因干扰所引起的电位偏差。

9.3.3.2 检测限与能斯特斜率

根据式(9-28)，在 25℃时，离子选择性电极的电位可表示为

$$E_{ISE} = K \pm \frac{0.0592}{n} \lg a_i \tag{9-33}$$

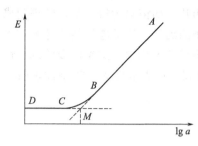

图 9-11 工作曲线及检测限

以离子选择性电极的电位（或电池电动势）对响应离子活度的对数作图，所得曲线称为工作曲线，如图 9-11 所示。在一定的活度范围内，工作曲线呈直线（AB），这一段为电极的线性响应范围，其理论斜率为 $\dfrac{0.0592}{n}$（25℃）。

当工作曲线的斜率与理论斜率基本一致时，电极具有能斯特响应。当待测离子活度较低时，曲线就逐渐弯曲，如图中 BC 所示，这时电极不具备能斯特响应。

离子选择性电极的检测下限定义为在 E 与 lga 的关系图中符合能斯特方程式关系的最低可测离子活度。在工作曲线上为 BC 与 AB 两延长线交点 M 处的活度（或浓度）值。检测下限是测定灵敏度的标志。

9.3.3.3 响应时间

电极的响应时间是指从离子选择性电极与参比电极一起浸入试液起到电池电动势或电极电位达到稳定值所需的时间。IUPAC 将响应时间定义为静态响应时间：从离子选择性电极与参比电极一起与试液接触时算起，直至电池电动势达到稳定值（变化在 ±1mV 以内）时为止，在此期间所经过的时间，称之为实际响应时间。

响应时间的长短取决于敏感膜的结构性质。一般说来，晶体膜的响应时间短，而流动载体膜的响应时间较长，因为涉及到表面的化学反应过程而平衡慢。此外，响应时间与响应离子的扩散速度、浓度、共存离子的种类、试液温度等因素有关。很明显，扩散速度快，则响应时间短；响应离子浓度高，达到平衡就快；试液温度高，响应速度也就加快。在实际工作中，通常采用搅拌试液的方法来加快扩散速度，缩短响应时间。

9.4　直接电位法

直接电位法测量装置如图 9-1 所示。将待测定溶液、指示电极、参比电极和测量仪器构成回路，通过测定原电池的电动势来求得待测物的含量。通常用离子选择性电极作为指示电极。

由于测定过程中，参比电极的电极电位保持恒定，$E_{参比}$ 为常数，$E_{指示}$ 用离子选择性电极的电位代入，则测得的 $E_{电动势}$ 用能斯特方程表示为：

$$E_{电动势} = K \pm \frac{RT}{nF}\ln a_i - E_{参比} = k' \pm \frac{RT}{nF}\ln a_i \tag{9-34}$$

式中，"＋"号表示响应的是阳离子，"－"号则为阴离子。常数项 k' 包括内参比电极电位、膜电位中的不对称电位、外参比电极电位、液接电位、内参比液的活度和膜本身的性质等项。

由式(9-34)可知，测量电池的电动势与待测离子活度的对数呈线性关系，这就是直接电位法的测定原理。

在实际测定中，k' 无法准确测量，而且经常发生变化。此外，溶液中存在的所有电解质都会影响被测离子的活度。因此通常不能直接根据测得的电动势计算试样中被测离子的活度，而必须与标准溶液进行比较才能得到结果。

9.4.1 溶液 pH 的测定

9.4.1.1 pH 值的测定

把 pH 玻璃电极和参比电极放在同一溶液中，就组成一个原电池，该电池的电动势是玻璃电极和参比电极电位的代数和。

$$Ag, AgCl \mid HCl \mid 玻璃膜 \mid 试液溶液 \parallel KCl(饱和) \mid Hg_2Cl_2(固), Hg$$

$$E_{电动势} = E_右 - E_左 = E_{参比} - E_{玻璃}$$

$$E_{电动势} = E_{参比} - \left(K + \frac{2.303RT}{F}\lg a_i\right)$$

$$E_{电动势} = k' - \frac{2.303RT}{F}\lg a_i$$

$$或\ E_{电动势} = k' + \frac{2.303RT}{F}pH \tag{9-35}$$

分别测定标准溶液（pH_s）的电动势 E_s 及试液（pH_x）的电动势 E_x，则：

$$E_s = k'_s + \frac{2.303RT}{F}pH_s; \ E_x = k'_x + \frac{2.303RT}{F}pH_x$$

由于测定条件相同，可认为 $k'_s = k'_x$，因此两式相减并整理后得到式（9-36）：

$$pH_x = pH_s + \frac{E_x - E_s}{2.303RT/F} \tag{9-36}$$

式（9-36）称为 pH 的操作定义或实用定义。未知溶液的 pH 值与未知溶液的电位值呈线性关系。

如果温度恒定，这个电池的电动势随待测溶液的 pH 变化而变化。这种测定方法实际上是一种标准曲线法，就是先用标准缓冲溶液校准式（9-34）中的 k' 值，温度校准则是调整曲线的斜率。经过校准操作后，未知溶液的 pH 值可以由 pH 计直接读出。

9.4.1.2 标准缓冲溶液

pH 值测定的准确度决定于标准缓冲溶液的准确度，也决定于标准溶液和待测溶液组成的接近程度。实验中常用的标准缓冲溶液的 pH 值见表 9-4。

表 9-4 标准缓冲溶液 pH 值

温度/℃	草酸氢钾 0.05mol·L⁻¹	饱和酒石酸氢钾	邻苯二甲酸氢钾 0.05mol·L⁻¹	KH₂PO₄ + Na₂HPO₄ 各 0.025mol·L⁻¹
0	1.666	—	4.003	6.984
10	1.670	—	5.998	6.923
20	1.675	—	4.002	6.881
25	1.679	3.557	4.008	6.865
30	1.683	3.552	4.015	6.853
35	1.688	3.549	4.024	6.844
40	1.694	3.547	4.035	6.838

此外，玻璃电极一般适用于 pH 1～9 的范围，pH＞9 时会产生碱差，测定结果比实际 pH 值低，pH＜1 时会产生酸差，测定结果比实际 pH 值高。利用锂特种玻璃电极则可以测定 pH 1～13 的溶液的 pH 值。若 pH＜1 或 pH＞13，就可以直接使用酸碱滴定法确定 H^+ 或 OH^- 的浓度了。

9.4.2 溶液离子活度的测定

9.4.2.1 离子的活度与浓度的关系

应用离子选择电极进行电位分析时，能斯特方程式表示的是电极电位与离子活度之间的

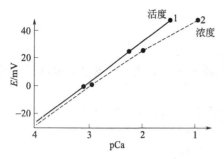

图 9-12　钙电极的校准曲线

关系，所以测得的是离子的活度，而不是浓度。如以电位对浓度的对数作图就会发现，当待测离子浓度稍高时，就不呈直线关系，待测离子的浓度越高，误差也越大，如图 9-12 所示。因此，式（9-34）在 25℃时可表示为：

$$E_{电动势} = k' \pm \frac{0.0592}{n} \lg a_i = k' \pm \frac{0.0592}{n} \lg(c_i \gamma)$$

式中，γ 为待测离子的活度系数。

如果分析时能控制试液与标准溶液的总离子强度相一致，那么试液中待测离子的活度系数也就恒定，上式中的活度系数 γ 可视为恒定值，并入常数项表示为 k''，则测得的电动势可用浓度 c_i 表示为：

$$E_{电动势} = k'' \pm \frac{0.0592}{n} \lg c_i \qquad (9-37)$$

所以在实际工作中，常采用加入强电解质的方法来维持溶液的总离子强度恒定。试液的离子强度基本上由离子强度调节剂所决定，可认为测定过程中溶液的微小变化不会引起离子强度的变化。因此可以依据式(9-37)，得到溶液中待测离子 i 的浓度。

有时根据测定需要在试液中还加入 pH 缓冲剂以及消除干扰的配位掩蔽剂。这样的混合溶液称为总离子强度调节缓冲剂（TISAB）。例如，9.3.2.2（1）中用氟离子选择性电极测定溶液中的氟离子时，就是在醋酸-醋酸钠 pH 缓冲溶液中加入氯化钠和柠檬酸盐构成总离子强度调节缓冲剂。

9.4.2.2　离子活度（或浓度）的测定方法

常用的离子活度（或浓度）的测定方法有如下三种。

（1）直接比较法

直接比较法主要用于以活度的负对数来表示结果的测定，如溶液 pH 的测量。对试样组分较稳定的待测液，也可采用此法。测量仪器通常以 pH 或 pA 作为标度而直接读出。测量时，先用一或两个标准溶液校正仪器，然后测量试液，即可直接读取试液的 pH 或 pA 值。

（2）标准曲线法

依据式(9-37)，选择合适的离子强度调节剂，配制系列标准浓度的溶液，分别测定其电动势，以浓度的 pA 作横坐标，电动势 E 作纵坐标作图，得标准曲线，又称工作曲线。由未知试样的电动势 E 可在工作曲线上找到对应的 pA 值。

标准曲线法适用于大批量试样的分析。测量时需要在标准系列溶液和试液中加入同样的总离子强度调节缓冲液（TISAB）或离子强度调节液（ISA）。

标准曲线法的缺点是当试样组成比较复杂时，难以做到与标准曲线的基体条件一致，需要靠回收率试验对方法的准确性加以验证。

（3）标准加入法

标准加入法是将一定体积和一定浓度的标准溶液加入到已知体积的待测试液中，根据加入前后电位的变化计算待测离子的含量。

标准加入法又称为添加法或增量法，由于加入前后试液的性质（组成、活度系数、pH、干扰离子、温度……）基本不变，所以准确度较高。标准加入法适用于组成较复杂以及份数不多的试样分析。

依据式(9-37)，由于电位分析法中的电位与被测物质的浓度之间是半对数关系而非线性关系，因此其计算公式较其它标准加入法有所不同。

① 一次标准加入法　设试液体积为 V_x、浓度为 c_x、测得溶液电池电动势为 E_x，根据式(9-37) 可得：

$$E_x = k'' \pm S \lg c_x \tag{9-38}$$

式中，S 称为能斯特斜率，其值为 $\dfrac{2.303RT}{nF}$，25℃时为 $\dfrac{0.0592}{n}$。

向该试液中加入体积为 V_s、浓度为 c_s 的标准溶液，此时电池电动势为：

$$E = k' \pm S \lg \frac{c_x V_x + c_s V_s}{V_x + V_s} \tag{9-39}$$

$$\Delta E = |E - E_x| = S \lg \frac{c_x V_x + c_s V_s}{(V_x + V_s) c_x} \tag{9-40}$$

经整理得：

$$c_x = \frac{c_s V_s}{V_x + V_s} \left(10^{\Delta E/S} - \frac{V_x}{V_x + V_s} \right)^{-1} \tag{9-41}$$

一般被测溶液的体积 V_x 约为加入标准溶液体积 V_s 的 100 倍，但加入溶液的浓度 c_s 约为被测溶液 c_x 的 100 倍。由于 $V_x \gg V_s$，则 $V_x + V_s \approx V_x$，从式(9-41)可得(9-42)的一次标准加入法近似计算关系式。

$$c_x = \frac{c_s V_s}{V_x} (10^{\Delta E/S} - 1)^{-1} \tag{9-42}$$

在测定过程中，一般 ΔE 的数值以 $30 \sim 40$ mV 为宜。

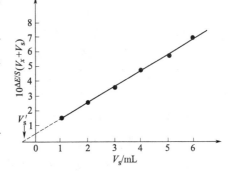

图 9-13　格氏作图

② 连续标准加入法（格氏作图法）

在测量过程中如果连续多次加入标准溶液，分别测定原始被测溶液和系列加标后溶液的 E_i 值，则：

$$E_i = k'' + S \lg \frac{c_x V_x + c_s V_s}{V_x + V_{si}} \tag{9-43}$$

式(9-43) 中，V_{si} 为每次加入标准溶液后的累积体积。将式(9-43) 重排，得：

$$(V_x + V_{si}) 10^{E_i/S} = (c_x V_x + c_x V_{si}) 10^{k''/S} \tag{9-44}$$

式(9-43) 右边的 k'' 和 S 在温度和介质条件不变时为常数，用 K 表示，$K = 10^{k''/S}$，则：

$$(V_x + V_{si}) 10^{E_i/S} = K(c_x V_x + c_x V_{si}) \tag{9-45}$$

通常连续向试液中加入 $4 \sim 5$ 次标准溶液，根据式 (9-45)，以 $(V_x + V_{si}) 10^{E_i/S}$ 对 V_{si} 作图，可得到一条直线。当 $(V_x + V_{si}) 10^{E_i/S} = 0$ 时，因 K 不会为 0，故有 $c_x V_x + c_x V_{si} = 0$，将直线外推，在横轴 V_{si} 上的截距为 V'_s，则：

$$c_x = -\frac{c_s V'_s}{V_x} \tag{9-46}$$

在格氏工作曲线上得到的 V'_s 值为负值，用式(9-46) 就可求得未知样品中待测组分的浓度 c_x。

为提高分析结果的准确度，该方法仍需要用离子强度调节剂控制离子强度。

9.4.3 直接电位法测定的影响因素

9.4.3.1 直接电位法的相对误差

电池电动势的测量造成的浓度测定误差是直接电位法的主要误差来源之一。

对式(9-34)进行微分，得：

$$dE = \frac{RT}{nF}\frac{dc}{c} \tag{9-47}$$

用有限有限区间的变化值 ΔE、Δc 代替式(9-47)中的 dE 和 dc，得：

$$\Delta E = \frac{RT}{nF}\frac{\Delta c}{c} \tag{9-48}$$

在 25℃时：$\dfrac{\Delta c}{c} = \dfrac{nF}{RT}\Delta E \approx 39 n \Delta E$ $\tag{9-49}$

由式(9-49)可知，仪器的读数误差引起直接电位法的浓度测定相对误差的大小与仪器的精密程度有关，也和被测定离子的电荷数有关。测定相对误差 E_r 为：

$$E_r = \frac{\Delta c}{c} \times 100\% \approx 3900 n \Delta E \% \tag{9-50}$$

式(9-50)中 ΔE 的单位为 V。当电动势的测量误差为 $\pm 1 mV$ 时，对一价离子测定的相对误差约为 4％，二价离子约为 8％。因此直接电位法适合于低价离子的测定。如果用其测定高价离子，若采取将其转变为低价离子予以分析，可降低因仪器读数造成的浓度测量误差。如用硫离子选择性电极测定 S^{2-} 含量时，其相对误差为 8％左右，但若在溶液中加入已知准确浓度和体积的 $AgNO_3$，使所有的 S^{2-} 与 Ag^+ 生成 Ag_2S 沉淀后，直接电位测定过量的 Ag^+ 含量，间接求得 S^{2-} 含量的方法，可将 S^{2-} 的测量误差降低至 4％以下。

9.4.3.2 测量温度的影响

将能斯特方程式对温度 T 微分可得式(9-51)。式中表明，温度对测定的影响主要表现在对电极的标准电极电位、工作曲线的斜率和离子活度的影响上：

$$\frac{dE}{dT} = \frac{dE^{\ominus}}{dT} + \frac{0.1984}{n}\lg a_i + \frac{0.1984}{n}\frac{d\lg a_i}{dT} \tag{9-51}$$

等式右边第一项：标准电位温度系数 $\dfrac{dE^{\ominus}}{dT}$，它的大小取决于电极膜的性质，测定离子特性，内参比电极和内参比溶液等因素。

等式右边第二项：能斯特响应斜率的温度系数项，$\dfrac{0.1984}{n}\lg a_i$。当 $n=1$ 时，温度每改变1℃，工作曲线的斜率将改变 0.1984。因此测定用的离子计中通常设有温度补偿装置，可对该项进行校正。

等式右边第三项：溶液待测离子活度的温度系数项，$\dfrac{0.1984}{n}\dfrac{d\lg a_i}{dT}$。温度的改变将导致溶液中的离子活度系数和离子强度的改变。

若将同一支 ISE，在不同温度时测定其电极电位并作能斯特响应工作曲线，如图9-14。在图中，不同温度所得到的各校正曲线相交于图中 A 点。在 A 点，温度改变时电位保持相对稳定，即此点的温度系数接近零。

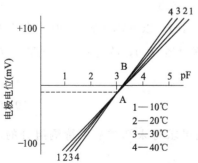

图 9-14　等电位点示意

理论上，ISE 存在温度系数 $dE/dT = 0$ 的点，称为电极的等电位点。在这点上的电极电位 E_{ISE} 不随温度的变化而变化。A 点所对应的溶液浓度（B 点）称为等电位浓度。因此试样浓度在等电位浓度附近范围内进行测定时，由温度引起的测定误差最小。

9.4.3.3 迟滞效应

电极对同一种溶液的离子响应值，受到电极在测定前接触的试液的成分影响，这种现象称为迟滞效应，又称电极存储效应。为减免电极的迟滞效应，在测定前应对电极进行预处理。例如氟离子选择性电极，在使用前应清洗电极。将电极浸泡在去离子水中，使得电极的清洗电位 $\leqslant -320\text{mV}$（即氟离子选择性电极的空白电位）。另外，在测定过程中，要注意测定溶液的顺序，从低浓度依次到高浓度进行测定，这样可将迟滞效应的影响降低到最小。

9.4.4 离子选择性电极的特点及应用

① 能用于测定许多阳离子、阴离子以及有机离子、生物物质，特别是用其它方法难以测定的碱金属离子及一价阴离子，并能用于气体分析。

② 适用的浓度范围宽，能达几个数量级差。

③ 适用于作为工业流程自控及环境保护监测设备中的传感器，测试仪器简单。

④ 能制成微型电极，甚至做成管径小于 $1\mu\text{m}$ 的超微型电极，用于单细胞及活体监测。

⑤ 电位法可以反映离子的活度，因此适用于测定化学平衡的活度常数，如解离常数、配合物稳定常数、溶度积常数、活度系数等，并能作为研究热力学、动力学、电化学等基础理论的手段。

9.5 电位滴定法

电位滴定法的装置与直接电位法一样，用指示电极、参比电极与试液组成电池，测量其电动势。所不同的是记录滴定过程中电池的电动势随滴定剂的加入而发生的变化，即指示电极电位的变化。在化学计量点附近，根据指示电极的电位产生突跃确定滴定的终点。

和直接电位法相比，电位滴定法测量电极电位值不需要十分准确，因此，受温度、液体接界电位的影响并不显著，其定量分析的准确度优于直接电位法。电位滴定法与经典的容量滴定分析的主要区别在于电位滴定法是借助于仪器来确定滴定终点，因此极大地拓宽了用指示剂颜色变化来确定滴定终点的滴定分析的应用范围。

电位滴定法具有以下特点：

(1) 定量分析结果的准确度比直接电位法高。测定的相对误差可低至 0.2%。

(2) 适用于难以用指示剂判断终点的样品的分析，如浑浊或有色的溶液、非水溶液等。

(3) 能用于连续滴定和自动滴定，并适用于微量分析。

9.5.1 滴定终点的确定方法

电位滴定法确定滴定终点的方法主要有以下几种。

9.5.1.1 滴定曲线法

以银电极为指示电极，双液接饱和甘汞电极为参比电极，用 $0.1000\text{mol} \cdot \text{L}^{-1} \text{AgNO}_3$ 标准溶液滴定含 Cl^- 试液为例，得到的原始数据见表 9-5。

表 9-5　滴加体积与电动势突跃附近的数据

（标准溶液：0.1000mol·L^{-1}AgNO$_3$；被测样品：含 Cl$^-$试液）

滴加体积/mL	14.00	14.10	14.20	14.30	14.40	14.50	14.60	14.70
电动势/mV	174	183	194	233	316	340	351	358
$\Delta E/\Delta V$	—	90	110	390	830	240	110	70
$\Delta^2 E/\Delta V^2$		200	2800	4400	−5900	−1300	−400	

在滴定过程中，随着滴定剂的不断加入，电池电动势 E 不断发生变化，当指示电极的电位发生突跃时，说明滴定终点的到达。以电池电动势 E（或指示电极的电位）对滴定剂加入的体积 V 作图，得图 9-15(a) 的滴定曲线。作滴定曲线的切线，对反应物系数相等的反应来说，两切线间距离的中点（转折点）即为滴定的化学计量点；对反应物系数不相等的反应来说，曲线突跃的中点与化学计量点稍有偏离，但往往可以忽略，仍可用突跃中点作为滴定终点。

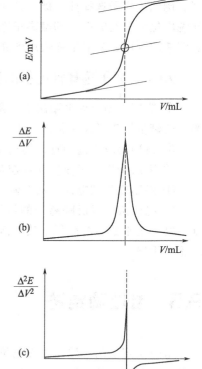

9.5.1.2　一阶微分法

如果滴定曲线的突跃不明显，则可绘制如图 9-15(b) 所示的 $\Delta E/\Delta V$ 对 V 的一阶微分曲线，曲线上有极大值出现，该点对应着 E-V 曲线中的拐点。极大值指示的就是滴定终点。

一阶微分曲线比滴定曲线更容易确定滴定终点。

9.5.1.3　二阶微分法

二阶微分法分曲线法和计算法。

① 二阶微分曲线法　绘制 $\Delta^2 E/\Delta V^2$ 对 V 的二阶微分曲线，见图 9-15(c)，图中 $\Delta^2 E/\Delta V^2$ 等于零所对应的体积即为滴定终点。

② 二阶微分计算法　比较表 9-5 中滴定终点附近的电动势值、$\Delta E/\Delta V$ 和 $\Delta^2 E/\Delta V^2$ 可知，二阶微分等于零所对应的体积值应在 14.30～14.40mL 之间，即当（14.30＋x）mL 时，$\Delta^2 E/\Delta V^2 = 0$，可用内插法计算出滴定终点 $V_{终点}$ 及其对应的终点电动势值 $E_{终点}$：

图 9-15　滴定曲线图
(a) 滴定曲线
(b) 一阶微分滴定曲线
(c) 二阶微分滴定曲线

$$V_{终点}=14.30+(14.40-14.30)\times\frac{4400}{4400+5900}=14.34\ (mL)$$

$$E_{终点}=233+(316-233)\times\frac{4400}{4400+5900}=267\ (mV)$$

9.5.1.4　自动电位滴定的终点确定

自动电位滴定的终点确定有三种类型：第一种是自动终点停止方式，当到达终点时，即自动关闭滴定装置，并显示滴定剂用量；第二种类型是自动记录滴定曲线，经自动运算后显示滴定剂消耗的体积；第三种类型是记录滴定过程中的 $\Delta^2 E/\Delta V^2$ 值，当此值为零时即为滴定终点。

9.5.2 电位滴定法中指示电极的选择

电位滴定的反应类型与经典容量分析完全相同。滴定时，应根据不同的反应选择合适的指示电极。滴定反应类型有下列四种。

① 酸碱反应 可用玻璃电极作指示电极。

② 氧化还原反应可采用零类电极作指示电极，指示滴定过程中溶液中氧化态和还原态浓度的比值发生的变化。

③ 沉淀反应 根据不同的沉淀反应，选用不同的指示电极。例如用硝酸银滴定卤素离子时，可用银电极作指示电极。也可采用相应的卤素离子选择性电极作指示电极。例如以碘离子选择电极作指示电极，可用硝酸银标准溶液连续滴定氯、溴和碘离子。

④ 配合反应 用 EDTA 进行电位滴定时，可以采用两种类型的指示电极。一种是能响应个别离子的指示电极，也可采用能够指示多种金属离子浓度的电极作指示电极，如汞电极。首先在试液中加入 Hg-EDTA 配合物，用汞电极作指示电极，当 EDTA 滴定某金属离子时，溶液中游离 Hg^{2+} 的浓度受 EDTA 浓度的制约，而 EDTA 的浓度又与该被测定离子的浓度有关，所以汞电极的电位可以指示溶液中 EDTA 的浓度，间接显示了被测金属离子浓度的变化。

思 考 题

1. 电位分析法的测定依据是什么？

2. 画出氟离子选择性电极的基本结构图，并指出各部分的名称。

3. 什么是扩散电位？什么是道南电位？

4. 写出离子选择性电极膜电位表达式。什么是 ISE 的电位选择系数？它在电位分析中有何重要意义？写出有干扰离子存在下的能斯特方程的表达式。

5. 试述 pH 玻璃电极的响应机理。

6. 气敏电极在结构上与一般的 ISE 有何不同？简述气敏电极的响应原理。

7. 什么是总离子强度调节缓冲剂？它的作用是什么？

8. 简单说明电位分析法中标准曲线法和标准加入法的特点和适用范围。

9. 电位滴定有哪几种终点确定方法？

习 题

1. 为了测定 Cu(Ⅱ)-EDTA 配合物的稳定常数 K_s，组装了下列电池，（25℃）：

$Cu \mid CuY^{2-}(10^{-4} mol \cdot L^{-1}), Y^{4-}(10^{-2} mol \cdot L^{-1}) \parallel SHE$

测得该电池的电动势为 0.277V，请计算配合物的稳定常数 K_s。已知 $E^{\ominus}_{SHE} = 0.00V$，$E^{\ominus}_{Cu^{2+}/Cu} = 0.344V$

2. 下列电池的电动势为 0.693V(25℃)。不考虑离子强度的影响，请计算 HA 的离解常数 K_a。已知 $E_{SCE} = 0.244V$，$E^{\ominus}_{H^+/H_2} = 0.00V$。

$Pt, H_2(101325Pa) \mid HA(0.200 mol \cdot L^{-1}), NaA(0.300 mol \cdot L^{-1}) \parallel SCE$

3. 已知标准甘汞电极的电位是 0.268V，$E^{\ominus}_{Hg_2^{2+}/Hg} = 0.788V$，计算 Hg_2Cl_2 的溶度积 K_{sp} 值。

4. 用 pNa 玻璃膜电极（$K_{Na^+, K^+} = 0.001$）测定 $a(Na) = 5.0 \times 10^{-3} mol \cdot L^{-1}$ 的试液时，试液中含有 pK＝2 的钾离子，这时产生的误差是多少？

5. 某硝酸根电极对硫酸根的选择系数 $K_{NO_3^-, SO_4^{2-}} = 4.1 \times 10^{-5}$，用此电极在 $1.0 \, mol \cdot L^{-1}$ 硫酸盐介质中测定硝酸根，希望测量误差不大于 5%，试求硝酸根试样可以被测定的最小活度为多少？

6. 在 25℃ 时用 pH 玻璃电极测定 $pH = 5.0$ 的缓冲溶液，其电动势为 $+0.0435V$；测定另一未知试液的电动势为 $+0.0145V$，求此未知液的 pH 值。

7. 某 pH 计的读数每改变一个 pH 单位，其电位值改变 60mV。若以响应斜率为 50mV/pH 的玻璃电极来测定 $pH = 5.00$ 的溶液，采用 pH 为 2.00 的标准溶液定位，测定结果的绝对误差为多大？而采用 pH 为 4.01 的标准溶液来定位，其测定结果的绝对误差为多大？由此可得到什么重要结论？

8. 用氟离子选择性电极测定水样中的氟离子含量。取 25.00mL 水样，加 25mL TISAB 溶液，定容到 100mL，测得电动势为 $0.137V$（vs SCE）；再加入浓度为 $1.00 \times 10^{-3} \, mol \cdot L^{-1}$ 的氟标准溶液 1.00mL，测得电动势为 $0.107V$，电极的响应斜率为 58.0mV。计算水样中氟离子的含量（$mg \cdot L^{-1}$）（$M_F = 18.998$）。

9. 25℃ 时测定含铜样品，称取 0.5000g，溶解后定容至 500mL，从中移取 100mL，放入铜电极和参比电极，测得电动势为 $0.374V$，在此溶液中加入 $0.1000 \, mol \cdot L^{-1}$ 硝酸铜溶液 1mL，测得电动势为 $0.403V$，铜电极的斜率为 29mV，求样品中铜的百分含量是多少？（$M_{Cu} = 63.5$）

10. 采用下列反应进行电位滴定时，应选用什么指示电极？并写出滴定方程式。

（1）$Ag^+ + S^{2-} =\!=\!=$　　　　　（2）$Al^{3+} + F^- =\!=\!=$

（3）$NaOH + H_2C_2O_4 =\!=\!=$　　　（4）$H_2Y^{2-} + Co^{2+} =\!=\!=$

第10章
电解与库仑分析法

10.1 电解与库仑分析法概述

电解分析是最早出现的电分析化学方法，包括以下两方面的内容。

① 应用外接电源电解试液，直接称量在电极上析出的被测物质质量，从而分析被测物质含量的方法，称为电重量分析法；

② 将电解方法用于物质的分离，称为电解分离法。

库仑分析法是依据法拉第电解定律，测量电解过程中所消耗的电量来求得被测物质含量的分析方法。被测定物质不一定需要在电极表面沉积。

电重量分析法只能用来测定高含量的物质，而库仑分析法可用于痕量物质的分析，并且准确度高。

与其它仪器分析方法不同的是，电解分析法与库仑分析法在定量分析时均不需要基准物质和标准溶液。

10.1.1 电解的基本概念

（1）电解反应

在电解池的两个电极上，加上直流电压，使溶液中有电流通过，在两电极上便发生电极反应，这个过程称为电解，这时的电化学池称为电解池（图 10-1）。例如，在硫酸铜溶液中，浸入两个铂电极，电极通过导线分别与直流电源的正极和负极相连接。当逐渐增加电压，达到一定值后，电解池内与电源"—"极相连的阴极上开始有 Cu 析出，同时在与电源"+"极相连的阳极上有气体放出。电解池中发生了如下反应：

阳极反应：$2H_2O \mathop{=\!=\!=} O_2 \uparrow + 4H^+ + 4e^-$

阴极反应：$Cu^{2+} + 2e^- \mathop{=\!=\!=} Cu$

电池反应：$2Cu^{2+} + 2H_2O \mathop{=\!=\!=} 2Cu + O_2 \uparrow + 4H^+$

于是溶液中的 Cu^{2+} 在阴极上析出，形成金属镀层。

（2）分解电压与析出电位

在上述硫酸铜溶液电解池中，当外加电压较小时，不能引起电极反应，铂电极上几乎没有电流或只有很小电流通过。继续增大外加电压达某一数值时，通过电解池的电流明显增加，被电解的物质在两电极上产生迅速的、连续不断的电极反应。这时所需的最小外加电压

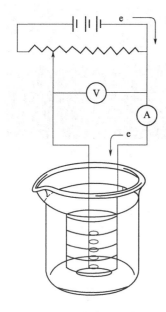

图 10-1 电解装置示意图

称为分解电压 $U_分$。

一种电解质的分解电压，对于可逆过程来说，在数值上等于它本身所构成的原电池的电动势。在电解池中，此电动势被称为反电动势。

$$U_分 = E_反 \qquad (10-1)$$

反电动势的方向与外加电压的方向相反，它阻止电解作用的进行。外加电压与分解电压之间的关系为：

$$U_外 - U_分 = iR \qquad (10-2)$$

式中，i 为电解电流；R 为回路中的总电阻。

如果在改变外加电压的同时，测量通过电解池的电流与阴极电极电位的关系，所得到的结果见图 10-2。图中 D_1 点所对应的 E_1 为理论析出电位，D_2 点所对应的 E_2 为实际析出电位。析出电位是指使物质在阴极上发生电极反应而被还原析出时所需要的最正的阴极电位，或在阳极上被氧化析出时所需要的最负的阳极电位。对于可逆过程来说，某一物质的析出电位，等于其平衡时的电极电位。

很明显，要使某一物质在阴极上析出，发生电极反应，阴极电位必须比析出电位更负（即使是很微小的数值）。同样，如果某一物质在阳极上氧化析出，则阳极电位必须比析出电位更正。

在阴极上，析出电位愈正者，愈易还原；在阳极上，析出电位愈负者，愈易氧化。

根据上述讨论可知，分解电压等于电解池的反电动势，而反电动势则等于阳极平衡电位与阴极平衡电位之差，所以对于可逆过程来说，分解电压与理论析出电位具有下列关系：

$$U_分 = E_阳 - E_阴 \qquad (10-3)$$

式中，$E_阳$ 代表阳极的平衡电位；$E_阴$ 代表阴极的平衡电位。

式(10-3)中的 $E_阳$ 和 $E_阴$ 可根据能斯特方程式

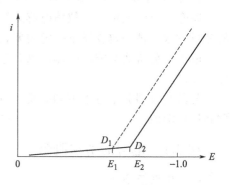

图 10-2 平衡电位和析出电位

计算得到，是其平衡时的电极电位，对应于理论析出电位。实际析出电位一般由实验测定。电解时的实际析出电位大于或小于理论计算值，主要是由于在电极上发生了极化现象，产生过电位所致。因此，电解质的分解电压还必须考虑过电位，于是，式(10-3)应作如下修正：

$$U_分 = (E_阳 + \eta_阳) - (E_阴 + \eta_阴) \qquad (10-4)$$

$$\eta_阳 = E_{实际} - E_阳 \qquad (10-5)$$

$$\eta_阴 = E_阴 - E_{实际} \qquad (10-6)$$

式中，$\eta_阳$ 代表阳极过电位，为正值；$\eta_阴$ 代表阴极过电位，为负值。

【例 10-1】 在 25℃ 时，已知在硫酸铜溶液的电解池中 $[Cu^{2+}] = 1 mol \cdot L^{-1}$，$[H^+] = 1 mol \cdot L^{-1}$，$p_{O_2} = 101.3 kPa$，$E^{\ominus}_{Cu^{2+}/Cu} = 0.337V$，$E^{\ominus}_{O_2/H_2O} = 1.229V$。当外加电压为 0.898V 时，阴极是否有铜析出？

解： 阴极电极电位为

$$E_{\text{Cu}^{2+}/\text{Cu}} = E_{\text{Cu}^{2+}/\text{Cu}}^{\ominus} + \frac{0.0592}{2}\lg\frac{[\text{Cu}^{2+}]}{[\text{Cu}]}$$

$$= 0.337 + \frac{0.0592}{2}\lg 1 = 0.337(\text{V})$$

阳极电极电位为

$$E_{\text{O}_2/\text{H}_2\text{O}} = E_{\text{O}_2/\text{H}_2\text{O}}^{\ominus} + \frac{0.0592}{4}\lg\frac{p_{\text{O}_2}[\text{H}^+]^4}{[\text{H}_2\text{O}]}$$

$$= 1.229 + \frac{0.0592}{4}\lg 1^4 = 1.229 \ (\text{V})$$

$$U_{\text{平衡}} = E_{\text{O}_2/\text{H}_2\text{O}} - E_{\text{Cu}^{2+}/\text{Cu}} = 1.229 - 0.337 = 0.892 \ (\text{V})$$

考虑到阳极有 O_2 析出，其在 Pt 电极上的过电位 $\eta_{\text{阳}} = 0.47\text{V}$，因此当外加电压为 0.898V 时，阴极上还没有铜析出。

$$U_{\text{分}} = (E_{\text{阳}} + \eta_{\text{阳}}) - (E_{\text{阴}} + \eta_{\text{阴}})$$

$$= 1.229 + 0.47 - (0.337 + 0) = 1.36 \ (\text{V})$$

即当 $U_{\text{外}} > 1.36\text{V}$ 时阴极上才有 Cu 析出。

（3）电解时离子的析出次序及完全程度

用电解法分离某一离子时，共存离子析出电位的差值大小是能否分离完全的关键。析出电位相差大，就容易分离，反之则难分离。例如可用电解法分离银和铜的混合溶液，见例 10-2。而电解铅和锡的溶液时，由于 $E_{\text{Pb}^{2+}/\text{Pb}} = -0.126\text{V}$，$E_{\text{Sn}^{2+}/\text{Sn}} = -0.136\text{V}$，它们的析出电位相近，在电极上将共沉积，所以不能分离。

若以一种离子被电解到溶液中只剩下为原来浓度的 $10^{-5} \sim 10^{-6}$ 数量级时作为电解完全的依据，可以证明，要使两种共存的二价离子达到分离的目的，它们的析出电位差值必须在 0.15V 以上。同理，对于分离两种共存的一价离子，它们的析出电位差值必须在 0.30V 以上。

【例 10-2】 有 Cu^{2+} 及 Ag^+ 的混合溶液，它们的浓度分别为 1.0mol·L^{-1} 及 0.010mol·L^{-1}，以铂电极进行电解，在阴极上首先析出的是何种金属？电解时另一种离子是否干扰？设温度 25℃。

解：已知，$E_{\text{Ag}^+/\text{Ag}}^{\ominus} = 0.80\text{V}$，$E_{\text{Cu}^{2+}/\text{Cu}}^{\ominus} = 0.34\text{V}$，且在铂电极上银及铜的过电位很小，可忽略不计，则 Ag 的析出电位为

$$E_{\text{Ag}^+/\text{Ag}} = E_{\text{Ag}^+/\text{Ag}}^{\ominus} + 0.059\lg[\text{Ag}^+]$$

$$= 0.80 + 0.059\lg 0.010 = 0.68 \ (\text{V})$$

Cu 的析出电位为

$$E_{\text{Cu}^{2+}/\text{Cu}} = E_{\text{Cu}^{2+}/\text{Cu}}^{\ominus} + \frac{0.059}{2}\lg[\text{Cu}^{2+}]$$

$$= 0.34 + \frac{0.059}{2}\lg 1.0 = 0.34 \ (\text{V})$$

由于 $E_{\text{Ag}^+/\text{Ag}}$ 比 $E_{\text{Cu}^{2+}/\text{Cu}}$ 为正，故 Ag^+ 比 Cu^{2+} 先在阴极上析出。

假如银离子的浓度降至 $10^{-5}c_0$，即 10^{-7} mol·L^{-1} 时，Ag^+ 已电解完全，这时其阴极电位为：

$$E_{\text{Ag}^+/\text{Ag}}^{\ominus} = E_{\text{Ag}^+/\text{Ag}}^{\ominus} + 0.059\lg 10^{-7} = 0.39(\text{V})$$

因此，当控制外加电压使阴极电位为 0.39V（> 0.35V）时，Ag^+ 可完全析出，而且 Cu^{2+} 并没有析出，这样便可使 Ag^+ 和 Cu^{2+} 完全分离，从而消除了 Cu^{2+} 对 Ag^+ 电解分离的干扰。

（4）"电位缓冲"的方法

在电解分析中，有时在溶液中加入各种去极化剂。由于它们的存在，限制了阴极（或阳极）电位的变化，使电极电位稳定于某一电位值不变。利用这种方法分离各种金属离子就是所谓的"电位缓冲"方法。

当然，去极化剂在电极上的氧化或还原反应并不影响沉积物的性质，但可以防止电极上发生其它干扰反应。

例如，在电解铜时，阴极若有氢气析出，会影响铜的淀积。但是加入 NO_3^-，就可以防止 H^+ 的还原。因为当阴极电位变负时，NO_3^- 比 H^+ 先在电极上还原生成 NH_4^+，阻止了 H^+ 的还原。NO_3^- 在阴极上的还原反应为：

$$NO_3^- + 10H^+ + 8e^- \Longrightarrow NH_4^+ + 3H_2O$$

反应产物 NH_4^+ 不会在阴极上沉积，也不会影响铜镀层的性质。因此，铜的电解应在硝酸介质中进行。另外，由于大量 NO_3^- 的存在，使得阴极的电极电位在一定时间内稳定在 NO_3^- 的还原反应的电位范围，也抑制了溶液中可能存在的其它金属离子如 Ni^{2+} 及 Sn^{2+} 等在阴极上的还原析出。

10.1.2 三电极控制电位体系

在 $CuSO_4$ 溶液电解池中（见图 10-1），由于电解过程的迅速进行，两电极间产生较大电流。随着电解时间的延长，电活性物质浓度降低，阴极电位下降，通过电解池的电流就逐渐减小。为了使电解电流保持恒定，必须使电解池的电压调到更负。当阴极电位负到一定值时，第二种电活性物质又开始在电极上析出。因此必须在电解过程中控制阴极电位在某一预定值，允许只有一种离子在此电位下还原析出。由于电解电流随时间而衰减，需要不断调整电解池的外加电压来维持电极电位在预定值，以保持阴极电位恒定。

常用三电极系统来控制电解过程中阴极电位。三电极系统由工作电极（阴极/阳极）、辅助电极（对电极）和参比电极组成，在两组电极之间分别形成回路。例如机械式自动控制的三电极系统（见图 10-3）。将辅助电压的电位值调节到预定值。通过测定回路中的电压降，用机械方法或电子装置调节输入电压，从而维持阴极电位在预定值。因此三电极系统的作用是，自动调节外加电压，控制阴极电位保持恒定。

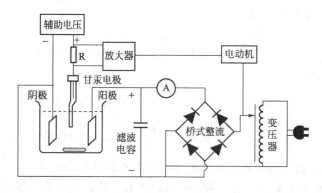

图 10-3　机械式自动控制三电极装置图

在图 10-3 中，电解开始后，电解电流不断减小，流过采样电阻 R 的电位降 iR 也不断降低，偏离预定值，经放大器放大后驱动电动机，带动滑动键调节变压器的输出电压，使阴极电位得到补偿，恢复到预定值。

随着电子技术的发展，电子式自动控制的三电极系统由于其体积小，准确度高而被广泛应用。

10.1.3　法拉第电解定律

法拉第电解定律阐明了电量和化学反应物质间相互作用的定量关系。它是自然科学中最严格的定律之一，它不受温度、压力、电解质浓度、电极材料和形状、溶剂性质等因素的影响。

法拉第电解定律是指在电解过程中电极上所析出的物质的质量与通过电解池的电量成正比，可用数学式表示如下：

$$m=\frac{Q}{nF}M \tag{10-7}$$

式中，m 为析出物质的质量，g；M 为其摩尔质量，$g\cdot mol^{-1}$；n 为电极反应中的电子转移数；Q 为通过电解池的电量；F 为法拉第常数，$96487C\cdot mol^{-1}$。

特别需要指明，在电化学中物质的量是以单位电荷离子/电子（e）为基本单元。1摩尔质子的电荷（即1摩尔电子电荷的绝对值）称为法拉第常数（F），其数值 $1F=96487$ 库仑/摩尔（$C\cdot mol^{-1}$）。

当恒电流电解时，$Q=it$，式（10-7）可表示为

$$m=\frac{it}{nF}M \tag{10-8}$$

式中，i 为通过电解池溶液的电流，A；t 为通过电流电解的时间，s。

10.2　电解分析法

电解分析法分为控制电位电解分析法和控制电流电解分析法两种。

10.2.1　控制电位电解分析法

10.2.1.1　控制电位电解法原理

控制电位电解法是在控制阴极或阳极电位为一恒定值的条件下进行电解的方法。如果溶液中有A、B两种金属离子存在，它们电解时的电流与阴极电位的关系曲线见图10-4。图中 a、b 两点分别代表A、B离子的阴极析出电位。若电解时控制的阴极电位在比 a 点负而比 b 点正时，则A离子能在阴极上还原析出而B离子不干扰，从而达到A、B离子相互分离的目的。

控制阴极电位电解装置中用三电极体系控制阴极电位。在电解过程中，阴极电位可用电位计或电子毫伏计准确测量，并通过变阻器R来调节施加于电解池的电压在某一预定值，使阴极电位保持在一定范围内。在电位控制一定范围的电解过程中，被电解的只有一种物质。

电解开始时，被测物质的浓度较高，电解电流较

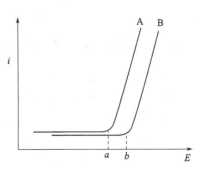

图 10-4　两种离子的控制
电位分离示意图

大，电解速率较快。随着电解的进行，该物质的浓度不断减小，电解电流也愈来愈小。当该物质被全部电解析出后，电流就趋近于零，说明电解完成。电流与时间的关系如图 10-5 中曲线 A 所示。电解时，如果仅有一种物质在电极上析出，且电流效率为 100%，则：

$$i_t = i_0 \times e^{-kt} \tag{10-9}$$

$$2.303 \lg \left(\frac{i_0}{i_t}\right) = kt \tag{10-10}$$

式中，i_0 为开始电解时的电流；i_t 为时间 t 时的电流；k 为常数，min^{-1}。当 i_t 下降为 i_0 的一半时的时间称为半寿命时间 $t_{1/2}$，这时：

$$t_{1/2} = \frac{0.69}{k} \tag{10-11}$$

如果以 $\lg i_t$ 为纵坐标，t 为横坐标作图，可得一条通过原点的直线，其斜率为 k。如图 10-5 中直线 B 所示。常数 k 与电极和溶液性质等因素有关：

$$k = 0.434 \frac{DA}{\delta V} \tag{10-12}$$

式中，k 为常数，s^{-1}；D 为扩散系数，$\mathrm{cm}^2 \cdot \mathrm{s}^{-1}$；$A$ 为电极表面积，cm^2；V 为溶液体积，cm^3；δ 为扩散层的厚度，cm。

由式（10-9）可知，要缩短电解时间，则应增大 k 值，这就要求电极表面积要大，溶液的体积要小。升高溶液的温度及良好的搅拌可以提高扩散系数和降低扩散层厚度。

控制电位电解法的主要特点是选择性高，可用于多种离子共存的条件下不经分离而直接测定某种或某些金属离子。

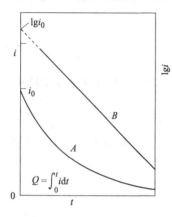

图 10-5　电流与时间关系图
A：$i \sim t$ 曲线；B：$\lg i_t \sim t$ 曲线

10.2.1.2　汞阴极电解分离法

当用汞电极作为电解池的阴极，铂电极为阳极，应用控制阴极电位分析的方法，可以使许多金属离子在阴极上定量析出，实现分离分析的目的。这种方法称为汞阴极电解法。

汞阴极电解法与一般电解法相比的特点是：由于氢在汞上的过电位特别大，因此在氢气析出前，许多重金属离子都能在汞阴极上还原为金属；由于许多金属能与汞形成汞齐，在汞电极上的析出电位变正而易于还原，使得包括碱金属及碱土金属都可以生成汞齐而析出，并能防止其被再次氧化。

汞阴极电解法常用于试剂的提纯和测定。可先去除待测试样的主要组分，从而测定其中所含的微量元素，如测量钢铁或铁矿石中铝的含量等。也可以先将待测物质富集在汞中，然后蒸去汞，再用其它的方法测定其含量。

10.2.2　控制电流电解分析法

控制电流电解分析法又称恒电流电解法，它是在固定的电流条件下进行电解，然后直接称量电极上析出物质的质量来进行分析的一种方法。这种方法也可用于分离。

恒电流电解法用直流电源作为电解电源，一般加上高于被测物质分解电压的直流电压。通过调节可变电阻器 R 来调节加在电解池的电压，由电压表读出。由电流表读出通过电解池的电流。一般用铂网作阴极，螺旋形铂丝作阳极，试液置于电解池中。

电解时，由于 R 足够大，使得其它电阻相比而言可以忽略不计，所以通过电解池的电流是恒定的。通常控制电流为 0.5～2A 范围。一般说来，电流越小，所得的镀层越均匀，但所需时间就越长。

恒电流电解法仪器装置简单，准确度高，方法的相对误差小于 0.1%，但选择性不高。电解时，电位比氢正的金属先在阴极上析出，继续电解，就析出氢气。所以，在酸性溶液中，电位比氢负的金属就不能析出，而必须在碱性介质中或在有配位体存在的条件下进行电解。目前本法主要用于精铜品的鉴定和仲裁分析。

10.3 库仑分析法

库仑分析法就是依据法拉第电解定律，由电解过程中所消耗的电量来求得被测物质含量的方法。法拉第电解定律在库仑分析中应用的前提是对要测定的反应具有 100% 的电流效率，以使电解时所消耗的电量能全部用于被测物质的电极反应；电解过程参与电极反应的物质必须单一，且电极反应也是唯一的。否则将产生测定误差。

在任何一个电解过程中，如果有两个或两个以上反应在同一电极上发生时，那么通过每个反应的电流效率就等于该电极反应所消耗的电量与通过电解池的总电量之比。若以 $\eta_{样}$ 代表被测定组分电解反应的电流效率，则

$$\eta_{样} = \frac{Q_{样}}{Q_{样} + Q_{溶} + Q_{杂}} = \frac{Q_{样}}{Q_{总}} \tag{10-13}$$

式中，$Q_{样}$ 为被测物质电极反应所消耗的电量；$Q_{溶}$ 为溶剂副反应所消耗的电量；$Q_{杂}$ 为溶液中的杂质参加电极反应所消耗的电量；$Q_{总}$ 为通过电解池的总电量。

由于库仑分析的电流效率要求达到 100%，因此必须避免在工作电极上可能发生的副反应。一般说来，电极上的副反应有以下几种。

① 溶剂的电解　由于电解一般都是在水溶液中进行的，所以要控制适当的电极电位及溶液 pH，以防止水的分解。当工作电极为阴极时，应避免有氢气析出。采用汞阴极能提高氢的过电位。工作电极为阳极时，要防止氧气析出产生的干扰。

② 氧的还原　溶液中的溶解氧会在阴极上还原为过氧化氢或水，故电解前必须除去。

③ 电极本身参与反应　铂电极的 $E^{\ominus}_{Pb^{2+}/Pb} = +1.2V$，在较正的电位时不易被氧化，所以常用铂电极作阳极。但是当溶液中有能与铂形成配合物的试剂，如大量 Cl^- 存在时，就有被氧化的可能。另外，汞电极在较正的电位时也易被氧化。

④ 电解产物的副反应　如在汞阴极上还原 Cr^{3+} 为 Cr^{2+} 时，电解产生的 Cr^{2+} 会在强酸性介质中被氧化回 Cr^{3+}，这时应选择合适的电极。

⑤ 析出电位相近的物质的干扰　如果存在较被测物质易于还原（对阴极反应）或易于氧化（对阳极反应）的物质的电极反应，也可用配合、分离等方法消除其干扰。

库仑分析也可以分为控制电位库仑分析法与控制电流库仑分析法两种。

10.3.1 控制电位库仑分析法

控制电位库仑分析法的基本装置与控制电位电解法相似，用三电极系统组成电位测量与控制系统。常用的工作电极有铂、银、汞、碳电极等。

10.3.1.1 方法原理及特点

在电解过程中，控制工作电极的电位为恒定值，使被测物质以 100% 的电流效率进行电解，当电解电流趋近于零时，指示该物质被电解完全。通过一个和工作电极串联的库仑计准

确测量电解所需的电量，便可依据法拉第电解定律求出被测物质的含量。

控制电位库仑分析法不要求被测物质在电极上沉积为金属或难溶物，因此适用于测定进行均相电极反应的物质，特别是有机物的分析，也能用于测定电极反应中的电子转移数。

控制电位库仑分析法的灵敏度和准确度均较高。但是本方法的电解时间较长。

10.3.1.2　电量的测量

由式(10-9)可知，在控制电位电解时，电流随着时间的延续而衰减，需要测定的是总电量 Q，其值为：

$$Q = \int_0^t i dt \tag{10-14}$$

以 $\lg i$ 对 t 作图可得直线（图10-5中直线 B）。在纵轴上的截距（$t=0$）为 $\lg i_0$。因此，测量不同 t 时的 i 值，通过作图求得 i_0 与斜率 k，从而可以粗略计算出电量值。如果要求准确测定电量，就要用库仑计或积分仪。最常用的库仑计有电子积分库仑计。其它类别的还有滴定式库仑计、气体库仑计以及库仑式库仑计等。

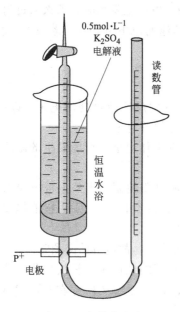

图10-6为气体库仑计，又称氢氧库仑计。它是一个电解水的装置，电解管与刻度管用橡皮管联接。电解管中焊两片铂电极，管外为恒温水浴套。电解液可用 $0.5 \text{mol} \cdot \text{L}^{-1}$ K_2SO_4 或 Na_2SO_4。当电流通过电解池时，阴、阳极分别发生如下反应：

阳极：$\quad H_2O \longrightarrow \dfrac{1}{2}O_2 + 2H^+ + 2e^-$

阴极：$2H_2O + 2e^- \longrightarrow 2OH^- + H_2$

总反应为：$\quad H_2O \longrightarrow H_2 \uparrow + \dfrac{1}{2}O_2 \uparrow$

在标准状况下，1法拉第电量产生 11.200L 氢气和 5.600L 氧气，共产生 16.800L 气体。即每库仑电量相当于析出 0.1741mL 氢氧混合气体。

如果生成的气体在标准状况下的体积为 VmL，则：

$$m = \frac{Q}{nF}M = \frac{V}{16.800} \times \frac{M}{n} \tag{10-15}$$

图 10-6　气体库仑计

式中，V 为气体库仑计上的读取的气体体积换算成标准状况时气体的体积，L。

这种库仑计使用简便，能测量10C以上的电量，准确度达 0.1%，但灵敏度较差。

滴定式库仑计用标准溶液滴定库仑池中生成的某种物质，根据消耗标准溶液的物质的量，可求出消耗的电量 Q。

库仑式库仑计是另外接一个同步电解池，如电解硫酸铜。当电解结束后，将析出的铜反向恒电流电解，根据电解所需的时间可由 $Q = it$ 求得电量 Q 值。

10.3.2　控制电流库仑分析法（库仑滴定法）

控制电流库仑分析法，即恒电流库仑分析，又称库仑滴定法。

10.3.2.1　库仑滴定法原理

用恒定的电流，以 100% 的电流效率进行电解，在电解池中产生一种滴定剂，该滴定剂瞬时与被测定物质进行定量的化学反应（滴定反应），可借助于指示剂或其它电化学方法来指示反应的化学计量点。此法与容量分析有相似之处，不过滴定剂是由电解产生的，产生的滴定剂的量可由所消耗的电量求得，所以称为库仑滴定法。

在库仑滴定法中，一定量的被测定物质需要一定量的滴定剂与之作用，而此一定量的滴定剂又是由一定量的电量所电解产生的，因此被测定物质与滴定剂所消耗的电量之间的关系符合法拉第电解定律。

例如在碳酸氢钠缓冲溶液中电解碘化钾，在铂阳极上产生 I_2 作为滴定剂，用于测定一些能与 I_2 发生快速、定量反应的物质，如三价砷、$S_2O_3^{2-}$、SO_2 等的含量。

库仑滴定的基本装置见图 10-7。电解时，为了防止可能产生的干扰反应，保证 100% 的电流效率，可使用多孔性套筒将阳极与阴极分开。电解时间由计时器指示。当达到滴定反应的化学计量点时，指示电路发出"信号"，指示滴定终点，断开电解电源，并同时记录时间或由仪器直接显示所消耗的电量。

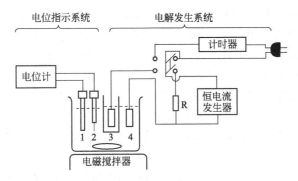

图 10-7　库仑滴定基本装置

10.3.2.2　库仑滴定法终点的指示方法

在库仑滴定中准确地指示滴定终点是非常重要的。库仑滴定终点的指示方法有指示剂法和电化学方法。

与普通容量分析一样，库仑滴定也可以用指示剂来确定滴定终点。但是指示剂的使用有其自身的缺陷，如有的指示剂颜色变化不敏锐，指示剂的变色范围和化学计量点相偏离，只能指示滴定的终点而不能指示滴定的全部过程等。而且，如果在有机溶液中进行滴定，指示剂的选择范围就十分有限。

用电化学方法来指示滴定终点时，可分为电流法、电压法和电导法。

当用电流法来监测滴定终点时，是控制指示电极系统的电压（相对于参比电极或两指示电极之间的电位差）为一个不变的恒定值，记录滴定过程中电流随加入滴定剂体积的变化曲线来确定终点。可以分为单指示电极（另一电极为参比电极）电流法和双指示电极电流法。

当用电压法来监测滴定终点时，是在近似于开路或给指示电极施加一个小的恒定电流值，记录滴定过程中电池的电动势值（即两电极的电位差）随加入滴定剂体积的变化曲线来确定滴定终点。也可以分为单指示电极（另一电极为参比电极）电压法和双指示电极电压法。单指示电极电压法在第 9 章电位滴定法中已有讨论，这里不再重复。

（1）单指示电极电流法

例如 $K_2Cr_2O_7$ 溶液滴定 Pb^{2+}，滴定反应为：
$$2Pb^{2+}+Cr_2O_7^{2-}+H_2O \longrightarrow 2PbCrO_4\downarrow +2H^+$$
$K_2Cr_2O_7$ 滴定 Pb^{2+} 时的 i-U 曲线和 i-α 曲线见图 10-8。

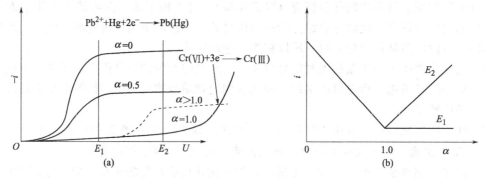

图 10-8　$K_2Cr_2O_7$ 滴定 Pb^{2+} 时的 i-U 曲线（a）和 i-α 曲线（b）

从图 10-8 看出，当滴定分数 $\alpha=0$ 时，溶液中只有 Pb^{2+}，这时 Pb^{2+} 的浓度最大。由于 Pb^{2+} 具有电活性，在汞阴极上被还原，因此这时的还原电流 i 最大；随着 $K_2Cr_2O_7$ 溶液的滴入，Pb^{2+} 的浓度逐渐降低，故还原电流 i 也相应减小；当滴定分数 $\alpha=1$ 时，Pb^{2+} 几乎被完全反应，Pb^{2+} 在汞阴极上的还原电流 i 趋于最小值。当滴定分数 $\alpha>1$ 时，滴定剂过量，这时由滴定剂在所控制的电位条件下的电活性决定滴定曲线的形状。

如果控制指示电极的电位在 E_1 时，过量的 $Cr(Ⅵ)$ 没有电活性，不能在电极上反应，电流维持最小值不变；当控制指示电极的电位在 E_2 时，过量的 $Cr(Ⅵ)$ 具有电活性，在电极上还原，记录到逐渐变大的 $Cr(Ⅵ)$ 的还原电流值。

因此，控制指示电极的电位在不同的电位值，得到不同形状的滴定曲线。

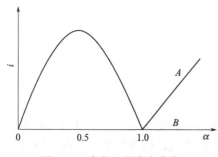

图 10-9　永停法的滴定曲线

（2）双指示电极电流法

双指示电极电流法又称永停法或死停终点法。利用在同一电流回路中两个指示电极之间的电位差保持不变，得到大小相等方向相反的电流值。记录滴定过程中电流与滴定分数 α 的关系，以此可确定滴定终点。

例如用 Ce^{4+} 滴定 Fe^{2+}，如果电位差 ΔU 保持不变，而同时保持阴极电流和阳极电流在数值上相等，即 $i_阴=-i_阳$（若两个指示电极性质完全一样），滴定过程中电流与滴定分数 α 的关系见图 10-9。

在 $\alpha<0.5$ 范围内，电流逐渐上升，因为在一个指示电极上，$Fe^{3+}+e\longrightarrow Fe^{2+}$，而在另一个电极上，$Fe^{2+}-e\longrightarrow Fe^{3+}$，由于这时溶液中的 $[Fe^{3+}]<[Fe^{2+}]$，电极反应速率取决于 Fe^{3+} 还原为 Fe^{2+} 的速度。当 $\alpha=0.5$ 时，$[Fe^{3+}]=[Fe^{2+}]$，电流达最大值。在 $0.5<\alpha<1.0$ 范围内，电流逐渐下降，这是由于 $[Fe^{3+}]>[Fe^{2+}]$，电极反应的速率受 Fe^{2+} 氧化成 Fe^{3+} 的速率所控制，靠近滴定终点时 $[Fe^{2+}]$ 越来越小，电流也就越来越小，最后趋于零。当 $\alpha>1$ 时，电极反应速率取决于过量的滴定剂 Ce^{4+} 还原为 Ce^{3+} 的速率。$[Ce^{4+}]$ 越来越大，则电极反应速率越来越快，电流也就越来越大，见图 10-9 线段 A。如果滴定剂的电极反应是不可逆的或在电极上没有电活性，则在滴定终点时电流降为零，且在终点之后，电流仍然为零，因此得到图 10-9 线段 B，又称为"永停"滴定曲线。

同理，当被测物的电极反应是不可逆的或在电极上没有电活性，则在 $0<\alpha<1.0$ 范围内两个指示电极上电流始终为零。但在终点之后，利用滴定剂的电极反应的可逆性，可得到图 10-9 线段 A。

因此永停法的滴定曲线形状取决于被测物和滴定剂的电活性。

（3）双指示电极电压法

在两个指示电极上施加恒定的电流，记录两个指示电极上的电位，分别得到图 10-10（a）中的曲线 A 和 C。曲线 B 则相当于单指示电极电压法中的滴定曲线。记录两个指示电极上的电位差，所得滴定曲线如图 10-10 中（b）所示，依此可确定滴定终点。

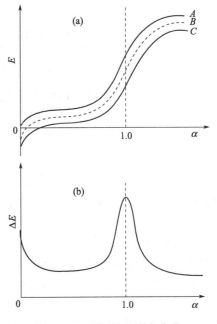

图 10-10　电压法的滴定曲线

10.3.2.3　库仑滴定的特点

① 不需制备和贮存标准溶液。由于库仑滴定法所用的滴定剂是由电解产生的，生成的滴定剂同时用于滴定，所以省去了标准溶液的制备，还可以使用不稳定的滴定剂，如 Cl_2、Br_2、Cu^+ 等，扩大了容量分析的应用范围；

② 方法的相对误差较小，约为 0.5%。如采用精密库仑滴定法，由计算机程序确定滴定终点，相对误差可小于 0.01%，能用作标准方法，适用于半微量及微量组分的分析；

③ 库仑滴定法可应用于酸碱、氧化还原、沉淀及配合反应等各类滴定反应类型；

④ 容易实现自动化、在线检测和遥控滴定（如放射性物质的测定）。

10.3.3　库仑分析法的应用实例

10.3.3.1　库仑滴定法自动测定钢铁中含碳量

钢样在通氧气的情况下于 1200℃ 左右燃烧，其中的碳经燃烧产生 CO_2 气体，被导入到已知 pH 值的高氯酸钡溶液中，CO_2 被吸收。吸收反应为：

$$Ba(ClO_4)_2 + H_2O + CO_2 \longrightarrow BaCO_3 + 2HClO_4$$

生成的 $HClO_4$ 使溶液的酸度提高。此时将在铂工作电极上自动电解产生 OH^- 中和上述反应中生成的 $HClO_4$，直至溶液的 pH 值恢复到原来的预定值为止。这样，所消耗的电量（即电解产生 OH^- 所消耗的电量）相当于产生的 $HClO_4$ 的量，也相当于 CO_2 的量，故可求出钢样中的含碳量。电解过程中，阴极发生如下反应：

$$2H_2O + 2e^- \longrightarrow 2OH^- + H_2$$

若用玻璃电极作指示电极，饱和甘汞电极作参比电极，以电位法指示溶液 pH 值的变化，到达终点时自动停止滴定，即可由计数器直接读出试样中的含碳量。由于实际上 CO_2 的吸收效率难以达到 100%，因此在分析试样之前应使用已知含碳量的标准钢样校正仪器。

10.3.3.2　微库仑分析法

微库仑分析法又称为动态库仑法，它既不是控制电位的方法，也不是控制电流的方法。但是微库仑分析法与库仑滴定法相似，也是由电生的滴定剂来滴定被测物质的浓度，只是在滴定的过程中，电流的大小是随滴定的程度而变化的，所以又称为动态库仑滴定。

在预先含有滴定剂的滴定池中加入一定量的被滴定物质后，由仪器本身完成从开始滴定到滴定完毕的整个过程。其工作原理如图 10-11 所示。

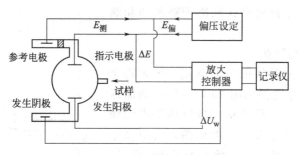

图 10-11　微库仑分析示意图

滴定开始前，指示电极和参比电极组成的监测系统的输出电压 $E_{测}$ 为平衡值，调节 $E_{偏}$ 使 ΔE 为零，经放大器放大后的输出电压 ΔU_W 为零，所以发生电极上无滴定剂生成。当有能与滴定剂发生反应的被测物质进入滴定池后，与滴定剂发生反应，使得滴定剂的浓度发生改变，致使指示电极的电位产生偏离（也可以指示被测物质的浓度），这时 $E_{测}\neq E_{偏}$，$\Delta E\neq 0$，经放大后的 ΔU_W 也不为零，驱使发生电极上开始进行电解，产生滴定剂。

随着电解的进行，滴定渐趋完成，滴定剂的浓度逐渐回到滴定开始前的数值，使得 ΔE 也渐渐趋向于零；同时 ΔU_W 也越来越小，产生滴定剂的电解速率也越来越慢。当达到滴定终点时，体系又回复到滴定开始前的浓度值，ΔE 归零，ΔU_W 也为零，则不再有滴定剂产生，滴定终止。在滴定过程中，有积分记录仪直接记录滴定所需的电量，据此可计算出被滴定物质的浓度。

微库仑滴定法确定终点较为容易，准确度较高，应用较为广泛。

10.3.3.3　电解色谱法

1963 年藤永太一郎等人研究了一种以银粒为电极材料的柱型电极快速电解的方法。由于柱电极上的电极电位各部分不相同，因而他们称此法为"电解色谱法"。他们应用此法定量地分离了铜、铅、镉。

电解色谱法的基本原理见图 10-12。管 AB 是色谱柱，其中填有导电物质作为电极。在电极两端加上一个适当的电压，进口为正，这样在柱子里从 C 到 D 形成电位梯度。载液中含有还原性的物质从进口 A 进入柱子，一路流过到出口 B，这些物质将以其电位序依次沉积在电极上。其中贵金属靠近 C 端沉积，其它金属靠近 D 端沉积。沉积完全后，在载液流动的情况下改变电极的电位，使沉积的金属依次溶出。由出口 B 流出的金属可用流动库仑法或其它方法进行检测。测定结果由电流-时间曲线或库仑-时间曲线输出。

图 10-12　电解色谱法示意图

电解色谱法所需的样品溶液少于 0.1mL。控制适当的电位可以测出大部分的金属离子。电解色谱法已成为痕量物质测定的有力工具。

1. 何谓分解电压和析出电位？分解电压与电池的电动势、析出电位与工作电极的电极电位有何关系？

2. 何谓极化？极化有几种？怎样表示极化的程度？

3. 控制电位电解分析中，如何判断共存离子的析出次序？如何控制电位进行电解分离？

4. 简述法拉第电解定律的数学表达式和物理意义。影响电流效率的因素有哪些？如何保证库仑分析要求的 100% 的电流效率？

5. 试比较电解分析和库仑分析的相似处和不同点。

6. 简述微库仑法的优点。

习 题

1. 在 $1mol \cdot L^{-1}$ 的 H_2SO_4 介质中，电解浓度均为 $0.10mol \cdot L^{-1}$ 的 $ZnSO_4$ 和 $CdSO_4$ 混合溶液。试问：（1）电解时，何种金属先析出？（2）能不能用电解法完全分离 Zn 和 Cd？如何控制电位？（3）若在 Pt 电极上 $\eta_{H_2} = -0.6V$，在 Hg 电极上 $\eta_{H_2} = -1.4V$，金属在电极上的过电位均可忽略，电解应使用何种电极？已知 $E^{\ominus}_{Zn^{2+}/Zn} = -0.763V$，$E^{\ominus}_{Cd^{2+}/Cd} = -0.403V$

2. 在 $1mol \cdot L^{-1}$ 的 HNO_3 介质中，电解 $0.1mol \cdot L^{-1}$ Pb^{2+} 成为 PbO_2 析出时，如以电解至残余 0.01% 的 Pb^{2+} 为已电解完全，求工作电极电位的变化值。

3. 用 1 法拉第电量，可使 $Fe_2(SO_4)_3$ 溶液中沉淀出单质铁多少克？（$M_{Fe} = 55.8$）

4. 在 $CuSO_4$ 溶液中，浸入两个铂片电极，接上电源使之发生电解反应，写出在铂片电极上发生的反应式。若通过电解池的电流强度为 $0.800A$，通过电流时间为 $15.2min$，设电流效率为 100%，计算在阴极上应析出铜多少毫克？在阳极上应放出氧气多少毫克？（$M_{Cu} = 63.5$，$M_{O_2} = 32.0$）

5. 在 $-0.96V$（vs SCE）时，硝基苯在汞阴极上电解。把 210mg 含有硝基苯的有机试样溶解在 100mL 甲醇中，电解 30min 后反应完成。从电子库仑计上测得电量为 26.7C，计算试样中硝基苯的质量分数为多少？（$M_{硝基苯} = 123.11$）

硝基苯在汞阴极上的反应：$C_6H_5NO_2 + 4H^+ + 4e^- \rightleftharpoons C_6H_5NHOH + H_2O$

6. 用库仑滴定法测定某有机一元酸的相对摩尔质量。溶解 0.0231g 纯净试样于乙醇与水混合溶剂中，以电解产生的 OH^- 进行滴定，通过 0.0427A 的恒定电流，经 6.7min 到达终点，求此有机酸的相对摩尔质量。

7. 用控制电位库仑法测定 Br^-，在 100mL 酸性试液中进行电解，Br^- 在铂阳极上氧化为 Br_2。当电解电流降低至最低值时，测得所消耗的电量为 105.5C，试计算试液中 Br^- 的浓度。

8. 在 100mL 试液中，使用表面积为 $10cm^2$ 的电极进行控制电位电解。被测物质扩散系数为 $5 \times 10^{-5} cm \cdot s^{-1}$，扩散层厚度为 $2.5 \times 10^{-3} cm$，如以电解电流降至起始值 0.01% 为电解完全，需多长时间？

第11章

极谱分析与伏安分析法

伏安分析法是一类以测定被分析溶液中电解时的电解电流与电解池电压变化的曲线为基础进行定性、定量和动力学分析的电分析化学方法，是一种特殊的电解分析方法。极谱分析法是伏安分析法的早期形式，用滴汞电极做工作电极。伏安分析法可以用固态电极或表面静止电极如铂电极、悬汞电极、汞膜电极等作工作电极。伏安分析法是在极谱分析法的基本理论基础上发展起来的。

从 20 世纪 60 年代末起，随着电子技术的发展，以及固体电极、修饰电极的开发，电分析化学在化学领域之外如生命科学、材料科学中的拓展应用，使伏安分析法得到了长足的发展，成为电分析化学中应用最广泛的一类分析方法。

11.1 经典极谱分析基本原理

11.1.1 经典极谱分析的装置及测量原理

经典极谱法，又称直流极谱分析，简称极谱分析，是最早出现的伏安分析法，由海洛夫斯基（Heyrovsky）于 1922 年创立，其基本理论也是其它伏安分析法的基础。

在直流极谱法中，工作电极为滴汞电极（DME），参比电极为甘汞电极（SCE），见图 11-1。滴汞电极的上部为贮汞瓶，用高强度厚壁硅橡胶管与下端毛细管连接，毛细管内径约 0.05mm。汞滴自毛细管中有规则地、周期性地滴落，其滴下时间约为 3-5s。直流极谱装置的特殊之处在于：采用大面积的去极化电极—参比电极和小面积的极化电极—滴汞电极；电解是在静止的、无搅拌的条件下进行。

在极谱分析中，外加电压 U 与两个电极的电位关系见式(11-1)。

$$U = E_{参比} - E_{工作} + iR \tag{11-1}$$

通过电解池的极谱电流很小（通常只有几微安），并且电解池的内阻也很小，iR 可忽略，则：$U = E_{SCE} - E_{de}$

E_{SCE} 保持不变，外加电压即为式(11-2)。

$$U = -E_{de}(vs\ E_{SCE}) \tag{11-2}$$

从实验中得到的电流与外加电压曲线（i-U）与作为理论分析基础的电流-滴汞电极电位曲线（i-E_{de}）形状是完全等同的。因此做电流-滴汞电极电位曲线（i-E_{de}）能更直接地反映出所研究物质在滴汞电极上的电解情况。

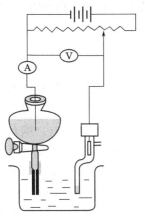

图 11-1　直流极谱分析装置

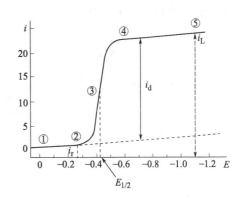

图 11-2　铅的极谱图

11.1.2　极谱波的形成

以测定铅含量为例。取含铅试液（$10^{-2} \sim 10^{-5} \mathrm{mol \cdot L^{-1}}$）于极谱分析的电解池中，加入大量的 KCl 作支持电解质（约 $1 \mathrm{mol \cdot L^{-1}}$），再滴入少量动物胶，向试液中通入氮气或氢气数分钟，除去试液中的氧气；以滴汞电极为阴极、饱和甘汞电极为阳极，在电解液保持静止的状态下进行电解。电解时，外加电压由 $-0.1 \mathrm{V}$ 逐渐增加到 $-1.0 \mathrm{V}$，同时记录不同电压时相应的电解电流 i；绘制电流-电压曲线，所得到的图称为极谱波或极谱图，见图 11-2。图中的各个阶段对应不同的电解过程。

①-②段：外加电压还没有达到 Pb^{2+} 的还原电位，理论上没有电解反应，没有电流通过电解池。但这时由于电解液中的少量电活性物质的电解和汞滴充电电流的存在，仍有极微小的电流流过，这部分电流称为残余电流（用 i_r 表示）；

②-③段：外加电压继续增加，达到 Pb^{2+} 的分解电压，Pb^{2+} 在汞阴极电解析出，电流略有上升；

$$\text{滴汞阴极：} \qquad Pb^{2+} + 2e^- + Hg \longrightarrow Pb(Hg)$$

$$\text{甘汞阳极：} \qquad 2Hg + 2Cl^- \longrightarrow Hg_2Cl_2 + 2e^-$$

③-④段：随着外加电压的增大，Pb^{2+} 迅速在滴汞电极表面还原，电解电流急剧增大。由于溶液静止，故产生浓度梯度（厚度约 0.05mm 的扩散层）；

④-⑤段：当电流增大到一定值后，电解电流达到极限，不再随着电压的增大而增加。此时的电流称作极限电流，用 i_L 来表示。

平衡时，电解电流仅受扩散速动控制，形成极限扩散电流（用 i_d 表示，$i_d = i_L - i_r$），它与物质的浓度呈正比，这是极谱定量分析的基础。

在极限扩散电流 i_d 的一半处所对应的电位值称半波电位，用 $E_{1/2}$ 来表示。在 $E_{1/2}$ 处，电流随电压变化的比值最大。在一定条件下，它是物质的特性常数，同一种物质的 $E_{1/2}$ 固定，与物质的浓度无关，不同物质的 $E_{1/2}$ 不同，故可用它来判断物质极谱波的位置。这是极谱定性分析的基础。

11.1.3　扩散电流方程式——极谱定量分析

11.1.3.1　极限扩散电流方程式

在经典极谱法中，平均极限扩散电流 i_d 与被测物质的浓度成正比，这是定量分析的基础，由捷克科学家尤考维奇（Ilkovic）于 1934 年提出，因此又称尤考维奇方程式。

以 Pb^{2+} 的测定为例，当 $U_外 \geqslant E_{Pb^{2+}}$ 时，Pb^{2+} 开始在阴极上还原：

$$Pb^{2+} + 2e^- + Hg \Longrightarrow Pb(Hg)$$

阴极的电位可根据能斯特方程式计算。

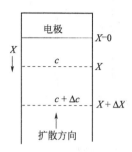

图 11-3　离子扩散示意图

对于一个正在进行的电化学反应，反应粒子消耗的同时反应产物不断生成，于是在电极表面的液层中会形成浓度梯度，导致粒子的扩散。由浓度梯度引起的粒子扩散称浓差扩散，浓差扩散是极谱分析法电极过程中唯一用于分析的传质过程。滴汞电极上的电流受扩散所控制，扩散速率受电极表面附近浓度梯度的控制。

Pb^{2+} 离子在滴汞电极表面发生反应时，电极表面浓度迅速降低。由于电极表面浓度和溶液本体浓度存在差异，溶液主体中的 Pb^{2+} 将向阴极表面发生浓差扩散，在电极周围形成了一个厚度约为 0.05mm 的扩散层。图 11-3 为平面电极 x 方向上的一维扩散传质示意图。在扩散层中，电极表面上溶液中的浓度最小。

$$\left(\frac{\Delta c}{\Delta x}\right)_{电极表面} = \frac{c - c_0}{\delta} \tag{11-3}$$

式中，$\left(\frac{\Delta c}{\Delta x}\right)_{电极表面}$ 是电极表面扩散层中的浓度梯度；c、c_0 分别是被测物在溶液中的浓度和在电极表面溶液中的浓度，$mol \cdot L^{-1}$；δ 是扩散层的厚度，mm。

可以证明，扩散电流 i 的大小与待还原物质在扩散层中的扩散速度成正比，而扩散速度又与浓度梯度成正比，即：

$$i = k \frac{c - c_0}{\delta} \tag{11-4}$$

式中，i 是单一汞滴上的扩散电流，μA；k 为比例系数。

根据 1855 年菲克提出的第一扩散定律，每秒钟通过扩散达到电极表面的被测离子的物质的量 $f(mol)$ 与时间 t 时的电极面积 A_t 成正比，与浓度梯度 δ 成反比。于是：

$$f = DA_t \frac{c - c_0}{\delta} \tag{11-5}$$

式中，D 是扩散系数，$cm^2 \cdot s^{-1}$。如果每摩尔离子在电极上反应时转移的电子数为 n，依据法拉第电解定律，t 时的电解电流 $(i_d)_t$ 为：

$$(i_d)_t = nFf = nFDA_t \frac{c - c_0}{\delta} \tag{11-6}$$

当达到极限电流时，电极表面上被还原离子浓度迅速趋向于 0，此时式(11-6) 简化为式(11-7)。

$$(i_d)_t = nFf = nFDA_t \frac{c}{\delta} \tag{11-7}$$

若把汞滴视为球形，当汞滴形成到 $t(s)$ 时，汞滴半径为 $r_t(cm)$，则汞滴的总体积 V_t 与汞滴半径 r_t 的关系为：

$$V_t = \frac{mt}{\rho} = \frac{4}{3}\pi r_t^3 \tag{11-8}$$

式中，m 为汞滴在毛细管中的流出速度，$mg \cdot s^{-1}$；ρ 为汞的密度，$mg \cdot mL^{-1}$；V_t 为 t 时刻流出汞的体积，mL。由于 t 时刻的汞滴面积为：

$$A_t = 4\pi r_t^2 = 4\pi \left(\frac{3mt}{4\pi\rho}\right)^{\frac{2}{3}} \tag{11-9}$$

式中，A_t 为 t 时刻的汞滴面积，cm^2。

根据菲克定律，在时间 t 时，滴汞电极上的球形扩散的扩散层厚度为：

$$\delta = \left(\frac{3}{7}\pi Dt\right)^{\frac{1}{2}} \tag{11-10}$$

将式(11-9)、式(11-10) 代入式(11-7)，得极限电流 $(i_d)_t$ 为：

$$(i_d)_t = nFD \times 4\pi \left(\frac{3mt}{4\pi\rho}\right)^{\frac{2}{3}} \times \left(\frac{3}{7}\pi Dt\right)^{-\frac{1}{2}} \times c \approx 708n \times D^{\frac{1}{2}} \times m^{\frac{2}{3}} \times t^{\frac{1}{6}} \times c \tag{11-11}$$

式中，$(i_d)_t$ 为单一汞滴上 t 时刻的极限扩散电流，μA；n 为被测组分的电子转移数；D 为被测组分的扩散系数，$cm^2 \cdot s^{-1}$；m 是汞滴通过毛细管的流速，$mg \cdot s^{-1}$；t 是汞滴的成长时间，s；c 是被测组分的浓度，$mmol \cdot L^{-1}$。式(11-11) 即为瞬时极限扩散电流公式。

从式(11-11) 可知，$t = \tau$（滴汞周期，汞滴从生长到滴落所需时间）时，$(i_d)_t$ 最大，以 $(i_d)_{max}$ 表示，即式(11-12)。

$$(i_d)_{max} = 708nD^{\frac{1}{2}}m^{\frac{2}{3}}\tau^{\frac{1}{6}}c \tag{11-12}$$

当汞滴落下时，极限电流降到最低 $(i_d)_{min}$，即刻又生成新汞滴。随着汞滴成长电流迅速增至最大值 $(i_d)_{max}$。如果用平均极限扩散电流 i_d 表示从 $t = 0 \sim \tau$ 周期的电流平均值，则有：

$$i_d = \frac{1}{\tau}\int_0^\tau (i_d)_t \, dt = \frac{6}{7}(i_d)_{max} \tag{11-13}$$

所以平均极限扩散电流 i_d 为： $\quad i_d = 607nD^{\frac{1}{2}}m^{\frac{2}{3}}t^{\frac{1}{6}}c \tag{11-14}$

式(11-14) 即为平均极限扩散电流方程式，亦称尤考维奇方程。它确定了 $i_d \propto c$ 这样一个定量关系。在极谱和伏安分析中，通常把平均极限扩散电流也叫做极限扩散电流。

扩散电流方程式的适用范围非常广泛，只要电流是受扩散控制的，不论是水溶液、非水溶液或熔盐介质，也不论是温度低至 -30℃ 或高至 200℃，扩散电流方程式仍然适用。

11.1.3.2 影响扩散电流的因素

在扩散电流方程中，$607nD^{\frac{1}{2}}$ 称为扩散电流常数，与被测物质及溶液的性质有关；而 $m^{\frac{2}{3}}t^{\frac{1}{6}}$ 均与毛细管的特性有关，称为毛细管常数，代表了滴汞电极的特征。

(1) 汞柱高度的影响

在式(11-14) 中，因 m 和 t 均与汞柱高度 h 有关，故平均极限扩散电流 i_d 的数值与毛细管常数 $m^{\frac{2}{3}}t^{\frac{1}{6}}$ 有关。由于 $m \propto h$，$t \propto h^{-1}$，所以：

$$i_d \propto h^{\frac{1}{2}} \tag{11-15}$$

因此，在实际应用中，不仅要用同一支毛细管，而且要保证汞柱高度不变，这样记录到的极谱图方可用于定量分析。要注意 i_d 与 c 在滴汞周期太短时不成直线，因为受快速滴汞搅动，干扰了扩散层。一般滴汞周期为 $3 \sim 7s$。

(2) 温度的影响

温度对扩散系数 D 有显著影响，因此要求极谱电解池内溶液的温度变化应控制在 0.5℃ 以内。若温度变化较大，极谱电流便有可能不完全受扩散所控制。

(3) 溶液组成的影响

溶液组成的改变将引起溶液黏度的变化而影响扩散系数 D。因此测定时应在试液中加一定组成的试剂溶液以保持底液黏度不变。有时为了改善波形、控制试液的酸度，还需要加入一些辅助试剂。这种由各种适当试剂组成的溶液称为底液。在测定标准液与待测液时要注意保持测定条件的一致。

11.1.3.3 定量分析方法

依据式(11-14)的扩散电流方程，在底液组成和测定条件严格一致时，$i_d \propto c$，这是极谱分析的定量基础。具体测定试液浓度的分析方法有直接比较法、校准曲线法和标准加入法。

（1）直接比较法

在相同条件下测定标准试液和未知试液的极谱图，设未知试液浓度为 c_x，测得扩散电流为 $(i_d)_x$；已知标准溶液浓度 c_s，测得扩散电流为 $(i_d)_s$ 值，则 $c_x = \dfrac{(i_d)_x}{(i_d)_s} c_s$，可求得 c_x。

（2）标准曲线法

已知 $i_d = kc$，可配制一系列不同浓度的被测离子标准溶液，并加入适当底液，分别测定其扩散电流值，绘制 i_d-c_i 关系曲线，即标准曲线。同时测定未知样品的扩散电流 $(i_d)_x$，可从标准曲线上查得对应的浓度，进一步求得被测物质的含量。

分析同一类的批量样品时常用此方法。

（3）标准加入法

标准加入法是依据 $i_d = kc$，通过分别测量在未知试液中加入标准溶液前后的 i_d 值，用式(11-16)求得未知溶液的浓度。

设未知试液浓度为 c_x，体积为 V_x，加入标准溶液的浓度为 c_s，体积为 V_s，测量加入标准溶液前后溶液的 i_d 值，分别为 h 和 H，则有：

$$h = kc_x, \quad H = k\left(\frac{V_x c_x + V_s c_s}{V_x + V_s}\right)$$

故
$$c_x = \frac{c_s V_s h}{H(V_x + V_s) - h V_x} \tag{11-16}$$

一般当被测溶液的总体积为 100mL 时，加入标准溶液的量以 $0.5 \sim 1.0$mL 为宜，并使加入后的波高增加约 $0.5 \sim 1$ 倍。由于加入标准溶液前后试液的组成基本保持一致，消除了由于底液不同所引起的误差，所以方法的准确度较高。

但应注意，采用标准加入法时有一个前提，即 i_d 与浓度呈正比关系，也就是标准曲线应通过原点，才表示测得的数值在由扩散控制的极化曲线上，否则测定误差较大。

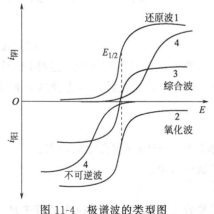
图 11-4 极谱波的类型图

11.1.4 半波电位——极谱定性分析基础

11.1.4.1 极谱波的类型

（1）可逆波与不可逆波

判断电极反应的可逆性与否，其根本区别在于电极反应过程是否存在过电位，即是否有电化学极化。在图 11-4 中曲线 1 和曲线 2 为同一可逆电对的还原波与氧化波；曲线 4 为不可逆的还原波与氧化波。曲线 4 表现出有明显的过电位。不可逆波由于电极反应的速度很慢，只有施加更负（或更正）的电位，才能够使被测物质迅速在电极上还原（或氧化）析出，达到最终的扩散速度控制。

电极过程可逆性的区分并不是绝对的。一般认为，电极反应速率常数 k_s 大于 $2 \times 10^{-2}\,cm \cdot s^{-1}$ 时为可逆，小于 $3 \times 10^{-5}\,cm \cdot s^{-1}$ 时为不可逆，在两者之间为部分可逆或准可逆。

（2）还原波（阴极波）和氧化波（阳极波）

按电极反应的氧化或还原过程区分为还原波（阴极波）和氧化波（阳极波）。还原波即溶液中的氧化态物质在电极上还原时所得到的极化曲线，即图 11-4 中的曲线 1，相当于溶液本体中只有氧化态的物质存在；曲线 2 是氧化波，即相当于溶液中的还原态物质在电极上氧化时所得到的极化曲线，相当于溶液本体中只有还原态的物质存在；当溶液中同时存在氧化态和还原态时，得到如图中的曲线 3，称为综合波。对可逆过程来讲，同一物质在相同的底液条件下，其还原波与氧化波的半波电位相同，如图中的曲线 1 与 2 的 $E_{1/2}$ 是同一值。对于不可逆电对，由于电极极化的原因使还原波与氧化波的半波电位偏离可逆电对的 $E_{1/2}$ 值为其各自的过电位，如图中的曲线 4。

11.1.4.2 极谱波方程式

极谱波是电流与 DME 电位的曲线，而电流与 DME 电位之间的关系式则称为极谱波方程式。极谱波方程式研究的是可逆电极反应的过程。

（1）简单金属离子的可逆极谱波方程式

设 A 代表可还原物质，B 代表还原产物，则滴汞电极上的反应为：

$$A + ne^- \Longrightarrow B$$

对于可逆波，根据能斯特方程式，滴汞电极的电位 E_{de} 为（25℃）：

$$E_{de} = E^0 + \frac{0.0592}{n} \lg \frac{\gamma_A (c_A)_e}{\gamma_B (c_B)_e} \tag{11-17}$$

式中，γ_A、γ_B 分别为被测物质氧化态 A 和还原态 B 在滴汞电极表面液相中的活度系数；$(c_A)_e$ 为被测物质的氧化态 A 在滴汞电极表面液相中的浓度；$(c_B)_e$ 为被测物质的还原态 B 在滴汞电极表面液相中的浓度，如果 B 与汞生成汞齐或为不溶于汞的金属，而以固体状态沉积于滴汞电极上，则 $(c_B)_e$ 为一常数。

在未达到极限扩散电流以前，$(c_A)_e \neq 0$，则还原电流：

$$-i = k_A [c_A - (c_A)_e] \tag{11-18}$$

在达到极限扩散电流时，$(c_A)_e = 0$，则还原电流 $-(i_d)_c = k_A c_A$，因此极谱波上任意一点的还原电流为：

$$(c_A)_e = \frac{-(i_d)_c + i}{k_A} \tag{11-19}$$

式中 $k_A = 607 n D_A^{\frac{1}{2}} m^{\frac{2}{3}} t^{\frac{1}{6}}$。

极谱过程中的所谓浓差扩散包括两个部分：即被测物质在电极表面溶液中（扩散层厚度为 δ）的浓差扩散和在电极内部汞相中还原态的被测物质从电极表面向电极中心的浓差扩散。换言之，在滴汞电极内部，极谱波上任意一点的电流也应满足：$-i = k_B [(c_B)_e - (c_B)_0]$ 的尤考维奇方程，其中 $k_B = 607 n D_B^{\frac{1}{2}} m^{\frac{2}{3}} t^{\frac{1}{6}}$，$(c_B)_0$ 为滴汞中心还原态的被测物质浓度。由于极谱过程条件下，还原态的被测物质于滴汞周期内在汞中从电极表面扩散到电极中心的浓度 $(c_B)_0$ 趋向于 0，于是：

$$(c_B)_e = \frac{-i}{k_B} \tag{11-20}$$

将式(11-19) 和式(11-20) 代入式(11-17)，整理后得：

$$E_{de} = E^0 + \frac{0.0592}{n} \lg \left[\frac{\gamma_A k_B}{\gamma_B k_A} \cdot \frac{(i_d)_c - i}{i} \right] \tag{11-21}$$

对某一还原物质 A，在一定实验条件下，E^0、γ_A、γ_B、k_A、k_B 都是常数，它们可以合并为一个新的常数 E'，则在 25℃时，有：

$$E_{de} = E' + \frac{0.0592}{n} \lg \frac{(i_d)_c - i}{i} \tag{11-22}$$

其中：

$$E' = E^0 + \frac{0.0592}{n} \lg \left(\frac{\gamma_A k_B}{\gamma_B k_A} \right) \tag{11-23}$$

当 $i = \frac{1}{2} i_d$ 时，$E_{de} = E' = E_{1/2}$，此时的滴汞电极电位称为半波电位 $E_{1/2}$。

$$E_{1/2} = E' = E^0 + \frac{0.0592}{n} \lg \frac{\gamma_A k_B}{\gamma_B k_A} \tag{11-24}$$

所以，在温度、介质条件、毛细管和汞瓶高度一定时，对特定的被测物质，$E_{1/2}$ 为一常数，它与被测物质的浓度无关。

于是，式(11-22) 可表示为：

$$E_{de} = E_{1/2} + \frac{0.0592}{n} \lg \frac{(i_d)_c - i}{i} \tag{11-25}$$

式(11-25) 称为在 25℃时简单金属离子的可逆阴极波的极谱波方程式，它反映了极谱曲线上每一点的电流与电位之间的定量关系。

同样的方法可以推导出简单金属离子的可逆阳极波方程式为（25℃）：

$$E_{de} = E_{1/2} + \frac{0.0592}{n} \lg \frac{i}{(i_d)_a - i} \tag{11-26}$$

因此，简单金属离子的可逆综合波方程式为（25℃）：

$$E_{de} = E_{1/2} + \frac{0.0592}{n} \lg \frac{(i_d)_c - i}{i - (i_d)_a} \tag{11-27}$$

式中，$(i_d)_a$ 为阳极电流，$(i_d)_c$ 为阴极电流。

当溶液中仅存在还原态而不存在氧化态时，$(i_d)_a$ 为 0，即为式(11-25)；当溶液中仅存在氧化态而不存在还原态时，$(i_d)_c$ 为 0，即为式(11-26)。

(2) 简单金属配合物的可逆极谱波方程式

实际分析时，金属离子常常以配合离子的形式存在。基于简单金属离子的极谱波方程式，结合考虑金属的配合作用，经过推导，可获得简单金属配合物的可逆阴极波方程式（25℃）：

$$E_{de} = (E_{1/2})_c + \frac{0.0592}{n} \lg \frac{i_d - i}{i} \tag{11-28}$$

其中：

$$(E_{1/2})_c = E_{1/2} - \frac{0.0592}{n} \lg \beta - p \frac{0.0592}{n} \lg c_L \tag{11-29}$$

式中，β 为配合物的稳定常数；p 为配合物的配位数，c_L 为配位体的浓度（其浓度远大于 M^{n+} 的浓度，可视为一恒定值）；$E_{1/2}$ 为简单金属离子的半波电位；$(E_{1/2})_c$ 为金属配合物的半波电位，在温度、介质条件、毛细管和汞瓶高度一定的条件下，配位体的浓度一定，对特定的配位化合物 $(E_{1/2})_c$ 为常数。

从式(11-29) 可知，生成配合物使其半波电位向负的方向移动。配合物的稳定常数越大，其半波电位越负。所以，在极谱分析中，经常应用生成配合物的方法来改变半波电位，以达到消除干扰的目的。

（3）极谱波方程式的应用

① 测定 $E_{1/2}$ 或 $(E_{1/2})_c$ 求 n　根据极谱波方程式，可作 $\lg[i/(i_d-i)]$-E_{de} 图，得一直线。在直线上，$\lg[i/(i_d-i)]=0$ 处的横轴截距即为 $E_{1/2}$ 或 $(E_{1/2})_c$，直线的斜率为 nF/RT，在已知温度时，根据斜率即可求得 n 值；

② 判断电极反应的可逆与否　若 $\lg[i/(i_d-i)]$-E_{de} 为直线，则电极反应可逆，否则为不可逆电极过程。也可根据极谱波方程式，分别求出 $E_{3/4}$ 与 $E_{1/4}$ 的值，当 $E_{3/4}-E_{1/4}=0.056/n$ 时，电极反应可逆，否则为不可逆；

③ 求金属配合物的配位数　作 $(E_{1/2})_c$-$\lg c_L$ 图，其斜率在 25℃时为 $-0.0592p/n$，n 已求得，于是可求得金属配合物的配位数 p；

④ 求金属配合物的稳定常数　根据式(11-29)，可由 $(E_{1/2})_c-E_{1/2}$ 求得 β。

用计算法求算 β 值具有很大的偶然性。若测定一系列不同浓度的配位体时的 $(E_{1/2})_c$ 值，各自分别与 $E_{1/2}$ 相减，得到系列 $\Delta E_{1/2}[\Delta E_{1/2}=(E_{1/2})_c-E_{1/2}]$ 值，作 $\Delta E_{1/2}$-$\lg c_L$ 图，可同时由截距求得 β 值、由斜率求得 p 值。

11.1.4.3　半波电位及其影响因素

从式(11-24)可知，在温度、底液组成和其它实验条件一定时，对特定的被测物质 $E_{1/2}$ 为一常数，其值与被测物质的浓度和所使用的仪器（如毛细管、检测器等）的性能无关，仅决定于被测物质本身的性质，因此半波电位可以作为极谱定性分析的依据。表 11-1 列出一些物质的极谱半波电位。

表 11-1　一些物质的极谱半波电位（25℃时）

电活性物质	支持电解质		$E_{1/2}/V$ (vs SCE)
	组分	浓度/mol·L^{-1}	
Al^{3+}	KCl	1	-1.75
As^{3+}	$HAc+NaAc$	2+2	-0.25
Cd^{2+}	NH_3+NH_4Cl	1+1	-0.81
	KCl	0.1	-0.64
Co^{2+}	KCl	0.1	-1.20
	NH_3+NH_4Cl	1+1	-1.32
Cu^{2+}	NH_3+NH_4Cl	1+1	$-0.24, -0.50$
Fe^{2+}	KCl	0.1	-1.3
Fe^{3+}	酒石酸盐,pH9.4	0.5	$-1.20, -1.73$
Mn^{2+}	KCl	1	-1.51
Ni^{2+}	KCl	1	-1.1
Ni^{2+}	NH_3+NH_4Cl	1+1	-1.10
O_2	缓冲溶液,pH1~10		$-0.2, -0.9$
Pb^{2+}	KCl	1	-0.44
	NaOH	1	-0.75
Sb^{3+}	HCl	1	-0.15
Sn^{3+}	HCl	1	-0.47
Zn^{2+}	KCl	0.1	-0.99
	NH_3+NH_4Cl	2+1	-1.33

从表 11-1 看出，物质的半波电位因其条件的不同而不同。影响半波电位的因素有：

（1）支持电解质的种类及浓度

同一种物质在不同的支持电解质中的 $E_{1/2}$ 是不相同的；即使在同一种支持电解质中，因支持电解质的浓度不同，其 $E_{1/2}$ 也有差别。一般情况下随着介质离子强度的增加，阳离子的 $E_{1/2}$ 负移。如 Pb^{2+} 在 $0.1mol \cdot L^{-1}$、$1.0mol \cdot L^{-1}$ 和 $3.0mol \cdot L^{-1}$ 的 KCl 介质中的 $E_{1/2}$ 分别为 $-0.386V$、$-0.440V$ 和 $-0.483V$。这主要是由于支持电解质浓度不同时离子强度发生了变化，影响了被测物质的活度系数，从而影响了被测物质的 $E_{1/2}$。

（2）温度

同一物质的标准电极电位、扩散系数和活度系数都受温度的影响，因而影响其 $E_{1/2}$。

（3）溶液酸度

溶液酸度影响离子的存在状态，易水解的金属离子会形成多羟基配合物，弱酸性离子存在酸碱平衡等。如含氧酸根和有机物的电极反应多数有 H^+ 或 OH^- 参与，酸度不仅影响 $E_{1/2}$ 和极谱波形，甚至会改变反应产物，因此，控制极谱底液的 pH 值对 $E_{1/2}$ 的测定至关重要。例如 BrO_3^- 的还原反应：

$$BrO_3^- + 6H^+ + 6e^- \longrightarrow Br^- + 3H_2O$$

在酸性介质中 $E_{1/2}$ 为 $-0.97V$，而在中性介质中 $E_{1/2}$ 为 $-1.85V$。再如苯甲醛在碱性介质中 $E_{1/2}$ 约为 $-1.40V$ 还原生成苯甲醇，当 pH<2 时，在约 $-1.00V$ 还原生成对苯基乙二醇，若在 pH 2~8 时，两种电极反应同时发生，出现两个极谱波。

（4）配位体

由于配位体的存在，金属离子形成配合物后，不仅使 $E_{1/2}$ 发生变化，而且还可能影响电极反应的过程。不同的金属离子形成配合物后对 $E_{1/2}$ 的影响结果是不相同的，这里不作详细讨论。

11.2 直流极谱分析法的干扰电流及方法的局限性

在直流极谱分析中，干扰电流和扩散电流的本质区别是干扰电流与被测物质浓度之间无定量关系。因此它们的存在严重地影响着直流极谱分析，必须设法除去。

11.2.1 干扰电流的类型及消除措施

11.2.1.1 残余电流

直流极谱曲线上的残余电流主要来自于电容电流与杂质电解产生的法拉第电流。

杂质的法拉第电流是溶液中还原电位较正的易于在滴汞电极上还原的微量杂质所引起的，如 O_2、Cu^{2+} 和 Fe^{3+} 等。但这一部分电流通常是十分微小的，可以在测定前小心处理加以消除。

电容电流属于非法拉第电流，在残余电流中占主要部分。由于电极和溶液的界面存在双电层，相当于一个电容器。当滴汞电极的电位发生变化时，就要向电容器充电，产生充电电流。充电电流的大小约为 $10^{-7}A$ 数量级，其大小相当于浓度为 $10^{-5}mol \cdot L^{-1}$ 被测物质所产生的扩散电流，这就是直流极谱法所能达到的浓度下限。残余电流一般采用作图的方法加以扣除或使用仪器附设的残余电流补偿装置予以消除。

11.2.1.2 迁移电流

迁移电流是由于带电荷的被测离子（或带极性的分子）在静电场力的作用下（电池的正负极对被测离子的吸引或排斥）移动至电极表面参与电极反应所形成的电流。迁移电流与电极附近的电位梯度成正比。加入大量支持电解质可以消除迁移电流。支持电解质是一些能导电但在该条件下不与电极反应的惰性电解质，如氯化钾、盐酸、硫酸等。一般支持电解质的浓度要比被测物质浓度大 50～100 倍。

11.2.1.3 极谱极大

所谓极谱极大是外加电解电压达到被测离子开始电解的电位时，极谱电流随电压增大而迅速增加达到极大值，在极谱波上出现一极大畸形峰，之后又恢复到极限扩散电流的正常值的现象。其原因是：在汞滴的成长过程中，其表面上各部分的表面张力不均匀，在汞滴的表面上产生了切向运动，致使电极附近的溶液被搅动，产生对流传质，使可还原物质急速到达电极表面，电流也就剧烈地增加。通过加入少量的表面活性剂，如明胶、Triton-100、聚乙烯醇等，使其吸附在汞滴表面，促进各部分的表面张力趋向均匀，避免切向运动，从而消除极谱极大。

11.2.1.4 氧波

在室温时，氧在溶液中的溶解度约为 $8mg \cdot L^{-1}$。当进行电解时，氧在电极上被还原，产生两个极谱波：

第一个波：$O_2 + 2H^+ + 2e^- \rightleftharpoons H_2O_2$　　$E_{1/2} = -0.3V$（在酸性溶液中）

第二个波：$H_2O_2 + 2H^+ + 2e^- \rightleftharpoons 2H_2O$　　$E_{1/2} = -0.9V$（在酸性溶液中）

第一个波：$O_2 + 2H_2O + 2e^- \rightleftharpoons H_2O_2 + 2OH^-$　　$E_{1/2} = -0.17V$（在中性、碱性溶液中）

第二个波：$H_2O_2 + 2e^- \rightleftharpoons 2OH^-$　　$E_{1/2} = -1.21V$（在中性、碱性溶液中）

由于倾斜的氧波波形延伸得很长，它的两个波占据了 $-0.17V \sim -1.21V$ 之间极谱分析中最常用的电位范围，往往重叠在被测物质的极谱波上，干扰很大。因此测定前试液必须除氧。消除氧波方法是：

① 向溶液通惰性气体如 H_2、N_2、CO_2（CO_2 仅适于酸性溶液）进行鼓泡，携带除去氧气；

② 在中性或碱性条件下加入 Na_2SO_3，还原 O_2：

$$2SO_3^{2-} + O_2 \rightleftharpoons 2SO_4^{2-}$$

③ 在强酸性溶液中加入 Na_2CO_3，放出大量二氧化碳以携带除去 O_2；或加入还原剂如铁粉与酸作用生成 H_2 而携带除去 O_2。

④ 在弱酸性或碱性溶液中加入抗坏血酸或盐酸羟胺，还原 O_2。

11.2.1.5 氢波

在足够负的电位下氢离子会在滴汞电极上还原析出，产生氢波。在酸性溶液中，当电位在 $-1.2 \sim -1.4V$ 范围内 H^+ 将被还原；在中性或碱性溶液中，H^+ 在更负的电位下还原析出氢气。所以极谱分析中对酸性介质中半波电位比 $-1.2V$ 更负的物质不能在酸性溶液中进行测定。消除氢波干扰的措施一般采取在保证被测离子不水解的前提下，尽可能在中、碱性条件下测定。

上述部分干扰因素对固态微电极的极化曲线也会产生干扰。所以在固态微电极上进行伏安分析时，也有必要采取一定的手段来消除这些干扰电流。

11.2.2 直流极谱分析法的特点

11.2.2.1 工作电极的特点

经典极谱分析使用滴汞电极。与表面积固定不变的电极相比，滴汞电极作为工作电极具有以下特点：①由于滴汞的表面在不断更新，所以分析结果的重现性高；②多数金属可以与汞生成汞齐而不沉积在电极表面；③氢在汞电极上的过电位很高，即阴极电化学窗口较宽。在酸性溶液中，外加电位可以加到$-1.3V$（vs SCE）；在碱性溶液中外加电位可到$-2V$（vs SCE）；在季铵盐及氢氧化物溶液中外加电位加到$-2.7V$（vs SCE）时，氢才开始析出。④当用滴汞作为阳极时，因汞本身会被氧化，所以电位一般不能正于$0.4V$（vs SCE）。

11.2.2.2 直流极谱分析法的局限性

经典的直流极谱分析法有以下的缺点：

① 方法灵敏度低：残余电流的干扰限制了方法的灵敏度，检测下限一般在$10^{-4} \sim 10^{-5}$ $mol \cdot L^{-1}$范围内；②分析速度慢：由于滴汞周期需要保持在$2 \sim 5s$，电压扫描速度一般为$5 \sim 15min \cdot V^{-1}$，获得一条极谱曲线一般需要几十滴到一百多滴汞，一般的分析过程需要$5 \sim 15min$；③方法的分辨率低：直流极谱波呈阶梯形，当两物质的半波电位差小于$100mV$时两峰重叠，无法测量，当$\Delta E_{1/2} \geq 100mV$才能分辨；④汞作为环境的重要污染物对于人体有毒害。这也限制了直流极谱分析方法的使用。

为了克服这些局限性，人们对经典的直流极谱法进行了改进。一方面是改进和发展极谱仪器，降低残余电流，如方波极谱，脉冲极谱等；另一方面是提高样品的有效利用率，从而提高检测灵敏度，如阳极溶出伏安法及催化波极谱法等。

11.3 极谱催化波

极谱催化波的作用机理不同，主要有平行催化波和吸附催化波两种类型。

11.3.1 平行催化波

如果参加电极反应的物质不是直接存在溶液中的，而是要经过化学反应转化，这时的转化步骤的反应被称为偶联（偶合）反应。例如配合物波的形成，便可以看作是由配位平衡反应作为偶联反应。如果有关的化学反应是在溶液中进行的，则被称为均相偶联反应。

若A为被测物质，A在电极上被还原产生B，B与溶液中大量存在的氧化剂X立即发生化学反应再生回A，其化学反应平行于电极反应的过程可用式(11-30)描述。

$$A + ne^- \longrightarrow B(电极反应)$$

$$B + X \xrightarrow{k_1} A + X'(化学反应)$$

$$(11\text{-}30)$$

该平行反应通常又称为催化反应。由于催化反应，使得在电极上被消耗的待测电活性物质A及时得到补充，所以极化曲线的极限电流增大，灵敏度提高，一般可测定浓度范围为$10^{-6} \sim 10^{-8} mol \cdot L^{-1}$的物质，有时可达$10^{-9} \sim 10^{-10} mol \cdot L^{-1}$。例：

$$Fe^{3+} + e^- \longrightarrow Fe^{2+}(电极反应)$$

$$Fe^{2+} + H_2O_2 \longrightarrow OH^- + \cdot OH + Fe^{3+}（催化反应）$$
$$Fe^{2+} + \cdot OH \longrightarrow Fe^{3+} + OH^-（催化反应,自由基反应,很快）$$

在 Fe^{2+} 的催化反应中,第一步反应速度较慢,是反应速度控制步骤。由于催化反应,使得在电极上消耗的反应物 Fe^{3+} 及时得到补充,提高了灵敏度。

平行催化波可称为再生催化波。在反应(11-30)中存在另一物质 X,X 可与 B 发生化学反应,将其重新氧化成物质 A,新产生的物质 A 又在电极上发生还原。由于电极反应和再生化学反应平行进行,形成了电极反应和化学反应的多次循环。此时产生的电流比物质 A 单纯的扩散电流大得多,从而提高了测定的灵敏度。

在平行催化波的进行过程中,可以认为物质 A 在电极上的浓度没有变化,消耗的是物质 X。所以,物质 A 相当于一种催化剂,由于它的存在,催化了 X 的还原,产生的电流称为催化电流,其大小与催化剂 A 的浓度呈正比,可用来测定物质 A 的含量。

$$i_1 = 0.51nFD^{1/2}m^{2/3}t^{2/3}k^{1/2}c_x^{1/2}c_A \tag{11-31}$$

式中,i_1 为催化电流,A;k 为化学反应控制步骤的速率常数;c_x、c_A 分别为 X 物质和 A 物质的浓度,$mol \cdot L^{-1}$;其它符号的含义同式(11-11)。

由式(11-31)可得:i_1 与汞柱的高度 h 无关,因为:$i_1 \propto m^{2/3}t^{2/3} \propto h^{2/3}h^{-2/3} \propto h^0$。这是催化电流区别于经典极谱平均极限扩散电流 i_d 的显著标志。

物质 X 的特点是,它本身也可能在电极上还原,但具有很大的过电位,在物质 A 还原时,它不能在电极上被还原。但是它具有相当强的氧化性,能迅速氧化物质 B 而再生出物质 A。常用的物质 X 有:过氧化氢、硝酸盐、亚硝酸盐、高氯酸及其盐、氯酸盐和羟胺、硫酸羟胺以及四价钒等。能用于平行催化波测定的金属离子大多数是具有变价性质的高价离子,如 Mo(VI)、W(VI)、V(V)、U(VI)、Co^{2+}、Ni^{2+}、Ti(IV) 和 Te(IV) 等。

当电极上或电极过程中不存在吸附现象时,催化波的波形与直流极谱法的波形相同;然而当存在吸附现象时,催化波呈峰形。

11.3.2　吸附催化波

吸附催化波是指某些容易吸附在电极上的有机物或配合物在电极上被氧化还原或使电极表面张力发生变化而产生的极谱催化波。主要有催化氢波和张力波。吸附张力波是指被测物质本身在电极表面具有吸附性的非电活性物质,在电压扫描时由于电极表面被测物质的吸附和解吸作用使电极表面张力发生变化,导致电极表面双电层变化,产生极谱波。

利用吸附张力波可以测定在电极表面具有吸附性的非电解活性物质。一些其它常规方法难以测定的有机药物、生物物质、表面活性物质,却能用吸附催化波法进行测定,而且方法简便、灵敏,体现其特殊的优越性。

氢离子在滴汞电极上还原产生的极谱波,称为正常氢波。由于氢离子在滴汞电极上还原时存在很大的过电位,所以正常氢波出现在较负的电位处。例如,在 $0.1mol \cdot L^{-1}$ 盐酸溶液中,正常氢波通常出现在 $-1.2V$ (vs SCE)。正常氢波很少用于分析测定中。

在酸性或缓冲溶液中,某些物质吸附在电极表面能降低氢的过电位,使氢离子在比正常氢波为正的电位下还原,此时形成的氢波,称为催化氢波。由于催化剂吸附在电极表面,因此催化氢波为峰形,其峰电流即催化电流在一定浓度范围内,与催化剂的浓度成正比,因此是测量痕量催化剂的一个灵敏方法。

能降低氢的过电位的物质称为催化氢波的催化剂。这类物质有:

① 能还原为具有催化活性的原子团聚积于电极表面的物质，如铂族元素钌、铑、铱、铂；

② 含有可以质子化的基团并能吸附在电极表面的某些含氧、硫、氮的有机化合物或金属配合物，如蛋白质、生物碱、吡啶及其衍生物等。

11.4　单扫描极谱法和循环伏安法

11.4.1　单扫描极谱法

11.4.1.1　单扫描极谱的基本电路和装置

单扫描极谱法是用阴极射线示波器作为电信号的检测工具，又名示波极谱法，它是对经典的直流极谱法的一种改进。单扫描极谱装置见图11-5。

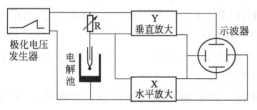

图 11-5　单扫描极谱装置图

在单扫描极谱法中，汞滴滴下时间一般约为 7s。考虑到汞滴的表面在汞滴成长的初期变化较大，故在滴下时间的最后约 2s 内，才加一次扫描电压，振幅一般为 0.5V（扫描的起始电压可任意控制），仅在最后 2s 时间内记录 i-E 曲线。为了使滴下时间与电压扫描周期同步，在滴汞电极上装有敲击装置，在每次扫描结束时，启动敲击器，把汞滴敲脱。以后新汞滴又开始生长，到最后 2s 期间，又进行一次扫描。每次电压扫描，荧光屏上就绘出一次 i-E 图。这种极化曲线是在汞滴面积基本不变化的情况下得到的，所以为平滑的峰形曲线，没有直流极谱图的电流振荡现象。图11-6表示单扫描极谱中汞滴表面积 A、极化电压及电流 i 随时间变化的相互关系。

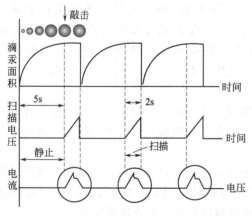

图 11-6　单扫描极谱中汞滴面积、极化
电压及电流变化图

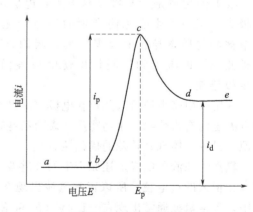

图 11-7　单扫描极谱图

图11-7是物质还原时的极谱图。图中 ab 段叫基线。扫描开始时，外加电压还没有使滴汞电极的电位达到可还原物质的析出电位，电解池中只有少量残余电流通过。

bc 段：当外加电压扫描到使滴汞电极的电位值达到可还原物质的析出电位时，电极表面附近的可还原物质在短时间内迅速还原，电解电流迅速变大，曲线急剧上升，达到最高点 c，这点叫波峰。

cd 段：当电解电流达到 c 点后，由于电极表面的可还原物质已被还原，浓度瞬间变小，而溶液本体中的可还原物质还来不及扩散到电极表面，所以，再增加电压，电解电流不但不增大，反而略有减小。

de 段：叫波尾。当电解电流降低到 d 点后，扩散到电极表面的可还原物质与电极反应消耗的可还原物质的量相等，达到平衡，电解电流不再变化。此时的电流为极限扩散电流。

从波峰到基线的垂直距离叫峰电流，用 i_p 表示，c 点所对应的电位叫峰电位。

11.4.1.2 峰电流和峰电压

一般说来，凡是在经典极谱中能得到极谱波的物质亦能用单扫描极谱法来进行分析。但是在单扫描中，由于极化速度很快，因此电极反应的速度对电流的影响很大。对电极反应可逆的物质而言，极谱图上出现明显的尖峰状电流；若电极反应为部分可逆的物质，由于其电极反应速度较慢，尖峰状电流不明显，灵敏度随之降低；若电极反应为完全不可逆，灵敏度更低，极谱图没有尖峰，有时甚至不起波。

对可逆极谱波，实验条件确定后，峰电流与被测物质的浓度呈正比，峰电流方程式如下（25℃）：

$$i_p = 2.69 \times 10^5 n^{3/2} D^{1/2} v^{1/2} Ac \tag{11-32}$$

式中，i_p 为峰电流，A；n 为电子转移数；D 为被测物质的扩散系数，$cm^2 \cdot s^{-1}$；v 为扫描速度，$V \cdot s^{-1}$；A 为电极面积，cm^2；c 为被测物质的浓度，$mol \cdot L^{-1}$。

峰电位 E_p 与经典极谱波的半波电位的关系为：

$$E_p = E_{1/2} \pm \frac{1.1RT}{nF} \tag{11-33}$$

式中，还原过程为（一），氧化过程为（＋）。

在 25℃时
$$E_p = E_{1/2} \pm \frac{0.028}{n}(V) \tag{11-34}$$

因此，对于可逆波来说，还原波的峰电位要比经典极谱的 $E_{1/2}$ 负 $\frac{28}{n}$ mV，氧化波的峰电位要比其正 $\frac{28}{n}$ mV，氧化波与还原波的峰电位之差为 2 倍的 $\frac{28}{n}$ mV，即 $\frac{56}{n}$ mV。

11.4.1.3 单扫描极谱法的特点

① 方法快速。由于扫描速度快，约为 $250mV \cdot s^{-1}$，每一滴汞就产生一个完整的极谱图，因此几秒钟便可完成一次测量，并可直接在荧光屏上读取峰高值。而经典极谱波的扫描速度一般小于 $5mV \cdot s^{-1}$，完成一个极谱波要用几十分钟时间。

② 灵敏度较高。由于单扫描极谱法有效降低充电电流的影响，所以灵敏度比经典极谱的要高，对可逆波来说，一般可达 $10^{-7}mol \cdot L^{-1}$。

③ 分辨率高。由于谱图为峰形，两物质的峰电位相差 $50mV$，就可以分开，采用导数单扫描极谱，分辨率更高。

④ 前放电物质的干扰小。这是由于在扫描前有大约 5s 的静止期，相当于在电极表面附近进行了预电解分离。因此前放电物质存在时，不影响后续被测物质的测定。

⑤ 往往可以不除去溶液中的氧而进行测定。由于氧波为不可逆波，其干扰作用在单扫

描极谱法中大为降低。

由于以上特点，使得单扫描极谱法成为测定许多物质的有力工具，尤其适合于配合物吸附波和具有吸附性质的催化波的测定。

11.4.1.4 线性扫描伏安法

在单扫描极谱法中，所施加的电压是在汞滴的生长后期，这时电极的表面积几乎不变，因此可以把滴汞电极替换为固体电极（如碳、金、铂等）或表面积不变的汞电极（显然，这时无需考虑汞滴的生长期），所得到的极化曲线及电流大小等都与上述单扫描极谱法类似。于是，扩大了单扫描极谱法的应用。这种方法统称为线性扫描伏安法。

11.4.2 直流循环伏安法

11.4.2.1 基本原理

直流循环伏安法常简称循环伏安法，它与单扫描极谱法相似，都是以快速线性扫描的形

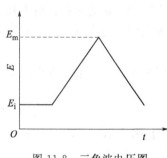

式施加极化电压于工作电极。但是单扫描极谱法所施加的是锯齿波电压，而循环伏安法则施加三角波电压（如图11-8所示）。从起始电压 E_i 开始沿某一方向施加电压，到达终止电压 E_m 后又反方向回到起始电压，呈等腰三角形。电压扫描速度可从每秒数毫伏到1V甚至于更大。经过一次三角波的扫描，电活性物质在电极上完成还原和氧化过程的循环，因此称为循环伏安法。工作电极可用悬汞滴、汞膜、铂或玻璃石墨等静止电极。

图 11-8　三角波电压图

当溶液中存在氧化态物质 O 时，它在电极上可逆地还原生成还原态物质 R：$O + ne^- \longrightarrow R$

当电位方向逆转时，在电极表面生成的 R 则被可逆地氧化为物质 O：$R \longrightarrow O + ne^-$

图 11-9 是循环伏安法的极化曲线。图的上半部是还原波，称为阴极支；下半部是氧化波，称为阳极支。极化曲线的峰电流和峰电位方程式与单扫描极谱法相同。一般用 i_{pc}、E_{pc} 分别表示还原峰的峰电流和峰电位，而用 i_{pa}、E_{pa} 分别表示氧化峰的峰电流和峰电位。

对于可逆氧化还原体系：$i_{pa} = i_{pc}$。峰电位 E_p 与极谱波的半波电位的关系同式(11-34)。因此，与单扫描极谱法相同，$\Delta E_p = E_{pa} - E_{pc} = \dfrac{56}{n}$ mV（25℃）。

对于不可逆体系，E_{pa} 和 E_{pc} 的关系不满足式(11-34)，$i_{pa} \neq i_{pc}$。不可逆程度越大，与上述可逆时的关系偏离就越大。

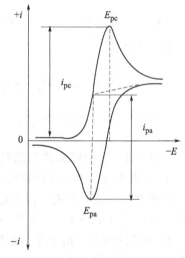

图 11-9　循环伏安图

11.4.2.2 循环伏安法的应用实例

循环伏安法是一种很有用的电化学研究方法，可用于研究电极反应的性质、机理和电极过程动力学参数等。循环伏安法还可用于电化学-化学偶联过程的研究，即在电极反应过程中，还伴随有其它化学反应的发生。

（1）应用循环伏安法判断电极过程的可逆性

不同电极过程的循环伏安曲线见图 11-10。对可逆电极过程来说，在 25℃时循环伏安曲线中的阴极支和阳极支的峰电位 E_{pc} 和 E_{pa} 差值 ΔE_p 为 $\frac{56}{n}$mV。一般来说，当其数值为 $\frac{55}{n}$mV 至 $\frac{59}{n}$mV 时，即可判断该电极反应为可逆过程。应该注意，可逆电极反应的 $i_{pa}=i_{pc}$，并且峰电流尚与电压扫描速度 $v^{1/2}$ 成正比。

对于准可逆过程，其极化曲线形状与可逆程度有关。一般地，当 $\Delta E_p > \frac{59}{n}$mV 时，峰电位随电压扫描速度的增加而变化，阴极峰变负，阳极峰变正；此外，电极反应的性质不同时，i_{pc} 与 i_{pa} 的比值可大于、等于或小于 1，但均与 $v^{1/2}$ 成正比，因为峰电流仍是由扩散速度控制的。对于不可逆过程，反向扫描时不出现阳极峰，但 i_{pc} 仍与 $v^{1/2}$ 成正比，当电压扫描速度增加时，E_{pc} 明显变负。根据 E_{pc} 与 v 的关系，可进一步计算准可逆和不可逆电极反应的速度常数 k_s。

（2）循环伏安法中电极反应机理的判断

赵春晓等利用循环伏安法研究了天冬氨酸对肾上腺素电子转移性能的影响，肾上腺素在不同 pH 值下的循环伏安曲线见图 11-11。试验采用三电极体系，在底液中加氯化钠恒定离子强度为 0.5，测定前先通氮气 10min。由图可见，出现了 2 个峰，峰 1 对应的反应为肾上腺素电氧化为肾上腺素醌的反应，峰 2 对应着其逆反应。随着 pH 值的增大，峰 2 电位负移显著，峰电位差变大，其可逆程度降低。

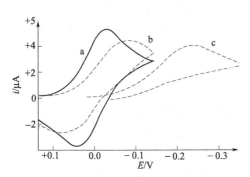

图 11-10　不同电极过程循环伏安图
a—可逆；b—准可逆；c—不可逆

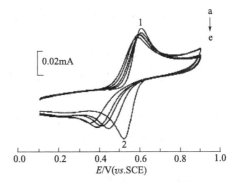

图 11-11　肾上腺素在不同 pH 时的循环伏安图
pH a-e：0.3，0.6，0.9，1.5，1.8，2.0
v：50mV/s，Pt 电极

总之，循环伏安法仪器设备简单，操作简便，很容易获得有关电极反应中的各种信息。这种方法对研究有机物、金属化合物及生物物质等的氧化还原机理特别有用，成为电分析化学中强有力的工具之一，被称作"电分析化学中的眼睛"。

11.5　方波极谱法

方波极谱法是在交流极谱法的基础上发展起来的。交流极谱法的一个主要问题是电容电流较大，方波极谱法可以减小电容电流的影响。方波极谱法通常将一频率为 225～250Hz、振幅为 10～30mV 的方波电压叠加到直流线性扫描电压上，然后测量每次叠加方波电压改

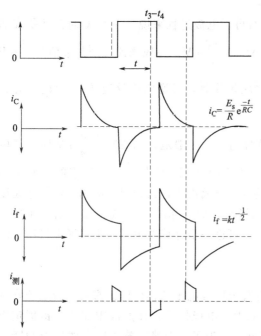

$$i_C = \frac{E_s}{R} e^{\frac{-t}{RC}}$$

$$i_f = kt^{-\frac{1}{2}}$$

图 11-12　方波极谱法消除电容电流的原理图

变方向前的一瞬间通过电解池的交变电流。

方波极谱法消除电容电流的原理，可用图 11-12 来说明。

电容电流 i_C 是随时间 t 按指数衰减的：

$$i_C = \frac{E_s}{R} e^{\frac{-t}{RC}} \tag{11-35}$$

式中，E_s 是方波电压振幅；C 是滴汞电极和溶液界面双电层的电容；t 是时间；R 是包括溶液电阻在内的整个回路的电阻。RC 称为时间常数。当 $t = RC$，$e^{-\frac{t}{RC}} = 0.368$，即此时的 i_C 仅为初始时的 36.8%；若衰减时间 $t = 5RC$，则 i_C 只剩下初始值的 0.67%，此时就可忽略不计了。而法拉第电流 $i_f = kt^{-\frac{1}{2}}$，只随时间的 $t^{-\frac{1}{2}}$ 衰减，比 i_C 衰减慢（见图 11-12）。对于一般电极，$C = 0.3\mu F$，$R = 100\Omega$，时间常数 $RC = 3 \times 10^{-5}$ s。如果采用的方波频率为 225Hz，则半周期为 2.2×10^{-3} s，大于 $5RC$。因此，在方波电压改变方向前的某一时刻 $t (5RC < t < \tau)$ 记录极谱电流，就可以较大程度地降低电容电流 i_C 对测定的影响。

只有当直流扫描电压在经典极谱波 $E_{1/2}$ 前后时，叠加的方波电压才有明显的电流。因此方波极谱法得到的极谱波呈峰形，峰电位 E_p 和 $E_{1/2}$ 相同。对于不可逆的电极反应，峰形宽而且低，因而灵敏度和分辨率都不高。

对于可逆的电极反应，其峰电流 i_p 为：

$$i_p = k(nF)^2 (RT)^{-1} \Delta U A D^{1/2} c \tag{11-36}$$

式中，i_p 为峰电流，A；k 为与方波频率及采样时间有关的常数；ΔU 为方波电压振幅，V；c 为被测物质浓度，$mol \cdot L^{-1}$。其它符号意义同扩散电流方程。

方波极谱法的特点：

（1）分辨力高，抗干扰能力强。方波极谱可分辨峰电位差 25mV 的相邻两极谱波，在前还原物质的浓度为后还原物质的浓度的 5×10^4 倍时，仍可有效地测定痕量的后还原物质；

（2）测定灵敏度高。方波极谱法的极化速度很快，被测物质在短时间内迅速还原，产生比经典极谱法大得多的电流，灵敏度高。并且由于有效地降低了电容电流的影响，使检出限可以达到 $10^{-8} \sim 10^{-9} mol \cdot L^{-1}$；

（3）对于不可逆反应，如氧波，生成的峰电流很小，因此分析含量较高的物质时，常常可以不需除氧；

（4）为了充分衰减 i_c，要求 RC 远小于方波半周期的数值，R 必须小于 100Ω，为此溶液中需加入大量支持电解质，通常在 $1mol \cdot L^{-1}$ 以上。因此，在进行痕量组分测定时，对试剂的纯度要求很高；

（5）毛细管噪声电流较大，限制了检出限。当汞滴下落时，毛细管中汞向上回缩，将溶液吸入毛细管尖端内壁，形成一层液膜。液膜的厚度和汞回缩高度对每一滴汞是不规则的，因此使体系的电流发生变化，形成噪声电流。噪声电流随方波频率增高而增大。

（6）不适合不可逆电极反应的测定。

11.6 脉冲极谱法

脉冲极谱是基于方波极谱而发展起来的。由于方波半周期的持续时间短，只有2ms，因此要求较高浓度的支持电解质，以便使充电电流的时间常数小，保证在进行电流采样前充电电流已经有了显著的衰减，有效地克服充电电流的影响。而脉冲极谱由于脉冲持续时间较长，为4～100ms（采样周期为汞滴生长周期），即使支持电解质的浓度很稀，在进行电流采样时充电电流依然可以降至一个很小的值。所以，脉冲极谱不仅包括了方波极谱的优点，而且更优于方波极谱。方波极谱和脉冲极谱叠加电压的方式见图11-13。

脉冲极谱法分为常规脉冲极谱法和微分脉冲极谱法。常规脉冲极谱法所施加的方波脉冲幅度是随时间线性增加的，得到的每个脉冲的i-E曲线与经典极谱法的i-E曲线相似；微分脉冲极谱法是在直流线性扫描电压上叠加一个等幅方波脉冲，得到的极谱波呈峰形。

由于在脉冲极谱法中脉冲持续时间长，可在充电电流充分衰减之后再记录i_f，极大程度地消除了充电电流的影响。

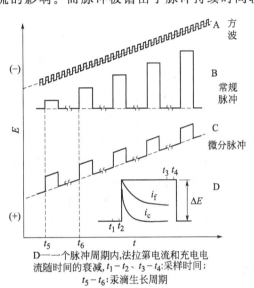

D——一个脉冲周期内,法拉第电流和充电电流随时间的衰减,t_1-t_2、t_3-t_4:采样时间;
t_5-t_6:汞滴生长周期

图 11-13　几种脉冲电压叠加方式图

常规脉冲极谱是在不发生电极反应的某一起始电位上，依次叠加一个振幅逐渐递增的脉冲电压，见图11-13 B。在每一脉冲消失前20ms时（t_3-t_4）进行一次电流取样（时间约为15ms），得到与直流极谱法相似的极谱图形，其检测限可达10^{-6}～10^{-7}mol·L^{-1}。

微分脉冲极谱是在一个缓慢变化的线性扫描直流电压上，叠加一个较小的等振幅脉冲电压（也可以是阶梯形的极化电压）。微分脉冲极谱的工作方式如图11-13 C所示。它测量的是在脉冲电压加入前20ms时的采样值（t_1-t_2）和消失前20ms的采样值（t_3-t_4）的电流之差（见图11-13 D）。由于采用了两次电流取样的方法，很好地扣除因直流电压扫描引起的背景电流及充电电流。微分脉冲极谱曲线呈对称峰状（而两次采样的差值，相当于是对常规极谱电流的微分，因而有峰出现）。

常规脉冲极谱的极限电流i_l方程式为：

$$i_l = nFAD^{1/2}(\pi t_m)^{-1/2}c \tag{11-37}$$

式中，t_m为每个周期内从施加脉冲开始到进行电流采样时的时间，其它各项意义同前。

微分脉冲极谱的峰电流i_p方程式为：

$$i_p = (nF)^2(4RT)^{-1}A\Delta UD^{1/2}(\pi t_m)^{-1/2}c \tag{11-38}$$

式中，ΔU为脉冲振幅，其它各项意义同前。

微分脉冲极谱的峰电位与直流极谱的半波电位的关系为：

$$E_p = E_{1/2} \pm \frac{\Delta U}{2} \tag{11-39}$$

式中，还原过程为一，氧化过程为+。

脉冲极谱法的特点：

（1）灵敏度高。由于 i_c 得以充分衰减，因此能达到很高的灵敏度，对可逆反应，检出限可达到 $10^{-8} \sim 10^{-9} \, mol \cdot L^{-1}$，最好可达到 $10^{-11} \, mol \cdot L^{-1}$；

（2）分辨力高。可分辨半波电位或峰电位相差 25mV 的相邻两个极谱波。前还原物质的量比被测物质高 5×10^4 倍也不干扰测定。因此，具有良好的抗干扰能力；

（3）由于脉冲持续时间长，在保证 i_c 和充分衰减的前提下，可以允许 R 增大 10 倍或更大些，这样只需使用 $0.01 \sim 0.1 \, mol \cdot L^{-1}$ 的支持电解质就可以了，大大地降低测定的空白值；

（4）由于脉冲持续时间长，对于电极反应速度缓慢的不可逆反应，也可以提高测定灵敏度，检出限可达到 $10^{-8} \, mol \cdot L^{-1}$。因此对许多有机化合物的测定、电极反应过程的研究等都是十分有利的。

应当指出的是，上述各种方法也可以应用于固态电极上而得到较高的灵敏度。因为在叠加脉冲电压和进行电流采样的后期，滴汞电极上汞滴的表面积几乎不变，即和固态电极或表面积固定的电极所起的作用几乎是一样的。所不同的是，滴汞电极的工作表面是每一滴都更新的，而且汞滴落下时搅动电极附近的溶液，使得电极工作的重现性较好。

不仅如此，由于固态电极的表面积恒定，所以无须用汞滴的生长周期作为脉冲周期，而可以采用相比滴汞电极短得多的时间作为脉冲周期，故能极大地加快分析的速度。另外，固态电极可以是表面积较大的电极，如此便可以测量到较大的电流，提高了测定的灵敏度。

11.7　溶出伏安法

溶出伏安法是指先富集后溶出，富集和溶出过程都是通过电解作用进行的，称为溶出伏安法；如果富集过程是通过吸附作用进行的，则称为吸附伏安法；如果溶出过程中记录的是工作电极的电位的变化，称为电位溶出法。

电解富集时，工作电极作为阴极，溶出时则作为阳极，这样的分析方法称为阳极溶出伏安法；相反，工作电极也可作为阳极来电解富集，而作为阴极进行溶出，这样就叫做阴极溶出伏安法。溶出伏安法的最大优点是灵敏度非常高，阳极溶出伏安法检出限可达 10^{-12} $mol \cdot L^{-1}$，阴极溶出伏安法检出限可达 $10^{-9} \, mol \cdot L^{-1}$。溶出伏安法能同时进行多组分测定，不需要贵重仪器，是高效高灵敏的分析方法。

但是溶出伏安法的电解富集有时较费时，一般需 $2 \sim 15min$，富集后只能记录一次溶出曲线，方法的重现性往往不够理想。

11.7.1　溶出伏安法的基本原理

11.7.1.1　电解富集和电解溶出

溶出伏安法包含电解富集和电解溶出两个过程。富集是电解过程，而溶出则可以是线性扫描伏安法、微分脉冲法等等。其方法灵敏度很高的主要原因是由于工作电极的表面积很小，通过电解富集，使得电极表面汞齐中被测物的浓度相当大，起了浓缩作用；溶出时相当于是以汞齐为溶液介质进行的，所以产生的电流也大，从而提高了灵敏度。

例如在盐酸介质中测定痕量铜、铅、镉时，首先将悬汞电极的电位固定在 $-0.8V$ 电解一定的时间，此时溶液中的一部分 Cu^{2+}、Pb^{2+}、Cd^{2+} 在电极上还原，并生成汞齐，富集在电极上。电解完毕后，将电位均匀地从负向正扫描，相当于采用线性扫描伏安法进行溶出，使镉、铅和铜分别溶出，得到如图 11-14 所示的溶出曲线。

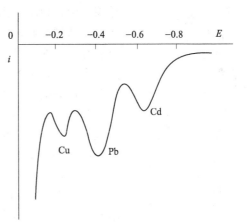

图 11-14　溶出伏安法测定金属离子图

在阳极溶出伏安法中，富集过程为还原过程，溶出过程为氧化过程。

富集过程：阴极：$M^{n+} + ne^- \rightleftharpoons M(Hg)$

溶出过程：阳极：$M(Hg) - ne^- \rightleftharpoons M^{n+}$

阴极溶出伏安法常用银电极和汞电极。在阴极溶出伏安法中，富集过程为氧化过程，溶出过程为还原过程。即在正电位下，电极本身氧化溶解生成 Ag^+、Hg^{2+}，它们与溶液中的微量阴离子如 Cl^-、Br^-、I^- 等生成难溶化合物薄膜聚附于电极表面，使阴离子得到富集。然后将电极电位向负方向移动，进行负电位扫描溶出，得到阴极溶出极化曲线。

例如：用汞电极测定溶液中痕量 S^{2-}：于 $0.1mol \cdot L^{-1}$ 的 NaOH 底液中，在 0.4V 电解富集一定的时间，使电极上的汞被氧化为 Hg^{2+}，与溶液中的 S^{2-} 生成 HgS 附着在电极表面：

$$Hg + S^{2-} - 2e^- \rightleftharpoons HgS \downarrow$$

然后使工作电极的电位由正向负变化，达到 HgS 的还原电位时，得到阴极溶出峰：

$$HgS \downarrow + 2e^- \rightleftharpoons Hg + S^{2-}$$

阴极溶出法可用来测定 Cl^-、Br^-、I^-、S^{2-}、WO_4^{2-}、MoO_4^{2-}、VO_3^- 等。

11.7.1.2　溶出峰电流的性质

溶出峰电流 i_p 在实验条件一定时，与被测离子的浓度成正比。即：

$$i_p = kc \tag{11-40}$$

式中比例系数 k 包含了影响溶出峰电流 i_p 的诸多因素，例如参与电极反应的电子数 n，被测物质在溶液和汞内的扩散系数 D_0 和 D_R，电解富集时搅拌的角速度 ω，溶液的黏度 η，电极半径 r，汞膜电极表面积 A，扫描速度 v 以及电解富集时间 t 等。这是溶出伏安法的定量分析依据。其定性分析依据的峰电位与直流极谱波 $E_{1/2}$ 相对应。

当汞滴的表面积与体积的比值较大时，也就是汞滴的半径较小时，测定的灵敏度较高。对于汞膜电极来说，其 A/V 值会比悬汞电极大得多，所以灵敏度可高达 $10^{-11}mol \cdot L^{-1}$，电解富集的时间也大为缩短。

阴极溶出伏安法得到阴极溶出极化曲线。溶出峰对不同阴离子的难溶盐是特征的，峰电流正比于难溶盐的沉积量。

11.7.1.3　溶出伏安法的工作电极

溶出伏安法的工作电极有悬汞电极、汞膜电极和固体电极。

（1）悬汞电极

悬汞电极有机械挤压式悬汞电极和挂吊式悬汞电极两种。

① 机械挤压式悬汞电极　其构造见图 11-15(a)。玻璃毛细管的上端连接于密封的金属

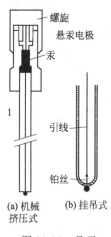

螺旋
悬汞电极
汞
1
引线
铂丝
(a) 机械挤压式　(b) 挂吊式

图 11-15　悬汞电极图

储汞器中，顶端的螺旋用于将汞挤出，使之悬挂于毛细管口，汞滴的体积可从螺旋旋转的圈数来调节。这类悬汞电极使用方便，在汞流出口装有电磁阀，可自动产生大、中、小 3 种不同体积的悬汞滴。其缺点是当电解富集的时间较长时，汞滴中的还原态金属会向毛细管内部扩散而污染电极，影响灵敏度和准确度。

② 挂吊式悬汞电极　其构造见图 11-15（b）。在玻璃管的一端封入直径为 0.1mm 的铂丝（也可用金丝或银丝），露出部分的长度约 0.1mm，另一端联结导线引出。将这一铂电极浸入硝酸亚汞（0.2～0.5mol·L^{-1}）溶液中，作为阴极进行电解，汞将沉积在铂丝上，可制得直径为 1.0～1.5mm 的悬汞滴。这类电极易于制造，但有时处理不好，铂（金）会溶入汞生成汞齐而影响被测物质的阳极溶出；如果汞滴未严密地盖住铂丝，就会降低氢的过电位而出现氢波。

悬汞电极的面积不能过大，大的悬汞易于脱落。用悬汞电极测定被测物质时的灵敏度并不太高，但再现性好。

（2）汞膜电极

汞膜电极是以玻璃石墨（玻碳）电极作为基质，在其表面镀上很薄的一层汞，可代替悬汞电极使用。同样的汞量做成的汞膜，其电极表面积比悬汞电极大得多。汞膜的厚度可由被电解的溶液中汞盐浓度和电解时间来控制。使用较为普遍的为玻碳汞膜电极。

由于汞膜很薄，被富集生成汞齐的金属原子，就不致向内部扩散，因此电极效率高，而且搅拌速度可以加快，能经较长时间的电解富集而不会影响测量效果，所以溶出峰尖锐，分辨能力高，灵敏度比悬汞电极高出 1～2 个数量级。玻碳汞膜电极还具有较高的氢过电位、导电性能良好、耐化学侵蚀性强以及表面光滑不易沾附气体及污染物等优点，因此常用作伏安法的工作电极。

汞膜电极的缺点是重现性不如悬汞电极。

（3）其它固体电极

当溶出伏安法在较正电位范围内进行时，采用汞电极就不合适了。此时，可采用玻碳电极、铂电极和金电极等。这些固体电极的缺点是电极面积与电极金属的活性可能发生连续变化，表面氧化层的形成将影响测定的再现性。

11.7.2　吸附溶出伏安法

吸附溶出伏安法简称吸附伏安法，它类似于上述溶出伏安法，所不同的是其富集过程是通过吸附作用来完成的，被吸附在电极表面的物质可以在电压扫描时发生氧化还原反应而溶出。例如一些物质的阴离子、阳离子或中性分子可强烈地被吸附在电极上，使其在电极表面附近的浓度大大高于溶液本体中的浓度，故能获得较大的电解电流，这时的极谱波称为极谱吸附波。这类吸附波的灵敏度也很高，可用于测定痕量物质。

有许多难以直接测定的离子，由于其配合物中的配位体可以被吸附还原而能间接地被测定。例如测定析出电位很正或很负的一些金属离子，如金、镁、钙和稀土金属等。配合物吸附波方法的灵敏度很高，可达 10^{-7}～10^{-9}mol·L^{-1}，可测定数十种金属离子和阴离子，应用十分广泛。

在富集过程中，被测物质可以吸附在不同的电极上，这时可以是开路，也可以让工作电极保持一定的电位值，但被吸附物质的价态一般并没有发生变化，这也是和溶出伏安法不同之处。

11.7.3 旋转环盘电极、微电极和修饰电极

除前面所讨论的几类电极外，旋转环盘电极、微电极和修饰电极也可用于伏安分析中。

旋转环盘电极因为电极是在强制对流下工作的，所以传质的速度更快，得到的扩散电流也就更大，从而提高了测量的灵敏度。

在电分析化学中，一般所用电极的尺寸相对于所测量的溶液来说比较小，以至在测量过程中，由于电极上的反应不至于引起溶液浓度的明显变化，这种电极称为常规电极。微电极是指电极的导电圆盘或圆柱的直径小于 $100\mu m$ 的电极。除了微盘电极和微柱电极之外，还有微带电极、多孔微电极、多个微电极并联的组合微电极等。

由于微电极的工作面积比较小，所消耗的反应物也就较少，因边缘效应，物质的传递比常规电极却快得多。而且，在微电极上充电电流的干扰也大为减小。

微电极作为工作电极时，流经电路的电流是非常小的（$<10^{-9}A$），所以可以用两电极系统替代三电极系统，而且可以用于高阻抗溶液的测量，如不加支持电解质的溶液或有机溶液。又因为微电极的体积小，可以适用于微小体积试样的分析，也可以直接插入生物活体内进行分析测定，如在单细胞内的定量分析等。

修饰电极，即化学修饰电极的简称，就是电极表面经过化学处理后的电极，一般是将具有特殊化学性质的分子、离子或聚合物修饰在电极表面，以实现对电极进行功能设计的目的。用来修饰电极的方法常用的有：吸附法、键合法和聚合法。表面经过处理后，电极可以具有某些崭新的功能，如选择性提高、灵敏度增大，电极的稳定性和重现性也可以得到改善。修饰电极还可以有催化作用，特设的修饰层能催化溶液中物质的氧化还原反应。

修饰电极的应用十分广泛，如免疫电极、酶电极可制成生物传感器，或利用复合酶、动物组织制成生物传感器等。修饰电极还可以用于液相色谱、流动注射、电泳分离和光谱电化学等的检测装置。

思 考 题

1. 写出扩散电流方程式的完整数学表达式。扩散电流主要受哪些因素的影响？在进行定量分析时，怎样消除这些影响？

2. 什么叫底液？底液由那些成分组成？各成分分别起什么作用？

3. 阐明半波电位的特性及其影响因素。

4. 为什么在直流极谱分析中溶液要保持静止，而且需使用大量的支持电解质？

5. 经典的直流极谱的装置有何特殊性？什么原因使它的灵敏度较低？

6. 简述极谱催化波的作用机理及其提高灵敏度的原因。

7. 单扫描极谱和循环伏安法判别电极反应可逆性的依据各有哪些？

8. 试比较方波极谱和脉冲极谱的异同点。

9. 溶出伏安法为什么能提高测定的灵敏度？

习 题

1. 某金属离子得 2 个电子被还原。该金属离子浓度为 $2.00\times10^{-4}mol \cdot L^{-1}$，其平均扩散电流为 $12.0\mu A$，毛细管的 $m^{2/3}\tau^{1/6}$ 值为 1.60. 计算该金属离子的扩散系数。

2. 某一物质在滴汞电极上还原为一可逆波。当汞柱高度为 $64.7cm$ 时，测得平均扩散电

流为 $1.71\mu A$。如果汞柱高度为 $83.1cm$，其平均扩散电流为多少？

3. 测定一种未知浓度的铅溶液的极谱图，其扩散电流为 $6.00\mu A$。加入 $10mL$ $0.00200mol \cdot L^{-1} Pb^{2+}$ 溶液到 $50mL$ 上述溶液中去，测得其扩散电流为 $18.0\mu A$，计算未知溶液内铅的浓度。

4. 极谱法测定氯化镁溶液中的微量镉离子。取试液 $5.0mL$，加入 0.04% 明胶 $5mL$，用水定容至 $25mL$，将溶液倒入电解池中，通氮气 $5\sim10min$ 后，测得其扩散电流为 $0.40\mu A$。另取这种镉溶液 $5.00mL$ 和 $10.0mL$ 的 $0.00100mol \cdot L^{-1}$ 镉溶液混合，定容到 $25mL$，此时测得其扩散电流为 $2.00\mu A$。试计算未知溶液中镉的浓度；并解释各试剂的作用；能否用还原铁粉、亚硫酸钠或通 CO_2 替代氮气？

5. 用极谱法测定铟获得如下数据，计算样品溶液中铟的含量（$mg \cdot L^{-1}$）。（$M_{In} = 114.82$）

溶液	在 $-0.70V$ 处观测到的电流/μA
$25.0mL$ $0.400mol \cdot L^{-1}$ KCl 稀释到 $100.0mL$	9.7
$25.0mL$ $0.400mol \cdot L^{-1}$ KCl 和 $20.0mL$ 试样稀释到 $100.0mL$	50.1
$25.0mL$ $0.400mol \cdot L^{-1}$ KCl 和 $20.0mL$ 试样并加入 $10.0mL$ $2.00\times10^{-4}mol \cdot L^{-1}$ In(Ⅲ)稀释到 $100.0mL$	65.6

6. 在稀的水溶液中氧的扩散系数为 $2.6\times10^{-5}cm^2 \cdot s^{-1}$。一个 $0.01mol \cdot L^{-1}$ KNO_3 溶液中氧的浓度为 $2.5\times10^{-4}mol \cdot L^{-1}$。在 $E_{de} = -1.50V$（vs SCE）处所得扩散电流为 $5.8\mu A$，m 及 t 依次为 $1.85mg \cdot s^{-1}$ 及 $4.09s$，问在此条件下氧还原成什么状态？

7. 在 $25℃$ 时，$1.00\times10^{-4}mol \cdot L^{-1}$ Cd^{2+} 在 $0.100mol \cdot L^{-1}$ KNO_3 底液中，加入不同浓度的 X^{2-} 配合并进行极谱分析，实验数据如下：

$C_{X^{2-}}$ /mol $\cdot L^{-1}$	$E_{1/2}$/V(vs SCE)	$C_{X^{2-}}$ /mol $\cdot L^{-1}$	$E_{1/2}$/V(vs SCE)
0.00	-0.585	1.00×10^{-2}	-0.776
1.00×10^{-3}	-0.718	3.00×10^{-2}	-0.804
3.00×10^{-3}	-0.742		

求此配离子可能的组成及其稳定常数。

8. 在 $25℃$ 时，测得某二价金属离子在滴汞电极上的扩散电流 $i_d = 6.00\mu A$，当滴汞电极电位为 $-0.616V$ 时，电流为 $1.50\mu A$，试计算其半波电位（设 $n = 1, 2$）。

9. 将被测离子浓度为 $2.3\times10^{-3}mol \cdot L^{-1}$ 的电解液 $15mL$ 进行极谱电解。设电解过程中扩散电流强度不变，汞滴流速为 $1.20mg \cdot s^{-1}$，滴汞周期为 $3.00s$，扩散系数为 $1.31\times10^{-5}cm^2 \cdot s^{-1}$，电极反应中电子转移数为 1。试根据尤考维奇方程式计算说明电解 1 小时后被测离子降低的百分数。

10. $3.050g$ 含镍矿样经分解后转入 $100mL$ 容量瓶中，加 $10mL$ $2mol \cdot L^{-1}$ HCl，吡啶 $5mL$，0.2% 动物胶 $5mL$，稀至刻度摇匀。吸取此液 $75mL$，测得 $i_d = 1.99\mu A$；加入 $9.24\times10^{-3}mol \cdot L^{-1}$ NiCl $4.00mL$ 后测得 $i_d = 2.21\mu A$。试说明加入各试剂的作用，计算矿样中镍的百分含量（$M_{Ni} = 58.70$）。

11. Pb^{2+} 在盐酸介质中极谱还原，半波电位 $E_{1/2}$ 为 $-0.462V$，在滴汞电极电位为 $-0.428V$ 处测得扩散电流 $9.7\mu A$，试预测 Pb^{2+} 还原波的极限扩散电流为多少？

第12章

色谱分析法原理

12.1 色谱分析法概述

色谱法是一种分离分析技术，已经有近一百年的历史。近四十年来，色谱法的各分支，如气相色谱、高效液相色谱、毛细管电泳以及薄层色谱都得到深入的研究，并广泛应用于石油化工、有机合成、生理生化、医药卫生以至空间探索等许多领域。色谱法因具有高分离效能、高选择性、高灵敏度和分析速度快等特点而成为现代仪器分析中应用最广泛的一种方法。色谱分离分析技术在分析化学领域中已成为现代仪器分析的独立而重要的分支。

12.1.1 色谱法的发展、分类及特点

12.1.1.1 色谱法的产生及发展

色谱法是 1906 年俄国植物学家 Tswett 首先提出的。他把植物色素的石油醚抽提液倒入一根装有 $CaCO_3$ 吸附剂的竖直玻璃管中（图 12-1），并用纯的石油醚淋洗，结果在管内形成不同颜色的谱带（即溶液中不同的色素分离），"色谱"（或称色层）因而得名。后来这种方法逐渐用于无色物质的分离，"色谱"这个名词也就慢慢失去了它原来的含意。现在所谓的色谱法实质是利用不同物质在两相（"相"是指一个体系中的某一均匀部分。如上例中玻璃管内的吸附剂 $CaCO_3$ 被称为"固定相"，流动的溶液称为"流动相"）中的分配不同，当两相做相对运动时，这些物质在两相中反复多次进行分配，使得那些分配差异微小的组分得到分离。

由此可见，色谱法是一种分离分析技术。事实上，越是复杂的化合物，用色谱分离越有优势，它可以对几十种、甚至几百种化合物进行分离和分析。到目前为止，还未见到用任何其它方法将上百种化合物一次分离的。例如对于石油馏分的分析，一个样品中有几十个、甚至成百个组分，色谱法是最佳的分离方法。

色谱法的本质在于色谱柱高选择性的高效分离作用与高灵敏度检测技术的结合。混合组分的样品在色谱柱中分离的依据是：同一时刻进入色谱柱中的各组分，由于在流动相和固定相

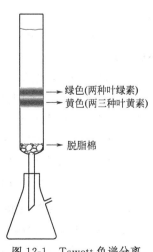

绿色(两种叶绿素)
黄色(两三种叶黄素)

脱脂棉

图 12-1　Tswett 色谱分离
示意图

之间溶解、吸附、渗透或离子交换等作用的不同，随流动相在色谱柱中运动时，在两相间进行反复多次（$10^3 \sim 10^6$次）的分配过程，使得原来分配系数具有微小差别的各组分，产生了保留能力的明显差异，进而各组分在色谱柱中的移动速度发生变化，经过一定长度的色谱柱后，彼此分离开来（图12-2），最后按顺序流出色谱柱而进入检测器，在记录仪上显示出各组分的色谱峰，用于物质的定性和定量分析。我们把基于上述原理所建立的分析方法统称为色谱法。

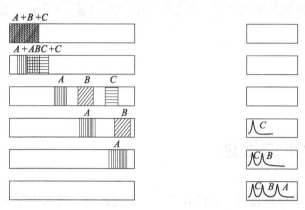

图 12-2　样品各组分在色谱柱中分离过程示意图

12.1.1.2　色谱法的分类

色谱法有多种类型。依据不同，分类方法也不同。

① 按流动相的物态，色谱法可分为气相色谱法（流动相为气体）、液相色谱法（流动相为液体）和超临界流体色谱法；再按固定相的状态，又可分为气-固色谱法、气-液色谱法、液-固色谱法和液-液色谱法等，如表12-1所示。

表 12-1　按流动相和固定相的物态分类的色谱法

种类		气相色谱	液相色谱	超临界色谱
流动相		气体	液体	超临界流体
固定相	固体	气-固吸附色谱	液-固吸附色谱	
	液体	气-液分配色谱	液-液分配色谱	

② 按色谱分离的原理，可以将色谱法分为吸附色谱法、分配色谱法、离子交换色谱法、凝胶渗透色谱法、离子色谱法等十余种方法。

③ 按固定相使用的方式，可分为柱色谱法、纸色谱法和薄层色谱法。

④ 按色谱动力学过程分类，根据流动相洗脱的动力学过程不同，可分为冲洗色谱法，顶替色谱法和迎头色谱法等。

⑤ 按色谱技术分类，根据色谱技术的性质不同而形成了多种色谱种类，包括程序升温气相色谱法、反应气相色谱法、裂解气相色谱法、顶空气相色谱法、毛细管气相色谱法、多维气相色谱法、制备色谱法等七种方法。

12.1.1.3　色谱法的特点

色谱法的特点是分离效能高、选择性好、灵敏度高、操作简单、应用广泛。

色谱分离主要是基于组分在两相间反复多次的分配过程。可使一些极为复杂、难以分离的物质得到满意的分离。同时，由于使用了高灵敏度的检测器，可以检测 $10^{-11} \sim 10^{-13}$ g 物质。因此在痕量分析上，它可以检出超纯气体、高分子单体和高纯试剂等样品中质量分数为10^{-6}甚至10^{-10}数量级的杂质；在环境监测上可用来直接检测（即试样不需事先浓缩）大气中质量分数为$10^{-6} \sim 10^{-9}$数量级的污染物；农药残留量的分析中可测出农副产品、食品、水质中质量分数为$10^{-6} \sim 10^{-9}$数量级卤素、硫、磷化物等。

色谱分析操作简单，分析快速，通常一个试样的分析可在几分钟到几十分钟内完成。某些快速分析，一秒钟可分析几个组分。目前一些先进的色谱仪器，通常都配备色谱工作站，使色谱操作及数据处理实现了自动化。

气相色谱适用于沸点低于400℃、易挥发、热稳定性好的各种有机化合物或无机气体的分离分析。液相色谱适用于高沸点、热稳定性差、难挥发化合物及生物试样的分离分析。离子色谱适用于无机离子及有机酸碱的分离分析，三者具有很好的互补性。

色谱法的不足之处是对被分离组分的定性较为困难。随着色谱与其它分析仪器联用技术的发展，这一问题已经得到较好解决。有关联用技术将在质谱分析法一章中介绍。

12.1.2 色谱流出曲线及常用术语

12.1.2.1 色谱流出曲线

试样中各组分经色谱柱分离后，随流动相依次流入检测器，经检测器转换为电信号，然后由记录仪将各组分的响应信号记录下来，即得色谱图。色谱图是以组分的响应信号作为纵坐标，流出时间作为横坐标的，这种记录响应信号随时间变化的曲线为色谱流出曲线。

12.1.2.2 色谱分析常用术语

现以某一组分的流出曲线（如图12-3所示）来说明有关色谱术语。

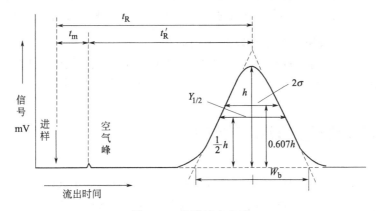

图 12-3　色谱流出曲线

（1）基线　当没有组分进入检测器时，在实验操作条件下，反映检测器系统噪声随时间变化的曲线称为基线，稳定的基线是一条直线。

（2）保留值　表示试样中各组分在色谱柱中滞留时间的数值。通常用时间或用将组分带出色谱柱所需流动相的体积来表示。

① 死时间（t_M）　指不与固定相作用的组分从进样开始到柱后出现浓度最大值时所需的时间。

② 保留时间（t_R）　指被测组分从进样开始到柱后出现浓度最大值时所需的时间。

③ 调整保留时间（t'_R）　指扣除死时间后的保留时间。即：

$$t'_R = t_R - t_M \tag{12-1}$$

④ 死体积（V_M）　指色谱柱在填充后柱管内固定相颗粒间所剩留的空间、色谱仪中管路和连接头间的空间以及检测器的空间的总和。

$$V_M = t_M F_0 \tag{12-2}$$

式中，F_0 为柱出口处的载气流量，单位：$mL \cdot min^{-1}$。

⑤ 保留体积（V_R）　指从进样开始到柱后被测组分出现浓度最大值时所通过的载气体积，即

$$V_R = t_R F_0 \tag{12-3}$$

⑥ 调整保留体积（V'_R）　指扣除死体积后的保留体积，即

$$V'_R = t'_R F_0 \quad 或 \quad V'_R = V_R - V_M \tag{12-4}$$

死体积反映了色谱柱和仪器系统的几何特性，它与被测物的性质无关，故保留体积值中扣除死体积后将更合理地反映被测组分的保留特性。

⑦ 相对保留值（r_{21}）　指某组分 2 的调整保留值与另一组分 1 的调整保留值之比：

$$r_{21} = \frac{t'_{R(2)}}{t'_{R(1)}} = \frac{V'_{R(2)}}{V'_{R(1)}} \tag{12-5}$$

相对保留值的优点是，只要柱温及固定相性质不变，即使柱内径、柱长、填充情况及流动相流速有所变化，相对保留值仍保持不变，因此，可作为定性及固定相选择的指标。

（3）区域宽度　色谱峰具有一定宽度，其大小反映了组分色谱分离过程中的动力学因素如扩散及流速等。从色谱分离的角度来讲，希望区域宽度越窄越好。通常衡量色谱峰区域宽度有三种方法。

① 标准偏差（σ）　即 0.607 倍峰高处色谱峰峰宽的一半。

② 半峰宽度（$Y_{1/2}$）　又称半宽度，即一半峰高处色谱峰的宽度（$Y_{1/2} = 2.354\sigma$）。

③ 峰底宽度（W_b）　自色谱峰两侧的转折点作切线在基线上的截距（$W_b = 4\sigma$）。

12.1.2.3　利用色谱流出曲线可以解决的问题

根据色谱峰的位置（保留值）可以进行定性测定；根据色谱峰的面积或峰高可以进行定量分析；根据色谱峰的位置及其宽度，可以对色谱柱分离情况进行评价。

12.2　色谱分析法的基本理论

试样在色谱柱中分离过程的基本理论包括两方面：一是试样中各组分在两相间的分配情况。这与各组分在两相间的分配系数、各物质（包括试样中组分，固定相，流动相）的分子结构及性质有关。各个色谱峰在柱后出现的时间（即保留值）反映了各组分在两相间的分配情况，它由色谱过程中的热力学因素所控制；二是各组分在色谱柱中的运动情况。这与各组分在流动相和固定相两相之间的传质阻力有关，各个色谱峰的半峰宽度就反映了各组分在色谱柱中运动的情况，这是一个动力学因素。在讨论色谱柱的分离效能时，必须全面考虑这两个因素。

12.2.1　色谱分离过程与分配系数

12.2.1.1　色谱分离过程

色谱分离过程是在色谱柱内完成的，分离机理因固定相性质的不同而不同。当固定相为

固体吸附剂颗粒时，固体吸附剂对试样中各组分的吸附能力的不同是分离的基础。当固定相由担体和其表面涂渍的固定液组成时，试样中各组分在流动相和固定液两相间分配的差异则是分离的依据。当固定相为离子交换树脂时，组分与树脂上离子交换基团结合力的不同是分离的前提。各种被分析组分随流动相在色谱柱中运行时，在固定相和流动相间进行反复多次的分配过程，使得原来分配系数具有微小差别的各组分取得很好的分离效果，从而彼此分离开来。因此，两相的相对运动及反复多次的分配过程构成了各种色谱分析的基础。在气相色谱分析中，当试样由流动相携带进入色谱柱并与固定相接触时，被固定相溶解或吸附，随着流动相的不断通入，被溶解或吸附的组分又从固定相中挥发或脱附，向前移动时又再次被固定相溶解或吸附，随着载气的流动，溶解、挥发，或吸附、脱附的过程反复地进行，从而实现了色谱分离。不参加分配的组分最先流出。

12.2.1.2 分配系数

物质在固定相和流动相之间发生的吸附、脱附或溶解、挥发的过程，叫做分配过程。在一定温度下，组分在两相之间分配达到平衡时的浓度比称为分配系数（partition coefficient），用 K 表示（式 12-6）。

$$K = \frac{c_S}{c_M} \tag{12-6}$$

式中，c_S 和 c_M 分别表示组分在固定相和流动相中的浓度。

一定温度下，各物质在两相之间的分配系数是不同的。分配系数小的组分，每次分配后在固定相中的浓度较小，因此就较早地流出色谱柱。而分配系数大的组分，则由于每次分配后在固定相中的浓度较大，因而流出色谱柱的时间较迟。当试样一定时，K 主要取决于固定相的性质。不同组分在各种固定相上的分配系数不同，因而选择适宜的固定相，增加组分间分配系数的差别，可显著改善分离效果。试样中的各组分具有不同的 K 值是分离的前提，对于某一固定相，如果两组分具有相同的分配系数，则无论如何改善操作条件都无法实现分离，即它们在同一时间流出分离柱。当 $K=0$ 时，组分不被固定相保留，最先流出。由此可见，分配系数是色谱分离的依据。

12.2.1.3 容量因子

在实际工作中，也常用分配比表征色谱分配平衡过程。分配比亦称容量因子（capacity factor），以 k 表示，是指在一定温度、压力下，两相间达到分配平衡时，组分在两相中的质量比（式 12-7）。

$$k = \frac{m_S}{m_M} \tag{12-7}$$

式中，m_S 为组分分配在固定相中的质量；m_M 为组分分配在流动相中的质量。它与分配系数 K 的关系为式(12-8)。

$$K = \frac{c_S}{c_M} = \frac{m_S/V_S}{m_M/V_M} = k \frac{V_M}{V_S} = k\beta \tag{12-8}$$

式中，V_M 为色谱柱中流动相体积，V_S 为色谱柱中固定相体积，V_M 与 V_S 之比称为相比（phaseratio），用 β 表示，它反映了色谱柱柱型及其结构的特性。例如，填充柱的 β 值约为 $6\sim35$，毛细管柱的 β 值为 $50\sim1500$。在数值上，容量因子可以用调整保留时间与死时间的比值来计算 [式(12-9)]。

$$k = \frac{t_R - t_M}{t_M} = \frac{t_R'}{t_M} \tag{12-9}$$

12.2.2 塔板理论

在色谱分离技术发展的初期，Martin 和 Synge 在平衡色谱理论的基础上，提出了塔板理论（Platetheory）。塔板理论是将色谱分离过程比作蒸馏过程，因而直接引用了处理蒸馏过程的概念、理论和方法来处理色谱过程，即将连续的色谱过程看作是许多小段平衡过程的重复。这个半经验理论把色谱柱比作一个分馏塔，这样，色谱柱可由许多假想的塔板组成（即色谱柱可分成许多个小段），在每一小段（塔板）内，一部分空间为涂在担体上的液相占据，另一部分空间充满着流动相（气体或液体），流动相占据的空间称为板体积。

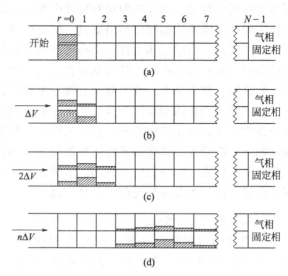

图 12-4　组分在色谱柱中分配示意图

当欲分离的组分随流动相进入色谱柱后，就在两相间进行分配。由于流动相在不停地移动，组分就在这些塔板间隔的两相间不断地达到分配平衡，如图 12-4 所示。

12.2.2.1　塔板理论的假设

（1）将色谱柱分为若干小段，在一小段间隔内，流动相平均组成与固定相平均组成可以很快地达到分配平衡。这样达到分配平衡的一小段柱长称为理论塔板高度（height equivalent to theoretical plate），简称为板高，用 H 表示。整个色谱柱由一系列按顺序排列的塔板所组成；

（2）在柱中每块理论塔板区域内，一部分空间为涂在担体上的液相占据，另一部分空间为流动相所占据，称此空间为板体积 ΔV。假定流动相进入色谱柱，不是连续的而是脉动式的，每次进的流动相为一个板体积；

（3）假定柱中试样开始时都处于第一块塔板（即 0 号塔板）上，且试样沿色谱柱方向的扩散（纵向扩散）可略而不计；

（4）假定试样中各组分在所有的塔板上都是线性等温分配，即组分的分配系数（K）在各塔板上均为常数，且不随组分在某一塔板上的浓度变化而变化。

12.2.2.2　色谱的分离过程

为简单起见，设定某一根色谱柱由 5 块塔板 [$n=5$，n 为柱子的理论塔板数（number of theoretical plates）] 组成，并以 r 表示塔板编号，r 值等于 0、1、2、$\cdots n-1$，某组分的分配比 $k=1$。根据上述基本假设条件，在色谱分离过程中组分的分布可计算如下：

开始时，若有单位质量，即 $m=1$（1mg 或 1μg）的该组分加到第 0 号塔板上，分配达平衡后，由于 $k=1$，即 $m_S=m_M$，故 $m_S=m_M=0.5$。

当一个板体积（$1\Delta V$）的流动相以脉动形式进入 0 号板时，就将原流动相中含有 m_M 部分组分的流动相顶到 1 号板上，此时 0 号板液相中 m_S 部分组分及 1 号板流动相中的 m_M 部分组分，将各自在两相间重新分配，故 0 号板上所含组分总量为 0.5，其中流动和固定两相各为 0.25；而 1 号板上所含总量同样为 0.5，流动和固定两相亦各为 0.25。

以后每当一个新的板体积的流动相以脉动式进入色谱柱时，上述过程就重复一次，如下所示：

塔板号 r	0	1	2	3
进样	$\begin{cases} m_M \dfrac{0.5}{} \\ m_S \dfrac{0.5}{} \end{cases}$			
流动相进 $1\Delta V$	$\begin{cases} m_M \dfrac{0.25}{} \\ m_S \dfrac{0.25}{} \end{cases}$	$\dfrac{0.25}{0.25}$		
流动相进 $2\Delta V$	$\begin{cases} m_M \dfrac{0.125}{} \\ m_S \dfrac{0.125}{} \end{cases}$	$\dfrac{0.125+0.125}{0.125+0.125}$	$\dfrac{0.125}{0.125}$	
流动相进 $3\Delta V$	$\begin{cases} m_M \dfrac{0.063}{} \\ m_S \dfrac{0.063}{} \end{cases}$	$\dfrac{0.063+0.125}{0.125+0.063}$	$\dfrac{0.125+0.063}{0.063+0.125}$	$\dfrac{0.063}{0.063}$

按上述分配过程，对于 $n=5$，$k=1$，$m=1$ 的体系，随着脉动式进入柱中板体积流动相的增加，组分分布在柱内任一板上的总量（流动和固定两相中的总质量）见表 12-2。由表中数据可见，当 $n=5$ 时，即 5 个板体积流动相进入柱子后，组分就开始在柱出口出现，进入检测器产生信号。

表 12-2　组分在 $n=5$，$k=1$，$m=1$ 柱内任一板上分配表

载气板体积数 n ＼ r	0	1	2	3	4	柱出口
$n=0$	1	0	0	0	0	0
1	0.5	0.5	0	0	0	0
2	0.25	0.5	0.25	0	0	0
3	0.125	0.375	0.375	0.125	0	0
4	0.063	0.25	0.375	0.25	0.063	0
5	0.032	0.157	0.313	0.313	0.157	0.032
6	0.016	0.095	0.235	0.313	0.235	0.079
7	0.008	0.056	0.116	0.274	0.274	0.118
8	0.004	0.032	0.086	0.196	0.274	0.133
9	0.002	0.018	0.059	0.141	0.236	0.138
10	0.001	0.010	0.038	0.100	0.189	0.118
11	0	0.005	0.024	0.069	0.145	0.095
12	0	0.002	0.016	0.046	0.107	0.073
13	0	0.001	0.008	0.030	0.076	0.054
14	0	0	0.004	0.019	0.053	0.038
15	0	0	0.002	0.012	0.036	0.028
16	0	0	0.001	0.008	0.024	0.018

12.2.2.3.　理论塔板数（n）和理论塔板高度（H）

色谱柱长（L）、理论塔板高度（H）和理论塔板数（n）之间的关系为式(12-10)。

$$H=\frac{L}{n} \tag{12-10}$$

由塔板理论可以导出 n 与色谱峰半峰宽度或峰底宽度的关系为式(12-11)。

$$n=5.54\left(\frac{t_R}{Y_{1/2}}\right)^2=16\left(\frac{t_R}{W_b}\right)^2 \tag{12-11}$$

色谱峰越窄，塔板数 n 越多，理论塔板高度 H 就越小，此时柱效能越高，因而 n 或 H 可作为描述柱效能的一个指标。

12.2.2.4 有效塔板数 (n_{eff}) 和有效塔板高度 (H_{eff})

由于死时间 t_M（或死体积 V_M）的存在，它包括在 t_R 中，而 t_M（或 V_M）不参加柱内的分配，所以往往计算出来的 n 尽管很大，H 很小，但色谱柱表现出来的实际分离效能却并不好，特别是对流出色谱柱较早（t_R 较小）的组分更为突出。因而理论塔板数 n，理论塔板高度 H 并不能真实反映色谱柱分离的好坏。因此提出了将 t_M 除外的有效塔板数 n_{eff}（effective plate number）和有效塔板高度 H_{eff}（effective plate height）作为柱效能指标。

$$n_{\text{eff}} = 5.54 \left(\frac{t'_R}{Y_{1/2}}\right)^2 = 16 \left(\frac{t'_R}{W_b}\right)^2 \tag{12-12}$$

$$H_{\text{eff}} = \frac{L}{n_{\text{eff}}} \tag{12-13}$$

有效塔板数和有效塔板高度消除了死时间的影响，因而能较为真实地反映柱效能的好坏。应该注意，同一色谱柱对不同物质的柱效能是不一样的，当用这些指标表示柱效能时，必须说明这是对什么物质而言的。

色谱柱的理论塔板数越大，表示组分在色谱柱中达到分配平衡的次数越多，固定相的作用越显著，对分离越有利。但还不能预言并确定各组分是否可被分离，因为分离的可能性决定于试样混合物在固定相中分配系数的差别，而不是决定于分配次数的多少，因此不应把 n_{eff} 看作有无实现分离可能的依据，而只能把它看作是在一定条件下柱分离能力发挥程度的标志。

12.2.2.5 塔板理论存在的不足

（1）塔板理论是在一些假设条件下提出的模拟，假设与实际情况是有差距的，所以它所描述的色谱分配过程、定量关系会有不准确的地方。

（2）对于塔板高度 H 这个抽象的物理量究竟由哪些参变量决定、H 又将怎样影响色谱峰扩张等一些实质性的较深入的问题，塔板理论未能回答。

（3）为什么流动相线速度（u）不同，柱效率（n）不同；而当 u 值由很小一下变得很大时，则柱效能（n）指标并未变化许多，但峰宽各异，这些现象用塔板理论也无法解释。

（4）塔板理论忽略了组分分子在柱中塔板间的纵向扩散作用，特别当传质速率很快时，其纵向扩散作用为主导方面，这一关键问题并未阐述。

【例 12-1】 在一根 3m 长的色谱柱上，分离一试样，得如下数据：空气、组分 1、组分 2 的保留时间分别为 0.70min、9.11min、13.6min，组分 2 的峰底宽为 0.93min。（1）用组分 2 计算色谱柱的理论塔板数；（2）求调整保留时间 t'_{R1} 及 t'_{R2}

解：

（1）
$$n = 16 \left(\frac{t_R}{W_b}\right)^2 = 16 \left(\frac{13.6}{0.93}\right)^2 = 3422$$

（2）
$$t'_{R1} = t_{R1} - t_M = 9.11 - 0.70 = 8.41\text{min}$$
$$t'_{R2} = t_{R2} - t_M = 13.6 - 0.70 = 12.9\text{min}$$

12.2.3 速率理论

塔板理论在解释流出曲线的形状、浓度极大点的位置以及计算评价柱效能等方面都取得了成功。但是它的某些基本假设是不恰当的，例如纵向扩散只有在一定条件下才能忽略，分配系数与浓度无关只在有限的浓度范围内成立，而且色谱体系几乎没有真正的平衡状态。因此塔板理论不能解释塔板高度是受哪些因素影响的这个本质问题，也不能解释为什么在不同流速（F）下可以测得不同的理论塔板数这一实验事实（图12-5）。

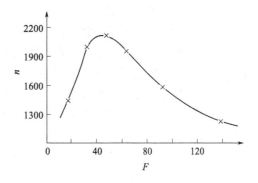

图 12-5　流速对塔板数的影响

实际工作中，用来评价色谱柱效能指标的理论塔板数主要由两个参数决定，即由选择性保留值和峰宽度来决定。其中保留值主要由固定相的性质、组分的性质及柱温决定，这意味着组分在柱内极大点浓度移动是受热力学因素控制的；而色谱峰宽的扩展则是受流动相流速、溶质的传质、扩散作用等动力学因素控制。塔板理论只在定性概念方面对 H 值加以描述，未深入研究色谱分离过程中影响 H 值变化的众多因素。但是，塔板理论毕竟给出许多方面的合理解释，并认为 H 值对峰扩张有直接影响，为后来提出动力学理论奠定了基础。

12.2.3.1　Van Deemter 方程式的提出

被分析物质谱带在色谱柱内运动过程中，实际上不可能在流动相与固定相间瞬时达到平衡，即意味着组分分子在两相中交换时，其传质速度并非无限大，组分分配平衡需要花费一定的时间才能达到。组分分子在色谱柱中分离移动的行为大致是这样的：分配至流动相中的组分被流动相携带纵向前进，而固定相却阻止其前进，但因流动相是连续不断地向柱出口处冲洗，固定相毕竟不能将组分分子久留，而逐渐释放，由于各组分在固定相中的溶解度或吸附能力不同，故各组分在柱中滞留时间就不同，结果使之运行速度不同；在组分分子运行过程中，还会受到担体的阻力、流动相浓差扩散及传质阻力等因素的影响，因此使之达到柱终端时间延缓，造成谱峰扩张。

1956 年荷兰学者范弟姆特（Van Deemter）等提出了色谱分离过程的动力学理论，他们吸收塔板理论的概念，并把影响塔板高度的动力学因素结合进去，导出了塔板高度 H 与载气线速度 u 的关系［见式(12-14)］。

$$H = A + \frac{B}{u} + Cu \tag{12-14}$$

式中，A、B、C 为三个常数，其中 A 称为涡流扩散项（eddy diffusion term）；B 为分子扩散（molecular diffusion）系数；C 为传质阻力（resistance to mass transfer）系数。式(12-14) 即为范弟姆特方程式的简化式。由此式可见，影响 H 的三项因素为：涡流扩散项、分子扩散项和传质项。在 u 一定时，只有 A，B，C 较小时，H 才能较小，柱效才能较高，反之则柱效较低，色谱峰将扩张。

12.2.3.2　气相色谱的速率理论

Van Deemter 方程可用来指导实际色谱操作过程，选择色谱系统最佳操作参数，使 Van Deemter 方程中诸因素向降低理论塔板高度方面转化，以保证获得良好的柱效和理想的色谱峰。该方程主要讨论组分在柱内四种传质过程：填充物多路径特性使流动相移动发生偏差；组分在气相中保留时间内发生的浓差分子纵向扩散；组分在气相中传质阻力和组分在液相中的传质阻力。

（1）涡流扩散项（A）

由于填充柱中固定相颗粒装填不均匀，颗粒直径的大小不一，则载气在柱中向前移动时碰到固定相就会有不同路径，不断地改变流动方向，从而使组分在载气中形成紊乱而似"涡流"形的流动。故此项也称为多径项。由于固定相颗粒之间填充时形成的孔隙大小各异，同一组分的分子流动的路径则会不同，有的走直径大孔隙先到终点；有的碰到许多粒阻，绕行走小孔隙路，花费较长时间才抵终点；介于二者平均路径的分子，则处于中间。假若以组分分子中间路径为准，那么某些分子显然或前或后到达柱末端，使冲洗它们的时间产生一个统计分布，即色谱峰，色谱峰具有一定展宽（见图 12-6）。

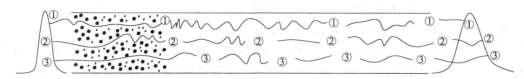

图 12-6　组分涡流扩散示意图

这种扩张展宽纯属流动状态造成的，与固定液性质及含量无关，只取决于固定相颗粒的几何形状和填充均匀性。其中重要的是担体颗粒直径（d_p）。

$$A = 2\lambda d_p \tag{12-15}$$

式中，λ 为填充不均匀性因子，其数值反映柱内填充物的不均匀程度。固定相间孔隙越不一致，分子走过的流路差别越大，则距离偏差越大，峰形越加宽，此时 λ 就大；反之亦然。d_p 值大的固定相虽较 d_p 值小的固定相容易填充均匀，λ 值小，但由于在 d_p 小的固定相中组分分子移动步幅小，不仅可以补偿由于固定相颗粒小而使不均匀因子 λ 值的增加，而且可以使整个 A 值下降。所以，在柱色谱分离系统许可的条件下尽量选择细颗粒固定相，填充均匀。

（2）分子扩散项（B/u）

当样品以"塞子"状态注入色谱柱后，由于组分分子并不能充满整个色谱柱（只能占柱子中很小一部分），因此组分在轴向存在着浓差梯度，向前运动着的分子势必要产生浓差扩散（高浓度向低浓度扩散），并且是沿着轴向而加速，故称此为纵向扩散。分子扩散系数与 u 值成反比，u 愈小，则组分在柱中停留的时间愈长，扩散作用愈加剧。由于流动相流路在柱中也有很大弯曲性；所以 u 必须加以校正，即引入弯曲校正因子 γ 值，此时，分子扩散系数用式(12-16)表达。

$$B = 2\gamma D_g \tag{12-16}$$

γ 值表示由于柱中的担体存在，障碍组分分子不能自由扩散而使之扩散距离下降的几何校正因子。γ 值通常小于 1，在硅藻土类担体中，γ 值大约在 $0.5 \sim 0.7$ 之间，它反映了填充物的空间结构。在毛细管柱中因无填充物的扩散阻碍所以 $\gamma = 1$。D_g 为组分在气相中的分子扩散系数，与组分的性质、载气的性质、柱温柱压等因素有关。组分摩尔质量大则 D_g 值小；D_g 又与载气摩尔质量的平方根成反比，即 $D_g \propto 1/\sqrt{M_{carrier}}$，所以用摩尔质量大的载气可以降低 B 值。D_g 随柱温升高而增加，但随柱压增加而下降，通常 D_g 为 $0.01 \sim 1 \mathrm{cm^2 \cdot s^{-1}}$ 之间。

（3）气相传质阻力项（$C_g \cdot u$）

气相传质阻力项是指待测组分在载气-固定相之间进行交换时，所产生的传质阻力。载气在柱中的流动是由多种流路所组成的。就毛细管柱而言，处于柱中央的载气流速快，处在柱壁的载气由于管壁阻力作用而使其流速减缓，并渐趋于零；对填充柱而言，由于担体的颗粒床局部性质不同，填充固定相的不均匀性等因素，驱使流动相形成不同的局部流速，组分分子在不同的流路中就有多种相对运动速度，造成峰形区域展宽。在柱内气相中也存在不等速的各流路间横向扩散，但与纵向扩散相比就不重要了。总的来讲，流出曲线区域扩张与组分在气相中的扩散作用成反比，即在气相传质项中 D_g 越大时，则传质阻力对塔板高度的贡献就越小。

$$C_g = \frac{0.01k^2}{(1+k)^2} \times \frac{d_p^2}{D_g} \tag{12-17}$$

式(12-17)中 C_g 为气相传质阻力系数，由于 $C_g \propto d_p^2$，所以粗颗粒固定相将使 C_g 值增加，实际分析工作中，应尽可能选用 d_p 小的颗粒固定相，以降低 C_g 值。

C_g 又反比于 D_g，故增大流动相扩散系数 D_g 值，可以改善流动相传质阻力，所以在快速分析时，选择摩尔质量低的载气，如 H_2、He 等有利增大 D_g 值而降低 C_g 值，增加柱效率。

（4）液相传质阻力项（$C_l \cdot u$）

组分混合物在气-液色谱柱中的扩散过程可认为是：样品汽化后进入柱系统中，首先在气-液两相中进行分配，由于组分分子与固定液分子之间具有亲和力，则由气-液表面扩散到固定液膜内部，发生质量交换以达到分配平衡。然后由于分子热运动的原因，又扩散回原来气-液表面，称此全过程为传质过程。众所周知，组分在柱内的传质过程显然是需要一定时间才能完成的，而且在流动状态下分配平衡也不可能瞬间完成，这就是所谓传质速率的有限性。此传质过程的结果为：第一，进入液相且在其中停留一定时间的某组分分子，当返回到气相时，必然要落后于原来在载气中向柱尾端前进的组分，这样则引起谱带变宽；第二，这样前移的一个谱带作为整体而以载气流速的一部分连续运动。液相中的传质系数用式(12-18)表达。

$$C_l = \frac{2}{3} \times \frac{k}{(1+k)^2} \times \frac{d_f^2}{D_l} \tag{12-18}$$

式中，d_f 为固定相液膜厚度；D_l 为组分分子的液相扩散系数。

从式(12-18)中不难看出：C_l 值正比于 d_f^2 值，说明固定相液膜越厚，则组分在液相中滞留时间越长，传质阻力越大，所以通常在保证容量因子够用的条件下，选择制备薄液膜固定相为宜；可以大幅度降低传质阻力，提高柱效能。选择此种类型的柱子要注意固定相的比表面积，对一定液体载荷量的配比，比表面积大者则可以获得较薄的液膜。

C_l 反比于 D_l 值（D_l 为组分在液相中的分子扩散系数），即 D_l 高者则 C_l 值小，传质阻力小。常见的有：非极性、低摩尔质量的固定液较极性、高摩尔质量的固定液有较大的 D_l 值，较小的 C_l 值；在同系物中，小摩尔质量比大摩尔质量组分的 D_l 值大，C_l 值小。

将式(12-15)～式(12-18)各常数项的关系式代入式(12-14)，得到气相色谱的范弟姆特方程式为式(12-19)。

$$H = 2\lambda d_p + \frac{2\gamma D_g}{u} + u\left[\frac{0.01k^2}{(1+k)^2} \times \frac{d_p^2}{D_g} \times \frac{2}{3} \times \frac{k}{(1+k)^2} \times \frac{d_f^2}{D_l}\right] \tag{12-19}$$

以上讨论的四项传质作用，都会对板高有贡献，使柱效能下降，所以应选择和控制色谱操作参数，提高柱效。

12.2.3.3 液相色谱的速率理论

液相色谱法的基本概念及理论基础与气相色谱法基本一致，但也有不同之处。液相色谱法与气相色谱法的主要区别在于流动相不同。液相色谱法的流动相为液体，气相色谱法的流动相为气体。液体和气体的性质有明显的差别。如液体的扩散系数约比气体小 10^5 倍，液体黏度比气体约大 10^2 倍，密度比气体约大 10^3 倍。这些性质的差别影响到溶质在液相色谱柱中的扩散和传质过程，显然将对色谱分析过程产生影响。因此，液相色谱法的速率理论和气相色谱法的速率理论不完全相同。下面将从涡流扩散项、纵向扩散项、传质阻力项等方面对液相色谱的速率理论进行讨论。

（1）涡流扩散项 H_e

$$H_e = 2\lambda d_p \qquad (12\text{-}20)$$

其含义与气相色谱法中的涡流扩散项相同。

（2）纵向扩散项 H_d

$$H_d = \frac{C_d D_m}{u} \qquad (12\text{-}21)$$

式中，D_m 为分子在流动相中的扩散系数；C_d 为一常数。由于分子在液体中的扩散系数比在气体中要小 $4\sim5$ 个数量级，因此在液相色谱法中，当流动相的线速度大于 0.5cm/s 时，这个纵向扩散项对色谱峰扩展的影响实际上是可以忽略的，而气相色谱法中这一项却是重要的。

（3）传质阻力项

可分为固定相传质阻力项和流动相传质阻力项。

① 固定相传质阻力项　主要发生在液-液分配色谱中。

$$H_s = \frac{C_s d_f^2}{D_s} u \qquad (12\text{-}22)$$

式(12-22)中，d_f 是固定液的液膜厚度；D_s 为试样分子在固定液内的扩散系数；C_s 是与容量因子 k 有关的系数。由式(12-22)可以看出，它与气相色谱法中液相传质项含义是一致的。

② 流动相传质阻力项　试样分子在流动相的传质过程有两种形式，即在流动的流动相中的传质和滞留的流动相中的传质。

a. 流动的流动相中的传质阻力项 H_m［见式(12-23)］。

$$H_m = \frac{C_m d_p^2}{D_m} u \qquad (12\text{-}23)$$

式(12-23)中，D_m 为试样分子在流动相中的扩散系数；C_m 是一常数，是容量因子 k 的函数。

b. 滞留的流动相中的传质阻力项 H_{sm}［见式(12-24)］。

$$H_{sm} = \frac{C_{sm} d_p^2}{D_m} u \qquad (12\text{-}24)$$

式中，C_{sm} 是一常数，它与颗粒微孔中被流动相所占据部分的分数以及容量因子有关。

（4）动力学方程及影响因素

综上所述，由于柱内色谱峰扩展所引起的塔板高度的变化可归纳为：

$$H = 2\lambda d_p + \frac{C_d D_m}{u} + \left(\frac{C_s d_f^2}{D_s} + \frac{C_m d_p^2}{D_m} + \frac{C_{sm} d_p^2}{D_m}\right) u \qquad (12\text{-}25)$$

式(12-25)也可简单表示为式(12-26)。

$$H = A + \frac{B}{u} + Cu \qquad (12\text{-}26)$$

式(12-26)和气相色谱的速率方程式在形式上是一致的，其主要区别在于纵向扩散项可以忽略不计，影响柱效的主要因素是传质项。即在液相色谱中的动力学方程可简化为式(12-27)。

$$H \approx A + Cu \tag{12-27}$$

12.2.4　分离度

塔板理论和速率理论都无法给出难分离物质对的实际分离程度，即柱效为多大时，相邻两组分能够完全分离。两个相邻峰的分离，不仅取决于色谱过程的热力学因素—两组分保留值之差，还取决于色谱过程的动力学因素—区域宽度，即两个相邻峰的标准偏差 σ、半峰宽 $Y_{1/2}$ 或峰宽 W_b。很明显，保留值之差越小越难分离、宽峰比窄峰难于分离。因此，常用分离度（resolution，R）来表示分离程度，以式(12-28)定义。

$$R = \frac{2(t_{R(2)} - t_{R(1)})}{W_{b(1)} + W_{b(2)}} = \frac{2(t_{R(2)} - t_{R(1)})}{1.699(Y_{1/2(1)} + Y_{1/2(2)})} \tag{12-28}$$

式(12-28)中，$Y_{1/2(1)}$ 和 $Y_{1/2(2)}$ 分别为峰1和峰2的半峰宽。当 $R = 0$ 时，两峰完全重叠，不能分开；$R < 1$ 时，明显交叠；$R = 1$ 时，明显分离，分离程度为98.0%；$R \geqslant 1.5$ 时，分离程度可达99.7%。因而可用 $R = 1.5$ 来作为相邻峰能完全分开的标志。

有效塔板数、有效塔板高度与分离度之间的关系可用式(12-29)和式(12-30)联系起来。

$$n_{有效} = 16R^2 \left(\frac{r_{21}}{r_{21}-1}\right)^2 \tag{12-29}$$

$$L = 16R^2 \left(\frac{r_{21}}{r_{21}-1}\right)^2 H_{有效} \tag{12-30}$$

式(12-29)和式(12-30)将分辨率 R、柱效能（n 或 H）和选择性（r_{21}）相关联，达到了已知其中任意两个指标就可以估算出第三个指标的目的。

【例12-2】　有一物质对，已知其在某色谱柱上的相对保留值 $r_{21} = 1.15$，若要实现两色谱峰在该填充柱上得到完全分离（$R = 1.5$），所需有效塔板数是多少？若用普通柱，其有效理论塔板高度一般为 $0.1cm$，计算所需要的柱长度。

解：

$$n_{有效} = 16 \times 1.5^2 \times \left(\frac{1.15}{1.15-1}\right)^2 = 2112$$

$$L = 2112 \times 0.1cm \approx 2m$$

思 考 题

1. 色谱法的主要特点是什么？

2. 色谱法的分离原理是什么？

3. 什么是分配系数？它有什么作用？

4. 塔板理论的作用和不足分别是什么？

5. 试述速率方程中 A，B，C 三项的物理意义。如何依据速率方程来选择色谱操作条件？

6. 为什么可以用分离度 R 作为色谱柱的分离效能指标？

7. 当下述参数改变时：（1）柱长缩短 （2）固定相改变 （3）流动相流速增加，是否会引起分配系数的变化？为什么？

习 题

1. 某物质色谱峰的保留时间为 $73s$，半峰宽为 $4.2s$。若柱长为 $3m$，则该柱子的理论塔板数为多少？

2. 某试样中难分离物质对的保留时间分别为 40s 和 45s，填充柱的有效塔板高度近似为 0.1cm。需要多长的色谱柱才能完全分离（即 $R = 1.5$)?

3. 在一根 3m 长的色谱柱上，分离一试样，得如下数据：空气、组分 1、组分 2 的保留时间分别为 0.9min、11min、15min，组分 2 的峰底宽为 1min。(1) 用组分 2 计算色谱柱的理论塔板数；(2) 求调整保留时间 t'_{R1} 及 t'_{R2}；(3) 若需达到分离度 $R = 1.5$，设色谱柱的有效塔板高度 $H = 1mm$，所需的最短柱长为几米？

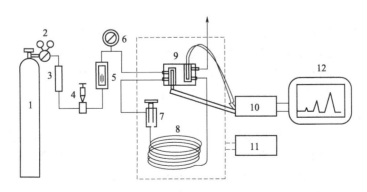

第13章

气相色谱分析法

气相色谱分析法（Gas Chromatography，GC）是采用气体作为流动相的一种色谱法。按照固定相的状态，气相色谱又分为气-固色谱和气-液色谱两种类型。在各种色谱分析方法中，气相色谱分析法应用最为普及，在化工、生物、食品、材料等领域都有广泛的应用。近年来，随着气相色谱与其它仪器联用技术的快速发展使其应用进一步扩展。

13.1　气相色谱仪

13.1.1　气相色谱仪工作流程

用气相色谱法分离分析样品的简单流程示意如图 13-1 所示。作为流动相的载气（不与被测物质作用，用来载送试样的惰性气体，如氢气、氮气等）由高压钢瓶供给，经减压阀减压后，进入载气净化干燥管以除去载气中的水分。由针形阀控制载气的压力和流量。流量计和压力表用以指示载气的柱前流量和压力。再经过进样口（包括气化室），试样在进样口加入（如为液体试样，经气化室瞬间气化为气体），由载气携带进入色谱柱，将各组分分离后依次进入检测器后放空。检测器将检测到的信号变成电信号由记录仪记录，得到如图 13-2 所示的色谱图。图中编号的 4 个色谱峰代表混合物中 4 个组分。

图 13-1　气相色谱流程示意图

1—载气钢瓶；2—减压阀；3—净化干燥管；4—针形阀；5—流量计；6—压力表；7—进样器；8—色谱柱；

9—热导池检测器；10—放大器；11—温度控制器；12—记录仪

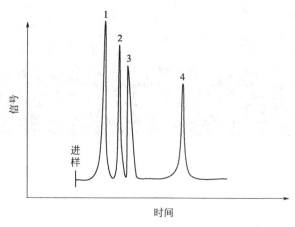

图 13-2　色谱图

13.1.2　气相色谱仪组成

气相色谱仪一般由五部分组成。

（1）气路系统

气相色谱仪的气路系统是一个载气连续运行的密闭系统。它包括气源、净化器、流速控制和测量装置。通过该系统可获得纯净的、流速稳定的载气。载气可由高压钢瓶或气体发生器供给。常用的净化剂有分子筛、硅胶和活性炭，分别用来除去氧气、水分和烃类物质。载气流量由稳压阀或稳流阀调节控制，由流量计测量和显示。气相色谱中常用的载气有氢气、氮气、氩气等。载气的种类和纯度主要由检测器性质和分离要求所决定。

（2）进样系统

进样系统包括进样装置和气化室，作用是定量加入样品并使样品瞬间气化。进样速度快慢、进样量大小和准确性对分离效果和分析结果影响很大。常用的进样装置有微量注射器和六通阀。

（3）分离系统

分离系统由色谱柱和柱箱组成。色谱柱是色谱仪中起到分离作用的重要组成部分，色谱柱主要有两种类型：填充柱和毛细管柱。柱箱中温度是需要根据分离要求精确控制的，可以是恒温或者程序升温。

（4）检测系统

检测系统由色谱检测器和放大器等组成。试样经色谱柱分离后，依次进入检测器，检测器将检测到的各组分浓度或质量变化的信号变成易于测量的电信号，如电压、电流等，经放大器放大后输送给记录仪。色谱中常用检测器有氢火焰离子化检测器、热导池检测器等，根据被分析试样性质和分离要求，可选用不同检测器。

（5）记录系统

由检测器产生的电信号，早期采用电子电位差计进行记录，只能画出色谱流出曲线图，各组分的保留时间和峰面积等信息都要人工测量和记录。后来出现的数据处理机能够自动记录色谱相关数据，但不能长期存储和处理色谱分析结果。现代色谱仪大都采用色谱工作站，由于采用计算机系统，不仅能自动采集和存储数据，进行数据处理，给出分析结果，还可以对色谱仪进行实时控制。

在气相色谱仪中，除上述五个部分以外，还应提及的是其中的温度控制系统，温控系统由一些温度控制器和指示器组成。温度是气相色谱分析中最重要的分离操作条件之一，它直接影响柱效、分离选择性、检测灵敏度和稳定性。气化室、柱箱、检测器等都需要加热和控温。

13.2 固定相及其选择

色谱法的主要优势就是它的强大分离能力，色谱分离是在色谱柱中完成的，而分离效果主要取决于色谱柱中固定相的性质。色谱固定相种类繁多，通常按分离机理的不同分为气-固色谱固定相和气-液色谱固定相。多组分混合物中各组分能否完全分离开，主要取决于色谱柱的效能和选择性，后者在很大程度上取决于固定相选择得是否得当，因此选择适当的固定相就成为色谱分析中的关键问题。

13.2.1 气-固色谱固定相

气-固色谱中的固定相是一种具有多孔性及较大比表面积的固体吸附剂，经研磨成一定大小的颗粒。试样由载气携带进入色谱柱时，立即被吸附剂所吸附。载气不断流过吸附剂时，吸附着的组分又被洗脱下来。这种洗脱下来的现象称为脱附。脱附的组分随着载气继续前进时，又可被前面的吸附剂所吸附。随着载气的流动，被测组分在吸附剂表面进行反复的物理吸附、脱附过程。由于被测物质中各个组分的性质不同，它们在吸附剂上吸附能力就不一样，较难被吸附的组分就容易被脱附，较快地移向前面。容易被吸附的组分就不易被脱附，向前移动得慢些。经过一定的时间，即通过一定量的载气后，试样中的各个组分就彼此分离而先后流出色谱柱。

固体吸附剂具有吸附容量大、热稳定性好、使用方便等优点。其缺点是由于结构和表面的不均匀性，吸附等温线非线性，形成的色谱峰为不对称的拖尾峰。常用的吸附剂有非极性活性炭、中等极性的氧化铝、强极性的硅胶、特殊吸附作用的分子筛及合成固定相等。气-固色谱固定相的性能与制备及活化条件有很大关系。同一种固定相，不同批次、不同厂家及不同活化条件都可能使分离效果有很大差异，使用时应特别注意。气-固色谱固定相种类有限，能分离的对象不多，主要是永久性气体、无机气体和低分子碳氢化合物。气-固色谱常用固定相有：

① 活性炭　属于非极性物质，具有较大的比表面积，吸附活性强，通常用于分析永久性气体和低沸点烃类。如分析空气、CO、CO_2、乙炔、乙烯等混合物。

② 氧化铝　是一种中等极性的吸附剂，比表面积大，热稳定性和力学强度都很好，适用于常温下 O_2、N_2、CO、CH_4、C_2H_6、C_2H_4 等气体的分离。

③ 硅胶　是一种强极性吸附剂，与活性氧化铝具有大致相同的分离性能，其分离能力取决于孔径大小和含水量。除能分析上述物质外，还能分析 CO_2、N_2O、NO、NO_2、H_2S、SO_2 等。

④ 分子筛　为碱及碱土金属的硅铝酸盐，也称沸石，具有多孔性，属极性固定相。按其孔径大小分为多种类型，如 3A、4A、5A、10X 及 13X 分子筛等。在气相色谱中常用的是 5A 和 13X 分子筛，特别适用于永久性气体和惰性气体的分离，例如 H_2、O_2、N_2、CH_4、CO、He、Ne、Ar、NO、N_2O 等。

⑤ 合成固定相　高分子多孔微球（GDX 系列）是以苯乙烯和二乙烯苯共聚合成所得的

交联多孔聚合物，是一种应用日益广泛的气-固色谱固定相。可用于有机物或气体中水的含量测定，特别适于分析试样中的痕量水，也可用于多元醇、脂肪酸等强极性物质的测定。由于这类多孔微球具有耐腐蚀和耐辐射性能，可用于分析如 HCl、NH_3、Cl_2、SO_2 等。

13.2.2　气-液色谱固定相

气-液色谱中的固定相是在化学惰性的固体颗粒（用来支持固定液，称为担体）表面，涂上一层高沸点有机化合物的液膜。这种高沸点有机化合物称为固定液。在气-液色谱柱内，被测物质中各组分的分离是基于各组分在固定液中溶解度的不同。当载气携带被测物质进入色谱柱，和固定液接触时，气相中的被测组分就溶解到固定液中去。载气连续流经色谱柱，溶解在固定液中的被测组分会从固定液中挥发到气相中去。随着载气的流动，挥发到气相中的被测组分分子又会溶解在前面的固定液中，这样反复多次溶解、挥发，再溶解、再挥发。由于各组分在固定液中溶解能力不同，溶解度大的组分较难挥发，停留在柱中的时间就长些，往前移动得就慢些；而溶解度小的组分，往前移动得快些，停留在柱中的时间就短些。经过一定时间后，各组分获得彼此分离。

气-液色谱固定相由于具有较高的可选择性而受到普遍重视。这是因为液体固定相在使用时有如下的优点：在通常操作条件下，可获得较对称的色谱峰；有众多的固定液可供选用，在分离难分离组分时易于选取最适宜的固定液；有质量高的担体与纯度好的固定液供使用，因而色谱保留值的重复性极好；可在一定范围内调节固定相液膜厚度，有效改善分离效果。

（1）担体

担体（也称载体）是一种化学惰性、多孔性的固体颗粒。其作用是提供一个大的惰性表面，用以承载固定液，使固定液以薄膜状态分布在其表面上，因此，担体也是气-液色谱固定相中重要的组成部分。担体的种类、特性及其与固定液之间的适当配合将对色谱分离有很大影响。

① 对担体的要求

a. 表面应是化学惰性的，即比表面没有吸附性或吸附性很弱，不能与被测物质之间发生化学反应。

b. 多孔性，即比表面积较大，使固定液与试样的接触面较大。

c. 热稳定性好，有一定的力学强度，不易破碎。

d. 粒度均匀，细小。一般常用 60～80 目或 80～100 目。

② 担体的分类

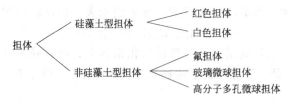

③ 硅藻土型担体

a. 红色担体

$$天然硅藻土 \xrightarrow{900℃煅烧} 白硅石、硅酸盐、金属氧化物等（Fe_2O_3 等红色物质）$$

特点：孔穴密集、孔径较小、比表面积大、力学强度大。

分析对象：由于表面有吸附活性中心，不能分析极性物质，适用于分析非极性或弱极性物质。

b. 白色担体

$$天然硅藻土 \xrightarrow[\text{加入 Na}_2\text{CO}_3 \text{ 等助熔剂}]{900℃煅烧} 铁硅酸盐络合物$$

特点：（由于在煅烧前加入助熔剂）颗粒疏松、力学强度差、孔径大、比表面积小。

分析对象：无表面吸附中心，可用于极性物质的分析。

硅藻土型担体表面存在有硅羟基及其它杂质，使得担体的表面对组分和固定液不是惰性的，而显示出一定的催化活性和一定的吸附性能。为改进担体孔隙结构、屏蔽活性中心，使用前通常需要对担体进行预处理。采取的预处理方法有：酸洗和碱洗法、硅烷化法、釉化法及加减尾剂等，其中硅烷化法比较常用。

酸洗和碱洗法即用浓盐酸、氢氧化钾-甲醇溶液分别浸泡，以除去铁等金属氧化物杂质及表面的氧化铝等酸性作用点；硅烷化法是用硅烷化试剂和担体表面的硅醇、硅醚基团起反应，以消除担体表面的氢键结合能力，从而改进担体的性能。常用的硅烷化试剂有二甲基二氯硅烷和六甲基二硅烷胺。

④ 非硅藻土型担体

a. 氟担体：用得较多的是聚四氟乙烯，适用于强极性、腐蚀性物质的分析。

b. 玻璃微球担体：用于分析高沸点的化合物。

c. 高分子多孔微球担体：是苯乙烯与二乙烯苯的共聚物，是一类新型合成有机固定相。可直接用作气相色谱固定相，又可作为担体涂上固定液后再使用。

⑤ 担体的选择

a. 当固定液含量大于5％时，选用硅藻土型担体。

b. 当固定液含量小于5％时，选用处理过的硅藻土型担体。

c. 对于高沸点组分，可选用玻璃微球担体。

d. 对于强腐蚀性组分，可选用氟担体。

（2）固定液

① 对固定液的要求

a. 挥发性小，以免流失。

b. 热稳定性好，在操作温度下呈液体状态，且不易分解。

c. 对试样各组分有适当的溶解能力，否则被分析组分易被载气带走，起不到分配作用。

d. 具有高的选择性，即对沸点相同或相近的不同物质有尽可能高的分离能力。

e. 化学稳定性好，不与被测物质起化学反应。

② 固定液的用量

固定液与担体的重量比叫液担比，一般为5％～25％，也有低于5％的，不同的担体为达到较高的柱效能，其固定液的配比往往是不同的，一般担体的比表面积越大，其固定液的含量可以越高。

③ 固定液的选择

一般根据"相似相溶"原则选择固定液。

a. 分离非极性物质，选用非极性固定液。这时试样中各组分按沸点顺序先后流出色谱柱，沸点低的先出峰。

b. 分离极性物质，选用极性固定液。这时试样中各组分主要按极性顺序分离，极性小的先流出色谱柱。

c. 分离非极性和极性混合物时，一般选用极性固定液。这时非极性组分先出峰，极性组分（或易被极化的组分）后出峰。

d. 对于能形成氢键的试样，如醇、酚、胺和水等的分离，一般选极性的或是氢键型的固定液。这时试样中的各组分按与固定液分子间形成氢键能力的大小先后流出，不易形成氢键的先流出。

e. 对于复杂的难分离的物质，可用两种或两种以上的混合固定液，可采用联合柱或混合柱，联合柱可以串联或并联。对于特别复杂样品的分析，还可以采用多维气相色谱法。

为了方便选择，需要将固定液进行分类。分类方法有多种，如可按分子结构、极性、应用等来分类。在各种色谱手册中，一般将固定液按有机化合物的分类方法分为脂肪烃、芳烃、醇、酯、聚酯、胺、聚硅氧烷等，并给出每种固定液的相对极性、最高及最低使用温度、常用溶剂、分析对象等数据，以便选用时参考。在众多的固定液中，按使用频率、应用范围、极性、使用温度区间分布等因素筛选出一部分（十几种）构成优选固定液组合，基本可满足大部分分析任务的需要。表 13-1 给出了一组优化固定液组合。

表 13-1　优化固定液组合

固定液名称	商品牌号	使用温度（最高）/℃	溶剂	相对极性	麦氏常数总和	分析对象（参考）
角鲨烷（异三十烷）	SQ	150	乙醚	0	0	烃类及非极性化合物
阿皮松 L	APL	300	苯	—	143	非极性和弱极性各类高沸点有机化合物
硅油	OV-101	350	丙酮	+1	229	各类高沸点弱极性有机化合物，如芳烃
苯基 10% 甲基聚硅氧烷	OV-3	350	甲苯	+1	423	含氯农药、多核芳烃
苯基 20% 甲基聚硅氧烷	OV-7	350	甲苯	+2	592	含氯农药、多核芳烃
苯基 50% 甲基聚硅氧烷	OV-17	300	甲苯	+2	827	含氯农药、多核芳烃
苯基 60% 甲基聚硅氧烷	OV-22	350	甲苯	+2	1075	含氯农药、多核芳烃
邻苯二甲酸二壬酯	DNP	160	乙醚	+2		芳香族化合物、不饱和化合物及各种含氧化合物
三氯丙基甲基聚硅氧烷	OV-210	250	氯仿	+2	1500	含氯化合物、多核芳烃、甾类化合物
氰丙基(25%)苯基(25%)甲基聚硅氧烷	OV-225	250	氯仿	+3	1813	含氯化合物、多核芳烃、甾类化合物
聚乙醇	PEG20M	250	乙醇	氢键	2308	醇、醛酮、脂肪酸、酯等极性化合物
丁二酸二乙二醇聚酯	DEGS	225	氯仿	氢键	3430	脂肪酸、氯基酸等

④ 固定液的极性

极性是区分和表征固定液特性的重要参数，也是选择固定液的重要参考依据。由电负性不同的原子所构成的分子，它的正负电中心不重合时，就形成极性分子。如果被测组分与固定液分子的极性接近，被测组分与固定液分子间的作用力强，在固定液中的溶解度大，即分配系数大，被保留的时间长。被测组分在色谱分离过程中的行为与被测组分分子和固定液分子之间的相互作用力大小有着直接关系。

分子间的相互作用力包括色散力、诱导力、定向力或氢键作用力等。

a. 色散力　非极性分子间具有瞬间的周期变化的偶极矩，这种瞬间偶极矩带有一个同步电场，能使周围的分子极化，被极化的分子又反过来加剧瞬间偶极矩变化的幅度，产生色散力。对于非极性和弱极性分子而言，分子间作用力主要是色散力。例如用非极性的角鲨烷固定液分离 $C_1 \sim C_4$ 烃类时，它的色谱流出次序与色散力大小有关。由于色散力与沸点成正比，所以组分基本按沸点顺序分离。

b. 诱导力　极性分子和非极性分子共存时由于在极性分子永久偶极的电场作用下，非极性分子极化而产生诱导偶极，此时两分子相互吸引而产生诱导力。这个作用力一般是很小的。在分离非极性分子和可极化分子的混合物时，可以利用极性固定液的诱导效应来分离这些混合物。例如苯和环己烷的沸点很相近（80.10℃和80.81℃），采用非极性固定液很难分离，利用苯比环己烷容易极化的特性，采用极性固定液，使苯产生诱导偶极，造成苯的保留时间增加，即可实现分离。

c. 定向力（静电力）　这种作用力是由于极性分子的永久偶极间存在静电作用而引起的。在用极性固定液分离极性试样时，分子间的作用力主要就是定向力。被分离组分的极性越大，与固定液间的相互作用力就越强，因而该组分在柱内滞留的时间就越长。

d. 氢键作用力　当分子中一个 H 原子和一个电负性很大的原子（如 F、O、N 等）构成共价键时，它又能和另一个电负性很大的原子形成一种强有力的有方向性的静电吸引力，这种能力就叫氢键作用力。固定液分子中含有—OH、—COOH、—COOR、—NH$_2$、=NH官能团时，对含氟、含氧、含氮化合物常有显著的氢键作用力，作用力越强保留时间越长。氢键型属于极性固定液，氢键的作用更为明显。

⑤ 固定液相对极性的测定　1959 年，Rohrschneider 提出，用相对极性表示固定液的分离特性，用 P 代表极性。

规定：标准极性固定相为，β,β'-—氧二丙腈　　　$P=100$　　（柱 1）

标准非极性固定相为角鲨烷　　　$P=0$　　（柱 2）

则待测固定液极性为　　　　　　　　　　$P_x=?$　　（柱 3）

选被分离物质对为丁二烯和正丁烷的混合物，在三根色谱柱中分别装有 β,β'-—氧二丙腈（柱 1）、角鲨烷（柱 2）和待测固定液（柱 3）。

对于柱 1：$\lg \dfrac{t'_{R(丁二烯)}}{t'_{R(正丁烷)}}=q_1$；对于柱 2：$\lg \dfrac{t'_{R(丁二烯)}}{t'_{R(正丁烷)}}=q_2$；对于柱 3：$\lg \dfrac{t'_{R(丁二烯)}}{t'_{R(正丁烷)}}=q_x$；则

$$P_x=100-100\times\frac{q_1-q_x}{q_1-q_2}$$

这样，各种固定液相对极性的测量值就落在 0～100 之间，为了便于在选择固定液时参考，目前国内把固定液相对极性 P_x 从 0～100 分为五级，每 20 为一级，用"＋"表示，非极性以"－"表示（表 13-2）。

表 13-2　固定液相对极性分级表

P_x	0；0～20	20～40	40～60	60～80	80～100
极性	－＋	＋＋	＋＋＋	＋＋＋＋	＋＋＋＋＋

P_x 在 0～＋1 间的为非极性固定液，＋1～＋2 为弱极性固定液，＋3 为中等极性固定液，＋4～＋5 为强极性固定液。

13.3　气相色谱检测器

检测器是色谱仪中测定试样的组成及各组分含量的重要部件，其作用是将色谱柱分离后的组分按其浓度或质量变化转换成相应的电信号，色谱仪的灵敏度高低主要取决于检测器性能的好坏。根据检测原理的不同，可将检测器分为浓度型和质量型两种。浓度型检测器测量的是载气中某组分浓度瞬间的变化，即检测器的响应值和组分的浓度成正比；质量型检测器测量的是载气中某组分进入检测器的速度变化，即检测器的响应值和单位时间内进入检测器某组分的质量成正比。

13.3.1　检测器的性能指标

气相色谱检测器的性能要求通用性强、线性响应范围宽、稳定性好、响应时间快，一般用以下几个参数进行评价。

（1）灵敏度（S）

实验表明，一定量的试样进入检测器后，就产生相应的响应信号。气相色谱检测器的灵敏度 S 定义为：通过检测器物质的量变化 ΔQ 时，响应信号的变化率，即图 13-3 中线性范围部分的斜率，其数值用式（13-1）表示。

$$S = \frac{\Delta R}{\Delta Q} \tag{13-1}$$

式中，ΔR 的单位为毫伏（mV）；图 13-3 中 Q_{max} 为最大允许进样量，超过此量时进样量与响应信号将不呈线性关系；Q_{min} 为最小进样量。

由于各种检测器作用机理不同，灵敏度的计算式和量纲也不同。

浓度型检测器灵敏度计算见式（13-2）。

$$S_c = \frac{C_1 C_2 F_0 A}{W} \tag{13-2}$$

式中，C_1 为记录仪灵敏度，$mV \cdot cm^{-1}$；C_2 为记录仪纸速的倒数，$min \cdot cm^{-1}$；F_0 为流速，$mL \cdot min^{-1}$；A 为峰面积，cm^2；W 为进样量，mg。

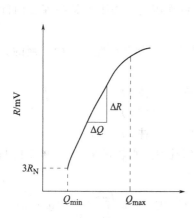

图 13-3　进样量与响应值关系示意图

如试样是液体，则灵敏度的单位是 $mV \cdot mL \cdot mg^{-1}$。即每毫升载气中有 1mg 试样时在检测器所能产生的电压（mV）；若试样为气体，灵敏度的单位是 $mV \cdot mL \cdot mL^{-1}$。

质量型检测器的灵敏度计算见式（13-3）。

$$S_m = \frac{60 C_1 C_2 A}{W} \tag{13-3}$$

式中，W 为进样量（g）；A 为峰面积（cm^2）；C_1 为记录仪灵敏度（$mV \cdot cm^{-1}$）；C_2 为记录仪纸速的倒数（$min \cdot cm^{-1} = 60s \cdot cm^{-1}$）；则 S_m 的单位为：$mV \cdot s/g$。

（2）检测限（D）

检测限是指检测器恰能产生和噪声相鉴别的信号时，在单位体积或时间需向检测器进入物质的质量（g）。通常认为恰能鉴别的响应信号至少应等于检测器噪声的三倍，即：

$$D = \frac{3N}{S} \tag{13-4}$$

其中，N 为检测器的噪声，指基线在短时间内左右偏差的响应数值，mV；S 为检测器的灵敏度。检测限的单位随 S 不同而异。图 13-4 为检测限示意图。

灵敏度和检测限是从两个不同的角度表示检测器对物质敏感程度的指标，前者越大、后者越小表示检测器的性能越好。

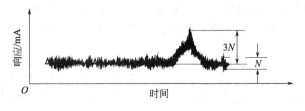

图 13-4　检测限示意图

（3）最小检测量与最小检测浓度

指检测器恰能产生和噪声相鉴别的信号（$3N$）时，进入检测器的物质量（g）或浓度（mg·mL^{-1}），以 m_{min} 表示

对于浓度型检测器：

$$m_{min} = 1.065Y_{1/2}F_0D \tag{13-5}$$

对于质量型检测器：

$$m_{min} = 1.065Y_{1/2}D \tag{13-6}$$

（4）线性范围

检测器的线性范围是指检测器内试样量与响应信号之间保持线性关系的范围，用最大允许进样量与最小检测量的比值来表示，这个范围越大，越有利于准确定量。尤其是宽浓度范围样品定量时，要求在线性范围内工作，才能确保定量结果的准确性。线性范围＝Q_{max}/Q_{min}，Q_{min} 为由检测限确定的最小进样量，Q_{max} 为偏离线性 5％处的进样量。

（5）响应时间

气相色谱检测器的响应时间是指组分进入检测器响应出 63％的电信号所经过的时间，又称为该检测器的时间常数。一台好的检测器应当能迅速和真实地反映通过它的物质浓度的变化，为了使色谱峰不失真，即要求响应时间要短，其响应时间不应超过峰底宽度时间的二十分之一，或检测器的响应时间应使峰形失真小于 1％。

（6）对检测器的要求

① 灵敏度高　$10^{-12} \sim 10^{-14}$ g。

② 敏感度小　即稳定性好，重复性好。

③ 线性范围宽　一般 10^4 以上较好。

④ 响应要快　要求死体积小，避免失真和分离不开。

13.3.2　热导池检测器

热导池检测器（Thermal conductive detector，TCD）是根据不同物质具有不同的热导系数的原理制成的，具有结构简单、性能稳定、通用性好（最好对所有的物质都有响应）、灵敏度适宜（可测至几十 μg·g^{-1} 以下的微量组分）、线性范围宽（$\geqslant 10^5$）等优点，是最为成熟的气相色谱检测器，缺点是灵敏度较低。热导池检测器属于浓度型检测器。

（1）热导池检测器的结构

热导池检测器由池体和热敏元件组成，如图 13-5 所示有双臂和四臂两种。

以双臂的为例介绍它的结构：

① 池体　多用金属材料制成，在不锈钢块上，钻两个大小相同，形状完全对称的孔道，孔道内装有热敏元件。

② 热敏元件　电阻率高，电阻温度系数大（即温度每变化 1℃，导体电阻的变化值大）

的金属丝，一般选用钨丝、铂丝等，双臂热导池检测器有两根钨丝，其中一臂是参比池，一臂是测量池，热导池体两端有气体进口和出口，参比池仅通过载气气流，从色谱柱出来的组分由载气携带进入测量池。

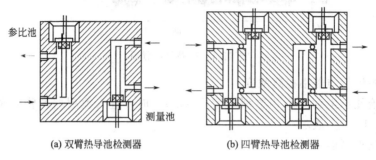

参比池

测量池

(a) 双臂热导池检测器　　　　　　(b) 四臂热导池检测器

图 13-5　热导池检测器结构示意图

（2）热导池检测器的检测原理

热导池作为检测器，是基于不同的物质具有不同的热导系数。在未进试样时，通过热导池两个池孔（参比池和测量池）的都是载气。载气流经参比池以后，再经进样器进样，载气载着试样组分流经测量池，由于被测组分与载气组成的混合气体的热导系数和纯载气的热导系数不同，因而测量池中钨丝的散热情况就发生变化，使两个池孔中的两根钨丝的电阻值之间有了差异。此差异可以利用电桥测量出来。气相色谱仪中的桥路如图 13-6 所示。

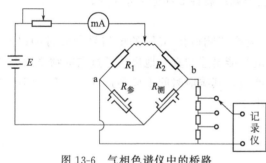

图 13-6　气相色谱仪中的桥路

图中，$R_\text{参}$ 和 $R_\text{测}$ 分别为参比池和测量池中钨丝的电阻，分别连于电桥中作为两臂。在安装仪器时选择配对的钨丝，使 $R_1 = R_2$，$R_\text{参} = R_\text{测}$，则电桥平衡时，$R_\text{参} R_2 = R_\text{测} R_1$。

当电流通过热导池中两臂的钨丝时，钨丝加热到一定温度，钨丝的电阻值也增加到一定值，两个池中电阻增加的程度相同。现在假设用 H_2 作载气，当载气经过参比池和测量池时，由于氢气的热导系数较大，被氢气传走的热量也较多，钨丝温度就迅速下降，电阻减小。在载气流速恒定时，在两只池中的钨丝温度下降和电阻值减小是相同的。即 $\Delta R_\text{参} = \Delta R_\text{测}$，因此当两个池中都通过载气时，电桥处于平衡状态，能满足 $(R_\text{参} + \Delta R_\text{参}) R_2 = (R_\text{测} + \Delta R_\text{测}) R_1$，这时 a、b 两端的电位相等，$\Delta E = 0$，没有信号输出，电位差计记录的是一条零位直线，即基线。

如果从进样口注入试样，经色谱柱分离后，由载气先后带入测量池。此时由于被测组分与载气组成的二元体系的热导系数与纯载气不同，使测量池中钨丝散热情况发生变化，导致测量池中钨丝温度和电阻值的改变，而与只通过纯载气的参比池内的钨丝的电阻值之间有了差异，这时电桥就不平衡，即 $\Delta R_\text{参} \neq \Delta R_\text{测}$，$(R_\text{参} + \Delta R_\text{参}) R_2 \neq (R_\text{测} + \Delta R_\text{测}) R_1$，这时电桥 a、b 之间产生不平衡电位差，就有信号输出。载气中被测组分的浓度越大，测量池钨丝的电阻值改变也越显著，因此检测器所产生的响应信号，在一定条件下与载气中组分的浓度存在定量关系。电桥上 a、b 间不平衡电位差用自动平衡电位差计记录，在记录仪上即可绘制出各组分的色谱峰。

由于色谱柱流出的载气与样品混合气体的热导系数与纯载气热导系数不同，破坏了处于平衡状态的惠斯通电桥，因而产生了信号，该信号大小即可用来衡量该组分浓度的大小。一些气体的热导系数见表 13-3。

表 13-3　一些气体的热导系数 (λ)

气体或蒸气	$\lambda/10^{-4}\mathrm{J(cm \cdot s \cdot ℃)}^{-1}$		气体或蒸气	$\lambda/10^{-4}\mathrm{J(cm \cdot s \cdot ℃)}^{-1}$	
	0℃	100℃		0℃	100℃
空气	2.17	3.14	正己烷	1.26	2.09
氢	17.41	22.40	环己烷	—	1.80
氦	14.57	17.41	乙烯	1.76	3.10
氧	2.47	3.18	乙炔	1.88	2.85
氮	2.43	3.14	苯	0.92	1.84
二氧化碳	1.47	2.22	甲醇	1.42	2.30
氩	2.18	3.26	乙醇	—	2.22
甲烷	3.01	4.56	丙酮	1.01	1.76
乙烷	1.80	3.06	乙醚	1.30	—
丙烷	1.51	2.64	乙酸乙酯	0.67	1.72
正丁烷	1.34	2.34	四氯化碳	—	0.92
异丁烷	1.38	2.43	氯仿	0.67	1.05

（3）影响热导池检测器灵敏度的因素

① 桥路工作电流的影响　电流增加，使钨丝温度提高，钨丝和热导池体的温差加大，气体就容易将热量带出去，灵敏度就提高。但电流太大，将使钨丝处于灼热状态，引起基线不稳，甚至会将钨丝烧坏。一般桥路电流控制在 100～200mA（载气为 N_2 时：100～150mA；载气为 H_2 时：150～200mA）。

② 热导池体温度的影响　当桥路电流一定时，钨丝温度一定。池体温度低，池体和钨丝的温差就大，池体温度与钨丝温度相差越大，越有利于热传导，检测器的灵敏度也就越高。但池体温度不能太低，否则被测组分将在检测器内冷凝，一般池体温度不应低于柱温。

③ 载气的影响　载气与试样的热导系数相差越大，在检测器两臂中产生的温差和电阻差也就越大，检测灵敏度越高。载气的热导系数大，传热好，通过的桥路电流也可适当加大，则检测灵敏度会进一步提高。如 H_2 或 He 作载气，灵敏度就比较高。

④ 热敏元件阻值的影响　选阻值高、电阻温度系数大的热敏元件（如钨丝），当温度有一些变化时就能引起电阻明显变化，灵敏度就高。

13.3.3　氢火焰离子化检测器

氢火焰离子化检测器（flame ionization detector，FID），简称氢焰检测器。它对含碳有机化合物有很高的灵敏度，一般比热导池检测器的灵敏度高几个数量级，能检测出 10^{-12} $\mathrm{g \cdot s}^{-1}$ 的痕量物质，故适宜于痕量有机物的分析。因其结构简单，灵敏度高，响应快，稳定性好，死体积小、线性范围宽（可达 10^6 以上），因此它也是一种较理想的质量型检测器。

（1）氢火焰离子化检测器结构

氢火焰离子化检测器由离子室和电极线路组成。

① 离子室　氢火焰离子化检测器主要部分是离子室，一般用不锈钢制成，包括气体入口、火焰喷嘴、一对电极和外罩（如图 13-7 所示）。

火焰喷嘴是不锈钢材质的，其内径决定了气体通过喷嘴的运动速度和样品分子达到离解区的平均扩散距离，其内径是影响检测器性能的重要参数，一般在 0.2～0.6mm。极化极（负极）在火焰附近，也称发射极。收集极（正极）在火焰上方，与喷嘴之间的距离不超

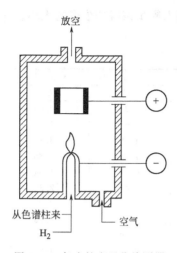

图 13-7 氢火焰离子化检测器
离子室示意图

过 10mm。

② 电极线路 电极线路的基流为 10^{-14} A，分为单气路火焰和双气路火焰两种。

(2) FID 离子化的作用机理

① 检测过程 被测组分由载气携带，从色谱柱流出后，与氢气混合一起进入离子室，由毛细管喷嘴喷出。氢气在空气的助燃下经引燃后进行燃烧，以燃烧所产生的高温（约 2100℃）火焰为能源，使被测有机物组分电离成正负离子。在氢火焰附近设有收集极（正极）和极化极（负极），在此两极之间加有 150V 到 300V 的极化电压，形成一直流电场。产生的离子在收集极和极化极的外电场作用下定向运动而形成电流。电离的程度与被测组分的性质有关，一般在氢火焰中电离效率很低，大约每 50 万个碳原子中只有一个碳原子被离子化，其余均燃烧生成 CO_2 和水。因此产生的电流很微弱，需经放大器放大后，才能在记录仪上得到色谱峰。产生的微电流大小与进入离子室的被测组分含量之间存在定量关系，含量越大，产生的微电流就越大。

② 火焰的性质 火焰分区如图 13-8 所示。A 区为预热区；B 区为点燃火焰区；C 区为裂解区，温度出现最高点，但燃烧不完全；D 区为反应区，产生化学电离。

③ 离子化机理 对于离子化的作用机理，至今还不十分清楚，目前认为是化学电离而不是热电离。

a. 当含有机物 C_nH_m 的载气由喷嘴喷出进入火焰时，在 C 区发生裂解反应产生自由基：

$$C_nH_m \longrightarrow \cdot CH$$

b. 产生的自由基在 D 区火焰中与外面扩散进来的激发态原子氧或分子氧发生如下反应：

$$\cdot CH + O \longrightarrow CHO^+ + e^-$$

c. 生成的正离子 CHO^+ 与火焰中大量水分子碰撞而发生分子离子反应：

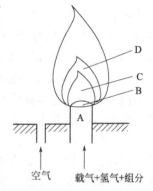

图 13-8 氢火焰离子化检测器
火焰各层图

$$CHO^+ + H_2O \longrightarrow H_3O^+ + CO$$

化学电离产生的正离子（CHO^+、H_3O^+）和电子（e^-）在外加直流电场作用下向两极移动而产生微电流，经放大后，记录下色谱峰。

(3) 操作条件的选择

① 气体流量

a. 载气流量 载气流量的选择主要考虑分离效能。依据速率理论，可以选择最佳载气流速，使色谱柱的分离效果最好。

b. 氢气流量 氢气与载气流量之比影响氢火焰的温度及火焰中的电离过程。氢气流量低，灵敏度低、易熄灭；氢气流量太高，热噪声就大；最佳氢气流量应保证灵敏度高、稳定性好。一般采用的经验值是 $H_2 : N_2 = 1 : (1 \sim 1.5)$。

c. 空气流量 空气是助燃气，并为生成 CHO^+ 提供 O_2，当空气流量高于某一数值（如 $400mL \cdot min^{-1}$）时，对响应值几乎没有影响，一般采用的经验值是 $H_2 : 空气 = 1 : 10$。

② 保证管路的干净 气体中含有微量有机杂质时，对基线的稳定性影响很大，故色谱分析过程中必须保持管路干净。

③ 极化电压 氢火焰中生成的离子只有在电场作用下向两极定向移动，才能产生电流。因此极化电压的大小直接影响响应值。实践证明，在极化电压较低时，响应值随极化电压的增加呈正比增加，然后趋于一个饱和值，极化电压高于饱和值时与检测器的响应值几乎无关。一般选（$\pm 100 \sim \pm 300$）V 之间。

④ 使用温度 FID 的温度不是主要影响因素，从 80℃～200℃的灵敏度几乎相同，低于80℃，灵敏度下降。

13.3.4 其它检测器简介

(1) 电子捕获检测器

电子捕获检测器（Electron capture detector，简称 ECD），是应用广泛的一种选择性高、灵敏度好的浓度型检测器。其选择性指它只对具有电负性的物质（如：含有卤素、硫、磷、氮、氧的物质）有响应，电负性越强，灵敏度越高。ECD 不仅是出现最早的选择性检测器，而且是灵敏度最高（它能测出 $10^{-14} g \cdot mL^{-1}$ 的电负性物质）的气相色谱检测器，例如它对含 S、P、卤素等电负性物质的响应值比烃类的响应值高 3 个数量级。因此，电子捕获检测器是检测电负性物质的最佳气相色谱检测器，特别适合于农产品和蔬菜中农药残留量的检测，在生物化学、药物、农药、环境监测、食品检验、法医学等领域有着广泛应用。是气相色谱检测器中仅次于 FID 和 TCD 的最常用的检测器。

其主要缺点是线性范围窄，通常只有 $10^2 \sim 10^4$。但 40 多年来，尤其是与毛细管柱的联用，使 ECD 在电离源的种类、检测电路、池结构和池体积等方面均有很大的改进，从而使 ECD 的灵敏度、线性、最高使用温度及应用范围都有很大的改善和提高。

电子捕获检测器的结构示意于图 13-9。该检测器池体内有一圆筒状 β 放射源（^{63}Ni 或 ^3H）作为阴极，一个不锈钢棒作为阳极。在此两极间施加一直流或脉冲电压。当载气（一般采用高纯氮气或氩气）进入检测器时，在放射源发射的 β 射线作用下发生电离，所产生的电子和正离子在电场作用下定向移动形成恒定的基流。当载气携带电负性化合物组分进入检测器时，电负性化合物

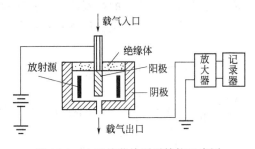

图 13-9 电子捕获检测器结构示意图

捕获电子，形成稳定的负离子，再与载气电离产生的正离子结合成中性化合物，使基流减小而产生负信号（倒峰）。进入检测器的组分浓度越大，基流越小，倒峰越大。

电子捕获检测器的机理可用以下过程说明：

$$N_2 + \beta \longrightarrow N_2^+ + e^- \text{（或 } Ar + \beta \longrightarrow Ar^+ + e^-\text{）}$$
$$AM + e^- \longrightarrow AM^- + E$$
$$AM^- + N_2^+ \longrightarrow N_2 + AM \text{（或 } AM^- + Ar^+ \longrightarrow Ar + AM\text{）}$$

其中，AM 代表电负性物质，E 代表能量。

(2) 火焰光度检测器

火焰光度检测器（Flame photometric detector，简称 FPD），是对含磷、含硫的化合物有高选择性和高灵敏度的一种质量型检测器。被广泛用于石油工业、石化工业、食品工业、环境保护、医药卫生等领域中痕量硫、磷化合物的检测。图 13-10 为火焰光度检测器的结构

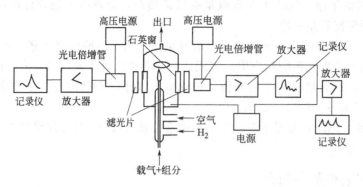

图 13-10　火焰光度检测器结构示意图

示意图。

FPD 检测器可分为气路、发光和光接收三部分。气路和 FID 相同，但也有采用气路从喷嘴中心流出，大量的氢气和氮气预混合后从喷嘴周围流出或氢气从喷嘴周围流出，空气和氮气与样品混合后从喷嘴中心流出。由于氢/氧比例较大，形成较大的扩散富氢火焰，当含硫、磷化合物在富氢火焰中被还原、激发后，分别发出 λ_{max} 为 394nm 和 526nm 的特征光，通过相应波长的滤光片送至光电倍增管。由光电倍增管来检测光的强度信号，将光强信号转变为电信号。信号强度与进入检测器的化合物质量成正比。火焰光度检测器对有机硫、磷的检测限比碳氢化合物低 1 万倍，可以排除大量的溶剂峰和碳氢化合物的干扰，所以特别有利于硫、磷化合物的分析。

（3）氮磷检测器

氮磷检测器（NPD）又称热离子检测器（TID），是分析含氮、磷化合物的高灵敏度、高选择性和宽线性范围的检测器，是检测痕量氮、磷化合物的气相色谱专用检测器，广泛用于环保、医药、临床、生物化学和食品科学等领域。NPD 的结构与操作因产品型号不同而异，典型结构如图 13-11 所示。

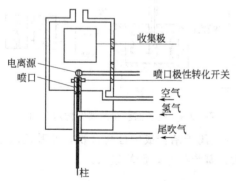

图 13-11　NPD 结构示意图

NPD 与 FID 的差异是在喷嘴与收集极间加一个热电离源（又称铷珠）。热电离源通常采用硅酸铷或硅酸铯等制成的玻璃或陶瓷珠，珠体约为1～5mm³，支撑在一根约 0.2mm 直径的铂金丝支架上。其成分、形态、供电方式、加热电流及负偏压是决定 NPD 性能的主要因素，各公司不同型号的 NPD 电离源的设计也不尽相同。

NPD 的检测机理：电离源被加热后，挥发出激发态铷原子，铷原子与火焰中各基团反应生成 Rb^+，Rb^+ 被负极电离源吸收还原；火焰中各基团获得电子成为负离子，形成基流。当含 N、P 化合物进入电离源的冷焰区，生成稳定电负性基团（CN 和 PO 或 PO_2），电负性基团从气化的铷原子上获得电子生成 Rb^+ 与负离子（CN^- 或 PO^-、PO_2^-）。负离子在正电位的收集极释放出一个电子，同时输出信号；Rb^+ 又回到负电位的铷表面，被吸收还原，以维持电离源的长期使用。

此外，色谱与其它分析仪器联用发展迅速，也可将所联用的仪器看作是色谱的检测器，如色谱-质谱、色谱-红外联用等。有关色谱-质谱联用技术将在第 16 章介绍。

13.4 色谱分离操作条件的选择

13.4.1 载气种类及其流速的选择

（1）载气种类的选择

选择载气种类时一般从以下三个方面来考虑：载气对柱效的影响、检测器对载气的要求及载气的性质。依据速率理论，当载气流速较小时，分子扩散项 B/u 是色谱峰扩张的主要因素，此时应采用摩尔质量较大的载气（N_2、Ar），使组分在载气中扩散系数较小。当载气流速较大时，传质项（Cu）为控制因素，宜采用低摩尔质量的载气（H_2、He），此时组分在载气中有较大的扩散系数，可减小气相传质阻力，提高柱效。选择载气时还应考虑对不同检测器的适用性，热导池检测器需要使用热导系数较大的氢气以有利于提高检测灵敏度，在氢火焰离子化检测器中，氮气仍是首选目标。

（2）载气流速的选择

载气流速是提高分离效率的一个重要参数。根据速率理论，对一定的色谱柱和试样，有一个最佳的载气流速，此时柱效最高。用不同流速下测得的塔板高度 H 对流速 u 作图，得 H-u 曲线图（图 13-12）。在曲线的最低点，塔板高度 H 最小（$H_{最小}$），此时柱效最高。该点所对应的流速即为最佳流速 $u_{最佳}$，$u_{最佳}$ 及 $H_{最小}$ 可由式（13-7）微分求得。

$$\frac{dH}{du} = -\frac{B}{u^2} + C = 0 \tag{13-7}$$

$$u_{最佳} = \sqrt{\frac{B}{C}} \tag{13-8}$$

在实际工作中，为了缩短分析时间，往往使流速稍高于最佳流速。

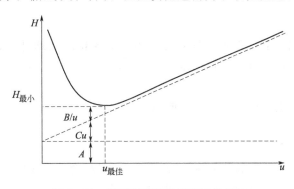

图 13-12 塔板高度与载气流速的关系

13.4.2 柱温的选择

在气相色谱中，柱温是需要控制的重要操作参数，它直接影响分离度和组分的保留时间。但这种影响是多方面的，需要综合考虑。

① 每种固定液都有一定的使用温度，柱温不能高于固定液的最高使用温度，否则固定液会挥发流失。

② 最低温度要保证最难分离的组分有尽可能好的分离。从分离角度考虑，宜采用较低的柱温，否则各组分在较高柱温下挥发性拉近而不利于分离；但柱温太低，则传质阻力大，

峰形变宽，柱效下降，并延长了分析时间。柱温的选择原则：在使最难分离的组分有好的分离的前提下，尽可能采用较低的柱温，但以保留时间适宜，峰形无拖尾为度。

③ 通常情况下，柱温一般选择在接近或略低于组分平均沸点时的温度。然后再根据实际分离情况进行调整。

④ 对于沸点范围较宽的试样，保持合适的恒温无法满足所有组分分离，且可能造成低沸点组分出峰太快、高沸点组分出峰太慢或不出峰的情况下，宜采用程序升温，即柱温按预定的加热速度，随时间作线性或非线性的增加。在较低的初始温度，沸点较低的组分可以得到良好的分离。随柱温增加，较高沸点的组分也能较快地流出，并和低沸点组分一样也能得到分离良好的尖峰（如图 13-13 所示）。

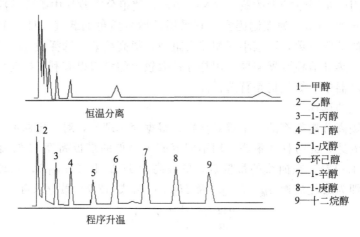

恒温分离

1—甲醇
2—乙醇
3—1-丙醇
4—1-丁醇
5—1-戊醇
6—环己醇
7—1-辛醇
8—1-庚醇
9—十二烷醇

程序升温

图 13-13　恒温分离与程序升温分离效果对比图

13.4.3　柱长和内径的选择

（1）柱长

柱长增加，对分离有利，但增加柱长使各组分的保留时间增加，延长了分析时间，因此，在达到一定分离度的条件下应使用尽可能短的色谱柱。一般填充柱的柱长为 $1\sim3m$。

（2）内径

色谱柱的内径增加会使柱效下降，一般填充柱的内径常用 $3\sim6mm$。

13.4.4　担体粒度

要求担体粒度均匀细小，这样有利于提高柱效。但粒度不能太细，否则阻力过大。一般 $3\sim6mm$ 内径的色谱柱，使用 $60\sim80$ 目的担体较为合适。

13.4.5　进样时间和进样量

（1）进样时间

进样速度必须很快，一般进样时间在一秒以内。

（2）进样量

气体试样一般为 $0.1\sim10mL$；液体试样一般为 $0.1\sim5\mu L$。进样量太多会使谱峰重叠、分离不好；进样量太少会使低含量组分难以检出。最大进样量应控制在峰面积或峰高与进样量呈线性关系的范围内。

13.4.6 气化温度

气化室的气化温度需要控制适当，以使液体试样迅速气化后被载气带入柱中。在保证试样不分解的情况下，适当提高气化温度对分离及定量有利，尤其进样量大时更是如此。一般选择气化温度比柱温高 $30\sim70℃$。

13.5 气相色谱分析方法

13.5.1 气相色谱定性分析方法

气相色谱法是一种非常有效的分离方法，其主要用途是分离分析混合物中的各组分。对于组分的定性，由于方法本身的限制，其优越性不似分离那么强。长期以来，色谱工作者在这方面作了很多努力，建立了很多新方法和辅助技术，使其在定性方面有了很大进展，尤其是气相色谱与质谱、红外光谱等仪器联用技术的发展，以及电子计算机对数据的快速处理及检索，使未知物定性分析能够得到比较满意的结果。

13.5.1.1 根据色谱保留值进行定性

根据色谱保留值进行定性的依据：各物质在一定的色谱条件（固定相、操作条件）下均有确定不变的保留值。

（1）利用纯物质对照法定性

必要条件：有纯样品、稳定的操作条件和高柱效，塔板数 $n \geqslant 10^5$ 块的色谱柱才能用来定性。

局限性：有时几个组分在同一色谱柱上有相同的保留值；保留值随进样量增加而变化，如拖尾峰使保留值增大，前伸峰保留值延后等。

常用的方法是利用保留时间进行定性，即将标准物质和被测物质在相同色谱条件下所测得的保留值进行对照，对于较简单的组分混合物，如果其中所有待测组分均为已知，它们的色谱峰也能一一分离，则为了确定各个色谱峰所代表的物质，可用此法定性。

如果标准物质和被测物质保留值相同，但峰形不同而不能确定是同一物质时，可以采用标准加入法进一步检验。标准加入法的具体做法是，先将待测试样进行色谱实验，然后将已知组分加入到样品中，在相同的色谱条件下再进行实验，比较两次得到的谱图，看色谱峰高和峰形的变化。如果色谱峰增高了，色谱峰形没变，则表明样品中可能含有该物质。

（2）利用文献的数据定性

① 相对保留值

相对保留值是两组分调整保留值之比。采用绝对保留值定性时，必须严格地控制操作条件，故使用受到一定的限制，采用相对保留值定性避免了上述缺点。

选择一种标准物，在相同的色谱条件（柱温、固定相）下，测得二者的调整保留值，其比值即可用来定性，该比值与文献值比较，若相同则是同一物质。优点是只要控制柱温、固定相性质不变，即使柱长、柱内径、载气流速及填充情况有所变化，也不影响定性。但在样品比较复杂，不能推测其组成，且相邻的两峰距离较近时，如果直接引用文献上的相对保留值数据进行定性，就可能发生错误。

② 保留指数（又称 Kováts 指数）

这是一种重现性较其它保留数据都好的定性参数，可根据固定相和柱温与文献值对照来进行定性。

保留指数用 I 表示，是把物质的保留行为用两个紧靠近它的标准物（指保留值相近，一般是两个正构烷烃）来标定，用式(13-9)计算。

$$I = 100 \left(\frac{\lg t'_{R_i} - \lg t'_{R_Z}}{\lg t'_{R_{Z+1}} - \lg t'_{R_Z}} + Z \right) \tag{13-9}$$

式中，t'_{R_i}，t'_{R_Z}，$t'_{R_{Z+1}}$ 分别表示待测组分、碳原子数为 Z 和（$Z+1$）的正构烷烃的调整保留时间。要求 $t'_{R_Z} < t'_{R_i} < t'_{R_{Z+1}}$；正构烷烃的保留指数人为地规定为它的碳原子数乘以100，例如正戊烷、正己烷、正庚烷和正辛烷，其相应的保留指数分别为 500、600、700 和 800。

因此，欲求某物质的保留指数，只要将其与相邻的正构烷烃混合在一起（或分别的），在给定的条件下测绘出色谱图（如图 13-14 所示），然后按式(13-9)计算其保留指数。只要柱温和固定相相同，就可用文献中的保留指数进行定性鉴定，而不必用被测组分的纯物质。保留指数的有效数字为三位，其准确度和重现性都很好，误差<1%。

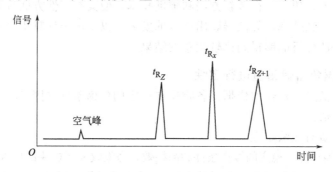

图 13-14　保留指数的测定

【例 13-1】　在一色谱柱上，测得下列物质的保留时间为：空气—1min；正庚烷—9.2min；正辛烷—17.3min；乙酸正丁酯—15.5min，计算乙酸正丁酯的保留指数。

解：

$$I = 100 \left[\frac{\lg t'_{R_i} - \lg t'_{R_Z}}{\lg t'_{R_{Z+1}} - \lg t'_{R_Z}} + Z \right] = 100 \left[\frac{\lg(15.1-1) - \lg(9.2-1)}{\lg(17.3-1) - \lg(9.2-1)} + 7 \right] = 782.88$$

13.5.1.2　与其它方法结合定性

（1）与红外、质谱等仪器联用

较复杂的混合物经色谱柱分离后，再利用红外光谱或质谱等仪器进行定性鉴定，是目前解决复杂未知物定性问题的最有效工具之一。尤其是色谱-质谱联用，既充分利用了色谱的高效分离能力，又利用了质谱的高鉴别能力，对未知样品的分析是很有效的。

（2）与化学方法配合定性

未知物通过特定的化学反应（以及一部分物理处理方法，如吸附、分配等作用），如带有某些官能团的化合物，经一些特殊试剂处理，发生物理或化学反应后，其色谱峰将会消失、减小或产生新的峰，比较处理前后色谱图的差异，就可初步辨认含有哪些官能团。采用这一技术以前，必须对未知物的种类做出一定的估计，以便选择适宜的处理试剂。

13.5.1.3　利用检测器的选择性定性

不同类型的检测器对各种组分的选择性和灵敏度是不相同的。选择性检测器是指对某类物质特别敏感，响应值很高，而对另一类物质却极不敏感，响应值很低，因此可以用来判定被检测物质是否为此类化合物。例如电子捕获检测器（ECD）只对含有卤素、氧、氮等电负性强的组分有高的灵敏度；火焰光度检测器（FPD）只对含硫、磷的化合物有响应；氢火焰离子化检测器（FID）对有机物灵敏度高，而对无机气体、水分、二硫化碳等响应很小，甚至无响应。利用不同检测器具有不同的选择性和灵敏度，可以对未知物大致分类定性。分析时可根据样品的特点选择不同的检测器。如果用两个或两个以上的检测器分析同一个样品，比较得到的谱图，可以得到更多的定性信息。

13.5.2　气相色谱定量分析方法

气相色谱用于组分的定量分析时，由于具有高灵敏度、高分离效能和宽量程的特点，因此不仅可以分析从常量到痕量甚至超痕量的组分，而且相对于光谱、质谱、核磁等现代化分析仪器而言，其结果更为准确。

13.5.2.1　色谱定量分析的依据

在一定操作条件下，分析组分 i 的质量（m_i）或其在载气中的浓度与检测器的响应信号（峰高 h_i 或峰面积 A_i）成正比［式(13-10)］，是色谱定量分析的依据。

$$m_i = f'_i \cdot A_i \tag{13-10}$$

式(13-10) 中 f'_i 为比例常数，称为定量校正因子。为了获得准确的定量分析结果，除了被测组分要获得很好的分离外，还要解决如下问题：

① 准确测量色谱峰的峰面积（或峰高）；
② 确定峰面积（或峰高）与组分含量之间的关系，即准确求出 f'_i；
③ 正确选用合适的定量计算方法。

13.5.2.2　峰面积测量法

峰面积的测量直接关系到定量分析的准确度。常用的峰面积测量方法根据色谱峰形的不同而不同。

（1）峰高乘半峰宽法

当色谱峰为对称峰时可采用此法。峰高乘半峰宽法的基本关系见式(13-11)。

$$A = 1.065 h Y_{1/2} \tag{13-11}$$

式中，h 为色谱峰高；$Y_{1/2}$ 为半峰宽值。该方法不适用不对称峰、很窄或很小的峰。

（2）峰高乘平均峰宽法

峰高乘平均峰宽法的基本关系见式(13-12)。适用于不对称色谱峰。所谓平均峰宽是指在峰高 0.15 和 0.85 处分别测峰宽，然后取其平均值。

$$A = h \times \frac{(Y_{0.15} + Y_{0.85})}{2} \tag{13-12}$$

式中，$Y_{0.15}$ 和 $Y_{0.85}$ 分别为峰高 0.15 和 0.85 处测得的峰宽值。

（3）峰高乘保留值法

在一定操作条件下，同系物的半峰宽 $Y_{1/2}$ 与保留时间 t_R 成正比见式(13-13)。

$$A = h Y_{1/2} = h b t_R \tag{13-13}$$

式中，b 为比例常数，在相对计算时 b 可约去。此法适用于狭窄的峰。

（4）自动积分仪法

自动积分仪能自动测出曲线所包围的面积，是最方便的测量工具，速度快，线性范围广，精密度一般可达 0.2%～2%，对小峰或不对称峰也能得出较准确的结果。

13.5.2.3　定量校正因子

由于同一检测器对不同的物质具有不同的响应值，所以两个相等量的物质得出的峰面积往往不相等，这样就不能用峰面积来直接计算物质的含量。需要对响应值进行校正，因此引入"定量校正因子"。

由 $m_i = f'_i A_i$，得：
$$f'_i = \frac{m_i}{A_i} \tag{13-14}$$

式中，f'_i 称为绝对定量校正因子，即单位峰面积所代表的物质的质量。实际工作中都用相对校正因子，即某一物质与标准物质的绝对校正因子之比值。一般教材中提到的校正因子都是指相对校正因子，$f = \dfrac{f'_1}{f'_2}$。按被测组分使用的计量单位不同，可分为质量校正因子、摩尔校正因子和体积校正因子。

① 质量校正因子 f_m　这是一种最常用的定量校正因子，表示为式(13-15)。
$$f_m = \frac{f'_{i(m)}}{f'_{s(m)}} = \frac{A_s m_i}{A_i m_s} \tag{13-15}$$

式中，下标 i、s 分别代表被测物质和标准物质。

② 摩尔校正因子 f_M　如果以物质的量计量，则摩尔校正因子 f_M 的表达式为式(13-16)。
$$f_M = \frac{f'_{i(M)}}{f'_{s(M)}} = \frac{A_s m_i M_s}{A_i m_s M_i} = f_m \frac{M_s}{M_i} \tag{13-16}$$

式中，M_i、M_s 分别为被测物质和标准物质的摩尔质量。

③ 体积校正因子 f_V　如果以体积计量（气体试样），则体积校正因子见式(13-17)，体积校正因子在形式上与摩尔校正因子一致，这是因为 1mol 任何理想气体在标准状态下其体积都是 22.4L。
$$f_V = \frac{f'_{i(V)}}{f'_{s(V)}} = \frac{A_s m_i M_s \times 22.4}{A_i m_s M_i \times 22.4} = f_M \tag{13-17}$$

13.5.2.4　定量计算方法

（1）归一化法

归一化法适用于试样中所有组分都能流出色谱柱，并都能在色谱图上显示出色谱峰的体系的定量。

假设试样中有 n 个组分，每个组分的质量分别为 m_1，m_2，$\cdots$，m_n，各组分含量的总和为 m，其中组分 i 的百分含量可用式(13-18) 表示。
$$w_i = \frac{m_i}{m} \times 100\% = \frac{m_i}{m_1 + m_2 + \cdots + m_i + \cdots + m_n} \times 100\%$$
$$= \frac{A_i f_i}{A_1 f_1 + A_2 f_2 + \cdots + A_i f_i + \cdots + A_n f_n} \times 100\% \tag{13-18}$$

式中，f_i 为质量校正因子，可求得质量分数；如为摩尔校正因子，则得摩尔分数或体积分数（气体）。归一化法的优点是简便、准确。进样量、流速等操作条件变化时，对分析结果影响较小。

（2）内标法

内标法只需要测定试样中某一个或几个组分，而且试样中所有组分不能全部出峰时亦可用此法。

所谓内标法，是将一定量的纯物质作为内标物，加入到准确称取的试样中，根据被测物和内标物的质量及其在色谱图上相应的峰面积比，求出某组分的含量，设 m_i、m_s 分别为被测物和内标物的质量，m 为试样总量，则：$m_i = f_i A_i$，$m_s = f_s A_s$，$\dfrac{m_i}{m_s} = \dfrac{A_i f_i}{A_s f_s}$，即：

$$m_i = \frac{A_i f_i}{A_s f_s} m_s \tag{13-19}$$

$$w_i = \frac{m_i}{m} \times 100\% = \frac{A_i f_i m_s}{A_s f_s m} \times 100\% \tag{13-20}$$

一般常以内标物为基准，则 $f_s = 1$，此时计算式可简化为：

$$w_i = \frac{A_i f_i m_s}{A_s m} \times 100\% \tag{13-21}$$

内标物的选择遵循以下原则：

① 内标物是试样中不存在的纯物质；

② 内标物的加入量应接近于被测组分的含量；

③ 内标物的色谱峰应位于被测组分色谱峰附近，或几个被测组分的中间，并与这些组分完全分离；

④ 内标物与被测组分的物理及物理化学性质，如溶解度、极性等相近。

内标法定量较准确，应用广泛，且不像归一化法有使用上的限制。缺点是，每次分析都要准确称取试样和内标物的质量，因而该方法不宜于快速控制分析。对于复杂样品，有时难以找到合适的内标物。该法适于只需对样品中某一个或几个组分进行分析的情况。

（3）内标标准曲线法

这是一种简化的内标法，适用于工厂控制分析的需要。由式(13-21)，若称量同样量的试样，加入恒定量的内标物，则此式中 $\dfrac{f_i m_s}{m} \times 100\%$ 为一常数，此时：$w_i = \dfrac{A_i}{A_s} \times$ 常数，以 w_i 对 A_i/A_s 作图将得一直线。分析时，称取和制作标准曲线时用量相同的试样和内标物，测出其峰面积比，从标准曲线上查出被测物的含量。

该方法不必测出校正因子，消除了某些操作条件的影响，也不必严格定量进样，适合于液体试样的常规分析。

（4）外标法

外标法又称定量进样—标准曲线法，是用待测组分的纯物质来制作标准曲线的色谱定量分析方法。配制一系列不同浓度的标准溶液，在一定的色谱条件下，分别测定相应的响应信号（峰面积或峰高），以响应信号为纵坐标，以标准溶液百分含量为横坐标绘制标准曲线。分析试样时，进样量与制作标准曲线时进样量一致，在相同的色谱条件下，测得试样中待测组分的峰面积（或峰高），即可从标准曲线上查得相应的含量。

外标法不使用校正因子，准确性较高，且操作简单，计算方便。但结果的准确度主要取决于进样量的重现性和操作条件的稳定性。该方法适用于大批量试样的快速分析。

【例 13-2】 用内标法测定一试样中的丙酸含量，称取此试样 1.055g。以环己酮作为内标，称取 0.1907g 环己酮，加到试样中进行色谱分析，得到如下数据：丙酸峰面积为 42.4，环己酮峰面积为 133，已知丙酸和环己酮的相对质量校正因子为 0.94 和 1.00，计算丙酸的百分含量。

解： $w_i = \dfrac{m_i}{m} \times 100\% = \dfrac{A_i f_i m_s}{A_s f_s m} \times 100\% = \dfrac{42.4 \times 0.94 \times 0.1907}{133 \times 1 \times 1.055} \times 100\% = 5.42\%$

13.6 毛细管气相色谱法

毛细管气相色谱法，是采用高分辨能力的毛细管色谱柱来代替填充柱分离复杂组分的色谱法。虽然毛细管柱每米理论塔板数与填充柱相近，但可以使用 30～100m 长的柱子，而柱压降只相当于 4m 长的填充柱，总理论塔板数可达 10～30 万。毛细管气相色谱法是一种高效、快速、高灵敏的分离分析方法，是 1957 年由戈雷（Golay M. J. E.）首先提出的。他用内壁涂渍一层极薄而均匀的固定液膜的毛细管代替填充柱，解决组分在填充柱中由于受到大小不均匀载体颗粒的阻碍而造成色谱峰扩展、柱效降低的问题。这种色谱柱的固定液涂布在内壁上，中心是空的，故称开管柱（open tubular column），习惯称毛细管柱。由于毛细管柱具有相比大、渗透性好、分析速度快、总柱效高等优点，因此可以解决填充柱色谱法不能解决或很难解决的问题。

13.6.1 毛细管色谱柱

毛细管柱内径 0.1～0.5mm，长 30～300m，由不锈钢、玻璃或熔融石英制成。不锈钢毛细管柱由于惰性差，有一定的催化活性，且不透明，不易涂渍固定液，现已很少使用。玻璃毛细管柱表面惰性较好，表面易观察，但易折断，安装较困难。熔融石英毛细管柱具有化学惰性、热稳定性及力学强度好并具有弹性，因此成为毛细管气相色谱柱的主要材质。

13.6.1.1 空心毛细管色谱柱（开口管柱）

空心毛细管色谱柱，是将固定液直接涂渍在毛细管内壁表面上而组成的。毛细管内壁表面起担体作用。由于毛细管色谱柱传质阻力小，柱子长，故其分离效能很高，分析速度快。例如，它可以在 1h 内分离出包含一百多种组分的汽油馏分。它在分析复杂有机混合物，例如石油的组成等方面作用很大。

13.6.1.2 填充毛细管色谱柱

1962 年以后发展的填充毛细管色谱柱的材料是玻璃。在拉制毛细管时，先在玻璃管内疏松地装入固定相，然后一起拉制成填充毛细管柱。与空心毛细管柱相比，它对复杂混合物分离的选择性有所改善，便于极性物质的分析。在快速分析石油气、石油烃馏分、含氧化合物和氨基酸衍生物等方面效果较好。

13.6.1.3 多孔层毛细管色谱柱

这种柱子是在玻璃管内壁涂一薄层担体，然后再涂固定液，也称为 SCOT 柱（Support coated open tubular column），这种色谱柱综合了空心毛细管柱和填充毛细管柱两方面的优点，因此分离效能更高，分析速度快。

13.6.1.4 交联毛细管柱

采用交联引发剂，在高温处理下，将固定液交联到毛细管内壁上。具有液膜稳定、耐高温、不易流失、柱效高、使用寿命长等特点。目前，大部分毛细管柱属于此种类型。

13.6.1.5 化学键合型毛细管柱

将固定液用化学键合的方法键合到涂敷硅胶的色谱柱表面或经表面处理的毛细管内壁上，由于固定液是化学键合的，大大提高了热稳定性。

13.6.2　毛细管色谱柱系统的结构特点

毛细管柱和填充柱的色谱系统，基本上是相同的。不同之处主要有两点：

由于毛细管柱内径小，柱子较长，毛细管柱系统的载气流速较低（1~5mL·min⁻¹）。为了减少组分的柱后扩散，一般在色谱系统中增加尾吹气，即在毛细管柱出口到检测器流路中增加一段辅助气路，以增加柱出口到检测器的载气流速，减少这段死体积的影响。

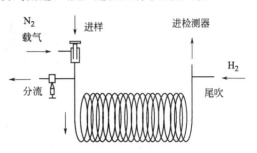

另外，由于毛细管柱的柱容量很小，允许的进样量很小，用微量注射器很难准确地将小于 0.01μL 的液体试样直接加入，为此常采用分流进样方式。所谓分流进样，是将液体试样注入进样器使其气化，并与载气均匀混合，然后让少量试样进入色谱柱，大量试样放空。放空的试样量与进入毛细管柱试样量的比值称分流比，通常控制在 50：1 至 500：1。毛细管色谱柱系统的结构如图 13-15 所示。由图可见，毛细

图 13-15　毛细管色谱柱系统的结构

管柱和填充柱色谱系统的主要不同是毛细管柱在柱前增加了分流进样装置，柱后增加了尾吹装置。

13.7　气相色谱分析的应用

气相色谱法可以应用于分析气体试样，也可分析易挥发或可转化为易挥发的液体和固体，不仅可分析有机物，也可分析部分无机物。一般地说，只要沸点在 400℃ 以下，热稳定性良好的物质，原则上都可采用气相色谱法进行分析。目前气相色谱法所能分析的有机物，约占全部有机物的 15%~20%，而这些有机物恰是目前应用很广的那一部分，因而气相色谱法的应用是十分广泛的。对于难挥发和热不稳定的物质，气相色谱法是不适用的，但近年来裂解气相色谱法、反应气相色谱法等的应用，大大扩展了气相色谱法的适用范围。

13.7.1　气相色谱在化学工业中的应用

化学工业方面，气相色谱可分析各种醛、酸、醇、酮、醚、氯仿、芳烃异构体、煤气、永久性气体、稀有气体以及有机物中微量水等。在石油和石油化工工业中，气相色谱技术更是被广泛采用，例如石油气、石油裂解气、汽油、煤油、烃类燃烧尾气等都可应用气相色谱法分析。汽油中芳烃的分析一直是一个较难的应用问题，使用一个极性或中等极性的毛细管柱可以使芳烃的流出延迟，从而减少烷烃的干扰，如图 13-16 为无铅汽油的色谱图。

13.7.2　气相色谱在生物样品分析中的应用

气相色谱法在生物样品分析方面应用很广泛，利用气相色谱法可分析人体中甾体、糖类、尿酸、生物胺等含量，以及对体液中的药物、代谢产物进行分析。在微生物代谢产物分析中也有较多应用，如通过比较分析大肠杆菌野生型和基因敲除菌株胞内代谢物变化情况，了解基因改变对微生物代谢的影响（见图 13-17 大肠杆菌野生型和敲基因菌株胞内代谢产物色谱图）。

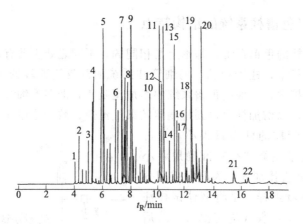

图 13-16　无铅汽油色谱图

色谱峰：1—2-甲基丙烷；2—正戊烷；3—2，3-二甲基丁烷；4—2-甲基戊烷；5—苯；6—正己烷；7—2，2，4-三甲基戊烷；8—正庚烷；9—甲苯；10—乙基苯；11—对二甲苯；12—间二甲苯；13—邻二甲苯；14—正丙基苯；15—1-甲基-3-乙基苯；16—1-甲基-4-乙基苯；17—1-甲基-2-乙基苯；18—1，3，5-三甲基苯；19—1，2，4-三甲基苯；20—1，2，3-三甲基苯；21—四甲基苯；22—萘

色谱柱：Carbograph 1＋AT1000，60m×0.25mm

柱　温：50℃→240℃，15℃·min⁻¹

载　气：He

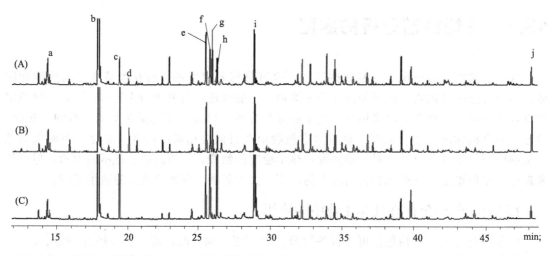

图 13-17　大肠杆菌野生型（A）和基因敲除菌株 ΔsdhAB（B），ΔackApta（C）胞内代谢产物色谱图

色谱峰：a—乳酸；b—磷酸；c—琥珀酸；d—嘧啶；e—季戊四醇；f—脯氨酸；g—天冬氨酸；h—苯丙氨酸；i—谷氨酸；j—尿嘧啶

色谱柱：30m×0.25mm（i. d.）DB5（J&W Scientific，Folsom，CA）

柱　温：70℃→280℃，5℃·min⁻¹

检测器：FID

13.7.3　气相色谱在食品科学及食品安全分析中的应用

气相色谱在食品科学及食品安全分析中的用途也十分广泛，在食品科学领域，气相色谱法常用于油脂中饱和和不饱和脂肪酸，糖类及食品添加剂的分析。在啤酒和白酒中的有机酸、酚类、醇类和醛类等有机成分的分析中也很常见。在食品安全方面，用电子捕获检测

器，气相色谱法能测定水和食品中微量的 DDT 和六六六；用火焰光度检测器或氢火焰离子化检测器，气相色谱法能测定水和食品中微量的有机磷农药。例如图 13-18 和 13-19 分别为有机氯农药及奶油中脂肪酸含量分析的色谱图。

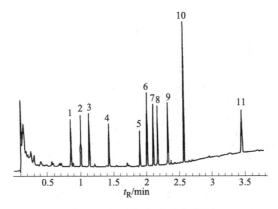

图 13-18　有机氯农药色谱图

色谱峰：1—四氯间二苯；2—α-BHC；3—高丙体六六六；4—七氯；5—硫丹；6—狄氏剂；7—艾氏剂；8—滴滴滴；9—滴滴涕；10—甲氧氯；11—十氯联苯

色谱柱：HP-5，10m×0.1mm

柱　温：150℃→275℃，45℃·min⁻¹

载　气：He

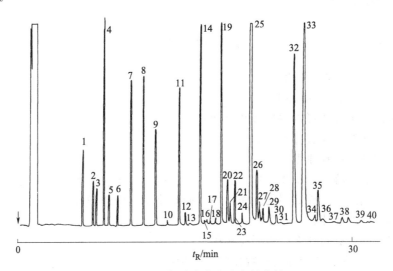

图 13-19　奶油中脂肪酸含量分析

色谱峰：1—乙酸；2—丙酸；3—甲基丙酸；4—丁酸；5—3-甲基丁酸；6—戊酸；7—己酸；8—庚酸；9—辛酸；10—壬酸；11—癸酸；12—十碳烯酸；13—十一酸；14—十二酸；15—十二碳烯酸；16—十三碳异构酸；17—十三酸；18—十四碳异构酸；19—十四酸；20—十四碳烯酸＋十五碳异构酸；21—十五碳反异构酸；22—十五酸；23—十五碳烯酸；24—十六碳异构酸；25—十六酸；26—十六碳烯酸；27—十七碳异构酸；28—十七碳反异构酸；29—十七酸；30—十七碳烯酸；31—十八碳异构酸；32—十八酸；33—十八碳烯酸；34—十八碳二烯酸（Ⅰ）；35—十八碳二烯酸（Ⅱ）；36—十九酸；37—十八碳三烯酸；38—十八碳共轭二烯酸；39—二十酸；40—二十碳烯酸

色谱柱：FFAP，25m×0.32mm

柱　温：65℃→240℃，10℃·min⁻¹

载　气：He

13.7.4　气相色谱在环境监测中的应用

气相色谱法在环境监测中也有许多应用。如大气中污染物 SO_2、H_2S、CO、NO、碳氢化合物、醛类等的分析，废水中的挥发性和半挥发性有机污染物分析，以及煤尘、烟尘中包括的很多致癌物质如多环芳烃、喹啉、苯并芘等，也能用气相色谱法分析。例如，废水中挥发性卤代烃的色谱见图13-20。

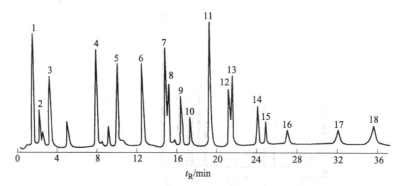

图 13-20　废水中挥发性卤代烃的色谱

色谱峰：1——氯甲烷；2——溴甲烷；3——氯乙烷；4——1,1-二氯乙烷；5——反-1,2-二氯乙烯；6——1,1,1-三氯乙烷；7——1,2-二氯丙烷；8——反-1,3-二氯丙烯；9——顺-1,3-二氯丙烯；10——1,2-二溴乙烷；11——1,1,1,2-四氯乙烷；12——1,2,3-三氯丙烷；13——1,1,2,2-四氯乙烷；14——氯苯；15——1-氯环己烷；16——溴苯；17——2-氯甲苯；18——1,4-二氯苯

色谱柱：1‰ SP—1000，Carbopack（60～80目），2.43m×2.5mm
柱　温：45℃→220℃，8℃·min⁻¹
载　气：He

1. 气相色谱仪的组成包括哪几个部分？
2. 简述气相色谱的分离原理。
3. 利用色谱流出曲线可以解决哪几个问题？
4. 气相色谱法对担体有什么要求？
5. 试述固定液的选择原则？
6. 试述热导池检测器的工作原理。有哪些因素影响热导池检测器的灵敏度？
7. 试述氢火焰离子化检测器的工作原理。如何控制其操作条件？
8. 检测器一般的性能指标有哪些？
9. 色谱定性的依据是什么？主要有哪些定性方法？
10. 何谓保留指数？应用保留指数作定性指标有什么优点？
11. 色谱定量分析中，为什么要引入定量校正因子？
12. 色谱定量分析的依据是什么？有哪些常用的色谱定量方法？

习　题

1. 在一色谱柱上，测得下列物质的保留时间为：空气—0.7min；正己烷—7.2min；正庚烷—12.3min；苯—9.7min，计算苯的保留指数。

2. 用内标法测定环氧丙烷中的水分含量，称取 0.0115g 甲醇，加到 2.2679g 样品中进行色谱分析，数据如下：水分峰面积为 1500，甲醇峰面积为 1740，已知水和内标甲醇的相对质量校正因子为 0.95 和 1.00，计算水分的百分含量。

第14章
高效液相色谱分析法

14.1 高效液相色谱分析概述

液相色谱法是指流动相为液体的色谱技术。高效液相色谱法（High Performance Liquid Chromatography，HPLC）是在传统柱色谱的基础上于 20 世纪 70 年代初快速发展起来的高效分离分析技术，目前已成为一种非常重要的分析方法。高效液相色谱分离过程中，被分析试样组分与流动相、固定相之间均有一定作用力，增加了控制分离选择性的因素，流动相性质和组成的变化，常是提高分离选择性的重要手段，使分离条件选择更加方便灵活。该方法在复杂物质的高效、快速分离分析方面发挥着十分重要的作用，特别是对高沸点、热不稳定性有机化合物、天然产物及生化试样的分析方面有着其它分析方法无法取代的地位。

14.1.1 高效液相色谱法的特点

（1）高压

液相色谱法以液体作为流动相，液体流经色谱柱时，受到的阻力较大，即色谱柱的入口与出口处具有较高的压力差。液体要快速通过色谱柱，需对其施加高压。在现代液相色谱法中供液压力和进样压力都很高，一般可达到 $(1.5 \sim 3.5) \times 10^7 \mathrm{Pa}$。高压是高效液相色谱法的一个突出特点。

（2）高速

由于配备了高压输液设备，极大地提高了液体流动相在色谱柱内的流速，一般可达 $1 \sim 10 \mathrm{mL \cdot min^{-1}}$，因此高效液相色谱法所需的分析时间比经典液相色谱法少得多，一般都小于 $1\mathrm{h}$，例如分离苯的羟基化合物，七个组分只需 $1\mathrm{min}$ 就可完成。又如对氨基酸分离，用经典色谱法，柱长约 $170\mathrm{cm}$、柱径 $0.9\mathrm{cm}$、流动相流速 $30\mathrm{mL \cdot h^{-1}}$，需用 20 多小时才能分离出 20 种氨基酸，而用高效液相色谱法，在 $1\mathrm{h}$ 之内即可完成。

（3）高效

高效液相色谱法的柱效很高，可达每米 3 万塔板以上。近年来研究出了许多新型固定相（如化学键合固定相），固定相颗粒极细，规则均匀，传质阻力小，使分离效率大大提高。

（4）高灵敏度

高效液相色谱已广泛采用高灵敏度的检测器，使其分析的灵敏度较经典色谱有较大提高。如紫外检测器的最小检测浓度可达 $10^{-9}\mathrm{g \cdot mL^{-1}}$，荧光检测器可达 $10^{-12}\mathrm{g \cdot mL^{-1}}$。

微升级的试样就足可进行分析，极大地减少了分析时所需试样量。

14.1.2　高效液相色谱法与气相色谱法的比较

（1）分离对象

气相色谱法具有分离能力好，灵敏度高，分析速度快，操作方便等优点，其分离对象是沸点低、易挥发、热稳定性好的无机或有机化合物；高效液相色谱法，只要求试样能制成溶液，而不需要气化，因此不受试样挥发性的限制。高沸点、热稳定性差、相对分子质量大的有机物（这些物质几乎占有机物总数的 $75\%\sim80\%$）原则上都可用高效液相色谱法来进行分离、分析。

（2）选择性

气相色谱法的流动相是惰性气体，对样品仅起运载作用，实际工作中主要利用改变固定相来改善分离。高效液相色谱法采用液体作为流动相，流动相性质和组成的变化对分离起到很重要的作用，这就增加了控制分离选择性的因素，使分离条件选择更加方便灵活。而且，由于固定相种类较多，HPLC 不仅可利用被分离组分的极性差别，还可利用组分分子尺寸大小的差别、离子交换能力的差别以及生物分子间亲和力的差别进行分离。对于性质和结构类似的物质，分离的可能性比气相色谱法更大。

（3）使用上的限制与互补

气相色谱法的缺点是沸点太高或热稳定性差的物质都难以进行分析，这类物质只能选用高效液相色谱法分析；高效液相色谱法的缺点是设备较昂贵，流动相也比气相色谱法贵，因此它的普及受到一定限制。在实际应用中，凡是能用气相色谱法分析的试样一般不用液相色谱法，这是因为气相色谱法更快、更灵敏、更方便，并且耗费较低。

（4）高效液相色谱与气相色谱法的共同点

气相色谱理论基本上也适用于高效液相色谱。如塔板理论、保留值、分配系数、分配比等均可应用于液相色谱。仪器结构和操作技术也基本相似。均兼具分离和分析功能，适用于在线检测；定性、定量的原理和方法完全一样；均可与质谱等其它分析仪器联用，用以研究复杂的混合样品。

14.2　影响液相色谱柱效的因素

14.2.1　影响分离的因素及提高柱效的途径

根据液相色谱的速率理论（见本书 12.2.3.3），要提高液相色谱分离的效率，首先必须提高柱内填料装填的均匀性和减小粒度以加快传质速率；而且，选用低黏度的流动相，或适当提高柱温以降低流动相黏度，都有利于提高传质速率，但提高柱温将降低色谱峰分辨率。降低流动相流速可降低传质阻力项的影响，但又会使纵向扩散项增加并延长分析时间。可见在色谱分析过程中，各种因素是互相联系和互相制约的。

图 14-1 表示典型的气相色谱法和液相色谱法的 $H\text{-}u$ 曲线。由图 14-1 可见，两者的形状很不相同。气相色谱法的 $H\text{-}u$ 曲线是一条抛物线，有一个最低点（最佳流速）；液相色谱法则不然，接近一段斜率不大的直线，这是因为分子扩散项对 H 值实际上已不起作用所致。这也说明液相色谱分离在较高的流动相流速下，不至于使柱效损失太多，有利于实现快速

分离。

14.2.2　液相色谱的柱外展宽

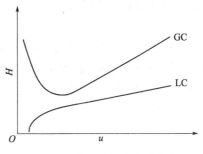

图 14-1　典型的气相色谱法和
液相色谱法的 H-u 曲线

影响色谱峰扩展的因素除上述的一些外，对于液相色谱法，还有其它一些因素，例如柱外展宽的影响等。所谓柱外展宽是指色谱柱外各种因素引起的峰扩展。具体可分为柱前展宽和柱后展宽两种因素。

柱前峰展宽主要由进样引起。液相色谱法进样方式，大都是将试样注入色谱柱顶端滤塞上或注入进样器的液流中。这种进样方式，由于进样器的死体积，以及进样时液流扰动引起的扩散造成了色谱峰的不对称和展宽。若将试样直接注入色谱柱顶端填料上的中心点，或注入到填料中心之内 1~2mm 处，则可减少试样在柱前的扩散，峰的不对称性得到改善，柱效显著提高。

柱后展宽主要由连接管和检测器流通池体积所引起。由于分子在液体中有较低的扩散系数，因此在液相色谱法中，这个因素要比在气相色谱法中更为显著。为此，连接管的体积、检测器的死体积应尽可能的小。

14.3　液相色谱法的主要类型及其分离原理

根据分离机制的不同，高效液相色谱法可分为下述几种主要类型：液-液分配色谱法、液-固吸附色谱法、离子交换色谱法、离子对色谱法、离子色谱法和空间排阻色谱法等。

14.3.1　液-液分配色谱法

液-液分配色谱法的流动相和固定相都是液体，从理论上说流动相和固定相之间应互不相溶，两者之间有一个明显的分界面。试样溶于流动相后，在色谱柱内经过分界面进入固定液中，由于试样组分在固定相和流动相之间的相对溶解度存在差异，因而溶质在两相间进行分配。当达到平衡时的分配系数 K 用式(14-1)表达。

$$K = \frac{c_s}{c_m} = k\frac{V_m}{V_s} \tag{14-1}$$

式中，k 为容量因子；c_s 和 c_m 是溶质在固定相和流动相中的浓度；V_m 和 V_s 分别为流动相和固定相的体积。

液-液分配色谱法分离的顺序决定于分配系数的大小，分配系数大的组分保留值大。这里涉及两个概念：

① 正相液-液色谱法　即流动相的极性小于固定液的极性。

② 反相液-液色谱法　即流动相的极性大于固定液的极性，这种色谱法的出峰顺序刚好与正相液-液色谱法相反。

14.3.2　液-固吸附色谱法

液-固吸附色谱法流动相为液体，固定相为固体吸附剂。这是根据物质吸附作用的不同来进行分离的。其作用机制是溶质分子（X）和溶剂分子（S）对吸附剂活性表面的竞争吸附，可用式(14-2) 表示。

$$X_m + nS_a \Leftrightarrow X_a + nS_m \tag{14-2}$$

式中，X_m 和 X_a 分别表示在流动相和固定相中被吸附的溶质分子；S_a 代表被吸附在表面上的溶剂分子；S_m 表示在流动相中的溶剂分子；n 是被吸附的溶剂分子数。溶质分子 X 被吸附，将取代固定相表面上的溶剂分子，这种竞争吸附达到平衡时，分配系数 K 用式 (14-3) 表达。

$$K = \frac{[X_a][S_m]^n}{[X_m][S_a]^n} \tag{14-3}$$

式中，K 为吸附平衡系数，亦即分配系数。分配系数大的组分吸附剂对它的吸附力强，保留值就大。

14.3.3　离子交换色谱法

离子交换色谱法是基于离子交换树脂柱上可电离的离子与流动相中具有相同电荷的溶质离子进行可逆交换，依据这些离子对交换剂具有不同的亲和能力而将它们分离。

凡是在溶剂中能够电离的物质通常都可以用离子交换色谱法来进行分离。被分析物质电离后产生的离子与树脂上带相同电荷的离子（反离子）进行交换而达到平衡，其过程可用下式表示。

阳离子交换：

$$M^+ + (Na^{+\,-}O_3S\text{—树脂}) \Longleftrightarrow (M^{+\,-}O_3S\text{—树脂}) + Na^+$$
溶剂中　　　　　　　　　　　　　　　　　　　　　　溶剂中

阴离子交换：

$$X^- + (Cl^{-\,+}R_4N\text{—树脂}) \Longleftrightarrow (X^{-\,+}R_4N\text{—树脂}) + Cl^-$$
溶剂中　　　　　　　　　　　　　　　　　　　　　溶剂中

溶剂中的阴离子 X^- 与树脂中的 Cl^- 进行交换，达平衡后符合式(14-4)。

$$K_X = \frac{[-NR_4^+\,X^-][Cl^-]}{[-NR_4^+\,Cl^-][X^-]} \tag{14-4}$$

分配系数 D_X（阴离子交换）表示为式(14-5)。

$$D_X = \frac{[-NR_4^+\,X^-]}{[X^-]} = K_X\,\frac{[-NR_4^+\,Cl^-]}{[Cl^-]} \tag{14-5}$$

对于阳离子交换过程，类推可得相应的 K 及 D。

分配系数 D 越大，表示溶质的离子与离子交换剂的相互作用越强，在柱中的保留值也就越大。

离子交换分离模式使液相色谱的应用领域进一步扩展，但以离子交换树脂为基体的柱填料不耐高压，无机离子的保留时间较长，需要用浓度较大的淋洗液洗脱，检测灵敏度受到限制。

14.3.4　离子对色谱法

离子对色谱对于有机酸碱等强极性化合物有良好的分离效果。将一种（或多种）与溶质分子电荷相反的离子（称为对离子或反离子）加到流动相或固定相中，使其与溶质离子结合形成疏水型离子对化合物，从而控制溶质离子的保留行为。用于阴离子分离的对离子是烷基铵类，如氢氧化四丁基铵、氢氧化十六烷基三甲铵等；用于阳离子的对离子是烷基磺酸类，如己烷磺酸钠等。

关于离子对色谱的分离机理有各种解释,如离子对形成机理、离子对分配机理、离子交换机理、离子相互作用机理等。在离子对色谱分离过程中,流动相中待分离的有机离子 X^+（或 X^-）与流动相或固定相中的带相反电荷的对离子 Y^-（或 Y^+）结合,形成离子对化合物 X^+Y^-,并在两相间进行分配:

$$X^+_{水相}+Y^-_{水相}\xrightleftharpoons{K_{XY}}X^+Y^-_{有机相}$$

平衡常数 K_{XY}:

$$K_{XY}=\frac{[X^+Y^-]_{有机相}}{[X^+]_{水相}[Y^-]_{水相}} \tag{14-6}$$

溶质在两相间的分配系数 D_X 为

$$D_X=\frac{[X^+Y^-]_{有机相}}{[X^+]_{水相}}=K_{XY}[Y^-]_{水相} \tag{14-7}$$

式(14-7)表明,分配系数 D_X 与水相中加入的对离子 Y^- 浓度和平衡常数 K_{XY} 有关。待测离子的性质不同,与反离子形成离子对的能力不同,形成的离子对的疏水性不同,则在两相间的分配系数存在差异,导致待分离的各组分离子在固定相中滞留时间不同,从而实现色谱分离。

14.3.5 空间排阻色谱法

空间排阻色谱也称凝胶色谱,以具有一定大小孔径分布的凝胶为固定相。流动相为能溶解被分离组分的水或有机溶剂,利用凝胶的筛分作用实现化合物按相对摩尔质量的大小分离。空间排阻色谱分离过程如图14-2所示。

空间排阻色谱的基本原理是利用凝胶中孔径的大小不同,当溶质通过时,小分子可以通过所有孔径而形成全渗透(图14-2中 B 点),色谱保留时间最长;大分子由于不能进入孔径而被全部排斥(图14-2中 A 点),色谱保留时间最短;体积在小分子和大分子之间的分子则仅能进入部分合适的孔径,在两者之间流出。空间排阻色谱的分离过程类似于分子筛的筛分作用,但凝胶孔径要比分子筛大得多,一般为几纳米到数百纳米。

空间排阻色谱中组分的保留行为与凝胶中各部分体积有直接关系,色谱柱总体积用式(14-8)描述。

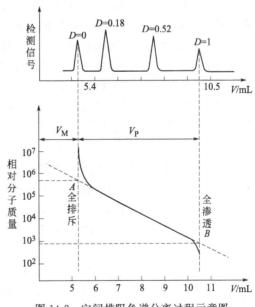

图 14-2　空间排阻色谱分离过程示意图

$$V_{gel}=V_M+V_P+V_g \tag{14-8}$$

式中,V_M 为死体积,即对应于完全排斥的分子流出体积;V_P 为孔体积;V_g 为凝胶体积(去除孔体积)。

组分的保留体积用式(14-9)描述。

$$V_R=V_M+DV_P \tag{14-9}$$

空间排阻色谱中组分的分配系数按式(14-10)计算。

$$D=\frac{V_R-V_M}{V_P}=\frac{c_S}{c_M} \tag{14-10}$$

分子完全排斥时 $D=0$；可自由进入孔道时，$D=1$；部分进入时，$D=0\sim1$。尽管排阻色谱与其它类型色谱分离机理完全不同，但色谱理论同样适用。

如图 14-2 所示，图中 A 点为凝胶固定相的全排斥极限，即所有大于 A 点对应的相对分子质量的分子，均被排斥在凝胶孔径之外，出现单一的、保留时间最短的峰，对应的保留体积为死体积 V_M，分配系数 $D=0$。图中 B 点为凝胶固定相的全渗透极限，所有小于 B 点对应的相对分子质量的分子，均可自由进出所有凝胶孔，则出现单一的、保留时间最长的峰，对应的为最大保留体积 V_M+V_P，分配系数 $D=1$。相对分子质量位于两者之间的化合物，按相对分子质量由大到小顺序，其保留体积位于 V_M 和 V_M+V_P 之间［见式(14-11)］。

$$V_M<V_R<V_M+V_P \tag{14-11}$$

这一范围也称分级范围，只有混合物的分子大小不同，而且又在此分级范围之内时，才可能被分离。

相对摩尔质量为 100 至 8×10^5 的任何类型化合物，只要在流动相中是可溶的，都可用排阻色谱法进行分离。但它只能分离相对摩尔质量差别在 10% 以上的分子。对于一些高聚物，由于其组分相对摩尔质量的变化是连续的，虽不能用排阻色谱进行分离，但可测定其相对摩尔质量的分布。

14.3.6 离子色谱法

离子色谱法是 20 世纪 70 年代中期发展起来的一项新的液相色谱法，很快便发展成为水溶液中阴离子分析的最佳方法。在这种方法中用离子交换树脂为固定相，电解质溶液为流动相。通常以电导检测器为通用检测器，为消除流动相中强电解质背景离子对电导检测器的干扰，设置了抑制柱。试样组分在分离柱和抑制柱上的反应原理与离子交换色谱法相同，但与传统的离子交换色谱法具有以下不同点。

① 采用了交换容量非常低的特制离子交换树脂为固定相。待分离离子与树脂间的作用力下降，可以用低浓度淋洗液洗脱，保留时间缩短，分析速度快，可在数分钟内完成一个试样的分析。

② 采用细颗粒柱填料和高压输液泵，柱效提高，在适宜的条件下，可使常见的各种阴离子混合物分离，成为分离混合阴离子的十分有效的方法。

③ 低浓度淋洗液的本底电导较小，在分离柱后，还可采用抑制装置来消除淋洗液的本底电导，为采用通用型电导检测器创造了条件，检测灵敏度高。

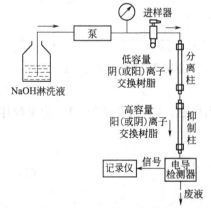

图 14-3　双柱型离子色谱仪的流程示意图

④ 离子色谱的工作压力低于其它液相色谱，通常采用全塑组件与玻璃分离柱，耐腐蚀。各种抑制装置及无抑制方法的出现，使离子色谱应用不断扩展，发展迅速。

图 14-3 为双柱型离子色谱仪的流程示意图。分离过程中，抑制柱中发生两个简单而重要的反应，一个是将淋洗液本身转变成低电导溶液的反应，另一个是将淋洗液中试样离子转变为相应的酸或碱，以增加其电导。对于阴离子分离，分离柱中使用特制的低容量阴离子交换树脂为柱填料，碱性溶液为淋洗液，而抑制柱填充高交换容量的阳离子交换树脂（氢型），当淋洗液经过时，溶液中的 OH^- 与树脂上的 H^+ 发生反应

生成水。对于阳离子分离，分离柱中使用特制的低容量阳离子交换树脂为柱填料，酸性溶液为淋洗液，而抑制柱填充高交换容量的阴离子交换树脂（碱性），当淋洗液经过时，溶液中的 H^+ 与树脂上的 OH^- 反应，同样也生成水，则淋洗液中待测离子的电导突出出来，可以采用电导检测器方便、灵敏地检测。

14.3.7　高效液相色谱分离类型的选择

应用高效液相色谱法对试样进行分离、分析方法的选择，应考虑各种因素，其中包括样品的性质（相对摩尔质量、化学结构、极性、溶解度参数和物理性质）、液相色谱分离类型的特点及应用范围、实验条件（仪器、色谱柱）等。

（1）相对摩尔质量较低，挥发性较高的样品，适于用气相色谱法。

（2）相对摩尔质量大于 2000 的则宜用空间排阻色谱法，此法可判定样品中相对摩尔质量较高的聚合物、蛋白质等化合物，以及作出相对摩尔质量的分布情况。

（3）标准的液相色谱类型（液-固、液-液、离子交换、离子对色谱、离子色谱等）适用于分离相对摩尔质量为 200 到 2000 的样品。

① 能溶于水的样品可采用反相色谱法。

② 溶于酸性或碱性水溶液，则表示样品为离子型化合物，可采用离子交换色谱法。

③ 对非水溶性样品，可分为如下几种情况：

a. 溶于烃类（如苯或异辛烷），可采用液-固吸附色谱；

b. 溶于二氯甲烷或氯仿，则多用正相色谱和吸附色谱；

c. 溶于甲醇等，则可用反相色谱。

④ 一般用吸附色谱来分离异构体；用液-液分配色谱来分离同系物；空间排阻色谱适用于溶于水或非水溶剂、分子大小有差别的样品。

液相色谱分离类型的选择可参考图 14-4。

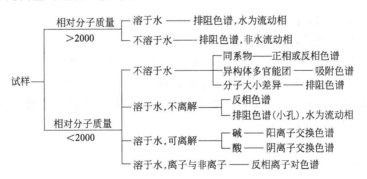

图 14-4　液相色谱分离类型选择参考

14.4　液相色谱固定相和流动相

14.4.1　液相色谱固定相

14.4.1.1　液-液分配色谱固定相

一般气相色谱用的固定液，只要不和流动相互溶，就可用做液-液分配色谱固定液。但考虑到在液-液分配色谱中流动相也影响分离，故在液-液分配色谱中常用的固定液有极性不同的几种，如 β, β'——氧二丙腈、聚乙二醇-400、聚酰胺、三亚甲基乙二醇、羟乙基硅酮、正十八烷和角鲨烷等。

（1）全多孔型固定相

全多孔型担体是由氧化硅、氧化铝、硅藻土制成的直径为 $100\mu m$ 左右的颗粒均匀的多孔球体。在担体表面涂渍固定液，构成固定相。由于填充不均匀性、孔径分布不一，并存在"裂隙"，在颗粒深孔中形成滞留液体（液坑），溶质分子在深孔中扩散和传质缓慢，使这种固定相性能不佳。70年代初期出现了小于 $10\mu m$ 直径的全多孔型担体，它是由纳米级的硅胶微粒堆聚而成为 $5\mu m$ 或稍大的全多孔小球。由于其颗粒小，传质速度快，因此柱效高，柱容量也不小。

（2）表层多孔型固定相

表层多孔型固定相是在薄壳型微珠担体（直径为 $30\sim40\mu m$ 的玻璃微珠，表层上附有一层厚度约为 $1\sim2\mu m$ 的多孔硅胶）上涂渍固定液。由于固定相仅是表面很薄一层，因此传质速度快，加上是直径很小的均匀球体，装填容易，重现性较好。因此在70年代前期得到较广泛的使用。但是由于比表面积小，因此试样容量低，需要配用较高灵敏度的检测器。

（3）化学键合固定相

传统的固定相是将固定液机械地涂敷在担体上以组成固定相，在实践中反映出以下问题。

① 流动相容易把部分固定液冲洗出来，因此要预先对流动相进行预饱和处理（增加一个前置柱），这给操作增加不少麻烦。如果流动相对固定相的溶解度稍高就不可采用此法，因为溶解度较大，实际上无法进行预饱和处理。

② 不能采用高速载液，由于载液冲洗的机械力将固定液从担体上剥落下来，发生流失现象。

③ 机械涂敷的不均匀性影响色谱柱的分离。

④ 不能采用梯度洗提等。

为了弥补上述缺陷，在60年代后期发展了一种新型的固定相——化学键合固定相，即用化学反应的方法通过化学键把有机分子结合到硅胶表面。因其具有突出的优良性能，化学键合固定相是目前性能最佳、应用最广的液相色谱固定相。根据在硅胶表面的化学反应不同，化学键合固定相可分为如下四种。

硅氧碳键型：　　　$\equiv Si—O—C$

硅氧硅碳键型：　　$\equiv Si—O—Si—C$

硅碳键型：　　　　$\equiv Si—C$

硅氮键型：　　　　$\equiv Si—N$

在这四种类型中，由于硅氧硅碳键型的稳定、耐水、耐有机溶剂等特性最为突出，应用最广，如应用较多的 C_{18} 键合固定相即属于这种类型，键合反应如图 14-5 所示。

化学键合固定相具有如下特点：表面没有液坑，比一般液体固定相传质快得多；无固定液流失，增加了色谱柱的稳定性和使用寿命；可以键合不同官能团，能灵敏地改变选择性；有利于梯度洗提，也有利于配用灵敏的检测器和馏分的收集。

14.4.1.2 液-固吸附色谱固定相

液-固吸附色谱法常用的固定相有硅胶、氧化铝、分子筛、聚酰胺等，可分为全多孔型

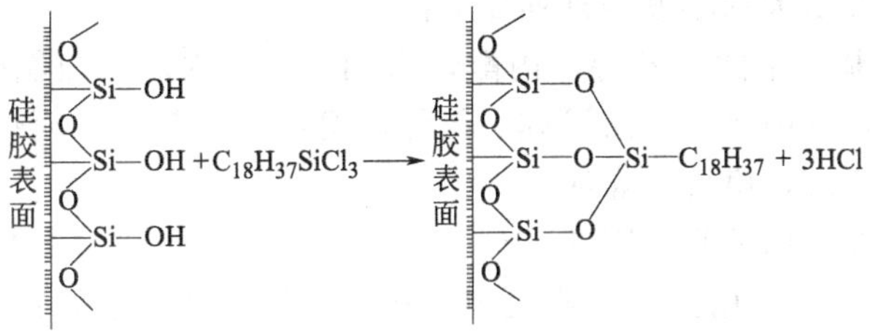

图 14-5　C_{18} 键合固定相键合反应示意图

和薄壳型两种，粒度为 $5\sim10\mu m$。

14.4.1.3　离子交换色谱法固定相

离子交换色谱法固定相通常有两种类型：

① 薄膜型离子交换树脂　以薄壳玻珠为担体，在它的表面涂敷约 1% 的离子交换树脂而成。

② 离子交换键合固定相　将离子交换基团键合在微粒硅胶表面形成离子交换键合固定相。离子交换树脂，又可分为阳离子交换树脂和阴离子交换树脂。

14.4.1.4　排阻色谱法固定相

常用的排阻色谱固定相可分为以下三种。

① 软质凝胶　如葡聚糖凝胶、琼脂糖凝胶等，呈多孔网状结构。适用于水为流动相的凝胶能溶胀到干体的数倍。在压强 $1kg\cdot cm^{-2}$ 左右即压坏，因此这类凝胶只能用于常压排阻色谱法。

② 半硬质凝胶　如苯乙烯-二乙烯基苯交联共聚凝胶，适用于非水溶剂流动相，不能用丙酮，乙醇等极性溶剂，可耐较高压力，溶胀性比软质凝胶小。

③ 硬质凝胶　如多孔硅胶、多孔玻璃珠等，可控孔径玻璃珠具有恒定孔径和窄粒度分布，是近年来受到重视的一种固定相。硬质凝胶具有化学稳定性和热稳定性好、力学强度大等特点，可在较高流速和压力下使用，既可采用水做流动相，也可使用有机流动相。

14.4.2　液相色谱流动相

14.4.2.1　流动相的性质和种类

液相色谱的流动相又称为淋洗液、洗脱液等。流动相的种类、配比能显著地影响分离效果，改变流动相组成和极性是提高分离度的重要手段。流动相按组成可分为单组分（纯溶剂）和多组分；按极性可分为极性、弱极性、非极性；按使用方式则有固定组成淋洗和梯度淋洗。

常用作流动相的溶剂有：己烷、环己烷、四氯化碳、甲苯、乙酸乙酯、乙醇、乙腈、水等。可根据分离要求选择合适的纯溶剂或混合溶剂。采用二元或多元组合溶剂作为流动相时，可以通过改变配比来灵活调节流动相的极性以增加选择性，达到改进分离或调整出峰时间的效果。

14.4.2.2　流动相的选择

在选择流动相时，溶剂的极性是重要的依据。例如在正相液-液色谱中，可先选中等极性的溶剂为流动相，若组分的保留时间太短，表示溶剂的极性太大；改用极性较弱的溶剂，若组分保留时间太长，则再选极性在上述两种溶剂之间的溶剂；如此多次实验，以选得最适宜的溶剂。或者采用二元或多元组合溶剂作为流动相。

常用溶剂的极性按由大到小顺序排列如下：

水，甲酰胺，乙腈，甲醇，乙醇，丙醇，丙酮，二氧六环，四氢呋喃，甲乙酮，正丁醇，醋酸乙酯，乙醚，异丙醚，二氯甲烷，氯仿，溴乙烷，苯，氯丙烷，甲苯，四氯化碳，二硫化碳，环己烷，己烷，庚烷，煤油。

选择流动相时应注意以下几个因素。

① 流动相纯度，一般选用分析纯或更纯试剂，以防止微量杂质长期累积损坏色谱柱和使检测器噪声增大。

② 应避免使用会引起柱效损失或保留特性变化的溶剂。

③ 对试样要有适宜的溶解度，防止在柱头产生沉淀并在柱中沉积。

④ 尽可能选择黏度小的溶剂，以增加试样组分的扩散系数，提高传质速率，进而提高柱效。

⑤ 流动相同时还应满足检测器的要求。例如当使用紫外检测器时，不能用对紫外光有吸收的溶剂。

14.5 高效液相色谱仪

14.5.1 高效液相色谱仪结构及工作流程

高效液相色谱仪一般可分为 5 个主要部分：高压输液系统、梯度淋洗系统、进样系统、分离系统和检测系统。典型的高效液相色谱仪结构示于图 14-6 中。其工作流程为：贮液器中贮存的流动相经过过滤和脱气后由高压泵来输送和控制流量。样品由进样器注入色谱系统，由流动相携带进入到色谱柱进行分离。分离后的组分由检测器检测，输出信号到记录仪或数据处理装置，得到液相色谱图。最后流出液收集在废液瓶中。如果需收集馏分作进一步分析，则在色谱柱出口将样品馏分收集起来。

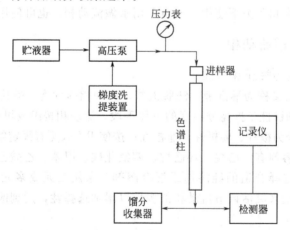

图 14-6　典型的高效液相色谱仪结构示意图

14.5.2 高效液相色谱仪各部分功能

14.5.2.1 高压输液泵

高压输液泵是高效液相色谱仪的主要部件之一。在高效液相色谱中，为了获得高柱效而使用粒度很小的固定相（常用颗粒直径为 $5\sim10\mu m$）。液体流动相通过时，阻力很大，为达到快速、高效的分离，必须有很高的柱前压力，以获得高速的液流。高压输液泵的工作压力范围为 $(1.5\sim3.5)\times10^7 Pa$。因此高压、高速是高效液相色谱的显著特点。

高压输液泵应具有压力平稳、脉冲小、流量稳定可调、耐腐蚀等特性。按其性质可分为恒流泵和恒压泵两类。恒流泵在一定的操作条件下可输出恒定体积流量的流动相。恒压泵使输出的流动相压力稳定，缺点是流速不够稳定，随溶剂黏度不同而改变。恒压泵在高效液相色谱仪发展初期使用较多，现在主要用于液相色谱柱的制备。目前在高效液相色谱中采用的主要是恒流泵，其中又以往复式柱塞泵为主。

往复式柱塞泵的结构如图 14-7 所示。在泵入口和出口装有单向阀，依靠液体压力控制。吸入液体时，进口阀打开，出口阀关闭，排出液体时相反。这种泵的特点是不受整个色谱体系中其余部分阻力稍有变化的影响，连续供给恒定体积的流动相；更换溶剂方便，很适用于梯度洗提；不足之处是输出有脉冲波动，会干扰某些检测器（如示差折光检测器），但对紫外检测器的影响不大。可通过采取双柱塞和脉冲阻尼器来减小脉冲。

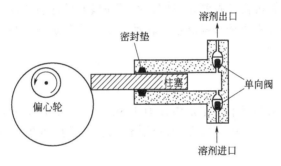

图 14-7　往复式柱塞泵

14.5.2.2　梯度洗提装置

高效液相色谱法中的梯度洗提又称梯度洗脱、梯度淋洗，它和气相色谱法中的程序升温一样，给分离工作带来很大的方便，现在已成为完整的高效液相色谱仪中一个重要的不可缺少的部分。所谓梯度洗提，就是流动相中含有两种（或多种）不同极性的溶剂，在分离过程中按一定的程序连续改变溶剂的配比和极性，达到改善分离效果和调节分析时间的目的。梯度洗提分为内梯度（高压梯度）和外梯度（低压梯度）两种方式。这两种方式都可以使流动相组成按设定程序实现连续变化。内梯度是使用一台高压泵，通过比例调节阀，将两种或多种不同极性的溶剂按一定的比例抽入混合器中混合。而外梯度则是利用两台高压输液泵，将两种不同极性的溶剂按一定的比例送入梯度混合室，混合后进入色谱柱。

14.5.2.3　进样装置

（1）微量注射器

样品用微量注射器刺过装有弹性隔膜的进样口，针尖直达上端固定相或多孔不锈钢滤片，然后迅速按下注射器芯，样品以小滴形式到达固定相床的顶端。缺点是不能承受高压。

（2）高压定量进样阀

通过进样阀（常用六通阀）直接向压力系统内进样。六通阀进样装置如图 14-8 所示。操作时先将阀柄置于进样准备位置，这时进样口只与定量管接通，处于常压状态。用平头微量注射器（体积要比定量管容积稍大）注入样品溶液，样品停留在定量管中，多余的样品溶液从 6 处溢出。将进样器阀柄顺时针转动 60° 至图 14-8 所示的工作位置时，流动相与定量管

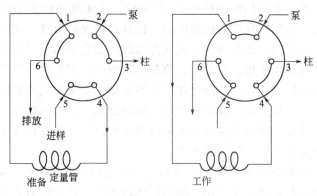

图 14-8　六通进样阀

接通，样品被流动相带到色谱柱中进行分离分析。

（3）自动进样器

自动进样器是由计算机自动控制定量阀，按预先编制的注射样品操作程序进行工作。取样、进样、复位、样品管路清洗和样品盘的转动，全部按预定程序自动进行，一次可进行几十个或上百个样品的分析。

14.5.3　色谱柱

目前液相色谱法常用的标准柱型是内径为 4.6mm 或 3.9mm，长度为 15～30cm 的直形不锈钢柱。填料颗粒度 5～10μm，柱效以理论塔板数计大约 7000～10000。

14.5.4　检测器

液相色谱检测器应具有灵敏度高、重现性好、响应快、线性范围宽、适用范围广、对流动相流量和温度波动不敏感、死体积小等特性。高效液相色谱中可以使用的检测器有多种类型，常见的有紫外检测器、示差折光检测器、荧光检测器、电导检测器、蒸发光散射检测器等。

14.5.4.1　紫外检测器

紫外检测器是液相色谱法中使用最广的检测器。它具有灵敏度高、线形范围宽、死体积小、波长可选、易于操作等特点。它的重要特征是对流动相的脉冲和温度变化不敏感，可用于梯度洗提。紫外检测器的作用原理是基于被分析样品组分对特定波长紫外光的选择性吸收，组分浓度与吸光度的关系符合朗伯-比耳定律。紫外检测器有固定波长（单波长和多波长）和可变波长（紫外分光和紫外可见分光）两类。图 14-9 是一种双光路紫外检测器的结构图。

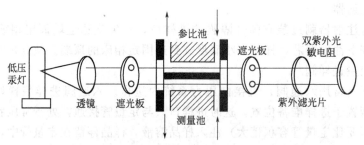

图 14-9　双光路紫外检测器的结构示意图

为适应色谱的需要，紫外检测器的流通池需要做得很小（1mm×10mm，容积8μL）。这种检测器的最小检测浓度可达10^{-9}g·mL^{-1}；缺点是不适用于对紫外光完全不吸收的试样，且溶剂的选用受到限制（有紫外吸收的溶剂不能用）。

将紫外检测器与光电二极管阵列检测器结合在一起的紫外阵列检测器，由于采用计算机快速扫描采集数据、可获得组分的三维色谱-光谱图（如图14-10所示），所得信息为吸收随保留时间和波长变化的三维图或轮廓图。紫外阵列检测器中的光电二极管阵列，可由多达1024个二极管组成，各接受一定波长的光谱。由光源发射的光通过测量池时被组分吸收，透射光中包含了组分对各波长吸收的信息，分光后投射到二极管阵列上，因而不需要停流扫描即可获得色谱流出物各个瞬间的动态光谱吸收图。

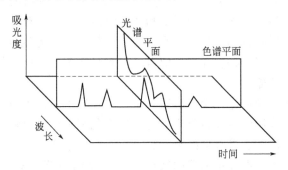

图 14-10　三维色谱-光谱示意图

14.5.4.2　示差折光检测器

示差折光检测器是除紫外检测器之外应用最多的液相色谱检测器。由于每种物质都具有不同的折光指数，故示差折光检测器属于通用型检测器。其基本原理是连续检测参比池和样品池中流动相之间的折光指数差值，该值与样品池流动相中的组分浓度呈正比。示差折光检测器按工作原理分为反射式、偏转式、干涉式三种。

溶液的折光指数是纯溶剂（流动相）和纯溶质（试样）的折光指数乘以各物质的浓度之和。因此溶有试样的流动相和纯流动相之间折光指数之差，表示试样在流动相中的浓度。偏转式示差折光检测器的光路图如图14-11所示。当介质中成分发生变化时，其折光指数随之发生变化，如入射角不变（一般选45°），则光束的偏转角是介质中成分变化的函数。因此，利用测量折射角偏转值的大小，便可测定试样的浓度。

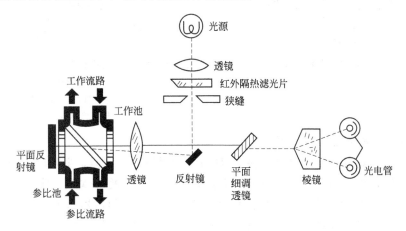

图 14-11　偏转式示差折光检测器的光路图

几乎每种物质都有各自不同的折射率，因此都可用示差折光检测器来检测，灵敏度可达 $10^{-7}g\cdot mL^{-1}$。主要缺点在于它对温度变化很敏感，折射率的温度系数为 $10^{-4}RIU\cdot ℃^{-1}$（RIU 为折射率单位），因此检测器的温度控制精度应为 $\pm10^{-3}℃$。此检测器不能用于梯度洗提。

14.5.4.3　荧光检测器

荧光检测器属于浓度型检测器（如图 14-12），它是一种具有高灵敏度和高选择性的检测器。其检测原理是，某些溶质在受紫外光激发后，能发射荧光，并且在一定条件下，荧光强度与流动相中物质浓度成正比。对不产生荧光的物质，可使其与荧光试剂反应，生成可发生荧光的衍生物再进行测定。它适合于多环芳烃、维生素 B、黄曲霉素、卟啉类化合物、甾族化合物、农药、氨基酸、色素、蛋白质等物质的测定。荧光检测器灵敏度高，检出限可达 $10^{-12}g\cdot mL^{-1}$，比紫外检测器高出 $2\sim3$ 个数量级，但其线性范围仅约为 10^3。荧光检测器对流动相脉冲不敏感，可用于梯度洗提，缺点是仅对具有荧光特性的物质有响应。

14.5.4.4　电导检测器

电导检测器是一种选择性电化学检测器，是离子色谱法中使用最广泛的检测器。其作用原理是根据物质在某些介质中电离后所产生的电导变化来测定电离物质含量。它的主要部件是电导池。电导检测器的响应受温度的影响较大，因此要求严格控制温度。一般在电导池内放置热敏电阻器进行监测。电导检测器的缺点是 pH>7 时不够灵敏。

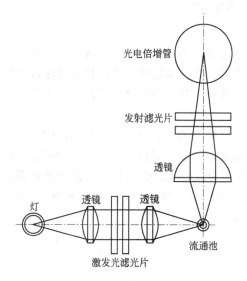

图 14-12　荧光检测器示意图

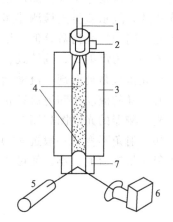

图 14-13　蒸发光散射检测器工作原理示意图
1—HPLC 柱；2—喷雾气体；3—蒸发漂移管；
4—样品滴液；5—激光光源；
6—光二极管检测器；7—散射室

14.5.4.5　蒸发光散射检测器

蒸发光散射检测器是 90 年代出现的一种新型的通用型检测器，主要适用于无紫外吸收，不能用紫外检测器检测的组分，如糖类、脂肪酸、甘油三脂及甾体等。其工作原理如图 14-13 所示。被分析组分经色谱柱分离后由色谱柱流出，在通向检测器途中，被高速载气（N_2）喷成雾状颗粒，在受温度控制的蒸发漂移管中，流动相不断蒸发，溶质形成不挥发的微小颗粒，被载气携带通过检测系统。检测系统由激光光源和光二极管检测器构成。在散射室中，光被散射时的程度取决于散射室中溶质颗粒的大小和数量。粒子的数量取决于流动相的性质及喷雾气体和流动相的流速。当喷雾气体和流动相的流速固定时，散射光的强度与流动相中物质的浓度成正比。蒸发光散射检测器消除了溶剂的干扰和因温度变化引起的基线漂移，利于梯度洗脱，死体积小、灵敏度高。缺点是蒸发光散射检测器对有紫外吸收的组分检测灵敏度相对较低，且它只适合流动相能完全挥发的色谱条件，若流动相含有难以挥发的缓冲剂，就不能用该检测器进行检测。

14.6 高效液相色谱法的应用

高效液相色谱法不仅具有高效、高速、高灵敏度等特点，而且不受样品的热稳定性和挥发性的限制。该方法更适宜于分离、分析沸点高、热稳定性差、相对摩尔质量较大的物质，因而已广泛应用于核酸、肽类、内酯、稠环芳烃、高聚物、药物、代谢产物、表面活性剂、抗氧化剂、杀虫剂、除莠剂等的分析中，成为生命科学、环境科学、医药和材料领域不可或缺的分析手段，是解决复杂样品分离分析的有力工具。

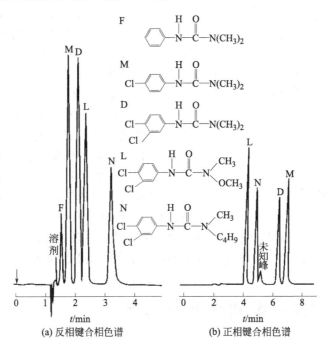

图 14-14 取代尿素除莠剂的色谱图

F—非草隆，M—灭草隆，D—敌草隆，L—立草隆，N—3，4-二氯苯基甲基正丁基脲

(a) 反相键合相色谱
　　色谱柱：C_{18} 改性多孔硅质微球，8.4μm（25×0.46cm）
　　流动相：甲醇：水=75：25
　　流　速：2.0mL·min^{-1}
　　温　度：50℃
　　检测器：紫外 254nm
　　试　样：25μL，每种组分的浓度均为 0.1mg·mL^{-1}

(b) 正相键合相色谱
　　色谱柱：zorbax—CN（氰基键合相），6～8μm（25×0.46cm）
　　流动相：四氢呋喃：己烷=20：80
　　温　度：室温
　　检测器：紫外 254nm

14.6.1　高效液相色谱在环境监测中的应用

高效液相色谱法在环境监测中有着广泛的应用,可用于水环境污染物、大气环境污染物及土壤和生物样品污染物的监测分析。例如,在水环境污染物监测中,可利用反相键合相色谱法测定废水中苯胺类化合物、正相键合相色谱法测定水中邻苯二甲酸酯等;大气环境污染物监测中,大气气溶胶中多环芳烃及空气颗粒中无机离子的分析都可采用高效液相色谱法测定;土壤和生物样品污染物的监测分析中,采用正相高效液相色谱可以分析土壤中麦草畏等除草剂及有机氯等农药残留量、反相高效液相色谱分析生物体液中氨基甲酸酯类农药及致癌物质稠环芳烃等。图14-14为利用键合相色谱法分析环境监测中取代尿素除莠剂的色谱图。

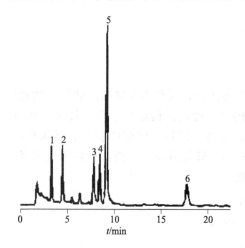

图 14-15　高效液相色谱法分析脂溶性维生素
1—乙酸维生素 A;2—维生素 D_3;3—维生素 K_1;
4—视黄醇;5—维生素 D_2;6—维生素 E
色谱柱:ProntoSil 120-3-C18 SH,250×3mm ID
流动相:甲醇
流　速:1.0mL·min^{-1}
温　度:室温
检测器:蒸发光散射检测器(T:33℃)
进样量:5μL

14.6.2　高效液相色谱在药物分析中的应用

高效液相色谱法具有分析速度快、分离效能高、应用范围广、检测灵敏度高、仪器已较成熟、组分易回收、样品处理较简单等优点,在新药的研究开发、药物治疗剂量、药物含量测定(包括草药等药物成分含量及药物残留)、药物代谢动力学分析以及药效学评价等方面提供了有效的方法,有着广泛的应用前景。例如,对乙酰氨基酚是临床上使用极其广泛的解热镇痛药。用反相高效液相色谱测定可疑中毒病人血中对乙酰氨基酚浓度具有准确、快速的优点,可有效地帮助临床医生确诊,快速有效地救治患者,对提高医疗质量有重要意义。又比如,中药材及其制剂组成复杂,其中不少有效成分的含量测定也越来越多地采用了高效液相色谱法。图14-15为高效液相色谱法分析脂溶性维生素实例。

14.7　液相制备色谱和毛细管电泳

14.7.1　液相制备色谱

制备色谱法是以色谱技术来分离、制备高纯组分的有效方法。在现代科学研究工作中,经常期望采用有效方法以获得需要的较高纯度的标准物(色谱纯),制备色谱法提供了这种可能。由于液相色谱的分离条件较温和,分离、检测中一般不导致试样被破坏,且样品易于回收以及分离后组分易收集,因此在少量高纯度样品制备中,液相色谱法起着很大的作用。

14.7.1.1　色谱柱的柱容量

柱容量(column capacity)又称柱负荷,对分析型色谱柱是指在不影响柱效能的情况下的最大进样量;对于制备色谱柱则指在不影响收集物纯度的前提下的最大进样量。制备色谱中柱容量是影响所用技术和装置的重要因素。进样量越大柱效越低，分离度越差，这是制备色谱主要限制之一。色谱操作时，如果超载，即进样量超过柱容量，则柱效迅速下降，峰变宽。对于易分离组分，超载可提高制备效率，制备柱虽允许过载，但以柱效降至原有的一半或容量因子 k 减小10％为宜。

14.7.1.2　液相制备色谱的组分收集方法

在液相制备色谱中，通常有以下两种情况：

① 制备的组分为可获得良好分离的主峰，操作时可通过超载来提高效率；

② 制备的组分为两个主成分之间的小组分，如图14-16所示，这时可先超载，分离馏分使待分离组分成为主成分（富集）后，再次进行分离制备。

14.7.1.3　液相制备色谱仪

制备型与分析型液相色谱的主要不同在于分离柱。制备型的色谱柱通常要大一些，以获得相对较多的纯品，一般半制备柱（内径8mm，长度15~30cm）的一次制备量0.1~1mg左右。同时，泵流量和进样量也相应扩大。若采用柱内径20~50mm，长度50cm的制备色谱柱，则输液泵的流量为20~100mL·min^{-1}。在检测器后增加自动馏分收集器，可将试样组分按固定体积顺序收集在玻璃管内。

14.7.2　毛细管电泳

在外加电场的影响下，带电的胶体粒子或离子在分散介质中做定向移动的现象称为电泳。高效毛细管电泳是指以毛细管为分离通道，以高压

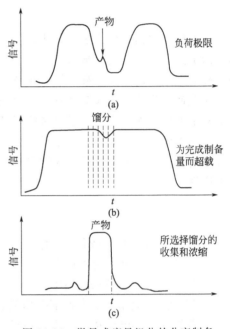

图14-16　微量或痕量组分的分离制备

直流电场为驱动力，溶质按其淌度差异进行高效、快速分离的新型电泳技术。毛细管电泳使电泳过程在散热效率很高的极细的毛细管（直径25~50μm）中进行，可减少因焦耳热效应导致的区带展宽，因而可采用较高的电压（20~30kV），有利于获得很高的分离效率，每米理论塔板数为几十万，高者可达10^6，极大地改善了分离效果。与传统电泳技术相比，毛细管电泳具有样品用量少、操作简便、分离效率高、分析速度快、分析成本低、应用范围广等优点。除分离生物大分子（肽、蛋白、DNA、糖等）外，还可用于小分子（氨基酸、药物等）及离子（无机、有机）的分离，甚至可分离各种颗粒（如硅胶颗粒等）。

根据分离机制不同，毛细管电泳的分离模式可分为毛细管区带电泳、胶束电动毛细管色谱、毛细管凝胶电泳、毛细管电色谱、毛细管等速电泳、毛细管等电聚焦、亲和毛细管电泳等。

毛细管电泳结构示意于图14-17，主要包括高压电源、毛细管、检测器和两个缓冲液池。毛细管的两端分别浸在含有同样电解质溶液（缓冲液）的电极槽中，毛细管内也充满此缓冲液，一端为进样端，另一端连接检测器。待分离的试样从毛细管一端进入后，在毛细管两端施加电压进行电泳分离分析。所用毛细管通常为内径100μm或更细的弹性融熔石英毛细管。进样方式一般为电动进样或压力进样。电动进样是将毛细管柱的一端及相应端的电

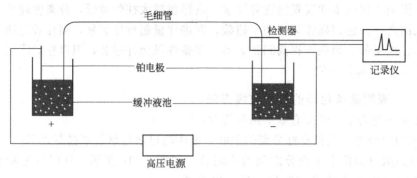

图 14-17　毛细管电泳结构示意图

极从缓冲池中移出，放入试样杯中，然后在一准确时间范围内施加电压，使试样因离子移动和电渗流进入毛细管柱，最后将毛细管和电极移回已调好的缓冲溶液中，进行分离测定。这种进样方式适于那些离子移动慢，进样量大的情况。压力进样操作与电动进样类似，不同的是用压差使试样溶液进入毛细管。产生压差的办法可以采用在检测器端抽真空，或者通过提高试样端液面。而进样体积通过进样时所持续的时间来确定。毛细管电泳常采用柱上检测，即将毛细管柱表面涂层烧去一小段（0.5cm 左右）作为检测窗口。检测器为紫外光度检测器和激光诱导荧光检测器，后者检测灵敏度比紫外检测器提高 1000 倍，使毛细管电泳的应用更加广泛。

1. 简要比较气相色谱和高效液相色谱的异同点。
2. 试述高效液相色谱法的特点。
3. 简述高效液相色谱仪器流程。
4. 试述高效液相色谱仪各部分功能。
5. 简要说明影响色谱峰扩展及色谱分离的主要因素。
6. 试根据气相色谱和液相色谱的 H-u 曲线说明二者分析速度上的差别。
7. 何谓化学键合固定相？它有什么特点？
8. 选择流动相应注意哪几个因素？
9. 试述高效液相色谱分离类型的选择原则。
10. 若分离不同分子量的聚苯乙烯应采用哪种高效液相色谱法？

第15章

核磁共振波谱法

核磁共振波谱法（Nuclear magnetic resonance spectroscopy，简称 NMR）是研究处于强磁场中的原子核磁能级跃迁对射频辐射的吸收，进而获得有关化合物分子结构信息的分析方法。以 ^1H 核为研究对象所获得的谱图称为氢核磁共振波谱（^1H NMR）；以 ^{13}C 核为研究对象所获的谱图称为碳核磁共振波谱（^{13}C NMR）；近年来又相继发展了 ^{19}F NMR、^{31}P NMR、^{15}N NMR 等系列波谱。1946 年美国斯坦福大学的 F. L. Block 和哈佛大学的 E. M. Purcell 分别发现了核磁共振现象，即证明了由于磁力作用引起了核能级裂分，处于强磁场中的磁核会吸收辐射。由于这一重要发现，他们获得了 1952 年诺贝尔物理学奖。核磁共振波谱法与红外光谱具有很强的互补性，已成为有机和无机化合物结构分析强有力的工具之一。近年来，核磁共振波谱分析技术得到迅速发展，超导核磁、二维和三维核磁以及脉冲傅里叶变换核磁等技术的应用也日益广泛。

15.1 概述

核磁共振波谱也是吸收光谱的一种，它来源于原子核磁能级间的跃迁。在核磁共振中，电磁辐射的频率为兆赫数量级，属于射频区。核磁共振信号的产生是由于原子核在强磁场作用下发生能级裂分，当射频辐射的能量与核的磁能级差相等时，吸收辐射能量而发生核能级跃迁的结果。

由于核磁共振波谱学具有严密的理论基础、广泛的应用范围和很高的实用价值，因此自问世以来一直保持着高速的发展。特别是当核磁共振变成化学家测定有机化合物结构的有力工具后，已成为解决物质结构分析问题的不可缺少的手段。目前，核磁共振与其它仪器相配合，已经鉴定了十几万种以上的化合物。

核磁共振信号有多方面的特性，例如：谱线的宽度、谱线的形状、谱线的面积和谱线在频率或磁场刻度上的准确位置、谱线的精细结构以及弛豫时间 T_1、T_2 等特性不仅决定于被测原子核的性质，还决定于被测原子核所处的环境。因此可以通过测定核磁共振谱线的各项参数来确定物质的分子结构和性质。由核磁共振谱图可以直接提供样品中某一特定原子的各种化学状态或物理状态，并得出它们各自的定量数据，如：待测的原子核是什么，它在分子内位于什么地方，总共有多少个，它的近邻是什么并在什么位置，它与近邻者之间是什么关系等。总之，通过对谱图的解析，可以描绘出分子内原子团或原子的完整排列顺序的概貌。

20 世纪 70 年代以来，核磁共振波谱在技术和应用方面都有了新的发展，高强磁场超导核磁共振仪的发展，大大提高了仪器的灵敏度，使原来比较复杂的谱图变得比较简单而容易解析了。超导核磁共振在生物学领域的研究和应用正在发挥着广泛的作用。脉冲傅立叶变换核磁共振仪的问世极大地推动了 NMR 技术，特别是使^{13}C、^{15}N 等核磁共振得以广泛应用。此外，随着计算机技术的发展，不仅能对激发核共振的脉冲序列和数据采集进行严格而精确地控制，而且能对得到的大量数据进行各种复杂的变换和处理，出现了二维核磁（2D-NMR）和多维核磁，从根本上改变了 NMR 技术用于解决复杂问题的方式，成为获取分子结构信息的最重要物理方法。

到目前，核磁共振技术发展得最成熟、应用最广泛的是氢核磁共振，因此本章主要介绍氢核磁共振的原理、仪器和在结构分析方面的应用，对于^{13}C 的核磁共振只做简单的介绍。

15.2 核磁共振基本原理

15.2.1 原子核的自旋和核磁矩

原子核是带正电荷的粒子，若有自旋现象即产生核磁矩。实验证明，大多数原子核好像陀螺一样围绕着某一轴自身做旋转运动，简称自旋运动。不同原子核的自旋情况也不同，原子核自旋的情况可用自旋量子数 I 表征（见表 15-1）。

表 15-1　各种原子核的自旋量子数

质量数	原子序数	自旋量子数
偶数	偶数	0
偶数	奇数	$1, 2, 3, \cdots\cdots$
奇数	奇数或偶数	$\dfrac{1}{2}, \dfrac{3}{2}, \dfrac{5}{2}, \cdots\cdots$

自旋量子数等于 0 的原子核没有自旋现象，故无核磁矩，它们不产生共振吸收谱，不能用核磁共振进行研究。例如^{16}O、^{14}C、^{32}S、^{28}Si 原子核等都是如此。

自旋量子数大于 1/2 的原子核，例如：$I=1$ 的有^2H、^{14}N 等；$I=3/2$ 的有^{11}B、^{35}Cl、^{79}Br、^{81}Br 等；$I=5/2$ 的有^{17}O、^{127}I 等，其电荷在原子核表面呈非均匀分布，核电荷分布可看作是一个椭球体。这类原子核具有电四极矩，它们的共振吸收常会产生复杂情况，导致谱线加宽，检测核磁共振信号比较困难。

自旋量子数等于 1/2 的原子核有^1H、^{19}F、^{31}P、^{13}C 等。这些原子核可当作一个电荷均匀分布的球体并像陀螺一样地自旋，故有磁矩形成，这种原子核的核磁共振谱线窄，最适宜于核磁共振检测。前三种原子在自然界的丰度接近 100%，用核磁共振容易测定。尤其是氢核（质子），不但易于测定，它又是组成有机化合物的主要元素之一，因此对于氢核磁共振谱的测定，在有机结构分析中占有特别重要的地位。

当原子核自旋量子数 I 为非零时，它具有自旋角动量 $\vec{P}$，其数值用式（15-1）描述。

$$\vec{P} = \sqrt{I(I+1)}\frac{h}{2\pi} = \sqrt{I(I+1)}\hbar \tag{15-1}$$

式中，h 为普朗克常数；$\hbar$ 为 $\frac{h}{2\pi}$。

具有自旋角动量的原子核也具有核磁矩 $\vec{\mu}$，$\vec{\mu}$ 与 $\vec{P}$ 之间符合式(15-2) 的关系。

$$\vec{\mu} = \gamma \vec{P} \tag{15-2}$$

γ 称为磁旋比，有时也称为旋磁比，它是原子核的重要属性。

15.2.2 原子核的磁能级

核自旋角动量与核磁矩都是矢量，根据经典力学概念，角动量的方向遵循右手螺旋定则。因为核电荷和质量同时作自旋运动，因此核磁矩与角动量矢量是平行的（如图 15-1 所示）。

如果将原子核置于磁场中，由于核磁矩与磁场相互作用，核磁矩相对磁场会有不同的取向。根据量子力学原理，核磁矩（或自旋轴）相对磁场只能有 $2I+1$ 个取向。同样，核磁矩在外磁场方向上的分量 μ_{H} 只能取对应的一定数值 [式(15-3)]。

$$\mu_{\mathrm{H}} = \gamma m \frac{h}{2\pi} \tag{15-3}$$

m 为核自旋磁量子数，m 等于 I、$I-1$、$I-2$、……、$-I+1$、$-I$，共有 $2I+1$ 个。

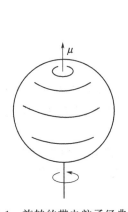

图 15-1　旋转的带电粒子经典模型

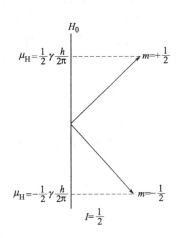

图 15-2　磁矩在外磁场方向投影

例如，对 $I=1/2$ 的氢核，核磁矩 $\vec{\mu}_{\mathrm{N}}$ 有两种取向（如图 15-2 所示），其在外磁场的分量分别为 $\vec{\mu}_{\mathrm{H}} = +\frac{1}{2}\gamma\frac{h}{2\pi}$ 及 $\vec{\mu}_{\mathrm{H}} = -\frac{1}{2}\gamma\frac{h}{2\pi}$。

根据电磁理论，在强度为 H_0 的磁场中，放入一个磁矩为 $\vec{\mu}_{\mathrm{N}}$ 的小磁铁，则它们的相互作用能用式(15-4) 描述。

$$E = -\vec{\mu}_{\mathrm{N}} H_0 = -\mu_{\mathrm{N}} H_0 \cos\theta \tag{15-4}$$

或

$$E = -m\gamma\frac{h}{2\pi}H_0 \tag{15-5}$$

式(15-4) 中的 θ 为 μ_{N} 与 H_0 的夹角（如图 15-3）。对于空间取向量子化的核磁矩，同样也用上述公式表示原子核处在磁场中的能量。

当 $\theta=0$ 时，$E=-\mu_{\mathrm{N}} H_0$，负号表示体系的能量最低，即核磁矩与磁场同向，反之，当

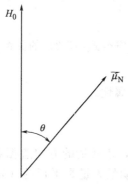

图 15-3　$\bar{\mu}_N$ 与 H_0 的夹角

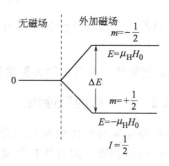

图 15-4　氢核的核磁能级裂分

$\theta=180°$ 时，$E=\mu_N H_0$，体系的能量最高，即核磁矩与磁场方向相反。当核磁矩与磁场方向垂直时，位能等于零。当处于一定角度时，则其位能用式(15-6)计算可得。

$$E=-\mu_H H_0 \tag{15-6}$$

式中，μ_H 是核磁矩 μ_N 在磁场方向上的分量。

当无外磁场存在时，核磁矩具有相同的能量。当核磁矩处于磁场中时，由于核磁矩的取向不同而具有不同的能量，也就是说，核磁矩在磁场的作用下，将原来简并的 $2I+1$ 个能级分裂开来。这些能级通常叫塞曼能级。

图 15-4 给出 $I=1/2$ 的氢核的核磁能级裂分现象。

15.2.3　核磁共振的产生

如上所述，核磁矩在磁场中有 $2I+1$ 种不同的能量状态即核磁能级，当外来辐射的频率为 ν 的电磁波能量正好和能级差 ΔE 相同时，低能级的核就会吸收电磁波，跃迁到高能级而发生核磁共振吸收。

核磁共振与其它吸收光谱一样，能级间的跃迁服从跃迁选律。核磁能级的跃迁选律是 $\Delta m=\pm1$，对 [1]H 核来说，由式(15-4)可知核磁共振条件为式(15-7)或式(15-8)。

$$\Delta E=h\nu=\gamma\frac{h}{2\pi}H_0=2\mu_H H_0 \tag{15-7}$$

$$\nu=\frac{\gamma H_0}{2\pi}=\frac{2\mu_H H_0}{h} \tag{15-8}$$

以 [1]H 核为例，[1]H 的磁旋比 $\gamma=2.67\times10^8\,\mathrm{T}^{-1}\cdot\mathrm{s}^{-1}$，在磁场强度 $H_0=1.4092\mathrm{T}$ 时，发生核磁共振需要的辐射频率为：

$$\nu=\frac{2.67\times10^8\,\mathrm{T}^{-1}\cdot\mathrm{s}^{-1}\times1.4092\mathrm{T}}{2\times3.14}=60\times10^6\,\mathrm{s}^{-1}=60\mathrm{MHz}$$

以上是核磁共振的量子力学观点，除此之外，许多文献上还采用经典力学的观点。

如图 15-5 所示，将原子核放到磁场 H_0 中，由于核磁矩（即自旋轴）与外磁场方向成一定的角度，自旋的核就要受到一个力矩，在此力矩的作用下，磁矩就绕外场 H_0 作锥形转动。有磁矩的原子核在磁场中一方面自旋，一方面取一定的角度绕磁场转动，这种现象通常就叫做拉摩尔进动。

不同的原子核有不同的进动频率，根据经典力学，拉摩尔进动频率 ω 为：

$$\omega=\gamma H_0 \tag{15-9}$$

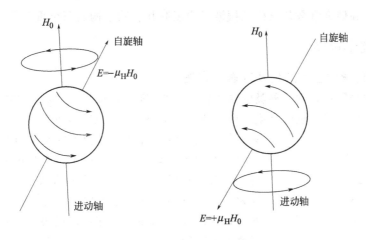

图 15-5　氢核的拉摩尔进动

因为 $\omega = 2\pi\nu$，所以

$$\nu = H_0 \frac{\gamma}{2\pi} \tag{15-10}$$

结果与式(15-8) 一致。表 15-2 列举了数种磁性核的磁旋比和它们发生共振时 ν_0 和 H_0 的相对值。对于不同的原子核，由于 γ 不同，发生共振的条件也不同。在相同的磁场中，不同原子核发生共振时的频率各不相同，根据这一点可以鉴别各种元素及同位素；对于同一种核，γ 值一定，当外加磁场一定时，共振频率也一定；磁场强度改变，共振频率也随之改变。

表 15-2　数种磁性核的磁旋比及共振时 ν_0 和 H_0 的相对值

同位素	$\gamma \times 10^8 / T^{-1} \cdot s^{-1}$	ν_0/MHz	
		$H_0 = 1.4092T$	$H_0 = 2.3500T$
^1H	2.68	60	100
^3H	0.411	9.2	15.4
^{13}C	0.675	15.1	25.2
^{19}F	2.52	50.4	94.2
^{31}P	1.086	24.3	40.5
^{203}Tl	1.528	34.2	57.1

15.3　核磁共振波谱与分子结构

高分辨 NMR 主要是研究同种磁性核在外磁场作用下产生共振的微小变化，这些变化来源于核的磁屏蔽，它起因于分子中电子环形运动所产生的次级磁场。而在高分辨 NMR 实验中所得到的共振信号大多又是裂分谱线。造成谱线裂分的原因是磁性核之间的自旋-自旋相互作用。

对于高分辨 NMR 波谱的大多数应用而言，可以用化学位移和偶合常数来描述波谱。应用 NMR 波谱进行结构分析时，主要是基于观测到的化学位移和偶合常数与结构之间的实验关系。化学位移和偶合常数是核磁共振波谱中反映化合物结构的两个重要参数。

15.3.1 化学位移

15.3.1.1 化学位移的产生及其表示方法

根据核磁共振原理，同一种类的原子核（例如 ^1H 核）如果产生核磁共振的磁场强度一定，则射频频率就一定，也就是说，所有质子都应该在这个磁场强度下发生共振吸收。但事实并非如此，质子所真正感受到的磁场强度还和质子在分子中所处的环境有关，这一真正感受到的磁场称为有效磁场。在有效磁场和外加磁场之间存在着一个微小的差别，约为外加磁场的百万分之十以下。这种因质子在分子中所处的化学环境不同而需要在不同的磁场强度下发生共振的现象，就叫做化学位移。化学工作者正是依靠这一微小变化来获得在分子中各种类型氢核的信息，这正是核磁共振应用于有机结构分析的基础。化学位移是核磁共振波谱中反映化合物结构的一个极其重要的参数。

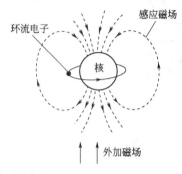

图 15-6　电子云对核的屏蔽作用

氢原子核外围有电子云环绕，当氢核处于外磁场中时，核外电子云在外磁场的作用下，倾向于在垂直磁场的平面里作环流运动，从而产生一个与外磁场反向的感应磁场，核实际所受的磁场强度被减弱，即核外电子云的作用相当于产生一个反磁屏蔽作用。核外电子云的磁屏蔽效应如图 15-6 所示。

屏蔽磁场强度与外场强度成正比，即 H 用式(15-11)描述。

$$H = H_0\sigma \tag{15-11}$$

σ 是原子核的屏蔽常数，其数值为 10^{-5} 量级，因此，核的实受磁场强度，即有效磁场强度为式(15-12)。

$$H_{有效} = H_0 - H_0\sigma = H_0(1-\sigma) \tag{15-12}$$

则共振频率为式(15-13)。

$$\nu = \frac{\gamma H_0(1-\sigma)}{2\pi} \tag{15-13}$$

如果固定射频频率，由于核的磁屏蔽效应，则必须增加外磁场强度才能达到共振条件；如果固定外磁场强度，则需要降低射频频率才能达到共振条件。

分子中化学环境不同的核受到的屏蔽作用是不同的。因此，在一个分子中不同位置的质子将按它们屏蔽常数的不同而分布在 NMR 波谱的不同地方。图 15-7 为乙醇的 ^1H NMR 谱，甲基氢核的 σ 最大，因此在高场出峰，其次是—CH_2—氢核，—OH 氢核磁屏蔽较小，在低场出峰。

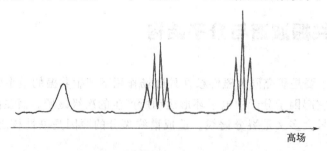

高场

图 15-7　乙醇的 ^1H NMR 谱

从理论上讲，某核的化学位移应以它的裸核为基准进行比较，但裸露的原子核实际并不存在，不可能用实验测定。在实际应用中引入一参考化合物作为标准，样品与标准物质的共振频率的相对差就定义为该物质磁核的化学位移，用符号δ表示。因为化学位移与磁场强度有关，若用频率或磁场强度的绝对值表示化学位移，它将随着仪器磁场强度的不同而改变，使用起来很不方便。为了统一标定化学位移的数据，消除外磁场或频率的因素，故化学位移采用的是相对值［见式(15-14)］。

$$\delta=\frac{\nu_{样}-\nu_{标}}{\nu_{标}} \tag{15-14}$$

由于$\nu_{样}$和$\nu_{标}$数值很大，其相对差值却很小，δ值一般只是10^{-6}数量级。为了方便，将分母的$\nu_{标}$用扫场时固定的射频频率ν_0代替，再将δ值乘以10^6，即以式(15-15)表示。

$$\delta=\frac{\nu_{样}-\nu_0}{\nu_0}\times10^6 \tag{15-15}$$

氢核磁共振常用的标准物质是四甲基硅烷$(CH_3)_4Si$，简称TMS。TMS的优点是：①它的分子中12个氢原子的环境完全一样，所以只有一个化学位移；②化学性质稳定；③TMS中氢核所受的磁屏蔽效应比绝大多数氢核都要大，亦即其共振频率最小，规定TMS的化学位移$\delta=0$，其它氢核的化学位移一般都在TMS的左侧，因此使得波谱的解析比较方便。有些文献中常采用另一种标度，规定TMS氢核$\tau=10$，τ和δ的关系为式(15-16)。

$$\tau=10-\delta \tag{15-16}$$

τ值大，表示氢核受的屏蔽作用强。一般氢核的化学位移变化范围在10以内。

图15-8为苄基叔丁烷的^{1}H NMR图。从图可见，该化合物有三个共振峰，其化学位移为0.9、2.5及7.2，这说明该化合物最少有三种处于不同环境的氢核。

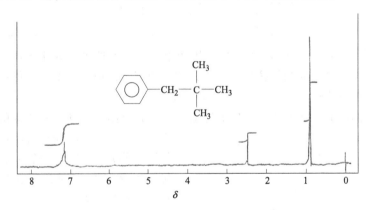

图15-8　苄基叔丁烷的^{1}H NMR谱

核磁共振谱图的横坐标的标度，可以用δ或τ表示，也可以用$\nu(Hz)$表示，当仪器的频率为60MHz时，δ值的一个单位相当于60Hz，10个单位相当于600Hz。

15.3.1.2　影响化学位移的因素

化学位移是由于核外电子云产生对抗磁场而引起的，因此，凡是使核外电子云密度改变的因素都能影响化学位移。影响因素有内部因素，如电负性、各向异性效应和范德华力效应；也有外部因素，如溶剂效应。氢键的形成也会引起化学位移的变化，氢键可以发生于分子内，也可以发生于分子间。

（1）电负性

电负性较大的元素，能减低氢核周围电子云密度，即减小了对氢核的屏蔽（称去屏蔽作用），增大了化学位移值；而电负性较小的元素则增加了屏蔽，降低了化学位移值。例如卤代甲烷的化学位移值随取代基电负性的增强而增大，见表 15-3(a)、(b)中 $BrCH_3$ 和 $ClCH_3$ 的氢核 δ 值比较。

表 15-3　卤代烷烃的化学位移

(a)

	CH_3Cl	CH_2Cl_2	$CHCl_3$
δ	3.05	5.33	7.24

(b)

	CH_3Br	CH_2CH_2Br	$CH_3CH_2CH_2Br$	$CH_3CH_2CH_2CH_2CH_2Br$
δ	2.68	1.65	1.04	0.90

电负性较大的元素的原子数目增多，将增大化学位移，如表 15-3(a) 所示。当电负性较大的元素与质子的距离增大时，δ 值逐步减小，如表 15-3(b) 中—CH_3 的氢核的 δ 值。

（2）磁各向异性

在分子中，质子与某一官能团的空间关系有时会影响质子的化学位移。这种效应称为磁各向异性效应。磁各向异性效应是通过空间起作用的。表 15-4 中列出不同烃类化合物中氢核的 δ 值。

表 15-4　不同烃类化合物中氢核的 δ 值

化合物	δ	化合物	δ
CH_3—CH_2—H	0.96	HC≡C—H	2.88
CH_2=CH—H	5.84	C_6H_5—H	7.2

在乙烯分子中的碳原子是 sp^2 杂化的，因而电负性比乙烷中的碳原子强，从而加大了相连氢核的化学位移，这是烯烃氢核化学位移大的一种解释。但是，显然不能以此来解释为什么乙炔和苯环的氢核的化学位移分别为 2.88 和 7.2。

在外磁场的作用下，环电流所产生的感应磁力线具有闭合性质，在不同的部位其屏蔽效应是不同的。与外磁场反向的磁力线部位起屏蔽作用，与外磁场同向的磁力线部位起去屏蔽作用。因此处在屏蔽区的氢核，其化学位移在高场；处于去屏蔽区的氢核，其化学位移在低场。以苯环的磁各向异性效应为例，如图 15-9 所示。

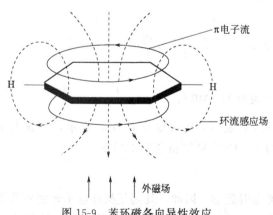

图 15-9　苯环磁各向异性效应

在外部磁场的作用下（苯环平面垂直于磁场），苯环中的 π 电子产生环流，环电流方向与 π 电子环流方向相反，根据右手螺旋法则，在苯环内产生了与外磁场对抗的感应磁场，构成屏蔽区。而在芳环的周围，感应磁场的方向与外加磁场相同，处于去屏蔽区，而与苯环相连的氢核恰处于该去屏蔽区；而在苯环平面的内部和上下的氢核则处在屏蔽区。这就解释了苯环上 6 个质子 δ 值很大的原因。

苯环屏蔽作用的各向异性还可以从以下几个实例说明。

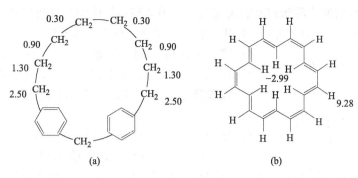

图 15-10 苯环屏蔽作用的各向异性效应实例

图 15-10(a) 中 1,8-对环番烷环上几个 CH_2 的质子的 δ 值各不相同。中间的 CH_2 处于两个苯环的屏蔽区，δ 值为 0.30，很接近 TMS 的 0.00，而当 CH_2 逐渐偏离屏蔽区时，其 δ 值逐渐增大。图 15-10(b) 中化合物 $C_{18}H_{18}$（十八轮烯）分子外面的 12 个氢的 $\delta=9.28$，分子内部的 6 个氢的，$\delta=-2.99$，说明分子中存在着磁各向异性效应。内部的 6 个氢的屏蔽作用超过了 TMS 氢的屏蔽作用，故 δ 值为负值。所以可以通过磁各向异性效应来验证非苯环状化合物的芳香性。

醛基质子在 $\delta 7.8\sim10.5$ 处出峰，也是由于羰基双键的磁各向异性效应，在醛基质子附近产生同向磁场，故在很低的磁场处出峰。

乙炔分子也是如此，当乙炔分子与外部磁场平行时，圆柱形的 π 电子流在乙炔质子附近产生屏蔽作用（见图 15-11），所以乙炔的氢的化学位移比乙烯的氢向高场移动（δ 值降低，为 2.88）。而 $C\!=\!C$ 双键与 $C\!=\!O$ 双键类似，双键碳原子上的氢处于去屏蔽区，故乙烯中的氢具有较高的化学位移值，也是磁各向异性所致。

除了含 π 键的分子，如苯、烯、炔、羰基等具有磁各向异性效应外，C—C 单键的 σ 电子也可产生磁各向异性效应，但很小。例如在环己烷中平伏键质子比竖立键质子 δ 约大 0.43，这就是因为平伏键质子在去屏蔽区，而竖立键质子在屏蔽区，因此平伏键质子的信号在较低磁场强度区出现。

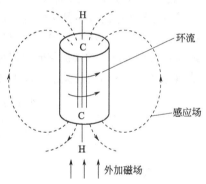

图 15-11 乙炔的磁各向异性效应

（3）范德华（Van der Waals）效应

当取代基非常接近共振核而进入其范德华力半径区时，取代原子将对质子外围的电子产生排斥作用，从而使核周围的电子云密度减少，质子的屏蔽效应显著下降，信号向低场移动，这种效应称为范德华效应。例如图 15-12 中的两个化合物中的右侧化合物由于 H^* 受到更强的范德华斥力，即 CH_3 的立体干扰引起的 H^* 核的去屏蔽作用，使 H^* 的化学位移大于 H^{**}。

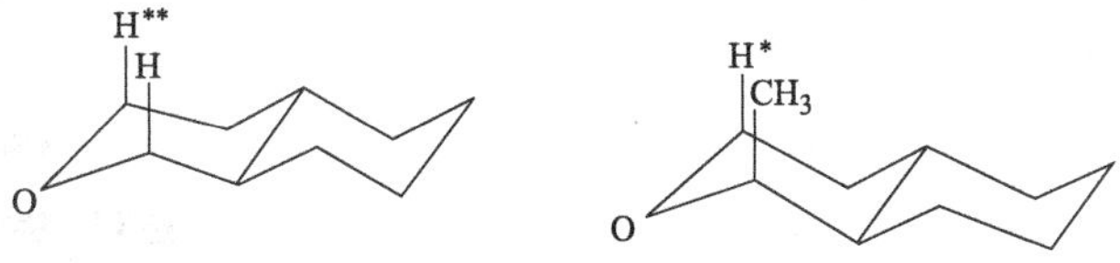

图 15-12 范德华效应

（4）氢键效应

氢键的形成能大大改变羟基或其它基团上氢核的化学位移。因为分子间氢键的多寡跟样品的浓度、溶剂的性质和纯度有密切关系，因此羟基的化学位移可以在一个很宽的范围内变化，一般说来，R—OH（R 为烷基）的化学位移范围在 0.5～5.5，而 Ar—OH（酚）的化学位移在 4.5-10 之间，烯醇（C＝C—OH）羟基的化学位移范围则在 10～15 之间。在核磁谱图上，羟基峰也比较宽。

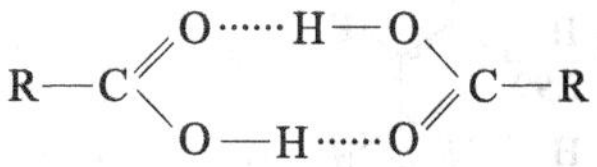

羧酸类化合物在溶液中还可以形成双分子氢键，如图 15-13 所示。

$$R-C \underset{O-H\cdots O}{\overset{O\cdots H-O}{\diagdown}} C-R$$

图 15-13　双分了氢键
（分子间氢键）

所以羧酸中—OH 的氢化学位移也在 9-13 之间。

分子内的氢键同样可以影响到羟基氢的化学位移。乙酰丙酮的烯醇异构体的羟基氢，由于形成分子内的氢键，它的化学位移 δ 是 15.4.

（5）溶剂的影响

同一种样品使用不同溶剂，化学位移值可能不同。这种因溶剂不同而引起化学位移值改变的效应称为溶剂效应。例如与碳相连的质子在四氯化碳、氘代氯仿中的化学位移变化不大，但若选用其它芳香性溶剂则有较大变化，如吡啶和苯能引起 0.5 的 δ 变化，对于 OH、SH、NH$_2$ 和 NH 等活泼氢来说，溶剂效应更为强烈。由溶剂对化学位移的影响可以帮助推断化合物的分子结构。

15.3.1.3　化学位移与分子结构的关系

化学位移是确定分子结构的一个重要信息，主要用于基团的鉴定。基团具有一定的特征性，处在同一类基团中的氢核其化学位移相似，因而其共振峰在一定的范围内出现，即各种基团的化学位移具有一定的特征性。例如—CH$_3$ 氢核的化学位移一般在 0.8～1.5，羧羟基氢在 9～13。自 1950 年代末高分辨核磁共振仪问世以来，人们测定了大量化合物的质子化学位移数值，建立了分子结构与化学位移的经验关系。表 15-5 给出了各种类型的氢核化学位移数据。

表 15-5　一些典型基团的化学位移值

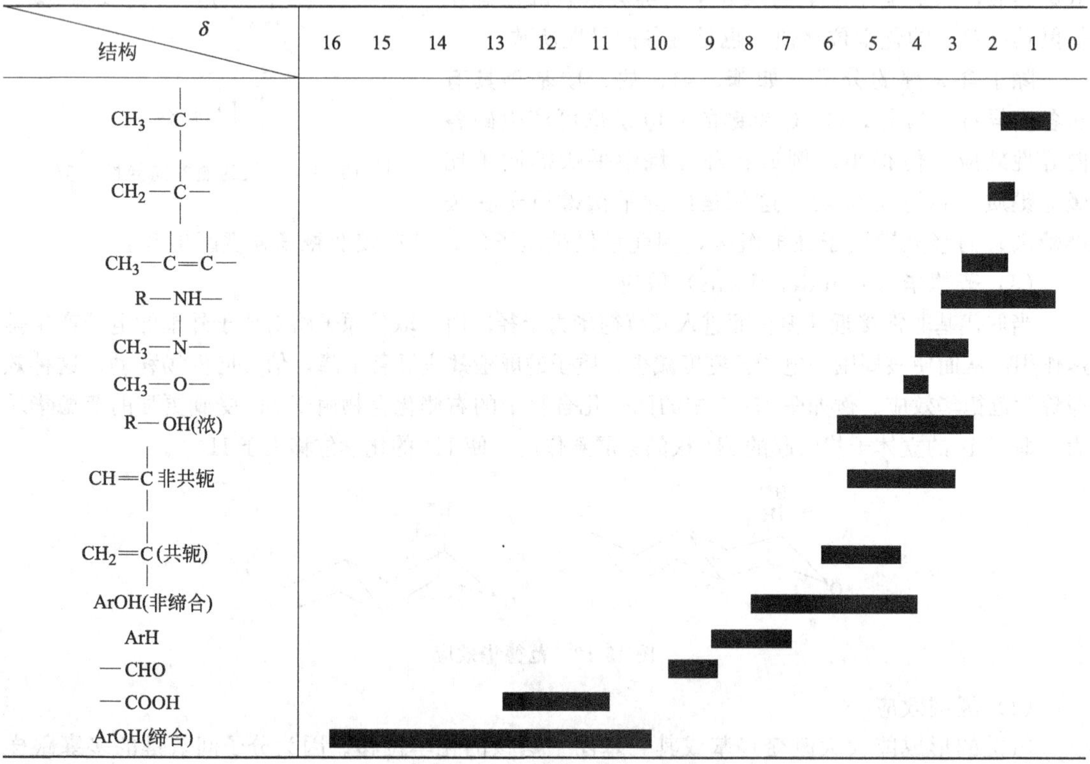

结构 \ δ	16	15	14	13	12	11	10	9	8	7	6	5	4	3	2	1	0
CH$_3$—C—															▮		
CH$_2$—C—															▮		
CH$_3$—C＝C—														▮▮			
R—NH—													▮▮▮				
CH$_3$—N—													▮				
CH$_3$—O—												▮					
R—OH(浓)											▮▮▮▮						
CH＝C 非共轭										▮▮▮							
CH$_2$＝C(共轭)									▮▮								
ArOH(非缔合)								▮▮▮									
ArH								▮▮									
—CHO							▮▮										
—COOH					▮▮▮												
ArOH(缔合)	▮▮▮▮▮▮▮																

由化学位移可以推断化合物的结构，首先可由谱图中有几个峰来决定化合物中有几种氢核；其次由各峰的积分曲线高度（代表相应的峰面积）来决定各种氢核的个数；最后则由各峰的化学位移值决定化合物的化学结构。

15.3.2 自旋-自旋偶合

在高分辨核磁共振实验中，所得到的共振信号大多是裂分谱线，这种裂分是磁性核之间自旋-自旋偶合干扰作用产生的结果。自旋偶合所引起的谱线增多现象称为自旋-自旋裂分。例如氯乙烷的谱图 15-14。根据上节的概念应只有两条 NMR 谱线，但实际上得到的是多重峰：甲基峰变成三重峰，亚甲基峰变成四重峰。

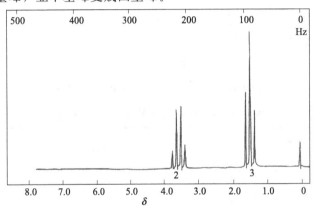

图 15-14　氯乙烷的 ^1H NMR 图谱

15.3.2.1 自旋偶合的原理

多重峰的出现是由于分子中相邻氢核互相的自旋偶合造成的，自旋偶合则是同一分子的磁性核间通过连接这些核的价电子相互传递自旋状态信息的过程，这是一种间接的偶极-偶极之间的相互作用。

质子有自旋，相当于一个小磁铁可以产生局部磁场（或叫自旋磁场）。在外磁场中氢核有两种取向，与外磁场同向的起加强外磁场的作用，与外磁场反向的起削弱外磁场的作用。

现以 1,1,2-三氯乙烷 $\left[\begin{smallmatrix} H_A & Cl \\ | & | \\ Cl—C—C—H_B \\ | & | \\ H_{A'} & Cl \end{smallmatrix} \right]$ 为例讨论，用高分辨核磁共振波谱仪得到的是两组多重峰，即以 $\delta = 3.95$ 为中心的二重峰和以 $\delta = 5.77$ 为中心的三重峰。三重峰的谱线间距与二重峰的谱线间距相等，都是 6Hz，如图 15-15 所示。

质子在外磁场中的两种取向比例接近 1，根据统计分布，—CH_2—两个质子的自旋取向可有表 15-6 所列的四种组合。

自旋组合的结果是产生三种不同的局部磁场，也就是说，H_B 质子实际受到相邻的 H_A、$H_{A'}$ 两个磁核自旋取向不同产生的组合的三种不同的磁场作用，因而呈现三重峰，第一种组合的情况使 CH_B 质子在低场出峰；在第二、三种情况，由于自旋相互抵消对外磁场没有作用，谱峰位置保持不变；第四种情况则使 CH_B 质子在高场出峰，这三个峰是对称分布的，其面积比为 1∶2∶1。

同样，H_A 和 $H_{A'}$ 质子也受到—C—H_B 质子的两种取向的作用，其取向和产生磁场的情况见表 15-7。结果 H_A 和 $H_{A'}$ 质子呈现二重峰，峰面积比为 1∶1。

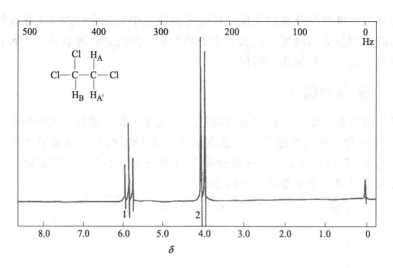

图 15-15　1,1,2-三氯乙烷的 ^{1}H NMR 图谱

表 15-6　—CH$_2$— 两质子的自旋取向组合

取向组合		氢核局部磁场	H$_B$ 实受磁场
H$_A$ 取向	H$_{A'}$ 取向		
↑	↑	$2H$	$H_0 + 2H$
↑	↓	0	H_0
↓	↑	0	H_0
↓	↓	$2H$	$H_0 - 2H$

表 15-7　—CH$_B$ 质子取向组合

—CH 质子取向	氢核局部磁场	H$_A$ 和 H$_{A'}$ 实受磁场
↑	H	$H_0 + H$
↓	$-H$	$H_0 - H$

　　偶合作用的大小由核之间的干扰及分子本身结构决定，与外加磁场无关。它与化学位移不同，化学位移随外加磁场不同而不同。

15.3.2.2　偶合常数

　　由自旋偶合产生的谱线间距叫偶合常数，用 J 表示，单位为 Hz。偶合常数是核自旋裂分强度的量度。它只是化合物分子结构的属性，只随氢核的环境不同而有不同的数值，一般不超过 20Hz。

　　由于偶合是通过价电子完成的间接传递，因此偶合的传递程度是有限的。在饱和烃化合物中，自旋偶合效应一般只能传递到第三个单键，超过三个单键，偶合作用趋近于零。当质子间有不饱和系统存在时，长范围偶合作用可能被加强，往往在四个键以上也能观察到偶合现象，如在 H—C—C≡C—C—H 中，测得的五键偶合常数约为 3Hz。在有些立体结构化合物中也有三个键以上的偶合。

　　偶合常数一般分为三类：即同碳偶合常数，H—C—H，用 ^2J 表示；邻碳偶合常数，即相邻碳上质子的偶合常数，H—C—C—H，用 ^3J 表示；以及远程偶合常数。邻碳偶合在质子核磁共振中遇到的最多，两个碳原子都是 sp^3 杂化轨道时，^3J 较小，一般为 0～16Hz；

两个碳原子都是 sp^2 轨道时，^3J 一般为 $12\sim18$Hz，有时可达 25Hz。顺式乙烯基的质子的 ^3J 比反式的小，一般为 $6\sim12$Hz，乙炔的 ^3J 为 9.1Hz。在饱和烃中，^3J 与 $\cos^2\varphi$ 成正比，φ 是 H—C—C—H 键的双面夹角，如图 15-16 所示。

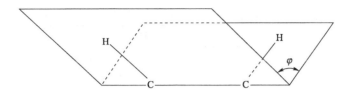

图 15-16　H—C—C—H 键的取向夹角

1959 年 Karplus 利用价键的计算确定了 ^3J 和 H—C—C—H 的二面角 φ 之间的数学关系。

$$^3J=\begin{cases}A\cos^2\varphi+C & (\varphi=0\sim90°)\\ A'\cos\varphi+C & (\varphi=90\sim180°)\end{cases}$$
$$A=8.5 \qquad A'=9.5 \qquad C=0.28 \tag{15-17}$$

这个简单的关系式在立体化学研究中是极其方便和有用的。邻碳偶合常数也与 H—C—C 夹角有关，H—C—C 夹角越大，^3J 越小。

邻碳偶合常数还与相邻元素的电负性有关，取代基—X 的电负性越大，CH—CH—X，^3J 越小。

超过三个键以上的偶合作用叫做远程偶合，远程偶合常数比较小，很少大于 1Hz，往往在常规操作时不易看出其裂分，但却有谱线加宽现象，故仍可由峰宽度来推断有无远程偶合。

在芳环中由于有大 π 键，核之间的相互偶合作用要比其它化合物强，芳香氢的偶合一般包括邻位、间位、对位偶合，其偶合常数一般邻位 $^3J=9\sim10$，间位 $^4J=2\sim3$Hz，对位 $^5J<$ 1Hz。表 15-8 给出一些常见的氢核的偶合常数。

15.3.2.3　自旋偶合分类

谱线裂距的大小是偶合强弱的度量之一。谱线裂距的宽度在偶合作用很弱时即为偶合常数（J），但在偶合作用较强时，偶合常数便不能直接从裂分宽度测得。偶合的强弱还与两相互作用的核之间化学位移的差值 $\Delta\delta$ 有关。实际上，关于偶合的强弱并无明确的界限。通常在 $\Delta\delta$ 与 J 皆以频率（Hz）为单位时，规定 $\Delta\delta/J>6$ 为弱偶合，$\Delta\delta/J<6$ 为强偶合。前者是一级类型谱，后者则是高级类型谱。

在自旋体系中，各个核的性质可有下列几种情况：

① 化学等价核，即化学全同的核。是指在一个自旋体系中，若有一组核具有相同的化学环境，感受到同样的屏蔽作用，其化学位移完全相同，这组核就称为化学等价核。

② 磁等价核。一组化学全同的核，若它们与组外任一核的偶合常数都相同时，则这组核就称为磁等价的核。以邻二氯苯为例：

表 15-8　常见氢核的偶合常数表

结构类型	J(Hz)	结构类型	J(Hz)
H—H	280	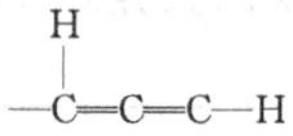 C=C—C—H	5~6
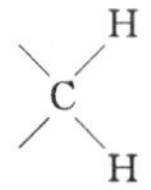 同碳 CH_2	>20	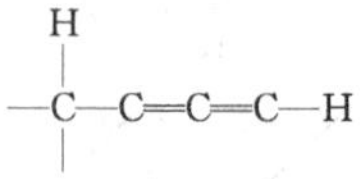 H—C—C=C—C—H	2~3
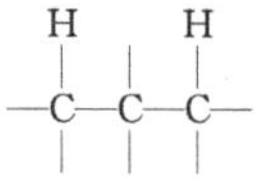 H—C—C—H	0~7	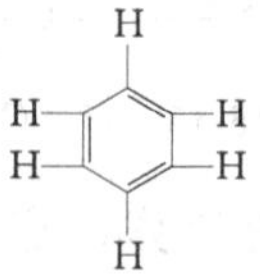 苯环　间位	2~3
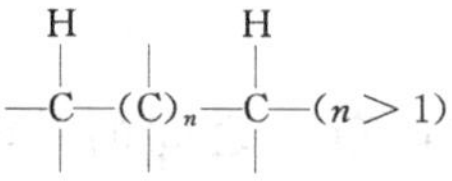 H—C—(C)$_n$—C—H　($n>1$)	0	对位	0.5~1
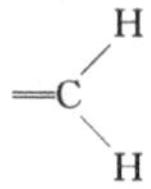 =CH$_2$	1~3.5	邻位	7~10
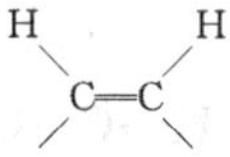 C=C（顺式）	6~14	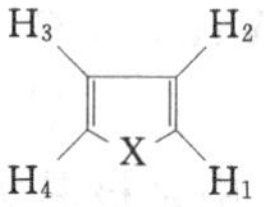 五元环　X=O　H_1~H_2	1~2
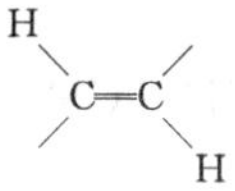 C=C（反式）	11~18	X=N　H_1~H_2	2~3
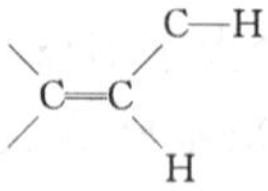 C=C—C—H	4~10	X=S　H_1=H_2	5.5
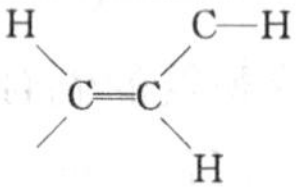 C=C—C—H	0.5~3.0	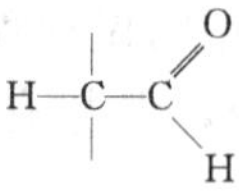 H—C—C(=O)—H	1~3
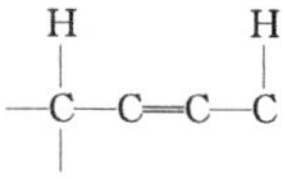 H—C—C=C—C	0~1.6	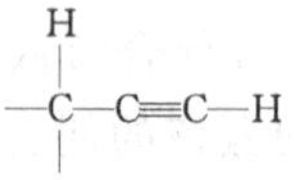 H—C≡C	2~4
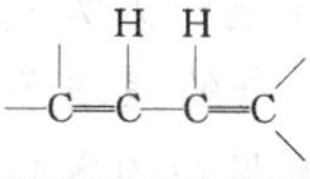 C=C—C=C（共轭二烯）	10~13	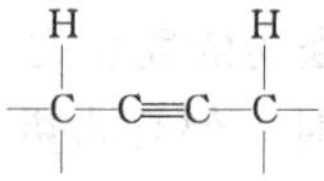 H—C—C≡C—C	2~3

图中 H_1 和 H_4、H_2 和 H_3 显然为两组化学等价的核，比较 H_1、H_4 与另一任意核 H_2 的偶合关系，可以看出 H_1 与 H_2 为邻位偶合关系，H_4 与 H_2 为间位偶合关系，故 H_1、H_4 不是磁等价的核，同样，H_2 和 H_3 也不是磁等价的核。

磁等价的一组核若无三个化学键（含三个化学键）以外的其它磁核偶合干扰，则这组核称之为磁全同核。如 CH_3—CH_3 中的 6 个 [1]H 核磁等价，但磁不全同，因对任一 [1]H 核来说，$^2J \neq ^3J$；CH_3—CCl_2—CH_3 中的 6 个 [1]H 核是既磁等价又磁全同，因为 ^{12}C 和 ^{35}Cl 都是非磁核，且每个 [1]H 核感受到的偶合作用的偶合常数都是 ^2J。

需要特别指出的是，在讨论自旋偶合各种类型时，化学位移差值 $\Delta\delta$ 和偶合常 J 都必须以频率为单位。

15.3.2.4　一级类型谱的自旋偶合 ($n+1$) 规律

自旋-自旋裂分现象对于结构分析非常有用，它可鉴定分子中的基团及其排列次序。可以通过自旋-自旋裂分直接对谱图进行解析的自旋偶合称为一级类型的自旋偶合，它产生的谱称为一级类型谱。满足一级类型谱的条件有两个：第一，$\Delta\delta/J \geqslant 6$，即相互偶合的质子的化学位移差 $\Delta\delta$ 至少是偶合常数的 6 倍；第二，某一组质子中各质子必须化学等价和磁等价，与它偶合的另一组核中所有的质子也是如此，因此这一组质子中的各质子与另一组质子中的所有质子的偶合是相同的。

一级谱图的规律如下：

(1) 磁全同质子间尽管有偶合，但没有裂分现象，其信号为单峰。

(2) 相邻质子相互偶合产生多重峰，其多重峰数目等于相邻偶合质子的数目 n 加一，通常称为 $n+1$ 规律。

(3) 峰组内各峰的相对强度比，可用二项式 $(a+b)^n$ 的展开式系数表示。n 是相邻偶合质子数目。相邻的质子数为 1 时，裂分为双峰，相对强度比为 $(a+b)=a+b$ 中二项系数比，即 1∶1。质子数为 2 时，为三重峰，相对强度比为 $(a+b)^2=a^2+2ab+b^2$ 中展开式系数比，即 1∶2∶1。依此类推，详见表 15-9。

表 15-9 $(n+1)$ 规律，多重线相对强度之比

$n=0$	1	单线
1	1　1	二重线
2	1　2　1	三重线
3	1　3　3　1	四重线
4	1　4　6　4　1	五重线
5	1　5　10　10　5　1	六重线
6	1　6　15　20　15　6　1	七重线

(4) 这一组多重峰的中心为化学位移，峰大体左右对称，各峰的间距都相等，等于偶合常数 J，因此可直接由谱图上得出化学位移和偶合常数这两个数值。

例如氯乙烷的核磁共振谱（见图 15-14），用 $(n+1)$ 规律分析，CH_3CH_2Cl 应当有两组氢，一为 CH_3 中的 H，它邻近有两个氢与之偶合，所以应该是三重峰，相对强度为 1∶2∶1，另一组为 CH_2 中的 H，它邻近有三个氢与之偶合，所以应该是四重峰，相对强度比为 1∶3∶3∶1。再如 $CHCl_2CH_2Cl$ 的 NMR 谱（见图 15-17），—CH—部分为三重峰，各峰相对强度比为 1∶2∶1，其中心 5.80 处为 CH 的化学位移；—CH_2—部分为双峰，二谱线强度几乎相等，其中心 3.96 处为—CH_2—的化学位移，各裂分峰间距为 6.5Hz，即 $J=6.5$。由积分曲线可看出两组峰的相对强度比为 1∶2。

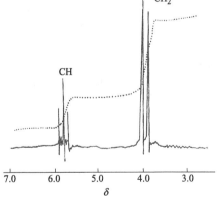

图 15-17　$CHCl_2CH_2Cl$ 的
^1H NMR 谱（TMS 内标）

15.3.2.5　高级谱图

当偶合核之间的化学位移差 $\Delta\delta$ 与偶合常数 J 之比小于 6 时，偶合作用相当大，得到的是强偶合的高级类型谱，称高级谱图。由于较强的偶合作用会造成跃迁能级混合，从而引起

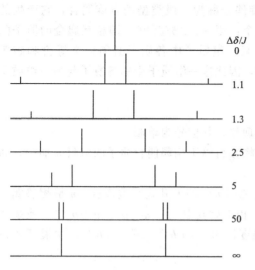

图 15-18   Δδ/J 对 NMR 谱图的变化

谱线位置与强度的变化，故表现为复杂的光谱。此时谱线裂分的数目不符合（$n+1$）规律，峰的相对强度也不再符合二项式展开式的各项系数，多重峰的中心位置不等于化学位移值，谱线的裂距也不再等于偶合常数。这时，无法直接从谱上读取化学位移和偶合常数这两个参数，必须通过复杂解析才能得到。谱图的解析是件很复杂的工作，严格求解时需用到量子力学的能级理论和波函数概念，并涉及数学方面的许多知识，这里不做介绍。一级类型光谱只是高级类型光谱的特殊形式，图 15-18 示出 Δδ/J 变化时 NMR 谱图的变化情况。

当 Δδ/J →∞ 时，即 H_a 和 H_b 相隔无限远时，彼此互不偶合，谱图中只表现为 H_a 和 H_b 的两条独立的谱线；当 Δδ/J＝50 时，为一级谱图，符合（$n+1$）规律，峰的相对强度比为 1∶1；当 Δδ/J＝5 时，偏离一级近似，谱线开始变得复杂，内侧峰的强度增加，外侧峰的强度变弱。当 Δδ/J 不断减小时，内侧峰强度不断增加，外侧峰强度不断减小。当 Δδ/J＝0 时，H_a 和 H_b 的两个内侧峰重叠为一，两个外侧峰消失，这实际上是两个化学位移相等的质子的情况。

需要指出的是，当使用高磁场仪器测量时，常可使不符合（$n+1$）规律的复杂图形变为简单的符合（$n+1$）规律的图形。这是因为在高磁场谱仪中，化学位移差值（以频率为单位）会加大，而偶合常数 J 值则维持不变，这相当于增大了 Δδ/J 的比值。例如本来在 60MHz 谱仪上属于高级谱图的丙烯腈[1]H NMR 谱；在 220MHz 波谱仪上测量时，谱图可以用"一级谱图"予以解析，如图 15-19 所示。

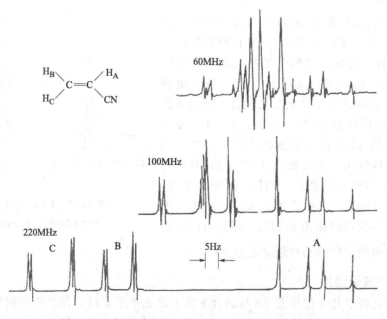

图 15-19   仪器磁场强度的增加时高级谱变为一级谱

15.4 谱图解析

采用氢核磁共振谱确定化合物的结构时，一般要求纯化合物的一级谱图。在解析核磁共振谱之前，应尽量获取被分析样品的有关知识和实验结果，例如，化合物的来源或它的合成方法；化合物元素分析的结果；由有机质谱或其它方法求得的摩尔质量，以及由红外光谱或紫外光谱所得到的某些结构特征的信息，所有这些信息和数据对于谱图解析都大有帮助。

15.4.1 解析谱图的一般步骤（^{1}H NMR 谱）

一般来说，从一张理想的核磁共振谱图能够得到很多很重要的结构信息，以下三个方面的信息是最重要的：

（1）根据峰的位置，即化学位移，以确定该峰属于什么基团上的氢。这要用到化学位移的知识。从吸收峰的范围和数目，可以了解在不同化学环境的氢核基团的数目。

（2）根据峰的大小（峰面积或峰高度），可确定各基团之间含氢核的数目比。

（3）根据峰的形状，即偶合裂分峰数、偶合常数、峰的宽窄等，确定基团和基团之间的链接关系，并由这些峰数和形状的变化了解核的环境。这一步比较复杂，涉及到 $(n+1)$ 规律、高级谱知识等。

解析谱图的结果应满足以下关系：

① 不同化学环境的核群数目应当等于共振峰的数目；

② 不同环境的核的相对数应当等于各共振峰的相对面积；

③ 一种基团与邻近基团的关系应当符合各对应共振峰的精细结构。

15.4.2 谱图解析的辅助手段

解析谱图有时会遇到比较复杂的情况，这时，可借助下列的方法使谱图简化而易于分析。

15.4.2.1 利用溶剂效应

溶剂的磁化率、溶剂分子的各向异性以及溶剂和溶质之间的作用力（范德华力、氢键等）都会影响溶质的谱形，实际工作中可以利用这种效应。苯、吡啶等这些芳香溶剂，由于具有高度的磁各向异性，因而可增大化学位移的差别，使原来太靠近或重叠的峰分开，这样可达到易于解析的目的。图 15-20 就是利用吡啶作溶剂分开甾族化合物中几个甲基峰的例子。

15.4.2.2 去偶法（双照射法）

这种方法可以使谱图解析大为简化，并能进一步了解结构上的许多信息。对于产生自旋偶合的 H_A 与 H_X，如果以第二个射频照射 H_A，其频率恰等于 ν_A，而再观察 H 核的波谱，由于 H_A 核自旋磁场因 ν_A 照射高速来回翻转，致使 H_A 相当于非磁核，从而使 H_X 核的波谱变成单峰，与 H_A 因偶合而产生的裂分现象消失，这种方法称为自旋去偶方法（如图 15-21），又称双照射法。

自旋去偶对分析复杂的谱图很有帮助，图 15-22 是化合物甘露糖三醋酸酯的结构，它的核磁共振谱见图 15-23(a)，有很多复杂的裂分不易解释。

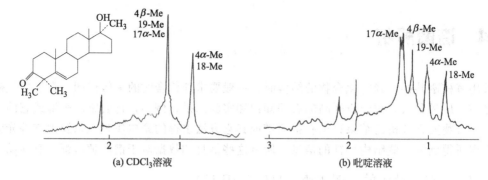

图 15-20　溶剂效应

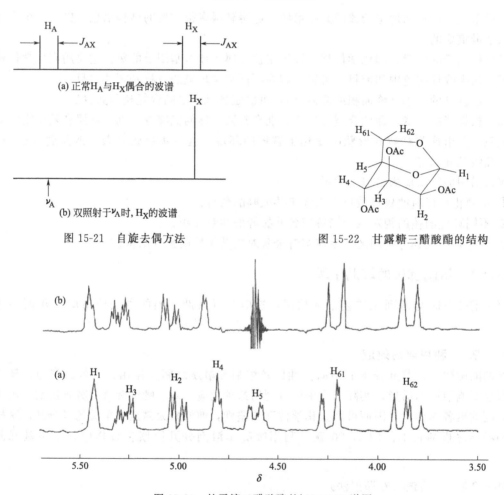

图 15-21　自旋去偶方法　　　　图 15-22　甘露糖三醋酸酯的结构

图 15-23　甘露糖三醋酸酯的¹H NMR 谱图

从结构来看，H_1 的化学位移应在最左方，δ 为 5.4，两个 H_6 应在最右方，其它氢不容易从谱图确定。若用射频照射 δ 为 4.6 区域，得到图 15-23（b）的谱，H_6 区域（δ：3.75 至 4.25）从八峰变为四重峰，可见受到照射的峰（δ：4.6）是 H_5，从图 15-23 中还可看到 δ 为 4.8 的峰从三重峰变为二重峰，这说明 δ 为 4.8 的峰由 H_4 产生。可见当用一固定频率照射 H_5 时（这一频率恰好是 H_5 的共振频率），原来受到的 H_5 偶合的邻位质子 H_4 和 H_6 均因去偶作用而使得谱线简化了。如果用同样的方法照射其它峰，就可将整个波谱解释清楚。

15.4.2.3 核的奥沃豪森效应 (NOE)

在一个分子中，当两个氢核在空间靠近时即使两核之间没有偶合，对某一核进行辐照使之达到饱和，则可使与其相邻但并不存在偶合作用的另一核共振信号加强，这就是核的奥沃豪森（简称 NOE）效应。显然 NOE 也属于一种双照射，其特点在于利用这种现象可以找出互不偶合而空间距离邻近的两个核的关系。例如：

显然（Ⅰ）中甲基质子和 H_a 间存在 NOE 效应，（Ⅱ）中不存在，因此当对甲基质子进行双照射时，若谱图上 H_a 的信号增强，则必为（Ⅰ）化合物，若 H_a 的信号不变，则为（Ⅱ）化合物。由此可对顺、反异构体进行判断。

15.4.2.4 位移试剂

很多含有过渡金属的配合物，在加入含试样的溶液中时，往往会引起试样的核磁共振谱中吸收峰的化学位移发生变化。使样品质子的信号发生位移的试剂叫做化学位移试剂。常用的是 Eu^{3+} 或 Pr^{3+} 的配合物，如 $Eu(DPM)_3$、$Eu(FOD)_3$ 和 $Pr(DPM)_3$ 等，其一般表示式为 $M(DPM)_3$。

$Eu(DPM)_3$ 和 $Pr(DPM)_3$ 都能与含有 NH_2、OH、$C=O$、$—O—$、$COOR$、$C\equiv N$ 的化合物生成配合物。在这种配合物中各种质子与 Eu（或 Pr）的立体关系各不相同，因此受到的影响也不一样，结果使信号发生不同程度的位移。化学位移试剂具有能把各种质子信号分开的功能，这对于解析复杂谱图很有用处。通常 Eu 试剂会把化学位移向左移，而 Pr 试剂向右移。

Eu^{3+} 含有孤对电子，呈顺磁性，当与试样生成配合物时，Eu^{3+} 孤对电子的磁场强烈地改变了试样的化学位移，而且与配位键越近的氢核改变得越多：

$$\Delta=\frac{K(3\cos^2\theta-1)}{r^3}\,\text{或}\propto\frac{1}{r^3} \tag{15-18}$$

式中，r 为氢核距 Eu^{3+} 的距离，θ 为角度，K 为常数，Δ 为化学位移的改变值。

以正己醇为例，正己醇中的 CH_2 通常都具有相近的化学位移，因而是重叠在一起的，如图 15-24。但在正己醇中加入 $Eu(DPM)_3$ 后，形成了的配合物，这样四个 CH_2 可分为四组峰，如图 15-25。

正己醇中各个 CH_2 的 δ 增值与加入的 $Eu(DPM)_3$ 的浓度成正比；而 Δ 的增加与距离 r 成反比，所以越接近 OH 的亚甲基，Δ 越大。

又如苯甲醇的 CCl_4 溶液中加入 0.13 mol 的 $Eu(DPM)_3$ 后，苯环上邻、间和对位氢核吸收峰由加入前的一个峰分离为三个峰，相对强度为 $2:2:1$，δ 值增加了许多，见图 15-26。可以看出在剖析结构时，位移试剂可使谱展开，有利于判断。化学位移变化的大小取决于中心离子与某取代基的距离，这在立体化学方面的应用是十分普遍的。

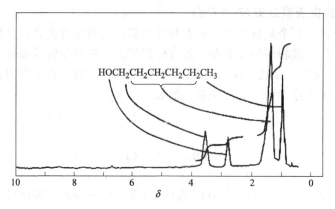

图 15-24　正己醇的^{1}H NMR 谱图

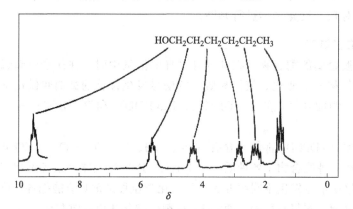

图 15-25　正己醇的^{1}H NMR 谱图〔含有 0.1mol 的 Eu(DPM)$_3$〕

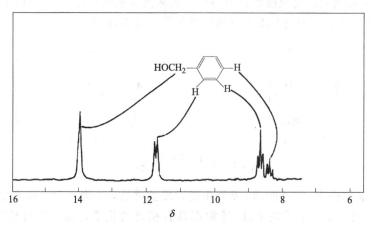

图 15-26　苯甲醇的^{1}H NMR 谱图〔含有 0.13mol 的 Eu(DPM)$_3$〕

15.4.3　谱图解析举例

前已述及，从一张核磁共振谱图上可以获得三方面的信息，即化学位移、偶合裂分和积分线。下面举例说明如何用这些信息来解析谱图。

【例 15-1】　已知　核磁共振谱如图 15-27 所示。试解释各个吸收峰

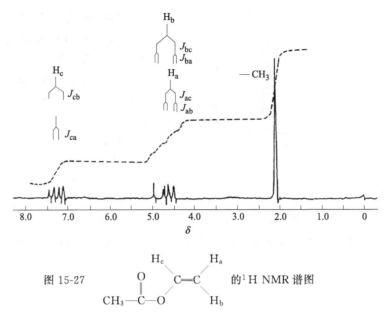

图 15-27

$$CH_3 - \overset{\overset{\displaystyle O}{\|}}{C} - O - \overset{H_c}{\underset{H_b}{C}} = \overset{H_a}{C} \quad 的 ^1H \; NMR \; 谱图$$

解：根据化学位移规律，在 $\delta = 2.1$ 处的单峰应属于—CH_3 的质子峰；$=CH_2$ 中的 H_a 和 H_b 在 δ 为 4～5 处，其中 H_a 应在 $\delta = 4.43$ 处，H_b 应在 $\delta = 4.74$ 处；而 H_c 因受吸电子基团—COO 的影响，显著移向低场。其质子峰组在 $\delta = 7.0 \sim 7.4$ 处。

从裂分情况看，由于 H_a 和 H_b 化学不等价而发生裂分。H_a 受 H_c 的偶合作用裂分为二重峰（$J_{ac} = 6Hz$）；此两重峰再受 H_b 的偶合，每个峰又裂分为二重峰（$J_{ab} = 1Hz$）；因此 H_a 是两个二重峰。

H_b 受 H_c 的作用裂分为二重峰（$J_{bc} = 14Hz$）；此两重峰再受 H_b 的偶合，每个峰又裂分为二重峰（$J_{ab} = 1Hz$）；因此 H_b 也是两个二重峰。

H_c 受 H_b 的作用裂分为二重峰（$J_{cb} = 14Hz$）；此两重峰再受 H_a 的偶合，每个峰又裂分为二重峰（$J_{ca} = 6Hz$）；因此 H_c 也是两个二重峰。

从积分高度来看，三组质子数符合 1∶2∶3，因此谱图的解释合理。

【例 15-2】 图 15-28 是化合物 $C_5H_{10}O_2$ 的核磁共振谱，试根据此谱图鉴定它是什么化合物。

解：根据积分线，自左到右峰的相对面积为 6.1∶4.2∶4.2∶6.2，这表明 10 个质子的分布为：3、2、2 和 3。

在 $\delta = 3.6$ 处的单峰是一个孤立的甲基。查阅化学位移表有可能是 CH_3O—CO—基团。根据经验式和其余质子的

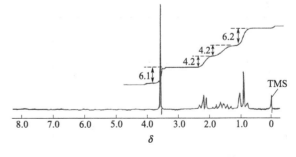

图 15-28　$C_5H_{10}O_2$ 的 ^1H NMR 谱

2∶2∶3 的分布情况，表明分子中可能有一个正丙基。结构式可能为 CH_3O—CO—$CH_2CH_2CH_3$（丁酸甲酯）。

其余三组峰的位置和分裂情况是：$\delta = 0.9$ 处的三重峰是典型的同一—CH_2—基相邻的甲基峰，由化学位移数据 $\delta = 2.2$ 处的三重峰是同羧基相邻的 CH_2 基的两个质子，另一个 CH_2 基在 $\delta = 1.7$ 处产生 12 个峰，这是由于受两边的 CH_2 及 CH_3 的偶合分裂所致 $[(3+1) \times (2+1) = 12]$，但是在图中只观察到 6 个峰，这是由于仪器分辨率还不够高的缘故。

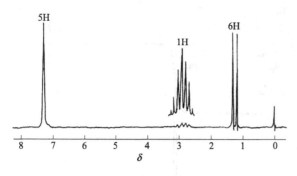

图 15-29 未知物的 ^1H NMR 谱图

【例 15-3】 图 15-29 是一种无色的、只含碳和氢的化合物的核磁共振谱图，试鉴定此化合物。

解：从左至右出现单峰、7 重峰和双重峰。$\delta = 7.2$ 处的单峰表明有一个苯环结构。这个峰的相对面积相当于 5 个质子。因此可推测此化合物是苯的单取代衍生物。在 $\delta = 2.9$ 处出现单一质子的 7 个峰和在 $\delta = 1.25$ 处出现 6 个质子的双重峰，只能解释为结构中有异丙基存在。

这是由于异丙基的两个甲基中的 6 个质子是磁等价的。苯环质子以单峰出现表明异丙基对苯环的诱导效应很小，不致使苯环质子发生裂分，据此推断该化合物为异丙苯：

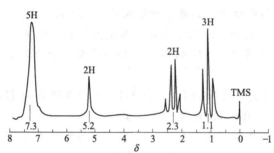

【例 15-4】 某化合物 $C_{10}H_{12}O_2$，根据如下 ^1H NMR 谱图（图 15-30）推断其结构，并说明依据。

![图 15-30]

图 15-30 未知物的 ^1H NMR 谱图

解：

<table>
<tr><td>不饱和度</td><td colspan="5">$\Omega = 1 + 10 + 1/2(0-12) = 5$</td><td colspan="2">可能含有苯环(4)和 C═O，C═C 或环(1)</td></tr>
<tr><td rowspan="5">谱峰归属</td><td>峰号</td><td>δ</td><td>积分</td><td>裂分峰数</td><td>归属</td><td colspan="2">推断</td></tr>
<tr><td>(a)</td><td>1.1</td><td>3H</td><td>三重峰</td><td>CH₃</td><td colspan="2">3 个氢，CH₃ 峰，裂分峰为三重峰，与 CH₂(b)相邻 CH₂—CH₃*。(a)和(b)两组偶合峰的峰形(三重峰-四重峰)为乙基特征</td></tr>
<tr><td>(b)</td><td>2.3</td><td>2H</td><td>四重峰</td><td>CH₃</td><td colspan="2">2 个氢，CH₂ 峰，裂分峰为四重峰，与 CH₃ 和电负性基团相邻 X—CH₂*—CH₃，电负性基团可能是—C═O 或—O</td></tr>
<tr><td>(c)</td><td>5.2</td><td>2H</td><td>单峰</td><td>CH₂</td><td colspan="2">2 个氢，CH₂ 峰，单峰不与其它偶合，低场共振连有多个电负性基团，可能连—Ar、—C═O 或—O—</td></tr>
<tr><td>(d)</td><td>7.3</td><td>5H</td><td>单峰</td><td>ArH</td><td colspan="2">苯环上氢峰，积分 5H，苯环单取代，单峰为烷基单取代峰形</td></tr>
<tr><td>可能结构</td><td colspan="7">(d) (c) O (b) (a)
苯—CH₂—O—C—CH₂—CH₃   苯—CH₂—C—O—CH₂—CH₃
(A)   (B)</td></tr>
</table>

确定结构	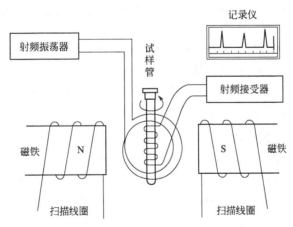	（A）结构：（c）质子 Ar—CH_2—O 化学位移查表 $\delta = 4.34 \sim 5.34$；（b）质子 C—CH_2—C=O 化学位移查表 $\delta = 2.07 \sim 2.42$ （B）结构：（c）质子 Ar—CH_2—C=O 化学位移查表 $\delta = 3.45 \sim 3.97$；（b）质子 C—CH_2—O 化学位移查表 $\delta = 3.36 \sim 4.48$ 本例中（c）质子化学位移 $\delta = 5.2$，（b）质子化学位移 $\delta = 2.3$，故结构为（A）
结构验证	其不饱和度与计算结果相符，并与标准谱图对照证明结构正确。	

15.5 核磁共振谱仪与核磁共振实验

15.5.1 核磁共振谱仪

按照不同的标准，核磁共振谱仪有几种分类方法。根据核磁共振实验中射频场施加的方式，可以把谱仪分为连续波核磁共振仪和脉冲核磁共振仪；根据产生磁场的设备，可把谱仪分为电磁铁的、永磁铁的和超导磁体的三类；根据核磁共振谱仪的研究对象分类，又可分为高分辨核磁共振仪、宽线核磁共振仪。其中高分辨核磁共振仪适合研究液体样品，可得到很窄的谱线，它主要用于有机物的分析，这种仪器是核磁共振谱仪中数量最多的一种。随着核磁共振技术的发展，近年出现了一种固体高分辨核磁共振谱仪，它利用机械方法或射频脉冲方法消除固体样品中很强的磁偶极相互作用，使谱线变窄得到同样的高分辨谱图。下面主要介绍高分辨核磁共振谱仪的结构、性能和实验方法。

15.5.1.1 高分辨核磁共振谱仪的基本结构
通常核磁共振波谱仪由五部分组成（见图 15-31）

图 15-31 核磁共振波谱仪示意图

① 磁铁 提供高度均匀和稳定的磁场，通电时电磁铁要发热，须用水来冷却，使它保持在 $20 \sim 35℃$ 的范围内，但温度变化每小时不得超过 $0.1℃$。试样管放入磁铁两极间的探头中。

② 扫描发生器 沿着外磁场的方向绕上扫描线图，它可以在小范围内精确地、连续地调节外加磁感应强度进行扫描，扫描速率不可太快，每分钟 $0.3 \sim 1T$。

③ 射频接收器和检测器　沿着试样管轴的方向绕上接收线圈，通过射频接收线圈接受共振信号，经放大记录下来，纵坐标是共振峰的强度，横坐标是磁感应强度（或共振频率）。

④ 射频振荡器　在试样管外与扫描线圈和接受线圈相垂直的方向上绕上射频发射线圈，它可以发射频率与磁感应强度相适应的无线电波。若能测定多核的波谱仪，还可以发射多种射频。射频振荡线圈与扫描线圈及射频接收线圈三者互相垂直，互不干扰。

⑤ 试样支架　装在磁铁间的一个探头上，支架连同试样管用压缩空气使之旋转，目的是为了提高作用于其上的磁场的均匀性。一般仪器还带有一种可变温度的试样支架，可在不同的温度下测定试样。

连续波核磁共振仪是将射频场连续不断地加到样品上。根据共振条件 $\omega = \gamma H$，可以固定磁场连续改变辐射电磁波的频率，也可以固定频率连续改变磁场。前者称为扫频法，后者称为扫场法。

高稳定度的射频频率和功率是组成高分辨谱仪必不可少的条件，连续波仪器的辐射源频率是由射频与音频合成的，两个频率同时辐射到样品上，这种方式称作调制，调制的结果产生一系列谐波，每个谐波内包含有共振信号，接收到的信号再经一系列检波、放大最后显示在示波器或记录下来，即得到核磁共振谱。连续波仪器灵敏度较低，一般只用于共振信号较强的 ^1H 核和 ^{19}F 核。

脉冲磁共振仪是七十年代开始出现的新型仪器，在该仪器中样品受到短而强的射频脉冲辐射，射频脉冲包含着一系列的谐波分量，谐波的频率范围及各谐波分量的强度取决于脉冲间隔及脉冲宽度，调节脉冲宽度和脉冲间隔使谐波分布包括整个共振区，这样射频脉冲就相当于一个多波道发射机，核的共振谱线瞬时全都被激发，由此可获得各个对应的自由感应衰减信号（FID）的叠加信息，它是时间域的函数，通常的核磁共振谱是频率域函数，这两种函数可由计算机经过傅立叶变换互相转换，最后得到的仍是普通的核磁共振谱。脉冲傅立叶变换仪器所使用的磁铁与连续波谱仪相同，主要差别在谱仪部分。

脉冲傅立叶变换仪每发射一次脉冲即相当于连续波的一次测量，因而每次测量时间大大缩短，便于作多次累加。同时配备计算机，可以测定二维核磁共振波谱（2D-NMR）、三维核磁共振波谱（3D-NMR）。由于这种谱仪的问世，核磁共振测量的核从 ^1H、^{19}F 扩展到 ^{13}C、^{15}N 等核，扩大了核磁共振测量范围。

15.5.1.2　谱仪的主要性能指标

核磁共振仪的主要性能指标有三项：分辨率、灵敏度和稳定性。

分辨率是仪器所能分辨的峰与峰之间的最小间距，它是衡量仪器质量的主要指标。分辨率越高，谱线越窄，能被分开的两峰间距就越小。常用测量仪器分辨率指标的标准样品是20％乙醛的四氯化碳溶液或10％邻二氯苯的氘代丙酮溶液。

灵敏度的高低表示仪器检出弱信号能力的大小，它用样品的信噪比 S/N 表示（见图15-32），通用的标准样品是1％乙基苯的四氯化碳溶液，它的—CH_2—基团也是四重峰，四重峰中最高峰的高度为 h_S，信号峰附近基线噪声的峰值为 h_N，则灵敏度为：

$$S/N = \frac{h_S \times 2.5}{h_N} \tag{15-19}$$

（根据统计数学计算平均噪声＝$h_N/2.5$）。

简易型仪器的灵敏度约为 20～30，研究型仪器约在 50 以上。

稳定性没有统一指标。一般用信号的漂移来衡量仪器的稳定性。短期稳定性信号漂移要小于 $0.2\,Hz \cdot h^{-1}$，长期稳定性漂移则应小于 $0.6\,Hz \cdot h^{-1}$。仪器的稳定性也是一个很重要的性能。

15.5.2 核磁共振实验

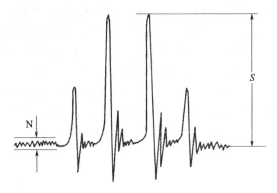

图 15-32　信噪比 S/N 表示灵敏度

用核磁共振方法测定化合物的结构，要求这个化合物有较高的纯度，一般都要经过蒸馏及色谱方法提纯后方可测试。样品的用量和仪器性能关系密切，对 ^1H 谱而言，灵敏度高的仪器需要 1～2mg，较差的仪器则要 10～30mg。高分辨核磁共振仪要求配制成溶液进行测试，固体样品要溶解在有机溶剂中。

15.5.2.1 溶剂与参考物质的选择

核磁共振实验中选择适当的溶剂是很重要的，一个优良的溶剂应满足以下要求：①溶剂分子是化学惰性的，它与样品分子间没有或很少有相互作用；②溶剂分子最好是磁各向同性的，它不会影响样品分子的磁屏蔽；③溶剂分子不含被测定的核，或者它的共振信号不干扰样品的测试信号。常用的有机溶剂除四氯化碳外，大多含有氢核，为避免溶剂峰的干扰，使用氘代溶剂，即用氘置换掉溶剂中的氢。常用的氘代溶剂有氘代氯仿（$CDCl_3$）、氘代丙酮（CD_3COCD_3）、氘代苯（C_6D_6）及重水（D_2O）等。

在每张测试的谱图上都必须提供一个参考峰，样品信号的化学位移以此峰为标准。提供参考峰的物质称为参考物质，它可以直接加入样品称为内标，也可置于放在样品管中的毛细管内，称为外标。四甲基硅烷 $[Si(CH_3)_4，TMS]$ 就是一种理想的参考物质。

15.5.2.2 样品的测量

首先将仪器调至理想工作状态使仪器的分辨率达最佳，然后放入待测样品管。测量中会发现样品信号高峰的两边往往会出现两个对称的小峰，这是由样品管旋转造成的，称作旋转边带峰，这对谱图上小的样品峰会造成干扰，因此必须对旋转边带进行识别；另外，当一个样品使用不同溶剂时，谱图有时也会有明显的差别，特别在一些强的极性溶剂中更为明显，对这种因使用不同溶剂所产生的溶剂效应也应做出鉴定；测谱时还要仔细调节相位旋钮，相位不好的图形基线不平，会影响峰面积积分的准确性。

15.6　碳核磁共振波谱（$^{13}C\ NMR$）

$^{13}C\ NMR$ 就其解析有机和生物化学结构的能力而言要比 $^1H\ NMR$ 好。其中第一个明显的优点是，$^{13}C\ NMR$ 可提供有关分子骨架而不是其外围的信息；第二个优点是，大多数有机化合物的 $^{13}C\ NMR$ 化学位移可达约 200，而质子的化学位移仅为约 10～20，所以峰之间重叠的可能性较小，易于解析。例如，对子摩尔质量在 200～400 之间的化合物，往往可以观测到各个碳的共振峰。此外，由于在未经富集的样品中，同一分子存在着两个相连的 ^{13}C 原

子的可能性极小，故遇到¹³C NMR原子之间的自旋-自旋偶合的几率极低，因此使得碳谱线大为简化。此外，现在发展了碳谱的多种多重共振方法和区别碳原子级数（伯、仲、叔、季碳）的方法，不但可以使¹³C和¹H间的相互作用去偶，而且可以识别所含碳原子的类型，因此所得碳谱较氢谱信息丰富、结论清楚。最后，对有些不含氢的官能团，如羰基、累积双键、异腈根、—N═C═S等，也能从碳谱得到直接的结构信息。图13-33为测到的¹³C在各种不同化学环境中的化学位移。与质子谱图一样，这些化学位移数值也都是相对于四甲基硅烷而言的，只是相对于其中的碳原子而已。

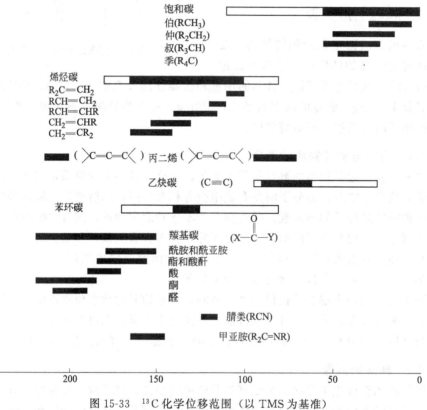

图 15-33　¹³C 化学位移范围（以 TMS 为基准）

除了¹H NMR和¹³C NMR以外，较常用的磁核还有¹⁹F、³¹P、¹⁵N等，在这些核中¹⁹F、³¹P可用连续波仪器测定，而¹⁵N核，如同¹³C核一样，要用脉冲傅里叶变换型仪器测定。¹⁹F的吸收对环境也很灵敏，产生的化学位移可扩展到大约30，在测定¹⁹F峰位置时，溶剂所起的作用也比测质子峰位置时重要得多。³¹P的自旋量子数也是1/2，其化学位移范围可达700。对¹⁷O、¹¹B、²⁹Si和¹⁰⁹Ag的核磁共振研究也正与日俱增。

15.7　核磁共振法在石油化工中的应用

核磁共振在化学、物理、化工、生物、医药、材料等各个方面，均有其独特的用途。这里，仅就在石油化工中的某些应用做一简要介绍。

石油和它的各种馏分可用NMR进行分析，所得数据对于估计裂解产品、评价各种油品很有价值。石油及各种油品都不是单一化合物，通过NMR测定可以判断各种不同类型氢和碳的定量分布，如饱和氢、芳香氢、烯氢的分布；饱和碳、芳香碳的分布等。再根据这种分布可计算芳碳率与各种平均分子参数，如长链脂烃与分支的比例、平均环烷环数、平均芳环数、平均芳烃取代基数和取代基碳数等。这些数据对于估计裂解产品含乙烯、丙烯的产量及其它预测提供了有用的参考，对于搞清内部结构及探寻结构与性能的关系也是非常重要的。又如对烯烃混合物，可通过 NMR 测定区分并定量给出其中所含 α-烯、内烯、多取代内烯各占多少，也可由 NMR 分析估算出沥青质中多核芳烃的平均芳环数。这些数据对石油炼制、石油化工都是很有用的。

研究表明，核磁共振波谱法对于研究带有脂肪性侧链的大分子稠环芳烃结构是最为有力的工具，它已成为合理利用重油的重要手段。

15.7.1 利用¹H NMR 法测定石油烃的支化度

石油烃的支化度定义为甲基与次甲基和叉甲基之和的比值。

在核磁共振谱图上，甲基、次甲基及亚甲基质子的共振吸收峰均位于特征的化学位移区域，如甲基质子的共振吸收峰在 0.5～1.0 范围，次甲基和亚甲基质子的共振吸收峰则位于 1.0～3.5 范围。根据支化度定义，支化度 BI 可表示为：

$$BI = \frac{\frac{1}{3}A(CH_3)}{\frac{1}{2}A(CH_2 + CH)} \qquad (15\text{-}20)$$

式中，$A(CH_3)$ 为甲基质子峰面积；$A(CH_2 + CH)$ 为次甲基与亚甲基质子峰面积。

具体测定过程为：取适量样品置于样品管内，以氘代氯仿为溶剂，以四甲基硅烷（TMS）为内参比。样品配置完毕后进行 ¹H NMR 测定，记录试样的 ¹H NMR 谱图并绘出质子的积分曲线，根据甲基、次甲基及亚甲基质子的特征化学位移区域，由积分曲线计算各类质子的峰面积，然后依式(15-20) 即可计算出样品的支化度。这种测定简单、快速、并有较高的准确性。

15.7.2 利用¹³C NMR 测定渣油及其组分的芳烃度

芳烃度又称芳香度，记作 f_a，可以通过在 ¹H NMR 谱上比较芳香区质子与脂肪区质子的积分值并通过适当的计算求得。自从 ¹³C NMR 发展起来以后，这一参数可由 ¹³C 谱图上通过比较芳香碳和脂肪碳的积分值直接获得，这个方法不仅简捷，而且可以避免由氢谱通过计算所产生的误差。样品中各种类型碳在 ¹³C NMR 谱中的归属列于表 15-10 中。

表 15-10 ¹³C NMR 谱线归属

谱带化学位移	归 属	峰面积
170～150	被 OH 或烷氧基取代的芳碳原子、吡啶中 C—(2)被取代的芳碳原子	A_1
150～130	为烷基取代的芳碳原子及缩合点上的芳碳原子	A_2
130～119	未被取代的芳碳原子(带 H)	A_3
58～8	饱和碳原子	A_4

芳烃度 f_a，即每个平均分子中芳碳对总碳的百分比可由下列计算：

$$f_a = \frac{A_1 + A_2 + A_3}{A_1 + A_2 + A_3 + A_4} \qquad (15\text{-}21)$$

式中，$A_1 + A_2 + A_3$ 为芳碳吸收峰面积，A_4 为脂肪碳吸收峰面积。

具体做法是，将待测样品溶于氘代氯仿中，并加少量弛豫试剂，以四甲基硅烷（TMS）

为参考物质，测量时采用反门控去偶技术，记录样品的^{13}C NMR谱图并绘出积分曲线。加入弛豫试剂与采用反门控去偶技术均是为了获得较好的定量效果。从谱图的积分曲线上可分别得到峰面积值A_1、A_2、A_3、A_4，然后依式(15-21)可计算出样品的芳烃度。这个方法适用于测定不含烯烃的渣油及其各组分。

目前，^{1}H NMR与^{13}C NMR谱学已成功地用于表征原油、石油馏分和从煤中抽提的人造燃料的特性，特别是对于平均结构参数的测定。核磁共振技术已证明是研究石油化工产品的非常有效的手段，有兴趣的同学可参阅这方面的丰富的文献资料。

思 考 题

1. 简述核磁共振的基本原理，从共振关系式可以说明一些什么问题？
2. 何谓化学位移、影响化学位移的因素是什么？
3. 何谓自旋偶合与自旋裂分和偶合常数？在结构解析上有什么重要性？
4. 何谓一级谱图？何谓高级谱图？
5. 简述高分辨NMR谱仪的主要技术指标。
6. 解释下列两个化合物中标记的核（H_a和H_b）为什么化学位移δ值不同？

7. ^{13}C NMR波谱的化学位移为什么远大于^{1}H NMR波谱的化学位移？

习 题

1. 已知^{1}H核在磁场强度为1T（即10^4Gs）时，共振频率为42.577MHz，试求当共振频率分别为60、80、300MHz时，对应的共振场强是多少？

2. 某样品在60MHz^{1}H谱上有四个单峰，它们位于TMS的低场方向，距TMS峰分别为64.88、136.358Hz，试计算该样品在100MHz时的化学位移值。

3. 在下列化合物中，^{1}H NMR谱中应该有多少种不同的^{1}H核。

(a)　　　　　(b)　　　　　(c)　　　　　(d)

4. 比较下列化合物中各分子内不同质子的化学位移（δ）的大小次序：

(a)　　　　　(b)　　　　CH$_3$—CH$_2$—CH$_2$—I
　　　　　　　　　　　　　(a)　(b)　(c)

5. 下列两组化合物标记的^{1}H核在^{1}H NMR谱中，何者的共振频率出现在低场？

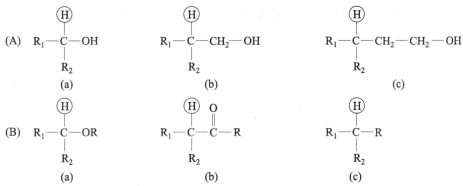

6. 分别预测下面两个化合物在 NMR 谱中，哪个 ^{13}C 核化学位移 δ_C 最小？哪个 ^1H 核化学位移 δ_H 最大？

$$H_3C—CH_2—\underset{\underset{Cl}{|}}{CH}—Cl \qquad H_3C—O—CH_2—\underset{\underset{CH_3}{|}}{CH}—CH_3$$
(a)   (b)

7. 某化合物化学式为 $C_3H_6Cl_2$，根据如下 ^1H NMR 谱图推断其结构，并说明依据。

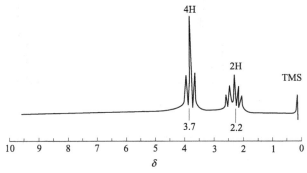

8. 根据化合物 $C_4H_{10}O$ 的 ^1H NMR 谱图推断其结构，并说明依据。

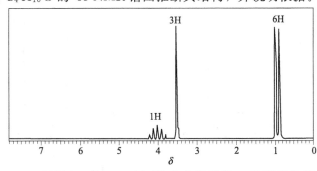

9. 化合物 $C_4H_{10}O$，根据如下 ^1H NMR 谱确定其结构，并说明依据。

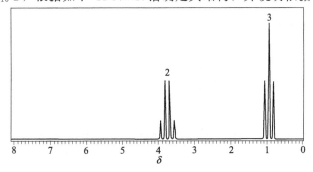

10. 化合物 C_8H_8O 的 ^1H NMR 谱图如下，试推测其结构，并说明依据。

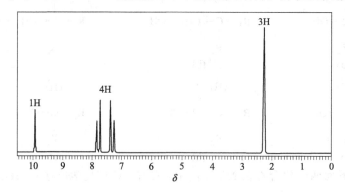

11. 化合物 C_5H_{12}，根据如下 ^{13}C NMR 谱图确定结构，并说明依据。

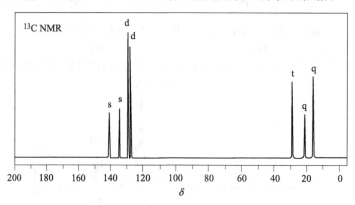

12. 化合物 $C_6H_{10}O$，根据如下 ^{13}C NMR 谱图确定结构，并说明依据。

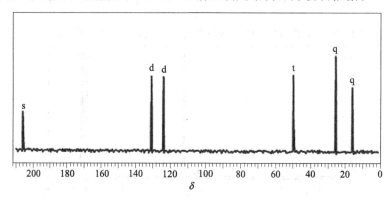

13. 化合物 $C_7H_{16}O_4$，根据如下 ^1H NMR 和 ^{13}C NMR 谱图确定结构，并说明依据。

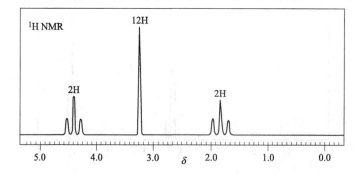

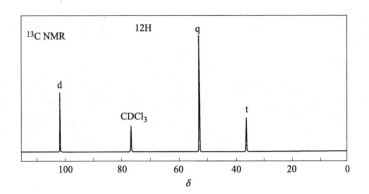

第16章

质谱分析法

16.1　质谱分析概述

　　将化合物分子电离成具有不同质量的离子，利用电磁学原理，按离子的质量（m）与所带电荷（z）比值（简称质荷比，Mass-chargeratio，m/z）的大小依次排列成谱记录下来，称为质谱。以质谱为基础建立起来的分析方法，称为质谱分析法（Mass spectrometry，MS）。

　　早期的质谱仪主要用于相对原子质量、同位素的相对丰度及石油碳氢混合物方面的测定，20 世纪 60 年代以后，它开始应用于复杂化合物的鉴定和结构分析，并且质谱法与核磁、红外、紫外等谱学方法结合成为分子结构分析的最有效的手段。随着气相色谱（GC）、高效液相色谱（HPLC）、电感耦合等离子体发射光谱（ICP）等仪器和质谱联机成功，以及计算机技术的飞速发展，使得色谱-质谱及 ICP-MS 等各类联用仪器分析法成为分析、鉴定复杂混合物及微量、痕量金属元素研究的最有效工具。近年来，质谱法已应用到许多新的领域，例如生物大分子的表征，特别是蛋白质组学和人类基因组计划的应用等。

　　根据质谱分析的对象，可以将质谱分析分为原子质谱法（Atomic mass spectrometry）和分子质谱法（Molecular mass spectrometry）两类。原子质谱法又称为无机质谱法（Inorganic mass spectrometry），是将单质离子按质荷比进行分离和检验的方法，广泛应用于元素的识别和浓度的测定。几乎所有元素都可以用原子质谱测定，原子质谱图比较简单，容易解析。分子质谱法又称为有机质谱法（Organic mass spectrometry），是研究有机和生物分子的结构信息以及对物质进行定性和定量分析的方法。一般采用高能粒子束使已气化的分子离子化或使试样直接转变成气态离子，然后按质荷比（m/z）的大小顺序进行记录，得到质谱图。分子质谱图比较复杂，解析相对困难。一般根据质谱图中峰的位置，可以进行定性和结构分析；根据峰的强度，可以进行定量分析。本章将主要讨论分子质谱及其分析方法。

16.2　质谱分析基本原理

16.2.1　质谱的基本原理

　　质谱法是将样品分子置于高真空中（小于 $10^{-3}\,\mathrm{Pa}$），并受到高速电子流或强电场等作用，失去外层电子而生成分子离子，或化学键断裂生成各种碎片离子，然后将分子离子和碎片离子引入到一个强的电场中，使之加速。加速电压通常可为 $6 \sim 8kV$，此时带电离子获得的动能见式(16-1)。

$$zU = \frac{1}{2}mv^2 \qquad (16\text{-}1)$$

式中，z 为离子电荷数；U 为加速电压；m 为离子质量；v 为离子的运行速度。

由于动能达数千电子伏特（eV），可以认为此时各种带电离子都有近似相同的动能。但是，不同 m/z 的离子具有不同的运行速度，利用速度差异，质量分析器就可将其分离，此即为质量色散，如图 16-1 所示。

加速后的正离子进入质量分析器（也称磁分析器）后，在外磁场作用下运动方向发生偏转，由直线运动改作圆周运动。在磁场中，离子作圆周运动的向心力等于磁场力 ［式(16-2)］。

$$\frac{mv^2}{R} = Hzv \qquad (16\text{-}2)$$

式中，R 为离子运动的轨道半径；H 为磁场强度。由式(16-1) 和 (16-2) 消去 v 后得质谱方程式(16-3)，即质量色散方程式。

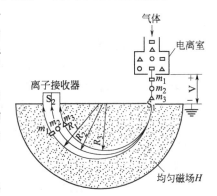

图 16-1　不同质荷比的离子
在磁场中分离

$$\frac{m}{z} = \frac{R^2 H}{2U} \quad 或 \quad R = \frac{1}{H}\sqrt{2U\frac{m}{z}} \qquad (16\text{-}3)$$

式中，z 一般为1。由式(16-3) 可见，当加速电压和磁场不变时，不同 m/z 的离子运动半径不同，从而按离子质量获得了分离。

质谱仪中一般保持 U、R 不变，通过连续改变磁场强度 H 的方法获得质谱图，此方法称为磁场扫描。

质谱分析的基本原理是质量色散。其基本过程可以分为四个环节：①通过合适的进样装置将样品引入并进行气化；②气化后的样品引入到离子源进行电离，即离子化过程；③电离后的离子经过适当的加速后进入质量分析器（磁场），根据离子 m/z 的不同，其偏转角度也不同（m/z 大的偏转角度小，m/z 小的偏转角度大），从而使质量数不同的离子在此得到分离；④离子流经过收集和放大后，即可进行记录，并得到质谱图。根据质谱图提供的信息，可以进行无机物和有机物定性与定量分析、化合物的结构分析、样品中同位素比的测定以及固体表面的结构和组成的分析等。质谱分析的四个环节中核心是实现样品离子化。不同的离子化过程，裂解反应的产物也不同，因而所获得的质谱图也随之不同，质谱图是质谱分析的依据。

16.2.2　质谱仪

质谱仪由进样系统、离子源或电离室、质量分析器、离子检测器和记录系统等部分组成。此外，由于整个装置必须在高真空条件下运转，所以还有真空系统。图 16-2 是质谱仪的基本结构示意图。虽然目前商品质谱仪已不再有这类仪器，但它可帮助我们理解质谱仪的工作原理。

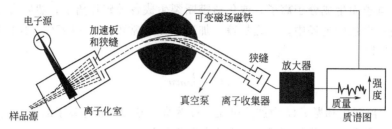

图 16-2　质谱仪基本结构示意图

16.2.2.1　真空系统

质谱仪的离子源、质量分析器及检测器必须处于高真空状态（离子源的真空度达 $10^{-4} \sim 10^{-5}$ Pa，质量分析器的真空度达 10^{-6} Pa），若真空度过低会造成系统中的氧气使离子源的灯丝烧坏、本底增高干扰质谱图测量、额外的离子-分子反应改变裂解历程而使质谱解析复杂化、干扰离子源中电子束的正常调节和引起高压放电等问题。

真空系统一般由机械真空泵和扩散泵（或涡轮分子泵）组成。机械真空泵不能满足高真空度要求，扩散泵是常用的高真空泵，由于涡轮分子泵使用方便，没有油的扩散污染问题，因此，近年来生产的质谱仪大多使用涡轮分子泵。涡轮分子泵直接与离子源或质量分析器相连，抽出的气体再由机械真空泵排到系统之外。

16.2.2.2　进样系统

进样系统是将样品送入离子源。质谱仪在高真空状态下工作，对进样量和进样方式有较高的要求，因此进样系统应通过适当的装置，使其能在真空度损失较少的前提下，将试样导入离子源，根据样品的物态和性质选择相应的引入方式。

① 间歇式进样。该进样方式适用于气体、液体或中等蒸气压的固体样品。样品可直接或加热成气态方式进入样品贮存器，系统处在低气压状态，并配有加热装置，使试样保持气态。由于离子源的压强要比进样系统小 1～2 个数量级，所以采用分子漏孔方法，使在贮气器中加热的样品通过小孔以分子流的方式渗透入离子源，如图 16-3 所示。

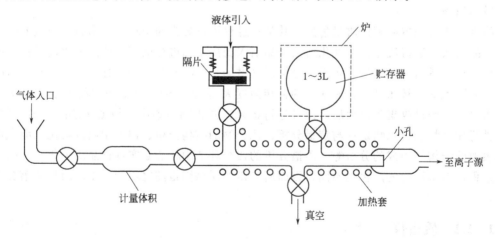

图 16-3　间歇式进样系统

② 直接探针进样。该进样方式适用于高沸点的液体和固体，用探头直接将微克级以下的样品送入离子源，并在数秒钟内将探头加热，使样品气化，如图 16-4 所示。

③ 色谱和毛细管电泳进样。将质谱与色谱或毛细管电泳柱联用，通过分子传送带进样，

使其兼有色谱法的优良分离功能和质谱法的强有力的鉴定功能。与色谱联用的进样方式是目前最重要、最常用的进样方法。

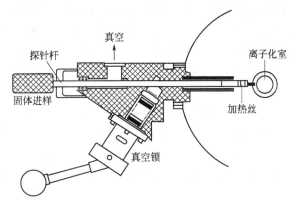

图 16-4   直接探针进样

16.2.2.3   离子源

离子源（Ion source）的功能是提供分析样品电离能量，形成不同 m/z 离子组成的离子束。质谱仪的离子源种类很多，由于电离方式不同，质谱图的差别会很大。常用的是电子轰击（EI）离子源，另外还有化学电离源（CI）、场致电离源（FI）、场解吸电离源（FD）、快原子轰击离子源（FAB）、电喷雾电离源（ESI）及基质辅助激光解吸电离源（MALDI）等。

（1）电子轰击离子（EI）源

电子轰击离子源是应用最为广泛的离子源，它主要用于挥发性样品的电离。图 16-5 是电子轰击离子源的原理图。

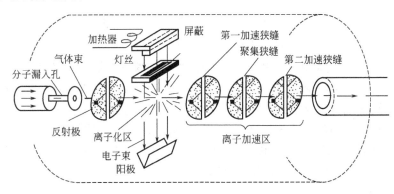

图 16-5   电子轰击离子源原理示意图

气化的样品分子（或原子）受到灯丝发射的电子束的轰击，如果轰击电子的能量大于分子的电离能，分子将失去电子而发生电离，通常失去 1 个电子：

$$M + e^- (高速) \longrightarrow M^{+\cdot} + 2e^- (低速)$$

式中 M 表示分子，$M^{+\cdot}$ 表示自由基阳离子（常称为分子离子）。如果再提高电子的能量，则引起分子中某些化学键的断裂，如果电子的能量远远超过分子的电离能，则足以打断分子中各种化学键，而产生各种各样的离子碎片（正离子、离子-分子复合物、阴离子和中性碎片等）。在电场作用下正离子进入加速区，被加速和聚集成离子束，并引入质量分析器，而阴离子和中性碎片则被真空泵抽走。

电子轰击离子源的轰击电子能量常为 70eV，而有机分子电离电位一般为 7～15eV。在

70eV 的电子碰撞作用下，有机分子可能被打掉一个电子形成分子离子，也可能会发生化学键的断裂形成碎片离子。EI 源的最大优点是比较稳定，谱图再现性好，离子化效率高，有丰富的碎片离子信息，检测灵敏度高，有标准质谱图可以检索。而其缺点是谱图中分子离子峰的强度较弱或没有分子离子峰。质谱解析时，由分子离子可以确定化合物的摩尔质量，由碎片离子可以得到化合物的结构，而对于摩尔质量较大或稳定性差的样品，EI 源常常得不到分子离子峰，因而也不能测定其摩尔质量。

（2）化学离子（CI）源

CI 源利用离子与分子的化学反应使样品分子电离。与 EI 源相比，CI 源是比较温和的电离方式。CI 源工作过程中要引进一种反应气体（如甲烷、异丁烷、氨等），使样品分子在受到电子轰击前被稀释，因此样品分子与电子之间的碰撞概率极小，产生的离子主要来自反应气分子。以甲烷作反应气为例，说明化学电离的过程。电子先与反应气发生碰撞，使其电离：

$$CH_4 + e^- \longrightarrow CH_4^{+\cdot} + 2e^-$$

$$CH_4^{+\cdot} \longrightarrow CH_3^+ + H\cdot$$

$CH_4^{+\cdot}$ 及 CH_3^+ 很快与大量存在的 CH_4 中性分子发生反应，而与进入电离室的样品分子再反应：

$$CH_4^{+\cdot} + CH_4 \longrightarrow CH_5^+ + CH_3\cdot$$

$$CH_3\cdot + CH_4 \longrightarrow C_2H_5^+ + H_2$$

CH_5^+ 和 $C_2H_5^+$ 不与中性甲烷反应，而与进入电离室的样品分子（$R-CH_3$）碰撞，产生 $(M+1)^+$ 离子，这种 M+1 正离子被称为准分子离子。

$$R-CH_3 + CH_5^+ \longrightarrow R-CH_4^+ + CH_4$$

$$R-CH_3 + C_2H_5^+ \longrightarrow R-CH_4^+ + C_2H_4$$

采用化学电离源，可简化质谱图，有很强的准分子离子峰，利于推测分子的摩尔质量。但 CI 源产生的碎片离子峰少，强度较低，分子结构信息少。EI 源和 CI 源可互相补充，得到更充分的分子结构信息，对化合物结构分析非常有利。现代质谱仪一般同时配有 EI 源和 CI 源，便于切换使用。图 16-6 为某化合物的 EI 和 CI 质谱图的比较。

EI 源和 CI 源都是热源，只适用于易气化、受热不分解的有机样品分析。CI 源得到的质谱图不是标准质谱图，不能进行谱图库检索。

（3）其它离子源

① 场致离子（FI）源 FI 源是采用强电场把阳极附近的样品分子的电子拉出去，形成离子。电场的两电极距离很近（$d < 1mm$），施加几千甚至上万伏的稳定直流电压。FI 源形成的分子离子振动能量较低，进一步发生化学键断裂形成碎片离子的趋势比 EI 源要小，因此 FI 谱中分子离子峰的强度较大，往往是谱图中的主要离子峰。FI 谱中碎片离子峰很少，谱图相对简单，在结构解析时需要与 EI 谱结合。

② 场解吸电离（FD）源 FD 源是先将样品溶于适当的溶剂中，把钨丝浸入，待溶剂蒸发后作为阳极。在强电场中，样品分子中的电子进入金属原子空轨道而放电生成正离子。FD 源的工作温度略高于室温，产生的分子离子几乎不具有多余内能，因此基本不发生化学键的断裂，FD 源获得的质谱图中的分子离子峰比 FI 源获得的要强，碎片离子峰极少。FD 源适于不易挥发和热不稳定化合物的质谱分析，是相对较弱的一种电离技术。

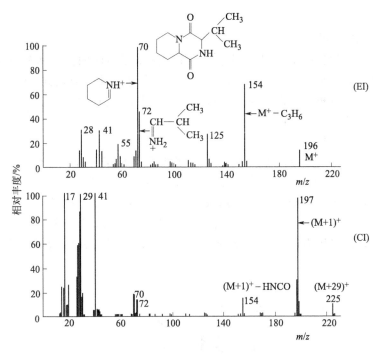

图 16-6　EI 源和 CI 源的质谱图对比

③ 快原子轰击（FAB）离子源　FAB 源是应用较广泛的软电离技术，它的原理是：用惰性气体（如 He、Ar 或 Xe）的中性快速原子束轰击样品使之分子离子化。如由电场使氙原子电离并加速，产生高能量的 Xe^+ 进入充满 Xe 气的原子枪，在氙气原子枪内产生电荷交换得到高能量的快速 Xe 原子：

$$Xe^+（快）+Xe（热）\longrightarrow Xe（快）+Xe^+（热）$$

快速原子轰击涂有样品分子的金属靶上［将样品分子溶于惰性的非挥发性底物（如甘油）中，然后涂于靶上］，使样品电离。在电场作用下，样品离子进入质量分析器。FAB 源的优点是分子离子和准分子离子峰较强，有较丰富的碎片离子信息。缺点是溶解样品的底物也发生电离使质谱图复杂化。FAB 源与 EI 源得到的质谱图区别在于：a. FAB 谱的相对分子量信息对应的通常不是分子离子峰，而是 $(M+X)^+$（X 可能是 H、Na、K 等）等准分子离子峰；b. FAB 谱碎片离子峰比 EI 谱少。FAB 源用于热稳定性差、难挥发、极性强、相对分子质量大的样品分析，特别是在生物大分子分析方面具有十分广泛的应用前景。

④ 电喷雾电离（ESI）源　ESI 源主要应用于高效液相色谱和质谱仪之间的接口装置，同时又是电离装置。样品溶液从毛细管端喷出时受到 $3\sim8kV$ 高电压作用，此时液体不是液滴状而是喷雾状。这些极小的雾滴表面电荷密度较高，溶剂蒸发后，雾滴表面电荷密度增加，当电荷密度增加到极限时，雾滴变成数个更小的带电雾滴，此过程不断重复，直至形成强静电场使样品分子离子化，离子被静电力喷入质量分析器。ESI 源常与四极质量分析器、飞行时间或傅里叶变换离子回旋共振仪联用。

ESI 源是一种很弱的电离技术，它的最大优点是样品分子不发生裂解，通常无碎片离子，只有分子离子和准分子离子峰。它的另一突出优点是可以获得多电荷离子信息，从而使摩尔质量大（摩尔质量在 300000 以上）的离子出现在质谱图中。使质量分析器检测的质量范围提高几十倍，适合测定极性强、热稳定性差的生物大分子的摩尔质量，如多肽、蛋白质、核酸等。

16.2.2.4　质量分析器

质量分析器是质谱仪的重要组成部分，其作用是采用不同的方式将样品离子按 m/z 分开，并允许足够数量的离子通过，产生可被快速测量的离子流。质量分析器的主要类型有单聚焦分析器、双聚焦分析器、四极质量分析器、离子阱质量分析器、飞行时间分析器和离子回旋共振质量分析器等 20 余种。

（1）单聚焦质量分析器

单聚焦质量分析器通过磁场来实现按 m/z 的大小将离子分开。它使用扇形磁场，如图 16-7 所示，离子在磁场中的运动半径取决于磁场强度、m/z 和加速电压。若加速电压和磁场强度固定不变，则离子运动的半径仅取决于离子本身的 m/z。这样 m/z 不同的离子，由于运动半径不同，在磁分析器中被分开。但是，在质谱仪中出射狭缝的位置是固定不变的，故一般采用固定加速电压而连续改变磁场强度的方法，使不同 m/z 离子发生分离并依次通过狭缝，到达收集极。

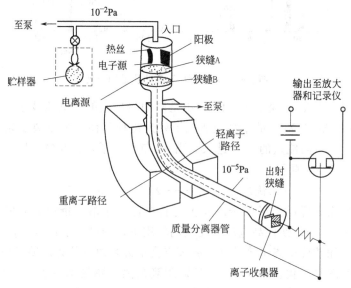

图 16-7　单聚焦质量分析器

单聚焦质量分析器的缺点是：分辨率低，只适用于离子能量分散较小的离子源如电子轰击离子源、化学电离源等组合使用。

（2）双聚焦质量分析器

由离子源出口狭缝进入质量分析器的离子并不是完全平行的，而是以一定的发散角度进入的。利用合适的磁场既可以使离子束按 m/z 大小分离开来，又可以将相同 m/z、不同角度的离子汇聚起来，这就是方向（角度）聚焦。磁场具有方向聚焦的功能，只包括一个磁场的质量分析器称为单聚焦质量分析器。进入质量分析器的离子束中还包含有 m/z 相同、动能不同的离子，磁场不能将这部分离子聚焦，影响仪器的分辨率。为了解决能量聚焦的问题，采用电场加磁场组成的质量分析器，这种由电场和磁场共同实现质量分离的分析器，同时具有方向聚焦和能量聚焦的功能，称为双聚焦质量分析器。如图 16-8 所示，在磁场前面加一个静电分析器。静电分析器由两个扇形圆筒组成，在外电极上加正电压，内电极加上负电压。在某一恒定的电压条件下，加速的离子束进入静电场，不同动能的离子具有的运动曲率半径不同，只有运动曲率半径适合的离子才能通过狭缝 B，进入磁分析器。更准确地说，静电分析器先将具有相同速度（或能量）的离子分成一类。进入磁分析器之后，再将具有相同 m/z 而能量不同的离子束进行又一次分离。双聚焦分析器最大优点是分辨率高，其分辨率可达到 10^5，缺点是扫描速度慢，操作、维护困难，仪器价格较高。

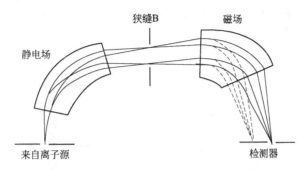

图 16-8　双聚焦质量分析器

（3）四极（杆）质量分析器

四极杆质量分析器又称四极滤质器（如图 16-9），由四根平行的棒状电极组成，两组电极间施加一定的直流电压和交流电压，四根棒状电极形成一个四极电场。当离子束进入筒形电极所包围的空间后，离子作横向摆动，在一定的直流电压、交流电压和频率，以及一定的尺寸等条件下，其中只有一种（或一定范围）质荷比（m/z）的离子（这些离子称共振离子）能够到达收集器并产生信号，其它离子在运动过程中撞击柱形电极而被"过滤"掉，最后被真空泵抽除。

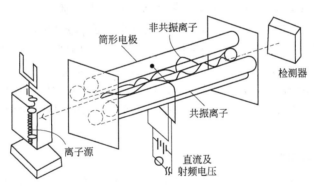

图 16-9　四极杆质量分析器

如果使交流电压的频率不变而连续地改变直流和交流电压的大小（但要保持它们的比例不变）进行电压扫描，或保持电压不变而连续地改变交流电压的频率进行频率扫描，就可使不同 m/z 的离子依次到达检测器并得到质谱图。

四极质谱仪优点是结构简单、体积小、质量轻、价格低；无磁滞现象、扫描速度快、适合与色谱联机；操作时真空度低，特别适合与液相色谱联机。它的缺点是分辨率（为 $10^3 \sim 10^4$）不够高，特别是对高质量的离子有质量歧视效应。

（4）离子阱质量分析器

离子阱质量分析器，如图 16-10 所示，由一个环形电极再加上下各一个的端罩电极构成。以端罩电极接地，在环电极上施以变化的射频电压，此时处于阱中且具有合适 m/z 的离子将在阱中指定的轨道上稳定旋转，若增加电压，则较重离子转至指定的稳定轨道，而轻些的离子将偏出轨道并与环电极发生碰撞而滤除。当一组由电离源（CI 或 EI）产生的离子经上端小孔进入阱中后，射频电压开始扫描，陷入阱中的离子运动轨道则会依次发生变化而从底端离开环电极腔，从而被检测器检测。离子阱质量分析器的优点是结构小巧，质量轻，价格低，单一离子阱可实现时间上的多级串联质谱功能，可用于 GC-MS、LC-MS 联机，灵敏度比四极质量分析器高 10～1000 倍。它的缺点是分辨率（为 $10^3 \sim 10^4$）不够高，所得质谱图与标准谱图有一定差别。

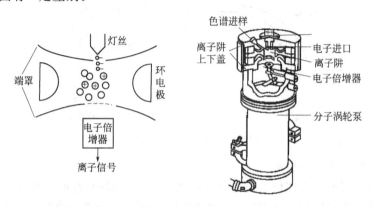

图 16-10　离子阱质量分析器

（5）飞行时间质量分析器

飞行时间质量分析器的核心部分是一个离子漂移管。从离子源出来的离子，经加速电压作用得到动能，具有相同动能的离子进入漂移管，m/z 最小的离子具有最快的速度，首先到达检测器，耗时最短，m/z 最大的离子最后到达检测器，耗时最长。利用这种原理可将不同 m/z 的离子分开，并且适当增加漂移管的长度可以提高分辨率。

飞行时间质量分析器的优点是：①检测离子的 m/z 范围宽，特别适合生物大分子的质谱测定；②扫描速度快，可在 $10^{-6} \sim 10^{-5}$ s 内观测、记录质谱，适合与色谱联用和研究快速反应；③既不需要电场也不需要磁场，只需要一个离子漂移空间，仪器结构比较简单；④不存在聚焦狭缝，灵敏度高。飞行时间质量分析器的主要缺点是分辨率随 m/z 的增加而降低，质量越大时，飞行时间的差值越小，分辨率越低，一般在 $10^3 \sim 10^4$ 之间。

16.2.2.5　离子检测器

经过质量分析器分离后的离子，到达检测系统进行检测，便可得到质谱图。质谱仪常用的检测器有电子倍增器、闪烁检测器、法拉第杯和照相底板等。目前普遍使用电子倍增器进行离子检测，电子倍增器的工作原理如图 16-11 所示。

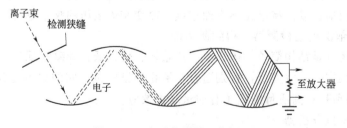

图 16-11　电子倍增器工作原理

一定能量的离子轰击阴极导致电子发射（产生许多二次电子），电子在电场作用下，依次轰击下一级电极并被放大，电子被阳极收集，得到一个可测量的电流，阳极收集的电流正比于打击阴极的二次电子的数量，二次电子经多个倍增极放大产生电信号，输出并记录不同离子的信号。这些电信号送入计算机储存、处理或变换、检索打印出结果即得质谱图或质谱表。通常电子倍增器的增益为 $10^5 \sim 10^8$。电子倍增器中电子通过的时间很短，利用电子倍增器可以实现高灵敏、快速测定。但电子倍增器存在质量歧视效应，且随使用时间增加，增益会逐步减小。

近代质谱仪中常采用隧道电子倍增器，其工作原理与电子倍增器相似。因为体积较小，多个隧道电子倍增器可以串联起来，用于同时检测多个 m/z 不同的离子，从而大大提高分析效率。

16.2.3 质谱的表示方法

16.2.3.1 质谱图和质谱表

在质谱分析中，质谱的表示方法主要有质谱图和质谱表两种形式，较常用的是质谱图。从磁场中分离出来的离子由检测器测量其强度，记录后获得一张以质荷比（m/z）为横坐标，以相对强度为纵坐标的质谱图（图 16-12）。在该质谱图中，每一个线状峰位置表示一种质荷比的离子，通常将最强峰定为 100%，此峰称为基峰。其它离子峰强度以此基峰的相对百分数表示，即为相对丰度（或相对强度）。分子失去一个电子形成的离子称为分子离子（$M^{+\cdot}$），分子离子峰一般为质谱图中质荷比（m/z）最大的峰。但由于分子离子稳定性不同或同位素的存在，质谱图中 m/z 最大的峰不一定是分子离子峰。

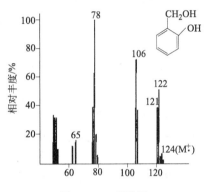

图 16-12　质谱图

质谱表以表格的形式表示质谱数据，有 m/z 和相对强度两项，可以给出精确的数值有助于进一步分析。

16.2.3.2 质谱法中原子的摩尔质量和质荷比

与其它分析方法不同，质谱法中所关注的常常是某元素特定同位素的实际摩尔量或含有某组特定同位素的实际质量。自然界中，元素的摩尔质量（A_r）按式(16-4) 计算。

$$A_r = A_1 P_1 + A_2 P_2 + \cdots A_n P_n = \sum_{i=I}^{n} A_i P_i \qquad (16-4)$$

在这里，A_1、A_2、$\cdots$、A_n 为元素的 n 个同位素以原子质量常量 mu 为单位的原子质量，P_1、P_2、$\cdots$、P_n 为自然界中这些同位素的丰度，即某一同位素在该元素各同位素总原子数中的所占百分含量。分子的摩尔质量即为分子化学式中各原子的相对原子质量之和。

质谱分析中所讨论的离子通常为正离子，且绝大多数离子为单电荷。因此，$^{12}C^1H_4^+$ 的 $m/z = 16.035/1 = 16.035$，$^{13}C^1H_4^{2+}$ 的 $m/z = 17.035/2 = 8.518$。

16.3　离子的类型

解析质谱图，必须要区别各种类型的质谱峰，研究峰的形成过程、变化规律及其与分子结构的关系。

16.3.1　分子离子峰

样品分子受到高速电子撞击后，失去一个电子生成的正离子称为分子离子或母离子。
即：
$$M + e \longrightarrow M^{+} \cdot + 2e^{-}$$
在质谱图中产生的相应峰称为分子离子峰或母峰。分子离子标记为 $M^{+} \cdot$，其中"+"表示有机物分子 M 失去一个电子而电离，"·"表示失去一个电子后剩下未配对的电子。对于有机物，杂原子上的孤对电子（n 电子）最容易失去，其次是 π 电子，再次是 σ 电子。所以对于含有氧、氮、硫等杂原子的分子，首先是杂原子失去一个电子而形成分子离子，此时正电荷的位置处在杂原子上，例如：

$$\begin{array}{c} R \\ R' \end{array} C{=}O \xrightarrow{-e} \begin{array}{c} R \\ R' \end{array} C{=}\overset{+\cdot}{O}$$

含有双键无杂原子的分子离子，正电荷位于双键的一个碳原子上：

$$C{=}C \xrightarrow{-e} \overset{\cdot}{C}{-}\overset{+}{C}$$

当难以判断分子离子的电荷位置时可表示为"$\rceil^{\dot{+}}$"，例如：

$$CH_3CH_2CH_3 \xrightarrow{-e} CH_3CH_2CH_3 \rceil^{\dot{+}}$$

分子离子峰若能出现，应位于质谱图的右端，其相对强度取决于分子离子的稳定性。芳香族、共轭烯烃及环状化合物的分子离子峰强，而高分子量烃、脂肪醇、醚、胺等的分子离子峰弱。各类有机化合物分子离子的稳定性（即分子离子峰的强度）顺序一般为：芳香烃 > 共轭多烯 > 烯烃 > 环状化合物 > 羰基化合物 > 醚 > 酯 > 胺 > 酸 > 醇 > 支链烷烃 > 直链烷烃。

16.3.2　准分子离子峰

准分子离子是指分子获得一个质子或失去一个质子，记为 $[M+H]^{+}$、$[M-H]^{+}$。其相应的质谱峰称为准分子离子峰。准分子离子不含末配对的电子，结构比较稳定，常由软电离技术产生。

16.3.3　碎片离子峰

在离子源中，当轰击电子的能量超过分子电离所需的能量时，原子之间的一些键还会进一步断裂，产生质量数较低的离子碎片，称为碎片离子。碎片离子在质谱图上相应的峰称为碎片离子峰，位于分子离子峰的左侧。广义的碎片离子指分子离子断裂而产生的一切离子，而狭义的碎片离子仅指由简单断裂而产生的离子。

分子的断裂过程与其结构有密切关系，研究质谱图中相对强度最大的，即最大丰度的离子断裂过程，通过对各种碎片离子峰高的分析，有可能获得整个分子结构的信息。如正丁酸甲酯质谱图，m/z 为 43、71 和 59 碎片离子的断裂产生过程为：

$$
\begin{array}{l}
\quad\quad\quad CH_3CH_2CH_2^{+} + CO \\
\quad\quad\quad \uparrow m/z{=}43 \\
CH_3CH_2CH_2C{-}OCH_3 \rceil^{\dot{+}} \left\{ \begin{array}{l} CH_3CH_2CH_2COH^{+} + \cdot OCH_3 \\ m/z{=}71 \\ \cdot CH_2CH_2CH_3 + {}^{+}CO_2CH_3 \quad m/z{=}59 \end{array} \right. \\
\quad\;\; \| \\
\quad\;\; O
\end{array}
$$

16.3.4 重排离子峰

分子离子在裂解同时，可能发生某些原子或原子团的重排，生成比较稳定的重排离子，其结构与原来分子的结构单元不同。其在质谱图上相应的峰称为重排离子峰，转移的基团常常是氢原子。重排的类型很多，最常见的一种是麦氏重排。

$$\left[\begin{matrix} W & H & X \\ & & \parallel \\ Y & Z & C \end{matrix}\right]^+ \longrightarrow \begin{matrix} W \\ \parallel \\ Y \end{matrix} + \left[\begin{matrix} H & X \\ & \diagdown \\ Z & C \end{matrix}\right]^+$$

可以发生这类重排的化合物有：酮、醛、酸、酯和其它含羰基的化合物，烯烃类和苯环化合物等。发生这类重排所需的结构特征是，分子中有一个双键并在 γ 位置上有氢原子。

16.3.5 亚稳离子峰

离子在离开电离源，尚未进入检测器前，在中途任何地方继续发生断裂变成 m/z 更小的离子，到达检测器被检测，如此形成的质谱峰称亚稳离子峰。

设从电离源产生的离子即母离子 M_1^+ 的质量为 m_1，在到达检测器的飞行途中丢失质量为 (m_1-m_2) 的中性碎片 M_n 后，生成质量为 m_2 的子离子 M_2^+，即 $M_1^+=M_2^++M_n$。若上述断裂发生在中途，中性碎片不仅带走了 (m_1-m_2) 质量，且还带走了 M_1^+ 的部分动能。因此，中途产生 M_2^{*+} 的动能必然小于在离子源处正常产生的 M_2^+ 的动能。动能小容易在磁场中偏转，其运动半径就小。这种离子称为亚稳离子 (M_2^{*+})，其表观质量 m^* 可由式(16-5)求得。

$$m^* = (m_2)^2/m_1 \tag{16-5}$$

【例 16-1】 某离子 M_1^+ 的 m/z 值为 120，它在飞行途中形成了 m/z 值为 105 的子离子 M_2^+ 碎片，计算亚稳离子 M_2^{*+} 的表观质量 m^*。

解： $m^*_{105} = \dfrac{105^2}{120} = 91.875$

在质谱图中亚稳离子 (M_2^{*+}) 的峰呈现在离子峰 M_2^+ 的左边，强度弱，峰型宽，m/z 值通常不是整数。通过亚稳离子峰可以剖析离子的开裂部位，并确定丢失的中性碎片，判断断裂历程。

16.3.6 同位素离子峰

除 P、F、I 以外，大多数元素都有两种或两种以上的同位素，因此质谱图会出现强度不等的同位素离子峰。各元素的最轻同位素的天然丰度最大，所以与相对摩尔质量有关的分子离子峰 $M^{+\cdot}$ 是由最大丰度同位素所产生的。生成的同位素离子峰往往在分子离子峰右边 1 或 2 个质量单位处出现 M+1 或 M+2 峰，构成同位素离子峰簇，其强度比与同位素的丰度比是相当的，重质同位素峰与丰度最大的轻质同位素峰强度比，用 $\dfrac{M+1}{M}$、$\dfrac{M+2}{M}$、……表示，并可由丰度比来推算，表 16-1 列出了几种元素的天然丰度和同位素丰度比。

表 16-1 一些同位素的天然丰度及丰度比

元素	同位素	精确质量	天然丰度/%	同位素	精确质量	天然丰度/%	丰度比/%
H	^1H	1.007825	99.985	^2H	2.014102	0.015	$^2H/^1H$ 0.15
C	^{12}C	12.000000	98.893	^{13}C	13.003355	1.107	$^{13}C/^{12}C$ 1.12

元素	同位素	精确质量	天然丰度/%	同位素	精确质量	天然丰度/%	丰度比/%
N	^{14}N	14.003074	99.634	^{15}N	15.000109	0.366	$^{15}N/^{14}N$ 0.37
O	^{16}O	15.994915	99.759	^{17}O	16.999131	0.037	$^{17}O/^{16}O$ 0.04
				^{18}O	17.999159	0.204	$^{18}O/^{16}O$ 0.20
S	^{32}S	31.972072	95.02	^{33}S	32.971459	0.78	$^{33}S/^{32}S$ 0.82
				^{34}S	33.967868	4.22	$^{34}S/^{32}S$ 4.44
Cl	^{35}Cl	34.968853	75.77	^{37}Cl	36.965903	24.23	$^{37}Cl/^{35}Cl$ 32.0
Br	^{79}Br	78.918336	50.537	^{81}Br	80.916290	49.463	$^{81}Br/^{79}Br$ 97.9

从表 16-1 中可见含有 Br、Cl 的化合物 M+2 的同位素峰强度较大。

16.3.7 多电荷离子

分子失去两个或两个以上电子的离子称为多电荷离子。由于离子带电荷多，使得质荷比下降。杂环、芳环和高度不饱和的有机化合物分子在受到电子轰击时，会失去两个电子而形成两价离子 M^{2+}，这是这类化合物的特征，可供结构分析时参考。

16.4 质谱定性分析及图谱解析

一张化合物的质谱图包含着与化合物相关的丰富的信息。在很多情况下，依照质谱就可以确定化合物的摩尔质量、化学式和分子结构，并且样品用量极少，因此质谱法是进行有机物鉴定的有力工具。对于结构复杂的有机化合物的定性，还要借助于红外光谱，紫外光谱，核磁共振等分析方法。

16.4.1 相对分子质量和分子式的确定

16.4.1.1 相对分子质量的测定

当用离子源对化合物分子进行离子化时，对于那些能够产生分子离子或质子化（或去质子化）的分子离子的化合物来说，用质谱法根据分子离子峰的质荷比数据可以准确地确定其摩尔质量，它比一般经典分子量测定方法快而准确，且试样用量少。但是，分子离子峰的强度与分子结构及类型等因素有关。对于某些不稳定的化合物来说，当使用某些硬电离源后，质谱图上只出现碎片离子峰，分子离子峰很弱甚至不出现。此外，有些化合物的沸点很高，它们在气化时就被热分解了，这样得到的只是该化合物热分解产物的质谱图。因此，在实际判断质谱图的分子离子峰时，还应该注意到以下几点：

（1）由于同位素的存在，质谱图上最高质荷比的离子峰不一定是分子离子峰。有机化合物分子常见元素并非以单一同位素组成，因此分子离子常以同位素峰簇形式出现在质谱图上。分子离子同位素峰簇中各峰的相对强度可用同位素丰度比来判断，有助于确定低质量同位素组成的分子离子的质荷比。

例如，CH_3Cl 由 C、H、Cl 三个元素构成，由于 ^1H 的同位素 ^2H 的天然丰度低（0.015%），因此仅考虑 ^{12}C、^{13}C 及 ^{35}Cl、^{37}Cl，在该质谱的分子离子峰簇中，除 $^{12}CH_3^{35}Cl$（M）峰外，还有 $^{13}CH_3^{35}Cl$（M+1）峰，$^{12}CH_3^{37}Cl$（M+2）峰及 $^{13}CH_3^{37}Cl$（M+3）峰，彼此间的强度可由丰度比（见表 16-1）计算：

$$M：M+1=1.00：0.011(仅与^{12}C 和^{13}C 丰度有关)$$

M：M+2＝1.00：0.32(仅与^{35}Cl 和^{37}Cl 丰度有关)

(M+2)：(M+3)＝1.00：0.011(仅与^{12}C 和^{13}C 丰度有关)

整理后：M：(M+1)：(M+2)：(M+3)＝1.00：0.011：0.32：0.0034

(2) 分子离子存在着合理的中性碎片（小分子和自由基）损失，是判断分子离子峰的最重要依据。质谱图上不可能出现 M−3 至 M−14、及 M−20 至 M−25 范围内的碎片峰，若出现，则 M 不可能是分子离子峰。因此分子离子不可能碎裂两个以上的氢原子或小于甲基的基团，同时有机分子中也不含有质量数在 20～25 之间的基团。

(3) 分子离子峰的质量数要符合"氮律"，不符合氮律就不是分子离子峰。

氮律，也称氮规律。当分子中不含氮或含偶数个氮原子时，分子离子峰的 m/z 值为偶数，即该化合物的摩尔质量为偶数；当分子中含有奇数个氮原子时，分子离子峰的 m/z 值为奇数，即该化合物的摩尔质量为奇数。之所以有上述规律，主要是由于有机化合物中除氮以外，其它元素的主要同位素的摩尔质量和化合价同为奇数或同为偶数，如奇数化合价的^{1}H、^{31}P、^{19}F、^{35}Cl、^{79}Br 等的质量数为奇数，偶数化合价的^{12}C、^{16}O、^{32}S 等的质量数为偶数。

(4) 分子离子的稳定性与分子结构有关。稳定性愈好，获得分子离子峰的强度愈大。一般稳定性顺序为：芳香环＞共轭烯链＞酯环化合物＞某些含硫化合物＞无分支直链烷烃类＞硫醇＞酮＞胺＞脂＞醚＞酸＞多分支烷烃类＞醇。脂肪族摩尔质量较大的醇、胺、亚硝酸酯、硝酸酯等化合物，及高支链化合物没有分子离子峰。但实际情况复杂，有很多例外。如果未能出现分子离子峰，可以采取降低电子轰击离子源的能量，或改变离子源的类型（如采用软电离技术），或者通过制备衍生物等方法获得分子离子峰。

(5) 注意某些有机化合物产生质子化分子离子 (M+H)$^+$ 峰。如醚、脂、胺、酰胺、腈化物、氨基酸酯和胺醇等分子离子峰不稳定，可能会捕获质子，形成较强的 (M+H)$^+$ 峰；也会产生去质子离子 (M−H)$^+$ 峰，如芳醛、某些醇和含氮化合物；还可能会产生缔合离子峰。

16.4.1.2　分子式的确定

分子的化学式是化合物分子结构的基础。推测化合物的化学式主要采用高分辨质谱法，有时也采用低分辨质谱法。

高分辨质谱仪可以精确地测定分子离子或碎片离子的质荷比 (m/z)，误差小于 10^{-5}。C、H、O、N 的相对原子质量分别为 12.000000、1.007825、15.994915、14.003074，利用元素的精确质量和丰度比（见表 16-1）可求出元素组成。例如：CO、C_2H_4、N_2 的相对分子质量都是 28，但它们的精确质量值是不同的。对于复杂分子的化学式，由计算机完成复杂的计算是轻而易举的事，即测定精确质量值后由计算机计算得出化合物分子的化学式。这是目前最方便、快速、准确的方法，双聚焦质谱仪、飞行时间质谱仪、傅里叶变换质谱仪等都能给出化合物的元素组成。

在低分辨质谱仪上，对相对分子质量较小，分子离子峰较强的化合物，可以利用分子离子峰的同位素峰来确定化学式，称为同位素相对丰度法。有机化合物都是由 C、H、O、N 等元素组成的，这些元素具有同位素。由于同位素的贡献，质谱中除了有相对分子质量为 M 的分子离子峰外，还有相对分子质量为 M+1、M+2 的同位素峰。不同的元素组成，同位素丰度不同，(M+1)/M 和 (M+2)/M 都不同。若以质谱测定分子离子峰及其同位素峰的相对丰度，就可以根据 (M+1)/M 和 (M+2)/M 的比值确定化学式。Beynon 等计算了包括 C、H、O、N 的各种组合的化合物的 M、M+1、M+2 的丰度值并编成质量与丰度表，称为贝农表。如果知道了化合物的相对分子质量和 M、M＋1、M＋2 的丰度比，即可查 Beynon 表确定化学式。

【例 16-2】 某化合物的相对分子质量 M＝150（相对丰度 100%），M＋1 的相对丰度为 9.9%，M＋2 的相对丰度为 0.88%，求化合物的分子式。

解 ① 查表 16-1，由 (M＋2)/M＝0.88% 知，该化合物不含 S、Cl 或 Br。

② 查 Beynon 表可知，M＝150 的化合物有 29 个，其中 (M＋1)/M 在 9%～11% 的化学式有 7 个，如表 16-2 所示。

表 16-2 从 Beynon 表中查得的相关化学式

序号	分子式	(M＋1)/M	(M＋2)/M
1	$C_7H_{10}N_4$	9.25%	0.38%
2	$C_8H_8NO_2$	9.23%	0.78%
3	$C_8H_{10}N_2O$	9.61%	0.61%
4	$C_8H_{12}NO_3$	9.98%	0.45%
5	$C_9H_{10}O_2$	9.96%	0.84%
6	$C_9H_{12}NO$	10.34%	0.68%
7	$C_9H_{14}N_2$	10.71%	0.52%

③ 根据氮规律，M＝150 为偶数，分子式中应不含 N 或含偶数 N，将序号为 2、4、6 的 3 个分子式排除。

④ 在剩下的 4 个分子式中，M＋1 与 9.9% 最接近的是序号为 5 的分子式（$C_9H_{10}O_2$），M＋2 也与 0.88% 接近。

⑤ 化合物的分子式可能为 $C_9H_{10}O_2$。

16.4.2 结构鉴定

在用质谱法鉴定纯化合物的结构时，应首先与标准谱图进行对照，以核对该化合物的结构。常用的标准谱图库有：Registry of Mass Spectral Data，由 John Wiley 出版，共收集近 2 万张谱图；Eight Peak Index of Mass Spectra，由 Mass Spectrometry Data Center 出版，收集了 3 万余张谱图。

许多现代质谱仪都配有高效计算机程序库搜寻系统。

由于质谱峰的峰高在很大程度上取决于电子束的能量、试样相对于电子束的位置、试样的压力和温度以及质谱仪的总体结构等，因此，虽然可以从质谱数据库中获得各种仪器和不同操作条件下的数据资料，但是一般都是采用在同样的仪器和相同的实验条件下，测定待测化合物和已知标准试样的质谱，然后进行比较的方法进行结构鉴定。

若该化合物是未知物质，从其质谱图推断化合物分子结构式的步骤大致如下。

① 确定分子离子峰。看是否具有分子离子峰的特征（由质谱中高质量端离子峰确定分子离子峰），求出相对分子质量；通过分子离子峰的强度可大体上了解是否为芳香族化合物或脂肪族化合物；从同位素峰可判断化合物是否含有 Cl、Br、S 等元素；根据分子离子峰的高分辨数据，查 Beynon 表，得到化合物的元素组成。

② 利用同位素峰信息。利用同位素丰度数据，通过查 Beynon 表，可以确定分子的化学式。使用 Beynon 表应注意两点：一是同位素的相对丰度是以分子离子峰 100 为前提的；二是只适合于含 C、H、O、N 的化合物。

③ 由分子的化学式计算化合物的不饱和度，即确定化合物中环和双键的数目。

④ 充分利用主要碎片离子的信息。从两方面入手：一方面是要着重研究高质量端的离

子峰，质谱高质量端离子峰是由分子离子失去碎片形成的，从分子离子失去的碎片，可以确定化合物中含有哪些取代基，从而推测化合物的结构；另一方面是研究低质量端离子峰，寻找不同化合物断裂后生成的特征离子和特征系列离子。例如：直链烷烃的特征离子系列为 $m/z=15$、29、43、57、71，…，烷基苯的特征离子系列为 $m/z=39$、65、77、91，…。根据特征离子系列可以推测化合物类型。常见的离子碎片见表 16-3。

表 16-3 常见的离子碎片（未标明电荷）

m/z	离子碎片	m/z	离子碎片
15	CH_3	45	OC_2H_5、$COOH$
16	O、NH_2	46	NO_2、C_2H_5OH
17	OH、NH_3	57	C_4H_9、C_2H_5CO
18	H_2O	58	C_4H_{10}、C_2H_6CO
19	F、H_3O	60	CH_3COOH
26	C_2H_2、CN	65	C_5H_5
27	C_2H_3、HCN	69	C_5H_9、C_3H_5CO
28	C_2H_4、CO、N_2(空气)	71	C_5H_{11}、C_3H_7CO
29	C_2H_5、CHO	77	C_6H_5
30	C_2H_6、CH_2NH_2、NO	78	C_6H_6
31	CH_2OH、OCH_3	79	C_6H_7、Br
32	S、CH_2OH、O_2(空气)	85	C_6H_{13}、C_4H_9CO
34	H_2S	91	$C_6H_5CH_2$
35	Cl	92	$C_6H_5CH_3$
39	C_3H_3	101	$COOC_4H_9$
41	C_3H_5	105	C_6H_5CO
43	C_3H_7、CH_3CO、C_2H_5N	107	$C_6H_5CH_2O$
44	C_3H_8、CO_2	127	I

⑤ 综合上述各方面信息，确定化合物的结构单元。再根据样品来源、物理与化学性质等，推出一种或几种可能的结构式。必要时，可联合红外吸收光谱和核磁共振波谱数据得出最后结果。

⑥ 验证所得结构。验证的方法有：a. 将所得结构式按质谱裂解规律分析，检查所得离子和未知物谱图是否一致；b. 核对该化合物的标准质谱图，看是否与未知物的谱图相同；c. 寻找标样，做标样的质谱图，与未知物谱图比较等。

16.4.3 质谱图解析实例

【例 16-3】 一个不含氮的化合物，它的质谱如图 16-13 所示，亚稳离子峰为 m/z 125.5 和 88.7。试推测化合物的结构。

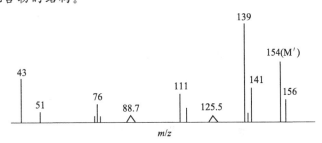

图 16-13 未知物质谱图

解： ① 分子离子峰为 m/z 154，首先失去 15 a.m.u.，形成 M—15 离子（m/z 139）。

② 在分子离子峰附近，有 M+2 峰，即 m/z 156，且 M：M+2 近似于 3：1。因此同位素峰表示未知物中有 1 个氯原子，同时氯原子还存在于碎片离子 m/z 139、111 中。

③ 碎片离子 m/z 77、76、51 都是芳烃的特征离子峰。

④ 特征的低质量碎片离子 m/z 43 可能是 $C_3H_7^+$ 或 CH_3CO^+。

⑤ m/z 139 为带偶数电子的离子，表示 m/z 154 → m/z 139，脱去 1 个游离基。m/z 111 也是带偶数电子的离子，表示 m/z 139 → m/z 111，脱去了 1 个质量为 28a.m.u. 的中性分子。

⑥ 综上所述，未知物的可能结构式为：

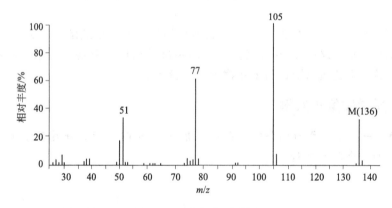

A   B   C

若为 B 式，则在 M−29（苄基式裂解）和 M−28（麦氏重排）有强峰，但谱图中未出现。

若为 C 式，虽然在图谱上出现强的 M−15 峰（苄基式裂解），但无法解释 m/z 139 → m/z 111 的裂解方式。

若为 A 式，其裂解过程如下：

$$\mathrm{ClC_6H_4COCH_3}\rceil^{+\cdot}\xrightarrow{-\dot{C}H_3}\mathrm{ClC_6H_4CO^-}\xrightarrow{-CO}\mathrm{ClC_6H_4^+}\xrightarrow{-\dot{Cl}}\mathrm{C_6H_4}\rceil^{+\cdot}$$

$$m/z\ 154 \qquad\qquad m/z\ 139 \qquad\qquad m/z\ 111 \qquad\qquad m/z\ 76$$

亚稳峰表观质量为：

$$\frac{139^2}{154}=125.5, \qquad \frac{111^2}{139}=88.6$$

上述裂解与图谱相符，故未知物应为 A 式。

【例 16-4】 图 16-14 是一个由 C、H、O 三元素组成的有机化合物的质谱图，亚稳离子峰在 m/z 56.5 和 33.8 处，其 IR 谱在 3100～3700cm^{-1} 间无吸收，试推测其结构式。

<img: 质谱图，横坐标 m/z，纵坐标 相对丰度/%，峰位于 51、77、105、M(136)>

图 16-14　未知物质谱图

解： ① 质谱中分子离子峰（m/z 136）强度大，说明此分子离子相当稳定，可能是芳香族化合物。

② 根据 Beynon 表，可以找出相对分子质量为 136，且只含 C、H、O 三元素的化合物的化学式为：

A. $C_7H_4O_3$　　　B. $C_8H_8O_2$　　　C. $C_9H_{12}O$　　　D. $C_5H_{12}O_4$

③ 计算不饱和度。

根据 $U=\dfrac{2+2n_4+n_3-n_1}{2}$，上述 4 个化学式的不饱和度分别为 6、5、4、0。

④ 质谱中 $m/z\,105$ 离子可能是苯甲酰基（$C_6H_5CO^+$）离子碎片，如此则谱图中还应出现 $m/z\,77$ 和 $m/z\,51$ 峰。

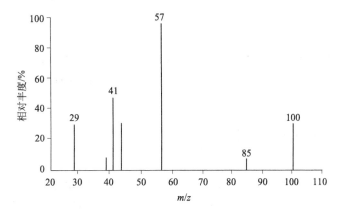

质谱图上确有这 3 种碎片离子的峰。同时出现 $m/z\,56.5$ 和 33.8 两个亚稳离子峰，证明了上述推断正确。

$$m/z\,105 \rightarrow m/z\,77 \quad \frac{m_2^2}{m_1} = \frac{77^2}{105} = 56.5$$

$$m/z\,77 \rightarrow m/z\,51 \quad \frac{m_2^2}{m_1} = \frac{51^2}{77} = 33.8$$

⑤ 去除上述 4 式中不合理的化学式。已证明化合物含有苯甲酰基 C_6H_5CO，则其不饱和度 U 应在 5 或 5 以上（苯环 $U=4$，羰基 $U=1$），显然上述 4 个化合物中，C、D 由于不饱和度小于 5，可以排除。此外，化学式中碳、氢、氧原子组成数应符合其比例关系，A 式的 H 数目太少也可以排除。因此，可以确定该化合物的化学式为 B，即 $C_8H_8O_2$。

⑥ 根据推测得到的化学式和部分结构单元（C_6H_5CO），找出剩下的碎片。剩下的碎片离子组成式为：

$$C_8H_8O_2 - C_6H_5CO = CH_3O$$

其可能的结构式是—OCH_3 或—CH_2OH，由此可知该化合物的结构式为：

a. $C_6H_5COOCH_3$ 或 b. $C_6H_5COCH_2OH$

⑦ 根据其它光谱数据来确定结构式。若是化合物 b，在红外光谱上应有羟基伸缩振动吸收峰，但 IR 光谱数据说明在 $3100\sim3700\,cm^{-1}$ 间此化合物没有吸收峰。因此可以肯定此化合物的结构式为 a，即 $C_6H_5COOCH_3$

⑧ $m/z\,105$ 峰可从以下裂解反应式得到解释：

【例 16-5】 有一种未知化合物，从样品来源及初步实验判断是一种酮类化合物，图 16-15 是它的质谱图，试推测结构式。

图 16-15 一种酮类化合物的质谱图

解 ① 确定分子离子峰，求出摩尔质量

酮类化合物的分子离子峰明显，判定质谱图中 $m/z=100$ 的高质量端离子峰是分子离子峰，其摩尔质量 $M=100$。

② 由碎片离子信息得到结构式

a. 分子离子（$m/z=100$）裂解失去—CH_3（相对质量为 15）形成 $m/z=85$ 的碎片离子，此离子再裂解失去 CO（相对质量为 28）形成 $m/z=57$ 的碎片离子。$m/z=57$（$C_4H_9^+$）的碎片离子峰是基峰，说明该离子很稳定并且与分子其余部分相连的化学键易断裂，可能是 $(CH_3)_3C^+$ 离子。

$$\text{酮类化合物} \xrightarrow[\text{裂解}]{-CH_3\cdot} \text{碎片离子} \xrightarrow[\text{裂解}]{-CO} {}^+C(CH_3)_3$$
$$m/z=100 \qquad\qquad m/z=85 \qquad\quad m/z=57$$

b. $m/z=57$（$C_4H_9^+$）碎片离子重排裂解失去 CH_4（相对质量为 16），形成 $m/z=41$（$C_3H_5^+$）的碎片离子。

c. $m/z=57$（$C_4H_9^+$）的碎片离子重排后裂解失去 $CH_2{=}CH_2$（相对质量为 28），形成 $m/z=29$（$C_2H_5^+$）的碎片离子。

酮类化合物的可能结构为：

$$H_3C-\overset{\overset{\textstyle O}{\|}}{C}-C(CH_3)_3$$

③ 分子裂解过程

a. 分子离子裂解

$$H_3C-\overset{\overset{\textstyle O}{\|}\cdot^+}{C}-C(CH_3)_3 \xrightarrow{-CH_3\cdot} \overset{\overset{\textstyle O}{\|}^+}{C}-C(CH_3)_3 \xrightarrow{-CO} {}^+C(CH_3)_3$$
$$m/z=100 \qquad\qquad\qquad m/z=85 \qquad\qquad m/z=57$$

b. 碎片离子裂解

$$\underset{m/z=57}{{}^+C(CH_3)_3} \xrightarrow[\text{重排裂解}]{-CH_4} \underset{m/z=41}{\triangle^+}$$

$$\underset{m/z=57}{{}^+C(CH_3)_3} \xrightarrow{\text{重排}} H_3C-\underset{\underset{\textstyle H}{|}}{\overset{\overset{\textstyle H_2}{|}}{C}}-\overset{+}{C}H-CH_3 \xrightarrow[\text{裂解}]{-H_2C{=}CH_2} \underset{m/z=29}{H_3C-\overset{+}{C}H_2}$$

④ 验证结构式

a. 计算不饱和度：分子的化学式为 $C_6H_{12}O$，$U=1$，存在 C=O 双键。

b. 分子离子失去碎片形成的离子合理，与质谱相符，所推测结构式正确。

16.5 色谱-质联用技术

联用技术是指两种或两种以上的仪器联合在线使用，以实现更快、更有效地分离和分析的技术或方法。最常用的是将分离能力强的色谱技术和结构鉴别能力强的质谱或光谱检测技术结合的联用技术。色谱-质谱联用技术包括气相色谱-质谱联用和液相色谱-质谱联用。

16.5.1 气相色谱-质谱联用

气相色谱-质谱联用技术（GC-MS）简称气-质联用，是应用十分广泛的一种方法。GC-MS 是分离-检测方法的结合。对 MS 而言，GC 是它的进样系统；对 GC 而言，MS 是它的检测器，图 16-16 是气-质联用示意图。

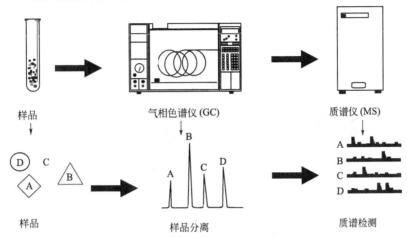

图 16-16　气-质联用示意图

由于质谱是对气相中的离子进行分析，因此 GC 与 MS 的联机困难较小，主要是解决压力上的差异。色谱是常压操作，而质谱是高真空操作，焦点在色谱出口与质谱离子源的连接。由于毛细管柱载气流量小，采用高速抽气泵时，二者就可直接连接。组分被分离后依次进入离子源并电离，载气（氦气）被抽走，图 16-17 为 GC-MS 联用仪的气路系统。

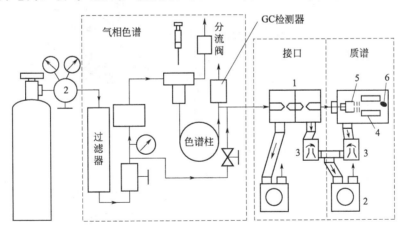

图 16-17　GC-MS 联用仪的气路系统

1—喷射分离器；2—机械泵；3—扩散泵；4—四极质量分析器；5—离子源；6—电子倍增器

质谱仪的采样速度应比毛细管柱出色谱峰的速度要快。质谱作为气相色谱的检测器，可同时得到质谱图和总离子流图（色谱图），因此既可进行定性又可进行定量分析。图 16-18 是一台 GC-MS 联用仪。

GC-MS 可直接用于混合物的分析，可承担如食品分析、工业污水分析、农药残留量的分析、中草药成分的分析等许多色谱法难以进行的分析课题。但 GC-MS 只适用于分析易气化的样品。

16.5.2 液相色谱-质谱联用

液相色谱-质谱联用技术（LC-MS）简称液-质联用，主要用于氨基酸、肽、核苷酸及药物、天然产物的分离分析。液相色谱的应用不受沸点的限制，能对热稳定性差的样品进行分离和定量分析，但定性能力较弱。为此发展了 LC-MS 联用仪，可用于对高极性、热不稳定、难挥发的大分子分析，图 16-19 为 LC-MS 联用仪示意图。

图 16-18　GC-MS 联用仪

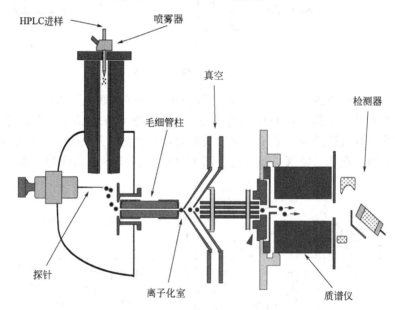

图 16-19　LC-MS 联用仪示意图

LC-MS 中接口技术是关键。由于 LC 分离要使用大量的流动相，有效地除去流动相中大量的溶剂而不损失样品，同时使 LC 分离出来的物质电离，这是 LC-MS 联用的技术难题。LC 流动相组成复杂且极性较强，因此，液相色谱与质谱的联机较 GC-MS 困难要大。液相流动相的流量按分子数目计要比气相色谱的载气高了几个数量级，因而液相色谱与质谱的联机必须通过"接口"完成。

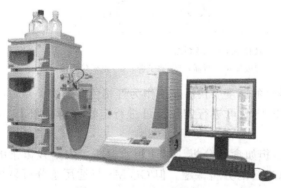

图 16-20　LC-MS 联用仪

"接口"的作用是将溶剂及样品气化；分离掉大量的溶剂分子；完成对样品分子

的电离；在样品分子已电离的情况下最好能进行碰撞诱导断裂。LC-MS 中的"接口"（同时具有电离功能）方式主要有电喷雾电离及大气压化学电离。

LC-MS 联用仪（如图 16-20）是分析相对摩尔质量大、极性强的生物样品不可缺少的分析仪器。如肽和蛋白质的相对摩尔质量的测定，并在临床医学、环保、化工、中草药研究等领域得到了广泛的应用。LC-MS 正在成为生命科学、医药和化学化工领域中重要的分析工具之一。

思 考 题

1. 质谱仪主要由哪些部件组成？各部分的作用是什么？
2. 质谱仪为什么需要高真空条件？
3. 四极杆质谱仪与飞行时间质谱仪主要区别是什么？
4. 如何确定分子离子峰？
5. 什么叫准分子离子峰？什么离子源可以得到准分子离子？
6. 质谱仪有哪些应用？
7. 色谱和质谱联用的主要优势是什么？

习 题

1. 质谱中分子离子能进一步裂解成多种碎片离子，其原因是（   ）。
(1) 加速电场的作用；(2) 碎片离子比分子离子稳定；
(3) 电子流的能量大；(4) 分子之间碰撞。
2. 在质谱图中，CH_3Cl 的 M+2 峰的强度约为 M 的（   ）。
(1) 1/3；   (2) 1/26   (3) 3；   (4) 相当
3. 某化合物的分子式为 $C_8H_{16}O$，质谱图如下图所示，试给出分子结构及峰归属。

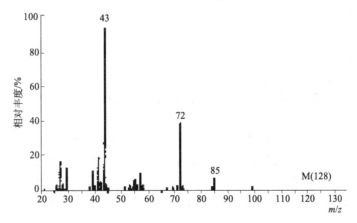

4. 某化合物的质谱图上有 m/z 30 的基峰，它应是下列化合物的哪一个？

A. $CH_3\underset{CH_3}{\overset{CH_3}{\underset{|}{\overset{|}{C}}}}H-CH_2CH_2-NH_2$ B. $CH_3CH_2-\underset{CH_3}{\overset{CH_3}{\underset{|}{\overset{|}{C}}}}-NH_2$ C. $CH_3CH_2-\underset{CH_3}{\overset{H}{\underset{|}{\overset{|}{C}}}}-NHCH_3$

5. 计算下列化合物分子离子峰 M^+ 与同位素离子峰 $(M+1)^+$ 的相对强度。

$C_5H_{10}O_2$ $C_6H_2N_2$ C_7H_2O $C_6H_{14}O$

第17章
电子显微分析技术

17.1 电子显微分析技术概述

1665 年，Robert Hooke（罗伯特·虎克）发明了第一台光学显微镜，人类首次观察到了水中的细小微生物，由此拉开了显微技术的序幕。到了 19 世纪，光学显微镜的应用使医学和生物学取得了很大进步，但由于光波波长对分辨率的限制，光学显微镜的放大倍数已不能满足科学家探索微观世界的需要。

1931 年，Ruska（卢斯卡）和 Knoll（科诺尔）根据磁场可以会聚电子束这一原理证明了制造电子显微镜（简称电镜）的可能性，并且在随后的几年里使电镜的分辨率逐步提高。1938 年，Ruska 等在西门子公司研制成功分辨率为 10nm 的电镜，并在 1939 年正式作为商品使用。

电子显微技术使人类进入了超微结构研究的新领域。1952 年，英国工程师 Charles Oatley 制造出了第一台扫描电子显微镜，并于 1965 年在英国剑桥仪器公司出产第一台商品扫描电镜。

从此以后，随着技术的进步，电镜的分辨率不断提高，并逐渐派生出各种新型的电镜种类。除普通的扫描电镜和透射电镜，已开发应用的电镜还有场致发射电镜、环境扫描电镜、扫描透射电镜、高压及超高压电镜等多种形式，并且通过配备 X 射线能谱仪、波谱仪等相应的配件，使得电镜在进行微观形貌观察的同时，可以进一步对微区的成分信息进行深入的研究，不仅可以获得原子尺度的图像，甚至可以用探针对单个原子和分子进行操纵，重塑材料表面。

20 世纪电子显微技术的兴起，为人类获得新型材料以及促进现代医学等各学科的发展创造了条件，例如应用广泛的纳米材料就是在电子显微技术的基础上发展起来的，肝炎病毒也是通过电子显微镜观察到的。总之，电子显微技术的进步为 21 世纪科学技术的飞速发展奠定了基础。

17.2 电子光学基础

17.2.1 显微镜的分辨率极限

自 Robert Hooke 发明第一台光学显微镜以来，随着科技的进步，光学显微镜已逐渐改进到非常完善的程度。但是，随着人们对物质结构的深入研究与不断认识，光学显微镜则逐渐变得无能为力，为了看到更微细的结构，科学家尽管作了大量的研究，但却再也无法提高光学显微镜的分辨率。但由此而逐渐产生的电子显微技术使人类认识微观世界的能力从此有了长足的发展。

通俗地讲，分辨率（又称分辨本领）是指人们借助显微仪器所能看到物体内部的最小间隙或距离（Δr_0）。如果指的是两点之间的最小距离，则称为点分辨率；如果指的是两个线条或两个晶面之间的距离，则称为线分辨率（或晶格分辨率）。光学显微镜由于采用可见光作为照明源，存在一个无法超越的分辨率极限范围，光学透镜能分辨的两点间的最小距离 Δr_0，取决于照明波长 λ，也即半波长是光学玻璃透镜分辨本领的理论极限，如式（17-1）所示。

$$\Delta r_0 \approx \frac{\lambda}{2} \tag{17-1}$$

由于可见光的波长大致在 $400 \sim 800nm$ 之间，所以，最佳情况下，光学玻璃透镜的分辨本领极限值可达 200nm 左右。

人眼的分辨本领 Δr_e 大约是 0.2mm，光学显微镜必须提供足够的放大倍数，把微观结构中的最小距离放大到人眼所能分辨的程度，这个放大倍数称为显微镜的有效放大倍数，可用 $M_{有效}$ ［式（17-2）］表示。

$$M_{有效} = \frac{\Delta r_e}{\Delta r_0} \tag{17-2}$$

因此，$M_{有效}$ 一般为 1000 倍左右。为了使人眼观察起来不感到吃力，实际制作显微镜时可以将倍率放大，但更大的倍数对提高分辨率没有作用，只是一种"空放大"。因此，光学显微镜的放大倍数就是根据上述原则确定的，一般最高为 $1000 \sim 1500$ 倍。

由光学显微镜的分辨率极限可知，要提高显微镜的分辨率，就必须减小照明光源的波长。根据德布罗意的观点，运动的电子除了具有粒子性外，还具有波动性，这一点和可见光相似。电子波不仅具有短波长，而且还可有效地发生偏转和聚集，所以可以把电子波作为照明光源。

表 17-1 列出了不同加速电压所对应的电子波波长。可见，电子波长比可见光波长短得多，$50 \sim 100kV$ 电子波长为 $0.00536 \sim 0.00370nm$，约为可见光的十万分之一。因此，用电子束作为照明源理论上可以得到的分辨本领约为 0.002nm。

表 17-1 不同加速电压下的电子波波长

加速电压 U/kV	电子波长 λ/nm	加速电压 U/kV	电子波长 λ/nm
1	0.0388	10	0.0122
2	0.0274	30	0.00698
3	0.0224	50	0.00536
4	0.0194	100	0.00370
5	0.0173	500	0.00142

17.2.2 电子与物质的相互作用

电子束与样品相互作用产生的各种信号是电子显微镜获得广泛应用的基础。图 17-1 表示了当电子束入射到样品以后产生的主要物理信号，应用这些信号可以获取样品表面及内部的微区结构、形貌以及微区的元素种类、元素分布等信息，形成具有不同特色的各种分析方法。图 17-2 显示了不同的信号在样品中的不同作用区域。

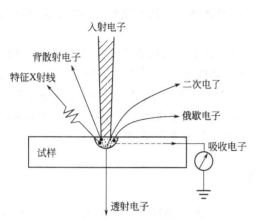

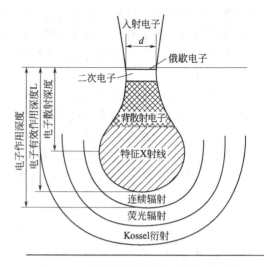

图 17-1　电子束与样品相互作用产生的信号　　　　图 17-2　不同信号在样品中的作用区域

17.2.2.1　二次电子 （Secondary electron，简称 SE）

被入射电子轰击出来的样品核外电子叫做二次电子，又称为次级电子。二次电子的成因是由于高能入射电子与样品原子核外电子相互作用，使核外电子电离产生的。尤其是外层电子与原子核结合力较弱时，会被大量电离形成自由电子，如果这种过程发生在样品表层，自由电子只要克服材料的逸出功，就能离开样品，成为二次电子，二次电子绝大部分为价电子。一个能量很高的入射电子射入样品时，可以产生许多自由电子，这些自由电子中 90% 是来自样品原子外层的电子。入射电子在样品深处同样产生二次电子，但由于二次电子能量小，不能出射。

二次电子具有以下特点：

① 能量较低，只有几电子伏；

② 一般来自样品表层几十至几百纳米深度范围内，可以有效地显示样品的表面形貌。但随着深度增加，二次电子由于能量的消耗，易为样品吸收。

③ 二次电子产额与样品中原子的原子序数关系不大。

根据上述特点，利用二次电子能够完全反映样品的表面形貌特征，而且成像分辨率较高，因此二次电子是扫描电镜的主要成像信号。

17.2.2.2　背散射电子 （Back scattered electron，简称 BSE）

被固体样品中原子反射回来的一部分入射电子称为背散射电子。其中某些仅受到单次（或有限的几次）大角散射，即刻反射出样品，基本保持了入射电子的能量，称为弹性背散射电子（能量不变）；还有些电子在样品内部经过多次的非弹性散射，能量损失越来越多，称为非弹性背散射电子（能量有损失）。

背散射电子具有以下特点：

（1）弹性背散射电子由于能量等于入射电子，能量高，可达数千到数万电子伏；非弹性背散射电子能量分布宽，从数十电子伏到数千电子伏；

（2）一般来自样品表层几百纳米～1 微米深度范围内；

（3）产额随样品中原子的原子序数增大而增多。

根据背散射电子的特点，利用它既可用作表面形貌分析，也可以用来显示原子序数衬度，定性地显示样品内元素的分布状态。

17.2.2.3 吸收电子（Absorbed electron，简称 AE）

随着与样品中原子核或核外电子发生非弹性散射次数的增多，其能量和活动能力不断降低，以致最后被样品所吸收的入射电子称为吸收电子。

样品产生的背散射电子越多，吸收电子就越少。背散射电子与样品的成分有关，吸收电子同样与样品成分有关。吸收电子形成的电流经放大后可以成像，效果与背散射像的衬度相反。

17.2.2.4 特征 X 射线（Characteristic X-ray）

特征 X 射线是原子的内层电子受到激发之后，在能级跃迁过程中直接释放的具有特征能量和波长的一种电磁波辐射。入射高能电子受样品原子的非弹性散射，将其能量传递给原子而使其中某个内壳层的电子被电离，并脱离该原子，内壳层上出现一个空位，原子处于不稳定的高能激发态，在激发后的 10^{-12} s 内原子便恢复到最低能量的基态，在这个过程中，外层电子向内层空位跃迁并产生 X 射线或俄歇电子，释放出多余的能量。

由于每一原子轨道的能级是特定的，利用 X 射线的特征波长或特征能量，可以判定样品中微区的元素成分。用于分析的仪器主要有两种，一种是 X 射线能量色散谱仪（EDS），简称能谱仪；另一种是 X 射线波长色散谱仪（WDS），简称波谱仪。

17.2.2.5 透射电子（Transmitted electron，简称 TE）

入射束的电子透过样品而得到的电子称为透射电子。当样品的厚度小于入射电子的有效穿透深度（或全吸收厚度）时，就会有相当数量的入射电子穿透样品而成为透射电子。

透射电镜中利用透射电子成像和衍射可以观察和分析样品的微观形貌和微区成分信息。

17.2.2.6 俄歇电子（Auger electron）

在入射电子激发样品的特征 X 射线过程中，如果在原子内层电子能级跃迁过程中释放出来的能量并不以 X 射线的形式发射出去，而是用这部分能量把填充空穴的电子同一壳层内的另一个电子激发出去（或使填充空位电子层的外层电子发射出去），这个被电离出来的电子称为俄歇电子。一般有效的作用深度在 1nm 以内。

利用俄歇电子信号进行元素分析的相应仪器是俄歇电子谱仪。由于轻元素（质子数 $Z<30$）受激发时放出的俄歇电子较多，所以俄歇电子谱仪适用于轻元素的分析。

除了以上的各种信号以外，电子束与样品作用还会产生阴极荧光、电子束感应效应和电动势等信号，这些信号经过调制后也可以用于样品的相关分析。

17.2.3 电磁透镜

由于电子波与光波不同，不能通过玻璃透镜来会聚和发散。在电子显微分析中，可以使用电场和磁场共同作用来实现这一功能。利用电场做成的透镜被称之为"静电透镜"；利用磁场来使电子波聚焦成像的装置则称之为"电磁透镜"。在电镜中，除了发射电子的电子枪是静电透镜外，其余的透镜都是电磁透镜，如图 17-3 所示。

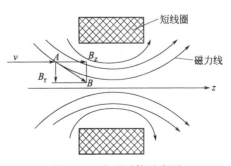

图 17-3 电磁透镜示意图

已知光学透镜的极限分辨率是照明源波长的一半。但是，由于衍射效应及像差等因素的影响，实际上很难达到这一极限分辨率。对于电磁透镜来说，其分辨率也同样低于理论分析值。在电磁透镜中，存在几何像差和色差两种像差。几何像差是由于透镜磁场几何形状上的缺陷而造成的，主要指球差和像散。球差即球面像差，是由于电磁透镜的中心区域和边缘区域对电子的折射能力不符合预定的规律而造成的；像散是由透镜磁场的非旋转对称而引起的。色差是由于电子波的波长或能量发生一定幅度的改变而造成的，例如，加速电压改变时，或者电子穿过样品时发生非弹性散射等。

在电磁透镜中，球差对分辨率的影响最为重要，因为没有一种简便有效的方法能够矫正它，而其它像差，只要在设计、制造和使用时采取适当措施，基本可以减小或消除。

17.3 透射电子显微镜

17.3.1 透射电子显微镜概述

透射电子显微镜（Transmitting electron microscope，简称 TEM）是以波长很短的电子束作照明源，用电磁透镜聚焦成像的一种具有高分辨本领、高放大倍数的电子光学仪器，图 17-4 给出了一种透射电镜外观图。它同时具备两大功能：物相分析和组织分析。物相分析是利用电子和晶体物质作用可以发生衍射的特点，获得物相的衍射花样；而组织分析则是利用电子波遵循阿贝成像原理，可以通过干涉成像的特点，获得各种衬度图像。

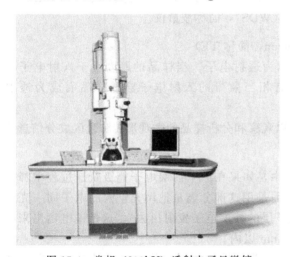

图 17-4　常规（200kV）透射电子显微镜

17.3.2 透射电镜的基本结构及工作原理

通常透射电镜由电子光学系统、电源系统、真空系统、循环冷却系统和控制系统组成，其中电子光学系统是电镜的主要组成部分。图 17-5 是电子光学系统的组成部分示意图。由图可见透射电子显微镜电子光学系统是一种积木式结构，上面是照明系统、中间是成像系统，下面是观察与记录系统。

17.3.2.1 照明系统

照明系统的作用就是提供一束亮度高、照明孔径角小、平行度好、束流稳定的照明电子束，主要由电子枪和聚光镜组成。电子枪是发射电子的照明光源，聚光镜是把电子枪发射出来的电子会聚而成的交叉点进一步会聚后照射到样品上。

（1）电子枪

电子枪是透射电子显微镜的电子源，主要有两类：一类为热电子源，即在加热时产生电子；另一类为场发射源，即在强电场作用下产生电子。目前绝大多数透射电镜仍使用热电子源，如常用的热阴极三极电子枪，它由发夹形钨丝阴极、栅极和阳极组成，如图 17-6 所示。

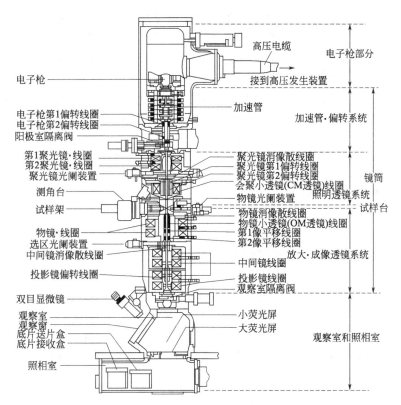

图 17-5 透射 (JEM-2010F) 电子光学系统组成部分示意图

图 17-6(a)为电子枪的自偏压回路，负的高压直接加在栅极上。而阴极和负高压之间因加上了一个偏压电阻，使栅极和阴极之间有一个数百伏甚至近千伏的电位差。因此栅极比阴极电位值更负，所以可以用栅极来控制阴极的发射电子有效区域。当阴极流向阳极的电子数量加大时，在偏压电阻两端的电位值增加，使栅极电位比阴极电位负得更多，由此可以减小灯丝有效发射区域的面积，束流随之减小。当束流减小时，偏压电阻两端的电压随之下降，致使栅极和阴极之间的电位接近。此时，栅极排斥阴极发射电子的能力减小，束流又可以上升。因此，自偏压回路可以起到限制和稳定束流的作用。

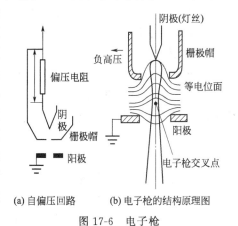

(a) 自偏压回路　　(b) 电子枪的结构原理图

图 17-6　电子枪

　　图 17-6(b)是电子枪的结构原理图，它反映了阴极、栅极和阳极之间的等位面分布情况，这是电镜中唯一的静电透镜。由于栅极的电位比阴极负，所以自阴极端点引出的等位面在空间呈弯曲状。在阴极和阳极之间的某一处，电子束会汇集成一个交叉点，这就是通常所说的电子源。交叉点处电子束直径约几十微米。

　　(2) 聚光镜

　　样品上需要照明的区域大小与放大倍数有关，放大倍数越高，照明区域越小，相应地要求照明样品的电子束越细。聚光镜就是用来汇聚电子枪射出的电子束，以最小的损失照明样品，调节照明强度、孔径角和束斑大小的。现代电镜一般都采用双聚光镜系统，如图 17-7

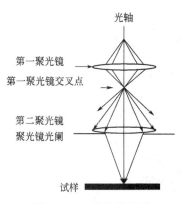

第一聚光镜

第一聚光镜交叉点

第二聚光镜
聚光镜光阑

试样

图 17-7 双聚光镜照明
系统光路图

所示。第一聚光镜是强激磁透镜，它通常保持不变，其作用是将电子枪的交叉点成一缩小的像，其束斑缩小率约为 $1/10 \sim 1/50$，将电子枪第一交叉点束斑直径缩小为 $1\mu m \sim 5\mu m$；照明电子束的束斑尺寸及相干性的调整是通过第二聚光镜和其聚光镜光阑来实现的，第二聚光镜是弱激磁透镜，为获得尽可能平行的电子束，通常要适当地减弱其激磁电流。通过第一和第二聚光镜可以获得几微米的近似平行的电子束，相应的放大倍数范围为几千至十几万倍。

17.3.2.2　成像系统

透射电子显微镜的成像系统主要由物镜、中间镜和投影镜组成。成像系统的两个基本操作是将衍射花样或图像投影到荧光屏上。

（1）物镜

物镜是用来形成第一幅高分辨率电子显微图像或电子衍射花样的透镜。透射电子显微镜分辨本领的高低主要取决于物镜，因为物镜的任何缺陷都将被成像系统中其它透镜进一步放大。欲获得物镜的高分辨率，必须尽可能降低像差。通常采用强激磁、短焦距的物镜。

物镜是一个强激磁短焦距的透镜，它的放大倍数较高，一般为 $100 \sim 300$ 倍。目前，具有高质量物镜的电子显微镜其分辨率可达 0.1nm 左右。

物镜的分辨率主要取决于透镜内极靴的形状和加工精度。一般来说，极靴的内孔和上下级之间的距离越小，物镜的分辨率就越高。为了减少物镜的球差，往往在物镜的后焦面上安放一个物镜光阑。物镜光阑不仅具有减少球差、像散和色差的作用，而且可以提高图像的衬度。此外，物镜光阑位于后焦面的位置上时，可以方便地进行暗场及衬度成像的操作。

在用电子显微镜进行图像分析时，物镜和样品之间和距离总是固定不变的（即物距不变）。因此改变物镜放大倍数进行成像时，主要是改变物镜的焦距和像距来满足成像条件。

电磁透镜成像和光学透镜成像一样可分为两个过程：

① 平行电子束与样品作用产生衍射波经物镜聚焦后在物镜背焦面形成衍射斑，即物的结构信息通过衍射斑呈现出来。

② 背焦面上的衍射斑发出的球面次级波通过干涉重新在像面上形成反映样品特征的像。

（2）中间镜

中间镜是一个弱激磁的长焦距变倍透镜，放大倍数（M）可在 $0 \sim 20$ 倍范围内调节。当 $M>1$ 时，用来进一步放大物镜的像；当 $M<1$ 时，用来缩小物镜的像。在电镜操作过程中，主要是利用中间镜的可变倍率来控制电镜的放大倍数。

如果把中间镜的物平面和物镜的背焦面重合，则在荧光屏上得到一幅电子衍射花样，这就是电子显微镜中的电子衍射操作，如图 17-8(a) 所示。如果把中间镜的物平面和物镜的像平面重合，则在荧光屏上得到一幅放大像，这就是电子显微镜中的高倍放大操作，如图 17-8(b) 所示。

（3）投影镜

投影镜和物镜一样属短焦距的强磁透镜，它的作用是把经中间镜放大的像（或电子衍射花样）进一步放大，并投影到荧光屏上。因为成像电子束进入投影镜时孔径角很小（约 10^{-3} rad），因此它的景深和焦距都非常大。这使改变中间镜的放大倍数，无需调整投影镜电

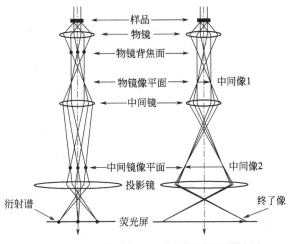

图 17-8　透射电镜成像系统的两种基本操作光路

流（激磁电流是固定），也不会影响图像的清晰度。有时，中间镜的像平面还会出现一定的位移，由于这个位移距离仍处于投影镜的景深范围之内，因此，在荧光屏上的图像仍旧是清晰的。

目前，高性能的透射电子显微镜大都采用五级透镜放大，即中间镜和投影镜各有两级，分第一中间镜和第二中间镜，第一投影镜和第二投影镜。

17.3.2.3　观察与记录系统

图像观察与记录系统包括荧光屏、照相机和数据显示等部分组成，在荧光屏下面放置一个可以自动换片的照相暗盒，照相时只要把荧光屏竖起，电子束即可使照相底片曝光。由于透射电子显微镜的焦长很长，虽然荧光屏和底片之间有数十厘米的间距，仍能得到清晰的图像。目前很多透射电镜都配有数字化 CCD 照相系统，能够直接得到观察结果的数码照片。

17.3.3　透射电镜的成像衬度原理

17.3.3.1　衬度的定义

透射电镜中，所有的显微像都是衬度像。所谓衬度是指两个相邻部分的电子束强度差，衬度 C 大小用式（17-3）表示。

$$C=\frac{I_1-I_2}{I_2}=\frac{\Delta I}{I_2} \tag{17-3}$$

对于光学显微镜，衬度来源是材料各部分反射光的能力不同。在透射电镜中，当电子逸出样品下表面时，由于试样对电子束的作用，使得透射到荧光屏上强度是不均匀的，这种强度不均匀的电子像称为像衬度。透射电镜的像衬度与所研究的样品材料自身的组织结构、所采用的成像操作方式和成像条件有关，只有了解像衬度的形成机理，才能对各种具体的图像给以正确的解释，这是进行材料电子显微分析的前提。

17.3.3.2　衬度类型

透射电镜的像衬度来源于样品对入射电子束的散射，当电子波穿越样品时，其振幅和相位都会发生变化，这些变化都能够产生衬度。所以，透射电镜像衬度从根本上可分为振幅衬度和相位衬度。在通常情况下，这两种衬度会同时作用于一幅图像，只不过其中一种占主导而已。其中振幅衬度可分为两种基本类型：质厚衬度、衍射衬度。

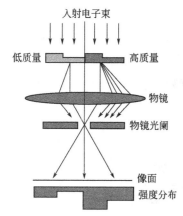

图 17-9 质厚衬度的成像光路图

（1）质厚衬度

质厚衬度是由于材料的质量厚度差异造成的透射束强度的差异而产生的衬度（主要用于非晶材料）。在元素周期表上处于不同位置（原子序数不同）的元素，对电子的散射能力不同。重元素比轻元素散射能力强，成像时被散射出光阑以外的电子也就越多，此外，随样品厚度增加，对电子的吸收越多，被散射到物镜光阑外的电子也越多，而通过物镜光阑参与成像的电子强度就越低，所以样品图像上原子序数较高或样品较厚的区域较黑，而原子序数较低或样品较薄的区域较亮，如图 17-9 所示。

通常用散射几率（dN/N）的概念来描述电子束通过一定直径的物镜光阑被散射到光阑外的强弱。显然散射几率越大，图像上接受到的强度越弱，相应位置的衬度就越暗。反之，图像就有较亮的衬度。散射几率用式(17-4) 表示。

$$\frac{dN}{N} = -\frac{\rho N_A}{A}\left(\frac{Z^2 e^2 \pi}{V^2 \alpha^2}\right) \times \left(1+\frac{1}{Z}\right) dt \tag{17-4}$$

式中，α 为散射角；ρ 为物质密度；e 为电子电荷；A 为原子量；N_A 为阿伏伽德罗常数；Z 为元素原子序数；V 为电子枪加速电压；t 为试样厚度。

由式(17-4) 可知，试样愈薄，原子序数愈小，密度愈小，加速电压愈高，被散射到物镜光阑以外的几率愈小，通过光阑参加成像的电子束强度愈大，该处就获得较亮的衬度。一般认为肉眼能辨别的最低衬度应不小于 5％，如若是同种材料，则材料必须具有最小的厚度差，相邻区域厚度差别越大，图像衬度越高。

（2）衍射衬度

由于样品各处衍射束强度的差异形成的衬度称为衍射衬度（主要用于晶体材料）。影响衍射强度的主要因素是晶体取向和结构振幅。对于没有成分差异的单相材料，衍射衬度是由样品各处满足布拉格反射条件的程度不同而形成的。如图 17-10 所示，晶体薄膜里有两个晶粒 A 和 B，它们之间的唯一的差别在于它们的晶体学位向不同，其中 A 晶粒内的所有晶面组与入射束不成布拉格角，强度为 I_0 的入射束穿过试样时，A 晶粒不产生衍射，透射束强度等于入射束强度，即 $I_A = I_0$，而 B 晶粒的某 (hkl) 晶面组恰好与入射方向成精确的布拉格角，而其余的晶面均与衍射条件存在较大的偏差，即 B 晶粒的位向满足"双光束条件"。此时，(hkl) 晶面产生衍射，衍射束强度为 I_{hkl}。如果假定对于足够薄的样品，入射电子受到的吸收效应可不予考虑，且在所谓"双光束条件"下忽略所有其它较弱的衍射束，则强度为 I_0 的入射电子束在 B 晶粒区域内经过散射之后，将成为强度为 I_{hkl} 的衍射束和强度为 I_0-I_{hkl} 的透射束两个部分。如果让透射束进入物镜光阑，而将衍射束挡掉，在荧光屏上，A 晶粒比 B 晶粒亮，就得到明场像。如果把物镜光阑孔套住 (hkl) 衍射斑，而把透射束挡掉，则 B 晶粒比 A 晶粒亮，就得到暗场像。

在明场像形貌中，较暗的晶粒都含有符合布拉格方程较好的晶面，经过这些晶粒的大部分入射束都被衍射开来，并被光阑挡掉，无法参与成像，因此图像较暗；而越明亮的晶粒，透过的电子越多，说明衍射束较弱，偏离布拉格条件较远。在暗场像条件下，像点的亮度直接等于样品上相应物点在光阑孔所选定的那个方向上的衍射强度，而明场像的衬度特征是与暗场像互补的。正因为衍衬像是由衍射强度差别所产生的，所以衍衬图像是样品内不同部位

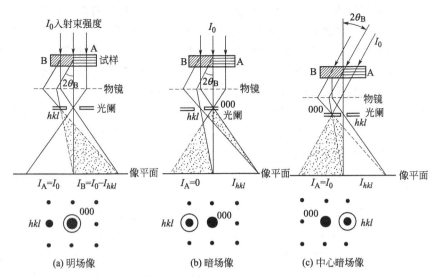

图 17-10　衍射衬度的成像原理

晶体学特征的直接反映。

（3）相位衬度

相位衬度是多束干涉成像，当让透射束和尽可能多的衍射束携带它们的振幅和相位信息

一起通过样品时，通过与样品的相互作用，就能得到由于相位差而形成的能够反映样品真实结构的衬度（高分辨像）。如果所用试样厚度小于100nm，甚至30nm，就能够让多束衍射光束穿过物镜光阑彼此相干成像，像的可分辨细节取决于入射波被试样散射引起的相位变化和物镜球差、散焦引起的附加相位差的选择。它追求的是试样原子及其排列状态的直接显示。一束单色平行的电子波射入试样内，与试样内原子相互作用，发生振幅和相位变化。当其逸出试样下表面时，成为不同于原入射波的透射波和各级衍射波。但如果试样很薄，衍射波振幅极小，透射波振幅基本上与入射波振幅相同，非弹性散射可忽略不计。衍射波与透射波间的相位差为 $\pi/2$。如果物镜没有相差，且处于正焦状态，而光阑也足够大，使透射波与衍射波得以同时穿过光阑相干。相干结果产生的合成波的振幅与入射波

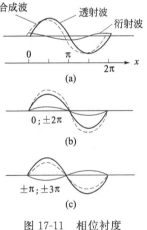

图 17-11　相位衬度
形成示意图

相同，只是相位稍许不同。由于振幅没变，因而强度不变，所以没有衬度。要想产生衬度，必须引入一个附加相位，使所产生的衍射波与透射波处于相等的或相反的相位位置，也就是说，让衍射波沿图 X 轴向右或向左移动 $\pi/2$，这样，透射波与衍射波相干就会导致振幅增加或减少，从而使像强度发生变化，相位衬度得到了显示，如图 17-11 所示。

在相位衬度的成像模式下，可以获得高分辨率的晶格点阵像和晶格结构像，能够展示材料物质在原子尺度上的精细结构。

17.3.4　电子衍射

17.3.4.1　电子衍射原理

电子衍射是现代研究物质微观结构的重要手段之一，是电子显微学的重要分支。电子衍

射分析可通过电子衍射仪或电子显微镜来实现。电子衍射分为低能电子衍射和高能电子衍射，两者的区别在于电子加速电压的大小，前者电子加速电压较低（10V～500V），电子能量低。电子的波动性就是利用低能电子衍射得到证实的。目前，低能电子衍射广泛用于表面结构分析。而高能电子衍射的加速电压通常大于100kV，电子显微镜中的电子衍射就是高能电子衍射。普通电子显微镜的"宽束"衍射（束斑直径约为1μm）只能得到较大体积内的统计平均信息，而微束衍射（电子束<1～50nm）可研究材料中亚纳米尺度颗粒、单个位错、层错、畴界面和无序结构，可测定点群和空间群。电子显微镜中电子衍射的优点是可以原位同时得到微观形貌和结构信息，并能进行对照分析。电子显微镜物镜背焦面上的衍射图常称为电子衍射花样。电子衍射作为一种独特的结构分析方法，在材料科学中得到了广泛应用，主要有以下3个方面：

① 物相分析和结构分析；②确定晶体位向；③确定晶体缺陷结构及晶体学特征。

电子衍射的原理和X射线衍射相似，是以满足（或基本满足）布拉格方程作为产生衍射的必要条件。两种衍射技术得到的衍射花样在几何特征上也大致相似。单晶衍射花样由许多排列得十分规整的亮斑所组成，多晶体的电子衍射花样是一系列不同半径的同心圆环，而非晶体物质的衍射花样是一个漫散的中心斑点（图17-12）。

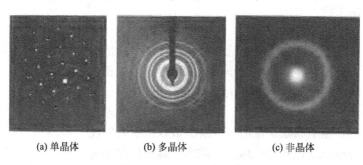

(a)单晶体   (b)多晶体   (c)非晶体

图 17-12　电子衍射图像

17.3.4.2　选区电子衍射

选区衍射就是在样品上选择一个感兴趣的区域，并限制其大小，从而得到该微区电子衍射图的方法。

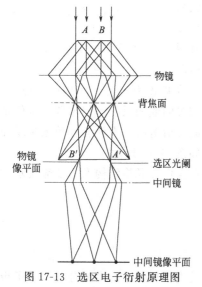

图 17-13　选区电子衍射原理图

图17-13为选区电子衍射的原理图。入射电子束通过样品后，透射束和衍射束将汇集到物镜的背焦面上形成衍射花样，然后各斑点经干涉后重新在像平面上成像。图中上方水平方向的箭头表示样品，物镜像平面处的箭头是样品的一次像。如果在物镜的像平面处加入一个选区光阑，那么只有$A'B'$范围的成像电子能够通过选区光阑，并最终在荧光屏上形成衍射花样。这一部分的衍射花样实际上是由样品的AB范围提供的。选区光阑的直径约在20～300μm之间，若物镜放大倍数为50倍，则选用直径为50μm的选区光阑就可以套取样品上任何直径$d=1μm$的结构细节。

选区光阑的水平位置在电镜中是固定不变的，因此在进行正确的选区操作时，物镜的像平面和中间镜的物平面都必须和选区光阑的水平位置平齐。即图像和光阑孔边缘都聚焦清晰，说明它们在同一个平面上。如果物镜的像平面和中间镜的物平面重合于光阑的上方或下方，在荧光屏上仍能得到清晰的图像，但因所选的区域发生偏差而使衍射斑点不能和图像一一对应。

选区衍射所选的区域很小，因此能在晶粒十分细小的多晶体样品内选取单个晶粒进行分析，从而为研究材料单晶体结构提供了有利的条件。图 17-14 为 ZrO_2-CeO_2 陶瓷相变组织的选区衍射照片。图 17-14(a) 为母相和条状新相共同参与衍射的结果．而图 17-14(b) 为只有母相参与衍射的结果。

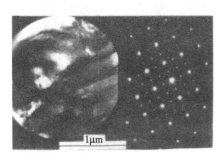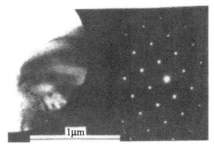

(a) 母相与条状新相共同参与衍射的结果　　　(b) 只有基本体母相衍射的结果

图 17-14　ZrO_2-CeO_2 陶瓷选区衍射结果

17.3.5　试样的制备方法

制备好的试样是电镜分析的首要前提，由透射电镜的工作原理可知，供透射电镜分析的样品必须对电子束是透明的，通常样品观察区域的厚度以控制在 $100 \sim 200nm$ 为宜。此外所制得的样品还必须具有代表性和分析材料的某些特征，因此，样品制备时不可影响这些特征。

样品制备时对样品的要求：

① 样品必须是固体　因为电镜都在高真空环境下测试，只能直接测定固体样品，对于样品中所含水分及易挥发物质应预先除去，否则会引起样品爆裂；

② 样品要小　直径不能超过 3mm；

③ 样品要薄　厚度小于 200nm；

④ 样品必须非常清洁　因为在高倍放大时，一颗小尘埃会像乒乓球那么大，所以很小的污染物也会给分析带来干扰；

⑤ 样品要具有一定强度和稳定性　如高分子材料往往不耐电子损伤，允许观察的时间较短（几分钟甚至几秒钟），所以观察时应避免在一个区域持续太久。

透射电镜在材料的研究中所用的试样大致可分为三类：

① 粉末样品，如一些纳米粒子，主要用于形态观察、颗粒度测定、结构分析等；

② 试样的表面复型，是先把欲观察试样的表面形貌用适宜的非晶体物质复制下来，然后进行测试，这种试样多用于金相组织、端口形貌、形变条文、磨损表面、第二相形态及其分布、萃取相结构分析等；

③ 薄膜样品，它可以做静态观察，如金相组织、析出形态、分布、结构及基本取向关系、位错类型、分布、密度和能量，也可做动态观察，如相变、形态、位错运动及相互作用等。

17.3.5.1　粉末试样制备

随着材料科学的发展，超细粉体及纳米材料发展很快，而粉末的颗粒尺寸大小、尺寸分布及形状对最终制成材料的性能有显著影响，因此，如何用透射电镜来观察超细粉末的尺寸和形态，便成为电子显微分析一项重要内容。其关键的工作是粉末样品的制备，样品制备的关键是如何将超细粉体的颗粒分散开来，各自独立而不团聚。图 17-15 为修饰过的 SiO_2 微球的照片。

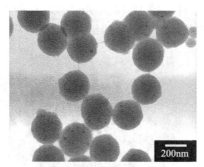 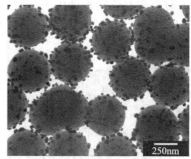

(a) 嵌有Ag纳米粒子的SiO₂微球   (b) 包覆Ag纳米粒子的SiO₂微球

图 17-15　修饰过的 SiO_2 微球

（1）胶粉混合法

在干净玻璃片上滴火棉胶溶液，然后在玻璃片胶液上放少许粉末并搅匀，再将另一玻璃片压上，两玻璃片对研并突然抽开，待膜干燥。用刀片划成小方格，将玻璃片斜插入盛水烧杯中，并在水面上下反复抽动，膜片逐渐脱落，用铜网将方形膜捞出，待观察。图 17-16 为胶粉混合法制样的透射电镜照片。

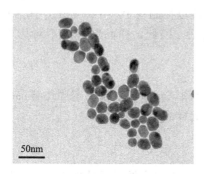 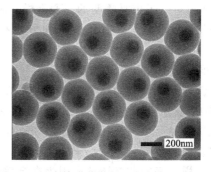

图 17-16　胶粉混合法制备样品照片   图 17-17　支持膜分散粉末法制备样品照片

（2）支持膜分散粉末法

需透射电镜分析的粉末颗粒一般都远小于铜网孔隙，因此要在铜网上制备一层对电子束透明的支持膜。常用的支持膜有火棉胶膜和碳膜，将支持膜固定在铜网上，再把粉末放置在膜上送入电镜样品室进行分析。

粉末或颗粒样品制备的成败关键取决于能否使其均匀的分散在支撑膜上。通常用超声波仪，把要观察的粉末或颗粒样品分散在水或其它溶剂中。然后，用滴管取一滴悬浮液并将其粘附在有支撑膜的铜网上，静置干燥后即可供观察。为了防止粉末在测试过程中被电子束打落污染镜筒，可在粉末上加喷一层薄碳膜，使粉末夹在两层膜中间。图 17-17 为支持膜分散粉末法制备的样品照片。

17.3.5.2　复型技术

复型是把准备观察的试样的表面形貌（表面显微组织浮凸）用适宜的非晶薄膜复制下

来，然后对这个复制膜进行透射电镜观察与分析。复型适用于金相组织、断口形貌、形变条纹、磨损表面、第二相形态及分布等。使用这种方法主要是因为早期透射电子显微镜的制造水平有限和制样水平不高，难以对实际样品进行直接观察分析。近年来扫描电子显微镜分析技术和金属薄膜技术发展很快，复型技术几乎为上述两种分析方法所代替。但是，用复型观察断口比扫描电镜的断口清晰，且复型金相组织和光学金相组织之间的相似，致使复型电镜分析技术至今有人偶尔采用，但更多的是萃取复型。

制备复型的材料本身必须是"无结构"的，即要求复型材料在高倍成像时也不显示其本身的任何结构细节，这样就不致干扰被复制表面的形貌观察和分析。常用的复型材料有塑料，真空蒸发沉积碳膜（均为非晶态物质）。

复型方法有一级复型法、二级复型法和萃取复型法三种。

（1）一级复型

① 塑料一级复型 塑料一级复型过程如图 17-18 所示。在已制备好的金相样品或断口样品上滴几滴体积浓度为 1%的火棉胶醋酸戊酯溶液或醋酸纤维素丙酮溶液，溶液在样品表面展平，多余的溶液用滤纸吸掉，待溶剂蒸发后样品表面即留下一层 100nm 左右的塑料薄膜。把这层塑料薄膜小心地从样品表面上揭下来，剪成对角线小于 3mm 的小方块后，就可以放在直径为 3mm 的专用铜网上，进行透射电子显微分析。从图 17-18 中可以看出，这种复型是负复型，也就是说样品上凸出部分在复型上是凹下去的。在电子束垂直照射下，复型所得样品的不同部分厚度是不一样的，根据质厚衬度的原理，厚的部分透过的电子束弱，而薄的部分透过的电子束强，从而在荧光屏上形成一个具有衬度的图像。

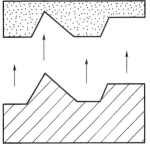

图 17-18 塑料一级复型

在进行复型操作之前，样品的表面必须充分清洗，否则一些污染物滞留在样品上将使负复型的图像失真。塑料一级复型的制备方法十分简便，且不破坏样品，但塑料的分子较大，使复型结果分辨率较低，而且在电子束照射下容易分解。塑料一级复型大都只能做金相样品的分析，而不宜做表面起伏较大的断口分析，因为当断口上的高度差比较大时，无法做出较薄的可被电子束透过的复型膜。

② 碳一级复型 为了克服塑料一级复型的缺点，在电镜分析时常采用碳一级复型。碳膜一级复型是一种正复型，它的复型过程如图 17-19 所示。制备这种复型的过程是直接把表面清洁的金相样品放入真空镀膜装置中，在垂直方向上向样品表面蒸镀一层厚度为数十纳米的碳膜。蒸发沉积层的厚度可用放在金相样品旁边的乳白瓷片的颜色变化来估计。在瓷片上事先滴一滴油，喷碳时油滴部分的瓷片不沉积碳而基本保持本色，其它部分随着碳膜变厚渐渐变成浅棕色和深棕色。一般情况下，瓷片呈浅棕色时，碳膜的厚度正好符合要求。把喷有碳膜的样品用小刀划成对角线小于 3mm 的小方块，然后把此样品放入配好的分离液内进行电解或化学分离。电解分离时，样品通正电作阳极，用不锈钢平板作阴极。不同材料的样品选用不同的电解液、抛光电压和电流密度。分离开的碳膜在丙酮或酒精中清洗后便可置于铜网上以备放入电镜观察。化学分离时，最常用的溶液是氢氟酸双氧水溶液。碳膜剥离后也必须清洗，然后才能进行观察分析。

碳一级复型与塑料一级复型的区别是：a. 碳膜复型的厚度基本上相同，而塑料复型的厚度随试样位置而异；b. 塑料复型不破坏样品；而碳膜复型破坏样品（膜与样品分离时要电解腐蚀样品）；c. 塑料复型因塑料分子较大，分辨率低（10～20nm）；碳离子直径小，碳膜复型分辨率高（可达 2nm）；d. 碳膜复型样品在电子束照射下稳定性好，而塑料复型样品在电子束照射下容易分解。

（2）二级复型（塑料-碳二级复型）

塑料-碳二级复型制作过程如图 17-20 所示。它是先制成中间复型（一次复型），然后在中间复型上进行第二次碳复型，再把中间复型溶去，最后得到的是第二次复型。醋酸纤维素（AC 纸）和火棉胶都可以作中间复型。

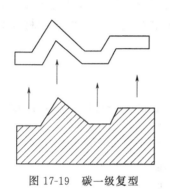

图 17-19　碳一级复型

图 17-20　塑料-碳二级复型示意

图 17-20(a) 为塑料中间复型，图 17-20(b) 为在揭下的中间复型上进行碳复型。为了增加衬度可在倾斜 15°～45°的方向上喷镀一层重金属（如 Cr、Au 等）。一般情况下，是在一次复型上先喷镀重金属再喷碳膜，但有时也可以按照相反次序进行，图 17-20(c) 所示为溶去中间复型后的最终复型。

塑料-碳二级复型的特点是：①制备复型时不破坏样品的原始表面；②最终复型是带有重金属投影的碳膜，这种复合膜的稳定性和导电导热性都很好，因此，在电子束照射下不易发生分解和破裂；③虽然最终复型主要是碳膜，但因中间复型是塑料，所以，塑料-碳二级复型的分辨率和塑料一级复型相当；④最终的碳复型是通过溶解中间复型得到的，不必从样品上直接剥离，而碳复型是一层厚度约为 10nm 的薄层，可以被电子束透过。图 17-21 为合金钢回火组织及低碳钢冷脆断口的二级复型照片。从图中可以清楚地看到回火组织中析出的颗粒状碳化物和解理断口上的河流花样。

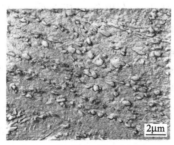

(a) 30CrMnSi钢回火组织　　　　　(b) 低碳钢冷脆断口

图 17-21　复型样品图像

（3）萃取复型

萃取复型用于对第二相粒子形状、大小和分布以及物相和晶体结构进行分析，复型方法和碳一级复型类似。可以把要分析的粒子从基体中提取出来，这种分析时不会受到基体的干扰，图 17-22 是萃取复型的示意图。首先将含有第二析出相的样品深腐蚀，以使第二相裸露出来，然后在样品上镀上一层碳膜，厚度应稍厚，约 20nm 左右，以便把第二相粒子包裹起来。蒸镀过碳膜的样品用电解法或化学法溶化基体（电解液和化学试剂对第二相不起溶解作用），因此带有第二相粒子的萃取膜与样品脱开后，膜上第二相粒子的形状、大小和分布仍保持原来的状态。萃取膜比较脆，通常在蒸镀的碳膜上先浇铸一层塑料背膜，待萃取膜从样品表面剥离后，再用溶剂把背膜溶去，由此可以防止膜的破碎。

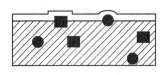

图 17-22　萃取复型

在萃取复型的样品上可以在观察样品基体组织形态的同时，观察第二相颗粒的大小、形状及分布，对第二相粒子进行电子衍射分析，还可以直接测定第二相的晶体结构。除萃取复型外，其余复型只不过是试样表面的一个复制品，只能提供有关表面形貌的信息，而不能提供内部组成相，晶体结构，微区化学成分等本质信息，因而用复型做电子显微分析有很大的局限性，目前，除萃取复型外，其它复型应用的很少。

17.3.5.3　薄膜样品

薄膜样品的制备要求：薄膜样品的组织结构必须和大块样品相同；样品对于电子束必须有足够的"透明度"；薄膜样品应有一定强度和刚度；在样品制备过程中不允许表面产生氧化和腐蚀。

薄膜样品制备的一般工艺：首先从块状样品中切下厚度约为 0.5mm 的薄片，然后经过薄片的预减薄后（手工研磨加挖坑和抛光），最后是终减薄。终减薄的方法视材料而定，对于塑性较好而又导电的材料，一般采用双喷电解减薄法，而对于陶瓷等脆性较大，又不导电的材料一般用离子减薄的方法，有机材料一般采用切片的方法。

（1）金属薄膜样品的制备

① 初减薄　用线切割或者电火花切割的方法将块状金属样品切成 0.5mm 的薄片，然后用手工的方法将其研磨到 0.2mm 左右，接着用特制的冲头将其冲成直径为 3mm 的小圆片（也可以直接切成厚 0.5mm，直径为 3mm 的小圆片）。

② 预减薄　通常采用专用的机械研磨机，使中心区域减薄厚度为 0.1～0.15mm，有时也可以用化学方法进行预减薄。

③ 终减薄　目前最通用的终减薄方法有两种：离子轰击和电解抛光。离子轰击可用于各种金属、陶瓷、多相半导体和复合材料等薄膜的减薄，甚至纤维和粉末也可以用离子减薄，图 17-23 为离子减薄装置示意图。而电解抛光只能用于导电薄膜试样的制备，如金属和合金样品，图 17-24 为电解减薄装置示意图。

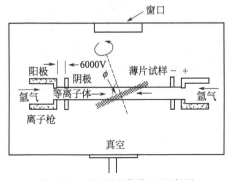

图 17-23　离子减薄装置示意图

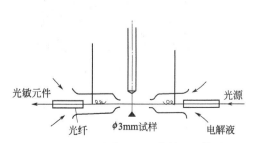

图 17-24　双喷式电解减薄装置示意图

（2）非金属材料薄膜样品的制备

一般是用金刚石锯将块状样品切成 $0.5\sim1$mm 的薄片，接下来用手工研磨的方法将薄片研磨到 50μm 左右，然后用小刀片将其划为略小于 3mm 的小块，用树脂胶或者 A、B 胶将小块样品粘于铜环或者钼环上，接着用手工研磨的方法将其研磨至小于 20μm 之后，用挖坑仪将其减薄至小于 10μm，最后用离子减薄仪将其减薄至符合要求为止。另外对于非金属材料目前较常用的方法还有使用超薄切片机进行切割，它可将各种包埋剂包埋的样品用玻璃刀或钻石刀切成 50nm 以下的超薄切片，切片厚度最小可达到 5nm。超薄切片机有机械推进式和金属热膨胀式两种类型，广泛应用于动植物组织、医学、纳米材料、高分子化合物、及陶瓷等研究领域。

17.4 扫描电子显微镜（SEM）

17.4.1 扫描电镜概述

扫描电镜即扫描电子显微镜（Scanning Electron Microscope，简称 SEM），主要用于观察样品的表面形貌。

近些年来扫描电镜发展很快，仪器结构不断改进，性能不断提高，附件不断增多，应用范围也不断扩大。目前几乎各个领域都广泛使用，用途最多的是材料、生物医学、冶金、矿物、物理、化学等学科。图 17-25 是扫描电镜的应用实例。

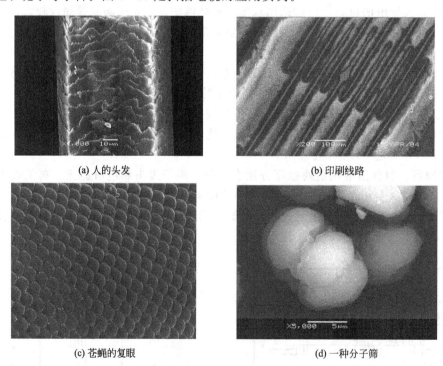

(a) 人的头发   (b) 印刷线路

(c) 苍蝇的复眼   (d) 一种分子筛

图 17-25　扫描电镜在不同领域的应用实例

扫描电子显微镜具有以下主要的特点：

① 固体材料样品表面和界面分析；

② 能弥补透射电镜样品制备要求很高的缺点，样品制备非常方便；

③ 直接观察大块试样，分辨本领比较高，也适合于观察比较粗糙的表面；

④ 可观察材料断口和显微组织的三维形态。

17.4.2　扫描电镜的基本结构和原理

扫描电子显微镜由电子光学系统（镜筒）、扫描系统、信号检测放大系统、图像显示和记录系统、真空系统、电源系统等六个系统组成，图 17-26 为扫描电镜结构示意图。这些系统在结构上既与透射电镜存在一定的相似性，也具有自己的特点，这里作选择性地简要介绍。

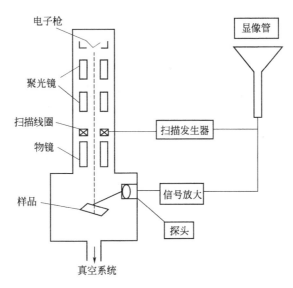

图 17-26　扫描电子显微镜结构示意图

17.4.2.1　电子光学系统（镜筒）

电子光学系统由电子枪、聚光镜、光栏、样品室等部件组成，如图 17-27 所示。电子光学系统的作用是将来自电子枪的电子束聚焦成亮度高、直径小的入射束（直径一般为 10nm 或更小）来轰击样品，使样品产生各种物理信号。

扫描电镜电子枪与透射电镜电子枪相似，只是加速电压比透射电镜要低。

样品室位于镜筒的下部，内设样品台，并可提供样品在 X、Y、Z 三个坐标方向上的移动，也可以使样品进行转动 R 和倾斜 T，通过 5 个自由度的选择，使样品各个部位都可以进行观察，特别是对于尺寸较大的样品很容易找到感兴趣的部位。

17.4.2.2　扫描系统

扫描系统由扫描信号发生器、扫描放大控制器、扫描偏转线圈等组成。扫描系统的作用是使电子束在试样表面按一定时间、空间顺序作栅网式扫描。

扫描线圈是扫描电镜的重要组件，它一般放在最后两个透镜之间，也有的放在末级透镜的空间内，使电子束进入末级透镜强磁场区前就发生偏转，为保证方向一致的电子束都能通过末级透镜的中心射到样品表面，扫描电子显微镜采用双偏转扫描线圈。电子束被上扫描线圈偏转离开光轴，到下扫描线圈又被偏转折回光轴，最后通过物镜光阑中心入射到样品上。

利用扫描线圈的电流强度随时间交替变化，使电子束按一定的顺序偏转通过样品上的每

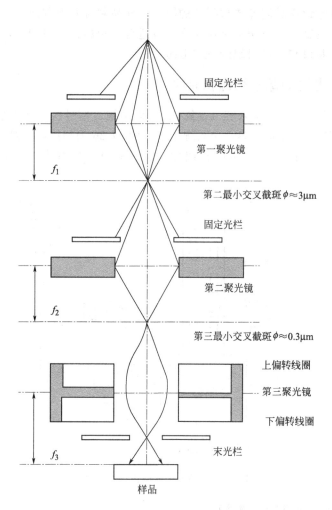

图 17-27　电子光学系统示意图

个点，并对相应点取样，这就是扫描作用。

17.4.2.3　信号检测放大系统

由闪烁体、光导管、光电倍增管等部件组成。该系统的作用是收集样品在入射电子束作用下产生的各种物理信号，然后经视频放大送入显示系统。

17.4.2.4　图像显示和记录系统

将信号检测放大系统输出的调制信号转换为能显示在阴极射线管荧光屏上的图像，供观察和记录。

17.4.2.5　真空系统

真空系统的作用是确保电子光学系统正常工作、防止样品污染、灯丝氧化所必须的真空度，一般情况下应保持高于 10^{-4} Torr 的真空度。

17.4.2.6　电源系统

由稳压、稳流及相应的安全保护电路所组成，提供扫描电镜各部分所需要的电源。

扫描电镜工作的基本原理如图 17-28 所示。

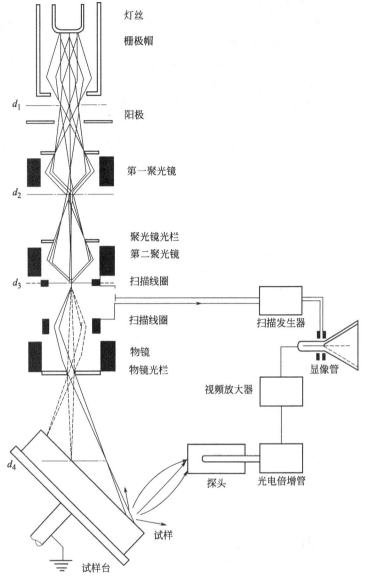

图 17-28　扫描电镜的工作原理

由电子枪发射的能量为 $5\sim35\mathrm{keV}$ 的电子，以其交叉斑作为电子源，经二级聚光镜及物镜缩小形成具有一定能量、一定束流强度和束斑直径的微细电子束，在扫描线圈驱动下，在样品表面按一定时间、空间顺序作栅网式扫描。聚焦电子束与样品相互作用，激发样品产生各种物理信号，如二次电子、背散射电子、吸收电子等，这些物理信号的强度随样品表面特征而变。二次电子等信号被探测器收集转换成电讯号，经视频放大后输入到显像管栅极，调制与入射电子束同步扫描的显像管亮度，得到反映试样表面形貌的二次电子像。

17.4.3　扫描电镜的成像衬度原理

扫描电镜图像衬度的形成：主要是利用样品表面微区特征（如形貌、原子序数或化学成分、晶体结构或位向等）的差异，在电子束作用下产生不同强度的物理信号，经采集放大后在阴极射线管荧光屏上不同的区域呈现出不同的亮度，而获得具有一定衬度的图像。

17.4.3.1 二次电子成像衬度

表面形貌衬度是由样品表面的不平整性所引起的,是利用对样品表面形貌变化敏感的物理信号作为调制信号得到的一种像衬度。

因为二次电子主要从样品表面层 $5\sim10nm$ 深度范围内被入射电子束激发出来,所以二次电子适用于显示形貌衬度,利用二次电子所成的像称为二次电子像。二次电子成像衬度特点是:激发出的二次电子数量和原子序数没有明显的关系;入射电子束与试样表面法线间夹角越大,二次电子产额越大,如图 17-29 所示,入射束和样品表面法线平行时(垂直入射),二次电子的产额最少。因此,样品表面的倾斜度越小,图像亮度越低;表面倾斜度越大,图像亮度越大,图 17-30 是表面非光滑样品在入射电子束照射下形成二次电子像的形貌衬度示意图。

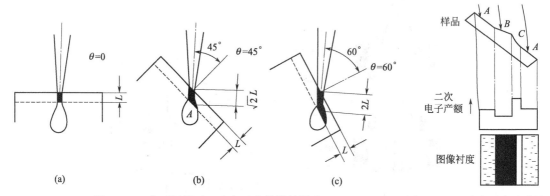

图 17-29 表面倾斜对二次电子发射量的影响   图 17-30 二次电子像形貌衬度

在扫描电镜图像中还会发现,样品中有些小的局部亮度会相对高一些。这是因为,在样品表面或断口的尖棱、小粒子、坑穴边缘等部位会产生较多的二次电子,其图像较亮;而在坑凹、沟槽及平面产生的二次电子少,图像较暗,由此形成明暗清晰的表面形貌衬度,在观察材料断口时更加明显,如图 17-31 所示。

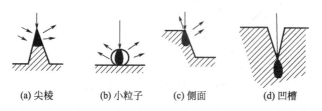

(a)尖棱   (b)小粒子   (c)侧面   (d)凹槽

图 17-31 样品局部二次电子的激发过程

17.4.3.2 背散射电子成像衬度

背散射电子信号既可用来显示形貌衬度,也可用于显示成分衬度(也称原子序数衬度)。

利用背散射电子进行形貌分析时,分辨率比二次电子低。除特殊情况,一般不用背散射电子成像。

背散射电子的产额对原子序数较敏感,如图 17-32 所示。因此,利用原子序数造成的衬度变化可以对各种金属和合金进行定性的成分分析。样品中重元素区域相对于图像中的亮区,而轻元素则为暗区,图 17-33 为球墨铸铁断口的背散射电子像,Fe 和 C 分别呈亮区和暗区。原子序数增加,背散射电子产额增加,亮度增加,可初步判断元素分布状况。

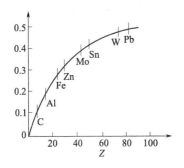

图 17-32　原子序数和背散射电子
产额之间的关系曲线

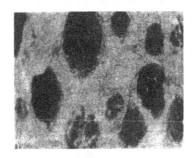

图 17-33　球墨铸铁断口的背散射电子像

17.4.4　试样的制备方法

与透射电镜的样品制作相比，扫描电镜对于样品的要求相对简单。一般情况，扫描电镜对于样品的基本要求主要有如下几点：

（1）试样可以是块状或粉末颗粒，在真空中能保持稳定；

（2）含有水分的试样应先烘干除去水分；

（3）表面受到污染的试样，要在不破坏试样表面结构的前提下进行适当清洗后烘干；

（4）新断开的断口或断面，一般不需要进行处理，以免破坏断口或断面的结构状态；

（5）有些试样的表面、断口需要进行适当的侵蚀，才能暴露某些结构细节，在侵蚀后应将表面或断口清洗干净，然后烘干；

（6）对于不导电的样品需镀金属膜或碳膜；

（7）对磁性试样要预先去磁，以免观察时电子束受到磁场的影响。

17.4.4.1　粉末样品的制备方法

对于粉末样品，需先粘结在样品座上，粘结时可在样品座上先涂一层导电胶或火棉胶溶液，将试样粉末撒在上面，待导电胶或火棉胶挥发把粉末粘牢后，用吸耳球将表面上未粘住的试样粉末吹去。或在样品座上粘贴一张双面胶带纸，将试样粉末撒在上面，再用吸耳球把未粘住的粉末吹去。也可将粉末制备成悬浮液，滴在样品座上，待溶液挥发，粉末附着在样品座上。不导电的试样粉末粘牢在样品座上后，需再镀导电膜后才能放在扫描电镜中观察。

17.4.4.2　块状样品的制备

块状扫描电镜的试样制备是比较简便的。对于块状导电材料，除了大小要适合仪器样品座尺寸外，原则上应观察样品的新鲜断面，对高分子材料应该用液氮淬断，之后用导电胶把试样粘结在样品座上，即可放在扫描电镜中观察。

对于块状的非导电或导电性较差的材料，要先进行镀膜处理，在材料表面形成一层导电膜，避免在电子束照射下产生电荷积累，影响图像质量，并可防止试样的热损伤。

17.4.4.3　不导电样品的处理方法

常采用在样品表面镀膜的方法增加表面的导电性。最常用的镀膜材料是金、碳、铂等。镀膜层厚约 $10\sim30nm$，表面粗糙的样品，镀的膜要厚一些。对只用于扫描电镜观察的样品，先镀一层碳膜，再镀 5nm 左右的金膜，效果更好；对除了形貌观察还要进行成分分析的样品，则以镀碳膜为宜。为了使镀膜均匀，镀膜时试样最好要旋转。镀膜的方法，常用真空镀膜或离子溅射镀膜。

17.4.4.4 对生物样品的处理

（1）SEM 常规制样技术

SEM 适合于研究生物样品的表面特征，样品制备包括样品观察面的暴露、固定、干燥和导电等步骤，使表面特征充分暴露和不变形。这一技术是 SEM 样品制备的常规技术，主要用于组织、细胞、寄生虫等表面形貌的研究。

（2）生物标本割裂技术

将生物标本放在特殊包埋剂中经冷冻或其它方法固化，然后把固化的标本割裂，暴露组织和细胞的内部结构，再经干燥和导电后在 SEM 下观察。这一技术使 SEM 能观察生物标本的内部结构，目前最常用的是冷冻割裂技术。

（3）铸型技术

用铸型技术（如甲基丙烯酸酯和 ABS 等）注入生物体的腔性器官，制成铸型标本，可在 SEM 下观察管腔内表面的结构。目前最常用的是血管铸型技术，用以研究微小血管的分布和形貌。

17.4.5 场致发射扫描电镜和环境扫描电镜

17.4.5.1 场致发射扫描电镜（Field emission scanning electron microscopy，简称 FE-SEM）

一般普通扫描电镜利用热电子发射，而场致发射扫描电镜则利用场致发射电子形式。

场发射电流是与热电子发射在性质上完全不同的一种电子发射形式。它并不需要供给固体内的电子以额外的能量，而是靠很强的外部电场来压抑物体表面的势垒，使势垒的高度降低，并使势垒的宽度变窄。这样，物体内的大量电子就能穿透过表面的势垒而逸出，这就是电子发射的量子隧穿效应。场致电子发射阴极可以提供 $1.0 \times 10^7 A \cdot cm^{-2}$ 以上的电流密度，同时没有发射时间的迟滞。场发射枪比 $LaB_6(CeB_6)$ 的电子束亮度强 100 倍，比钨灯丝高10000 倍，是一个高性能的电子光源。由于它采用的技术能使电子束的束斑很细（最细束径甚至在 0.5nm 以下），所以有很高的分辨率（可达 0.4nm）。

因此，场致电子发射是电子发射的一种非常有效的形式，可以大幅提高扫描电镜对于更微细结构的分析能力。

17.4.5.2 环境扫描电镜（Environmental scanning electron microscopy，简称 ESEM）

普通扫描电镜的样品室和镜筒内均为高真空（约为 1Pa），只能检验导电导热或经导电处理的干燥固体样品。低真空模式下扫描电镜可直接检验非导电导热样品，无需进行处理，但是低真空状态下只能获得背散射电子像。

环境扫描电镜除具有以上电镜的所有功能外，还具有以下几个主要特点：

① 样品室内的气压可大于水在常温下的饱和蒸汽压；

② 环境状态下可对二次电子成像；

③ 观察样品的溶解、凝固、结晶等相变动态过程（在 $-20 \sim +20$℃ 范围）。

环境扫描电镜扩展了普通扫描电镜的分析范围，可以观察一些在普通电镜下较难观察的样品。

17.5 电子探针及其它显微分析方法

17.5.1 概述

"电子探针 X 射线显微分析仪"（Electron probe X-ray microanalyzer），简称电子探针（EPMA）。电子探针显微分析技术最初是建立在 X 射线光谱分析和电子显微镜这两门技术的基础上，实质是由这两种仪器组合而成，其原理就是用聚焦电子束轰击试样，激发出样品中所含的特征 X 射线，而不同的元素具有不同的 X 射线特征波长和能量，通过鉴别其特征波长或特征能量来确定出所含元素的种类（定性分析），通过分析 X 射线的强度来确定样品中相应元素的含量（定量分析）。其中，用来测定 X 射线特征波长的谱仪称为波长色散谱仪（Wave dispersive spectroscopy，WDS），简称波谱仪；用来测定 X 射线特征能量的谱仪称为能量色散谱仪（Energy dispersive spectroscopy，EDS），简称能谱仪。现代电子探针一般都是扫描型电子探针（并多配备于扫描电子显微镜），可实现样品成分的点分析（某点的元素浓度）、线分析（沿样品某方向的元素浓度分布）和面分析（与样品形貌像相对应的样品表面元素浓度分布）等。

广义而言，电子显微分析是基于电子束与材料的相互作用而建立的各种材料现代分析方法，除了前面介绍的透射电镜、扫描电镜、电子探针等仪器外，还有如利用表面俄歇电子能量和强度进行分析的俄歇电子谱仪、利用弹性背散射电子波的相互干涉产生衍射花样进行分析的低能电子衍射谱等仪器。除电子显微分析技术之外，目前已经发展和应用的还有其它一些新型的显微分析技术，比如原子力显微镜、扫描隧道显微镜、X 射线光电子能谱等。

17.5.2 X 射线能谱仪和波谱仪

EPMA 的构造与 SEM 大体相似，只是增加了接收记录 X 射线的谱仪。EPMA 使用的 X 射线谱仪有能谱仪和波谱仪两类。

17.5.2.1 X 射线能谱仪（Energy dispersive spectroscopy，简称 EDS）

目前，能谱仪已经成为扫描电镜和透射电镜普遍应用的附件，与电镜主机共用电子光学系统。

当电子束与样品相互作用时，能谱仪利用每种元素激发的 X 光量子有不同的能量，由锂漂移硅 Si（Li）探测器接收 X 射线后给出电脉冲讯号，经放大器放大整形后送入多道脉冲分析器，然后在显像管上把脉冲数-能量曲线显示出来，形成 X 光量子的能谱曲线。图 17-34 为能谱仪的结构简图。

17.5.2.2 X 射线波谱仪（Wave dispersive spectroscopy，简称 WDS）

在电子探针中，由样品表面以下微米数量级的作用体积中激发出来的特征 X 射线，经连续转动的分光晶体实现分光（色散），即不同波长的 X 射线可以在各自满足布拉格方程的 2θ 方向上被检测器接收。

波谱仪的突出优点是波长分辨率很高。如它可将波长十分接近的 VK_β（0.228434nm）、$CrK_{\alpha1}$（0.228962nm）和 $CrK_{\alpha2}$（0.229351nm）3 根谱线清晰地分开。

但由于结构的特点，波谱仪对 X 射线信号的利用率极低，难以在低束流和低激发强度

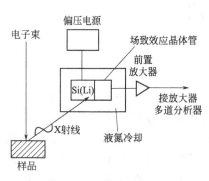

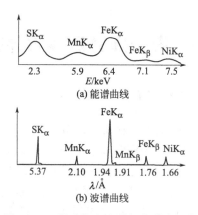

图 17-34　能谱仪结构简图

图 17-35　能谱仪和波谱仪的谱线比较

下使用，这是波谱仪的缺点。图 17-35 表示了能谱仪和波谱仪的谱线比较，（a）为能谱仪获得的谱线，（b）为波谱仪获得的谱线。

17.5.3　扫描隧道显微镜（Scanning tunneling microscope，简称 STM）

17.5.3.1　STM 基本原理

STM 是用一非常细小的针尖和被研究物质的表面作为两个导体，形成两个电极，当针尖和样品表面距离小于 1nm 时，施加一定电压，在针尖与样品表面会产生隧道效应，其产生的电流则称为隧道电流。隧道电流的大小强烈地依赖于针尖到样品表面之间的距离。通常采用恒流扫描模式，使针尖随着样品表面的高低起伏相应地运动，并通过计算机屏幕直接显示或在记录纸上打印出来。可见，STM 所获得的信息正是样品表面的三维立体信息。图 17-36 为 GaAs 表面的锯齿状 Cs 原子排列的扫描隧道显微镜图像。

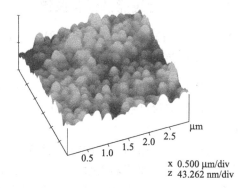

图 17-36　GaAs 表面的 Cs 原子 STM 图像

图 17-37　TiO₂ 薄膜的原子力显微镜照片

17.5.3.2　STM 的特点

STM 在样品表面的横向分辨率可达 0.1nm，纵向分辨率可达 0.01nm，可分辨出单个原子。利用 STM 可得到原子尺度下的实空间中表面结构的三维图像，可进行单层局部研究，观察表面原子的局部结构，而不是像其它表面分析技术是对体相或整个表面的平均性质进行观察。同时，STM 适用性强，可在真空、大气、常温、低温等不同环境下工作，不需要特别的制样技术，并且探测过程对样品无损伤。

由于 STM 工作是依靠针尖与样品间的隧道电流，因此只能测导体和半导体的表面结构，对不导电的材料就无能为力，这是 STM 最大的局限性。

17.5.4　原子力显微镜（Atom force microscope，简称 AFM）

原子力显微镜是依靠测量探针和样品表面的作用力来成像的，它不仅可以用来研究导体和半导体表面，还能以极高分辨率研究绝缘体表面，弥补了 STM 的不足。图 17-37 为 TiO_2 薄膜样品的原子力显微镜照片。

思 考 题

1. 显微镜的放大倍数为什么不能无限的提高？
2. 在电镜中，电子束的波长主要取决于什么？
3. 电子束与样品相互作用会激发出哪些物理信号？这些信号各有什么特点和应用？
4. 电磁透镜具有哪几种像差？如何产生的？是否可以消除？
5. 简述透射电镜的基本构造和各部分的作用。
6. 简述非晶样品的质厚衬度成像原理。
7. 复型技术的主要用途和局限性是什么？
8. 是否所有满足布拉格条件的晶面都产生衍射束？为什么？
9. 扫描电镜与透射电镜在成像原理和结构上有何不同之处？
10. 扫描电镜对样品有什么基本的要求？
11. 简要说明二次电子像与背散射电子像在成像衬度原理上的差异。
12. 能谱仪和波谱仪在进行微区成分分析时有何优缺点？

第18章

热分析方法

18.1 热分析方法概述

热分析的发展历史可追溯到两百多年前。1780 年英国的 Higgins 在研究石灰黏结剂和生石灰的过程中第一次使用天平测量实验受热时所产生的重量变化，1887 年法国的 Le Chatelier 首先使用了单根的热电偶研究黏土，1891 年英国的 Roberts-Austen 采用两个热电偶反相连接，采用差热分析的方法记录样品和参比物之间的温差随时间的变化规律。1915 年日本的本多光太郎提出了"热天平"概念并设计了世界上第一台热天平。二次大战以后，热分析技术得到了飞快的发展，20 世纪 40 年代末商业化电子管式差热分析仪问世，60 年代又实现了微量化。1964 年，Wattson 等人提出了"差示扫描量热"的概念，进而发展成为差示扫描量热技术，使得热分析技术不断发展和壮大。

热分析（Thermal analysis，简称 TA）是利用热学原理对物质的物理性能或成分进行分析的总称。根据国际热分析协会（International Confederation for Thermal Analysis，缩写 ICTA）对热分析法的定义：热分析是在程序控制温度下，测量物质的物理性质随温度变化的一类技术。所谓"程序控制温度"是指用固定的速率加热或冷却，所谓"物理性质"则包括物质的质量、温度、热焓、尺寸、机械、声学、电学及磁学性质等。依据所测物理量的不同，设计与制造了各种不同的热分析仪，具有代表性的热分析方法主要有：热重法（TG）、差热分析法（DTA）和差示扫描量热法（DSC），此外还有热膨胀分析法、释出气分析法等。将单功能的热分析仪相互组装，可以变成多功能的综合热分析仪，如 DTA-TG、DSC-TG、DTA-TG-DTG（微商热重分析）等。

18.2 热重法

18.2.1 热重法（TG）原理及仪器

热重法（Thermogravimetry，简称 TG）是在程序控制温度条件下，测量物质的质量与温度关系的热分析方法。热重分析通常有静态法和动态法两种类型。静态法又称等温热重法，是在恒温下测定物质质量变化与时间的关系；动态法也称非等温热重法，是在程序升温下测定物质质量变化与温度的关系，采用连续升温连续称重的方式，该法简便，易于与其它热分析法组合在一起，实际中采用较多。

热重法记录的热重曲线以质量 m 为纵坐标（从上到下质量减少），以温度 T 或时间 t 为横坐标（从左到右温度增加），即 m-T（或 t）曲线。热重曲线中质量（m）对时间（t）进行一次微商从而得到 dm/dt-T（或 t）曲线，称为微商热重（Derivative thermogravimetry，DTG）曲线，它表示质量随时间的变化率（失重速率）与温度（或时间）的关系，相应地把以微商热重曲线表示结果的热重法称为微商热重法。热重曲线表达失重过程具有形象、直观的特点，而与之相对应的微商热重曲线则更能精确地进行定量分析。

用于热重法的仪器是热天平（或热重分析仪）。热天平与一般天平的原理基本相同，但能够在受热情况下称重，并连续记录质量随温度的变化。热天平主要包括天平、加热炉、温度程序控制系统及记录装置等几部分，图 18-1 为带光敏元件的自动记录热天平示意图。

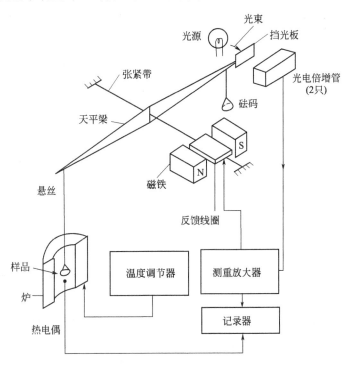

图 18-1　带光敏元件的热重法装置—热天平示意图

18.2.2　热重曲线分析及应用

以固体热分解反应 A(固) ⟶ B(固) ＋C(气) 为例，其热重曲线如图 18-2 所示，曲线的纵坐标为质量，横坐标为温度。图中 T_i 为起始温度，即累积质量变化达到热天平可以检测时的温度；T_f 为终止温度，即累积质量变化达到最大值时的温度。

热重曲线上质量基本不变的部分称为基线或平台，如图 18-2 中的 ab、cd 部分。

若试样初始质量为 W_0，失重后试样质量为 W_1，则失重百分数为 $\dfrac{W_0-W_1}{W_0}\times 100\%$。

在热重曲线中，水平的基线或平台表示质量是恒定的，曲线斜率发生变化的部分表示质量的变化，因此从热重曲线可求出微商热重曲线（DTG），热重分析仪若附带有微商单元就可同时记录热重和微商热重曲线。

微商热重曲线的纵坐标为质量（W 或 m）随时间的变化率 dW/dt，横坐标为温度或时间。微商热重曲线与热重曲线的对应关系是：微商曲线上的峰顶点（$d^2W/dt^2=0$，失重速率最大值点）与热重曲线的拐点相对应；微商热重曲线上的峰数与热重曲线的台阶数相等，微商热重曲线峰面积则与失重量成正比。

与 TG 曲线比较，DTG 曲线能更清楚地区分相继发生的热重变化反应，精确地反映出起始反应温度、达到最大反应速率的温度和反应终止的温度；能更明显的区分热失重阶段，更准确地显示出微小质量的变化；能方便地为反应动力学计算提供反应速率数据；能更精确地进行定量分析。而热重曲线表达失重过程则具有形象、直观的特点。

图 18-3 为含有一个结晶水的草酸钙（$CaC_2O_4 \cdot H_2O$）的热重曲线（TG）和微商热重曲线（DTG）。$CaC_2O_4 \cdot H_2O$ 在 100℃ 以前没有失重现象，其热重曲线呈水平状，为 TG 曲线的第一个平台。在 100℃ 和 200℃ 之间失重并开始出现第二个平台，这一步的失重约占试样总质量的 12.3%，正好相当于每摩尔 $CaC_2O_4 \cdot H_2O$ 失掉 1mol H_2O，因此这一步的热分解应按式（18-1）进行。

$$CaC_2O_4 \cdot H_2O \xrightarrow{100\sim200℃} CaC_2O_4 + H_2O \qquad (18\text{-}1)$$

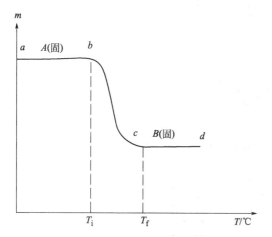

图 18-2　固体热分解反应的热重曲线

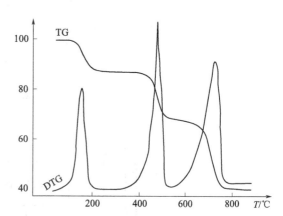

图 18-3　$CaC_2O_4 \cdot H_2O$ 的 TG 和 DTG 曲线

在 400℃ 和 500℃ 之间失重并开始呈现第三个平台，其失重量约占试样总质量的 18.5%，相当于每摩尔 CaC_2O_4 分解出 1mol CO，因此这一步的热分解应按式（18-2）进行。

$$CaC_2O_4 \xrightarrow{400\sim500℃} CaCO_3 + CO \qquad (18\text{-}2)$$

在 600℃ 和 800℃ 之间失重并开始呈现第四个平台，其失重量占试样总质量的 30%，为 $CaCO_3$ 分解为 CaO 和 CO_2 的过程，反应如式（18-3）。

$$CaCO_3 \xrightarrow{600\sim800℃} CaO + CO_2 \qquad (18\text{-}3)$$

图 18-3 中 DTG 曲线记录的三个峰是与 $CaC_2O_4 \cdot H_2O$ 三步失重过程相对应的。根据这三个 DTG 的峰面积，同样可算出 $CaC_2O_4 \cdot H_2O$ 各个热分解过程的失重量或失重百分数。

由于热重曲线的每一平台都代表了该物质确定的质量，因此，利用 TG 曲线可以定量地分析二元或三元混合物中各组分的含量。例如，单组分的 MX 和 NY，以及两者的混合物 MX+NY，三者的 TG 曲线如图 18-4 所示，可以看出，组分 MX 从 D 到 E 分解，组分 NY

从 *B* 到 *C* 分解，两者混合物平台出现的温度与两个单组分的平台一样，因此由混合物的 TG 曲线可测定出 MX 的量为 *DE*，NY 的量为 *BC*。

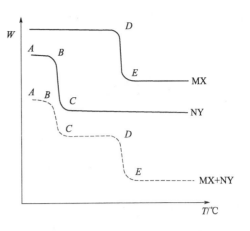

图 18-4　二组元系的热重曲线

热重法的特点是定量性强，能准确地测量物质的质量变化及变化的速率，可以说，只要物质受热时发生质量的变化，就可以用热重法来研究其变化过程。热重分析主要研究在空气中或惰性气体中的材料热稳定性、热分解作用和氧化降解等化学变化，如煤、石油和木材的热解过程等；还广泛应用于研究涉及质量变化的所有物理过程，如测定含湿量、挥发物及灰分含量、吸附、吸收和解吸、汽化速度和汽化热、升华速度和升华热。除此之外，还可以研究固相反应，缩聚聚合物的固化程度；有填料的聚合物或共混物的组成；以及利用特征热谱图作鉴定等。

18.2.3　影响热重分析结果的因素

热重分析是一种动态测试技术，在测量过程中，很多因素都可能引起热重曲线变形，导致热重分析的准确度下降。

18.2.3.1　仪器因素

① 浮力与对流的影响　在加热过程中，试样周围气体密度及对流方式的变化会使悬吊在加热炉中的试样质量和盘所受浮力发生变化。升温过程会导致试样增重，造成对称量质量准确度及 TG 曲线的影响。

② 挥发物冷凝的影响　试样受热或升华，逸出的挥发物会在热重仪的低温区冷凝，造成仪器污染并使实验结果产生偏差。

③ 温度测量的影响　在热重分析仪中，热电偶与试样不接触，试样的真实温度与测量温度之间会有所差别。因此，应采用标准物质来标定热重分析仪的温度。

18.2.3.2　实验因素

① 升温速率　升温速率大，所产生的热滞后现象严重，往往导致热重曲线上的起始温度和终止温度都偏高。在热重分析中宜采用低速升温，一般不超过 10℃·min⁻¹。需要指出的是，虽然升温速率发生变化，但失重量却保持不变。

② 气氛　试样周围的气氛，包括分解产物可能与气流的反应，可能使热反应过程发生变化。因而，为使 TG 曲线的重现性较好，通常采用动态惰性气氛，如 N_2、Ar 等通入试样室避免气流与试样和产物发生反应。

③ 纸速　记录仪的走纸速度快则分辨率高，通常升温速率在 $0.5 \sim 10$℃·min⁻¹时，走纸速度 $15 \sim 30$cm·h⁻¹。

18.2.3.3　试样因素

① 试样的用量　用量越大，试样吸热和放热反应引起的试样温度发生的偏差越大；用量大也不利于热扩散和热传递，还会使样品内部温度梯度增大。

② 试样的粒度　粒度越细，反应速度越快，将导致 TG 曲线上反应起始和终止温度降低，反应区间变窄。粗粒度的试样反应慢，往往得不到理想的 TG 曲线，如蛇纹石粉状试样

在 50～850℃连续失重，在 600～700℃分解最快，而块状试样在 600℃左右才开始有少量失重。

18.3 差热分析

18.3.1 差热分析法（DTA）原理及仪器

在热分析技术中，差热分析是使用得最早和应用最广泛的一种技术。差热分析（Differential Thermal Analysis，简称 DTA）是在程序控制温度条件下，测量样品与参比物（也称基准物，是在测量温度内不发生任何热效应的物质，如 α-Al_2O_3）之间的温度差与温度（或时间）关系的一种热分析方法。物质在加热过程中的某一特定温度下，往往会发生物理、化学变化并伴随有吸、放热现象。在测量过程中，当试样发生任何物理或化学变化时，所释放或吸收的热量使样品温度高于或低于参比物的温度，将样品与参比物的温差作为温度或时间的函数连续记录下来，即差热曲线（DTA 曲线）。

差热分析装置称为差热分析仪，结构原理如图 18-5 所示。差热分析仪主要由加热炉、试样台（加热金属块）、温差检测器、温度程序控制仪、讯号放大器、量程控制器、记录仪和气氛控制等部分组成。

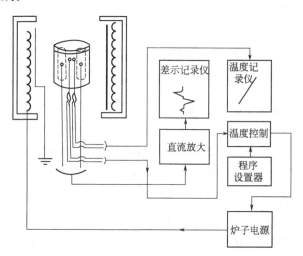

图 18-5 差热分析仪结构原理图

在差热分析仪中，样品和参比物同时进行升温，两个热电偶是反向串联的（同极相连，产生的热电势正好相反），分别放在试样和参比物坩埚下。样品和参比物在相同的条件下加热或冷却，当样品未发生物理或化学变化时，样品温度（T_s）和参比物温度（T_r）相同，$\Delta T = T_s - T_r = 0$，相应的温差电势为 0。当样品发生物理或化学变化而发生放热或吸热时，样品温度（T_s）高于或低于参比物温度（T_r），产生温差。相应的温差热电势讯号经放大后送入记录仪，从而可以得到以 ΔT 为纵坐标，温度（或时间）为横坐标的差热分析曲线（DTA 曲线），如图 18-6 所示。其中基线相当于 $\Delta T = 0$，样品无热效应发生，向上和向下的峰分别反映了样品的放热、吸热过程。

目前的热分析仪器通常均配备计算机及相应软件，可进行自动控制、实时数据显示、曲线校正、优化及程序化计算和储存等，因而大大提高了分析的准确度和效率。

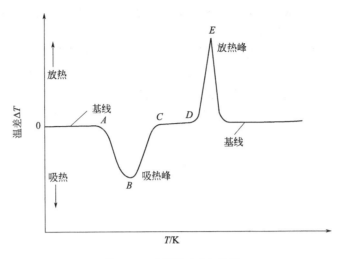

图 18-6　典型的 DTA 曲线

18.3.2　差热曲线分析及应用

凡是在加热（或冷却）过程中，因物理-化学变化而产生吸热或者放热效应的物质，均可以用差热分析法加以鉴定，DTA 法对于加热或冷却过程中物质的失水、分解、相变、氧化、还原、熔融、晶格破坏及重建等物理或化学现象能精确地测定。依据差热曲线特征，如各种吸热与放热峰的个数、形状及相应的温度等，除了可定性分析物质的物理或化学变化过程，还可依据峰面积半定量地测定反应热。

利用 DTA 法研究物质变化，首先要对 DTA 曲线上每一个峰进行解释，即根据物质在加热过程中的出峰温度、吸放热性质、峰的形态等分析出峰的原因，也许有时不能对所有的峰作出合理的解释，但每一种化合物的 DTA 曲线却像"指纹"一样表征该化合物的特征。

差热分析法可用于测定物质在热反应时的特征温度及吸收或放出的热量，包括物质相变、分解、化合、凝固、脱水、蒸发等物理或化学反应，广泛应用于材料、地质、冶金、石油、化工等各个领域，是硅酸盐、陶瓷，矿物、金属、航天耐温材料等无机物，以及高分子聚合物、玻璃钢、有机物等诸多材料进行热分析的重要仪器。不同物质产生吸热和放热峰的原因不同，可以作为定性分析的依据，主要有以下几点。

①　含水化合物的脱水　对于含吸附水、结晶水或者结构水的物质，在加热过程中失水时，发生吸热作用，在差热曲线上形成放热峰，脱水温度及峰谷形状随水的类型、水的多少和物质的结构而异。普通吸附水的脱水温度为 $100 \sim 110℃$，存在于层状硅酸盐结构层中的层间水多数在 200℃ 或 300℃ 以内脱出，而架状结构中的水在 400℃ 左右大量脱出。

②　矿物分解放出气体　一些化学物质，如碳酸盐、硫酸盐及硫化物等，在加热过程中由于 CO_2、SO_2 等气体的放出，而产生吸热效应，在差热曲线上表现为吸热峰。不同类物质放出气体的温度不同，差热曲线的形态也不同，利用这种特征就可以对不同类物质进行区分鉴定。

③氧化反应　试样中含有变价元素，在高温下发生氧化，由低价元素变为高价元素而放出热量，在差热曲线上表现为放热峰。变价元素不同，以及在晶格结构中的情况不同，则因氧化而产生放热效应的温度也不同。如 Fe^{2+} 在 $340 \sim 450℃$ 变成 Fe^{3+}。

④　非晶态物质的重结晶　有些非晶态物质在加热过程中伴随有重结晶的现象发生，放

出热量，在差热曲线上形成放热峰。此外，如果物质在加热过程中晶格结构被破坏，变为非晶态物质后发生晶格重构，则也会形成放热峰。

⑤ 晶型转变　有些物质在加热过程中由于晶型转变而伴随有热效应。通常在加热过程中晶体由低温型向高温型晶体转变时产生吸热效应，如低温石英加热到573℃转化为高温石英；若在加热过程有非平衡态晶体转变则可能产生放热效应，在差热曲线上形成放热峰。

表 18-1 列出了物质在差热分析中吸热和放热的原因（相应的物理或化学变化），可供分析差热曲线时参考。

表 18-1　差热分析中出现放热峰和吸热峰的大致原因

	现象	吸热	放热		现象	吸热	放热
物理的原因	晶型转变	√	√	化学的原因	化学吸附		√
	重结晶		√		析出	√	
	熔融	√			脱水	√	
	气化	√			分解		√
	升华	√			氧化度降低		√
	吸附		√		氧化(气体中)		√
	脱附	√			还原(气体中)	√	
	吸收	√			氧化还原反应		√

18.3.3　影响差热分析结果的因素

差热分析曲线的峰形、出峰位置和峰面积等受多种因素影响，大体上也可分为仪器因素和操作因素。

仪器因素是指与差热分析仪有关的影响因素，主要包括：炉子的结构与尺寸、坩埚材料与形状、热电偶性能等。

操作因素是指操作者对样品与仪器操作条件选取不同而对分析结果的影响，主要有以下几个方面：样品粒度（影响峰形和峰位，尤其是有气相参与的反应，以磨细过筛的小颗粒为好）；参比物与样品的对称性（包括用量、密度、粒度、比热容及热传导等，两者都应尽可能一致，否则可能出现基线偏移、弯曲、甚至造成缓慢变化的假峰）；气氛的使用（不同性质的气氛可能得到截然不同的结果）；记录纸速（不同的纸速使 DTA 峰形不同）；升温速率（影响峰形与峰位，升温速率大可能使峰位向高温方向迁移及峰形变陡）；样品用量（过多则会影响热效应温度的准确测量，妨碍两相邻热效应峰的分离）等。

总之，DTA 的影响因素是多方面的、复杂的，有的因素也是较难控制的。因此，要用 DTA 进行定量分析比较困难，一般误差很大。如果只作定性分析，则很多影响因素可以忽略，只有样品量和升温速率是主要因素。

18.4　差示扫描量热法

18.4.1　差示扫描量热法（DSC）原理及仪器

差示扫描量热法（Differential Scanning Calorimetry，简称 DSC）是在程序控制温度条件下，测量输入给样品与参比物的能量差（功率差或热流差）与温度（或时间）关系的一种热分析方法。

在差热分析中，当试样发生热效应时，试样的实际温度已不是程序升温时所控制的温度（如在升温时试样由于吸热而一度停止升温），试样本身在发生热效应时的升温速度是非线性的，而且在发生热效应时，试样与参比物及试样周围的环境有较大的温差，它们之间会进行热传递，降低了热效应测量的灵敏度和精确度。

差示扫描量热法克服了差热分析的这个缺点，试样的吸、放热量能及时得到应有的补偿，使试样与参比物之间的温度始终保持相同，无温差、无热传递、热损失小，检测信号大。差示扫描量热分析的另一个突出的特点是 DSC 曲线离开基线的位移代表试样吸热或放热的速度，是以 $mJ \cdot s^{-1}$ 为单位来记录的，DSC 曲线所包围的面积是热焓 ΔH 的直接度量。

目前有两种差示扫描量热法，即功率补偿式差示扫描量热法和热流式差示扫描量热法，图 18-7 为功率补偿式差示扫描量热仪示意图。

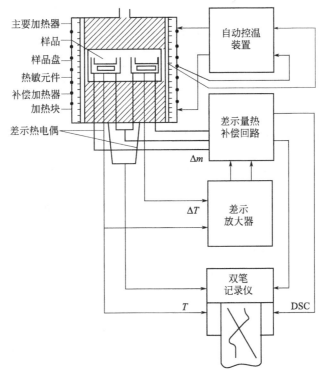

图 18-7　功率补偿式差示扫描量热仪示意图

典型的差示扫描量热（DSC）曲线以热流率（dH/dt）为纵坐标，以时间（t）或温度（T）为横坐标，即 dH/dt-T（或 t）曲线，如图 18-8 所示。图中，曲线离开基线的位移即代表样品吸热或放热的速率（$mJ \cdot s^{-1}$），而曲线中峰或谷包围的面积即代表热量的变化，因而差示扫描量热法可以直接测量样品在发生物理或化学变化时的热效应。

考虑到样品发生热量变化（吸热或放热）时，此种变化除传导到温度传感装置（热电偶、热敏电阻等）以实现样品（或参比物）的热量补偿外，尚有一部分传导到温度传感装置以外的地方，因而差示扫描量热曲线上吸热峰或放热峰面积实际上仅代表样品传导到温度传感装置的那部分热量变化。样品真实的热量变化与曲线峰的面积的关系表示为式(18-4)。

$$m \cdot \Delta H = K \cdot A \qquad (18-4)$$

式中，m 为样品质量；ΔH 为单位质量样品的焓变；A 为与 ΔH 相应的曲线峰面积；K 为修正系数，称仪器常数。

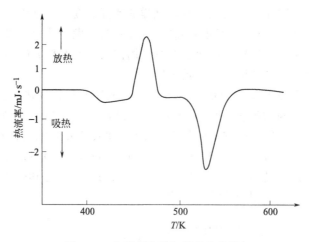

图 18-8　典型的差示扫描量热曲线

由式(18-4)可知，只要知道修正系数 K，就可根据 DSC 曲线上的反应峰谷的面积求出反应的热熵。配有计算机的差示扫描量热仪，峰面积可自动计算，并可打印每一时刻对应峰面积的积分量热。

18.4.2　差示扫描曲线分析及应用

差示扫描量热法与差热分析法的应用功能有许多相同之处，但由于差示扫描量热法克服了差热分析法以 ΔT 间接表达物质热效应的缺陷，具有分辨率高、灵敏度高等优点，因而能定量测定多种热力学和动力学参数，如样品的熵变、比热容等的测定，且可进行晶体微细结构分析等工作。

(1) 样品熵变（ΔH）的测定

若已测定仪器常数 K，按测定 K 时相同的条件测定样品差示扫描曲线上的峰面积，则按式(18-4)可求得其熵变。

(2) 样品比热容的测定

差示扫描量热法采用线性程序控温，升（降）温过程中，升（降）温速率（dT/dt）为定值。样品的热流率（dH/dt）是连续测定的，所测定的热流率与样品瞬间比热成正比［式(18-5)］。

$$\frac{dH}{dt} = mc_p \frac{dT}{dt} \tag{18-5}$$

式中，m 为样品的质量；c_p 为定压比热容。

此式即为差示扫描量热法测定样品 c_p 之依据，实际工作中常以蓝宝石作为标准物质测定 c_p。在相同条件下分别测定蓝宝石和样品的差示扫描曲线，由于 dT/dt 相同，按式(18-5)，在任一温度（T）时，用式(18-6)描述。

$$\left(\frac{dH}{dt}\right)_1 \bigg/ \left(\frac{dH}{dt}\right)_2 = \frac{m_1 c_{p_1}}{m_2 c_{p_2}} \tag{18-6}$$

式中，脚标 1 和 2 分别代表样品与蓝宝石。

蓝宝石在各个温度下的比热容（c_{p_2}）已精确确定，可在有关手册中查到，因此，按式(18-6)，测定温度 T 时的 $(dH/dt)_1$ 与 $(dH/dt)_2$ 即可得到样品在温度 T 时的比热容（c_{p_1}）。

依据结晶性高聚物差示扫描曲线上熔融吸热峰测定其热焓（熔融热），可按式(18-7)求得其结晶温度 x。

$$x = \Delta H_f / \Delta H_\infty \qquad (18\text{-}7)$$

式中，ΔH_f 为测定的样品熔融热；ΔH_∞ 为高聚物完全结晶时的熔融热。对于每一种高聚物，ΔH_∞ 为定值，可从手册中查到，也可通过外推法求得。

差示扫描量热分析和差热分析一样，共同特点是吸热或放热峰的位置、形状和峰的数目与物质的性质有关，可用来定性地表征和鉴定物质；峰的面积与反应热焓有关，可用来定量地估计参与反应的物质的量或测定热化学参数。因此，差热分析能应用的领域，差示扫描量热分析也能应用。只不过差示扫描量热分析温度较低，一般只在 800℃ 以下使用，而差热分析可在更高的温度范围使用。

与差热分析相比，差示扫描量热法在纯度分析中具有快速、精确、试样用量少及能测定物质的绝对纯度等优点，已广泛应用于测定无机物、有机物和药物的试样纯度、反应速度、结晶速率、高聚物结晶度等参数。

18.4.3　影响差示扫描量热分析结果的因素

影响差示扫描量热分析结果的因素和差热分析基本相类似。由于 DSC 主要用于定量测定，所以某些因素的影响显得更为重要，例如，气氛对 DSC 定量分析中峰温和热焓值的影响是很大的，在氦气中所测定的起始温度和峰温都比较低，这是由于氦气的热导性近乎空气的 5 倍，温度响应就比较慢；相反，在真空中温度响应要快得多，同样，不同的气氛对热焓值的影响也存在着明显的差别，如在氦气中所测定的热焓值只相当于其它气氛的 40% 左右；试样用量较大时，会导致峰形扩大和分辨率下降，但用较多试样时可观察到细微的转变峰，获得较精确的定量分析结果；粒度的影响较复杂，颗粒较大会使试样的熔融温度和熔融热焓偏低，当结晶的试样研磨成细颗粒时，往往由于晶体结构的歪曲和结晶度的下降也可导致相类似的结果，对于带静电的粉状试样，由于粉末颗粒间的静电引力使粉状形成聚集体，也会引起熔融热焓的变大。

1. 与其它分析方法相比，热分析法具有哪些显著特点？
2. 热重分析法与微商热重分析法有何异同？
3. 差热分析中产生吸热谷和放热峰的原因主要有哪些？
4. DTA 与 DSC 有哪些主要的差别？
5. 试比较 TG、TDA、DSC 三种方法的主要用途？
6. 影响热分析过程的因素主要有哪些？

第19章
分析测定中的样品处理技术

在分析化学中，样品的分析一般包括以下几个步骤：样品的采集、制备、测定、数据处理以及分析结果报告。其中，样品的采集和制备统称为样品的处理。样品的处理不仅包括对样品的采集和分解，而且还指样品中待测组分与样品基体和干扰组分分离、微量组分的富集浓缩以及转化为测定的形态等过程，是整个分析过程的关键环节，既耗时又易引入误差。据统计，在大部分实验室中用于样品处理制备过程的时间约占整个分析时间的2/3，对仪器分析这个比例则更高。对于一个复杂样品的测定，分析结果的准确性首先取决于样品的处理正确与否。

本章主要讨论样品的采集、分解、制备和几种常用的分离富集方法，同时简单介绍近年来发展的一些分离方法及其应用。

19.1　分析测定样品的处理过程

19.1.1　取样的基本原则

样品的采集应保证所采样品具有代表性，即分析样品的组成能代表整批物料的平均组成。否则，无论分析工作做得怎样认真、准确，所得结果也无实际意义。因此，在采集之前，应对采集的样品及采集的环境进行充分的调查和研究，尽可能弄清楚样品的性质、主要的组成、浓度水平、稳定性、采样地点及现场条件等问题。当待测组分及浓度会随时间变化时，还应考虑合适的样品采集时机和时间。

根据样品的理化性质不同，选用不同取样方法和技术，具体操作要求和方法可参考有关国家标准和行业标准，如化工产品采样（GB/T 6678—2003）；水质采样（GB 12998—91），食品采样（SB/T 10314—1999）等。无论如何，正确的取样应遵循以下的原则：

① 采集的样品要有代表性，能反映总体的平均组成。

② 采样方法要与分析目的保持一致。

③ 采样过程要设法保持原有的理化指标，防止和避免待测组分发生化学变化或丢失。

④ 防止带入杂质或污染，尽可能减少无关物质引入。

⑤ 采样方法要尽量简单，取样费用尽可能低。

19.1.2　取样的操作和工具

由于实际分析对象种类繁多，形态各异，试样的性质和均匀程度也各不相同，因此取样细节也存在较大差异。具体取样的方法应根据样品本身的性质和分析目的来确定，相关的操作可参考国家标准和行业标准。以下主要讨论分析化学中经常涉及的样品（气体、液体和固体样品）的一般取样操作方法。

19.1.2.1　气体样品

气体取样方法有直接法和富集法两种。直接法适用于气体中待测组分浓度较高或测定方法灵敏度较高的情况。气体样品无需浓缩，只需直接采集少量样品进行分析测定。常用的取样工具有采气袋、注射器、真空瓶等。常用的聚氟乙烯膜采气袋具有化学惰性、耐腐蚀性和高力学强度的特点，广泛适用于石油化工、环保监测等气体的采集，可在较长时间内储存气体且确保浓度不变。采气袋使用前应用样品气体或惰性气体置换气袋。采集时，打开采样袋的开关阀，观察到气袋充分鼓起即可。注射器采集的样品存放时间不宜长，一般当天分析完。取样时，先用待测气体样品抽洗2～3次，然后抽取一定量，密封进气口。真空瓶是一种具有活塞的耐压玻璃瓶。采样前，先用抽真空装置把采气瓶内气体抽走，使瓶内达到一定真空度。使用时打开旋塞采样，采样体积即为真空瓶体积。

当气体样品中待测组分浓度较低时，可采用富集法采集，避免了采集体积大、携带不方便的问题。富集法使大量的气体样品通过吸收液或固体吸收剂得到吸收富集，使原来浓度较小的气体组分得到浓缩，以利于分析测定。

具体的富集取样方法包括固体吸附法、溶液吸附法、低温浓缩法等。

19.1.2.2　液体样品

液体样品主要包括水样、饮料样品、油料、各种溶剂、生物体液等。采集容器最常用的为带有磨口或具备其它密封措施的玻璃瓶。对某些液体样品的采集，如湖泊水，应先确定采样位置和采样水位深度。对含有悬浮物的液体，应在不断搅拌下于不同深度取出若干份样本混合，以弥补其不均匀性。当液体样品中待测组分含量很低时，也可以采用吸附富集的方法采集。在采集现场让一定量的样品流过吸附柱，然后将吸附柱密封待制备分析。

19.1.2.3　固体样品

固体样品如矿石、土壤、煤炭、各种食品等，采样工具包括钢锹、钢尖镐、采样铲、竹夹等，采样容器一般是带盖采样桶或内衬塑料的采样袋。固体样品通常均匀性较差，硬度和颗粒大小相差较大。

取样时，可先从物料的不同部位合理采取有代表性的一小部分原始试样，然后将原始样品通过破碎、过筛和缩分等程序，得到分析样品。

原始试样品的采集量可按切乔特经验公式计算：

$$Q = Kd^2 \tag{19-1}$$

式中，Q 为采集试样的最小质量，kg；d 为试样中最大颗粒的直径，mm；K 为表征物料特性的缩分系数。K 值通常在 0.05～1 之间，如均匀铁矿：K 为 0.02～0.3；不均匀铁矿：K 为 0.5～1.0；煤矿：K 为 0.3～0.5。

原始试样的采集量一般较大（约 1～10kg），且颗粒不均匀，需要通过多次破碎和缩分等步骤，将其制成 100～300g 左右粒径均匀的分析试样。

① 试样的破碎。破碎一般分为粗碎、中碎和细碎。粗碎是用颚式破碎机或球磨机将试样粉碎至通过 4～6 目网筛。中碎是用盘式碎样机将粗碎后样品磨碎，使其能通过 20 目网筛。细碎则利用盘式碎样机或研钵进一步细磨，至能通过所需的筛网为止。我国标准筛网的筛号与相应的孔径见表 19-1。

表 19-1　标准筛号及其孔径

筛号/目	5	10	20	40	60	80	100	120	200
筛孔直径/mm	4.00	2.00	0.83	0.42	0.25	0.177	0.149	0.125	0.074

由于试样中粗颗粒和细颗粒的组成往往不同，因此过筛时未通过的粗粒应进一步破碎，直至全部通过筛网，而不能将其随意弃去，否则会影响分析试样的代表性。

② 试样的缩分。试样每经一次破碎后，都需要将试样混匀进行缩分。缩分的目的是使破碎的试样减少，同时保证缩分后试样的组成及含量和原始试样一致。在条件允许时，最好使用分样器进行缩分。如果没有分样器，可用"四分法"进行人工缩分。

四分法是将已破碎的试样充分混匀后，堆成圆锥形，略微压平，由锥心的中心按十字形将其分为四等分，弃去任意对角的两份，收集留下两份混匀。缩分的次数和缩分后的试样量不是随意的。每次缩分时，其最低质量也应符合式（19-1）的取样公式，如此反复处理至所需的分析样品量为止。

19.1.3　样品的前处理

19.1.3.1　样品的前处理目的

在分析化学中，当样品的浓度较高、组成比较简单时，一般可以直接进行测定。但在实际工作中，当所分析的样品组成复杂、待测组分含量较低或样品中存在其它干扰组分不适合进行直接分析测定时，就必须采用适当的方法来消除干扰或对微量组分进行富集，即样品的前处理。

样品前处理的目的是采用合适方法对采集的样品进行分解、提取、净化或浓缩，使待测组分转变成可测定的形式以进行定量、定性分析。通过样品前处理，消除干扰，提高测定方法的准确度、选择性和灵敏度。若选择的前处理方法不当，常常会使待测组分损失、干扰组分的影响不能完全消除或引入其它杂质。因此，样品的前处理是分析过程的关键环节，分析结果的准确性首先取决于样品处理的正确与否。

19.1.3.2　样品的回收率

回收率反映了待测组分在样品处理过程中的损失程度，是检验分析方法准确度的指标。回收率试验是在测定试样某组分含量（x_i）的基础上，准确加入已知量的该组分（x_2），然后再次测定其组分含量（x_3）。回收率的计算公式为：

$$回收率 = \frac{x_3 - x_2}{x_i} \times 100\% \tag{19-2}$$

在实际工作中，回收率随待测组分含量的不同，要求也不同。在一般情况下，对常量组分，回收率应在 99% 以上；对微量组分，回收率要求在 90%～95% 之间，或更低一些也是允许的。

19.1.3.3　消解处理技术

在实际分析工作中，除干法分析外，通常要先将试样分解，把待测组分定量制成溶液后再进行测定，即试样的消解。一个良好的消解方法应满足以下的要求：试样分解完全；待测组分不损失；尽量避免引入干扰杂质。

根据试样性质和测定方法不同，常用的消解方法有溶解法、熔融法、烧结法、灰化法以及近年来发展的微波消解法等。

（1）溶解法

溶解法指采用适当的溶剂将试样分解的方法。常用的溶剂有水、酸、碱、混合酸以及各种有机溶剂等。

溶剂的选择原则是：能溶于水的先用水溶解，不溶于水的酸性物质用碱溶剂，碱性物质用酸溶剂，还原性物质用氧化性溶剂，氧化性物质用还原性溶剂。下面介绍几种常用的溶剂。

① 水　水是最重要的溶剂之一，碱金属盐类、大多数碱土金属盐类、硝酸盐类等可溶性的无机盐以及低级醇、多元酸、糖类、氨基酸等可溶性有机物都可以直接用蒸馏水溶解制成溶液。

② 酸　酸是溶解无机试样最常用的溶剂，包括多种无机酸及混合酸，常用的酸溶剂有以下几种。

a. 盐酸　具有强酸性，弱还原性，Cl^- 具有一定的配合能力，能与 Fe^{3+}、Sn^{4+} 等金属离子形成配合物。电位序在氢之前的金属、大多数金属氧化物和碳酸盐都可溶于盐酸中。盐酸常用来溶解赤铁矿、菱铁矿、辉锑矿、软锰矿等样品。在高温下某些氯化物具有挥发性，如硼、砷、锑等的氯化物。因此，在用盐酸溶解这类试样时，必须注意可能带来的挥发损失。

b. 硝酸　具有强酸性和强氧化性，几乎所有的硝酸盐都溶于水，除铂、金和某些稀有金属外，浓硝酸几乎能溶解所有的金属及其合金。铁、铝、铬等金属与硝酸作用会在表面形成氧化膜，产生"钝化"现象。锡、锑与硝酸作用生成溶解度很小的酸（偏锡酸、偏锑酸）。硝酸常用于溶解铜、银、铅、锰等金属及其合金，铜、铅、锡、镍、钼等硫化物及砷化物等。

c. 硫酸　具有强酸性，热浓硫酸有强氧化性和脱水能力，使有机物炭化。除碱土金属及铅外，其它金属的硫酸盐都溶于水。常用于分解铬、铁、钴、镍等金属、萤石（CaF_2）、独居石（稀土和钍的磷酸盐）等矿物，以及分解样品中的有机物等。硫酸的沸点较高（338℃），当硝酸、盐酸、氢氟酸等低沸点酸的阴离子对测定有干扰时，常加硫酸并蒸发至冒白烟除去。

d. 磷酸　PO_4^{3-} 具有一定的配合能力，Fe^{3+}、$Mo(Ⅵ)$ 等在酸性溶液中能与 PO_4^{3-} 形成无色配合物。热的浓磷酸具有很强的分解能力，许多难溶性的矿石，如铬铁矿、钛铁矿、铌铁矿、金红石等均能被磷酸分解，是钢铁分析中常用的溶剂。

e. 高氯酸　热的浓高氯酸具有很强的氧化性和脱水性，常用于溶解不锈钢、镍铬合金、汞的硫化物以及铬矿石等。高氯酸的沸点为 203℃，蒸发至冒烟时，可驱除低沸点酸。热浓的高氯酸遇到有机物或某些还原性物质时会发生爆炸，当试样中含有机物或还原性物质时，应先用浓硝酸破坏，然后加入高氯酸分解。

f. 氢氟酸　酸性较弱，但 F^- 有很强的配位能力，能与 Fe^{3+}、Al^{3+}、Ti^{4+}、Zr^{4+}、W^{5+}、Nb^{5+} 等离子形成配离子而溶于水。用 HF 来溶解试样时，通常在铂皿或聚四氟乙烯器皿（温度低于 250℃）中进行。HF 对人体有害，使用时应注意安全。

g. 混合酸　最常用的混合酸为王水和逆王水。王水是 HNO_3 与 HCl 按 1∶3（体积比）混合，逆王水则是 HNO_3 与 HCl 按 3∶1（体积比）混合，两者都具有强的氧化性。王水常用于分解金、钼、钯、铂、钨等金属，铋、铜、镍、钒等合金以及各种硫化物矿石。逆王水用于分解银、汞、钼等金属及硫化物矿石。

③ 碱性溶剂　主要为 NaOH 或 KOH 溶液。20％～30％的 NaOH 或 KOH 溶液可用来分解铝、锌等金属及它们的氢氧化物或氧化物，也可用于溶解钨、钼等酸性氧化物。

④ 有机溶剂　主要用于有机物的溶解，有时有些无机化合物也需溶解在有机溶剂中再测定，或利用它们在有机溶剂中溶解度的不同进行分离。

根据相似相溶原理，极性有机化合物易溶于甲醇、乙醇、乙腈等极性有机溶剂，非极性有机化合物易溶于氯仿、苯、环己烷等非极性有机溶剂。二甲基亚砜（DMSO）是一种重要的非质子极性溶剂，可与许多有机溶剂及水互溶。其溶解能力非常强，可以溶解大部分的极性和非极性有机物，包括碳水化合物、聚合物以及肽等。

（2）熔融法

熔融法是将试样与熔剂混合后，在高温下发生的多相分解反应，使试样组分转化为易溶于水或酸的化合物。根据所用熔剂的化学性质，熔融法可分为酸熔法和碱熔法两种。

① 酸熔法　常用的酸熔剂有焦硫酸钾（$K_2S_2O_7$），硫酸氢钾（$KHSO_4$）、氟氢化钾（KHF_2）和铵盐（NH_4F、NH_4Cl、NH_4NO_3 或它们的混合物）熔剂，适用于碱性或中性氧化物的分解。在 300℃ 以上时，$K_2S_2O_7$ 与 Fe_2O_3、TiO_2、Al_2O_3、Cr_2O_3、ZrO_2 等混合熔融，生成可溶性硫酸盐，可用于分解铝、铁、钛、铬、锆、铌等金属氧化物及硅酸盐、煤灰、炉渣和中性或碱性耐火材料等。$KHSO_4$ 加热脱水后亦生成 $K_2S_2O_7$，其分解作用与 $K_2S_2O_7$ 一致。

例如，Fe_2O_3 在 $K_2S_2O_7$ 中的分解反应：
$$Fe_2O_3 + 3K_2S_2O_7 = Fe_2(SO_4)_3 + 3K_2SO_4$$

KHF_2 和铵盐熔剂均为弱酸性熔剂。KHF_2 熔融时，F^- 具有配合作用，主要用于熔融分解硅酸盐、稀土和钍的矿石等。铵盐熔剂一般在 110～350℃ 下熔融分解铜、铅、锌的硫化物、铁矿、镍矿和锰矿等。

② 碱熔法　常用的碱熔剂有 Na_2CO_3、K_2CO_3、$NaOH$、KOH、Na_2O_2 和它们的混合物等，适用于酸性试样的分解。Na_2CO_3 的熔点为 850℃、K_2CO_3 的熔点为 890℃，Na_2CO_3 与 K_2CO_3 按 1∶1 形成的混合物，其熔点在 700℃ 左右，常用于分解硅酸盐、酸性炉渣等。分解硫、砷、铬的矿样时，采用 Na_2CO_3 中加入少量氧化剂（如 KNO_3 或 $KClO_3$）的混合溶剂，使它们分解并氧化为 SO_4^{2-}、AsO_4^{3-}、CrO_4^{2-}。

例如，Na_2CO_3 与钠长石（$Al_2O_3 \cdot 2SiO_2$）的分解反应：
$$Al_2O_3 \cdot 2SiO_2 + 3Na_2CO_3 = 2NaAlO_2 + 2Na_2SiO_3 + 3CO_2 \uparrow$$

为分解完全，熔融时需要要加入过量的熔剂，用量一般为试样的 6～12 倍。由于熔剂对坩埚腐蚀较严重，熔融时应注意正确选用坩埚材料，减少坩埚损坏，同时尽量避免引入坩埚杂质，保证分析的准确度。例如，以 $K_2S_2O_7$ 为熔剂时，可采用铂或石英坩埚，而以铵盐为熔剂时，其熔融温度在 110～350℃ 间，一般采用瓷坩埚。高熔点的 Na_2CO_3 或 K_2CO_3 碱性熔剂一般在 900～1200℃ 下铂坩埚中熔解试样。

（3）烧结法

又称半熔法。该法是在低于熔点的温度下，将试样与熔剂混合加热反应。与熔融法相比，烧结法的温度较低，不易损坏坩埚而引入杂质，但加热所需时间较长，可以在瓷坩埚中进行。常用的熔剂有 Na_2CO_3-MgO （或 ZnO）（1∶2）、Na_2CO_3-NH_4Cl、$CaCO_3$-NH_4Cl 等。

例如，以 Na_2CO_3-ZnO 为熔剂，烧结法分解煤或矿石中的硫。Na_2CO_3 起熔剂的作用，ZnO 起疏松和通气的作用，使空气中的氧将硫化物氧化为硫酸盐。用水浸取反应产物时，SO_4^{2-} 形成钠盐进入溶液中，SiO_3^{2-} 大部分析出为 $ZnSiO_3$ 沉淀。又如测定硅酸盐中的 K^+、

Na$^+$时，可采用$CaCO_3$-NH_4Cl熔剂分解硅酸盐。烧结温度为$750\sim800℃$时，反应产物仍为粉末状，但K^+、Na^+已转化为氯化物，可用水浸出。

（4）灰化法

该法常用于有机试样或生物试样的分解，分解方式分为湿法和干法两类。

① 湿法　又称湿式消化或湿式煮解。湿法通常以硝酸和硫酸混合物作为溶剂，与试样混合置于克氏烧瓶中加热煮解。在消化过程中，有机物被氧化成二氧化碳、水及其它挥发性产物，余留的无机成分转化为响应的盐或酸。此法适用于测定有机物中的金属、硫、卤素等元素。为了达到更好的消化效果，还可使用硝酸、高氯酸和硫酸混合溶剂（体积比3：1：1）。使用高氯酸消化时，应特别注意，高氯酸不能直接加入到有机试样中。可先加入过量的硝酸，以防止高氯酸引起的爆炸。

② 干法　又称干法灰化，是将有机试样在一定温度下加热或燃烧，使试样分解、灰化，留下的残渣用适当的溶剂溶解。由于干法无需熔剂，避免了外部杂质的引入，空白值低，适合于有机物中微量无机元素的分析测定。

根据灰化条件的不同，干法灰化主要有：氧瓶燃烧法、定温灰化法和低温灰化法。氧瓶燃烧法是在充满O_2的密闭瓶内，用电火花引燃有机试样，瓶内放置适当的吸收剂以吸收燃烧产物。该法广泛用于有机物中卤素、硫、磷、硼等元素的测定，也可用于有机物中部分金属元素，如Hg、Zn、Mg、Co等的测定。

定温灰化法是将试样置于蒸发皿中或坩埚内，在空气中，于一定温度范围（$500\sim550℃$）内加热分解、灰化，所得残渣用适当溶剂溶解后进行测定。此法常用于测定有机物和生物试样中的无机元素，如Sb、Cr、Fe、Na、Sr、Zn等。

低温灰化法是通过电激法产生的活性氧游离基来分解有机试样。氧游离基的活性很强，在低温下（$100℃$）即可使试样分解，可以最大限度地减少挥发损失，用于生物试样中铍、镉、碲和砷等易挥发元素的测定。

19.2　沉淀分离法

沉淀分离法是一种古老、经典的化学分离方法。该方法通过加入适当的沉淀剂，利用沉淀反应把待测组分沉淀出来，或者把干扰组分沉淀除去。虽然，沉淀分离法操作较繁琐费时，但目前仍然使用较多。

根据沉淀剂的不同，沉淀分离法可以分为无机沉淀分离法和有机沉淀分离法。

19.2.1　无机沉淀分离法

无机沉淀剂种类较多，形成的沉淀类型也多样。此处只介绍最常用的两种无机沉淀剂及其沉淀方法（氢氧化物和硫化物）。其它的无机沉淀剂和相应的沉淀反应，可参考分析化学的重量分析法。

19.2.1.1　氢氧化物沉淀分离

除碱金属与碱土金属离子外，大多数金属离子都能形成氢氧化物沉淀，且溶解度差别大，通过控制溶液的pH值达到分离目的。表19-2是一些常见的金属氢氧化物开始沉淀和沉淀完全时的pH值。

表 19-2　各种金属离子氢氧化物开始沉淀和沉淀完全时的 pH

氢氧化物	溶度积 K_{sp}	开始沉淀时的 pH 值[①]	沉淀完全时的 pH 值[②]
$Sn(OH)_4$	1×10^{-57}	0.5	1.3
$TiO(OH)_2$	1×10^{-29}	0.5	2.0
$Sn(OH)_2$	3×10^{-27}	1.7	3.7
$Fe(OH)_3$	3.5×10^{-38}	2.2	3.5
$Al(OH)_3$	2×10^{-32}	4.1	5.4
$Cr(OH)_3$	5.4×10^{-31}	4.6	5.9
$Zn(OH)_2$	1.2×10^{-17}	6.5	8.5
$Fe(OH)_2$	1×10^{-15}	7.5	9.5
$Ni(OH)_2$	6.5×10^{-18}	6.4	8.4
$Mn(OH)_2$	4.5×10^{-13}	8.8	10.8
$Mg(OH)_2$	1.8×10^{-11}	9.6	11.6

①假定 $[M] = 0.01 mol \cdot L^{-1}$；②假定金属离子 99.99% 已沉淀。

由于表 19-2 所列出的各种 pH 值，是根据溶度积计算而得，而没有考虑其它因素的影响。在实际操作中，为了使沉淀完全，所需的 pH 值往往要比表中列的高一些。例如为使 $Fe(OH)_3$ 沉淀完全，在实际操作中所采用的 pH 值一般在 4.0 以上，要略高于表中所列的 3.5。

尽管不同的金属离子氢氧化物沉淀的溶度积相差较大，所要求的 pH 值也不相同，但在某一 pH 范围内进行沉淀分离时，往往有多种金属离子同时析出，因此利用生成氢氧化物沉淀进行分离的选择性并不高。此外，氢氧化物沉淀多为非晶形的胶体沉淀，共沉淀严重，也会影响分离效果。实际操作中，为了改善沉淀性能，减少共沉淀现象，可采用小体积沉淀分离法进行，即在尽量小的体积，尽量大的浓度，同时有大量没有干扰的盐类存在下沉淀。这种情况下生成的氢氧化物沉淀含水较少，结构紧密，体积较小，对其它组分的吸附小。

常用的控制溶液 pH 值的试剂有：NaOH 溶液、氨-氯化铵缓冲溶液和有机碱。NaOH 为强碱，通常用它可控制的 pH≥12，常用于两性金属离子和非两性的金属离子的分离，例如两性金属离子 Al^{3+} 与 Fe^{3+}、Ti^{4+} 的分离。氨-氯化铵缓冲溶液可将 pH 值控制在 8～9，氨能与 Ag^+、Co^{2+}、Ni^{2+}、Zn^{2+}、Cd^{2+} 和 Cu^{2+} 等离子形成配合物，使它们溶解在溶液中，常用于沉淀不与 NH_3 形成配离子的多种金属离子，可使高价金属离子（如 Fe^{3+}、Al^{3+}）与大部分一、二价的金属离子分离。有机碱，如六亚甲基四胺与其共轭酸组成缓冲溶液，可控制溶液的 pH 为 5～6，常用于 Mn^{2+}、Co^{2+}、Ni^{2+}、Cu^{2+}、Zn^{2+} 等与 Fe^{3+}、Al^{3+} 等金属离子的分离。

19.2.1.2　硫化物沉淀分离

能与 S^{2-} 形成难溶硫化物沉淀的金属离子约有 40 余种，除碱金属和碱土金属的硫化物能溶于水外，许多金属离子能在不同的酸度下形成硫化物沉淀。由于硫化物的溶度积相差较大，可通过调节溶液的酸度来控制硫离子浓度，而使金属离子相互分离。与氢氧化物沉淀法相似，硫化物沉淀分离的选择性不高。

硫化物沉淀分离法所用的主要沉淀剂为 H_2S。H_2S 是二元弱酸，溶液中的 S^{2-} 浓度与溶液的酸度有关，随着 $[H^+]$ 的增加，S^{2-} 浓度迅速降低。因此，通过调节溶液的 pH 值，即可控制 S^{2-} 浓度，使不同溶解度的硫化物得以分离。

由于硫化物沉淀大多是胶体，共沉淀现象严重，甚至还存在继沉淀现象。若采用硫代乙酰胺在溶液中水解进行均相沉淀，可使沉淀性能和分离效果有所改善。硫代乙酰胺在酸性溶液中水解释放 H_2S，而在碱性溶液中水解产生 S^{2-}。无论是 H_2S，还是 S^{2-} 均是缓慢析出，故分离效果要比直接用 H_2S 好。

在酸性溶液中：$CH_3CSNH_2 + 2H_2O + H^+ \Longrightarrow CH_3COOH + H_2S + NH_4^+$

在碱性溶液中：$CH_3CSNH_2 + 3OH^- \Longrightarrow CH_3COO^- + S^{2-} + NH_3 + H_2O$

19.2.2 有机沉淀分离法

与无机沉淀剂相比，有机沉淀剂具有种类多、选择性好、沉淀溶解度小、吸附杂质少以及沉淀摩尔质量大等优点，因而在沉淀分离中应用广泛。

有机沉淀剂根据沉淀反应的机理主要分为生成螯合物的沉淀剂和生成离子缔合物的沉淀剂两种类型。

19.2.2.1 生成螯合物的沉淀剂

能形成螯合物沉淀的有机沉淀剂，其结构中至少具有两类官能团。酸性官能团，如 —COOH、—OH、—SH、—SO₃H 等，这些官能团中的 H^+ 可被金属离子置换；碱性官能团，如 —NH₂、—NH—、=CO、=CS 等，这些官能团具有未被共用的电子对，可与金属离子形成配位键。在两种基团的共同作用下，生成具有五元环或六元环的螯合物。

常用的生成螯合物的沉淀剂有丁二酮肟、8-羟基喹啉、N-亚硝基苯胲铵和二乙基二硫代甲酸钠等。丁二酮肟是选择性较高的沉淀剂，在金属离子中只有 Ni^{2+}、Pd^{2+}、Pt^{2+}、Fe^{2+} 与之形成沉淀。在氨性溶液中，丁二酮肟与 Ni^{2+} 生成红色螯合物沉淀，常用于重量法测镍。8-羟基喹啉选择性相对较差，能在弱酸性或弱碱性溶液中与多种金属离子形成沉淀。目前已合成了一些选择性较高的 8-羟基喹啉衍生物，如 2-甲基-8-羟基喹啉，可在 pH=5.5 时沉淀 Zn^{2+}，pH=9 时沉淀 Mg^{2+}，而不与 Al^{3+} 发生沉淀反应。

Ni^{2+} 与丁二酮肟的反应：

19.2.2.2 生成缔合物的沉淀剂

某些摩尔质量较大的有机沉淀剂，在水溶液中以阳离子或阴离子等形式存在。当它们与带相反电荷的金属离子发生反应时，生成溶解度很小的缔合物而沉淀。常用生成缔合物的沉淀剂有氯化四苯砷、四苯硼酸钠、甲基紫和亚甲基蓝等。

例如，四苯硼酸阴离子与 K^+ 的缔合反应：

$$K^+ + B(C_6H_5)_4^- \Longrightarrow KB(C_6H_5)_4 \downarrow$$

生成的 $KB(C_6H_5)_4$ 溶解度很小，组成恒定，是测定 K^+ 的良好有机沉淀剂。

19.3 溶剂萃取与蒸馏技术

19.3.1 溶剂萃取的相关概念

溶剂萃取是一种简单快速、廉价经济且应用范围广的分离技术。该技术的分离原理是基于不同组分在两种不混溶的溶剂中溶解度或分配系数差异而达到分离目的，属于两相间的传质过程。在分析化学中，溶剂萃取主要包括液-液萃取、液-固萃取和液-气萃取，其中以液-液萃取最为常用。此处以液-液萃取为例进行介绍。

19.3.1.1 分配系数

当含有溶质 A 的水溶液与有机溶剂相互接触时，A 就会在水相和有机相中进行分配：

$$A_水 \Longleftrightarrow A_有$$

当这个分配过程达到平衡时，根据能斯特分配定律：在一定的温度和压力下，溶质 A 在两相中的浓度比为一常数。

$$K_D = \frac{[A]_有}{[A]_水} \times 100\% \tag{19-3}$$

式中，K_D 为分配系数，它与溶质和溶剂的性质及温度等因素有关；$[A]_有$ 和 $[A]_水$ 分别为组分 A 在有机相和水相中的平衡浓度。

能斯特分配定律只适用于溶质的浓度较低，且溶质在两相中存在形式相同的情况。当溶质在两相中存在解离、缔合或与其它组分发生副反应时，就不能简单地用分配系数来说明萃取过程的分配平衡。

19.3.1.2 分配比

在实际萃取中，常会遇到溶质在水相或有机相中具有多种存在形式的情况，此时分配系数就不再适用。这种情况下，引入分配比 D。分配比 D 指溶质在有机相中各种存在形式的总浓度 $c_有$ 与在水相中各种存在形式的总浓度 $c_水$ 之比。

$$D = \frac{c_有}{c_水} \tag{19-4}$$

只有在最简单的萃取体系，当溶质在两相中的存在形式完全一致时，$K_D = D$；在大多数情况下，$K_D \neq D$。实际应用中，由于 D 容易测得，较 K_D 更为常用。

当两相的体积相等时，若 $D > 1$，则说明溶质进入有机相的量要比留在水相中的量多。对于有机物，其在有机溶剂中的分配一般比在水相中大，所以可以将它们从水相中萃取出来。分配比越大，水相中的有机物被有机溶剂萃取的效率就会越高。

19.3.1.3 萃取效率

不同溶剂对溶质的萃取完全程度可用萃取效率 E 来表示。萃取效率指溶质在萃取相中的总量占它在两相中的百分率。

设溶质 A 的水溶液用有机溶剂萃取时，水溶液的体积为 $V_水$，有机溶剂的体积为 $V_有$，则萃取效率：

$$E = \frac{A 在有机相中的总量}{A 在两相中的总量} \times 100\% = \frac{c_有 V_有}{c_有 V_有 + c_水 V_水} \times 100\% \tag{19-5}$$

E 与 D 的关系为：

$$E = \frac{D}{D + \frac{V_水}{V_有}} \times 100\% \tag{19-6}$$

可见，萃取效率 E 与分配比 D 和两相的体积比 $V_水/V_有$ 有关。D 愈大，萃取效率愈高。若 D 一定，减小 $V_水/V_有$，即增加有机溶剂的用量，也可提高萃取效率。一般而言，仅通过增加有机溶剂量来提高 E 的效果并不显著，而且大量的有机溶剂会使溶质在萃取相中的浓度降低，不利于进一步的分离和测定。因此，在实际工作中，对于分配比 D 比较小的溶质，常采取小体积多次萃取的方法来提高萃取效率，即"少量多次"的萃取原则。

设溶质 A 的水溶液，体积为 $V_水$，初始浓度为 c_0，当用体积为 $V_有$ 的有机溶剂萃取一次后，溶质 A 在水相浓度 c_1 为：

$$c_0 V_水 = c_1 V_水 + c_1 D V_有$$

$$c_1 = \frac{c_0 V_水}{V_水 + D V_有}$$

若用相同体积的新鲜有机溶剂再萃取一次后，水溶液中 A 的浓度 c_2 为：

$$c_2 = c_0 \left(\frac{V_水}{V_水 + D V_有} \right)^2$$

依次类推，经过 n 次相同体积的有机溶剂萃取后，水溶液中 A 的浓度为 c_n 为：

$$c_n = c_0 \left(\frac{V_水}{V_水 + D V_有} \right)^n$$

则总的萃取效率 E 为：

$$E = \left[1 - \left(\frac{V_水}{V_水 + D V_有} \right)^n \right] \times 100\%$$

例如：含 I_2 的水溶液 10mL，其中含 I_2 1.00mg，用 CCl_4 9mL 一次萃取和每次用 3mL 分 3 次萃取两种方法（$D=85$），其萃取效率分别为 98.70% 和 99.9%。由此可见，相同量的萃取溶剂，小体积分次萃取的效率要比大体积经一次萃取的效率高。

19.3.1.4 分离系数

应用萃取方法不仅是把组分从水相中提取出来，而且还要求将共存的组分能彼此分离开来。为了表示两种组分的分离效果，一般用分离系数 β 来表示。

$$\beta = \frac{D_A}{D_B} \tag{19-7}$$

式中，D_A、D_B 分别是溶质 A 和 B 在相同萃取条件下的分配比。

显然，D_A、D_B 相差越大，β 就越大，二组分分离得就越完全。如果 $\beta = 1$，即表示两组分的分配比相同，不能分离。

19.3.2 溶剂萃取体系的选择

一个良好的溶剂萃取体系，应符合如下要求：

① 对被萃取组分具有良好的萃取能力和萃取选择性。

② 溶质在萃取体系中具有较快的传质速率，以缩短萃取时间，减小萃取设备体积。

③ 具有良好的理化性质，既保证萃取操作的安全性，又有利于后续操作的进行。

④ 无毒或毒性较低、价廉易得。

根据萃取组分与萃取溶剂所形成的萃取物分子性质的不同，萃取体系分为以下四类。

（1）螯合物萃取体系

螯合物萃取是指螯合剂与金属离子形成疏水性中性螯合物后，被有机溶剂所萃取。这类萃取体系广泛应用于金属阳离子的萃取。常用的螯合剂有 8-羟基喹啉、二硫腙、N-亚硝基苯胲铵、丁二酮肟和二乙基二硫代甲酸钠等。例如，8-羟基喹啉可与 Al^{3+}、Co^{2+}、Zn^{2+}、Fe^{3+} 等多种金属离子螯合，所生成的螯合物难溶于水，可用 $CHCl_3$ 萃取。双硫腙可与 Ag^+、Bi^{3+}、Cd^{2+}、Hg^{2+}、Cu^{2+}、Co^{2+}、Mn^{2+}、Ni^{2+}、Pb^{2+} 等离子形成螯合物，易被

CCl_4 萃取；二乙基二硫代甲酸钠可与 Ag^+、Hg^{2+}、Cu^{2+}、Cd^{2+}、Co^{2+}、Ni^{2+}、Mn^{2+}、Fe^{3+} 等离子形成螯合物，易被 CCl_4 或乙酸乙酯萃取等。

一般而言，螯合剂的疏水基团越多，疏水性越强，萃取效率就越高。螯合剂与金属离子生成的螯合物越稳定，萃取效率就越高；根据螯合物的结构，按结构相似的原则，选择合适的萃取剂。例如含烷基的螯合物用卤代烷烃（如 CCl_4、$CHCl_3$）作萃取溶剂，含芳香基的螯合物用芳香烃（如苯、甲苯等）作萃取溶剂较合适。

（2）离子缔合物萃取体系

离子缔合萃取指阳离子与阴离子通过静电引力相结合形成电中性的化合物而被有机溶剂萃取，主要分为阴离子萃取和阳离子萃取两类。

阴离子萃取中，金属离子形成配合阴离子，与带正电荷的有机阳离子形成离子缔合物被萃取进入有机相。一些摩尔质量相对较大的碱性染料如甲基紫、亚甲基紫、孔雀绿、罗丹明 B、丁基罗丹明 B 等在酸性溶液中与 H^+ 结合成阳离子，它们能和 Fe^{3+}、Ga^{3+}、Au^{3+}、Tl^{3+} 等金属配阴离子形成疏水性缔合物。例如，在 HCl 溶液中，Tl^{3+} 与 Cl^- 配合，形成 $TlCl_4^-$，加入甲基紫阳离子即可生成疏水性的离子缔合物，可用苯或甲苯等有机溶剂萃取出来。

阳离子萃取中，金属阳离子与中性螯合剂形成螯合阳离子，然后与水相中存在的大体积阴离子缔合组成疏水性的离子缔合物。例如，Cu^+ 与双喹啉形成阳离子后，可与阴离子 Cl^- 形成离子缔合物，被异戊醇萃取。

（3）溶剂化合物萃取体系

某些溶剂分子通过与无机化合物中的金属离子相结合，形成溶剂化合物，而使无机化合物溶于该有机溶剂中。以这种形式进行萃取的体系，称为溶剂化合物萃取体系。按萃取剂的组成不同可分为含磷（膦）萃取剂、含氧萃取剂和含氮萃取剂等。

在这种萃取体系中，萃取剂一般是指酮、醚、醇和酯溶剂，其分子中含配位能力较强的原子。萃取时，溶剂分子通过配位、氢键或静电引力等作用与金属离子、离子对和极性分子发生溶剂化作用，生成疏水性的化合物，萃取进入有机相。

例如，磷酸三丁酯（TBP）萃取 $FeCl_3$。由于 TBP 中 $\equiv P \rightarrow O$ 的氧原子具有很强的配位能力，它能取代 $FeCl_3$ 的水分子，形成溶剂化合物，从而被 TBP 萃取。

$$Fe(H_2O)_3Cl_3 + 3TBP \Longrightarrow FeCl_3 \cdot 3TBP + 3H_2O$$

（4）简单分子萃取体系

单质、难电离的共价化合物及有机化合物在水相和有机相中以中性分子的形式存在，可用有机溶剂直接萃取。简单分子萃取体系的萃取过程为物理分配过程，没有化学反应，无需加其它的萃取剂。例如 I_2、Cl_2、Br_2 等，它们在水溶液中主要以分子形式存在，不带电荷，可用 CCl_4、苯等有机溶剂萃取。无机物采用此法萃取的不多，主要用于有机物的萃取。

19.3.3　蒸馏分离技术

蒸馏是分离混合物的一种重要的操作技术，尤其是对于液体混合物的分离有重要的实用意义。蒸馏的基本原理是利用混合物中各组分的沸点不同，在蒸馏过程中低沸点的组分先蒸出，高沸点的组分后蒸出，从而达到分离提纯的目的。

蒸馏是蒸发和冷凝两种单元操作相结合的一种热力学分离工艺。与其它分离技术如萃取、吸附等相比，它的优点在于不需使用系统组分以外的其它溶剂，从而保证不会引入新的杂质。

蒸馏主要有两种方式：简单蒸馏和分馏。除此之外，还包括平衡蒸馏、特殊精馏等。下面以双组分混合液为例，主要介绍简单蒸馏和分馏。

如果将两种液体混合物进行加热，在沸腾温度下，其气相与液相达成平衡，蒸气中含有较多易挥发低沸点的组分，将此蒸气冷凝成液体，其组成与气相组成相同，即含有较多的易挥发组分，而残留物中却含有较多量的高沸点难挥发组分，这就是一次简单的蒸馏。通过一次简单的蒸馏，低沸点组分在蒸气中得到增浓，高沸点组分在残余液中也得到增浓，在一定程度上实现了两组分的分离。两组分的沸点或挥发能力相差越大，则上述的分离程度也就越好。如果将蒸气凝成的液体重新蒸馏，再进行一次气液平衡，再度产生的蒸气中，所含的易挥发物质组分含量又会增加，同样，残留物中难挥发组分含量也相应增高，这样通过一连串重复的简单蒸馏，最后能得到接近纯组分的两种液体。

应用这样反复多次的简单蒸馏，虽然可以得到接近纯组分的两种液体，但操作繁琐、浪费时间，而且在重复多次蒸馏操作中的损失增大。实际工作中，可利用分馏进行多次气化和冷凝来达到目的。

分馏是借助于分馏柱进行的多次蒸馏。在分馏柱内，当上升的蒸气与下降的冷凝液互相接触时，上升的蒸气部分冷凝放出热量使下降的冷凝液部分气化，发生热量交换，其结果是使上升蒸气中低沸点易挥发组分增加，而下降的冷凝液中高沸点难挥发组分增加。反复多次进行上述过程，相当于进行了多次的气液平衡，即达到了多次蒸馏的效果。通过分馏后，在靠近分馏柱顶部易挥发低沸点的组分含量较高，而在残余液里高沸点难挥发组分的含量较高。只要分馏柱足够高，就可将这种组分完全彻底分开。

在简单蒸馏中，混合液体中各组分的沸点要相差30℃以上，才可以进行分离，要彻底分离组分的沸点要相差110℃以上。分馏可使沸点相近的液体混合物，甚至沸点仅相差1～2℃，都能得到分离和纯化。例如，石油经过分馏，可以分离出汽油、柴油、煤油和重油等多种组分。

一个简单的蒸馏装置，主要由带侧管的蒸馏烧瓶、温度计、冷凝器、收集器和加热装置等组成。为了使蒸馏顺利进行，在混合液体装入蒸馏烧瓶之前，必须在烧瓶中加入沸石。在蒸馏操作中，应特别注意控制好加热温度。加热温度应当高于蒸馏液体的沸点，否则难以将被蒸馏组分蒸馏出来。但蒸馏的温度也不能过高，以免蒸馏瓶和冷凝器上部的蒸气压高于大气压，产生事故。一般而言，蒸馏加热的温度控制在高于蒸馏物质的沸点30℃内。

19.4　离子交换技术

利用离子交换剂与溶液中的离子发生交换反应而进行分离的方法，称为离子交换分离法。早在 19 世纪中叶就有人注意到泥土和矿石具有离子交换的能力，在当时最使人感兴趣的是泡沸石（zeolite）的交换作用。泡沸石是一种复杂的含水的硅铝酸盐。到 1905 年，人们开始人工合成泡沸石硅铝酸钠，并利用其中所含的 Na^+ 交换除去水中的 Ca^{2+}、Mg^{2+} 等离子以软化水，所以在当时泡沸石主要是作为一种软水剂。用泡沸石（Z）软化水的过程可以用式(19-8)表示。

$$Ca^{2+} + 2NaZ \underset{\text{再生洗脱过程}}{\overset{\text{交换过程}}{\rightleftharpoons}} 2Na^+ + CaZ_2 \tag{19-8}$$

由于其交换能力低，化学稳定性和力学强度差，再生困难，因而应用受到限制。为了克服无机离子交换剂的缺点，自 20 世纪 40 年代以来合成出多种类型的有机离子交换剂，称为离子交换树脂，开始了离子交换分离的新阶段，现已得到广泛应用。

使用离子交换树脂的突出优点是分离效果好、应用范围广。它不仅能用于带相反电荷离子间的分离、也可用于带同种电荷离子间的分离，特别是可用于性质相近离子间的分离；也可以用于微（痕）量组分的富集和高纯物质的制备等。该方法所用设备简单、操作容易，不仅适用于实验室的研究工作、而且适用于工业生产的大规模分离。

离子交换树脂也存在一些缺点，它不能耐高温、耐辐射。为了适应原子能工业发展的需要，人们又对无机离子交换剂重新进行了研究，生产了能耐高温、耐辐射、交换能力大的无机离子交换剂。例如磷酸锆、钨酸锆、磷钼酸铵、杂多酸等等。本节着重讨论用离子交换树脂进行分离的理论基础和方法。

19.4.1　离子交换树脂的结构和性质

19.4.1.1　离子交换树脂的结构

离子交换树脂是一类具有网状结构的有机高分子聚合物。其骨架部分的化学性质十分稳定，不溶于酸、碱和一般有机溶剂。骨架上连有许多活性基团，随着树脂的不同，这些基团可以是磺酸基（—SO_3H）、羧基（—COOH）、季胺基（≡NOH）等，交换反应实际上发生在活性基团上。根据活性基团不同，离子交换树脂可分为阳离子交换树脂和阴离子交换树脂、螯合树脂等。

（1）阳离子交换树脂

能交换阳离子的交换树脂称为阳离子交换树脂。常用的为聚苯乙烯磺酸基型阳离子交换树脂，是用苯乙烯和二乙烯苯聚合，并经硫酸磺化后制得的。其结构式可以用图 19-1 的结构单元来表示。

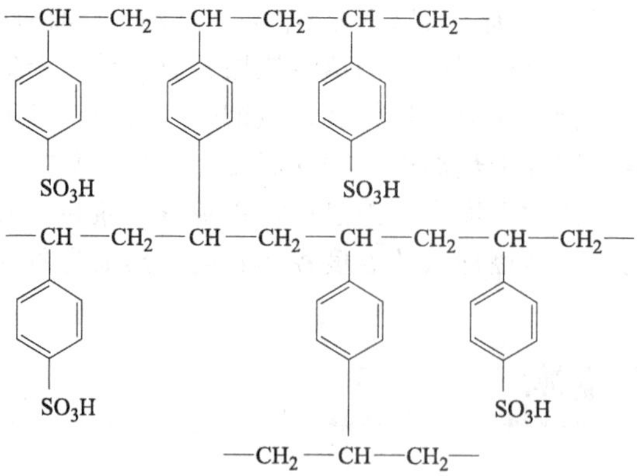

图 19-1　聚苯乙烯磺酸基型阳离子交换树脂结构

图 19-1 中，苯乙烯和二乙烯苯的分子之间互相连接形成网状结构骨架，上面连有活性基团磺酸基（—SO_3H）。磺酸基中的阴离子 SO_3^- 因连接在聚合物基体上，不能进入溶液；而 H^+ 离子则可解离，并与溶液中的阳离子 M^{n+} 发生式(19-9)的交换反应。

$$nR—SO_3^- H^+ + M^{n+} = (R—SO_3^-)_n M^{n+} + nH^+ \tag{19-9}$$

式(19-9)中 R 代表树脂相。由于磺酸基在水中表现出很强的酸性，故这样的树脂属于强酸性阳离子交换树脂，在酸性、中性和碱性溶液中都能使用，应用范围很广。

阳离子交换树脂常用氢离子型，用钠盐处理则很容易转换成钠离子型，钠离子再与其它阳离子进行交换。

能交换阳离子的活泼基团除磺酸基外，还有亚甲基磺酸基（—CH_2SO_3H）、磷酸基（—PO_3H）、羧基（—$COOH$）、酚羟基（—OH）等等。含有这些活性基团的离子交换树脂都是阳离子交换树脂，它们在水中浸泡都能电离产生 H^+，因此可以把它们看成酸。酸性强弱由活性基团决定，其顺序为：

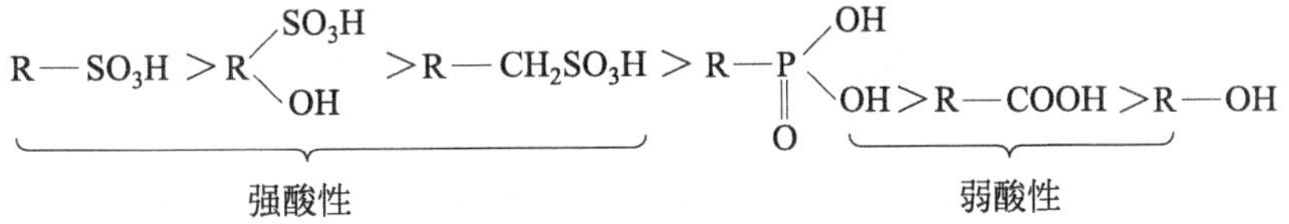

$$R—SO_3H > R{<}_{OH}^{SO_3H} > R—CH_2SO_3H > R—\underset{O}{\overset{OH}{P}}{<}_{OH}^{OH} > R—COOH > R—OH$$

强酸性   弱酸性

弱酸性阳离子交换树脂对 H^+ 的亲和力较强，故不应在强酸性溶液中使用，适用的 pH 范围一般为 5～14。但这类树脂容易用酸洗脱，选择性较高，常用于有机碱的分离。

（2）阴离子交换树脂

能交换阴离子的树脂为阴离子交换树脂。阴离子交换树脂的结构与阳离子交换树脂类似，只是在其骨架上连接的活性基团是碱性基团。若活性基团为季铵盐，如—$N(CH_3)_3^+ X^-$，则树脂属于强碱性阴离子交换树脂，—$N(CH_3)_3^+$ 为不能交换的阳离子，X^- 为可以交换的阴离子，这里阴离子 X^- 可以是 OH^-、Cl^- 或 NO_3^- 等。若活性基团为伯氨基（如—NH_2）、仲氨基（如—$NHCH_3$）或叔氨基［如—$N(CH_3)_2$］，则树脂属于弱碱性阴离子交换树脂。

常用的强碱性阴离子交换树脂为聚苯乙烯型阴离子交换树脂，它是由苯乙烯和二乙烯苯聚合制得聚合物，与氯甲基醚（CH_3OCH_2Cl）反应，使之氯甲基化，然后再与胺类（如三甲胺）反应，得到聚苯乙烯型强碱性阴离子交换树脂，其结构见图 19-2。

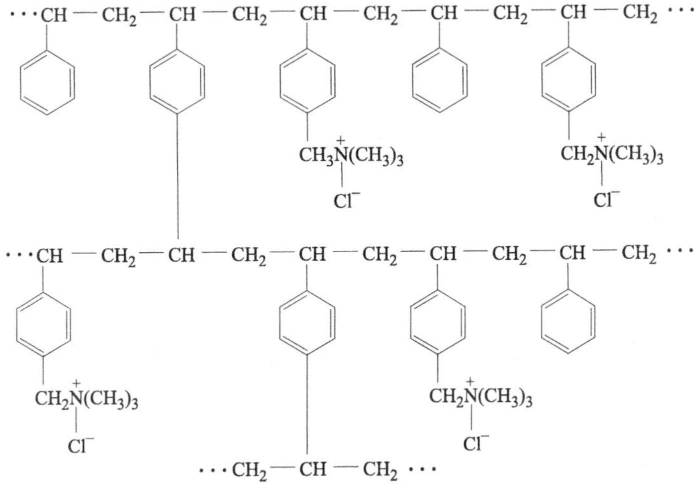

图 19-2　强碱性阴离子交换树脂结构

可以简写作 $R-N(CH_3)_3^+Cl^-$。这是 Cl^- 型的阴离子交换树脂，其中的 Cl^- 可以被其它阴离子所交换。这类树脂如果用 NaOH 溶液处理，则发生式(19-10)的交换反应，转变为 OH^- 型阴离子交换树脂。

$$R-N(CH_3)_3^+Cl^- + OH^- \rightleftharpoons R-N(CH_3)_3^+OH^- + Cl^- \qquad (19-10)$$

这种树脂是淡黄色的球状颗粒，对酸、碱、氧化剂和某些有机溶剂都比较稳定；对强酸根和弱酸根阴离子如 CO_3^{2-}、BO_2^-、$S_2O_3^{2-}$ 等都能交换；其交换反应见式(19-11)和式(19-12)。

$$nRNR_3^+OH^- + A^{n-} = (RNR_3)_nA + nOH^- \qquad (19-11)$$

$$nRNR_3^+Cl^- + A^{n-} = (RNR_3)_nA + nCl^- \qquad (19-12)$$

强碱性离子交换树脂在酸性、碱性和中性溶液中都能使用，在分析化学上应用较多。一般都处理成 Cl^- 型树脂出售，因为 Cl^- 型比 OH^- 型更为稳定。

具有伯胺、仲胺和叔胺基的离子交换树脂为弱碱性交换树脂，它们在水中首先发生式(19-13)所示的水化反应：

$$R-NH_2 + H_2O = R-NH_3^+OH^- \qquad (19-13)$$

其中基团中的 OH^- 可以解离，因而可与溶液中的阴离子如 Cl^- 发生式(19-14)所示交换反应：

$$R-NH_3^+OH^- + Cl^- = R-NH_3^+Cl^- + OH^- \qquad (19-14)$$

因弱碱性树脂对 OH^- 的亲和力大，故不宜在强碱性溶液中使用，适用的 pH 范围一般为 0～9。

（3）螯合树脂

在离子交换树脂中引入某些能与金属离子形成配合物的活性基团，就称为螯合树脂。如果引入的是对某种或某些金属离子具有较高选择性的配位基团，则该螯合树脂对那些离子的选择性也较高。例如含有氨基二乙酸基的树脂对 Cu^{2+}、Co^{2+}、Ni^{2+} 有很高的选择性，这种树脂可以用图 19-3 所示的结构表示。

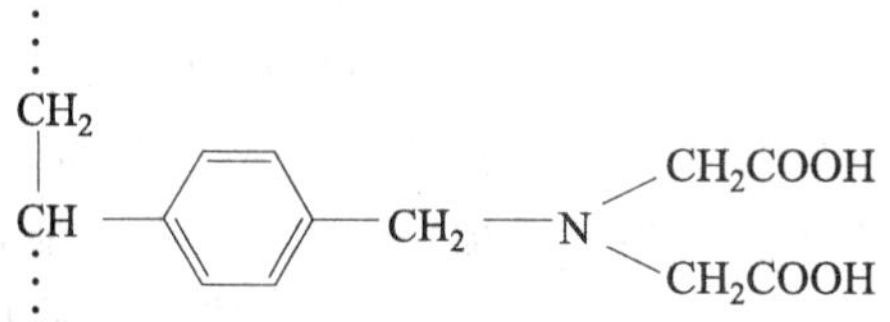

图 19-3　氨基二乙酸基螯合树脂的结构

螯合树脂在交换过程中能选择性的交换某种金属离子，所以，对化学分离具有重要意义。现在已经合成出许多种类的螯合树脂，蓝晓科技 LSC-500 胺基膦酸树脂和 LSC-100 胺基羧酸树脂均属于螯合树脂，这种树脂可以在离子膜烧碱工艺中有效脱除盐水中的 Ca^{2+}、Mg^{2+}、Sr^{2+} 等有害离子，使二次盐水完全满足离子膜工艺要求。

19.4.1.2　离子交换树脂的性质

（1）交联度

在合成离子交换树脂的过程中，将链状聚合物分子相互连接而形成网状结构的过程称为交联。如聚苯乙烯型树脂就是由二乙烯苯将聚苯乙烯的链状分子连接成网的，故二乙烯苯称为交联剂。通常将树脂中交联剂所占的质量百分数称为树脂的交联度，交联度按式(19-15)进行计算。

$$交联度 = \frac{交联剂质量}{干树脂总量} \times 100\% \qquad (19-15)$$

树脂的交联度是衡量树脂疏密程度的指标。树脂的交联度越大，则网状结构的孔径越小，网眼越密。交换时体积较大的离子无法进入树脂，而只允许小体积的离子进入，因而选择性较高。另外，交联度大时，形成的树脂结构紧密，力学强度高。但缺点是对水的溶胀性能较差，交换反应的速率较慢。而树脂的交联度较小时则与上述情况相反。通常树脂的交联度以4%～14%为宜。

（2）交换容量

交换容量是表征树脂交换能力大小的特征参数，用每克干树脂所能交换的相当于一价离子的物质的物质的量（mol）来表示。交换容量的大小仅取决于一定量树脂中所含活性基团的数目，不随实验条件而变化。通常树脂的交换容量为3～6mmol·g^{-1}。

交换容量可以通过酸碱滴定法测定。以阳离子交换树脂为例：准确称取一定量干燥的阳离子交换树脂，置于锥形瓶中。然后加入定量且过量的NaOH标准溶液，充分振荡后放置约24h，使树脂活性基团中的H^+全部被Na^+交换。再用HCl标准溶液返滴定剩余的NaOH，按式(19-16)求得交换容量。

$$交换容量 = \frac{c_{NaOH}V_{NaOH} - c_{HCl}V_{HCl}}{干树脂质量} \tag{19-16}$$

19.4.2 离子交换亲和力

各种离子在树脂上的交换能力是不同的，离子在树脂上交换能力的大小称为离子交换亲和力。

实验表明，离子交换树脂对不同离子亲和力的大小与离子所带的电荷数及它的水化半径有关。一般来说，离子的价态越高，树脂对它的亲和力越大。对于相同价态的离子，其水化半径越小，在交换过程中引起树脂内部的膨胀越小，越容易进入树脂相，亲和力也越大。表19-3列出了几种常见离子的水合离子半径。

表19-3　几种水合离子半径

离子	裸半径/nm	水合离子半径/nm
Li^+	0.068	1.00
Na^+	0.098	0.79
K^+	0.133	0.53
Rb^+	0.149	0.509
Cs^+	0.165	0.505
Mg^{2+}	0.089	1.08
Ca^{2+}	0.117	0.96
Sr^{2+}	0.134	0.96
Ba^{2+}	0.149	0.88

在强酸性阳离子交换树脂上，碱金属离子、碱土金属离子和稀土金属离子的交换亲和力大小的顺序分别如下：

$Li^+ < H^+ < Na^+ < K^+ < Rb^+ < Cs^+$；

$Mg^{2+} < Ca^{2+} < Sr^{2+} < Ba^{2+}$；

$Lu^{3+} < Yb^{3+} < Er^{3+} < Ho^{3+} < Dy^{3+} < Tb^{3+} < Gd^{3+} < Eu^{3+} < Sm^{3+} < Nd^{3+} < Pr^{3+} < Ce^{3+} < La^{3+}$；

$Na^+ < Ca^{2+} < Al^{3+} < Th^{4+}$

在强碱性阴离子交换树脂上，各种阴离子的交换亲和力顺序如下：

$F^- < OH^- < CH_3COO^- < Cl^- < Br^- < NO_3^- < HSO_4^- < I^- < CNS^- < ClO_4^-$

此外，树脂的交联度越大，对其选择性的影响就越大，即离子间亲和力的差别亦越大。

正因为树脂对不同离子的亲和力大小不同，在进行离子交换时，树脂就有一定的选择性。当溶液中各离子的浓度大致相同时，总是亲和力大的离子优先被交换到树脂相上；而在洗脱时，亲和力较小的离子又总是优先被洗脱而进入水相。这样，在反复的交换和洗脱过程中，不同离子得到相互分离。

19.4.3　离子交换色谱法

实际上待分离的离子往往同为阳离子或同为阴离子，此时分离的过程就比较复杂，因为十分类似于色谱分离过程，这类分离方法也称为离子交换色谱法。

以强酸性阳离子交换树脂分离 K^+ 和 Na^+ 为例。当混合溶液从柱上方加入时，水相中的 K^+ 和 Na^+ 就与树脂活性基团中的 H^+ 发生交换，从而进入树脂相。此交换过程可以用式(19-17)和式(19-18)表示。

$$R—H+K^+ \rightleftharpoons R—K+H^+ \tag{19-17}$$
$$R—H+Na^+ \rightleftharpoons R—Na+H^+ \tag{19-18}$$

由于树脂对 K^+ 的亲和力比对 Na^+ 大，因此 K^+ 首先被交换到树脂上，故在交换柱中，K^+ 层在上，Na^+ 层在下〔如图 19-4(a) 所示〕。但由于树脂对二者的亲和力差别并不大，故 K^+ 层与 Na^+ 层仍有部分重叠。

混合液加完后，向交换柱上方加入稀 HCl，此时树脂相的 K^+ 和 Na^+ 又将与溶液中的 H^+ 发生交换，重新进入溶液。这一过程称为洗脱，是交换的逆过程，可表示为：

$$R—Na+H^+ \rightleftharpoons R—H+Na^+ \tag{19-19}$$
$$R—K+H^+ \rightleftharpoons R—H+K^+ \tag{19-20}$$

这里稀 HCl 溶液又称洗脱液（或淋洗剂）。

由于树脂对 Na^+ 的亲和力小，Na^+ 优先被洗脱。被洗脱的 Na^+、K^+ 随着洗脱液向柱底端流动，又与树脂中的 H^+ 发生交换。当洗脱液不断由柱上方加入时，伴随着上述过程的重复进行，K^+ 和 Na^+ 慢慢由柱上方移至下方〔如图 19-4(b) 所示〕。

由于树脂对 K^+ 具有更大的亲和力，因此 K^+ 下移的速度较慢，经过同样的时间后，它在柱中的位置就比 Na^+ 的略高。于是两种离子在交换柱上就会逐渐分为明显的两层〔图 19-4(b)〕。在洗脱过程中，若每收集 10mL 流出液就测定一次 Na^+ 和 K^+ 的浓度，即可绘制出如图 19-5 的洗脱曲线。通常根据已知的各离子的洗脱曲线，分别用不同容器接取流出液中适当的一段体积，就可达到分离的目的。

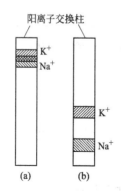

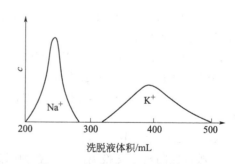

图 19-4　离子交换色谱分离法分离 K^+ 和 Na^+ 示意图　　　图 19-5　Na^+ 和 K^+ 的洗脱曲线

离子交换色谱法常用来分离性质相似而用通常方法难以分离的元素，如 K^+ 和 Na^+，以及各种稀土元素离子等。

19.4.4 离子交换分离法的操作

19.4.4.1 树脂的选择和处理

应根据分离的对象和要求选择适当类型和粒度的树脂。在化学分析中应用最多的为强酸性阳离子交换树脂和强碱性阴离子交换树脂。市售的树脂颗粒大小往往不匀，使用前应先经过处理，处理的步骤包括晾干、研磨、过筛，以除去太大和太小的颗粒，也可以用水溶胀后用筛在水中选取大小一定的颗粒备用。

一般商品树脂都含有杂质，使用前还需净化处理。对强酸性阳离子交换树脂和强碱性阴离子交换树脂，通常用 $4\sim6\,mol\cdot L^{-1}$ HCl 溶液浸泡 $1\sim2$ 天，以溶解各种杂质，并使树脂溶胀，然后用蒸馏水洗涤至中性，浸于水中备用。此时，阳离子交换树脂已处理成氢型，阴离子交换树脂已处理成氯型。

19.4.4.2 装柱

离子交换分离一般在交换柱（如图 19-6 所示）中进行。先在柱下端铺一层玻璃纤维，加入蒸馏水，再倒入带水的树脂，使树脂自动下沉而形成均匀的交换层。装柱时应防止树脂层中存留气泡，以免交换时试液与树脂无法充分接触。树脂的高度一般约为柱高的 90% 左右。为防止加试剂时树脂被冲起，在柱的上端亦应铺一层玻璃纤维，并保持蒸馏水的液面略高于树脂层，以防止树脂干裂而混入气泡，因此图 19-6 中（b）柱较（a）柱优越。

19.4.4.3 交换

将待分离的试液缓缓倾入柱内，从上至下流经交换柱并进行交换反应，以旋塞控制适当的流速。交换完毕后，用蒸馏水或不含试样的空白溶液洗去柱中残留的试液。

19.4.4.4 洗脱

对于阳离子交换树脂常采用 HCl 溶液作为洗脱液，经洗脱之后树脂转化成氢型；对于阴离子交换树脂则采用 NaCl 或 NaOH 溶液为洗脱液，洗脱之后树脂转化成氯型或氢氧型。

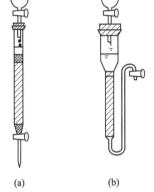

(a)　　　　　(b)

图 19-6　离子交换柱

19.4.4.5 树脂再生

把柱内的树脂恢复到交换前的形式，这一过程称为树脂再生。由于洗脱后的树脂已恢复到交换前的形式，用蒸馏水洗涤干净即可再次使用，故洗脱过程往往也是再生过程。

为了获得良好的分离，所用树脂粒度、交换柱直径及树脂层厚度，欲交换的试液及洗脱溶液的组成、浓度及流速等条件都需要通过实践适当选择。一般讲来，不同电荷离子之间的分离，使用的树脂粒度可以大些，交换柱可以粗短些，交换和洗脱的流速都可以快些；对于相同电荷离子之间的分离，即离子交换层析分离，就应使用粒度较小的树脂，较细长的交换柱，较慢的流速。

19.4.5 离子交换分离法的应用

19.4.5.1 纯水的制备

自来水中常含有一些无机离子，如 K^+、Na^+、Ca^{2+}、Mg^{2+}、Cl^- 和 NO_3^- 等，可以采

用离子交换分离法进行纯化以满足生产或科研的需要，这样制得的纯水又叫去离子水。

目前使用的方法多为复柱法。具体做法是，先将强酸性阳离子交换树脂处理成氢型，强碱性阴离子交换树脂处理成氢氧型。再让待纯化的水分别通过阳、阴离子交换柱，以除去各种杂质离子，交换下来的 H^+ 和 OH^- 则结合生成 H_2O。

如果把阳离子交换树脂和阴离子交换树脂混合装在一根交换柱中，制成混合柱，则当水流过混合柱时，两种交换过程同时进行。

实际操作中，往往让自来水先通过阴、阳离子交换柱，再通过混合柱，以得到高质量的纯水。水的纯度可以使用电导率仪测定，去离子水的纯度可以达到 $0.3\mu S \cdot cm^{-1}$ 以下。

树脂使用过一段时间后，活性基团就会逐渐被交换上去的离子所饱和，以致完全丧失交换能力。此时需分别用强酸和强碱溶液洗脱阳柱和阴柱，恢复树脂的交换能力，此过程即为再生。

19.4.5.2　干扰离子的分离

由于阳、阴离子交换树脂只能分别交换阳、阴离子，因此用离子交换法分离不同电荷的离子十分方便。例如，用 $BaSO_4$ 沉淀重量法测定黄铁矿中硫的含量时，经处理后的试液中除有 SO_4^{2-} 外，还有大量 Fe^{3+} 和 Ca^{2+} 等离子，它们可与 $BaSO_4$ 共沉淀而干扰 SO_4^{2-} 的测定。为此可先将试液通过氢型阳离子交换树脂以除去干扰阳离子，再测定流出液中的 SO_4^{2-}，则可大大提高准确度。

铬常以 $Cr(III)$ 与 $Cr(VI)$ 存在于自然界中。在环境分析中，要求分别测定两者的含量时，基于它们存在的型体不同，可用离子交换法对其进行分离，操作十分方便。

$Cr(III)$ 以阳离子型体存在，可将待测溶液通过阴离子树脂与 $Cr(VI)$ 分离，在流出液中测定 $Cr(III)$ 含量；$Cr(VI)$ 以阴离子（CrO_4^{2-} 或 $Cr_2O_7^{2-}$）型体存在，可通过阳离子交换树脂，除去 $Cr(III)$，在流出液中测定 $Cr(VI)$ 的含量。

19.4.5.3　微量组分的富集

以测定矿石中的铂、钯为例。由于其含量一般仅为 $10^{-5}\%\sim10^{-7}\%$，因此必须事先富集。试样用王水溶解后，加入浓 HCl 溶液，使铂、钯形成 $PtCl_6^{2-}$ 和 $PdCl_6^{2-}$ 配合物的阴离子。稀释之后，将试液通过强碱性阴离子交换树脂，即可使铂、钯与其它阳离子分离，并逐渐富集到树脂相中。将树脂灰化，再用王水浸取残渣，就得到含 $Pt(IV)$ 和 $Pd(IV)$ 浓度较高的试液，然后采用用光度法或电化学方法进行测定。

19.5　层析技术

19.5.1　层析分析法简介

二十世纪五十年代以后，相继出现了气相、液相、高效液相、薄层、离子交换、凝胶、亲和等系列色谱分离技术，几乎每一种方法都已发展成为一门独立的分离分析技术，其中习惯上称薄层色谱为薄层层析，某些简单的柱色谱称柱层析。层析技术因操作较简便，设备简单，样品用量可大可小，被广泛地应用于科学研究和工业生产中。

随着科学技术的发展，层析法也得到长足发展，现在已成为分离方法不可缺少的技术，形成了一门新的学科。

在层析分析法中，流动相携带被分离的物质流经固定相。在移动过程中，由于各种溶质的性质不同而受到固定相不同程度的作用，从而使试样中的各种组分移动速度产生差异而被分开。

按固定相的装填方式不同，层析分析可以分类为柱层析法、纸层析法和薄层层析法。纸层析法和薄层层析法又称为平面层析法。

19.5.1.1 柱层析法

固定相装填在管中成柱形，在柱中进行的层析分离的分析方法称为柱层析法。柱层析的原理与前面讲过的色谱法相同，本节不作介绍。

19.5.1.2 纸层析法

纸层析法的载体是滤纸，制造滤纸的原料为纤维素。纤维素为惰性物质，其分子中具有很多羟基，有较强的亲水性，能吸收约 22% 左右的水分，其中约有 6% 的水分与纤维素上的羟基结合形成液-液分配色谱中的固定相，待分离的物质点在滤纸条的一端后，将其悬挂在密闭的展开室内，待纸被展开剂蒸气饱和后，将点样一端浸入展开剂中，由于滤纸的毛细作用，有机溶剂将沿滤纸不断上升并通过试样点，待分离的各组分也将随之上移，并在固定相和流动相之间不断进行分配，相当于反复进行萃取和反萃取。分配比大的组分较易进入有机相而较难进入水相，故上升速度较快；而分配比小的组分则上升较慢。经过一定时间后，溶剂前沿到达滤纸上端时，试样中的不同组分就会得到分离。再根据组分的性质喷洒显示剂使之显色，就会在滤纸上显示出若干个分开的色斑（图 19-7）。若要进行定量测定，可将色斑分别剪下并将组分溶出，或灰化后将组分溶解，再用适宜方法测定。也可直接用紫外-可见分光光度计测量色斑的吸光度，并在相同条件下与标准品的结果进行比较。如果试样组分吸收光后有荧光发射，则可采用荧光光度计测量其荧光强度。

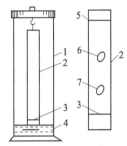

图 19-7　纸层析分离法
1—层析筒；2—滤纸；
3—试样原点；4—有机溶剂；
5—溶剂前沿；6,7—组分斑点

19.5.1.3 薄层层析法

将固定相涂布在玻璃、塑料等载板上使其形成均匀薄层，将被分离物质点在薄层的一端，置展开室中，展开剂（流动相）借毛细作用从薄层点样的一端展开到另一端，在此过程中不同的物质根据在固-液中的分配比不同得到分离，然后进行显色、定性、定量测定，这个方法称为薄层层析法，也称薄层色谱法。薄层层析分离的原理随所用的固定相不同而异，基本上与柱色谱相同，也可分为吸附薄层法、分配薄层法、离子交换薄层法以及凝胶薄层法等。

19.5.2　平面层析法的原理

19.5.2.1　平面层析法技术参数

平面层析法与柱层析法的原理基本相同，但两种方法的操作方法不同，故技术参数也不完全相同，本节主要介绍平面层析法（纸层析法及薄层层析法）中的主要技术参数。

（1）比移值（R_f）

比移值（R_f）是溶质移动距离与流动相移动距离之比，它是平面层析法的基本定性参数，根据图 19-8(a)，R_f 值以式(19-21) 表示。

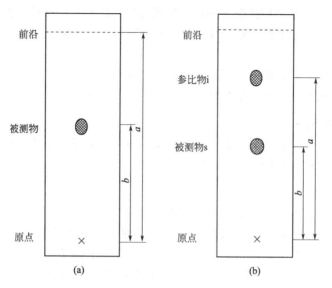

图 19-8　纸或薄层色谱示意图

$$R_f = \frac{b}{a} = \frac{\text{原点中心至斑点中心的距离}}{\text{原点中心至溶剂前沿的距离}} \qquad (19\text{-}21)$$

当 R_f 值为 0 时，表示组分留在原点未被展开，当 R_f 值为 1 时，表示组分随展开剂至前沿，即组分不被固定相吸附，所以 R_f 值只能在 0～1 之间。从理论上可推导出 R_f 与被分离组分在两相间的吸附平衡常数 K 及容量因子 k 的关系式，即

$$R_f = \frac{V_m}{V_m + K V_s} = \frac{1}{1+k} \qquad (19\text{-}22)$$

式中，V_m 与 V_s 分别为组分在平衡时流动相和固定相的体积；K 为平衡常数；k 为容量因子。

影响 R_f 的因素很多，主要是溶质和展开剂的性质、薄层板的性质、温度、展开方式和展开距离等。只有在上述条件完全相同时，组分的 R_f 才是一定值，可用于定性分析。要想得到重现性好的 R_f，就必须严格控制实验条件。为了消除一些难以控制的实验条件的影响，常采用相对比移值 $R_{i,s}$ 来代替 R_f。

（2）相对比移值

如果将被分离物质与参比物质点在同一块薄层上，用相同的色谱条件进行分离，见图 19-8(b)。被分离物质（s）和参比物（i）的 R_f 值之比称为相对比移值，用 $R_{i,s}$ 表示，它等于被分离物质（s）和参比物（i）在薄层上移动的距离之比，相对比移值按式(19-23)计算。

$$R_{i,s} = \frac{\text{原点至被测组分斑点中心的距离}}{\text{原点至参照物斑点中心的距离}} = \frac{R_{f(s)}}{R_{f(i)}} \qquad (19\text{-}23)$$

由于参比物的 R_f 值可大于或小于被分离物质的 R_f 值，因此相对比移值可大于或小子 1，但其重复性及可比性均优于 R_f 值。

（3）分离效率

在平面层析法中，也可用与柱色谱法中相类似的公式来计算有关分离的参数。如用于评价分离效率的塔板数 n [计算式见式(19-24)]。

$$n = 16\left(\frac{d_1}{W}\right)^2 = 16\left(\frac{R_f d_m}{W}\right)^2 \qquad (19\text{-}24)$$

式中，d_1 为原点至组分斑点中心的距离；W 为斑点直径；d_m 为原点至流动相前沿的距离。理论塔板高度 H 由式(19-25)求得。

$$H = \frac{d_1}{n} = \frac{W^2}{16 d_1} = \frac{W^2}{16 R_f^2 d_m}$$ (19-25)

两组份斑点间的分离度用 R 表示，可按式(19-26)计算。

$$R = \frac{2\Delta d}{W_1 + W_2}$$ (19-26)

式中，Δd 为两组份斑点中心距离；W_1、W_2 分别为两斑点直径。

19.5.2.2 固定相

（1）固定相的选择

在吸附层析法中，固定相又称吸附剂。吸附剂的选择是吸附层析法中的关键问题。如果选择的恰当，分离工作可以顺利进行，否则就不易得到满意的结果。吸附剂的选择应从两个方面考虑，即被分离物质的极性大小和吸附剂吸附性能的强弱。一般被分离物质的极性大，应选择吸附能力弱的吸附剂，若被分离物质的极性小，则应选择吸附能力强的吸附剂。

理想的吸附剂应具备如下条件：

① 纯度高，杂质少。一般的吸附剂需要进行前处理，若用于定量测定，最好用适当的溶剂预先展开一次。

② 结构均匀，有一定的比表面积。比表面积越大，颗粒越细，吸附能力就越强。颗粒太粗，展层速度太快，分离效果差，反之，颗粒太细，展层速度太慢，产生拖尾型不集中的斑点。

③ 具有一定的力学强度和稳定性。在展开过程中，不与被分离物质和展开剂发生化学反应。

④ 有适当的吸附能力，可逆性好。

（2）吸附剂的种类

吸附剂可分为有机吸附剂（如聚酰胺、纤维素、葡聚糖、淀粉、蔗糖等）和无机吸附剂（如氧化铝、硅胶、硅藻土、磷酸钙和硅酸钙镁等）。

下面介绍几种常用的吸附剂：

① 硅胶　硅胶是一种略带微酸性的无定形极性吸附剂，适合于中性和酸性物质，如酚类、醛类、生物碱类、甾类化合物及氨基酸类等的分离分析。硅胶的主要优点是具有惰性、吸附量大、容易制成各种不同的孔径和表面积的颗粒。由于硅胶的表面含有硅醇基团，其中—OH 可与极性化合物或不饱和化合物形成氢键，硅醇基团亦可吸附水分而生成水合硅醇基，因此硅胶的活性与其含水量有关，含水量越多，吸附力越差，活性也就越低（图19-9）。

$$—Si—OH \qquad\qquad —Si—OH \cdot OH_2$$

硅醇基团　　　　水合硅醇基

图 19-9　硅醇基团及水合硅醇基

例如，青岛海洋化工厂生产薄层色谱法的硅胶吸附剂，其产品型号和性质参见表19-4。

表 19-4　青岛海洋化工厂薄层色谱硅胶

型号	H	HF254	G	GF254
说明	高纯度的硅胶粉	含有一定荧光粉的高纯度硅胶粉	含有一定煅石膏的高纯度硅胶粉	含有一定煅石膏和荧光粉的高纯度硅胶粉

② 氧化铝　氧化铝的吸附容量大，对含有双键的物质比硅胶有更强的吸附作用。由于

制备方法不同，氧化铝可分为碱性、酸性和中性三种。碱性氧化铝（pH 9.5～10.5），主要用于碱性或中性化合物，如多环碳氢化合物类、生物碱类、胺类、脂溶性维生素及醛酮类的分离；酸性氧化铝（pH 4～5），主要用于酸性化合物或对酸稳定的中性物质的分离；中性氧化铝（pH 7.0～7.5），主要用于分离酸性及对碱不稳定的化合物，如醛、酮及对酸、碱不稳定的酯和内酯等化合物的分离。

③ 纤维素　由于纤维素结构中有大量的亲水性基团如羟基，故适用于亲水性物质的分离。纤维素的种类很多，除天然纤维素外，还有合成的微晶纤维素、离子交换纤维素及各种纤维素的衍生物如醋酸纤维素、羧甲基纤维素、硝基纤维素等。

④ 聚酰胺　聚酰胺分子内存在许多酰胺基，可与酚类、酸类、醌类、硝基化合物等形成氢键，从而产生吸附作用。它的特殊色谱分辨能力已被广泛应用于合成染料、纤维素、抗生素、蛋白质等的分离和化学结构分析中。

19.5.2.3　流动相

（1）平面层析对流动相的要求

平面层析的流动相也称展开剂。要获得良好的分离效果，也要选择好合适的展开剂，这也是平面层析分离的关键。展开剂一般要满足以下要求：

① 能使待测组分很好地溶解而不与组分发生化学反应；

② 展开后的组分斑点圆而集中，无拖尾现象；

③ 待测组分的 R_f 最好在 0.4～0.5 之间。若试样中的待测组分较多，则 R_f 也可在 0.2～0.8 之间。各组分的 ΔR_f 应大于 0.05，以便完全分离，否则斑点会发生重叠。

（2）流动相的选择

平面层析法对流动相的选择仍依据"相似相溶"原则，即强极性试样宜选用强极性展开剂，而弱极性试样则宜选用弱极性或非极性展开剂。适宜的流动相选择主要是通过试验来解决。当某一溶剂作展开剂不能很好分离时，可改变该展开剂的极性或选用二元、三元、甚至多元溶剂组成的混合溶剂。例如，分离一个未知试样的各组分，开始选用非极性的环己烷作展开剂，所得到的 R_f 很小，则可在环己烷中加入不同比例的乙醇和二甲酰胺等极性溶剂，以增大展开剂的极性。

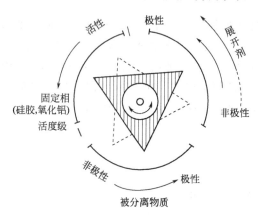

图 19-10　固定相、展开剂和被分离物质关系的三角形优化法示意图

试验时一般先用单一的低极性溶剂展开，然后再更换极性较大的溶剂。常用的单一溶剂极性顺序为：

己烷<二硫化碳<苯<四氯化碳<二氯甲烷<乙醚<乙酸乙酯<丙酮<丙醇<甲醇<水。

常用的混合展开剂有：水-乙醇、水-甲醇、水-丁酮-甲醇、水-乙醇-丁酮-乙酰丙酮、水-乙醇-乙酸-二甲基甲酰胺、苯-甲醇-丁酮等。

为能通过较少的试验找到最佳溶剂系统，可采用三角形优化法，即要同时对被分离物质的极性、吸附剂的活性和展开剂的极性这三个因素进行综合考虑，各因素的相互关系可用图19-10表示。

图中正三角形的三个角绕中心旋转，各角对应的位置就代表三个因素的相互关系。如图

19-10 中虚线三角形位置所示，分离极性较小的物质时，应选用活性级别较低（吸附力较强）的吸附剂和极性较小的展开剂。

19.5.3 薄层层析法的操作技术

平面层析法的试验操作可分为薄层板的制备、点样、展开、显色、定性和定量分析等步骤。

19.5.3.1 薄层板的制备

薄层板的种类很多，根据制板方式不同，可分为软板和硬板两种。

（1）软板的制备

吸附剂中不加黏合剂，干法铺成的薄层板称为软板。软板的制备简单，展开速度快，但薄层不牢固，分离效果较差，故目前应用较少。

（2）硬板的制备

吸附剂中加入黏合剂，湿法涂铺制成的薄层板称为硬板。根据涂板时所用材料和功能不同又有不同的名称，如荧光薄层板、配位薄层板、pH 缓冲薄层板等。根据使用效率和分离效能，又有可多次使用的烧结薄层板和高效薄层板等。薄层板大多数都可自制，也有各种商品薄层板。

在吸附剂中加入适量的黏合剂可增加薄层的强度。硅胶是常用的吸附剂，羧甲基纤维素钠（CMC-Na）和煅石膏（$CaSO_4 \cdot 1/2H_2O$）则是常用的黏合剂。以 CMC-Na 为黏合剂制成的薄层板称为硅胶-CMC-Na 板，这种板的力学强度高，可用铅笔在薄层上做记号，但使用强腐蚀性试剂时，要注意显色温度和时间，以免 CMC-Na 炭化而影响显色。以煅石膏为黏合剂制成的薄层称为硅胶-G 板，这种板的

图 19-11　100 型手动涂铺器

力学强度较差，易脱落。涂板时应用最多的是涂铺器法，其次是刮层平铺法。

① 涂铺器法　用涂铺器制板操作简便，制成板的薄层厚度均匀一致。涂铺器分手动和自动两种，市售的涂铺器种类型号很多，图 19-11 为一种手动涂铺器。

② 刮层平铺法　在水平台面上放好欲涂平板，两侧用两条比欲涂板厚 0.5～1mm 的玻璃条做框边，将调好的糊状吸附剂倒在一端，用平直有机玻璃尺从一端向另一端均匀地一次性将吸附剂刮平，去掉两框条玻璃后，轻轻振动，风干。

（3）薄层板的活化

将涂铺好的薄层板置于水平台面上，使其在室温条件下自然干燥，然后再放入烘箱中恒温活化一定时间。各类薄层板的活化温度及时间等条件见表 19-5。

表 19-5　加黏合剂薄层板的活化条件

薄层类别	吸附剂用量：水用量	活化条件
硅胶 G	1：2 或 1：3	80℃或 105℃,0.5～1h
硅胶-CMC-Na	1：3(5～10g・L⁻¹ CMC-Na 水溶液)	80℃,20～30min 或阴干
硅胶 G-CMC-Na	1：3(2g・L⁻¹ CMC-Na 水溶液)	80℃,20～30min 或阴干
氧化铝 G	1：2 或 1：2.5	110℃,30min
氧化铝-硅胶 G(1：2)	1：2.5 或 1：3	80℃,30min
硅胶-淀粉	1：2	105℃,30min

19.5.3.2 点样

将试液滴加到薄层板上的操作称为点样。点样是能否达到良好分离的关键之一，它要求试样点的直径小，以使展开后斑点集中。

（1）点样方法

薄板铺好并活化后，在板的一端距离底边 1.5～2cm 处滴加样品，作为起始点。样品斑点直径最好小于 0.5cm。如果在同一薄板上滴加多个样品，样品间距离应该在 2cm 以上。点样时，要使用平头毛细管吸入试样溶液，之后轻轻地将管端靠近薄板，使液滴与薄板相接触被吸收而落下。点样完成后，待溶剂挥发完，再放入层析槽内准备展开。

（2）试液浓度

样品浓度要适当，一般控制其被测样品含量在 0.1％～10％之间，浓度太小时点样体积太大，易引起斑点扩散；浓度太大时则易引起斑点拖尾。

19.5.3.3 展开

将点好样的薄层板放入槽中，在不接触展开剂的情况下，盖严盖子放置 10～15min，待槽内空间被展开剂蒸气饱和后，再将薄板下端浸入展开剂中，这样可防止产生"边缘效应"。

边缘效应是指同一组分的斑点，在薄层中部比在边缘处移动缓慢的现象。这是由于展开槽中展开剂蒸气未达到饱和而展开时，展开剂中极性较弱和沸点较低的溶剂在薄层的两边缘处较易挥发，使溶剂组成与中部不同，边缘处含有更多的极性较大的溶剂，这样便会出现同一组分在薄层中部比在薄层两边缘处移动缓慢的现象，即中部的 R_f 比边缘处的 R_f 小。消除边缘效应的方法是，使展开槽中展开剂的蒸气达到饱和后再展开，为此可在槽壁上贴上浸湿溶剂的滤纸，以加速蒸发。也可将薄层板两侧边缘的吸附剂刮去 1～2mm 来消除边缘效应。

需要注意的是，将薄层板下端浸入展开剂中展开时，点样点不得浸入展开剂中，否则试样组分溶解于展开剂液相中而达不到展开的目的。

19.5.3.4 显色

展开完成后，将薄层板取出，待展开剂挥发尽后，对其显色观察。

若分离的物质是有色物质，可直接通过观察薄层板上面的斑点颜色对组分定位。对无色物质，可用显色方法定位。根据被分离物质的性质不同，可分别采用以下方法。

（1）紫外光照射法

在紫外光（253.7mm）照射下，若试样能产生荧光，板上会产生荧光斑点；若试样不产生荧光而吸附剂中含有荧光物质（如硅胶 GF254），则薄层板呈现荧光，而斑点为暗色点，可借此观察斑点大小并标记范围。

（2）蒸气显色法

利用一些物质的蒸气与试样中的各组分作用，生成不同颜色的产物来观察。例如，多数有机化合物吸收碘蒸气后显示黄褐色斑点，可将薄层板放在碘蒸气饱和的密闭容器中气熏，使斑点显色。碘是非破坏性显色剂，能检出很多种化合物，且价廉、迅速、灵敏。由于它与物质反应往往是可逆的，薄层板放在空气中，碘即升华挥发除去，故显色后应立即标记斑点。

（3）喷洒显色剂法

根据化合物的性质，选择适当的显色剂喷洒在薄层板上，使斑点显色称为喷洒显色剂法。显色剂的种类很多，可分为通用显色剂和专属显色剂。通用显色剂是利用其与分离组分的氧化还原反应、脱水反应或酸碱反应来显色的。常用的有浓硫酸及其溶液、高锰酸钾溶液、酸碱指示剂、磷钼酸乙醇溶液、荧光黄等，用于检验一般有机化合物。专属型显色剂是只能使某一类化合物或某官能团显色的试剂，如茚三酮是氨基酸的专用显色剂。显色时要注意控制显色条件。将显色剂配成一定浓度的溶液，用喷雾法均匀地喷洒在薄层上，要求喷出的雾点细而均匀，喷雾器与薄层间的距离最好在 $10\sim20cm$，这样既可使喷出的液滴均匀又不会冲坏薄层。

19.5.3.5　定性

薄层色谱法一般是根据组分的 R_f 大小进行定性。在同样条件下对试样和纯品进行层析分析，根据它们的 R_f 是否相同做鉴定分析。也可将薄层色谱测得的 R_f 与文献记载的 R_f 相比较。但 R_f 受很多因素影响，比如吸附剂的类型和含水量、薄层板的厚度、展开剂的极性、展开距离、点样量、展开时间、温度、展开槽中溶剂蒸气的饱和程度等，很难控制待测组分的实验条件与文献上的实验条件完全一致。因此，在实际工作中是将试样与纯品点于同一薄层板上，于完全相同的条件下进行操作和测定，根据测得的 R_f 进行确证是常用方法。也可采用相对比移值 $R_{i,s}$ 方法确认。

随着分析仪器的发展，目前已可用薄层扫描仪做原位扫描或采用联机形式（TLC-MS 或 TLC-IR）进行准确定性。

19.5.3.6　定量

薄层色谱的定量分析可分为洗脱法和直接法两种。

（1）洗脱法

是用适当的方法把斑点部位的吸附剂全部取下，如为硬板，可刮下来；若为软板，则可用吸管吸出。再用适宜的溶剂把被测组分从吸附剂上洗脱下来，然后用适当的定量方法，如分光光度法进行测定。此法的操作比较麻烦费时，洗脱必须充分，结果才较准确。

（2）直接法

直接法又可分为目视比较和薄层扫描定量法。

① 目视比较法　将不同量的标准样品制成系列，和试样点在同一块薄层板上展开，显色后，以目视比较斑点大小和颜色深浅，来估计试样中被测组分的近似含量。若严格控制条件可作为常规分析手段。

② 薄层扫描法　随着分析仪器技术的发展，用薄层扫描仪扫描，测定薄层分离后试样斑点中组分的含量，现已成为薄层定量的主要方法。此法是用薄层扫描仪对薄层板上组分斑点进行扫描，得到扫描曲线。利用试样扫描曲线上的峰高或峰面积与标准品相比较即可得出试样组分的含量。

19.5.4　薄层层析技术的应用

薄层色谱法广泛应用于各种天然和合成有机物的分离和鉴定，有时也用于少量物质的精制。在化学药品质量控制中，可用于测定药物的纯度和检查降解产物，并可对杂质和降解产物进行限度试验。在生产上可用于判断反应的终点，监视反应过程。对中药和中成药，薄层色谱鉴别应用广泛，可鉴别有效成分，进一步进行含量测定。

例如，普鲁卡因合成的最后一步是从硝基卡因还原为普鲁卡因，反应不同的时间后，分别取样展开，当原料点全部消失，即说明已达反应终点。以前生产上还原时间定为 4h，但通过经薄层色谱分析［用硅胶-CMC 板，环己烷-苯-二乙胺（8：2：0.4）为展开剂］检查，发现只需 2h 原料点已完全消失，从而大大缩短了生产过程中的反应时间，降低了生产成本。

1. 采样应遵守什么原则？如何确定固体采样量？

2. 用酸溶法分解试样时，常用的溶剂有哪些？

3. 常用的无机沉淀剂和有机沉淀剂有哪些，比较两者的优缺点。

4. 某矿石溶液含 Fe^{3+}、Al^{3+}、Ca^{2+}、Mg^{2+}、Mn^{2+}、Cr^{3+}、Cu^{2+} 和 Zn^{2+} 等离子，加入 NH_4Cl 和氨水后（pH 为 9 左右），哪些离子以什么形式存在溶液中？哪些离子以什么形式存在于沉淀中？分离是否完全？

5. 分配系数与分配比有何不同？在溶剂萃取分离中为什么要引入分配比？

6. 萃取体系是根据什么来划分的？常用的萃取体系有几类？分别举例说明？

7. 举例说明离子交换树脂的分类？如果要在盐酸溶液中分离 Fe^{3+}、Al^{3+}，应选择什么树脂？

8. 色谱分离法分为哪几种？各自的作用原理是什么？

9. 什么是交联度？什么是交换容量？什么是比移值？

10. 在离子交换分离法中，影响离子亲和力的主要因素是什么？

11. 离子交换分离有哪些步骤？作用是什么？

12. 什么是薄层层析法，它具有哪些特点？

13. 如何选择薄层层析法的固定相和流动相？

14. 当展开槽中溶剂蒸气未达到饱和时，对薄层层析产生何种影响？

习 题

1. 25℃时，Br_2 在 CCl_4 和水中的 $K_D = 2.90$。水溶液中的 Br_2 分别用（1）等体积的 CCl_4 萃取一次，（2）1/2 体积的 CCl_4 萃取二次时，萃取效率各为多少？

2. 用纸色谱上行法分离两个组分 1 和 2，已知 $R_f(1) = 0.40$，$R_f(2) = 0.60$。欲使分离后两组分的斑点中心之间距离为 2.0cm，问色谱用纸的长度至少应为多少厘米？

3. 称取 1.500g 氢型阳离子交换树脂，置于干燥的锥形瓶中，准确加入 0.0900mol·L^{-1} NaOH 溶液 50.00mL，室温下浸泡 24h，使树脂上的 H^+ 全部被交换到溶液中。再用 0.1000mol·L^{-1} HCl 标准溶液滴定过量的 NaOH，用去 24.00mL。试计算树脂的交换容量。

4. 将 0.2567g 纯 KBr、NaCl 的混合物溶解在 10mL 纯水中，然后使其流过 H-型离子交换柱，用纯水冲洗至交换出的 H^+ 全部流出交换柱，流出液用 0.1023mol·L^{-1} 的 NaOH 标准溶液滴定，用去 34.56mL，求混合物中 KBr 和 NaCl 的百分含量各为多少？

5. 使用薄层层析法分析双酚 S 的纯度，双酚 S 和苯酚经薄层分离后，双酚 S 斑点中心距原点 8cm，苯酚斑点中心距原点 6.5cm，展开剂前沿距原点 16cm，试求双酚 S 及苯酚的 R_f 值。

参 考 文 献

[1] 陆婉珍，汪燮卿. 近代物理分析方法及其在石油工业中的应用（上册）. 北京：石油工业出版社，1984.

[2] 国家自然科学基金委员会. 自然科学学科发展战略调研报告-分析化学. 北京：科学出版社，1994.

[3] 刘文钦，袁存光. 仪器分析. 山东：石油大学出版社，1994.

[4] 宫为民. 分析化学. 大连：大连理工大学出版社，2000.

[5] 杜一平. 现代仪器分析方法. 上海：华东理工大学出版社，2008.

[6] 汪尔康. 21 世纪的分析化学. 北京：科学出版社，2004.

[7] 《大学化学》编辑部. 今日化学. 北京：高等教育出版社，2002.

[8] 刘志广. 仪器分析. 北京：高等教育出版社，2007.

[9] 武汉大学. 分析化学（上、下册）. 第 5 版. 北京：高等教育出版社，2010.

[10] 华东理工大学化学系、四川大学化工学院. 分析化学. 第 5 版. 北京：高等教育出版社，2003.

[11] 林贤福. 现代波谱分析方法. 上海：华东理工大学出版社，2009.

[12] 朱明华. 仪器分析. 第 3 版. 北京：高等教育出版社，2003.

[13] 施荫玉，冯亚菲. 仪器分析解题指南与习题. 北京：高等教育出版社，1998.

[14] J W Robinson. Undergraduate Instrumental Analysis. 6th Ed. Florida：CRC Press，2004.

[15] 谈天. 谱学方法在有机化学中的应用. 北京：高等教育出版社，1985.

[16] 沈淑娟，方绮云. 波谱分析的基本原理及应用. 北京：高等教育出版社，1988.

[17] 王宗明等. 实用红外光谱学. 北京：石油化学工业出版社，1978.

[18] 杨泉生. 双波长分光光度法的原理及应用. 北京：化学工业出版社，1992.

[19] 洪山海. 光谱解析法在有机化学中的应用. 北京：科学出版社，1981.

[20] 唐恢同. 有机化合物的光谱鉴定. 北京：北京大学出版社，1992.

[21] 陈国珍. 荧光分析法. 第 2 版. 北京：科学出版社，1990.

[22] 方禹之. 仪器分析. 上海：华东师范大学出版社，1990.

[23] 武汉大学化学系. 仪器分析. 北京：高等教育出版社，2001.

[24] 北京大学化学系仪器分析教学组. 仪器分析教程. 第 2 版. 北京：北京大学出版社，2004.

[25] 邓勃，刘密斯等. 仪器分析. 第 2 版. 北京：清华大学出版社，2011.

[26] 张华，刘志广. 仪器分析简明教程. 大连：大连理工大学出版社，2007.

[27] 刘约权. 现代仪器分析. 第 2 版. 北京：高等教育出版社，2006.

[28] 曾泳淮，林树昌. 分析化学：仪器分析部分. 第 2 版. 北京：高等教育出版社出版，2004.

[29] 魏福祥. 仪器分析及应用. 北京：中国石化出版社，2007.

[30] 许金生. 仪器分析. 南京：南京大学出版社，2002.

[31] 辛仁轩. 等离子体发射光谱分析. 第 2 版. 北京：化学工业出版社，2011.

[32] 邓勃. 原子吸收光谱分析的原理、技术和应用. 北京：清华大学出版社，2004.

[33] 邓勃，何华焜. 原子吸收光谱分析. 北京：化学工业出版社，2004.

[34] 邓勃，刘明钟，李玉珍. 应用原子吸收与原子荧光光谱分析. 北京：化学工业出版社，2003.

[35] 张扬祖. 原子吸收光谱分析应用基础. 上海：华东理工大学出版社，2007.

[36] 谢忠信，赵宗铃，张玉斌等. X 射线光谱分析. 北京：科学出版社，1982.

[37] 杨秀祥，李燕婷，王宜伦. 现代仪器分析教程. 北京：化学工业出版社，2009.

[38] 孙毓庆. 仪器分析选论. 北京：科学出版社，2005.

[39] 叶宪曾，张新祥. 仪器分析教程. 北京：北京大学出版社，2007.

[40] 梁钰. X 射线荧光光谱分析基础. 北京：科学出版社，2007.

[41] 晋勇，孙小松，薛屺. X 射线衍射分析技术. 北京：国防工业出版社，2008.

[42] 陈敬中. 现代晶体化学. 北京：高等教育出版社，2003.

[43] 陈小明，蔡继文. 单晶结构分析原理与实践. 北京：科学出版社，2007.

[44] （美）Müller P. 等著. 陈昊鸿译. 晶体结构精修：晶体学者的 SHELEXL 软件指南. 北京：高等教育出版社，2010.

[45] 高小霞. 电分析化学导论. 北京：科学出版社，1986.

［46］ 张绍恒等. 电化学分析法. 第 2 版. 重庆：重庆大学出版社，1994.

［47］ A. J，Bard et al. Electrochemical Methods，Fundamentals and Applications. New York：John Wiley and sons，1980.

［48］ IUPAC. Classification and Nomenclature of Electroanalytical Techniques (1975). Pure Appl Chem，1976，83 (2)：45.

［49］ 吴守国，袁倬斌. 电分析化学原理. 合肥：中国科学技术大学出版社，2006.

［50］ 朱良漪. 分析仪器手册. 北京：化学工业出版社，1997.

［51］ 严辉宇. 库仑分析. 北京：新时代出版社，1985.

［52］ 方惠群. 仪器分析. 北京：科学出版社，2002.

［53］ 张胜涛等. 电分析化学. 重庆：重庆大学出版社，2004.

［54］ 赵春晓等. 天冬氨酸对肾上腺素电子转移性能的影响. 菏泽学院学报，2008：30 (2).

［55］ Ettre L S. Amer Lab，1972，4 (10)：10.

［56］ Van Deemter J J，Zuiderweg F J，Klinkenberg A. Chem. Sci，1956，5：271.

［57］ Giddings J C. J. Chem Phys，1959，31：1462.

［58］ Golay M J E. Anal Chem，1957，29：928.

［59］ Martin A J P，Synge R L M. Biochem J，1941，35：1358.

［60］ Giddings J C. Nature，1959，184：375.

［61］ Golay M J E. in Gas Chromatography 1958. Proceedings of the Second Symposium. Amsterdam，May，1958 (D. H. Desty，ed.). New York：Academic Press，1958.

［62］ 史景江等. 色谱分析法，重庆：重庆大学出版社，1990

［63］ Rotzsche H. Stationary Phases in Gas Chromatography，Amsterdam：Academic Press，1991.

［64］ 许国旺等. 现代实用气相色谱法，北京：化学工业出版社，2004.

［65］ 孙传经. 气相色谱分析原理与技术. 北京：化学工业出版社，1979.

［66］ 中华人民共和国国家标准. GB494685 气相色谱术语. 北京：中国标准出版社，1985.

［67］ 清华大学分析化学教研室. 现代仪器分析. 北京：清华大学出版社，1983.

［68］ 卢佩章，戴朝政. 色谱理论基础. 北京：科学出版社，1989.

［69］ 中国科学院大连化学物理研究所. 气相色谱法. 北京：科学出版社，1972.

［70］ Giddings J C. Dynamics of Chromatography. New York：Gas Chromatograph Academic Press，1962.

［71］ 中国科学院兰州化学物理研究所. 填充气相色谱. 北京：燃料化学工业出版社，1973.

［72］ Littlewood A B. Gas Chromatography Principles，Techniques，Applications. 2nd Ed. New York：Academic Press，1970.

［73］ 周良模等. 气相色谱新技术. 北京：科学出版社，1994.

［74］ Ettre L S. Chromatographia，1992，34：513.

［75］ Ettre L S. J. HRC & CC. 1987，10：221.

［76］ 许国旺，汪尔康. 分析化学. 北京：北京理工大学出版社，2002.

［77］ 刘兰英，王立升. 仪器分析. 北京：中国商业出版社，2008.

［78］ 魏培海，曹国庆. 仪器分析. 北京：高等教育出版社，2007.

［79］ Lattanzi L，Attaran Rezaii M，Chromatogrphia，1994，38：114.

［80］ Tian Jing，et al. Journal of Chromatography B，2008，871：220.

［81］ Hewlett Packard，1998～1999，215.

［82］ De Jong C，Badibgs H T. HRC. 1990，13：94.

［83］ 詹姆斯 E. 郎博顿等著，王克欧等编译. 城市和工业废水中有机化合物分析. 北京：学术期刊出版社，1989.

［84］ 王俊德，商振华，郁蕴璐. 高效液相色谱法. 北京：中国石化出版社，1992.

［85］ 林炳承. 毛细管电泳导论. 北京：科学出版社，1996.

［86］ 邹红海，伊冬梅. 仪器分析. 银川：宁夏人民出版社，2007.

［87］ 张良晓. 内蒙古石油化工. 2005，7：3.

［88］ 倪坤仪. 仪器分析. 南京：南京大学出版社，2003.

［89］ 吕玉光. 现代仪器分析方法. 哈尔滨：哈尔滨地图出版社，2007.

［90］ 黄孝瑛. 透射电子显微学. 上海：上海科学技术出版社，1987.

[91] 黄新民，解挺. 材料分析测试方法. 北京：国防工业出版社 2006.

[92] 周玉，武高辉. 材料分析测试技术. 第2版. 哈尔滨：哈尔滨工业大学出版社，2007.

[93] 左演声，陈文哲，梁伟. 材料现代分析方法. 北京：北京工业大学出版社，2006.

[94] 杜希文，原续波. 材料分析方法. 天津：天津大学出版社，2006.

[95] 王富耻. 材料现代分析测试方法. 北京：北京理工大学出版社，2006.

[96] 郭立伟，戴鸿滨，李爱滨. 现代材料分析测试方法. 北京：兵器工业出版社，2008.

[97] 徐柏森，杨静. 实用电镜技术. 南京：东南大学出版社，2008.

[98] 张大同. 扫描电镜与能谱仪分析技术. 广州：华南理工大学出版社，2009.

[99] L. J. Whitman，J. A. Stroscio，R. A. Dragoset, and R. J. Celotta. Phys. Rev. Lett，1991，66（10）：1338-1341.

[100] Zhimin Chen，Bai Yang et al. Journal of Colloid and Interface Science. 2005，285：146-151.

[101] Zhimin Chen，Bai Yang et al. Colloids and Surfaces A：Physicochem Eng Aspects. 2006，272：151-156.

[102] Kai Zhang，Bai Yang et al. Macromol Mater Eng. 2003，288：380-385.

[103] 杨淑珍，周和平. 无机非金属材料测试实验. 武汉：武汉工业大学出版社，1997.

[104] 武汉工业大学，东南大学等. 物相分析. 武汉：武汉工业大学出版社，1994.